欧盟委员会
EUROPEAN COMMISSION

纺织染整工业
污染综合防治最佳可行技术

Reference Document on
Best Available Techniques for the
Textiles Industry

欧洲共同体联合研究中心　编著
Joint Research Center, European Communities

环境保护部科技标准司　组织编译

左剑恶　李　彭　谢帮蜜　等编译

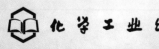
化学工业出版社
·北京·

图书在版编目（CIP）数据

纺织染整工业污染综合防治最佳可行技术/欧洲共同体联合
研究中心 Joint Research Center，European Communities 编著.
左剑恶，李彭，谢帮蜜等编译. —北京：化学工业出版社，2012.5
（污染综合防治最佳可行技术参考丛书）
ISBN 978-7-122-13844-6

Ⅰ. 纺… Ⅱ. ①欧…②左…③李…④谢… Ⅲ. 染整工业-工业污
染防治 Ⅳ. X791

中国版本图书馆 CIP 数据核字（2012）第 059545 号

Reference Document on Best Available Techniques for the Textiles Industry/by Joint
Research Center.

责任编辑：刘兴春　　　　　　　　　　　　文字编辑：汲永臻
责任校对：周梦华　　　　　　　　　　　　装帧设计：关　飞

出版发行：化学工业出版社（北京市东城区青年湖南街 13 号　邮政编码 100011）
印　　刷：北京永鑫印刷有限责任公司
装　　订：三河市万龙印装有限公司
787mm×1092mm　1/16　印张 29　字数 722 千字　2013 年 1 月北京第 1 版第 1 次印刷

购书咨询：010-64518888(传真：010-64519686)　售后服务：010-64518899
网　　址：http://www.cip.com.cn
凡购买本书，如有缺损质量问题，本社销售中心负责调换。

定　　价：180.00 元　　　　　　　　　　　　　　版权所有　违者必究

《污染综合防治最佳可行技术参考丛书》
编译委员会

顾　　问：吴晓青

主　　编：赵英民

副主编：刘志全　　王开宇

编　　委：冯　波　　张化天　　王凯军　　左剑恶

　　　　　张洪涛　　胡华龙　　周岳溪　　刘睿倩

《纺织染整工业污染综合防治最佳可行技术》
编译人员

主译人员：左剑恶　　李　彭　　谢帮蜜

参译人员（按姓氏笔画排列）：

　　　　　叶向阳　　李瑞霞　　刘峰林　　汤薪瑶

　　　　　余　忻　　陈晓洁　　赵　健　　梁　双

中国的环境管理正处于战略转型阶段。2006年，第六次全国环境保护大会提出了"三个转变"，即"从重经济增长轻环境保护转变为保护环境与经济增长并重；从环境保护滞后于经济增长转变为环境保护与经济发展同步；从主要用行政办法保护环境转变为综合运用法律、经济、技术和必要的行政办法解决环境问题"。2011年，第七次全国环境保护大会提出了新时期环境保护工作"在发展中保护、在保护中发展"的战略思想，"以保护环境优化经济发展"的基本定位，并明确了探索"代价小、效益好、排放低、可持续的环境保护新道路"的历史地位。

在新形势下，中国的环境管理逐步从以环境污染控制为目标导向转为以环境质量改善及以环境风险防控为目标导向。"管理转型，科技先行"，为实现环境管理的战略转型，全面依靠科技创新和技术进步成为新时期环境保护工作的基本方针之一。

自2006年起，我部开展了环境技术管理体系建设工作，旨在为环境管理的各个环节提供技术支撑，引导和规范环境技术的发展和应用，推动环保产业发展，最终推动环境技术成为污染防治的必要基础，成为环境管理的重要手段，成为积极探索中国环保新道路的有效措施。

当前，环境技术管理体系建设已初具雏形。根据《环境技术管理体系建设规划》，我部将针对30多个重点领域编制100余项污染防治最佳可行技术指南。到目前，已经发布了燃煤电厂、钢铁行业、铅冶炼、医疗废物处理处置、城镇污水处理厂污泥处理处置5个领域的8项污染防治最佳可行技术指南。同时，畜禽养殖、农村生活、造纸、水泥、纺织染整、电镀、合成氨、制药等重点领域的污染防治最佳可行技术指南也将分批发布。上述工作已经开始为重点行业的污染减排提供重要的技术支撑。

在开展工作的过程中，我部对国际经验进行了全面、系统的了解和借鉴。污染防治最佳可行技术是美国和欧盟等进行环境管理的重要基础和核心手段之一。20 世纪 70 年代，美国首先在其《清洁水法》中提出对污染物执行以最佳可行技术为基础的排放标准，并在排污许可证管理和总量控制中引入最佳可行技术的管理思路，取得了良好成效。1996 年，欧盟在综合污染防治指令（IPPC 96/61/CE）中提出要建立欧盟污染防治最佳可行技术体系，并组织编制了 30 多个领域的污染防治最佳可行技术参考文件，为欧盟的环境管理及污染减排提供了有力支撑。

为促进社会各界了解国际经验，我部组织有关机构编译了欧盟《污染综合防治最佳可行技术参考丛书》，期望本丛书的出版能为我国的环境污染综合防治以及环境保护技术和产业发展提供借鉴，并进一步拓展中国和欧盟在环境保护领域的合作。

环境保护部副部长 吴晓青

前　言

为实施"欧盟综合污染预防与控制"指令中提出的对纺织染整工业的各种活动中所产生的污染进行综合预防和控制的策略，规定相应的措施进行预防或在预防措施不可行时，减少上述活动向大气、水体和土壤中的污染物排放，从而有效地实现保护生态环境的目标，由各成员国、纺织染整企业、非政府环保组织和欧洲综合污染防治局组成的纺织染整工业污染防治技术工作组负责汇总编著了"纺织染整工业综合污染预防与控制最佳可行技术参考文件"。

本书是该"参考文件"的中文译本，主要包括如下内容：第1章和第2章提供了相关的工业部门和部门内部使用的工艺的基本信息；第3章提供了有关现有污染物排放和能源消耗水平的数据和信息，反映了编著本书时现有工厂的情况；第4章更具体地描述了与确定最佳可行技术及基于最佳可行技术的许可条件相关的减排技术和其它技术；第5章介绍了属于最佳可行技术的技术及其污染物排放和能源消耗的水平；第6章简要介绍了当前纺织染整行业出现的新兴技术；第7章为结束语。附录部分主要介绍了：纺织印染助剂、染料和颜料、湿处理所用的机械设备和技术、纺织部门的典型技术、纺织工业大气排放物中典型的污染物、印染助剂分类工具、高级氧化技术（芬顿反应）。

本书系统地介绍了欧盟纺织染整行业的实际运行和管理现状，能够紧密结合实际，具有内容翔实、通俗易懂、操作性强等特点。适合纺织染整工业的管理人员和从事纺织工业污染排放的预防与控制工作的企业人员参考。基于此，环境保护部和清华大学环境学院相关人员着手该书的翻译出版工作。本书的编译获得了欧盟综合污染与预防控制局的许可与支持。

我们本着忠实原文、对读者负责的原则进行翻译、编辑、校对工作。但该书涉及的知识面甚广，译者知识面所限，书中难免存在不足之处，恳请读者批评指正。

本书在编译过程中得到了清华大学环境学院部分师生的大力帮助，叶向阳　李彭、李瑞霞、刘峰林、汤薪瑶、余忻、陈晓洁、赵健、梁双、谢帮蜜参与了本书部分内容的翻译和校核工作，在此表示感谢。

编译者
2012 年 6 月

目 录

0

绪　　论

0.1　摘要

0.1.1　简介

本书是根据欧盟委员会指令 96/61/EC 中第 16 章第 2 节的要求所进行调研的成果汇总。

本书涵盖了 IPPC 指令 96/61/EC 的附录Ⅰ中第 6.2 条所详细说明的工业活动，即"日处理能力超过 1 万吨的预处理（如洗涤、漂白、丝光）或对纤维或纺织品的染色"。

此外，本最佳可行技术参考文件（BREF，BAT reference documents）还包括了一系列附录，提供有关纺织助剂、染料、色素、纺织机械、典型配方等的充分信息。

本摘要只是对本书主要调查结果进行概括，由于纺织工业的复杂性，对于任何一种特定的处理过程，都应仔细根据本书中相应的正文内容来确定其最佳可行技术（BAT）。

0.1.2　纺织行业

纺织行业是制造业中工业链最长、最复杂的行业之一，是以中小企业为主的分散性和差异性很大的行业。市场对纺织行业的最终需求主要有服装、家居和工业原料 3 种。

意大利是欧洲目前领先的纺织品生产国，其次是德国、英国、法国和西班牙（按顺序排名），这些国家的纺织品生产总额约为整个欧洲的 80%。比利时、法国、德国和英国则是欧洲主要的地毯生产国。

在 2000 年，欧洲的纺织和服装行业约占欧盟制造业总营业额的 3.4%，附加值的 3.8%，工业雇员的 6.9%。

纺织行业由许多子部门组成，涵盖了从原材料生产（人造纤维）到半合成（合成并精整纱、梭织织物及针织面料）到最终产品（地毯、家纺、衣服和工业用纺织品）。本书所涉及的范围限定在这些工艺的湿加工部分，并集中在如下 3 个主要子工艺：洗毛、纺织后整理（不含地板覆盖物）和地毯生产。

0.1.3　适用工艺和技术

纺织工艺链是从粗纤维的生产或收获开始的，主要包括：精整工艺、上游工艺和整理工艺。"精整工艺"（如预处理、染色、印花、整理涂层、洗涤和烘干）是本最佳可行技术参考文件（BREF）中关于适用工艺和技术的核心部分。"上游工艺"，如合成纤维制造、纺纱、织布、针织等在本书中也有简要描述，因为其可能会在较大程度上影响后续湿加工工艺对环境的污染效应。"整理工艺"可以在生产过程的不同阶段开展（如面料、纱线、疏松纤维等阶段），根据最终用户的不同需求，工艺的顺序可能会大不相同。

在第 1 章中，精整工艺是作为单元工艺进行描述的，未考虑其使用时可能产生的结果。在第 2 章中描述了洗毛、织物精整和覆绒工艺，对工艺顺序也进行了简单描述。

0.1.4　环境问题、资源消耗以及废物排放水平

纺织业最大的环境问题是废水排放，包括废水水量以及其中含有的化学污染负荷，其他如能源消耗、废气/臭气、固体废物等，也会在一些处理工艺中造成显著的环境损害。

废气的收集通常在其产生的源头进行。由于很多国家很早就开始对废气排放进行控制，所以特定工序的废气排放都有很好的历史记录数据。但对于排放到水中的废气，其情况则有所不同，来自不同工序的废气相互混合，形成最终废气，其性质可能就非常复杂，受多种因素（如纤维类型、成品加工工艺、技术类型、化学药剂和助剂类型等）的影响。

在纺织企业内部，不同工序所排放废水的水量、水质特性，还缺少可靠的可用数据，所以，目前只能通过比较和计算纺织厂的物质和能量的输入输出情况，将纺织企业划分为不同类型。本书中提供的方法，可以通过比较相同类型的各纺织厂的资源消耗和废物排放水平来区分不同的工厂类型，并确定不同技术的差异，由此来进行粗略的评价。本最佳可行技术参考文件（BREF）中也考虑了一些特定类别纺织厂的输入/输出问题，从总物质流开始到利用可用数据具体分析单个工序结束，与一些受到特别关注的工序相关的重要发现，都在本书中有介绍。

洗毛导致了出水中含有高浓度的有机物（2～15L/kg 原毛，大约 150～500g COD/kg 羊毛）和多种不同的微量污染物，主要是由于在羊的养殖过程中使用杀虫剂所带来的。常用的杀虫剂主要有有机磷（OP）、合成除虫菊酯（SP）和昆虫生长调节剂（IGR）等，有机氯（OC）杀虫剂在一些种植业国家出产的羊毛中也会检出。

纺织业生产活动的总污染排放负荷中，大部分是由进入整染厂的原料所带入的（如，一些无机杂质和天然纤维材料、油剂、润滑剂、施胶剂等）。这些物质通常在进行染色和精整之前的预处理工艺中就已被去除了。去除辅助剂（如湿处理中的纺织润滑剂、针织油和预处理剂）可能不仅会导致如矿物油等难生物降解有机物的排放，还可能导致一些有毒有害物质（如多环芳烃、APEO 和生物杀虫剂等）的排放，典型的 COD 负荷约为 40～80g/kg 纤维。底物纤维原料在洗涤前进行干燥处理时，其中一些挥发性辅助剂会进入空气而被带走，如典型的矿物油基化合物的释放因子为 10～16gC/kg。

棉花和棉混纺织物的脱浆水，含有很高的 COD 物质，可能占总出水 COD 负荷的 70%，其排放因子可取 95gCOD/kg 织物，相应的 COD 浓度经常高于 20000mg/L。

次氯酸钠漂白过程增加了形成有机氯化物发生二次反应的机会，有机氯化物通常用 AOX 来测定（用三氯甲烷计量所形成的含氯化合物）。在使用次氯酸钠（第一步）和过氧化氢（第二步）漂白时，在利用次氯酸钠进行漂白的过程中，检出了 90～100mgCl/L AOX；然后在利用过氧化氢进行漂白的过程中，最高仍能检出 6mgCl/L AOX，因为在第一步漂白后织物上仍有一定量的残余 AOX。

与次氯酸钠相比，氯酸盐漂白过程中形成的 AOX 要少很多。最近的调查表明，AOX 的形成不是由氯酸钠本身造成的，而是由液氯或次氯酸盐造成的，液氯或次氯酸盐可能是杂质，也可能是活性剂。处理和保存次氯酸钠要特别小心，因为它具有很强的毒性和腐蚀性，还存在爆炸危险。

过氧化氢漂白过程中所需关注的环境问题与是否使用强络合剂（稳定剂）有关。

如果在丝光处理后没有对清洗水进行再生或重复利用，就会产生强碱性废水（40～50gNaOH/L）。

除了一些特例（如热熔过程、色素染色过程等），许多染色过程中产生的排放物都进入了废水中。水中的污染物质可能产自染料本身（如水生生物毒性、重金属、色度等）、染料配方中的某些助剂（如分散剂、消泡剂等）、染色过程中的基础化学品和助剂（如碱、盐、还原和氧化剂等）以及纤维中的残余物（如羊毛中残余的杀虫剂、合成纤维上的纺丝油剂等）。用水量和废水排放量与纤维种类、整染、染色技术以及所使用的机械有关。

在序批式染色工艺中，所产生废水的浓度，会由于染色顺序的不同，而有很大差异。一般来说，废气染液的 COD 浓度最高（一般会高于5000mg/L）。采用大桶或分散染料染色时，染色助剂（如分散剂和均染剂）对 COD 的贡献很大。皂洗、还原后的处理和软化等工序也对 COD 有一定贡献。清洗废水的浓度比染整液的低10～100倍，但废水量则要高2～5倍。

连续或半连续染色的用水量比序批式染色的低，但在小批量处理时，高浓度剩余染液的排放会导致很高的污染负荷（染料的 COD 浓度高达2～200g/L）。轧染技术仍是最常使用的技术之一，在设计先进的轧染机中的液体量一般为10～15L，而在传统轧染机中则可达100L。配制槽中剩余溶液量的变化范围较大，在理想条件下仅有几升，但有时则可高达150～200L。而剩余溶液的总量则随每天序批数的增加而增加。

印花过程中典型的排放物主要有印花浆残留物、冲洗和清洁操作中产生的废水、干燥和固定过程中产生的挥发性有机物等。印花浆在圆网印花中的流失通常都非常大（正常情况下，每种颜色会流失6.5～8.5kg印花浆）。短线操作（如250m以内）可能比纺织基板印花流失的印花浆量更大。每次运行结束后，设备清洗的耗水量约为500L（不包括清洗印花带的用水）。印花浆含有更多可能排入大气的物质（如氨、甲醛、甲醇及其他醇类；酯类；丙烯酸酯、醋酸乙烯、苯乙烯、丙烯腈单体等脂肪族烃类化合物）。

由于大多数连续整染过程固化后不需要清洗操作，废水主要来自系统损失和设备清洗水。剩余液体量大约占整染液体总量的0.5%～35%（低值适用于大型综合工厂，高值适用于小批次生产并使用不同类型底物的纺织厂）。这些液体排出后，一般会与其他废水混合，COD 浓度通常在130～200g/L范围内。通常整染配方中的主要成分都是不可生物降解或消除的，有时还具有毒性（如生物杀虫剂），在干燥和固化操作中，废气中的污染物主要与配方中挥发性成分以及上游工序带入的物质有关（如之前使用氯或四氯乙烯处理过的纺织品）。

水洗过程增加了水和能量的消耗。清洗水中的污染负荷与清洗水所携带的污染物有关（如从纺织品带出的杂质、前段工序带来的化学品、清洗过程中使用的清洗剂和其他助剂）。干洗使用的有机卤化溶剂（持久性物质）可能会引起弥散性排放，导致地表水和土壤污染，并可能对下游高温工序的气体排放造成负面影响。

0.1.5 选择 BAT 时应考虑的方面

(1) 整体优良管理实践

整体优良管理实践（general good management practices）包括从教育和训练员工到对仪器维护、化学品储存、处理、加药和配药的完整文件记载管理程序。对过程的投入和产出进行深入了解也是良好管理的必要部分，主要包括纺织原料、化学品、热、动力和水等的投入，产品、废水、气体、污泥、固废和副产品等的产出。监测工艺过程的投入和产出是识别工厂类型的出发点，也是改善环境和生态表现时应该优先考虑的。

提高所使用化学品质量和数量的方法包括定期修订和评价配方、优化生产程序、在湿处理工序中使用高品质的水等。对过程参数（如温度、液位、化学品投加量等）进行自动控制，可实现对过程进行更严格的控制，获得更高的效率，使剩余化学品和助剂的量达到最少。

优化纺织操作的用水过程要从控制水量消耗开始，通过一系列日常行动来减少水的消耗。这包括提高工作效率、减少序批过程的液比、提高冲洗效率、优化工序（如精炼和退浆）并重复/循环用水。这些措施不仅可以显著节水，还能大幅节能，因为在纺织行业中很大一部分能量是用于加热液体。其他节能技术则关注于能量的优化使用（如采用隔热管道、阀门、储罐和机械等，将冷热废水隔离并从热废水中回收废热）。

(2) 来料纤维的质量管理

充分了解纺织原材料的信息是消减上游工序带入污染的第一步。供应商提供的信息不能只包括纺织底物的技术特征，还应包括纤维中所含的制剂和上浆剂、剩余单体、金属、生物杀虫剂（如羊毛中的杀虫药）等。目前有多种技术可用于消减上游工序带来的环境影响。

由于粗羊毛纤维中含有残余的杀虫剂，因此，油脂和洗净后的羊毛中仍残留有杀虫剂。制造商可根据这点从源头上使杀虫剂的用量最小化，如使用 OP 和 SP 生物杀虫剂，并避免处理被剧毒化学品（例如 OC 杀虫剂）污染的羊毛，除非可以得到一份污染物分析证书。如果缺乏分析信息，应该进行样品分析以确定其杀虫剂含量，但是这个操作会增加制造商的成本。目前，商贸协会和主要生产国之间的合作生产项目使羊毛中 OP 和 SP 的平均残余量逐步得到减小，并且低残留认证计划也正在开展。

对助剂也可以同样进行改进，如化纤油剂、纺纱润滑剂和针织机油等。目前在许多应用中，可以采用一些矿物油的替代品，通常替代品的可生物降解性较高，或至少可生物消除程度高，而且它们通常不容易挥发，热稳定性更好。这有助于减少底物进行热熔等高温处理时产生的异味和气体排放。

将预湿处理经纱或集聚纺纱这类的低添加技术与有针对性地选择上浆剂结合，有助于减少退浆过程造成的环境影响。现在普遍认为满足所有需求的可生物降解或可生物消除的化合物是存在的。此外，最新一代的聚丙烯酸酯处理效率高，添加量低，并且很容易从织物中去除。

一般来说，综合型工厂有办法控制用于纤维制品的原材料和化学品来源。对于非综合型工厂（特别是经销公司），要影响上游供应就困难得多。传统合成方式比较廉价，原料供应商（特别是纺纱、针织厂）主要更看中经济效益和物质在他们自己工段的效果，而不是对下游工序可能造成的环境问题（在整染工厂）。在这种情况下，有必要和委托方合作，以减少来自于供应处的污染物质量。

（3）选择和替代目前使用的化学品

为了选出 BAT，技术工作组（TWG）建议对化学品生物毒性进行评价和分级。通常，以此为基础，将整个过程中的有害物质进行替换，是减小环境影响的一种可行手段。

在纺织行业中表面助剂通常有多种用途（如洗涤剂、润滑剂等），但由于其低生物可降解性和对水生生物的毒性，通常会产生很多环境问题。目前主要关注的是 APEO（烷基苯酚聚氧乙烯醚），特别是 NPE（壬基乙氧基苯）。APEO 的替代品主要是脂肪醇聚氧乙烯醚，但对于其他表面助剂，也同样有可能在废水处理设施中生物降解或生物消除，并不形成有毒代谢产物的替代品。

通常应该避免使用络合剂，即使必须使用时，也可使用可生物降解或至少可生物消除，并且分子式中不含 N 或 P 的替代化合物（如聚碳酸酯、聚丙烯酸酯、葡糖酸盐、柠檬酸和一些糖丙烯酸共聚物）。尽管在某些情况下，使用替代品可能导致用量增加，但成本不会明显增加。

一般情况下，消泡剂主要成分为矿物油。无矿物油的产品中典型活性成分是有机硅、磷脂、高分子醇、氟衍生物以及这些物质的混合物。有机硅只能在废水处理的非生物过程中被去除，并且有机硅超过一定浓度水平后，会阻碍氧气向活性污泥的传质/扩散过程。亚磷酸三丁酯气味强烈并且非常刺鼻，高分子量的醇气味强烈并且不能在热溶液中使用。

（4）洗毛

启用污垢去除/油脂回收循环可以减少水和能源消耗（已证明对于粗羊毛和精细羊毛，新水消耗量可达到 2～4L/kg 含脂原毛）。此外，还可获得有价值的副产品（在洗净羊毛中大约有 25％～30％的油脂），并可显著降低进入废水处理设施的有机负荷。如果将污垢去除/油脂回收循环与废水蒸发和污泥焚烧结合起来，水和动能得以充分循环，还可在节水和固废处置量方面获得额外的环境效益。但是，这项技术非常复杂，而且建设成本和运行成本都非常高。

采用有机溶剂洗毛可以减少实际清洗程序的用水量。仅有的排放水来自于进入羊毛的水分、真空喷射泵使用的蒸汽和从空气中回收进入设备的蒸汽。这些水会被全氯乙烯（PER）污染。为避免弥散性排放，水流需通过两个装置进行处理，即一个溶剂空气气提装置和一个剩余溶剂破坏装置。由于杀虫剂极易溶于溶剂，并且可被油脂去除，因此根据报道，清洁羊毛中不含杀虫剂。这对羊毛处理之后的下游工序产生有利影响。此技术的另一积极影响是其可减少能源消耗，因为有机溶剂比水的比热容低。

（5）预处理

水溶性的上浆剂，如 PVA、聚丙烯酸酯和 CMC 等，可以采用超滤从溶液中回收并回用于生产。最近，改性淀粉，如羟甲基淀粉已被证实可循环利用，当然并不是可以在织造厂中一直重复使用。迄今为止，纺织业人员对回收的上浆剂的接受程度仍较为有限。另外，因为溶液在隔热油轮中需要采取有效措施创造合适的条件，以便进行长途运输，而导致回收利用所产生的对环境方面的有利之处被完全抵消。因此，上浆剂通常只在织造和整染部处在同一地方的综合型工厂内进行回收。

对于处理许多不同类型纤维的非综合型工厂，直接对进厂的粗纤维进行控制具有较大困难，因此，此时比较可行的做法是选择合适的氧化路线。在特殊条件下（如 pH＞13），过氧化氢可以产生自由基，可以实现对所有粒径污染物高效而均一地降解，并将其从纤维中去除，同时，该过程中所产生的更短、分支更少的预氧化分子也更容易被清洗掉（用水量更少），并且更容易在污水处理设施中被降解。将碱型过氧化氢漂白与洗毛相结合，并通过不同预处理步骤来控制预氧化和碱逆流洗涤，可以实现水、电、化学药剂的节约。

尽管有人认为，对于高白度、易脆、易解聚的纺织物，必须使用次氯酸钠进行处理，但过氧化氢仍是目前替代次氯酸钠作为棉或棉混纺物漂白剂的首选。首先使用过氧化氢，然后使用次氯酸钠的两步工艺，不仅可以获得良好的漂白效果，还可减少 AOX 排放（因为纤维中的杂质——通常作为三卤甲烷反应的前体物——会在第一步与过氧化氢的反应中被去除）。完全不采用次氯酸钠，只采用过氧化氢的两阶段漂白工艺，也可以获得很好的漂白效果，但成本要贵 2~6 倍。

也有越来越多的人支持在强碱条件下采用过氧化氢进行漂白，这可以在使用还原/萃取技术去除催化剂后获得高白度产品。另外，也有人认为这样可以将精练和漂白结合起来。使用还原/萃取技术后再进行强氧化结合漂白/精练步骤，对用所有类型的机械（不连续和连续）也可用来漂白被严重污染的纺织品。

二氧化氯（由亚氯酸钠或氯酸钠反应生成）对不能使用过氧化物单独漂白的合成纤维、亚麻、亚麻布和其他麻纤维品来说，是一种优良的漂白剂。目前的技术可以在不产生 AOX（无氯漂白剂）的条件下（使用过氧化氢作为氯酸钠的还原剂）生成二氧化氯。

丝光处理后的冲洗水（即"弱碱液"）可以在过程中通过蒸发浓缩进行循环再生。

(6) 染色

通过在高温条件下染色可避免使用 PES 染色载体（除了 PES/WO 和氨涤/WO 共混物）。另一个很有吸引力的选择是使用非载体可染色的 PES 纤维，如丙二醇酯（PTT）的聚酯纤维。但是，由于这些纤维的物理和机械特征不同，它们并不能完全涵盖同样的产品市场，并且不能认为它们是 PET 聚酯型纤维的替代品。当不能避免载体的使用时，传统活性物质（基于氯化芳香族化合物、邻苯基苯酚、联苯和其他芳香族烃类化合物构成）可以用相对毒性更低的物质如用苯酸苄酯来替代。

为了避免在 PES 后处理过程中使用亚硫酸钠，人们提出了两种不同的解决办法：使用基于一种特殊短链磺酸衍生物的还原剂，或使用在碱性环境下容易通过水染液来清除的分散性染料。短链磺酸衍生物可生物降解、无腐蚀性、低毒，而且与其他许多亚硫酸氢盐不同，它们可以在酸性条件下使用，而不需要反复更换染液或调节 pH 值，就可以节水并节能。随着碱性可清除染料的使用，就可以完全避免使用亚硫酸氢盐或其他还原剂。

在分散体系、染缸和硫染料配方中广泛存在的分散剂，可通过以下方式进行改善：①使用基于脂肪酸酯优化产品的部分替代品；②使用改性的芳香型磺酸混合物。第一种方法只适用于分散性染料的液体配方（染料调节目前受到限制），这些分散剂具有较好的可生物消除性，并且，与传统配方相比，其用量可显著减少。第二种方法中提及的分散剂，与传统萘磺酸甲醛缩合产品相比，具有更高的可生物消除性，它们在分散和集中染色中都可使用（固体和液体配方）。预还原硫染料（液体配方中的硫含量<1%）或非预还原的不含硫染料可以以许多不同形式存在（氧化态形式存在的水溶性物质、粉末、液态或稳定悬浮态）。所有这些染料的去除都可以通过单独使用葡萄糖（只有一个例子），或将连二亚硫酸钠、羟基丙酮或甲脒亚磺酸结合使用来实现，这样可完全避免使用硫化钠。据报道，稳定的非预还原不含硫染料比其他类型的含硫染料更贵。

用活性染料染色时，固定环节较困难，特别是批量染色纤维素纤维时，这长久以来都是一个问题，通常会通过添加较多的盐来提高染料的染色效率。随着精细分子工程技术的发展，设计双用途且在低盐环境下对纤维素纤维的固定率仍可高达95％的活性染料成为可能，这种染料的染色效果（重现性和均染性）与传统染料相比显著提高。热漂洗可以避免在染色后的漂洗和中和步骤使用清洁剂和螯合剂，但如果不设法从漂洗废水中回收热量，热漂洗的能耗会很高。

由于在现代加药系统中可使用不含硅的高浓度溶液成品，因此浸轧染色纤维素纤维可避免使用硅酸钠。这里也介绍一种无需添加尿素、硅酸钠和盐，所需时间短的固定染料的替代工艺。该工艺流程简单，且适用性广，不受批次大小的影响，适用于不同的织物。尽管初期投入的建设成本较高，但由于生产效率高，化学药剂和能耗减少、排放的污染物总量减少，因此有显著的环境效应。该技术在新建或需要更换设备的厂中更为适用。

最近，染色固定程度很高的新型活性染料进入市场，其甚至对深色调的染色效果也可以跟铬染料媲美。但是由于一些原因（如操作工人的接受程度等），活性染料的增长缓慢，更重要的是一些整染工坚持认为只有铬染料才能保证套染染色的牢固性。如果使用铬染料，可采用低铬或超低铬染色技术来使最终出水中的剩余铬含量减小到最低。低铬技术可达到处理每千克羊毛排放50mg铬的排放因子，相当于在1∶10的液比下铬浓度为5mg/L。

总体来说，染色时控制pH值（如酸和基础染料）比控制温度更有优势。优势之一是染料可得到最充分的使用，并且用最少量的有机分层剂就可起到抗虫剂的作用。当用金属络合染料染色羊毛时，控制pH值，并使用与纤维和染料亲和力高的助剂可获得更高的染料上染率和固定率。高染料消耗率与染液中铬的减少水平（处理过的羊毛铬含量为10～20mg/kg，相当于在1∶10的液比下铬浓度为1～2mg/L）直接相关。关于染色松羊毛纤维和粘梳毛条都已拟定了参考文件，但是在其他整理操作中通过控制pH值来使染料消耗率达到最大时也可取得同样效果。

本书里描述了许多不同的技术，旨在全面改善序批式和连续式染色过程造成的环境影响。一个显著的趋势是从序批式染色机械操作向减少批次发展。此外，现代机械一个显著的特征是它们可以在一个大概稳定的液比下，同时在远低于它们正常工作的负荷下运转。这一点对销售公司尤其有优势，因为它们经常需要高度的产品灵活性。此外，连续操作处理的许多典型功能，都已在序批式处理机械上得以实现，这使得不同批次间可以最大可能地被隔断，并为重复使用染液提供了可能，此外，还可改善对高浓度废水的处理效果。

对于连续染色过程，可通过浸渍步骤或使浸槽处理能力最小化（如活动轴、U形轴）来减少系统损失。可通过将染料流和助剂流隔开来配药，并通过测量抽出的液体量来添加轧染液。消耗的染液量可通过参考处理的织物量来确定，并且为下一个类似批次的准备工作提供参考，以此尽量减少未使用染液的残留。尽管如此，这个系统的加料罐中还是不能避免会存在一定的染液残余。快速批量染色技术代表了技术的进一步提高，因为与在准备开始一批染色前单独为整个批次准备染液相比，快速批量染色技术的染料是分步根据在线测量的所需量实时进行准备的。

（7）印花

将印花浆供应系统的体积最小化（如管道和印板直径）可显著减少圆网印花中印花浆的损失。提高供应系统中印花浆的回收量可进一步减少印花浆的损失。最新的技术包括在灌装系统前，在印板中放入一个圆球，在印花操作结束时，球会被压回，因此可将供应系统中的印花浆泵回桶里回用。目前采用电脑辅助后控制系统为回收印花浆提供了更多的选择。织物整染加工厂已经应用了印花浆回收和循环使用系统，但目前仅用于平面织物，尚未应用于地毯。其最主要的原因是由于生产地毯时通常需要添加瓜尔胶作为增稠剂，而瓜尔胶易于生物降解，导致其储存寿命很短，因此在再利用前不能储存太长时间。

筛网、水桶和印花浆加料系统在印新颜色前需要仔细清洗，有许多经济的节水方法（如控制清洁印花带的开始/停止、重复利用清洗印花带的洗涤水等）。

与此类似的是，采用数字印花技术，目前，该技术已经在纺织和地毯部门受到很大重视。采用数字印花技术时，染料是根据计算出的需求量按需投加的，从而大大降低了每轮操作完成后印花浆的残留。

数字喷墨印花技术适合于平面织物，但是其生产速度过低，尚不能取代传统印花方法。然而在短程操作中，喷墨印花与传统印花技术相比，已表现出明显优势。

目前，地毯和蓬松织物喷墨印花机械最新的进展体现在：可从机械里直接将颜料喷射到织物表面，其喷射深度如外科手术般精确，并且机械的任何零件都不用与基底接触。这里，施用于基底上的液体量的控制（可能是轻巧物件，也可能是有重量的织物）要通过区别喷射时间和控制泵送压力来实现。

活性印花浆中的尿素含量可高达 150g/kg 浆。尿素在一步操作中可由可控地添加水分来取代，这可通过发泡技术或喷洒一定数量的水雾来实现。然而，对于丝绸和纤维胶物品，不太可能通过喷洒系统来避免使用尿素。因为这项技术还不足以可靠到能保证匀质地为这类物品添加所需的低量水雾。

相反，目前已证明发泡技术可成功运用于纤维胶，以完全消除尿素的使用。这项技术原则上对于丝绸也是可行的，尽管尚未被证明。丝绸比纤维胶的问题少，但它通常只应用于短线处理。如果不采用发泡技术，对于丝绸，尿素的消耗量可减少到 50g/kg 印花浆，对于纤维胶，尿素的消耗量可减少到 80g/kg 印花浆。

另一个避免使用尿素的选择是两步印花法，不过这种方法更为复杂、速度也更慢。

尽管在欧洲油包水型增稠剂似乎已不再使用，半乳化型印花浆（水包油）也只是偶尔使用，却仍可以在废气中检测到烃类化合物（主要是脂肪族），烃类化合物主要来自于增稠剂所含的矿物油。排放潜能可高达 10g 有机碳/kg 织物。新型增稠剂含有非常少量的挥发性有机溶剂。此外，最理想化的印花浆是不含 APEO，含有少量的氨，并含有少量甲醛的黏合剂。

（8）精整加工

为减少提取，所谓的最小应用技术（如湿润辊、喷洒和发泡应用系统）被认为可取代填充系统，且它正受到越来越多的重视。此外，在拉幅机中，有许多技术可用来减少能耗（如采用脱水机减少来料纤维中的含水量、优化控制通过烤箱的废气气流、安装热回收系统等）。

对于每个精整工序，可结合使用特殊物质的技术来减少环境影响。BREF 只关注少部分精整工序。在易于维护的处理过程中，通过使用低甲醛产品或不含甲醛产品（<75mg/kg织物，或甚至小于 30ppm）可显著减少甲醛（疑似致癌物质）排放量。

减少防蛀剂排放的一般技术，包括在配药以及在染坊里运输防蛀剂浓缩液的过程中减少溢出量、在染液和冲洗水中实现最少活性物质残留的技术。两种有效的措施为：①保证染色操作结束时 pH<4.5；②避免使用会妨碍杀虫剂吸收的染色助剂（如分层级、PA 封闭剂）。

其他技术还包括按比例过剂量的处理，在纺纱洗毛流水线的末端采用防蛀剂、在地毯背面涂层或上胶操作时直接对堆放的地毯采用 IR 剂处理等。对纱线制造的三个工序，即"干纺途径"、"疏松纤维染色/清洗过的纱线生产"和"染色纱线生产"要分别应用相应技术。

通过灌装轧布机或喷雾或发泡应用系统来使用软化剂，比染色完成后直接在染色机里批量软化带来的环境影响要更好。因为可避免使用阳离子软化剂，并且任何的化学品损失都可以减少到非常小的百分比。另外一个优势是因为不再存在阳离子软化剂的问题，可以接着重复染色和漂洗，阳离子软化剂存在时会妨碍后续染色工序对染料的吸收。

（9）洗涤

"排干和灌满"和"灵敏洗涤"都是比传统溢流漂洗更高效的序批式洗涤技术。此外，现代机械配备了省时装置和其他特殊系统，以此来避免传统"排干和灌满"方法的应用限制（例如生产周期更长等）。"灵敏洗涤"和"排干和灌满"技术可以将废弃的浓缩染液和洗涤水分别收集处理（污水分流和水、能量回收）。

在连续洗涤操作中，节水和节能应从简单有效的内部控制措施入手。这包括从在洗涤器里使用流量控制装置来确定最佳流量，到安装关闭阀以在堵塞发生时切断水流。提高洗涤效率可进一步节水节能，这主要是通过逆流冲洗和减少携带（例如真空提取器）实现。通常在连续洗涤器中安装热回收设备是一个简单有效的方法。

使用含卤素有机溶剂洗涤的新设备中通常配置了闭环活性炭过滤器，因此可避免将任何废气排放到外界环境。为了将排放到水里的被 PER 污染的物质量控制在最低水平，许多水溶中的 PER 都通过两阶段过程提取再利用，包括气吹脱和活性炭吸附（最终出水的 PER ＜ 1mg/L）。由于出水水量非常小（$0.5m^3/h$），此处可用高级氧化工艺（例如芬顿工艺）处理出水。此外，对主体蒸馏部分的重新全面设计能够显著降低污泥中的溶剂残余量（相比传统设备的 5%，本设备重量比只占 1%）。

（10）废水处理

难生物降解化合物在低 F/M 值条件下仍然能在生物处理装置中被降解，但是不可生物降解的物质在生物处理装置中却不能被降解。含有此类化合物的浓缩废水应该在源头进行预处理。对于纺织整染业，芬顿反应这类高级氧化方法被认为是可行的预处理技术（对于不同种类的出水，其 COD 去除率可达到 70%～85%，剩余的 COD 由于经芬顿反应试剂改性过，极易被生物降解，适合进行生物处理）。然而，对于非常顽固的剩余物，例如剩余印花浆和填充液等，将其从废水中分离出，进行其他方式的处理更为方便。

对于含有有色印花浆或来自地毯衬背乳胶的废水，可用沉淀/混凝并焚烧剩余污泥的方法来代替化学氧化法。此外，对于偶氮染料，在序批式氧化处理前，将填充液和印花浆先进行厌氧处理对色度的去除效果更好。

处理混合废水时，人们提出了以下技术，以达到相同的处理效果。

● 在生物处理后进行深度处理，例如将活性炭循环至活性污泥系统的活性炭吸附方法，将吸附过的不可生物降解的化合物焚烧或彻底处理剩余污泥（包括生物和用过的活性炭）；

● 结合生物、物理和化学处理方法，向活性污泥系统中添加粉末状活性炭和铁盐，以通过"湿式氧化"或"湿式过氧化物氧化"（如果使用过氧化氢）的方式再活化剩余污泥；

● 在进入活性污泥系统前将难降解化合物臭氧化。

对于羊毛洗毛废水讨论了一系列不同的情况。蒸发设备比絮凝设备对环境的影响好。然而蒸发设备的初始投入成本要高很多，并且对于小型工厂（年产 3500t 羊毛）投资回收期（相对于排入下水道）长达 4～5 年。对于中型工厂（年产 15000t 羊毛），在 10 年内使用蒸发装置比絮凝法费用稍微便宜一些。将污垢去除/油脂回收与蒸发结合使用，可以让蒸发技术更有吸引力，因为可安装一个更小的蒸发器，由此节省初始投资费用。由于油脂的出售，使用回收法还可节省部分运行费用（此效果对于羊毛精洗工厂更为明显）。

将污垢去除/油脂回收与出水蒸发和污泥焚烧结合，形成水和能量的全循环，是从环境角度出发的最佳选择。然而，此技术的复杂性和初始投资成本使它更适合用于：①新建厂；②没有在线出水处理的已建成厂；③准备更换使用寿命已到期的污水处理设备的厂。

在欧洲（特别是意大利），有的清洗厂用生物处理作为主要手段来处理出水，但未获得更多详细的信息。

已证明，羊毛洗毛污泥和黏土混合制砖时，机械特性非常好。经济性主要取决于洗毛厂和制砖厂之间的协议。根据已记载的信息，这项技术比填埋、堆肥和焚烧都要经济。BREF里没有关于其他循环利用技术的信息。

0.1.6　通用 BAT（整个纺织行业）

(1) 管理

目前已有共识，技术进步需要与环境管理和良好的内部控制相结合。根据潜在的污染过程来管理设备需要配置许多环境管理系统（EMS）里要求的设备。安装进料和出料的监测系统是一个前提要求，以此来确定改善环境影响的优先领域和优先选择。

(2) 投加和分配化学品（不包括染料）

BAT 就是要安装可精确计量需要的化学品量，并且不需要人的接触，可直接通过管道将化学品输送到不同机械的自动加药配药系统。

(3) 选择及使用化学品

BAT 要求按照一定的一般性原则选择化学品，并对其使用进行管理：在不使用化学品就可能达到预期效果的情况下，避免使用化学品；如果不使用化学品不能达到预期效果，采取风险分析方法来选择化学品并确定它们的使用模式，以此来保证整体风险最低。

化学品名录和分类工具有很多。保证整体风险最低的操作模式包括类似闭路环和环内破坏污染物的技术。当然，对相关共同体立法给予应有的认可是必要的。

按照这些原则可产生一系列具体的 BAT，特别是与表面剂、络合剂和消泡剂相关的BAT。具体信息可在第 5 章找到。

(4) 选择来料粗纤维

目前人们已认识到，在上游工艺中，了解应用于纤维上的物质的质量和数量，对确保制造商能预防并控制这些物质导致的环境影响是至关重要的。BAT 就是要寻求在纺织链中与上游生产伙伴的合作，借此将生产链中的企业串起来，共同负责织物造成的环境影响。交换在其生命周期的各个阶段对产品投加及残余的化学品种类和负荷的信息是非常有用的。对于不同的原料，确定了一系列的 BAT。

- 人造纤维：BAT 用于选择可使用低排放和可生物降解/消除预处理剂的原料。

- 棉花：主要的问题是有害物质（例如 PCP）的存在和所使用上浆剂的质量和数量（选择使用低添加技术和高效可生物消除上浆剂）。如果市场环境允许，应优先选择有机棉花。

- 羊毛：重点在于利用可用信息，并鼓励有实力的企业间相互合作，由此来避免羊毛处理过程中被 OC 杀虫剂污染，并从源头上将法律允许的羊毛杀外寄生虫药用量控制在最小。BAT 的另一部分内容是选择用可生物降解纺纱剂纺出的羊毛纱线，而不是含有矿物油或含有 APEO 的羊毛纱线。

所有的方法都假设了用于纺织的纤维原材料是通过一些质量保证计划生产的，所以精整工可获得关于污染物类别和含量的相关信息。

(5) 水及能量管理

纺织业中节水和节能通常是相关联的，因为能量主要用于加热水溶液的过程。BAT 从监测不同过程的水耗和能耗入手，并优化过程控制参数。BAT 包括使用序批式生产时可减少液比的机械、使用连续生产时的低添加技术、使用最新技术来提高冲洗效率。BAT 还要通过分析不同工艺水流的质量和体积特征来调查水回用和循环的可能性。

0.1.7　洗毛

(1) 用水洗毛

BAT 是对油脂和污垢使用周期回收。对于大中型厂（年产 15000t 含脂羊毛），BAT 相关的水耗值是 2~4L/kg 含脂羊毛；对于小型厂，BAT 相关的水耗值是 6L/kg 含脂羊毛。BAT 的洗净毛油脂回收率大约在 25%~30% 之间。类似地，BAT 相关的能耗值为 4~4.5MJ/kg 含脂羊毛，其中包括大约 3.5MJ/kg 的热能和 1MJ/kg 的电能。但是由于缺乏数据，不能确定上述相关值对于超细羊毛（纤维直径一般在 20μm 或更小）BAT 的水耗和能耗是否同样适用。

(2) 采用有机溶剂洗毛

采用有机溶剂洗毛被确定为 BAT，但前提是要采取一切措施来使无组织损失控制在最小，并且预防扩散性污染和意外事故可能对地表水造成的任何污染。这种方法的细节在 2.3.1.3 部分中有具体描述。

0.1.8　纺织精整和地毯行业

(1) 预处理

① 从织物中去除针织润滑剂　BAT 要进行以下操作。

- 选择用水溶性且可生物降解的润滑剂，而不是用传统矿物油基润滑剂处理的针织纤维（见 4.2.3 部分）。采用水洗去除润滑剂。对于用人工合成纤维制成的针织纤维，清洗步骤需要在热固定之前开展（去除润滑剂，并避免它们以气体形式排放出来）。
- 在清洗之前进行热固定，并将从拉幅机产生的气体排放物用电过滤系统处理，电过滤系统应能回收能源并能分开收集油。这可以减少出水中的污染物（见 4.10.9 部分）。
- 用有机溶剂清洗来去除不可水溶的油。根据 2.3.1.3 部分描述的要求，同时在闭路中破坏持久性污染物（例如高级氧化）。这可以避免来自于扩散性污染或意外事故可能对地表水造成的任何污染。当有其他不可水溶的准备剂（例如矿物油）存在于纤维中时，这种技术使用起来更方便。

② 退浆　BAT 要进行以下操作。

• 选择使用低添加技术（例如预湿经纱，见 4.2.5 部分）和可生物消除性更高的上浆剂（见 4.2.4），同时结合使用高效清洗退浆系统和低 F/M 比 [F/M＜0.15kgBOD/(kgMLSS·d)，污泥适应温度高于 15℃，见 4.10.1 部分] 废水处理技术，以提高上浆剂的可生化性。

• 当不能控制原材料来源时，改变氧化途径（见 4.5.2.4 部分）。

• 将退浆/洗毛和漂白结合到一步中，见 4.5.3 部分。

• 按照 4.5.1 部分的描述，通过超滤回收和重复利用上浆剂。

③ 漂白　BAT 要进行以下操作。

• 结合将过氧化氢稳定剂用量控制在最小的技术，将过氧化氢作为优先漂白剂，见 4.5.5 的描述，或使用 4.3.4 描述的可生物降解/可生物消除络合剂。

• 对不能单独使用过氧化氢漂白的平板纤维和麻类纤维使用亚氯酸钠。过氧化氢-二氧化氯两步漂白是优先的选择。必须保证使用不含氯的二氧化氯。不含氯的二氧化氯是用过氧化氢作为还原剂，用氯酸钠制成的（见 4.5.5 部分相关内容）。

• 在需要高度漂白和使用易脆、可能被解聚纤维的情况下，要限制次氯酸钠的使用。在这些特殊条件下，为了减少有害 AOX 的生成，次氯酸钠漂白需分两步开展，第一步使用过氧化物，第二步使用次氯酸盐。次氯酸盐漂白出水同其他出水及混合出水分离，以减少有害 AOX 的形成。

④ 变形　BAT 要进行以下操作。

• 从变形清洗水中回收和重复使用碱（见 4.5.7 部分相关内容）；

• 或在其他预处理中重复使用含碱废水。

(2) 染色

① 供给和分配染料　BAT 要进行以下操作。

• 减少染料种类（一种减少染料种类的方法是使用三色系统）；

• 使用染料自动供给分配系统，只对不常使用的染料考虑人工操作；

• 在分配管的死区容积与轧染机容积相当的大连续生产链中，优先选择在操作前不需要将不同的化学品同染料混合，并且可全自动清洗的分散型自动工作系统。

② 序批式染色操作通用 BAT　BAT 要进行以下操作。

• 使用配备了填充量、温度和其他染色循环参数自动控制器，间接加热和冷却系统，尽量减少蒸汽损失的罩和门的机器。

• 选择在其设计的正常液比范围内运行时，能最好地满足处理量的机器。现代化的机器即时在负荷只有正常情况的 60% 时（对纱线染色机，甚至只有正常处理负荷的 30%），也能在大致一定的液比下运行（见 4.6.19 部分）。

• 尽可能按照 4.6.19 部分描述的需求选择新型机器：

➤ 低或超低液比；

➤ 操作中将浴盆从基底上分离；

➤ 将过程水从冲洗水中分离；

➤ 机械化液体提取以减少携带，并提高冲洗效率；

➤ 缩短周期。

• 按 4.9.1 部分的描述，用排干和灌入或其他方法（纤维灵敏冲洗）取代溢流冲洗方法。

● 技术上可行时，可重复使用清洗水进行下一轮染色，或重复使用染液。此技术（见4.6.22）在疏松纤维染色中更容易实施，因为疏松纤维染色使用的是顶开式机器，不用放干染液就可从染色机中去除纤维载体。不过，现代序批式染色机安装了内置储罐，可以间歇地从洗涤水中自动分离浓缩物。

③ 连续染色操作的 BAT　连续和半连续染色消耗的水量比序批染色少，但是会产生高浓度剩余物。

BAT 是要减少浓缩液体的损失。

● 当使用轧染工艺时，使用低量液体添加系统，并将浸渍槽的容积控制到最小。

● 改进分配系统，使各类化学品能够独立在线分配，只在进入反应器后才立即被混合。

● 使用以下系统中的一种，来基于排出量供应填充液（见4.6.7）：

➤ 通过参考处理的纤维量（纤维的长度乘以宽度）来估量消耗的染液量；得出的结果会被自动处理，并在下一个类似操作的准备阶段使用。

➤ 使用快速序批染色技术，与在启动染色前准备好全部染液不同，它是根据在线测量排出量的数值并通过许多不同步骤及时准备染液。当经济上可行时，优先选择第二种技术（见4.6.7部分相关内容）。

● 根据逆流冲洗和减少携带原则来提高冲洗效率，见4.9.2部分相关内容。

④ 使用分散染料染色聚醚砜及聚醚砜混合物　BAT 要进行以下操作。

● 避免使用以下危险载体（按优先级排序）：

➤ 当产品市场需求允许时，使用不含载体的可染色聚酯纤维（改性的 PET 或 PET 型纤维），参考4.6.2的描述；

➤ 不使用载体在高温条件下染色，此技术不适用于 PES/WO 和氨纶/WO 混合物；

➤ 当染色 WO/PES 纤维时，用苯酸苄酯替代传统染色载体（见6.1）。

● 在 PES 后处理中，使用以下两种建议技术之一替代亚硫酸氢钠的使用（见4.6.5）：

➤ 使用亚磺酸衍生物基的还原剂替代亚硫酸氢钠。这要与能确保只消耗还原染料所需微量还原剂的手段相结合（例如用氮气吹脱液体中的氧气和机器中的空气）。

➤ 使用能够在碱性介质中被去除的水溶性分散染料来替代还原剂（见4.6.5）。

● 使用4.6.3描述的含有分散剂，可生物消除性高的最优染色配方。

⑤ 用硫化染料染色　BAT 要进行以下操作（见4.6.6）。

● 用稳定的非预还原不含硫染料或硫含量<1%的预还原液体染料替代传统的粉状或液体硫化染料。

● 使用不含硫的还原剂或亚硫酸氢钠替代硫化钠，优先选择不含硫还原剂，其次是亚硫酸氢钠。

● 采取措施保证只消耗还原染料所需的微量还原剂（例如用氮气吹脱液体中的氧气和机器中的空气）。

● 优先选择过氧化氢作为氧化剂。

⑥ 用活性染料进行序批式染色　BAT 要进行以下操作。

● 使用4.6.10和4.6.11描述的高固定性、低盐活性染料。

● 通过使用热漂洗和热能回收技术从清洗废水中回收热，可避免在染色后的清洗和中和步骤中使用清洁剂和络合剂（见4.6.12）。

⑦ 用活性染料浸轧染色　BAT 要使用与 4.6.13 所描述的技术水平相当的染色技术。4.6.13 描述的技术在总运行成本上比浸轧染色更低，但是转换到新技术所需的初期成本非常大。然而，对于新建厂和准备更换设备的厂，成本因素不是那么重要。在所有情况下，BAT 都要避免使用尿素，并使用不含硅的固定方法（见 4.6.9）。

⑧ 羊毛染色　BAT 要进行以下操作。

● 用活性染料替代铬染料，如果不可行，可使用满足 4.6.15 按以下要求定义的超低铬含量方法：

➤ 排放因子达到 50mg 铬/kg 处理过的羊毛，相当于 1∶10 液比下铬浓度为 1～2mg/L；

➤ 废水中不检出铬（Ⅵ）（使用能够检出低于 0.1mg/L 浓度的五价铬的标准方法）。

● 当使用金属络合染料染色羊毛时，尽量减少废水中重金属的量。BAT 相关值是：排放因子为 10～20mg/kg 处理过的羊毛，相当于 1∶10 液液比下铬浓度为 1～2mg/L。这些效果可通过以下操作达到：

➤ 使用能促进染料吸收的助剂，参见 4.6.17 中描述的对松散羊毛和毛条的处理工艺；

➤ 使用控制 pH 值的方法来使染液最终消耗量最大化。

● 当用 pH 可控的染料（酸性或基础染料）染色时，优先选择 pH 可控的工艺，以最大限度耗尽染色剂和杀虫剂，并最小限度地使用有机分层剂，获得匀染的效果（见 4.6.14）。

(3) 印花

① 总体工艺　BAT 要进行以下操作。

● 通过以下方式减少圆网印花中的印花浆损失：

➤ 将印花浆供应系统的体积最小化（见 4.7.4）；

➤ 采用 4.7.5 描述的技术，在每一轮操作结束后从供应系统中回收印花浆；

➤ 回收剩余印花浆（见 4.7.6）。

● 在清洗操作时通过结合以下方法减少水的消耗（见 4.7.7）：

➤ 控制印花带清洗的启动/停止；

➤ 重复使用刮刀、屏幕和水桶的清洗水中最干净的部分；

➤ 重复使用清洁印花带的冲洗水。

● 对于平面织物的短程操作（少于 100m），如果产品市场需求允许，使用数字喷墨印花机（见 4.7.9）。当不使用印花机时，用溶剂冲洗印花机以防堵塞不作为 BAT 考虑。

● 对地毯和蓬松纤维进行印花时，除了防染印花和类似情况外，用 4.7.8 描述的数字喷墨印花机印花。

② 活性印花　BAT 通过以下方式避免尿素的使用：

● 定量添加水雾的一步工艺，此工艺中是以泡沫形式添加或喷洒定量的水雾（见 4.7.1）。

● 两步印花法（见 4.7.2）。

对于丝绸和纤维胶，一步工艺中的喷洒技术不太可靠，因为这些纤维所需的水雾非常少。已证明完全不使用尿素的发泡技术对纤维胶是适用的，但不适用于丝绸。对于生产能力为每天 80000m 的厂，安装发泡机需投入高达 200000 欧元的初期成本。本技术需要在日生产能力达 30000m、50000m 和 140000m 的工厂里，在经济可行的情况下使用。对于小型工厂本技术是否适用还不确定。

不使用发泡技术时，丝绸印花消耗的尿素可控制在 50g/kg 印花浆，纤维胶消耗的尿素可控制在 80g/kg 印花浆。

③ 涂料印花　BAT 使用最优化的印花浆来满足下列要求（见 4.7.3）：

● 有机挥发碳排放量低的增稠剂（或不含任何挥发性溶剂）和甲醛含量少的黏合剂。相关的空气排放值为小于 0.4g 有机碳/kg 织物（假设气体排放量为 20m^3 气体/kg 织物）。

● 不含 APEO 且可生物消除率高。

● 氨含量少。相关排放值：0.6g NH_3/kg 织物（假设 20m^3 气体/kg 织物）。

(4) 精整

① 总体工艺　BAT 用于以下工艺。

● 通过以下方式尽量减少剩余液体：

➤ 使用液体用量技术（例如发泡应用，喷洒）或较小容量的填充设备；

➤ 若填充液质量未受影响，重复使用填充液。

● 在拉幅机中通过以下方式尽量减少能量消耗（见 4.8.1）：

➤ 采用机械脱水设备减少来料纤维中的水含量；

➤ 通过烤箱来改善废气，将废气湿度自动保持在 0.1～0.15kg 水/kg 干空气范围内，要考虑达到平衡状态的时间；

➤ 安装热回收系统；

➤ 安装隔热系统；

➤ 确保直接加热定型机中的燃烧器保持在最佳状态。

● 使用优化的低气体排放配方。一个分类/选择精整配方的例子可见 4.3.2 描述的"排放因子概念"。

② 免烫处理　BAT 要在地毯部分使用不含甲醛的交联剂，并在纺织行业使用不含甲醛或含少量甲醛（配方中甲醛含量<0.1%）的交联剂（见 4.8.2）。

③ 防蛀处理

● 总体工艺。BAT 用于以下工艺：

➤ 采用 4.8.1 中描述的合适方式来处理材料。

➤ 确保效率达到 98% 以上（防虫剂向纤维中的转移率）。

➤ 如果是在染液里使用防虫剂，还要采取以下措施：确保工序结束时 pH<4.5，如果达不到，应在单独的步骤中回用染液并使用防虫剂；在染液扩张后加入防虫剂，以避免溢流；选择在染色过程中不会妨碍吸收过程（消耗）的染色助剂（见 4.8.4.1）。

● 通过干纺途径对纱线进行防蛀。

BAT 使用以下两条技术中的一条，或两条同时使用（见 4.8.4.2）：

➤ 将酸后处理（以提高对防蛀活性物质的吸收）和重复使用清洗液相结合；

➤ 将相当于 5% 的总纤维混合物的过剂量处理技术与专用染色机械以及废水循环系统相结合，以尽量减少活性物质向水里的排放。

● 染色过的疏松纤维/洗涤过的纱线产品防蛀。

BAT 是（见 4.8.4.3）：

➤ 使用安放在纱线清洗机末端的专用低量应用系统。

➤ 循环利用序批间的低量过程液，并使用为将活性物质从过程液中去除而专门设计的工艺。这些技术可能会包含吸收和降解处理。

➤ 使用发泡应用技术，将防蛀剂直接用于地毯绒头（在地毯生产时做防蛀处理）。

● 纱线染色产品防蛀

BAT 是（见4.8.4.4）：

➢ 使用单独的后处理工艺来使染色工艺的排放最小化。

➢ 使用半连续低容量机械或改进的离心机。

➢ 在分批处理纱线工序和特别设计用来从用过的处理液中去除活性物质工序之间，少量重复使用处理液。这些技术可能包括吸附或降解处理。

➢ 直接在地毯绒头上用发泡工艺使用防蛀剂（当在地毯生产过程中需要防蛀时）。

● 软化处理

BAT 是在轧布机或喷洒和发泡系统里应用软化剂，而不是直接在放空的序批染色机中进行软化处理（见4.8.4.3）：

（5）清洗

BAT 是：

● 用4.9.1描述的排干和灌满方法或"灵敏洗涤"技术替代溢流冲洗/洗涤。

● 通过以下方式在连续操作中减少水和能量的消耗：

● 当不能避免使用氯化有机溶剂时（例如使用了很难被水去除的硅油等制剂负荷很重的纤维），使用闭环设备。设备要满足4.9.3所描述的要求，且采取措施在环内将持久性污染物破坏掉以避免扩散性污染和意外事故对地表水可能带来的任何污染，是十分必要的。

（6）废水处理

废水处理至少有三种不同策略：

● 在废水生物处理设施中原位集中处理；

● 在市政废水处理设施中异位集中处理；

● 特定的、被隔离的单独的废水原位（或异位）分散处理。

当这三种策略应用于适合的实际废水时，它们都是BAT选择。普遍接受的废水管理和处理一般性原则包括：

● 区分来自于不同工艺的不同废水的水质特性（见4.1.2）。

● 废水和其他水流混合前，按照它们的污染物类型和污染负荷从源头进行分离。这可确保处理设施只接受它们能够处理的污染物。另外，这能让废水被选择性回收或再利用。

● 将污染的废水排入到最适合的处理设施中。

● 当废水中的成分可能引起生化处理系统障碍时，避免将其引入生化处理系统。

● 在最终生物处理前，用合适的技术处理含有部分相对不可生物降解物质的废水，或完全将最终级生物处理替换掉。

按照这些方法，以下技术被确定为处理纺织精整和地毯行业废水的BAT：

● 在含有不可生物降解化合物的浓缩废水被单独预处理的前提下，在4.10.1描述的低F/M比下在活性污泥系统中处理废水。

● 采用化学氧化法（如4.10.7描述的芬顿反应）对特定的、高浓度、单独收集的含有较多不可生物降解物质的废水，如半连续或连续染色和精整的填充液、退浆液、印花浆、地毯背衬残余、剩余的染色和精整液等，进行处理。

某些特定的残留物质，如残留印花浆和残留填充液，非常难以处理，因此在可行的情况下，应设法阻止其进入废水。

这些残留物应妥善处理，加热氧化法具有很高的放热值，是一种可行技术。

在特殊情况下，废水中含有有色印花浆或来自地毯背衬的乳胶时，通过混凝/沉淀将其从废水中予以去除，并采用焚烧对其最终形成的污泥进行处理，是相对于化学氧化法的一种替代技术。

对于偶氮染料，像 4.10.6 所描述的那样，在好氧处理前采用厌氧工艺对填充液和印花浆等进行预处理，可有效地脱色。

如果含有不可生物降解物质的浓缩废水不能单独处理，则需要采用额外的物化处理来达到相当的总体处理效果，这主要包括：

● 在生物处理后增加深度处理，如在活性污泥系统中投加活性炭，利用活性炭的吸附特性去除废水中的不可生物降解物质，然后采用焚烧处理吸附了不可生物降解物质的活性炭或采用自由基等强化剂（如工艺产生的 OH^-、O_2、CO_2）处理剩余污泥（见 4.10.1 的工厂 6）；

● 结合生物、物理和化学处理方法，向活性污泥系统中添加粉末状活性炭和铁盐，以通过"湿式氧化"或"湿式过氧化物氧化"（如果使用过氧化氢）方式对剩余污泥进行再活化，具体描述见 4.10.3；

● 在进入活性污泥系统前采用臭氧氧化处理难降解有机物（见 4.10.1 的工厂 3）。

对于洗毛部门的废水处理（以水为基础的工艺）BAT 是：

● 结合污垢去除/油脂回收和废水蒸发处理，以及综合剩余污泥焚烧，水和能量能得以充分循环，适用于：新建厂；没有在线出水处理的已建成厂；准备更换使用寿命已到期的污水处理设备的厂。这项技术在 4.4.2 中有描述。

● 在已使用混凝/絮凝处理技术的已建成厂里进行混凝/絮凝处理，出水排入进行好氧生物处理的污水系统中。

生物处理是否能被看做 BAT 应该当成一个开放性的问题来看待，直到能整合出更多与其相关的费用和效果方面的信息。

（7）污泥处理

对于洗毛废水处理产生的污泥，BAT 是：

● 将污泥用于制砖（见 4.10.12）或采取其他合适的途径循环利用；

● 污泥焚烧并进行热回收，同时采用技术手段来控制烟气中的 SO_x、NO_x、灰分的排放，并避免由污泥中可能含有的杀虫剂中的有机氯而导致二恶英和呋喃的产生和排放。

0.1.9 结语

主要结论如下。

● 技术工作组（TWG）第二次会议后，信息交换工作很成功，并且达成了高度的共识。

● 由于纺织行业本身的特性（非常复杂并且具有很多不同的分部门），要根据每个厂的特性来确定 BAT 的选用，因此纺织行业 BAT 的推广速度将会是一个很敏感的话题。

● 针对一些厂目前在控制/选择原纤维材料来源方面的困难，人们已认识到为了生产出满足 IPPC 要求的商品，来料纤维的质量保证系统是非常必要的。为了在纺织行业里构建出一个环境责任链，BAT 要在纺织链中寻求与上游生产伙伴的合作，不止是在单一的工厂范围内，而是在整个行业范围内。

主要建议如下。

● 对于目前的能源消耗和废物排放水平，以及决定 BAT 时要考虑的技术效果还需要更系统地收集书籍信息，特别是废水。

- 需要结合技术相关的成本和费用节省评估结果来进一步协助决定 BAT。
- 收集 BREF 没有覆盖的地区的信息。有关缺乏数据和信息的特殊地区的更多细节在第 7 章有提及。

欧盟正通过 RTD 项目来启动和支持一系列有关清洁技术、新兴污水处理和循环技术、管理策略的研究计划。这些计划可能对未来 BREF 的修订提供帮助。届时将会邀请读者来探讨 EIPPCB 任何与本书有关的研究成果（同样见本书序言）。

0.2 序言

(1) 本书情况

除非有额外提及，本书中提到的"指令"是指关于综合污染预防和控制的欧盟委员会指令 96/61/EC/。该指令的使用不能违背欧盟条款对工作场所健康和安全的规定，本书也不能。

本书展示了欧盟成员国和关注 BAT 的一些行业之间信息交流的部分成果，以及 BAT 的监测结果和发展情况。本书是由欧盟委员会根据指令的条款 16（2）颁布的，因此在决定 BAT 时，也应将指令的附录Ⅳ纳入考虑。

(2) IPPC 指令的相关法律义务及 BAT 定义

为了帮助读者理解本书所起草的内容，本序言对一些 IPPC 指令中最为相关的条款进行了描述，包括"最佳可行技术"这一术语的定义。这个描述具有难以避免的不完整性，仅供参考。它不具备法律价值，并且不会在任何方面改变或影响指令的实际规定。

指令的目的是要针对附录Ⅰ所列举的活动带来的污染实现综合预防和控制，从而使综合环境保护达到一个更高的水平。指令的法律基础是环境保护。它的实施也需要考虑欧盟的其他目的，例如有利于可持续发展的欧盟工业的竞争性。

更重要的是，它为某些特定类别的工业装置设置许可制度，需要操作工和调试工对装置安装可能带来的污染和消耗有一个整体全面的认识。这种做法的综合目的是为了改进对工业工艺的管理和控制，以确保高水平的综合环境保护。本方法的核心是条款 3 给出的一般性原则，也就是操作工应该采取一些合适的预防措施来防止污染，特别是需要通过采用最佳可行技术来提高环境效应。

"最佳可行技术"术语在条款 2（11）中被定义为"活动发展过程和操作方式最有效最先进的技术，这意味着对于特定的技术，要有原则上达到排放限值的实际适用性，即使不适用于这点，也要在总体上能减少排放和对综合环境的影响"。条款 2（11）将定义进一步解释如下：

"技术"既包括技术本身，也包括设备设计、建造、维修、运转和退出运行的方法；

"可行"技术是指不管技术是否是在有问题的成员国使用或产生的，只要它们对于使用者来说是适用的，考虑成本和优势，在经济和技术可行的情况下，可在相关工业部门有一定规模使用的技术；

"最佳"意味着综合环境保护达到较高水平，并且是最有效的。

此外，当决定最佳可行技术时，指令的附录Ⅳ包含了"在决定 BAT 时，在通常情况和特殊情况下要考虑的对象，需注意的是一个方法的大概成本和利润，以及预防的原则"。这些考虑包括由委员会依照条款 16（2）发布的信息。

负责签发许可证的主管机关决定许可情况时，要考虑条款 3 确立的原则。这些情况必须包括排放限值，情况许可时可用同等参数或技术手段来补充或替代。根据指令的条款 9（4），这些排放限值、同等参数和技术手段必须在不影响环境质量标准的前提下使用，并需基于最佳可行技术，不能对使用的技术有任何偏袒，需要考虑设备的技术特征、工厂地理位置和当地环境。在所有条件下，许可情况必须包括尽量减少长距离或跨界污染的条款，并必须确保综合环境保护的高水平。

根据指令的条款 11，成员国有义务来确保主管机关顺应或被告知最佳可行技术的发展。

（3）本书目的

指令的条款 16（2）要求委员会组织"成员国及相关行业互相交流最佳可行技术、相关监测及发展的信息"，并发布交流结果。

信息交流的目的在指令的详述 25 里有给出，其中阐述了"在欧盟层面上关于最佳可行技术的信息发展和交流将有助于纠正欧盟内技术的不平衡，将在全世界传播欧盟使用的限值和技术，并将帮助成员国有效推行指令"。

委员会（环境 DG）依据条款 16（2）组织了一次信息交流论坛（IEF）来协助开展工作，一系列的技术工作组在 IEF 下成立了。IEF 和技术工作组都包含了条款 16（2）要求的来自各成员国和行业的代表。

这一系列文件的目的是要精确反应条款 16（2）要求的，已经启动的信息交流成果，并为主管机关决定许可情况时要考虑的信息提供参考。通过提供最佳可行技术有关的信息，这些文件应该作为推行环保的宝贵工具。

（4）信息来源

本书展示了收集自一系列来源的汇总信息，特别包括了为了协助委员会工作而成立的，有委员会验证过的专家组信息。对所有提供帮助的人（或单位）表示感谢。

（5）如何理解和使用本书

本书提供的信息打算用来在特定案例下作为评定 BAT 的输入数据。当决定 BAT 和决定基于 BAT 的许可情况时，应该考虑达到高水平的综合环境保护这一总体目标。

本部分的最后描述了本书各部分提供的信息类别。

第 1 章和第 2 章提供了相关的工业部门和部门内部使用的工艺的基本信息。第 3 章提供了有关现有废物排放和能源消耗水平的数据和信息，反映了编写本书时现有工厂的情况。

第 4 章更具体地描述了决定 BAT 和 BAT 许可情况相关的减排技术和其他技术。这些信息包括通过使用这项技术能够达到的废物排放和能源消耗水平，关于这项技术的成本和跨媒介的问题，以及在 IPPC 许可的安装范围内技术的适用范围，如是新设备、现有设备、大设备还是小设备。废气相关的技术没有包括在内。

第 5 章介绍了在广义上与 BAT 兼容的技术及其废物排放和能源消耗的水平。目的是提供关于排放和消耗水平的一般现象，根据条款 9（8），排放和消耗水平要能够辅助决定 BAT 的许可情况或作为建立普适绑定准则的一个合理参考。但要强调的是，本书没有给出排放限值的建议。对许可情况做适合的决定时要考虑现场的特定因素，如设备相关的技术特征、地理位置和当地环境条件。对于现有设备，其经济和技术可行性的升级也要纳入考虑。对保证综合环境保护的高水平这一单一目标要经常进行各种类型的环境影响之间的权衡判断，这些判断通常会受当地实际情况的影响。

尽管本书对处理一部分这些问题进行了尝试，但也不可能将所有问题都考虑完整，所以第5章介绍的技术和提及的水平并非适合于所有设备。另一方面，要保证环境保护的高水平，需要尽量减少长距离或跨界污染，这意味着许可情况不能只单纯地基于当地情况考虑。因此最重要的是许可机关应将本书的信息进行全面的考虑。

由于最佳可行技术是随时间变化的，本书也将会酌情修订和更新。所有的评论和建议应按以下地址反馈到欧盟前瞻性技术研究所欧洲IPPC办公室：

Edificio Expo, Inca Garcilaso s/n, E-41092 Seville, Spain

电话：＋34954488284

传真：＋34954488426

电子邮件：eippcb@jrc.es

网址：http：//eippcb.jrc.es

0.3 范围

本书涵盖了Directive 96/61/EC附录Ⅰ6.2部分所确定的工业活动，即："处理能力超过10t/d的预处理（如冲洗、漂白、变形的操作）或染色纤维或织物的厂"。

特别关注以下工艺流程：纤维准备；预处理；染色；印花；精整。

针对可能会对下游湿处理工艺带来明显环境影响的上游工艺也进行了简单描述。

地毯衬里在本书中也有涉及，是因为它是地毯生产工艺的一部分，并有污染环境的可能。

所有织物的纤维类型，既包括来自天然聚合物，如纤维胶和醋酸纤维素的天然纤维、人造纤维及来自合成聚合物的人造纤维都有描述，也包括它们的混合物。

1

基 本 信 息

纪织行业是制造业中最长和最复杂的工业链之一。它是一个主要由中小企业组成的具有很大分散性、差异性的行业，市场对纺织行业有 3 种最终需求：服装、家装和工业用途。

纺织（服装）行业在欧洲经济中的重要性如表 1.1 所列。表中数据只包含 2000 年统计的公司总数的一部分（只包括员工数>20 人的公司）。

这部分公司占据了：欧洲制造业的 3.4%；附加值的 3.8%；工人的 6.9%。

表 1.1　欧盟 15 国纺织服装产业（只针对有 20 名以上工人的工厂）

2000 年	营业额 /×10⁹ 欧元	附加值 /×10⁹ 欧元	雇员 /×10⁶	营业额 /%	附加值 /%	雇员 /%
纺织	100.5	31.2	0.89	2.1	2.4	3.8
服装	61.5	18.2	0.73	1.3	1.4	3.1
纺织及服装	162	49.4	1.62	3.4	3.8	6.9
总制造	4756.8	1308.0	23.62	100	100	100

数据来源：[315，EURATEX，2002]。

事实上，2000 年欧洲纺织和服装业实际的营业额为 1980 亿欧元，涉及 114000 家，雇佣了大约 220 万员工的工厂。

纺织行业的活动遍布整个欧洲，但是主要集中在少部分欧盟成员国（表 1.2）。意大利是欧洲最主要的生产商，远领先于德国、英国、法国和西班牙（按此顺序）。这 5 个国家一起占据了纺织和服装业的 80% 以上 [113，EURATEX，1997]。

表 1.2　2000 年纺织服装行业在欧盟 15 国的分布　　　　　　　　　　　　%

国家	纺织	服装	纺织及服装	国家	纺织	服装	纺织及服装
德国	14.4	13.1	13.8	西班牙	8.4	11.4	9.6
法国	13.1	13.0	12.9	希腊	2.1	2.5	2.3
意大利	29.7	30.8	30.1	葡萄牙	6.1	7.9	6.9
荷兰	2.0	0.8	1.5	奥地利	2.8	1.2	2.1
比利时	5.6	2.2	4.2	芬兰	0.8	1.0	0.9
英国	12.5	14.3	13.4	瑞典	0.8	0.2	0.6
爱尔兰	0.7	0.5	0.6	卢森堡	0	0	0
丹麦	1.0	1.1	1.1	欧盟 15 国	100	100	100

数据来源：[315，EURATEX，2002]。

纺织和服装链是由一系列涵盖从原料（人造纤维）到半处理材料（纱线、梭织和针织纤维及它们的精整工艺）到最终/消费产品（地毯、家纺、服装和工业用织物）的生产部门组成的。

生产部门的复杂性也反映在对涉及的不同过程选择一个明确的分类系统上，老的分类系统（或称术语系统）将纺织行业分为以下几类：a. 人造纤维行业；b. 羊毛；c. 棉花；d. 丝绸；e. 亚麻/黄麻；f. 针织；g. 精整；h. 地毯；i. 其他织物；j. 家居用品。而新的命名系统（NACE1997）则按以下范畴进行分类：a. 纱和线；b. 编制纤维；c. 织物精整；d. 家纺；e. 工业用织物及其他织物（包括地毯和清洗羊毛）；f. 针织纤维及物品。

旧的分类系统源于历史上纤维行业的纤维处理过程，因为历史上可用的纺织纤维只有天然纤维，主要是羊毛和棉花，这带来了羊毛和棉花这两个主要部门的发展。由于这两种纤维物理化学特性的不同，相应出现了不同的机械和技术。现在，随着人造纤维的发展，这两个以前的部门可以处理所有可用的纤维，因此按照纤维类型来分类纺织过程不再可行。

本书的范围限定在纺织行业的工艺，包括湿法工艺。这主要意味着生产活动按如下新NACE范围分类：织物精整；工业用织物和其他织物（包括地毯和清洗羊毛）；家纺。

由于自身的特殊性，地毯生产一直被认为是个单独的生产部门，尽管在织物精整方面，它许多的操作都和其他织物的操作非常相近。本书沿袭了这个传统，因此地毯是唯一一个利用其他部门的终产品作为自身原料的生产部门。

针对洗毛、织物精整（不包括底板覆盖）和地毯生产这三个子部门以下给出了一些基本资料。

1.1 洗毛部门

1.1.1 部门组成

主要通过两个系统将羊毛处理成纱线：毛织系统和精纺系统。洗刷器倾向于在一个系统中只进行毛织处理或精纺处理。毛织系统洗刷器通常只处理羊毛，尽管有一些会在卖给消费者前与其他混合。精纺系统洗刷器（被称为精梳机）会冲刷、梳理羊毛，所产的产品更为高端。

在欧洲，相当数量的羊毛是去毛业者从杀死的动物皮上获取的。去毛业从业者通常将他们的产品卖给需要羊毛的商人。在法国，有一些皮革商也清洗他们获取的羊毛。

洗毛和梳理业务在西欧主要是委托加工的。这个行业也有一些例外，特别是在英国，英国有3家地毯纱线制造商拥有自己的洗毛厂。

1.1.2 生产和经济

表1.3表示了不同成员国生产和清洗的羊毛数量以及现有洗毛厂的数量。

表1.3 欧盟成员国的羊毛产品和洗毛产品

国　家	含脂羊毛本国生产量	精纺工艺清洗的羊毛(净毛重)	毛织工艺清洗的羊毛(净毛重)	总羊毛清洗量(净毛重)	总羊毛清洗量(等效油脂)③	清洗厂大概数量
奥地利	①	0	0	0	0	0
比利时	①	1.8	2.0	3.8	5.4	1
丹麦	①	0	0	0	0	0
芬兰	①	0	0	0	0	0
法国	20	56.3	9.1	65.4	93.4	无数据

国 家	含脂羊毛本国生产量	精纺工艺清洗的羊毛(净毛重)	毛织工艺清洗的羊毛(净毛重)	总羊毛清洗量(净毛重)	总羊毛清洗量(等效油脂)③	清洗厂大概数量
德国	13	34.2	9.2	43.4	62.0	1④
希腊	9	0	0	0	0	0
爱尔兰	25	0	0	0	0	0
意大利	11	73.6	2.4	76.0	108.6	8~9
卢森堡	①	0	0	0	0	0
荷兰	①	0	0	0	0	0
葡萄牙	9	3.3	2.0	5.3	7.6	2
西班牙	36	13.5	12.7	26.2	37.4	无数据
瑞典	①	0	0	0	0	0
英国	65	29.1	50.4	79.6	133.7	13
其他西欧国家	10②	0	0	0	0	0
总量	198	211.8	87.8	299.7	428.1	>25

① 包含在"其他西欧国家"里。

② 奥地利、比利时、丹麦、芬兰、冰岛、卢森堡、马耳他、荷兰、挪威、瑞典和瑞士。

③ 假设平均产量的 70%。

④ 在德国,认为第二清洗/梳毛厂不运行。

注:1. 数据来源:[187,INTERLAINE,1999]。

2. 单位:10^3 t/a。

从已报道的数据可看出,90%的欧洲洗毛业务集中在法国、德国、意大利和英国,其中 8 个欧盟成员国没有洗毛厂。

英国的洗毛和梳毛行业在欧洲是最大的,尽管只比意大利稍大。英国大约 2/3 的洗毛产品被用作毛纺地毯纱的粗羊毛。

图 1.1 用含脂羊毛重量表示了在 15 个欧盟成员国中清洗的羊毛数量。这是清洗工最常用来表示他们的生产量的方法。

产量/(×10^6kg原毛/a)

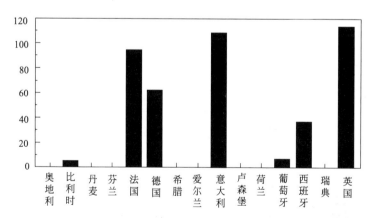

图 1.1 15 个欧盟成员国 1997 年间清洗的含脂羊毛量(估算)[187,INTERLAINE,1999]

在 1993~1997 年间,欧盟成员国的总产量从 1993 年的 $32.6×10^7$ kg(洗净毛)降低到 1997 年的 $30.0×10^7$ kg(洗净毛),下跌了大约 10%。在这一总体趋势下,在北欧(比利时、法国、德国和英国)观察到了一个陡峭的下降过程,同时在意大利和西班牙观察到了上升过程。尽管欧洲清洗部门生产量的总体下降是相对缓慢的,仍然暗含了明显的结构改变。

这个行业需面对的日益严格的环境法规和成本技术带来的竞争性和困难性是这些改变背后的推动力。一些大清洗厂和小清洗厂迫于经济可行性的压力而放弃了业务。最常见的情况是它们的市场份额被竞争者抢占,所以现在这类厂非常少,不过平均每个厂处理羊毛的量更大了。这种整合的趋势在英国更加明显,有一大部分清洗厂在处理英国和爱尔兰的羊毛。大约80%的英国和爱尔兰羊毛产品在英国进行清洗,总共90000t,并且这个业务不像在其他国家那样败给了竞争者[187,INTERLAINE,1999]。

1.2 织物精整部门(不包括底板覆盖物)

以下信息摘自[278,EURATEX,2002]。

1.2.1 部门结构

织物精整的目的是要让织物给消费者以需要的视觉、物理和美学特性。包含的主要工艺包括漂白、染色(纱线、纤维、成衣)、印花、涂层/浸渍和不同功能的精整。

在许多情况下,纺织精整工艺是与制造工艺结合的,这会给最终产品以特殊的定型。主要产品类别包括服装织物、室内织物(家具布料、窗帘和地毯,这些在1.3部分有讨论)、家纺织物(床/浴室织物和餐桌用布)和技术纺织品(车用面料、地理和医用纺织品)。

许多纺织精整部门的工艺专为一种类型的工艺,也有一些公司开展不同产品类型的工艺,公司主要类型可以区分如下:委托或商业纱线染色厂;委托或商业布料染色厂;委托或商业印花厂;具有纺纱和/或梭织及精整工艺的综合厂。

1.2.2 产品和经济

2000年欧洲纺织精整行业总营业额几乎达到1100千万欧元,雇员超过117000名。大多数欧洲纺织精整公司是中小型企业。纺织精整行业在欧盟成员国的重要性如图1.2所示。

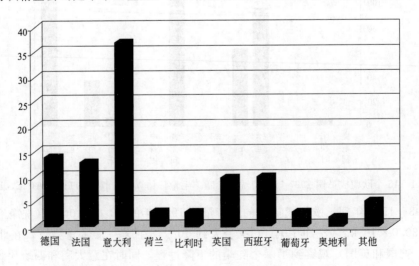

图1.2 欧盟纺织精整产品[278,EURATEX,2002]

用于纺织精整行业的主要纤维所占比例 [315，EURATEX，2002]：棉花 45％、羊毛 8％、聚酯 14％、丝绸 2％、纤维胶 12％、腈纶 4％、其他 15％，总共 100％。

加工好的纤维产品主要类别百分比为：服装织物 45％、家纺织物 20％、室内织物 10％、技术纺织品 18％、其他 7％、总共 100％。

1.3 地毯

1.3.1 部门结构

关于这一综合部门非常强的专业性很多地方已有所描述。地毯制造、地毯纱纺和相关的染色行业可以被分为一系列的子部门，尽管其中一些可能会有显著的差异。子部门可能处理 100％合成纤维、100％天然纤维和/或这两者的混合物，因为许多工艺和技术不只针对单一纤维。

如表 1.4 所示，采用湿法处理的厂主要有 5 种类别：疏松纤维染坊；纱线染坊；综合纱线制造厂（除了在工厂用染色等工艺将疏松纤维转化为纱线，也销售成品纱）；匹染坊；综合地毯制造厂（开展将天然和合成纤维转化为成品地毯需要的所有机械工序及染色和精整操作工艺）。

表 1.4　地毯制造业的基本结构 [32，ENco，2001]

子部门	湿法工艺主要特征和原则	终产物
疏松纤维染坊	·疏松纤维染色	用于地毯制造的染色的疏松纤维
纱线染坊	·纱线清洗和化学品精整 ·纱线染色	用于地毯制造的染色的纱线
纱线制造	购买或现场生产原材料(纤维) 转化为纱线 ·委托开展染色/湿法工艺 营销成品纱	有色的和本色的地毯制造纱线
综合纱线制造(可能在不同的地点)	购买或现场生产原材料(纤维) ·疏松纤维染色 转化为纱线 ·纱线清洗和化学品精整 ·纱线染色和化学品精整 ·纱线设定 营销成品纱	有色的和本色的地毯制造纱线
簇绒、梭织和背衬	纱线转换为地毯 ·背衬和机械精整	成品地毯
匹染	·染色和/或印花 ·背衬和机械精整 ·化学精整	成品地毯
地毯制造	购买染色的和成品的纱转换为地毯 ·泡沫化学处理 ·背衬和机械精整 营销成品地毯	合同销售或零售地毯

子 部 门	湿法工艺主要特征和原则	终产物
综合地毯制造(可能在不同的地点)	购买/制造原材料(纤维) ·粗羊毛清洗① ·疏松纤维染色 转化为纱线 ·纱线清洗和化学精整 ·纱线染色和化学精整 ·纱线设定 转化为地毯 ·地毯分匹上色 ·泡沫化学处理 ·背衬和机械精整 营销成品地毯	合同销售或零售地毯

① 粗羊毛清洗可能在集团内部进行或委托其他厂进行。

注:斜体为湿法工艺。

　　表 1.5 描述了欧洲贸易体的分布。注意单独的单元可能是更大机构中的一部分,它为同机构下的其他部门提供服务。同样的,一个自己拥有染色设备的纺纱厂,如果产品生产计划需要,也可以委托其他机构代理染色,或在生产空间许可的情况下为其他工厂代理染色。

表 1.5　欧盟内部的部门分布和贸易体数量 [32, ENco, 2001]

国家	地毯制造部门①	纺纱部门②	染色部门③	国家	地毯制造部门①	纺纱部门②	染色部门③
奥地利	4			意大利	9	1	
比利时	64	12	9	荷兰	34	1	3
丹麦	12	2		葡萄牙	2	1	
芬兰	4	1	1	西班牙	3		
法国	16	1	1	瑞典	2		
德国	38	4	2	英国	87	30	9
希腊	2			卢森堡			
爱尔兰	4	1					

① 国际地毯年集 2000,包括所有产品类型和纤维。

② 国际地毯年集 2000 及新西兰羊毛,包含有染坊的纺纱部门。

③ 欧盟及新西兰羊毛,包括所有纤维。

1.3.2　生产和经济

　　如图 1.3 所示,欧洲地毯行业占据了世界 38% 的制造份额(次于美国,美国占 58%)。

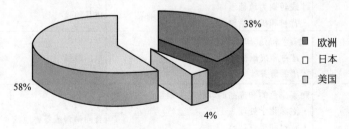

38%

■ 欧洲
□ 日本
□ 美国

58%

4%

图 1.3　1999 年全世界地毯和毯子生产情况

比利时、法国、德国、荷兰和英国是欧洲市场和世界出口市场的主要供应商。欧洲地毯生产大大超过了地毯消耗（图 1.4），这说明了出口市场对于欧洲工业的重要性。

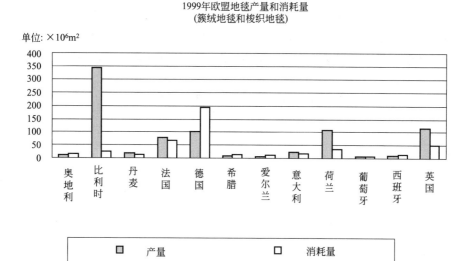

图 1.4　一些欧盟成员国地毯的生产和消费［32，ENco，2001］

地毯制造业的三种典型终产品：簇绒地毯、机织地毯和针毡—簇绒地毯占据欧洲制造份额的 66%。这在图 1.5 和图 1.6 的 1995 年生产情况中有所显示。

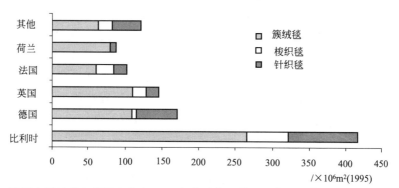

图 1.5　欧洲主要地毯和毯子生产商 1995 年的地毯和毯子生产情况［63，GuT/ECA，2000］

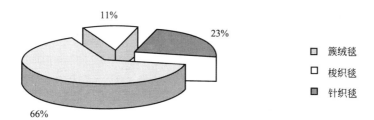

图 1.6　1995 年欧洲地毯和毯子生产总量［63，GuT/ECA，2000］

1.4　主要的环境问题

本书涵盖的来自于纺织行业活动的环境问题主要包括水体和大气污染物的排放以及能源

的消耗。

其中水体是主要的关注点。纺织行业使用水作为去除杂质、使用染料和精整剂、产生蒸汽的主要介质。

由于在生产中的损失可忽略不计，所以，除了干燥时蒸发产生的少量损失，大部分水是作为废水排放的。因此，主要关注的问题是排放的水量和携带的污染物。

对这些环境负荷的概述见表1.6。根据德国和奥地利的研究结果，报告的数据被推广到了整个欧洲的层面。

表 1.6 欧洲纺织行业主要排放负荷

物 质	环境负荷/(t/a)	物 质	环境负荷/(t/a)
盐	200000~250000	增稠剂	10000~15000
天然纤维杂质和相关物质	50000~100000	尿素	5000~10000
上浆剂	80000~100000	络合剂	<5000
预处理剂	25000~30000	有机溶剂	无数据
表面活性剂	20000~25000	或多或少有环境毒性特征的特殊助剂	<5000
羧酸	15000~20000		

数据来源：[77，EURATEX，2000]。

从报道的数据可看出来自纺织行业总排放负荷的很大一部分可归咎于原料在进入精整工艺之前已存在于自身当中的物质。典型的物质有：上浆剂、预处理剂、天然纤维杂质和相关物质。

上浆剂用于辅助梭织工艺的进行。进入精整工序之前会将其从编制纤维中去除，因此会导致水中高浓度有机负荷的出现。

预处理剂和纺纱油被应用于不同工艺步骤中的纤维织布，从纤维自身的生产（只针对合成纤维）到纱线的形成。这些有机物质在精整厂的预处理阶段通过湿法工艺（冲洗）或干法工艺（热定型）去除。在前一种情况下，它们对增加出水中的有机负荷有一定贡献，在后一种情况下它们会通过空气传播。

所有的天然纤维都包含一定的杂质及其他物质。相关物质是天然纤维的一个必需部分（例如羊毛中的油脂、棉花中的果胶和半纤维素、亚麻中的木质素和丝绸中的丝胶蛋白）。杂质包括金属、矿物质和杀虫剂。所有这些物质需在进入精整工序之前从纤维中被去除。所以它们也有显著影响环境的可能性。

进入精整厂的化学品和助剂输入负荷可能达到1kg/kg处理的纤维，含量较高。这些物质的范围非常广：TEGEWA最新的清单列举了7000多种的助剂。然而，就像图1.7展示

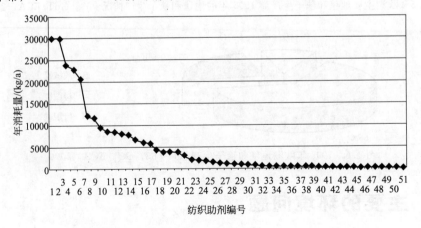

图 1.7 一个典型精整厂里助剂的使用方式 [179，UBA，2001]

的那样，在一个典型精整厂中，化学品和助剂年消耗量的80%是由产品类型中20%的产品贡献的。

从表1.6中的数据可看出，应用的物质中，环境负荷最高的物质依次为盐、洗涤剂和有机酸。

染料相对于其他应用于工艺中的物质来说，没有表现出明显的环境负荷，因此它们没有出现在表中。但是，它们会对出水的色度有影响，这不仅是一个美学的问题，高色度也可能会降低对水生植物的光传输效率。因此它们在水中的存在是有影响力的，不止色度，它们也会引起其他环境问题（例如去除有机负荷、AOX、金属的困难性），特别是特殊类别的染料。

① 可应用于纺织工艺中的一系列化学品由于它们潜在的负面环境影响而引起较大关注。

烷基苯酚聚氧乙烯醚（清洁剂、润湿剂、分层剂等） 它们的代谢物（辛基酚和壬基酚）对水生生物毒性很大，并且据报道它们会通过扰乱内分泌系统而破坏水生生物的繁殖（辛基酚和壬基酚在水框架指令2000/60/EC的"优先物质"名单上，是优先控制的目标，特别是壬基酚被认定为"首要危险物质"）。

② 多修联苯醚和氯化烷烃（阻燃剂），卤代酚和苯（生产阻燃剂的反应物） 一部分这类物质（例如五溴二苯醚，C10~C13氯化石蜡），由于它们的毒性、持久性和生物累积倾向或由于它们已经在法规（EEC）793/93中被评定过，它们已经被认定为"首要危险物质"。对于其他这类物质潜在的负面环境影响的争论现在仍在进行（见8.8.4）。

③ 基于氯菊酯和氟氯氰菊酯（地毯部门）的防蛀剂和其他杀菌剂 它们对水生生物有很高的毒性。

④ 如EDTA、DTPA和NTA的螯合剂 它们能与金属形成非常稳定的络合物（EDTA和DTPA也很难生物消除）。

⑤ 氯和释放氯的化合物，例如次氯酸钠（漂白剂）和二氯异氰尿酸钠（羊毛防毡缩剂） 它们可与有机化合物反应形成可吸附有机卤化合物（AOX）。

⑥ 含有金属元素的化合物，例如重铬酸钾。

⑦ 可能致癌的物质，例如由一些偶氮染料裂解形成的一系列芳香胺（见2.7.8.1），或聚合反应中由于不完全反应而存在于聚合物分散体中的乙烯基环己烯和1,3-丁二烯。

⑧ 三氯苯、邻苯基苯酚等载体。

据［77，EURATEX，2000］报道。在预处理和染色操作中，超过90%的有机化学品和助剂不会停留在纤维上，但在精整处理时情况刚好相反；大约90%进入纺织工艺的有机原料负荷会排放到废水中，剩下的释放到大气中。

作为大气污染物，挥发性有机化合物是从特定工艺过程中释放的，例如：印花工艺中使用有机溶剂时（例如它们存在于涂料印花浆中）；用有机溶剂清洁时；热处理（例如热定型、干燥、固化）过程中纺织材料含有遇热挥发或降解的物质时（例如，油、塑料、精整剂和上游工艺的残留物，在缺乏维护、直接加热的定型机中，甲醛和未燃烧的甲烷的释放问题尤其重要）；背后层的硫化过程（地毯部门）。

另外，CO_2、SO_x、NO_x的排放及厂内化石燃料燃烧产热形成的颗粒物也被列入了考虑范围内。化石燃料燃烧产生的能量主要被用于提高液体温度（例如预处理、染色等）、干燥和定型操作，因此需要在厂内产生蒸汽。所以在厂内需要电能来生产蒸汽。

2

应用工艺和技术

纺织链开始于生产或收购原料纤维。这条链的基本步骤如图2.1所示，本章将对其进行描述。

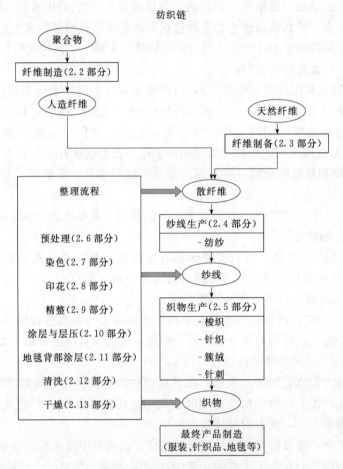

图 2.1　纺织行业工艺总图

本章的主体部分将描述被广泛称为"精整工艺"的处理过程（即预处理、染色、印花、精整和涂层，包括冲洗和干燥），如图2.1所示。它们可以在生产工艺的不同阶段发生：精整的底物可以是纤维、纱线或疏松纤维。

"织物精整"不能被定义为一个标准的处理过程，而是一个可满足用户最终需求，应用于生产内部的单元工艺的一个组合。基于此原因，精整工艺将按单元处理描述（见2.6～

2.11 部分相关内容），不考虑它们可能应用的顺序。

本章第二部分（见 2.14）对比了地毯精整部门和其余的精整部门。一些典型的行业类别已经在每个部门内部确定了。洗毛也被确定为一个单独的操作部门。对这些部门各自的典型特征也有简要描述。

纺织行业的原料包括一系列的化学品和助剂。这些化学品和助剂通常不是特定的，它们可以在工艺的不同步骤里出现。基于此，在单独的附录（附录Ⅰ：纺织印染助剂和附录Ⅱ：染料和颜料）里描述这些问题更有意义。本章只给出了纺织原料的一般信息，包括通用的保存办法和处理程序。

同样的，由于生产循环里的许多机械都有多重用途，对设备的描述也放在单独的附录里（附录Ⅲ——湿法处理：机械和技术）。

2.1　原材料

2.1.1　纤维

用于纺织行业的纤维主要有两种类别：天然的和人工的。人造纤维包括来自石化品的合成材料和木质纤维再生生产的纤维素材料。更细化的纤维分类为：

- 天然的纤维　　　　-来自动物　　　　粗羊毛
　　　　　　　　　　　　　　　　　　丝绸纤维
　　　　　　　　　　　　　　　　　　毛发
　　　　　　　　　　-来自植物　　　　粗棉花纤维
　　　　　　　　　　　　　　　　　　亚麻
　　　　　　　　　　　　　　　　　　黄麻
　　　　　　　　　　-来自矿物　　　　石棉（不用于纺织行业）
- 化学纤维（人工）　-天然聚合纤维　　纤维胶、白铜、莱赛尔纤维
　　　　　　　　　　　　　　　　　　醋酸盐
　　　　　　　　　　　　　　　　　　三醋酸纤维
　　　　　　　　　　-合成聚合纤维　　无机聚合物　　　玻璃纤维的玻璃
　　　　　　　　　　　　　　　　　　　　　　　　　金属纤维的金属
　　　　　　　　　　　　　　　　　　有机聚合物　　　聚酯（PES）
　　　　　　　　　　　　　　　　　　　　　　　　　聚酰胺（PA）
　　　　　　　　　　　　　　　　　　　　　　　　　亚克力（PAC）
　　　　　　　　　　　　　　　　　　　　　　　　　聚丙烯（PP）
　　　　　　　　　　　　　　　　　　　　　　　　　弹性纤维（EL）

本书涵盖的纤维在下文中有更详细的描述，特别描述了其中典型的杂质。这些杂质的一部分将进入纺织工艺，并将影响最后的排放。

2.1.1.1　涤纶（PES）

涤纶（PES）是用线性大分子合成的，链中至少含有 85% 的酯类物质。迄今为止，

三类聚酯聚合物是商业上常用的：
- 聚对苯二甲酸乙二醇酯（PET），基于对乙烯乙二醇；
- 聚丁烯对苯二甲酸乙二醇酯（PBT），基于乙基丁二醇；
- 对苯二甲酸丙二醇（PTT），基于丙二醇。

在这三类聚合物中，聚对苯二甲酸乙二醇酯，也称为涤纶（PET），目前被广泛应用于纺织行业。因此在下文中，除了特殊情况外，术语 PES 描述的是 PET 的标准聚酯纤维。

PET 纤维的结晶程度非常高，这使 PET 纤维具有良好的耐热性及其他机械特性。另一方面，这一紧凑的结构会阻止染色过程中染料向纤维的扩散。因此，PET 纤维不能在 100℃以下染色，除非使用了染色促进剂（也被称为载体）。载体对环境有害，在许多情况下对人体也有毒。虽然目前对它们的使用在减少，但过去一直是常用的做法（也可见 2.7.8.1 和附录 I7.6）。

无载体的可染色 PES 纤维是目前市面上有的。它们包括"改良的 PES 纤维"和 PTT 纤维（见上文）。"改良的 PES 纤维"以 PET 为基础。由于生产过程中纤维物理和化学结构的改变，它们的结晶度有降低，这使得它们在没有载体的情况下更容易被染色。但由于它们的成本较高，这些纤维在市场上只占很少的一部分。

对于 PTT，芳香聚酯是用 1,3-丙二醇和苯二甲酸缩聚制成的。合成 1,3-丙二醇的高成本多年来制约了该纤维的商业化。最近 SheLL 购买的一种新的合成方法降低了生产这种单体的成本，这重新引发了人们对 PTT 聚合物的兴趣［178，VITO，2001］。更多关于这些纤维的信息见 4.6.2。

对一般聚酯纤维，值得一提的是在缩聚反应中会形成低水溶性的环状低聚物（占纤维重量的 1%～3%［77，EURATEX，2000］）。这些低聚物容易在染色过程中迁移到纤维表面，因此会对匀染性和摩擦牢固性带来负面影响。

2.1.1.2 聚酰胺纤维（PA）

PA 的合成开始于二胺和二羧酸之间的缩聚反应。根据最终产品碳原子的数量可分为 PA 6,6 或 PA 6。

PA 6,6 是由等原子量的己二酸和 1,6-乙二胺通过热缩聚反应制成的。冷凝水含有少量的单体和循环二聚体（2%）。

PA 6 是由循环单体 e-乙酸内酰胺聚合而成的。聚合物中的乙酸内酰胺含量可通过热水提取减少到 0.2%。在纤维生产的融化工序中（熔融纺丝），乙酸内酰胺含量会再次升高，并在接下来的热处理中被部分排放。

2.1.1.3 腈纶（PAC）

在乳液或溶液中通过丙烯腈的基团聚合反应得到的聚合物由 100% 的丙烯腈组成，由于其玻璃化转化点较高（高于 100℃），染料结合能力不足。基于此，纺织行业已不再使用此聚合物。现在市场上能找到的腈纶（PAC）是一种阴离子聚合物，含有 85%～89% 丙烯腈、4%～10% 非离子型单体（氯乙烯、醋酸乙烯、丙烯酸甲酯）和 0.5%～1% 含有硫酸根或硫酸盐基团的阳离子单体。

这种纤维可用干纺和湿纺技术生产。当使用干纺技术时，聚合物可在二甲基甲酰胺

（DMF）中溶解。如果通过湿纺生产纤维，处理 DMF，也使用二甲基乙酰胺、二甲基亚砜、碳酸乙酯和无机盐或酸溶液。这些溶剂的残余物（占纤维重量的 0.2%～2%）也会在预处理时出现在废水中。

2.1.1.4 聚丙烯纤维（PP）

等规聚合物用于纤维生产。由于第三个碳原子，PP 对高温和氧化非常敏感。烷基苯酚或 P-混合二甲苯，连同金属硫化物或硫代衍生物（二月桂基硫代二丙酸酯或硫代二丙酸双十八醇酯）被用作稳定剂。苯并系物、镍络合物、蒽醌衍生物和立体阻碍吸收物质被用作紫外吸收剂。低分子量物质保留在 PP 纤维中，并认为它可能排放的污染物质。

2.1.1.5 氨纶（EL）

氨纶纤维由至少含 85% 聚氨酯（PU）的弹性体制成。生产这种纤维（干纺）时，聚合物被溶解于二甲基乙酰胺中。溶剂残余物存留在纤维中（小于纤维重量的 1%），并会在预处理的废水中出现。

为降低氨纶高附着力的特性，并保证在处理过程中氨纶有足够的润滑性，在纤维中使用了预处理剂（大约加入 6%～7%）。这些助剂含有 95% 的硅油和 5% 的表面活性剂。高比例的硅油在预处理纺织材料时会引起环境问题。

2.1.1.6 纤维胶（CV）

合成 CV 的原料提取自针叶木材的纤维素，按 1cm 厚的片进行纤维制造。这些木材包含 40%～50% 可用来制造纤维胶的纤维素。首先将纤维素置于氢氧化钠溶液中进行膨胀，然后将得到的白色薄片用二硫化碳进行处理，直到其形成钠纤维素黄药。黄药能够在氢氧化钠中溶解，形成的溶液（浆）被称为纤维胶，浆可用于纺织。纺纱过程包括了在含有硫酸、硫酸钠和硫酸锌的酸性液体中，在喷丝口凝聚黄药溶液。

2.1.1.7 铜氨丝（CU）

纤维素也能够在氨和硫酸铜溶液中溶解。铜氨丝纤维主要由湿纺工艺生产。

2.1.1.8 醋酸纤维

纤维素分子含有 3 个乙醇基团。当其中的 2 个或 2.5 个基团被乙酸酯化后，形成的聚合物被称为双乙酸钠纤维。若这三个乙醇基团都被酯化，则聚合物被称为三醋酸纤维。醋酸纤维含有小于 92% 的纤维素醋酸，但是至少 74% 的羟基基团必须被酯化。

2.1.1.9 羊毛

羊毛是取自羊身体的动物毛发。这些毛发通常一年剃一次或两次，并且质量和数量的差异很大，取决于羊的喂养方法和它的生活环境。羊毛是角蛋白中的一种，角蛋白也可以在角、指甲等地方找到。

除了羊毛纤维，粗羊毛还含有以下物质。

● 天然杂质，包括：羊毛油脂（占含脂羊毛重量的2%～25%）、羊毛粗脂（占含脂羊毛重量的2%～12%）、污垢（占含脂羊毛重量的5%～45%）。

● 兽药，用以保护羊免于长虱、螨、绿头苍蝇等寄生虫的杀虫剂、杀螨剂或昆虫生长调节剂。

以上提到的成分所占的比例由于羊毛来源地不同差异可能会很大。例如，来自美利奴羊的细羊毛，主要用于服装，通常含有13%的羊毛油脂，但用于地毯的粗羊毛平均只含有5%的油脂。

粗羊毛中的纤维含量通常在60%～80%范围内，但是也可能会变动到40%～90%范围内。

羊毛油脂不可在水中溶解，但可在二氯甲烷或正己烷等非极性溶液中溶解。精炼后的羊毛油脂是一种宝贵的副产品。

羊毛粗脂是皮肤上的汗腺分泌产生的一种水溶性物质。羊毛粗脂可在极性溶液中溶解，例如水和酒精。

污垢可包含一系列的物质，例如矿物尘、沙、黏土、灰尘和有机物。

寄生虫剂对粗羊毛洗毛废水的排放和废水处理产生的污泥的处理具有重要影响。已知在粗羊毛中存在的化学品有以下几种。

● 有机氯杀虫剂（OCs），包括：γ-六氯环己烷（林丹）、狄试剂、DDT。

● 有机磷杀虫剂（OPs），包括：二嗪农、烯虫磷、氯芬磷、毒死蜱、氯线磷。

● 合成拟除虫菊酯类杀虫剂（SPs），包括：氯氰菊酯、溴氰菊酯、氰戊菊酯、氟氯苯、三氟氯氰菊酯。

● 昆虫生长调节剂（IGRs），包括：环丙氨嗪、环虫清、除虫脲、杀铃脲。

有机氯由于其持久性和生物积累性而具有很大危险。因此它们可能有大范围的影响（大范围的含义包括到污染源的距离及释放后的时间）。γ-六氯环己烷（也称为林丹）是六氯环己烷异构体（α-HCHs 和 β-HCHs）中最毒的（也是最有效的杀虫剂）一种。粗产品含有的 α-HCH 和 β-HCH，β-异构体是最持久的。林丹和 DDT 是已被充分研究过的物质，被认为有扰乱内分泌的作用。

合成的拟除虫菊酯类杀虫剂具有较高的水生毒性（预测的氯氰菊酯安全浓度大约为 $0.0001\mu g/L$，有机磷杀虫剂二嗪农和烯虫磷浓度相应的值是 $0.01\mu g/L$——英国环境质量标准发布的年平均值）。有机磷杀虫剂的水生毒性比合成拟除虫菊酯杀虫剂低，并且持久性比有机氯杀虫剂弱。但是它们有很强的人体毒性（所以可能会产生一些问题，例如对使用挥发性有机磷杀虫剂的染厂）[279，L. Bettens，2001]。

所有主要的养殖国都禁止对羊使用有机氯杀虫剂，但是有证据表明，来自一些前苏联国家和南美国家的羊毛仍含有可检测到的林丹。这说明，要么是它们的牧草被严重污染了，要么这种化合物有时候仍被用于羊的杀虫。

来自主要养殖国家的羊毛含有羊毛处理后残余药品，这些药品被合法地用于控制虱子、蜱和螨虫的感染。ENco 保存了一个这类药品残余的数据库。制造商使用这些数据来避免处理来源可疑的羊毛，因此，这个数据库对从已知来源购买和处理羊毛的生产商有直接好处。但不管是使用松纤维或是纱线，委任的生产商可能不知道他正处理的纤维的来源，所以对他们来说，用这种方法来控制原料更难。

有关寄生虫剂的更多信息在讨论洗毛工艺的 2.3.1 部分有介绍。

2.1.1.10　丝绸

丝绸只占纤维生产总量的0.2％。但是，这种纤维对于特殊一些物品是非常重要的，例如女式衬衫、夹克和围巾。丝绸来自于蚕，它绕着自己织了一个茧，于是形成丝绸。丝绸和羊毛一样是蛋白质纤维，并且是唯一成功运用于纺织行业的天然长丝纤维（线的长度在700～1500m）。

丝绸纤维是由丝胶包裹丝蛋白组成的，丝胶需在预处理中去除。

2.1.1.11　棉花和亚麻

棉花纤维主要由纤维素和其他成分组成，具体如表2.1所示。

表 2.1　棉花纤维的化学成分

物　　质	含　　量	物　　质	含　　量
纤维素	88％～96％	蛋白	1.1％～1.9％
果胶	0.7％～1.2％	灰	0.7％～1.6％
蜡	0.4％～1.0％	其他有机组分	0.5％～1.0％

数据来源：［186，ULLmann's，2000］。

棉花生产过程中可能会使用杀虫剂、除草剂和脱叶剂等化学品，这些化学品残留在粗棉花纤维中并进入纺织厂。但是，这与纺织行业关系不大（主要是和种植者关系大）。事实上，1991～1993年开展的全世界棉花样品测试结果表明，棉花中的杀虫剂水平低于食品阈值［11，US EPA，1995］。

据其他资料（［207，UK，2001］）报道，几年前，在交易的棉花中检出五氯苯酚，五氯苯酚不单被用作落叶剂，也被用作棉花运输过程中的杀真菌剂。

亚麻是一种韧皮纤维。许多经济因素导致这种纤维失去了以前的重要性。但是亚麻仍然是一种应用范围广泛的昂贵纤维。

2.1.2　化学品及助剂

纺织行业常使用许多有机染料/颜料及助剂。本书将它们划分为以下类别。
- 染料和颜料。
- 基础化学品，包括所有无机化学品、有机还原和氧化剂，以及脂肪族有机酸。
- 助剂，包括所有纺织助剂，主要含有除了有机还原剂和氧化剂以及脂肪族有机酸以外的有机化学物质。它们也被称为"特制品"——助剂的共混物和组成配方没有完全公开。

为了描述市场上流通的不同产品（特别是助剂），"2000年纺织助剂采购指南"中报道了基于400～600种活性组分的7000多种产品。尽管这些产品的化学性质差别太大，难以将它们明确分类，还是按照已建立的TEGEWA命名法和它们在生产工艺中的功能用途对这些产品进行了分类。

为了便于实用，关于染料和纺织助剂的信息在本书的附录里有介绍（见附录Ⅰ和附录Ⅱ）。

2.1.3 材料的处理和储存

纤维原料按照压缩包裹的样式到达生产现场，并被储存在有盖仓库中，有盖仓库也可用来储存整理好的商品并发送给客户。

化学中间体、酸、碱和散装化学品通常是捆装的，或保存在储藏区域。大型散装容器可能露天放置。昂贵且容易受潮或环境敏感的物质通常被直接运送到准备区（"彩色厨房"）。

一些合成有机着色剂被视为潜在的健康危害源。因此彩色厨房通常要配备抽气和过滤系统，以在分配过程中减少工作场所的尘埃水平。

化学品以粉末或溶液形式计量。这项操作可人工进行或使用计算机辅助测量设备进行。

一些产品必须在添加进精整机械前先被分散、稀释或混合。在这个行业中有许多不同的系统可实现这些目的，从全人工操作系统到全自动系统。在人工操作系统中，准备好的化学品被直接添加到机器中，或储存在设备旁的容器里然后被抽入机械。在稍大型的工厂里，通常在中央混合站将化学品混合，再通过管道系统从中央混合站输送到不同的机器中。化学品和助剂的添加量按照预定方案自动定量（更多关于加药和分散系统的细节见 4.1.5）。

2.2 纤维制造：化学（人造）纤维

人造纤维通常被挤压成丝状纤维。然后丝状纤维能：
- 一般情况下直接使用（在进一步定型或变型后）；
- 按纤维长度切割，然后在类似用于羊毛或棉花的工艺里进行纺织（见 2.4 部分）。

被用来生产丝状纤维的手段主要有三种（初纺）：熔融纺丝、干纺、湿纺。

① 熔融纺丝 聚合物在熔融挤出机中被熔化。液体在压力下从纺织机出口被挤出，并被喷出的气体冷却，然后形成长丝。纺纱的准备工作（纱精整）主要在纺纱管底部进行。熔融工序适用于热塑性纤维，例如聚酯、聚酰胺、聚烯烃（如聚丙烯）和玻璃纤维。

② 干纺 聚合物在溶液中被溶解。溶解的聚合物通过喷丝头被挤压到气室中，气室内含有热空气或热气体，溶液能在此蒸发，聚合物在此形成长丝。长丝再进一步用油剂进行后处理。干纺工艺原则上可应用于醋酸纤维、三醋酸纤维和聚丙烯腈。

③ 湿纺 聚合物在溶液中被溶解，溶解后的溶液在压力下被挤压通过一个开口，进入聚合物不被溶解的液体中。溶液能够通过提取或聚合物与液体中的反应物之间的化学反应而被消耗（活性纺纱）。剩余溶剂可通过简单冲洗来提取。当线形成及溶液被冲洗出以后，便可使用油剂。湿纺可生产纤维胶、丙烯酸纤维。

初纺之后，根据终产品和处理纤维的不同，应用的处理工艺也不同。此阶段有两种已被认可的简化的工艺顺序：生产平幅或变形连续长丝的工艺；生产短纤维的工艺。

如图 2.2 所示，预处理剂可以在化纤生产的不同阶段使用。当生产纱线时，除了初纺需（纤维制造）使用预处理剂，通常在再纺中也要进一步添加，包括络筒、捻线、整经等操作过程中。

预处理剂需要被去除，以保证染料和精整剂的均匀渗入，并避免它们之间的反应或沉淀的形成。由于预处理剂的高有机含量和低生物消除性，这些物质会在下一步纤维预处理过程中进水废水和废气中。与其相关的是针织纤维和弹性纤维生产所需的连续长丝，因为对它而言，预处理剂的使用量更高。

预处理剂的使用量根据纤维类型（例如 PES、PA 等）和纤维形状（平幅或变形长丝、短纤维）的不同而不同。关于预处理剂的化学特性及使用量在附录Ⅰ2部分有具体描述。

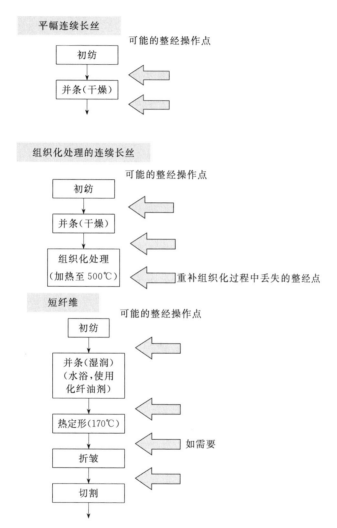

图 2.2　生产连续长丝（平的和组织化处理的）和短纤维的简化工艺流程

2.3　纤维准备：天然纤维

本节以羊毛处理工艺为例。

羊毛通常要在其进行清洗前梳开和去尘。这是一个用于将尘埃从羊毛中抖出，并梳开羊毛来提高污染物冲洗去除率的机械工艺。这个过程也能将羊毛大致混合，并能制造一层适合用于冲刷的纤维层。梳开和除尘的工艺基于被处理羊毛特性的不同而有很大差别。这个过程会产生含有尘埃、沙、纤维碎片和植物性物质的固体废物。

之后进行的粗羊毛洗毛工艺的目的是从羊毛纤维中去除污染物，并使其适合进一步的加工。

几乎所有的洗毛厂都采用水洗的方式。溶液清洗的应用很少，全世界只有五家工厂使用有机溶剂清洗并脱脂。

2.3.1 用水清洁和冲洗

图 2.3 展示了一个传统的洗毛工艺。这个过程将羊毛在 4～8 个清洗槽系列中传递，每一个都接一个轧布机或压榨机，用于将多余的清洗液体从羊毛中移除并返回到槽里。整个系统是逆流的，干净的水被添加在最后一槽，从第一个槽排水。

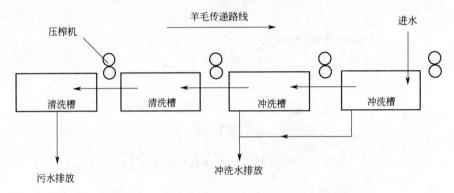

图 2.3 传统洗毛程序 [8，Danish EPA，1997]

在清洗槽里，羊毛粗脂可通过溶解去除，油脂可通过乳化去除，污垢可通过悬浮去除。

处理美利奴羊毛时，第一个槽可能只排水，在那种情况下，它的目的是在羊毛进入洗毛程序前去除水溶性的羊毛粗脂（这个槽通常被称为"去羊毛粗脂"槽）。

为使油脂乳化，清洗槽排出的水通常含有清洁剂，并通常含有碳酸钠或其他碱，它们被用作清洁剂的洗涤助剂。通常清洁剂和洗涤助剂的浓度在第一个清洗槽中最高，并在后续的槽中渐渐降低。

所使用的清洁剂主要是非离子型表面活性剂，如酒精烷基酚聚氧乙烯醚和烷基酚聚氧乙烯醚。一些清洗工为了从羊毛中去除特定的液体，也使用了"溶液辅助清洗剂"。

最后，将羊毛通过只含有水的槽进行清洗。

在粗羊毛清洗厂，洗毛的最后一个槽有时被用于化学处理。这种情况下，它会从逆流液体系统中独立出来，如果该化学处理过程使用的是有生态毒性的化学品，它也会从排放系统中独立出来。最常进行的处理是漂白，这时会添加过氧化氢和甲酸或乙酸。有时还会使用合成拟除虫菊酯杀虫剂和乙酸或甲酸防蛀，以及使用甲醛灭菌（对山羊毛）。

羊毛油脂的熔点在 40℃ 左右。由于用清洁剂从羊毛中去除固体油脂过程缓慢而且难度较大，因此 40℃ 是液体清洗液能够有效去除油脂的最低温度。此外，非离子型清洁剂低于 60℃ 情况下效率会急剧降低，因此冲刷和漂洗通常在 55～70℃ 下运行。

离开最后的挤压滚筒时，羊毛含水量为40％～60％。之后用热风干燥机进行对流干燥，干燥机通常用封闭蒸汽管道或直接烧煤气对其进行加热。干燥机的热供应可通过感应干燥机周围湿度或测定末端输出羊毛水分含量的设备发出的信号来控制，由此可节约能量并避免羊毛干燥过度。

羊毛冲刷的机械设计和循环冲洗及清洗液的使用方法差别很大。由于这些物质对能量和水的消耗，以及出水中污染物的去除有直接影响，对其进行详细地说明是很重要的。

新开洗毛厂有综合的油脂和污垢回收系统，如图2.4所示。

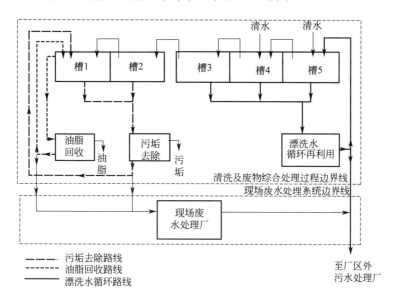

图2.4　清洗线、废物综合处理工艺在线废水处理厂的示意［187，INTERLAINE，1999］

灰尘容易在槽的底部沉降，因此目前的清洗槽通常将底部做成漏斗形，污泥可从底部通过一个重力阀门排出。阀门的开启必须由一个计时器控制，或通过感应漏斗底部悬浮尘厚度的浊度计发出的信号控制。清洗槽漏斗型底部的排放物被送往一个机械杂质粗粒沉降罐，在沉降罐里经过重力沉降，沉降后的上清液部分回流到清洗槽1排放。在一些情况下，可能会往机械杂质粗粒沉降罐里添加絮凝剂来促进灰尘的分离，或使用涡轮离心机或水力旋流器来通过重力沉降去除灰尘。

对于油脂回收，现代清洗槽设有一个边舱，在边舱里收集从羊毛中挤压去除的富含油脂的废水。在这里，一部分的水可能会被泵回到前一个槽，而槽1的水则被泵回到初始油脂离心机。离心机将液体分为三相。最上层的相为乳脂，含油脂丰富，将其传送到二级或者可能三级离心机中进一步脱水，最后制成无水润滑脂；最底层的相含灰尘多，会去往机械杂质粗粒沉降罐；中间的相与原水相比油脂和灰尘含量都不大，所以这部分被分开，一部分回到清洗槽1，一部分被排放。

上述回收过程在应用中可能有一些改动，最常用的改动可能是将灰尘和油脂去除过程跟油脂回收合并。这种情况下，洗毛液可能只从槽底部去除，或从顶部和底部同时去除，然后先通过灰尘去除设备，再通过初始油脂离心机。

一些洗毛厂对清洗水进行回用（见图2.4）。第一个清洗槽的出水可以被处理到一定程度以使其适合进入最后的清洗槽中。通常，水处理包括采用水力旋流器中去除灰尘，并通过膜过滤设备去除其他杂质的过程。

通常需要净化从清洗槽底部收集的废液。

对清洗槽的清洗取决于槽的效率。一些先进清洗槽排水是受固体探测器控制的,但是一般的清洗槽只有一个定时的底液排水,其不管液体状态而自动进行操作 [208,ENco,2001]。

上述灰尘去除和油脂回收过程有多种优点。它们可将出水用于冲刷以达到节水目的,并且它们是作为工艺本身的一种废水处理方法。可以将回收的羊毛油脂出售,尽管近年来这种副产品的市场情况变化很大。最后的排放水是重污染清洗水唯一的排放点,此处的阀门和计量仪表可以用来控制清洗部门水的排放频率。

关于灰尘去除和油脂回收的更多信息可参见 3.2.1、4.4.1 和 4.4.2 部分相关内容。

2.3.2 和洗毛(用水)相关的环境问题

本节讨论与整体洗毛工艺相关的环境问题,包括出水的处理。

和洗毛工艺相关的环境问题主要来自于水体污染物的排放,但也需要考虑固体废物和大气污染物的排放。

(1) 水体污染潜力

去除存在于原纤维中的污染物导致了清洗水的产生和排放,主要污染物有:存在与悬浮物和溶液中的高浓度有机物及悬浮物中的灰尘;用于保护羊免于遭受体外寄生虫的兽药中含有的微量污染物。

出水中含有的清洁剂,会导致出水化学需氧量的升高。清洁剂可通过油脂回收/灰尘去除系统循环利用。因此,此回收系统的低效率会导致出水中清洁剂量的升高。化学需氧量主要归因于蜡、灰尘等,清洁剂被认为是对水体污染的次要贡献者,但是如果使用有害表面活性剂,例如烷基酚聚氧乙烯醚等作为清洁剂,情况则不一样(更多关于清洁剂环境问题的细节,见附录Ⅰ1部分)。

对来自于蜡和灰尘的有机物质,按照"Stewart,1998",出水和含脂羊毛的 COD 可以用以下公式计算:

$$COD(mg/kg) = 8267 \times 羊毛粗脂(\%) + 30980 \times 氧化油脂(\%) + 29326 \times 轻油脂(\%) + 6454 \times 灰尘(\%) + 1536$$

由于本公式中轻油脂和氧化油脂[●]的系数差不多,又由于许多羊毛含有的轻油脂和氧化油脂的量差不多,因此可以将上述公式中的这两种油脂合并然后得到以下公式:

$$COD(mg/kg) = 8267 \times 羊毛粗脂(\%) + 30153 \times 总油脂(\%) + 6454 \times 灰尘(\%) + 1536$$

然后就可以计算"典型"美利奴和杂交羊毛的 COD 值:

美利奴羊毛:羊毛粗脂=8%;油脂=13%;灰尘=15%

$$COD = 8267 \times 8 + 30153 \times 13 + 6454 \times 15 + 1.536 = 556g/kg \ 含脂羊毛$$

杂交羊毛:羊毛粗脂=8%;油脂=5%;灰尘=15%

$$COD = 8267 \times 8 + 30153 \times 5 + 6454 \times 15 + 1.536 = 315g/kg \ 含脂羊毛$$

这些高耗氧物质在排入环境之前必须从出水中去除,以避免可能对人体造成的影响。

有机卤素、有机磷化合物和杀虫剂是 IPPC 指令的排放控制清单上的优先控制物质。

[●] 轻油脂是未氧化的易于与冲洗液分离的油脂;而氧化油脂是憎水性较弱,很难与水分离的油脂。

在全世界，最常用于羊的灭体外寄生虫剂是二嗪农（OP）、烯虫磷（OP）、氯氰菊酯（SP）和控制绿头苍蝇的环丙马嗪（飞虫专用生长调节剂）。地昔尼尔、二氟脲和杀铃脲等昆虫生长调节剂只在澳大利亚和新西兰允许使用。有机氯杀虫剂（特别是六氯环己烷）仍可在来自前苏联、中东和南美一些国家 [187，INTERLAINE，1999] 的羊毛中找到（也参见2.1.1.9）。

对于体外寄生虫杀虫剂，当它们进入洗毛工艺时，亲脂性化合物和亲水性化合物（例如环丙马嗪）有明显的区别。亲脂性化合物（OCs、OPs 和 SPs）和羊毛油脂之间结合力很强，并可在洗毛过程中与羊毛油脂一同被去除（尽管一部分会保留在纤维中，并在之后的湿法精整工艺中被释放）。二氟脲（IGR）也有这种特性。最近的研究表明杀铃脲（IGR）能部分与尘土结合，部分与油脂结合。因此，与其他亲脂性化合物相比，这种杀虫剂残留在工艺流程中的比例会更大（在羊毛纤维和回收的羊毛油脂和灰尘中），而不会被排放到出水中 [103，G. Savage，1998]。相反的，IGRs（例如环丙马嗪和地昔尼尔）具有明显的水溶性（对于环丙马嗪，20℃下溶解度为 11g/L），这意味着它们在羊毛油脂回收系统中不会被去除。

在废水处理系统中，残余的杀虫剂会被去除。物理-化学分离技术去除残余杀虫剂的效率和去除油脂和灰尘中的杀虫剂的效率差不多。另一方面，蒸发系统可显著去除 OCs 和 SPs，但是高达 30% 的 OPs 会在冷凝物中出现，因为它们可随蒸气挥发。若不通过蒸发处理，水溶化合物（例如 IGR 环丙马嗪）可能无法从出水中去除 [187，INTERLAINE，1999]。

尽管进行了这些处理，杀虫剂通常还是不能完全被去除，杀虫剂可能会随着出水排入水体。接纳水体中体外寄生虫杀虫剂的环境浓度很大程度取决于周围环境，特别是在一个指定流域的洗毛活动数量，以及洗毛废水与接收处理后废水的河流之间的稀释关系。

在欧洲一个洗毛过程高度集中的地区，接收水体有存在高浓度水平杀虫剂的危险。这种情况下，应基于风险评价模型确定排放限值。例如在英国，法定环境质量标准（EQS）规定了 OCs 的排放标准，非法定标准规定了 OPs 及氯氰菊酯的排放标准。排放限值是通过比较给定的法定环境质量标准目标与根据处理的羊毛的吨位和废水处理系统预测出的环境浓度，而为处理厂设立的。

洗毛厂排放限值的控制是通过使用来自 "ENco 羊毛 & 毛发杀虫剂数据库" 的数据（确定来料羊毛的初始残余量）和以上提到的对不同杀虫剂的水-油脂比例因子来开展的。更多详细信息也参见 2.1.1.9 和 3.2.1 节（"体外寄生虫杀虫剂"）。

(2) 污染土地的可能性

洗毛过程（和相关废水处理过程）产生的两种主要的 "废物" 为油脂和污泥。

根据氧化程度的不同，可以从粗羊毛中回收 20%～40% 的油脂。这些回收的油脂是副产品而不是废物，因此可将其卖给在化妆品业生产高价值产品的羊毛脂精炼商。然而，油脂中高水平的残余杀虫剂对于羊毛脂的精炼也是一个问题，特别是对以羊毛脂为原料的药品和化妆品生产，因为需要应用更昂贵和更复杂的技术来将杀虫剂浓度降低到可接受的水平。酸裂解油脂没有市场价值，需要被填埋。

由物理-化学法处理废水而产生的污泥也含有油脂、尘土和部分与油脂或尘土牢固结合的杀虫剂、来自蒸发或膜过滤的浓缩液和污泥也可能含有羊毛粗脂，主要为氯化钾和脂肪酸钾盐。羊毛粗脂是可用于农业的副产品。

污泥和浓缩液的处理有几条路径：焚烧（结合热回收）、热解/气化、制砖、堆肥或与其他物质共堆肥、填埋。

前三个污泥处理路径破坏了污泥中的有机物质，包括油脂和杀虫剂。焚烧产生的灰可能含有来自羊毛粗脂的钾盐和放牧羊的土壤所含的重金属。灰通常经填埋处理。热解/气化产生的焦炭的特征未知，这种焦炭一般也经填埋处理。及时将羊毛冲刷后的污泥用于制砖不会造成污物残留。这三种污泥处理方法污染土地的可能性最低。

洗毛污泥不能单独堆肥，而需要添加高含碳有机物质。可使用来自农业或园林的绿色废物。堆肥目前还不是一项发展成熟的自动防故障技术，只能部分降解污泥中的杀虫剂。然而，由于杀虫剂的亲油性或它们强烈吸附于固体的倾向，它们一般存在于污泥中，并且在土壤中被固定，在农田里，洗毛污泥中混合物的传播不容易造成任何环境风险。

填埋是最简单也是最便宜的污泥处理方法。但长远来看，填埋既不经济，也不具有环境可持续性。洗毛污泥在填埋过程中的去向目前还未知，但体外寄生虫杀虫剂发生泄漏的可能性很小。厌氧降解污泥中的有机物将会增加甲烷的排放［187，INTERLAINE，1999］。

大气污染不是洗毛工艺的主要问题。然而有两个问题需要注意。

热酸裂解包含了用硫酸加热冲刷废水的过程，如果在居民区附近使用，通常会带来臭味的问题。

焚烧可与废水蒸发联用，因为来自焚烧炉的余热能够用于蒸发过程。洗毛污泥焚烧有可能造成空气污染。由于污泥含有相对高水平的氯（来自羊毛粗脂和来自体外寄生虫杀虫剂等的有机结合氯），当它们被焚烧时，可能产生 PCDD 和呋喃（目前催化和高温焚烧炉可用来防止这些物质的排放）。这些污泥也可能含有高水平的硫和氮，因此焚烧过程可能会产生 SO_x 和 NO_x。也应该考虑颗粒物和臭味的产生。

2.3.3 用溶剂清洁和冲洗

有许多使用非水溶剂洗毛的工艺。

WooLtech 羊毛清洁系统需使用三氯乙烯，但在冲洗过程不使用任何水。过程的示意如图 2.5 所示。

以下信息由［201，Wooltech，2001］提供。

(1) 清洗槽

羊毛是按包接收的，包裹解开后放入到接收区（这种羊毛易碎），然后使其通过一系列盛有溶剂的清洗槽（典型的是 3 个或 4 个），并用溶剂逆流冲洗。生产 500kg 干净羊毛需要添加的溶剂高达 10kg，这个数据与工厂的管理和维护、工厂的具体安排及处理的羊毛质量有关。

干净的、浸润的羊毛从最后一个清洗槽中进入离心机，在离心机里溶剂浓度降低到 4%左右。这项操作中由于低表面张力和较大的三氯乙烯浓度，离心机可发挥很好的效果。溶剂含量很少的羊毛再进入干燥机，在干燥机里使用热空气来将最后一点溶剂蒸发掉。从清洗槽到离心机和干燥机的操作区域都要充分密闭，并通过将空气排到蒸汽回收系统来保持一定的负压。

来自第一个清洗槽的溶剂通过高速离心设备处理后将固体物质去除并被回收至槽 1。其中一部分液体被用于油脂回收和循环使用。

(2) 灰尘分离

来自灰尘分离阶段的泥浆被送到一个间接加热的灰尘干燥机中，在灰尘干燥机里溶剂被

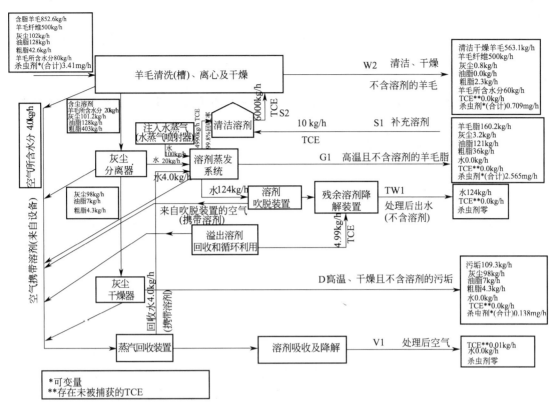

图 2.5　Wooltech 工艺简图

蒸发掉（并回收），留下温热、干燥、不含溶剂的灰尘。

　　预期的灰尘中杀虫剂浓度分析结果将不含有机氯（OC）、少于 $1×10^{-6}$ 的有机磷（OP）和少于 $0.1×10^{-6}$ 的合成拟除虫菊酯（SP）。进一步降低这些杀虫剂浓度需要相对简单地改造所安装的小型固体槽离心机，在这些泥浆被送到灰尘干燥机的途中采用新鲜溶剂对其进行清洗。这样可从灰尘中去除油脂结合的杀虫剂，这些杀虫剂会返回蒸发器，在蒸发器里与油脂分离。

2.4　纱线加工

　　纺织服装产品由 100% 天然纤维纱，100% 人造短纤维或混纺纱制作而成。只有少数的服装产品，如光滑运动服，是以专门的长丝纱线为材料（但由复丝纱，普通变形纱，以及一个或多个短纤纱构成的面料开始越来越多地被应用）。

　　通过二次纺纱工艺，将短纤纱加工成适合纺织工业利用的纱线。主要有两种工艺：毛纺工艺、棉纺工艺。

2.4.1　毛纺工艺

　　毛纺工艺主要用于生产羊毛及羊毛混纺纱线。精纺和粗纺不同。在精纺过程中，加工处理较高质量的和较长的纤维，得到较好的纱线，用于生产精纺面料。粗纺过程主要加工处理短纤维。

在精纺工艺中，纤维被平行置于精梳机中，然后进行拉伸和纺线。在粗纺系统中，纤维经粗梳后就进行纺线。产品纱经过缠绕（如果需要）形成纱线圈，以备后续的处理（染整、梭织、簇绒等）。

在精纺和粗纺系统中，多种纤维（例如，不同来源的羊毛纤维，不同类型的合成纤维）通过混纺操作结合在一起。在这一阶段（或之后，取决于应用的系统）中添加纺纱润滑剂，以满足后续操作中高效机械加工工艺的要求。

2.4.2 棉纺工艺

棉纺工艺主要针对棉和人造纤维。正如在2.3.2中所描述，棉花首先进行开清操作。接下来的加工步骤，棉与人造纤维是相同的，这些加工步骤包括梳理、精梳、牵伸、粗纺、纺纱、捻线、摇纱。

2.4.3 环境问题

为满足纺织环节后续步骤的要求而在精纺过程向纤维中添加的各种制剂（改良剂和精纺润滑剂）具有显著的环境影响。由于这些助剂和初纺阶段添加的纺丝油剂通常需要在染整之前被全部去除，因此这些物质会通过高温工艺而进入废气，或者通过湿法处理工艺而进入废水。第一种情况加重空气污染，第二种情况增加了排水中的有机物负荷。

纺纱添加剂可能是排水中难降解有机物如矿物油和有害化合物（如多环芳烃、APEO和杀虫剂）的主要来源。

最终的污染取决于向纤维中添加的润滑剂的种类和数量。例如，在毛纺工艺中需要对使用粗梳纱线（粗纺工艺）和精梳纱线（精纺工艺）生产的人造织物进行区分。其除了在力学性能方面，在润滑剂的添加量上也有明显的差异。粗纺工艺中添加量大约为5%，而精纺工艺一般少于2%。（这个结论只适用于纺织品，因为对于地毯纱线的粗纺工艺一般润滑剂添加量为1%～5%）。

对于合成纤维（短纤维）而言，弹性纤维的制纱阶段应用的添加剂的量受到特别关注。其最终添加剂总量（主要是硅油）大约达纤维重量的7%。

纺纱油的成分的详见附录Ⅰ2节。由于商业化产品的种类繁多，难以具体分析这些物质的环境影响特征。纺纱厂通常从小商贩处购买润滑剂。这些小商贩从大型石化厂购买化学产品，再根据不同的纺纱厂的具体需求进行混合。这使得进入纺纱厂的添加剂的具体化学成分更加难于确定。

2.5 布的生产

生产布的原料包括短纤维纱和长丝纱。这些原材料被加工成：梭织面料、针织面料、地毯织物和无纺布。

最后一节还包含了部分地毯工业的典型产品。

2.5.1 梭织面料

2.5.1.1 整经

在进行梭织前，将经纱缠绕成束状的工艺称为整经。在该操作中没有添加剂的消耗，因此对后续工艺排放的废物几乎没有影响。

在一些情况下（毛纺厂），并不对经纱进行上浆，而是采用液体石蜡进行处理。

2.5.1.2 上浆

在整经后，利用上浆剂（以水溶液和水分散体的形式）对梭织中的经纱进行润滑和保护。主要的上浆剂可以分为两类。

① 基于天然多糖的上浆剂 包括：淀粉；淀粉衍生物，如羧甲基淀粉或羟乙基淀粉；纤维素衍生物，羧甲基纤维素（CMC）；半乳甘露聚糖；蛋白质衍生物。

② 全合成聚合物 包括：聚乙烯醇（PVA）、聚丙烯酸酯、聚乙酸乙酯、聚酯纤维。

合成上浆剂和天然上浆剂的应用比例各有不同（例如，德国大约为 1∶3 [179，UBA，2001]，西班牙为 (1∶4)～(1∶5) [293，西班牙，2002]）。

需要注意：

① 根据加工的纤维种类、梭织技术和上浆剂循环利用系统的要求选择不同的上浆剂。

② 上浆剂通常是以上提及物质的混合物。

当前，对于棉花的上浆混合物中添加物主要包括 [186，Ullmann's，2000]：

① 黏度调节剂 硼砂与淀粉的众多羟基形成的复杂结构增加了淀粉糊状物的黏度，而尿素可以降低黏度。重要的黏度调节剂包括淀粉分解剂，如过硫酸盐，过硫酸盐使大分子发生氧化分解。

② 上浆脂肪 用于改善整经。合适的材料包括硫酸化脂肪、油类以及脂肪酸酯与非离子型和阴离子型乳化剂的混合物。

③ 抗静电剂（主要是聚乙二醇型）。

④ 湿润剂 低水平乙氧基化的脂肪醇类物质。

⑤ 消泡剂 当上浆剂易产生泡沫（如 PVA）和使用湿润剂时需要添加消泡剂。适合的产品包括煤油、磷酯、脂肪酸酯或硅树脂油。

⑥ 防腐剂 对于需要长时间储存和含有诸如淀粉及其衍生物等可降解成分的上浆液，添加除霉剂和（或）灭菌剂。典型的防腐剂包括甲醛、苯酚衍生物、异噻唑酮类的杂环化合物。

除采用水溶体系时，需要在上浆剂中添加防止细菌破坏的防腐剂外，应用于人工纤维（例如聚丙烯酸酯，涤纶）的上浆剂不包含以上的添加剂。

上浆剂由梭织机导入，在脱胶工艺中由整理机械去除。脱胶工艺产生较高负荷的废水。就织物而言，上浆剂占废水总 COD 的 30%～70%。在对长丝纱组成的织物的整理过程产生的废水中上浆剂占总 COD 的比例较低，而在合成短纤维的情况下，尤其是对棉使用天然上浆剂时，这一比例较高。因此对于这些物质的生物可降解性和生物可去除性而言，了解这些物质的 COD 和特性十分重要。存在于织物中的添加剂（例如防腐剂）同样影响最终排水的毒性和生物可降解性（毒性和生物可降解性不能单独用 COD 的测量结果进行辨别）。

详细内容见附录 I 3：用作上浆剂的化学物质的特性和特征 COD 和 BOD_5 值；各种合成纤维中上浆剂的典型用量。

2.5.1.3 梭织

梭织是利用织布机将纱线集中在一起获得织物的过程。该过程只需要电力。织布机需要润滑剂和油进行润滑，但在一些特殊的情况下，这些物质会污染纤维。

2.5.2 针织纺织品

2.5.2.1 上蜡

为了实现较快的针织速度和防止机械力破坏，用于针织的纱线需要润滑油和上蜡（一般使用固体石蜡）。在纱线缠绕到缠线管的过程中进行上蜡，这一过程称为"预针织"。

2.5.2.2 针织

针织是利用一系列针将纱线缠结在一起的机械过程。矿物油广泛地应用于润滑针和针织机械的其他部分。油量取决于机器技术和针的运动速度，约占织物重量的 4％～8％（当使用矿物油时这一数值可能会达到 10％）。

残留于织物上的油和石蜡将会在整理工艺中得到处理。这些对于整理厂产生的总污染负荷的贡献十分明显。

关于针织油类的其他信息见附录 I 2.5。

2.5.3 地板用织物

地板用织物是具有可用表面的纺织材料用品的总称。该种织物可以概要的描述为由以下层构成的复合基材：

① 承托层　由聚丙烯纤维条（75％）、PP 或 PES 骨架（分别为 16％和 8％）以及较少的黄麻织品（1％）[18，VITO，1998] 制成。

② 绒头纱线（通常为起绒纤维）　由短纤纱或长丝纱制成（主要为聚丙烯，聚酯，羊毛，丙烯腈系纤维）。

③ 前表层　典型的簇绒地毯，其功能为将绒头纱线锚固在承托层上。该涂层由合成橡胶或羟基丁苯胶乳制成。

④ 表层　应用于地毯底部的添加层。泡沫涂层、背衬物涂层和重涂层方法可能被区别开。它们主要可强化簇绒的附着性，改善地毯的尺寸稳定性以及使地毯具备防滑、绝热、踩踏弹性或者阻燃等性能（地毯表层技术的详细描述见 2.11 关于整理技术的部分）。

以上仅为一些普通的概念。实际上，产品特性以及采用的制造技术具有显著的多样性。

制造地毯/地面覆盖物的主要方法包括簇绒、梭织和针刺（其他方法包括缠结、黏结、针织等）。最好通过描述不同种类的地毯来描述不同的技术。

2.5.3.1 簇绒地毯

如图 2.6 所示，簇绒地毯由以下不同的要素构成：面纱层（面绒层），可以由短纤纱（PA，PP，PES，PAC，羊毛和棉）或合成长纤维制作；基底布（承托层）；预涂层；背衬层（包括织物背衬或泡沫背衬）。

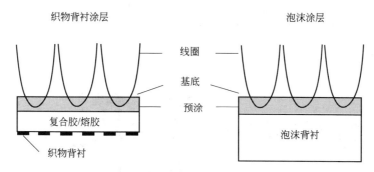

图 2.6　簇绒地毯横截面图 [63，GuT/ECA，2000]

在簇绒工艺中，由聚乙烯、聚酯纤维或黄麻纤维制成的绒头纱线被针刺入梭织或者非梭织的承托材料（基底布）内，穿过整个基底宽度（达到 5m）。再接下来的制作过程中，绒头纱线的根部通过涂装方法被锚入地毯背面。

图 2.7 为簇绒设备的简图。

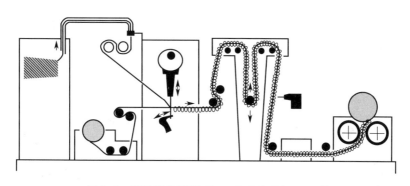

图 2.7　簇绒设备简图 [63，GuT/ECA，2000]

通过不同的簇绒技术，不同的三维绒头结构可以制成有图案的地毯（例如单层环形绒面、多层环形绒面、剪断和环形绒面、丝绒和立绒、萨克森法兰绒），如图 2.8 所示。

2.5.3.2 针刺毛毡地毯

图 2.9 展示了针刺毛毡地毯的制造工艺。纤维互相之间交叉搭接，并被针挤压在一起。挤压过程添加黏合剂 [18，VITO，1998]。针刺绒地毯包括一层或者若干层，包含或者不含承托层。背衬有多种类型（梭织背衬、泡沫涂层、重涂层）。为了增强纤维的黏合，针刺底面接下来进行热处理或者化学处理（化学强化）。

几乎所有的纤维都可以用来制造针刺毛毡；然而，人造纤维应用最为广泛（PP，PA，

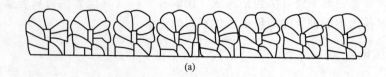

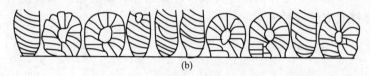

图 2.8　单层环形绒面 (a)；剪断和环形绒面 (b) [63，GuT/ECA，2000]

图 2.9　针刺毛毡地毯 [63，GuT/ECA，2000]
1—带针的针板；2—针床网格；3—黄麻布背衬；4—无纺布

PES，PAC，羊毛，黄麻/剑麻，人造丝)。

2.5.3.3　梭织地毯

梭织地毯的加工工艺与其他梭织产品的加工工艺类似。因为梭织地毯使用粗纱，因此经纱通常不上浆。梭织地毯的生产工艺如图 2.10 所示。

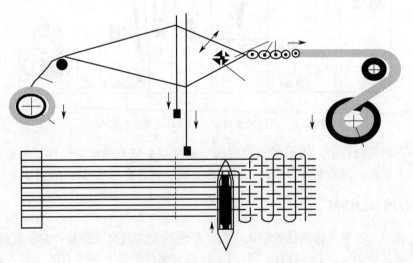

图 2.10　梭织地毯生产工艺 [63，GuT/ECA，2000]

原则上梭织地毯需要一个稳定的背衬。只有在很少的情况下才采用附加厚涂层（例如PVC 或者沥青）。

2.5.4 非梭织物

不采用中间纱线工艺步骤生产的织物称为非梭织物。非梭织物广泛地应用于背层或者涂层，过滤，土工布，抹布以及其他功能性织物。

在非梭织物生产过程中有显著的环境影响的通常只有热连接和化学连接步骤中产生排放的废气。挥发性物质主要源于纤维质内含单体（尤其是己内酰胺），以及黏结剂聚合物的单体。

2.6 预处理

预处理工艺应该保证：

① 去除纤维中的外来物质，以保证一致性，改善亲水性和染料亲和力以及后处理的性能。

② 改善对染料的均匀吸附性（例如在对棉纱的丝光处理中）。

③ 降低合成纤维的张力（如果不降低张力，导致凹凸和外形的不稳定性）。

预处理在工艺流程中的位置取决于染色工艺的位置。预处理紧接在染色（印花）步骤的前面。

预处理工艺和技术取决于：

① 处理的纤维种类　采用天然纤维例如棉、羊毛、亚麻和丝加工的原材料商品比采用合成人工纤维的技术任务要困难。天然纤维含有较高的干扰后续工艺的物质。人造纤维，通常只含有制剂、水溶性合成浆液和油。

② 纤维的结构（簇绒织物、纱线织物、梭织物或者针织物）。

③ 待处理材料的数量（例如，连续法比较有效率，但是只有大规模的生产能力才具有经济可行性）。

预处理通常采用与染色设备相同的运行方式（特别在序批式过程中，材料通常在染色机械中进行预处理）。为使本部分容易阅读，非进行处理的机器在其他章节进行描述（附录Ⅲ）。

2.6.1 棉和纤维素纤维的预处理

2.6.1.1 主要加工工艺

棉的预处理包括多种湿法工艺，包括：烧毛工艺、退浆工艺、煮练工艺、丝光工艺、漂白工艺。

有些处理工艺仅是某种产品的必要步骤（例如退浆法仅在梭织物中采用）。

另外，一些处理过程经常组合起来在一个步骤中完成以满足尽可能减少生产时间和空间的要求。此外，在一些特殊情况下，这些处理过程会分开进行，后面的章节将对特定产品的可能的过程顺序进行讨论。

（1）烧毛工艺

对于纱线制品或梭织制品均可采用烧毛工艺。尤其是棉、棉/PES 和棉/PA。

突出织物表面的纤维结头影响表面外观，同时在染色时产生"霜花"效果。因此需要通过将织物通过气体火焰以去除表面纤维。织物在一排气体火焰的上方通过，然后立即进入淬火液中以扑灭火苗并冷却织物。淬火液通常包含退浆溶液。在这样的情况下，烧毛过程变成了烧毛和退浆的联合过程。

在烧毛前，对织物进行精梳以期减少残存的灰尘和纤维。

烧毛过程对排水没有影响，因为该过程只需要冷却水，但有较强的恶臭、灰尘和有机物的排放。恶臭物质可以采用催化氧化法加以去除（见4.10.9）。

(2) 退浆工艺

退浆用于去除织物中经纱在之前工艺中使用的上浆化合物，通常是织物的第一道湿法整理操作。

退浆技术依据待去除的胶黏剂种类而不同，当前应用的退浆技术可以分类如下：淀粉基胶黏剂（非水溶性浆）的去除技术；水溶性胶黏剂的去除技术；水溶性和非水溶性胶黏剂的去除技术。

① 淀粉基胶黏剂的去除技术 淀粉基胶黏剂的去除比较困难，需要酶的催化作用（催化降解）或者其他化学处理将其转化为可以被水冲洗的形式。这一化学降解过程主要通过酶退浆或氧化退浆实现。

酶退浆是进行淀粉去除的最广泛方法，淀粉酶非常合适。采用酶退浆的优点在于淀粉被分解而纤维素没有被破坏。

为了减少预处理步骤的数量，实践中通常将退浆和低温漂白组合在一个步骤中进行。这种工艺也被称为"氧化退浆"。对织物进行喷淋，浸满含有过氧化氢、苛性钠以及过氧化氢稳定剂和配位剂的溶液。有时溶液中也添加有过硫酸盐。

NaOH除了有退浆和漂白的作用外，同时还可以用于预煮练处理。此外，当织物中含有酶中毒物质或者上浆液难于生物降解时采用氧化退浆法比较合适。然而，由于淀粉与纤维素只在纤维环的交联结构上有较少的差异，如果控制不良，化学氧化可能会破坏纤维。

尽管退浆一般采用轧堆的方式，但是非连续（例如卷染机）和连续（轧蒸）过程均可以被采用。在酶退浆工艺中，采用轧蒸主要是因为在蒸汽条件下，酶比较稳定。在反应之后，织物可以在热水（95℃）中得到彻底的清洗。

② 水溶性胶黏剂的去除技术 去除水溶性胶黏剂例如PVA、CMC和聚丙烯酸酯，理论上只需要用热水和碳酸钠溶液冲洗。冲洗的效果可以利用以下的方法提高：

a. 在退浆液中加入合适的添加剂（液态剂）（当浆液需要回收的时候受到一定的限制）；

b. 保证在退浆液中的沉浸时间（以确保液体的最大吸收和黏结剂的膨胀）；

c. 利用热水彻底冲洗以保证溶解性的浆液的去除。

在以上的情况下，过程在通用型冲洗机器内进行。连续型冲洗设备应用比较普遍，但是有时处理时间可能太短无法达到完全的退浆，因此也采用轧染和轧蒸或者非连续工艺以延长停留时间。

③ 水溶性和非水溶性黏结剂的去除技术 以上提到的"氧化退浆"技术不仅仅可以应用于非水溶性黏结剂，也可以用于水溶性黏结剂。该技术对织物整理机处理各种不同的织物以及黏结剂非常有帮助（见4.5.2）。

（3）丝光工艺

进行丝光处理以改善棉的延展性、尺寸稳定性和光泽。同时也可以增进染料吸收的效果（由于废弃水平的增加而减少的染料消耗可达30%～50%）。

通过以下操作可以对纱线、梭织物和针织物进行丝光处理：张紧处理丝光加工、碱处理（不张紧）、铵处理丝光加工。

① 张紧处理丝光加工　苛性钠丝光加工是应用最普遍的丝光技术（不应用于亚麻）。棉在张紧状态下于浓苛性钠溶液（270～300gNaOH/L，即170～350gNaOH/kg）中处理大约40～50s。

在丝光加工中，当光泽是优先考虑的因素时，需调整到较低的温度（5～18℃），而为了改善其他特性时常采用稍微高一些的温度。由于苛性钠与纤维素的反应是放热反应，因此需要设置冷却系统以降低喷淋液的温度。

除了传统的冷处理外，热丝光工艺的应用也逐渐增加（卷纱和纤维织物）。材料浸泡在接近沸点的苛性钠溶液当中。热拉伸之后，将织物冷却到环境温度，然后在张紧状态下冲洗。

为了保证液体均匀渗透，尤其是在室温下操作时，需要使用润湿剂。通常使用非离子型表面活性剂、磷酸酯和磺酸盐的混合物。

② 碱处理　在碱工艺中，材料在20～30℃下，于低浓度的苛性钠（145～190g/L）中，不张紧状态下进行处理。材料允许缩水，因此改善了染料的吸附性。

③ 铵处理丝光加工　无水液态氨替代苛性钠对棉纱线和织物进行处理。尽管与苛性钠丝光处理相比光泽程度稍差，但可以取得与之类似的效果。在蒸煮之前，痕量的氨必须得到去除，最好采用干法热处理。

此法应用并不广泛。在欧洲，只有少量的工厂报道采用铵处理丝光加工。

图2.11、图2.12为两个丝光机器的实例，分别应用于梭织物和管状针织物。

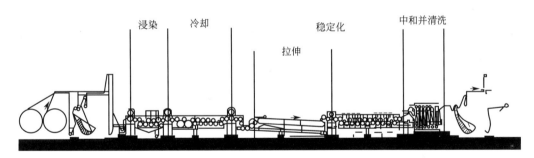

图2.11　梭织物丝光设备实例［69，Corbani，1994］

（4）煮练工艺

煮练目标是把原料纤维中的杂质去掉或者在后面阶段提取出来，例如：果胶质；脂肪和蜡质；蛋白质；无机物，例如碱金属盐类，钙和镁的磷酸盐，铝和铁的氧化物；胶黏剂（当煮练在对织物退浆之前进行时）；残余胶黏剂和胶黏剂降解产物（当煮练在对织物退浆之后进行时）。

煮练可以作为一个单独的工艺步骤进行，也可以与其他处理（通常为漂色或者退浆）联合进行，处理对象为梭织物（上浆或退浆的）、针织物和纱线。

对于纱线和针织物而言，退浆是一个序批过程，通常与染色工艺在同一个装置中进行

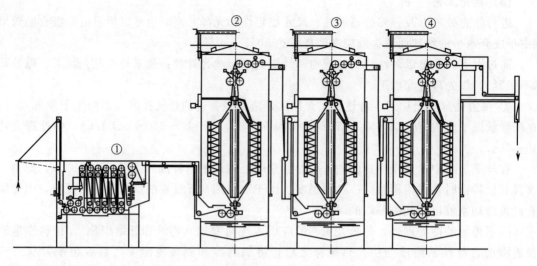

图 2.12　管状针织物丝光设备实例［218，Sperotto Rimar，2002］
①—浸染；②—反应区域；③—热清洗及稳定化；④—漂洗

（对于纱线主要为压力容器或者绞纱染色机，对于针织物为喷射溢流机）。采用轧蒸工艺时，梭织物以连续的模式进行煮练。

煮练加工在碱（氢氧化钠或碳酸钠）和以下添加剂的存在下发挥作用：非离子型表面活性剂（脂肪醇醚，烷基酚乙氧基醚）或阴离子型表面活性剂（烷烷基磺酸盐，磷酸盐，羧酸盐）；NTA、EDTA、DTPA、葡萄糖酸、磷酸，作为配位剂，用于去除金属离子（尤其是氧化铁，使用过氧化氢进行漂白加工时，氧化铁可以催化纤维素的分解反应）；聚丙烯酸酯和磷酸盐，作为特殊的无界面表面活性分散剂；亚硫酸盐和亚硫酸氢盐，作为还原剂（避免在使用过氧化氢漂白时形成氧化纤维素）。

(5) 漂色工艺

煮练之后，棉变得更加亲水。然而，原始的颜色并没有变化，因为冲洗和碱提取不能完全去除色素物质。

当材料需要染成深色时，可无需漂白而直接染色。相反，当织物需要染成淡色或者接下来进行印花时，漂白成为必需的步骤。在一些情况下，甚至染成深色也需要预漂白的步骤，但无需完全的漂白处理。

漂白可以应用于所有的原料（纱线，机织物和梭织物）。

对于纤维质织物最经常采用的是氧漂，也就是：过氧化氢（H_2O_2）、次氯酸钠（NaClO）、亚氯酸钠（$NaClO_2$）。除此之外，过乙酸也被应用［7，UBA，1994］。荧光增白剂也通常被采用以获得增白效果。

① 使用过氧化氢漂白　漂色可以作为单独处理进行，也可以与其他处理联合进行（例如漂色/煮练或者漂色/煮练/退浆联合为一个操作）。

织物在 pH10.5～12，含过氧化氢、苛性钠和过氧化氢稳定剂的溶液中进行处理（OH·自由基最佳净化效果的 pH 值为 11.2，详见 4.5.6 的描述）。最近的研究表明过氧化物漂白剂并不是阴离子 HOO^-，而是二氧阴离子基团 OO^-·（所谓超氧化物），漂白剂形成同时，OH·基团也形成，它会导致纤维素的降解。金属（如铁、镁和铜）可以催化 OH·的形成。硅酸钠与镁盐（$MgCl_2$ 或 $MgSO_4$）和螯合剂/配位剂（EDTA、DTPA、NTA、葡萄糖酸盐、磷酸盐、聚丙烯酸酯）混合作为稳定剂（关于稳定剂的详细信息见附录Ⅰ5部分，相关替代技术见4.3.4和4.5.6）。

过氧化氢漂白剂中添加的其他添加剂为具有乳化、分散和润湿性能的表面活性剂。采用的表面活性剂通常是阴离子型化合物（烷基磺酸盐和烷基芳基磺酸盐）与非离子型化合物（例如烷基酚聚氧乙烯醚或可生物降解的脂肪醇聚氧乙烯醚）的混合物 [186, Ullmann's, 2000]。

操作温度可以在从室温到较高温度这样一个很宽的范围内变化。然而，在 $60\sim90$℃下运行，能产生最好的漂白效果。

过氧化氢漂白在中性条件（pH $6.5\sim8$）下进行（例如当处理棉与羊毛混合材料等碱敏感纤维时）。在这一条件下，活性物质可产生漂白效果。注意当 pH 低于 6.5 时，H_2O_2 通过 $HOO\cdot^-/O_2\cdot$ 的歧化作用分解为 H_2O 和 O_2。此种情况下，过氧化氢被浪费了（产生了无活性的氧气）。

有多种漂白工艺，包括冷轧堆、蒸漂和浴漂。

由于在自然状态下过氧化物漂白剂是阴离子形态（亲水性行为），此种漂白方法不可能只选择性地破坏天然纤维中的疏水性的发色材料，而不攻击天然纤维本身。

② 次氯酸钠漂白　这种漂白剂与过氧化氢相比在温和的操作条件下（pH $9\sim11$，温度不高于 30℃）具有较好的漂白效果。否则有破坏纤维素纤维的风险。

漂白之后紧接着进行除氯处理，以使得次氯酸盐完全消除以及在漂白过程中产生的氯胺分解。

次氯酸钠漂白可以按照序批式（例如溢流、喷射、轷辘、绞盘染槽）、半连续式（轧堆）或者连续式进行。也有分别采用次氯酸盐和过氧化氢的两段式工艺。

由于经济上的原因，以次氯酸盐作为漂白剂的应用逐渐减少。只有以下几种情况还在应用，如纱线和针织物要求具有较高的漂白效果；保持物品的白色（如亚麻）；需要一个白色的背景色或工艺中要求基底染色用漂白代替的情况（替代技术也可见4.5.5）。

③ 亚氯酸钠/氯酸盐漂白　亚氯酸盐/氯酸盐漂白，尽管使用率在下降，但是仍然应用在合成纤维、棉、亚麻和其他纤维素纤维中，经常与过氧化氢联合使用。

与过氧化氢相比，采用二氧化氯（ClO_2）作为漂白剂遵循了完全不同的工作机理。由于过氧化氢中的超氧基团离子是亲水性的，因此优先于纤维中的亲水区域发生作用（攻击纤维聚合物），ClO_2 优先吸附于疏水性材料，例如韧皮纤维的木质部分。由于这样的原因，二氧化氯是一种优良的漂白剂（保证织物白度较高而不会破坏纤维），尤其是对于合成纤维和韧皮纤维（如亚麻），与棉相比，这些材料拥有较多的疏水性杂质。

由于气态的二氧化氯并不稳定，因此只能以大约1%的浓度存储于水中，同时必须在现场产生二氧化氯的水溶液。当前工业上应用的生成二氧化氯的两种前体物质，即为亚氯酸钠和氯酸钠。尽管氯酸钠比亚氯酸钠便宜，但更难生成 ClO_2，而且更昂贵，这是为什么较少采用氯酸钠的原因。

亚氯酸钠和氯酸钠都在强酸条件下应用（pH $3.5\sim4$，通过甲酸和乙酸调节）。二氧化氯溶液对建筑金属具有较强的腐蚀作用，包括不锈钢。硝酸钠作为阻蚀剂保护设备的不锈钢零件。还需要选择耐酸条件的清洁剂/润湿剂。此外，螯合剂是不需要的，因为产生酸性条件的草酸也可以作为金属螯合剂。必须控制不同助剂的添加顺序以避免与亚氯酸钠/氯酸钠浓溶液和酸的直接接触。

织物材料通过轧或者长淋浴过程进行漂白。温度通常保持在95℃，但是必须设置冷却步骤以减少毒性物和腐蚀问题，使用甲醛作为次氯酸钠的催化剂。

二氧化氯漂白的优点在于可以获得较高的白度，而且没有损坏纤维的风险。主要的缺点是设备处于高压状态以及会导致纤维上的氯残留，这主要取决于次氯酸（或氯酸）如何生成和发挥作用。最近可行的新技术利用过氧化氢还原氯酸钠产生ClO_2，而不会产生AOX（见4.5.5）。

④ 过乙酸漂白 过乙酸由乙酸和过氧化氢生成，可以通过购买成品或现场制备获得。最佳漂白作用只在非常窄的pH范围内（7～8）实现。低于pH 7，白度迅速下降；高于pH 9，随着纤维的损害而发生解聚。

对于合成纤维（例如聚酰胺），不能采用过氧化氢时，有时应用过乙酸进行漂白。

2.6.1.2　环境问题

最主要的环境问题与棉的预处理过程产生的废气和废水有关。

产生的排放物特性多样，取决于以下因素：原料、工艺顺序以及一些处理经常联合在一个步骤中进行等。

预处理中包含的各种操作的相关问题要点如下。

(1) 退浆和煮练

在典型的轧制加工中（处理棉或棉混织物），退浆是整个工艺中最主要的排放源。正如2.5.1.2节所述，退浆工艺的冲洗水可能占最终出水总COD负荷的70%，特别是采用天然胶黏剂的情况下。酶退浆或者氧化退浆都不能实现胶黏剂的回用，只有某些合成胶黏剂的回用在技术上可以实现，但对于运营公司而言很难应用（见4.5.1）。

与梭织棉织物相比，纱线和针织物中杂质的去除对于污染负荷而言意义不大。此外，应该认识到针织油（对于针织物而言）、纺纱油剂和制剂（当棉和合成纤维混合在一起时）的去除以及其可生物降解性能与COD负荷具有一定的联系。例如合成油脂很容易乳化或溶解在水中，因而容易生物降解。更多的问题源于难乳化和难降解物质，例如应用在弹性纤维与棉或聚酰胺混合材料中的硅油。

(2) 丝光

丝光导致废水中含有大量的碱，需要被中和。中和后生成相应的盐。因此，冷工艺比热工艺包含更高的排放负荷。为了保证需要的停留时间和冷却浴能够连续运行，部分淋浴需要被外置并在连续模式下进行冷却。这就意味着在冷丝光工艺中需要更高的淋浴容积，如果苛性钠没有回收的话，会导致较高的污染物排放。丝光液通常被回收或回用。如果无法实现，可作为其他预处理工艺中的碱使用（苛性钠的回收在4.5.7中讨论）。

(3) 过氧化氢漂白

在漂白反应中，过氧化氢发生分解，生成水和氧气。同时还需要考虑环境因素以及稳定剂使用的影响（见附录Ⅰ5节）。这些物质中可能包含配位剂（例如低生物降解性的EDTA和DTPA），这些物质直接通过废水处理系统而不能被降解。与金属生成稳定的配位化合物可能导致更严重的问题，因为这些物质可能导致出水中包含重金属，并在受纳水体中释放出来（替代技术见4.3.4和4.5.6）。

据报道（[77, EURATEX, 2000]），当无机氯（例如NaCl来自印染环节，$MgCl_2$来自整理环节）与过氧化氢漂白废水混合后，在一定的浓度、pH值、时间和温度条件下，在出水中可能被氧化成亚氯酸盐/次氯酸盐。由于这样的原因，即使没有采用含氯的漂白剂，废水中仍然会出现 AOX。然而，实验测定显示，并不会产生明显的影响 [7，UBA，1994]。

（4）次氯酸钠漂白

出于生态原因的考虑，在一些与针织物相关的特殊情况下，还有对纱线有高白度要求时，次氯酸钠的应用会被限制。使用次氯酸钠导致的二次反应生成的有机卤化物，通常被称为 AOX。

三氯甲烷（怀疑为致癌物）是生成量较大的化合物。除了卤仿反应外，其他氯化二次反应也可能发生（见 4.5.5）。

使用次氯酸盐漂白，氯气释放可能发生（尽管只在强酸条件下 [281，Belgium，2002]）。

根据应用环境研究院（斯德哥尔摩大学）的研究结果，在 1991～1992 年间，在一家采用次氯酸钠漂白工艺的纺织厂的污泥中发现了二噁英。进一步的研究显示，在次氯酸盐中发现了五氯苯酚 [316，Sweden，2001]。

（5）亚氯酸钠漂白

亚氯酸钠漂白也会导致废水中 AOX 的生成。然而，与次氯酸钠相比，在氯漂过程中 AOX 的产生量很低（平均只有次氯酸盐漂白产生的 AOX 量的 10％，最大为 20％），而且与亚氯酸盐或温度没有关联 [7，UBA，1994]。最近研究表明，AOX 的形成不是源自亚氯酸钠本身，而是源于以杂质形式存在或者作为活化剂的氯气或者次氯酸。最新的技术（使用过氧化氢还原氯酸钠）可以在生产 ClO_2 的时候不产生 AOX（见 4.5.5）。

正如之前提及的，控制和储存亚氯酸钠需要特别注意，因为其具有毒性和腐蚀性。亚氯酸钠与可燃物或者还原剂混合时会导致爆炸危害，特别当其处于热、摩擦和碰撞条件下。亚氯酸钠与酸接触时产生二氧化氯。此外，亚氯酸钠分解产生氧气，可以支持燃烧。

2.6.2 染色前羊毛预处理

染色前对羊毛进行的典型湿法预处理为：炭化处理、冲洗（煮练）、漂洗、漂白。

其他可能的处理都在防缩和稳定处理之后。尽管这些步骤经常在染色前进行，但它们并不是必需的预处理步骤。正因为如此，这些步骤已在精整操作中加以说明（2.9.2.8）。

2.6.2.1 主要的加工工艺

（1）炭化

有时洗净的羊毛中含有植物性杂质，这些杂质不能完全的通过机械操作去除。硫酸是可以摧毁这些植物性颗粒的化学物质，这一工艺被称为炭化。

炭化可以在松散的絮状纤维或织物上进行（在地毯制作中无需这一环节）。

散纤维炭化只处理用于生产衣服的细纤维，并通常在煮练设备中进行。

在典型的散纤维炭化设备中，将仍然潮湿的煮练后的羊毛浸泡入含有 6％～9％的无机酸溶液内（通常是硫酸）。多余的酸和水通过压力或者离心单元加以去除，大约残留 5％～7.5％的硫酸和 50％～65％的水。纤维接下来在 65～90℃下干燥以进行酸浓缩，并在 105～130℃下焙干。

羊毛干燥之后，进入到一个有两个反向旋转的辊轮的机器中。这些辊轮将炭化颗粒压成非常小的碎片，这些碎片比较容易被去除。添加少量的洗涤剂到硫酸当中，可以改善效果并减少对羊毛的破坏。为了防止纤维被逐渐降解，利用醋酸钠或者氨进行中和，将 pH 值调节到 6。

硫酸可以用气态 HCl 或者氯化铝替代。后者在加热时可以释放出 HCl：这种方法对于羊毛/合成纤维混合物（例如羊毛/PES 的炭化）比较有效，因为这类材料对硫酸比较敏感。

在炭化之后，纤维在染色之前可以进行梳理和纺线，或者直接在絮状下染色。

织物炭化是羊毛织物典型的操作。该操作可以以传统的方式进行（图 2.13）或者在更为现代的"Carbosol"系统中（图 2.14）进行。

传统步骤与应用在散纤维上的大体类似。织物先浸入水中或者溶剂中，然后压薄，但这一步只是可选的。然后将材料浸入到浓硫酸溶液（酸化）中，接下来在通过炭化室之前进行挤压（脱水）。炭化颗粒在机械作用下去除，接下来用水冲洗。在现代炭化厂所有的这些步骤在一个连续的模式下进行。

"Carbosol"工艺，由 SPEROTTO RIMAR 授权，采用有机溶剂替代水。该设备包括三个单元。第一个单元中织物被四氯乙烯浸润并煮练，第二个单元中织物用硫酸溶液浸泡，第三个单元中进行炭化和溶剂蒸发。在这个步骤中，四氯乙烯在一个闭环中蒸馏去除。

据报道，"Carbosol"系统与传统的工艺相比有若干技术优点。炭化后的织物中酸度水平非常低，羊毛纤维被破坏的风险减少了。由于有机溶剂被回收利用了，因此这个工艺从环保的角度看也是很有效的。

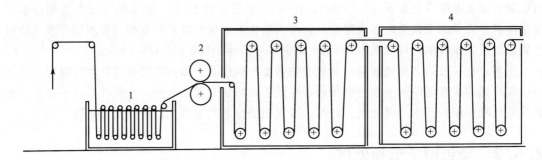

图 2.13　传统炭化设备简图 [71, Bozzetto, 1997]
1—在硫酸溶液中浸染；2—挤压；3—干燥机；4—炭化室

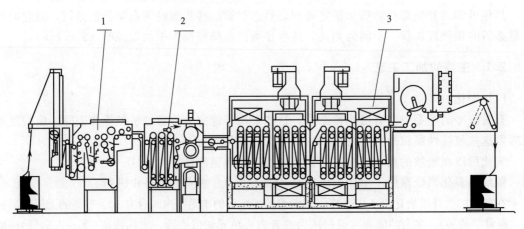

图 2.14　"Carbosol"系统 [71, Bozzetto, 1997]
1—溶剂浸染单元；2—硫酸浸染单元；3—炭化单元

（2）煮练

除了少数杂质外，纱线和纤维织物均包含一定量的纺纱油，在一些情况下也包含胶黏剂，例如CMC和PVA。所有这些物质通常都会在染色前去除，以使纤维更亲水。虽然染色物质能够穿透进入纤维中，但是这一操作并不总是必需的。在一些情况下，如果制剂的用量很少，而且不会影响染色工艺，单独的煮练/冲洗步骤可以被省略。

正如2.4.1节所指出的，粗纺羊毛纺纱油的比例是有重要意义的。对于粗纺羊毛，这一数值总是高于5%，对于精纺羊毛从不高于2%。

在煮练过程去除的典型物质可以分为以下几类：水中的溶解物；水中的不溶物，但在表面活性剂作用下可以乳化的；水中的不溶物，并且在表面活性剂作用下不能乳化（或者难于乳化）的，这些物质只能通过使用有机溶剂进行去除（一般情况下，卤化溶剂如四氯乙烯）。

这些物质可以用水或用溶剂（干洗）冲洗下来（煮练后）。

水冲洗在有洗涤剂存在的情况下，于中性或者弱碱性条件（使用碳酸钠或者碳酸氢钠）中进行。一般而言，采用的洗涤剂为阴离子和非离子型表面活性剂的混合物，例如烷基硫酸盐、脂肪醇和烷基酚聚氧乙烯醚。在羊毛地毯纱生产过程中，煮练工艺可以与利用还原剂控制纱线捻度以及施用杀虫剂同时进行（见2.14.5.1）。

水煮练通常采用序批式操作，在装置中煮练后接下来进行染色。对于纱线，通常采用高压设备，对于纤维织物，通常采用溢流和喷射设备。在这一方面，地毯业是一个例外。在带式煮练机（hanks）或者"包到包"煮练机（包纱）中，制作地毯的羊毛纱线在连续或者半连续的釜内煮练。在设备中纱线会通过一系列相互关联的槽（见2.14.5.1.2）。

干洗应用不太普遍，主要应用在油污较重和在梭织或针织过程中被油玷污的情况下。最常用的溶剂是四氯乙烯。在一些情况下，在溶剂中加入水和表面活性剂起到软化作用。

干洗既可以在滚筒机中以非连续的模式进行（通常是对于针织织物）也可以在开辐机上以连续的模式进行（对于梭织或者针织织物）。溶剂带走污物，然后在一个封闭的系统中进行净化和循环。

（3）漂洗法

该处理在具有毛毡类倾向的典型羊毛材料处于湿热环境摩擦情况下具有优势，是典型的羊毛纤维的预处理工艺。

一般在炭化之后进行，但在一些情况下（例如重羊毛纤维）也可以直接对原纤维进行处理。材料处于循环的漂洗液中。酸（pH<4.5）和碱（pH>8）性都可以加速漂洗过程。然而，市售的漂洗助剂在中性条件下也可以获得非常好的效果。因此在漂洗过程中酸性和碱性条件反而变得不那么常见。漂洗之后，对织物进行冲洗。

为该过程设计的机器仍然在使用。然而，在现今这些机器很多被具有复合功能的机器所取代了。既能漂洗又能冲洗的设备只需要简单的调整设置就可以运行。

（4）漂白

羊毛采用过氧化氢进行漂白（次氯酸钠可能破坏羊毛或使之褪色）。为了获得高白度，附加的还原性漂白步骤不可或缺（全漂白）。典型的还原性漂白剂是连二亚硫酸钠（次硫酸钠），该助剂经常与亮光剂联合使用以增强效果。

在氧化漂白步骤中，过氧化氢在碱和稳定剂存在的情况下使用，二者可以减缓过氧化氢的分解（见附录I 5部分）。

当羊毛在之前经过防缩绒处理，最好在弱酸性条件下使用过氧化氢漂白。

2.6.2.2 环境问题

虽然工艺中采用卤代溶剂（主要是四氯乙烯）时，会进行专门的处理（例如利用"Car-bosoL"系统进行炭化和干洗），但羊毛的预处理仍然为污水的主要排放源。如果控制和储存不善，卤代有机溶剂不仅会产生气体污染物，而且会污染土壤和地下水。预防和末端治理措施包括封闭设备以及利用高级氧化工艺（例如 Fenton 反应）将污染物在系统内去除。详细信息详见 4.4.4、4.9.3 和 4.10.7。该工艺还包括溶剂回收系统中对活性炭进行再生。这种固体废物需要与其他的废弃材料分开管理，并且按照危险废物进行处置或者送至专业公司进行再生。

为进行各种产品的羊毛预处理，操作具有显著的序批特性，最终排放并不连续，而且浓度水平受液体使用率的极大影响。地毯纱是一个例外，其可以在带状或"包到包"煮练机上进行煮练/漂白以及防虫处理，因此带来连续的排放（见 2.14.5.1.2）。

废水中的污染物一部分来自织物上的杂质，一部分来自工艺中使用的化学物质和添加剂。

(1) 原材料上存在的杂质导致的污染

在煮练过的羊毛上仍然能发现大量残留的用以防止绵羊体表寄生虫滋生的杀虫剂。该问题取决于煮练工艺的效率。杀虫剂和昆虫生长调节剂（IGRs）主要是有机磷酸盐（OPs）和合成除虫菊酯（SPs）类物质，但仍能检测到有机氯杀虫剂（OCs）的残留。根据这些物质的脂溶特性的强弱，将纤维和水分开，接下来，将痕量的这类物质释放到废水当中。寄生虫剂的更多信息详见 2.1.1.9 和 2.3.1.2。不同种类的杀虫剂的区别在地毯详述章节中讨论（3.4.1.1 和 3.4.1.2）。

注意由于物质具有活跃性，一些杀虫剂在敞开的机器的气体排放过程中消耗。这必须计算进输入/输出的平衡当中。

纺纱润滑剂（见附录 I 2.3）、针织油（见附录 I 2.5）和其他制剂在羊毛预处理过程中表现出重要问题。这些物质在煮练加工中被去除，对最终出水的 COD 负荷和水毒性有贡献。主要涉及以下：非精炼矿物油（包含芳香烃）；APEO（难生物降解和有毒代谢产物增加）；硅酮（难生物降解和没有煮练助剂的情况下难于去除）；杀菌剂（对水生物有毒性）。

2.14.5.1 节所述的地毯行业中干法纺丝路线，是一个例外，在这种情况下，纺纱润滑油没有进入出水中。

(2) 工艺中采用的化学物和添加剂导致的污染

相当多的表面活性剂应用在预处理过程中，例如去污剂、润湿剂等。当前已有较好生物降解性且拥有可接受性能的表面活性剂（见 4.3.3）。然而，由于成本低廉，烷基酚聚氧乙烯醚的使用仍然十分普遍。烷基酚聚氧乙烯醚（APEOs），特别是壬基酚聚氧乙烯醚（NPES）的应用处于控制之下，因为这些物质及其代谢产物对水生物繁殖系统具有负面影响。由表面活性剂的普遍应用导致的环境问题在 8.1 中讨论。

排水中发现的其他来自预处理作用的污染物有：漂白处理中的还原剂和地毯羊毛纱的化学定型剂（偏亚硫酸氢钠），其导致废水中化学需氧量的增加；来自过氧化氢稳定剂中的难降解的配位剂（EDTA，DTPA，磷酸盐）等；来自次氯酸钠漂白的 AOX；地毯羊毛纱生产中的防虫剂。

与上述物质有关的环境问题在本书的其他地方给出更多细节，特别是在 2.6.1.2 和附录 I 5 部分。

2.6.3 丝的预处理

以下信息由意大利提供 [206，Italy，2001]。

(1) 煮练

制备丝线以进行染色和丝线纤维以进行印染，需要部分或者完全去除丝胶、天然油和有机杂质。

根据煮练过程中去除的丝胶百分比（生丝在原丝中所占比例为 20%～25%），产品被分为未脱胶丝（只用在衬衫和套装上），"半练丝"和脱胶丝。

煮练可以在纱线或者织物上进行。在纱线上实施操作更容易均匀地去除较多的丝胶。然而，操作通常在织物上进行，以发挥"自然尺寸"的保护作用，防止梭织过程中可能的破坏。

煮练处理可以在中性、酸性或者碱性溶液中进行，取决于希望的结果。在工业生产中，碱性条件下的处理在目前为最普遍。控制温度非常重要。

煮练液表现出高的有机负荷；有机氮化合物的浓度尤其高。

① "未脱胶丝" 生产"未脱胶丝"的工艺包括从原丝纤维中去除之前操作带来的所有残留物质，最少可以减少 1%～2% 的丝胶，因此织物可以保持硬的手感。操作在低温微碱性溶液中进行。

② "半练丝" 织物纱线在酸性条件下进行。大约损失质量 10%。

③ 脱胶丝 脱胶处理可以在纱线和纤维中进行，确保丝胶以及之前操作中添加的物质的完全去除，无需对纤维进行改性。

丝胶蛋白大分子的水解可以通过使用肥皂、合成表面活性剂或者二者混合物在酶催化作用下简单的实现，也可以在高温高压的水中进行处理。

在肥皂脱胶工艺中，纱线和纤维浸入到两种液体中（脱胶浴）。每种液体中包含不同浓度的绿色肥皂。接下来的处理步骤是用氨和清水进行冲洗。工艺的温度在 95～98℃ 间变化。脱胶液中肥皂液浓度在 10～15g/L 之间变化。平均而言，整个处理过程需要 2h。用过的废液可以再适当补充肥皂后重新加以利用。

采用合成除污剂的脱胶过程中，利用合成非离子型表面活性剂（例如乙氧基脂肪醇）部分或完全的替代肥皂。氧化或者还原漂白过程可以在脱胶处理中结合起来，在一些情况下，甚至可以包含染色过程，从而节约水和能耗。一般而言，水和洗涤剂混合物在 95～98℃ 的温度范围内使用。这样的处理适合采用连续工艺运行。

高温高压下的脱胶工艺是一种特殊的处理。需要准备不含表面活性剂的 110～140℃ 的水。需要进行冲洗后处理以去除之前工艺带来的物质。

(2) 增重

增重操作主要是对纱线进行，以促进丝胶去除后质量损失纱线的复原。该处理包括锡盐处理或将聚合物链连接至纤维蛋白链上的官能团上。

如果材料的最终重量与其脱胶前相等，增重工艺定义为"等重"，如果增加则称为"高重"。增重后的丝在触感和梭织过程与处理前有不同。最经常应用的是"混合增重"工艺。

① 矿物增重 将丝线在含有不同浓度（高或低）的四氯化锡的酸性介质中进行处理。高浓度溶液中，丝可以通过吸附盐类而增加 10% 的重量。后续工艺为冲洗，以去除未固定的盐，水解纤维上的盐。可以重复以上操作，增加丝绸重量。为确保锡盐的固定，增重需磷

酸钠溶液处理，紧接着硅酸钠的二次处理。

该工艺的缺点是需要较长的时间，以及较高的水耗和能耗。带来大量锡污染物排放是不受欢迎的环境问题。

② 乙烯增重　将乙烯单体覆盖到丝表面是传统矿物增重的替代方法。这样的方法不仅可以达到所需的重量，而且可以改善丝的性能。乙烯单体的共聚作用可采用辐射法促进（氧化还原系统、UV、γ射线等）

甲基丙烯酰胺（MAA）是工业上应用最为频繁的单体之一。MAA增重是一个简单应用。利用氨或者过硫酸钾催化进行。其他包括文献中所描述的氧化还原系统的催化剂，目前没有工业水平的应用。

丝绸染色性能可以通过增重处理改善。研究证明了利用最广泛的MAA增重的丝绸的染色亲和力变化与所要求重量的百分比之间的联系。研究还表明增重后染色中的湿牢度减少了。

对于条带丝绸的增重，甲基丙烯酰胺是唯一在工业中应用的；目前市场上可以得到的只有MAA。

③ 混合增重　为了获得矿物增重和MAA增重的联合特性，在工业上应用较为广泛的是锡增重工艺/MAA的混合增重法。

2.6.4　合成材料的预处理

2.6.4.1　主要的加工工艺

在染色前的典型操作是冲洗和热固定。

冲洗用以从纱线上去除先前处理过程中带来的制剂（一般2%～3%，对于织物可达4%）。大部分的制剂在这一步骤中得到去除（乙氧基脂肪醇通常用作乳化剂）。弹性纤维是一个例外，由于其包含的制剂主要为硅胶油，达到6%～7%。冲洗之后，硅胶油更难于去除，并且有部分残留在纤维上（最初的40%）。为了改善去除效果，实践上通常采用乙氧基壬基苯酚。

在对梭织物进行预处理时，胶黏剂的去除是一个关键步骤。由于以下物质的促进作用，胶黏剂的提取得以实现。

① 表面活性剂（非离子型或者非离子与阴离子的混合）　作为润湿剂和乳化剂以增进胶黏剂的溶解作用。

② 配位剂（例如磷酸盐）　当胶黏剂化合物可能会重新析出时采用。特别是在连续运行的纤维素纤维和合成纤维混合的工艺中，可能会导致硬度的增加（由于天然杂质中的Ca、Fe和Mg盐）。

③ 碱性物质（苛性钠或者碳酸钠）　碱的选择取决于采用的胶黏剂（例如对于基于聚丙烯酸铵盐的胶黏剂的去除要求使用苛性钠，而聚酯类胶黏剂在同样的pH条件下则会沉淀）。

热固化在合成纤维预处理过程中是另一种重要的操作。根据产品和纤维的不同，其在工艺中的位置顺序各异，下面列出可能的顺序：热固化—冲洗—染色；冲洗—热固化—染色；冲洗—染色—热固化。

如果生产白色织物，在热固化之后需要进行漂白操作。

2.6.4.2 环境问题

潜在的毒性杂质和添加剂在通过整理机前已经存在于合成纤维之上，这些源自预处理过程的物质占据污染负荷中大部分比例。

这些杂质中的一部分来自纤维的生产过程。它们是高分子合成副产物，例如未反应的单体（例如生产 PA6 过程中的己内酰胺），低分子量聚合物以及残留的催化剂，在热处理过程中进入到空气中。

还有一部分有意增加到纤维中，以改善后续处理的物质，例如在生产纤维和纱线中使用的制剂以及胶黏剂。

人造纤维（除弹性纤维外，其负荷更高）中采用的制剂的平均量占纤维总质量的 2%～4%（见附录 I 2 节）。

在对织物进行冲洗的时候，大约 80% 的这类物质会释放到废水当中，其余的 20% 在后续的高温处理过程散发到废气中（染色和热固化）。相反，当灰色材料在冲洗前进行热固化处理时（指精梭织和针织纤维加工的情况），主要的污染物物在废气中所占比例较大。

在高温处理的过程中，较低分子量的制剂化合物（基本上是润滑剂和表面活性剂）也会分解——形成更小的，易挥发的分子——或者互相之间发生反应形成焦油。挥发性物质和焦油会产生不良的影响，因为它们会污染空气以及损坏纱线。

然而，由于合成纤维领域技术进步，短纤/长纤使得粗纺工艺（纤维生产工艺）不再产生烟。当前存在的问题与润滑剂的添加有关。在纤维/长纤维生产之后，加入到纤维当中的润滑剂（如纺纱油），大约超过纱线总重量的 2%，甚至 3%［48，VITO，2001］。

在污水方面，主要关注的问题是难降解或不可生物降解的物质排放的增加，例如矿物油、EO/PO 加合物、硅油、硬表面活性剂等。此外，杀虫剂通常以水溶液的形式存在，导致废水的毒性增加。

与废气排放类似，对于废水排放而言，废水中主要的负荷也来自于添加剂（纺纱油、过量的喷涂物等）物质，这些物质是在粗纺阶段后加入到纤维/长纤维当中的。这类物质（二次纺纱剂）的应用量比粗纺剂高很多。然而，它们与水的亲和力较低，因此难以去除。

对于梭织物，胶黏剂必须予以考虑。胶黏剂在热处理过程中并不会进入废气中，但是会进入包含难生物降解物质和毒性物质的废水中。

关于人造纤维的替代添加剂信息见 4.2.1 部分。

2.7 染色

在以下的章节中，描述了针对不同纤维的染色基本原理和最常用的染色技术。由于实际原因，关于染色添加剂、染料和染色设备的详细信息在相关的附录中（分别在附录 I 6.9 部分和附录 I 6.10 部分）。

2.7.1 染色基本原理

染色是使织物材料具有颜色的过程，该过程中染料以统一的模式应用到织物材料上，以获得满足最终需要的性能和牢度。染料是一种包含能与光发生作用产生色彩的发色基团（共轭体系）的分子。

纺织印染过程中使用不同的化学物和添加剂以促进染色过程。一些是染色过程独有操作，一些也会在其他过程中进行。一些染料配方中已经包含了添加剂（如分散剂），但更多的添加剂是在后续阶段加入到染液中。由于添加剂通常在染色后不会留在材料上，最终会在排放物中发现它们。

各种染色技术包括：质量染色/凝胶染色，在该技术中合成纤维在其加工过程中与染料混合起来（对于 PP 纤维材料这种技术应用最为普遍，对于 PAC 也有一定应用，但这些在本文件中不予涉及）。

天然色素染色，该技术中与纤维亲和力差的不溶性天然色素被覆盖到织物材料上，然后利用黏结剂将其固定在上面。

利用溶解性染料或部分溶解性染料在纤维上的扩散进行染色。

最后一类工艺将在下面的章节进行详细讨论。从分子的角度考虑，主要包括以下四个不同的步骤：

① 首先，染料预先溶解和分散成染液，然后从液相中扩散到待染物上。

② 第二步是染料在纺织材料表面的堆积。这一过程通过染料和纤维之间的亲和力进行控制。

③ 染料扩散/迁移浸入到纤维的内部直至完成均匀的染色。这一步比染液中的溶解性染料的输送慢得多。染料渗透到纤维中要求纤维材料本身是可进入的。染料可以通过亲水性纤维上的微孔渗透到其内部，但对于疏水性纤维而言，其分子结构不允许形成连续的水相，为使染料可以渗透进入，需要形成一些大孔。通常情况下，温度可以增强纤维的通过性。疏水性纤维只能在玻璃态转化温度之上才能被染料渗透进入，有时该温度在 100℃ 以上。在通过微孔渗透的过程中，还必须克服纤维表面形成的静电屏障。在某些情况下，需要在染液中加入大量的盐以减少纤维表面的静电力，促进染料的渗透。

④ 染料必须固定到基材上的合适位置。已知的固色机理包括染料与纤维进行化学反应形成共价键（活性染料）、范德华力和纤维和染料（直接染料）之间其他短距离的力。氢键也发挥了重要的作用，在纤维和染料、染料和染料、水和纤维以及水和液体中溶解性物质如表面活性剂之间形成长程、中程和短程作用力。更充分的解释见附录Ⅱ。

2.7.2 染色工艺

纺织品可以在加工过程的几个阶段进行着色，因此有如下的染色工艺：散毛染色/散纤维染色；毛条染色，染色前将纤维缠绕成轻粗纱；丝束染色，在合成纤维的加工过程中对单长纤纱材料（称为丝束）进行染色；纱线染色；匹染（例如梭织物、针织物和簇绒物）；成品染（整理后衣服，地毯，浴室用品等）。

染色可以在序批或者连续/半连续模式下运行。两种方式的选择取决于产品的类型、所用染料的类型以及设备和成本的考虑。连续和非连续染色包含以下步骤：染料的准备、染色、固色、冲洗和干燥。

（1）序批式染色

在序批式染色（也称为竭染染色）过程中，将一定量的纺织材料添加到染色机器中，然后置入包含染料和添加剂的溶液中几分钟到几个小时，最后达到平衡。

染色过程首先是染料吸附到纤维的外表面上，然后在纤维中扩散和迁移。化学物质的采用和温度的控制加速和优化了染料的消耗和固定（率/水平）。当染色达到恰当的程度，将用过的染液排放掉，对纺织材料进行冲洗以去除未固定的染料和化学物质。冲洗通常与染色在一个设备中进行，也可以用独立的冲洗设备。

所有这些操作都可以在不同的自动化程度下进行。在全自动染坊内，所有的步骤都在计算机指导下控制运行。包括染料配制和试验、化学药品投加、材料运输、机器装载和卸载、染色参数的控制（例如水位、供热、调速投加、pH 值、温度等）。

在手动策略下，染料和化学物手动加入到机器当中。对羊毛手动染色的方法为：先对特殊纤维样品进行试验染色，然后采用减少 5%～10% 的染料进行生产规模染色。最终的色光度是利用少量的附加染料达到的。依据不同的染料，为改善各添加染料的迁移，可能需要对染液进行冷却。色光度的对照是用人眼进行，染色工作人员将染成材料与标准参考物在标准照明下进行对比。

当染色发生"过染"情况时，可以利用附加均染剂或者还原条件下从纤维上剥离染料，然后添加更多的染料以达到正确的色光度。这是一种非常昂贵而且具有污染的做法，在大多数染坊内，只会用作最终的应急手段。

在非连续的染色过程中，一个重要的参数是设备的液比。这是总干材料和总液体之间的重量比。因此，举例来说，液比为 1∶10 的含义就是 10L 的水对应 1kg 的纺织材料。

该参数不仅影响染色过程的水和能量的消耗量，而且对染料、化学物和添加剂的消耗有重要的影响。

液比是通过浴液消耗的水平建立的方程：

$$E = K/(K+L)$$

式中，K（亲和度）为 50～1000（对于不同的染料/纤维结合情况）；L（液比）为 5～50（对于不同的机器设备）；E（消耗量）为 0.5～1（50%～100% 的消耗）。

从这个方程中可以看到，当 L 增加时，E 减少，达到平衡后纤维上吸附的染料较少。对于低亲和力的染料，这一效应更为明显。

如前所述，液比还对化学物和添加剂的消耗有影响。化学剂的投加以染液量为基础，而不是纤维量（o.w.f.）。例如，在 1∶5 的液比情况下，50g/L 的盐对应 250g/kg 的纤维，但是在 1∶40 的液比下，同样是 50g/L 的盐对应 2kg/kg 的纤维。

不同染色机的液比差异比较大，也取决于待染材料的亲水性能。设备制造商为每种类型的机器提供一个标称液比范围。该参数定义为设备在其最大能力和最佳工作负荷下运行时所需要的液比范围。在每一个范围中，最低的值适用于合成纤维（通常是参考 PES），最高值适用于棉。这是由于与棉相比合成纤维保留较少的液体。

表 2.2 显示了不同类型设备的典型标称液比范围。可以看到每种设备都有其自身的限制和适用范围。

典型机器的特点和详细内容在附录Ⅲ1～4.1.2部分描述，而所选类型设备的最新进展在 4.6.19～4.6.21.3 中报道。

表 2.2　非连续染色设备和液比

产　品	工　艺	设　备	液　比
散纤纤维/散纤维(梳理薄条和拖拉)	散纤维染色	高压加热器(散纤维染色)	(1∶4)～(1∶12)①
纱线	缠线管/锥　纱线染色	高压加热器(筒子纱染色)	(1∶8)～(1∶15)②
	绞纱　绞纱染色	绞纱染色机	(1∶12)～(1∶25)③
机织纤维、针织纤维和簇绒地毯	绳索　绳索形式的匹染	绞盘染槽	(1∶15)～(1∶40)④
		溢流染色机	(1∶12)～(1∶20)②
		喷射染色——对于纤维	(1∶4)～(1∶10)④
		——对于地毯	(1∶6)～(1∶20)④
		气流染色机	(1∶2)～(1∶5)⑤
	平幅　平幅形式的匹染	绞车(只对地毯)	(1∶15)～(1∶30)④
		轴染机	(1∶8)～(1∶10)⑥
		轴染机＋冲洗机	(1∶10)～(1∶15)⑦
		卷染机	(1∶3)～(1∶6)⑥
		卷染机＋冲洗机	(1∶10)～(1∶15)⑦
成品(例如衣服、地毯和浴室用品等)	匹染	浆式	1∶60(无其他)
		鼓式	变化较大

数据来源:

① [32, ENco, 2001]。

② [294, ETAD, 2001]。

③ 按照 BCMA 报道评论,典型范围是 1∶15～1∶25 [208, ENco, 2001]。A.L.R. 报道地毯羊毛束(半纺)为 1∶12 [281, BeLgium, 2002]。

④ [171, GuT, 2001]。

⑤ 根据主要供应商(THEN)和纺织整理公司 [209, Germany, 2001]。

⑥ [3, RIZA, 2001]。

⑦ [293, Spain, 2002]。

(2) 连续和半连续染色

在连续和半连续的染色工艺中,染液通过注入系统(薄纱法)或其他系统应用到纺织品上。更普遍的方法是,纺织品以平幅的形式连续地进入并通过充满染液的沟槽。基材在离开染色沟槽前吸附大量的染色液,并利用滚筒控制染料的提取。剥离的多余的染液回流到染液中。在地毯行业(对于平幅产品必须吸取和保留大量的液体),稠化剂被添加到填充液当中以防止染料的迁移。此外,也有一些特殊的系统,染料以浇、喷射、注射或者泡沫的形式进行应用(见附录Ⅲ4.2部分)。

染料固定通常在后续的阶段采用化学物或者热处理(蒸汽或者加热)实现。最后的操作是冲洗,通常在最后阶段的冲洗机中进行。

连续工艺和半连续工艺唯一的差别是,在半连续的染色过程中,染料以连续填充的形式应用,而固色和冲洗是不连续的。

一般而言,低亲和力的染料适合采用连续染色以防止拖尾(导致填充液的不必要的消耗)和易于冲洗掉未固定的染料。

在连续和半连续的工艺中,液比不是重要的参数。在这些工艺中需要考虑的参数是吸湿百分比(每100g基材吸收的液体的质量)和染料浓度。

连续和半连续工艺中采用的常用技术和机械见表2.3。

表 2.3 半连续和连续染色工艺和设备

产 品		工 艺		设 备
梭织物、针织物和簇绒地毯	绳索	连续式		绳索形式的匹染采用的轧染机器＋J-箱或传送带＋冲洗机
	平幅	半连续式	序批式轧染	轧染机＋冲洗机
			轧-滚	轧染机＋冲洗机
			轧-喷	轧染机＋喷射机＋冲洗机
		连续式	轧蒸	轧染机①＋蒸汽设备＋冲洗机
			轧-干燥	轧染机①＋拉幅机＋冲洗机
			浴热溶	

① 在连续的范围内，不同的施料器用于地毯染色（见附录Ⅲ4.2）。

2.7.3 纤维素纤维染色

纤维素纤维可以被多种染料染色，分别是：活性染料、直接染料、还原染料、硫化染料、偶氮（萘酚）染料。

(1) 活性染料

当前，用于纤维素纤维的染料有 1/3 是活性染料。较普遍的应用于梭织物的序批式和连续式轧染，序批工艺对于针织物、散装纱线更为普遍。

在序批染色过程中，染料、碱（氢氧化钠、碳酸钠或者碳酸氢钠）和盐在过程开始的时候被一步加入到染液当中或者逐步加入。在逐步投加的过程中，碱在染料已经吸附到纤维上之后再投加。投加量由系统的反应活性和所要求的色光度决定（与热染法相比，冷染法在较低的 pH 值下应用）。盐的加入可以改善染液的消耗：采用的浓度取决于染料的直接染色性和色光度。深色和低亲和度的染料需要较高的浓度，如表 2.4 所列。

表 2.4 活性染料所需的盐浓度

色 光 度	高亲和力染料	低亲和力染料
<0.5%	10～30g/L NaCl	达到 60g/L NaCl
>4%	约 50g/L NaCl	达到 80～100g/L NaCl

来源：[186，Ullmann's，2000]，[11，US EPA，1995]。

染色之后，液体进行排放，材料进行漂洗，然后将添加剂冲掉。

在轧染工艺中，染料和碱可以在一起加入到染液当中，或者分别在两个分开的轧染机加入（或其他类型应用系统）。当所有的化学物在一步中应用时，填充液的稳定性非常重要。增加染料活性可能存在一定风险，在轧箱中长时间的停留，与纤维反应之前，其在碱的作用下可能发生水解。因此，染料和碱通常分别被加入到轧染机中。此外，轧箱容积尽可能小，平均停留时间为 5min [186，Ullmann's，2000]。

在半连续工艺中，对活性染料而言，冷轧染是目前为止最重要的工艺。织物与染料和碱在一起堆轧之后，再卷成一卷。染料在储存的过程中固定。

在连续工艺中，堆轧、固色、冲洗和干燥在同一工艺线上进行。固色一般通过干燥加热或者蒸汽实现。以下工艺应用比较普遍：

轧蒸工艺（通常的方法是轧—干燥—轧蒸工艺，包括轧染—中间干燥—加碱轧—湿蒸汽染料固色—冲洗—干燥）。

轧—干燥热固色工艺（染料和碱同时加入，接下来材料在一个单独的步骤中继续干燥和固色或者在中间干燥后进行热固色）。

在所有的工艺中，热固色之后材料总需要在平幅式或套筒式的清洗机中被仔细的清洗，以彻底去除水解染料，然后进行干燥。

在轧-干燥热固色工艺中，尿素通常被加入到轧液当中，作为染料固色过程的溶剂。尿素的熔点为115℃，在100℃以上与水结合，因此其可以作为干燥加热工艺的染料溶剂。最近开发的染色工艺可以不添加尿素（见4.6.13）。

尿素有时也会用在序批式轧染工艺中作为染料的溶剂以增加染料的溶解性。早在1992年，应用尿素作为染料溶剂就已经开始减少了 [61，L. Bettens，1999]。市场上已经有新型较高溶解度的活性染料，在高浓度染液中进行深染色时无需尿素。

(2) 直接染料

直接染料在纤维素纤维染色中也非常重要：实际上，这类染色剂总消耗量的75%被应用在棉或人造丝上 [186，Ullmann's，2000]。

直接染料从染液中与盐（氯化钠或者硫酸钠）和添加剂一起直接被吸收。盐和添加剂保证彻底的润湿和分散效果。非离子型和阴离子型表面活性剂混合物就是用作这一目的的。

在序批工艺当中，染料制成糊状，然后溶解到热水里再加到染液中。在染液中加入电解质。染液排放后，织物用冷水进行冲洗，然后通常进入后处理阶段。

轧染过程包含以下技术：轧染-蒸汽、轧染-滚筒、序批式冷轧、轧-喷射工艺（织物与染料进行轧染，然后在一个喷射器中通过盐溶液）。

在所有的工艺里织物最终需要用冷水进行冲洗。

随着颜色深度的增加，耐湿性持续降低，通常需要进行后处理 [186，Ullmann's，2000]。共有两种方法：通过配位剂或者具有分散效应的表面活性剂冲洗，去除未固定的染料；通过阻碍亲水基团减少染料的溶解性。

实现增大分子有各种不同的技术。染色过的纺织品可以用下面的方法进行处理：

① 阳离子固色剂 与阴离子型的染料形成类盐化合物，与原染料相比溶解性更低。由长链烃、多胺和聚乙烯衍生物形成的季铵盐化合物可以实现这样的目的。

② 金属盐 硫酸铜和重铬酸盐可以与某些偶氮染料形成具有较高耐光性的金属配位物质。

③ 甲醛与胺、多环芳烃、氰氨化或双氰胺缩合生成的添加剂（这些添加剂使得染料分子形成微溶的加合物）。

④ 偶氮基团 染色之后，材料进行偶氮化处理，然后与不含水溶性基团的芳香胺或酚类结合在一起 [186，Ullmann's，2000]。

利用甲醛缩合产品或者金属盐类进行后处理时，导致环境问题的增加。因此，使用阳离子固色剂的方法应用最为常见。然而季铵盐化合物通常是不能生物降解的，具有水生物毒性而且含有氮素。

(3) 还原染料

合适的还原性染料具有优秀的固色特性，经常应用于准备在恶劣的冲洗和漂白条件下处理的织物（毛巾布，工业或者军事制服等）。

还原染料通常是不溶于水的，但是在碱性条件下还原之后，具有水溶性且与纤维具有永久结合性。然后通过氧化再次转化为原始的不溶性的形式，通过这样的方法，染料可以仍然固定在纤维上。

当在序批工艺中采用还原染料时，由于染料的高度亲和性，纺织品被非常迅速和不均匀的染色。然而，均染可以通过以下方法实现。

添加均染剂；在一定控制下增加温度（"高温"工艺和"半色素"法）；将染料作为不溶于水的分散剂注入到纺织品中，在后续步骤中添加还原剂（预染色工艺）。

所有情况下，都需要进行氧化和后处理。后处理为在包含洗涤剂的沸水温度下弱碱浴中对材料的冲洗。

连续工艺主要应用在对梭织物的染色上或者只在很小范围的针织品中。最为常见的连续工艺是轧蒸染工艺。纺织品在水溶性分散剂中轧染，如果需要还可以添加防泳移剂（聚丙烯酸酯、海藻酸盐等）和分散剂/润湿剂。干燥之后，纤维通过一个化学轧车，其中包含所需的碱和还原剂，之后迅速地填入蒸汽器中。在一个平幅式水洗机中，对材料进行最终冲洗、氧化和涂泡。

还有更为快速的一步式工艺，但仅限于应用在淡浅色的情况下（见 4.6.4）。

在湿-蒸汽工艺中，平幅式的织物可以被染色。与轧蒸工艺不同，该工艺不需要在进入蒸汽之前进行中间干燥。

在还原染色工艺中，以下的化学剂和添加剂会被应用。

● 还原剂：主要为二亚硫酸盐（亚硫酸氢盐）和次硫酸的衍生物（次硫酸锌）。后者特别应用在轧蒸工艺中。无硫有机还原剂例如现在某些应用中采用的羟基丙酮。

● 氧化剂：例如过氧化氢，过硼酸或者 3-硝基苯磺酸。

● 碱（苛性钠）。

● 盐。

● 分散剂：已经在染料的配方当中，同时还要在染色工艺的后续步骤中进一步添加。

● 均染剂：与染料形成配合物，在纤维上形成吸附作用。

(4) 硫化染料

硫化染料应用于匹染（纤维素和纤维素涤纶混纺物）、纱线染色（缝纫线、牛仔布经纱、染色梭织物纱线）、短绒染色和粗梳条染色中（羊毛人造纤维混纺）[186，Ullmann's，2000]。

与还原染料类似，硫化染料不溶于水，在碱性条件下，转化成水溶性同时与纤维具有较好亲和力的无色形式。与纤维完成吸附之后，染色剂被氧化，并转化成原始的不溶性态。最后，通过水漂洗和冲洗将还原剂、盐、碱和未固定的染料去除。

尽管序批式的染色（卷染、喷染和搅拌染槽）也可以进行，但是绝大多数的染色以连续的模式进行。

在连续工艺中，材料通过一个或者两个步骤浸渍染料、还原剂和润湿剂。在一段式（轧蒸工艺）过程中，还原剂和染料同时投加。在两段式过程（轧干/轧蒸）中，材料在含有染料和润湿剂的液体中进行轧染。在需要的情况下，中间干燥后，在第二段中应用还原剂。接下来，材料进入到无空气的蒸汽中。最后，进行水漂洗、氧化和再漂洗。

由于损耗并不是太高，因此在连续工艺中可以回用染液。

染色过程中应用的化学物和添加剂有：

● 还原剂：硫化钠、硫氢化钠和二氧化硫脲应用最为普遍（尽管在过去的 10 年里，它们的应用已经开始减少）[281，Belgium，2002]。代替以上还原剂的二元体系，包括葡萄糖和二亚硫酸钠、羟基丙酮和葡萄糖、甲脒磺酸和葡萄糖（见 4.6.6）。

- 碱（苛性钠）。
- 盐。
- 分散剂（在色素物质还没有被还原或者已经被氧化重构的工艺步骤中，需要分散剂）。
- 配位剂：在某些情况下，使用 EDTA 或者磷酸盐，特别是在为避免碱土金属离子对染色的负面影响而进行染液循环时
- 氧化剂：主要包括过氧化氢和含卤素化合物例如溴酸盐、碘酸盐和亚氯酸盐。

(5) 无机染料（萘酚染料）

萘酚染料具有优异的稳固性，但是由于成本和染料制备工艺的复杂性，其应用已经开始减少 [77，EURATEX，2000]。

无机染料染色是一个复杂的过程，包括如下一系列步骤。

① 采用热溶解（萘酚在苛性钠沸水浴中溶解）或冷溶解工艺（萘酚在酒精或者溶纤剂，苛性钠和冷水中溶解）进行萘酚盐溶液的制备。对于某些萘酚盐，甲醛的添加是必需的，以防止形成自由萘酚。

② 利用轧堆工艺将萘酚盐应用到纤维上。

③ 利用亚硝酸盐和盐酸反应生成偶氮基团（该步骤在使用快速染料盐时可以省略）。

表 2.5 对于纤维素纤维最常用染料和染色技术汇总

染料	化学物和添加剂/典型应用条件	技术
活性染料	——通过添加碳酸钠和/或氢氧化钠调节 pH9.5～11.5	序批
	——应用盐增加染液的消耗：较高的浓度应用于低亲和力和深光色度情况	
	——根据染料的种类应用温度在 40～80℃ 之间	轧堆
	——在轧染工艺中尿素和氰基胍通常会加入到轧染液当中(4.6.13 部分介绍的 EcontroL® 工艺不需要添加尿素)	轧蒸
	——染色之后，材料涂泡沫后应用表面活性剂冲洗以去除未固定的染料	轧干
直接染料	——应用盐以增加浴液的消耗	序批
	——应用非离子型和阴离子型表面活性剂混合物作为润湿剂/分散剂	轧堆
	——后处理通常用以改善湿固色性能(阳离子型固着剂,甲醛缩合产品)	扎喷
		轧蒸
还原染料	——应用碱和还原剂(连二亚硫酸钠、次硫酸衍生物、甲脒亚磺酸和其他有机还原剂)将染料转化为无色的钠盐形式	序批
	——染料配方中的和在工艺中其他步骤添加的难降解分散剂	
	——有些情况需要均染剂	
	——根据染料(IK、IW、IN)的特性，温度以及盐和碱的量需要变化	
	——利用氧化作用将染料固定到纤维上，通常采用过氧化氢，但是含卤素的氧化剂也会被采用	轧堆
	——后处理在沸水温度下弱碱性洗涤液中进行	
	——在连续工艺中，使用防泳移剂和润湿剂	
硫化染料	——应用还原剂(Na₂S,NaHS,葡萄糖基的还原剂结合物)和碱将染料转化为可溶解的形式,除非采用现成的染料	序批
	——分散剂和配位剂在序批染色中应用	轧蒸
	——在序批染色中，染料通常在 60～110℃下吸附，在轧蒸工艺中，材料在 20～30℃下轧染，然后在 102～105℃下进入蒸汽中	轧干/轧蒸
	——应用过氧化氢、溴酸盐和碘酸盐进行氧化	
无机染料	——萘酚的制备(需要烧碱,有时需要添加甲醛对纤维上的萘酚进行稳定)	序批
	——排放或者轧染工艺使萘酚浸入到材料当中	
	——偶氮基团的制备(利用 NaNO₂ 和 HCl)	轧染法
	——发展阶段(纺织品通过冷液浴或者溶液循环通过染色机中固色的纺织品)	

④ 使预先浸渍有萘酚盐溶液的纺织品通过包含偶氮基团或者快速染料盐的浴液（需要额外的缓冲剂以控制 pH 值，增加结合容量），在纤维中形成无机染料。

⑤ 在后处理中，用水漂洗材料以去除纤维上的过量萘酚。

2.7.4 羊毛染色

羊毛可以用以下染料染色：酸、铬、1∶1 和 1∶2 金属配合物、活性物质。

(1) 酸性染料

酸性染料一般在酸性条件下使用，但是具体的 pH 值使用范围根据酸性染料的类型各有不同。染料与纤维之间的亲和力越强，越需要在较高的 pH 值下进行染色以抑制疏水作用。

因此需要在硫酸离子（5%～10%硫酸钠）存在的强酸条件（1%～3%甲酸）下使用均染剂，以辅助其迁移和均染。HCOOH 和 HSO_4^- 作为均染剂可与磺化染料竞争。因此，不需要其他的均染剂。染料吸收率的控制通过起初缓慢增加染液温度（1℃/min），然后延长在沸水中的时间实现，这样可以使染料从初始的高吸收区迁移开来。

快速的酸性染料与均匀酸性染料相比，表现出优异的稳定性，同时保留一定的迁移性。实际应用包含硫酸钠（5%～10%）和辅助迁移的均染剂的酸性染液（1%～3%醋酸）进行染色。

耐缩呢酸性染料（包含后面将提到的 1∶2 的配位金属染料）与纤维之间具有良好的亲和力而且在沸水中不会形成迁移。因此其在更为中性的 pH 条件下（用乙酸调节至 pH5～7.5）应用，同时需要醋酸钠（2g/L）或硫酸铵（4%）和均染剂（1%～2%）的存在。硫酸钠通常可以不用，因为其对迁移影响不大，而且会促进染料的不均匀吸附。

均染剂在酸性染色中发挥了重要的作用。一些非离子、阳离子、阴离子和两性表面活性剂属于这一类型。

(2) 铬染料

铬染料的应用已经开发了很多技术。铬媒染工艺依赖于对纤维预先进行铬染料染色处理；异染工艺同时适用于染料和铬盐。两种工艺已经很大程度上被后铬染所取代，在后铬染工艺中首先进行染料染色，然后在一个单独的步骤中进行铬处理，再利用排放的染液可以节约用水。

染料在酸性染液（1%的醋酸）中使用，通常在沸水阶段后期添加甲酸，以促进染料的利用。接下来，染液从沸腾冷却到大约 80℃，用甲酸调节 pH 降低到大约 3.5，添加预先溶解的铬盐。然后再使染液回到沸腾，持续沸腾 20～30min。将重铬酸钾或重铬酸钠加入到染料当中。在溶液当中，铬离子在不同 pH 条件下呈现不同的形态，重铬酸阴离子 $Cr_2O_7^{2-}$ 在 pH 值为 3～7 时占主要地位。尽管是 Cr(Ⅵ) 阴离子最先吸附到羊毛上，但是在纤维自身的还原性基团的作用下，形成的 Cr(Ⅲ) 离子与染料形成配合物。强酸在此过程中发挥了活性作用；有机酸或者硫代硫酸盐也可以用于增强 Cr(Ⅵ) 的转化程度（见 4.6.15 部分）。

(3) 金属络合染料

1∶1 的金属络合染料在用硫酸调节为 pH1.8～2.5 或者甲酸调节为 pH3～4 条件下使

用，还需要添加硫酸钠（5%～10%）和其他有机均染剂。由于这些特殊的操作条件，这类染料特别合适应用在对炭化羊毛的匹染上。

1∶2的金属络合染料形成最重要的基团可以被分成两个子基团：弱极性和强极性1∶2络合物。其应用通常在中等酸性条件下进行：

- pH范围4～7（乙酸），在乙酸铵存在情况下，形成弱极性络合物。
- pH范围5～6（乙酸），在硫酸铵存在情况下，形成强极性络合物。

在使用金属络合染料时均染剂的使用非常普遍。在酸性染料中应用的物质在这里也会用到。

（4）活性染料

活性染料通常在pH值为5～6范围内，硫酸铵和特殊的均染剂（两性物质，可以在低染液温度时形成络合物，然后当温度升高时再分解）存在情况下应用，适宜pH值取决于光色度的深度。

该染色方法包括一个保持在65～70℃的阶段，染液在这一阶段内维持30min，以使染料迁移而纤维不发生反应。当需要非常牢固的染色时，纤维在碱性条件（用氨调节pH8～9）下漂洗以去除未反应染料。

表2.6 羊毛纤维最常用的染料和染色技术总结

染　料	化学物和添加剂/典型应用条件	技术
酸性染料（非金属）	强酸条件下的均衡染料（采用甲酸调节） 中等酸性条件下的半耐缩绒染料（采用乙酸调节） 中性条件下的耐缩绒染料（采用乙酸和乙酸钠或者硫酸铵） 盐：硫酸钠或者硫酸铵 均染剂，均染剂中不含硫酸和甲酸	序批式染色
铬染料（媒染剂）	pH3～5 硫酸盐 有机酸：乙酸和甲酸（也可采用酒石酸，乳酸） 还原剂：硫代硫酸钠 采用重铬酸钾和重铬酸钠进行后铬处理	序批式染色（后铬法）
1∶1金属络合染料	pH1.8～2.5(pH2.5,同时存在添加剂如乙氧基烷醇类) 硫酸或甲酸 盐：硫酸钠 氨或乙酸钠加入到最后的漂洗浴中	序批式染色
1∶2金属络合染料	pH4.5～7 硫酸铵或乙酸 均染剂（非离子，离子和两性表面活性剂）	序批式染色
活性染料	pH4.5～7 甲酸或乙酸 均染剂 氨后处理获得高牢固性	序批式染色

2.7.5 丝染色

丝用与羊毛相同的染料进行染色，包括1∶1金属络合染料。此外，也可以采用直接染料。对丝绸染色采用的pH值比羊毛染色略高。对于活性染料而言，需要20～60g/L的盐和

$2\sim5g/L$ 的纯碱以进行染料的固定 [294，ETAD，2001]。

如需了解更多细节，请参照"羊毛染色"章节。

2.7.6 合成纤维染色

2.7.6.1 聚酰胺纤维

聚酰胺纤维（PA6 和 PA6，6）很容易采用各种染料染色。由于其疏水性，在聚合物链上有 NH—CO— 和 NH_2— 基团的存在，因此可以使用分散染料（非离子型）染色，也可以用酸性染料、基本染料、活性染料和 1：2 金属络合染料（离子型）。然而，在实践中，酸性均染剂的应用越来越多。

在染色之前，纤维通常必须进行预固色以补偿材料在亲和力方面的差异，以及减少染色过程中对折痕的敏感性。预固色可以在拉幅机中进行。

（1）分散染料

用于聚酰胺纤维的分散染料主要是偶氮化合物和蒽醌类物质。其特别应用于浅光色度情况。

织物在利用乙酸调节的酸性条件（pH 5）下进行染色。液体中通常需要添加分散剂。

（2）酸性染料

正如利用酸性染料对羊毛染色，随着染料亲和力的增加，在初始阶段需要抑制疏水作用，以达到均匀的吸附效果。这意味着对于高亲和力的染料而言，染液必须在一开始具有足够的碱性，然后慢慢地降低到最优的情况。在工艺开始的时候，染液的酸度水平需要在染色过程中通过投加酸或者供酸物质（例如硫酸铵、焦磷酸钠或有机酸酯）进行调节（见 4.6.14 节）。

通过控制温度来达到最优的条件和均匀染色效果。

通常使用添加剂（阴离子、阳离子、非离子表面活性剂）以改善均染效果。

酸性染料在聚酰胺纤维上进行染色时的湿稳定性经常不尽如人意。通常需要使用合成鞣剂进行后处理。合成鞣剂添加到染液当中或者使用甲酸或乙酸调节 pH4.5 的清液当中。材料在 $70\sim80℃$ 下处理，然后漂洗。

（3）金属络合染料

在 1：2 金属络合染料分子中包含磺酸基团，非常合适应用于聚酰胺纤维上。

随着 pH 值降低，染料的吸附性增加。对于高亲和力染料，染色条件在弱酸范围内变化，通过添加硫酸铵和乙酸至中性或中等碱液中实现。对于高亲和力染料，通常添加两性或者非离子型均染剂。

（4）活性染料

原则上，应用在羊毛上的活性染料也同样适用于聚酰胺纤维。染色过程在弱酸性条件下（pH4.5～5）进行。该工艺开始时温度为 $20\sim45℃$，接下来温度增加到沸点。非离子表面活性剂和碳酸氢钠或者氨水应用于后处理阶段。

2.7.6.2 聚酯纤维

纯 PES 的产品几乎完全使用序批式染色技术进行染色，其中最为普遍应用的是在高温

表 2.7 聚酰胺纤维最普遍的染料和染色技术概要

染　料	化学物质和添加剂/典型应用条件	技　术
分散剂	用乙酸调节 pH 5 分散剂(苯磺缩合产物或者非离子型表面活性剂) 在沸水温度中进行染色	序批式染色
酸性染料	根据染料的亲和力 pH 条件从酸性到中性 通过 pH 值或者温度控制方法实现最佳的染色浴和均染条件 在酸性范围中,电解质阻碍消耗 利用均匀染色,湿稳定性较差,需要使用六氟三氟甲氧基丙烷进行后处理	序批式染色
1∶2 金属络合染料	含有酸性硫酸根的染料较好,其具有较好的水溶性和产生更好的湿稳固度 改进近亲和力染料的吸附,染色在乙酸调节的弱酸性介质条件下进行 高亲和力染料在中性或者弱碱性介质中应用,弱碱环境用两性或者非离子型均染剂调节	序批式染色
活性染料	原则上活性染料可以应用在羊毛上,也可以应用于 PA 在接近沸水温度和弱酸性条件下进行染色 后处理在 95℃下,利用非离子型表面活性剂和碳酸氢钠或者氨水	序批式染色

条件下的染色。

过去在有载体的情况下,也经常在大气环境(100℃以下)中对聚酯纤维进行染色。由于采用的物质具有生态毒性,除非不需要载体的可染纤维,对纯 PES 纤维进行染色不再应用低于 100℃的染色方法(见 4.6.2)。

关于高温染色,该工艺通常在温度为 125～135℃,添加乙酸调节的酸性(pH4～5)条件下进行。在这一条件下,需要均染剂以防止染料过快的吸附。

碱稳定性染料在碱性介质(pH9～9.5)中进行染色。开发该技术以防止典型的 PES 低聚物纤维的迁移和沉积(见 2.1.1.1)。实际上,在染色过程中,低聚化合物(对苯二甲酸乙二醇的环状三聚物特别有害)倾向于迁移出纤维,从而形成染料结块,然后沉积在纤维或者染色设备上。为了实现均染效果,应用乙氧基产品作为均染剂。

热处理技术为另一应用的技术,其最初应用在 PES/纤维素混纺物上。染料中添加一些防泳移剂对纺织品进行轧染。在 100～140℃下进行干燥。接下来将染料进行固定(200～225℃,12～25s)。

对于浅光色度情况,材料在染色之后仅仅需要漂洗或者皂洗。对于深光色度情况,为了保证高亮稳固性通常必须进行后清理步骤。通常包含碱还原处理和后面在弱酸条件下的后漂洗。关于替代工艺的内容见 4.6.5 部分。

PES 纤维可以用阳离子进行染色,在纤维的生产(形成阴离子位点)过程中,以酸性化合物(例如硫酸芳香族羧酸)作为共聚单体。

2.7.6.3 丙烯酸纤维

所谓的 PAC 纤维是一种疏水性,并含有阴离子基团的分子。因此,可以采用阳离子分散染料对其进行染色。由于在聚合物中导入阳离子单体,纤维也可以用酸性染料进行染色。

表 2.8　聚酯纤维最普遍染料和染色技术概要

染　料	化学物和添加剂/典型应用条件	技　术
分散剂	乙酸调节 pH 4～5 均染剂(脂肪族羧酸酯、乙氧基化物质、乙醇和酯或酮与乳化剂混合的制品) 可能在对重金属敏感的染料中添加络合剂(EDTA)	序批式染色,在125～1235℃下
	该技术需要应用载体,除非采用改性的聚酯纤维	序批式染色,在100℃以下
	乙酸调节 pH 4～5 增稠剂例如聚丙烯酸酯和海藻酸盐加入到轧染液中,以防止染料在染色过程中的迁移 利用包含连二亚硫酸钠和氢氧化钠的溶液进行后处理(分散剂添加到最优的冲洗浴中)	热加工工艺

序批染色通常应用于绳索或块（堆染）、束状纱线或纤维包。匹染可以在条染机、溢流染机、轧染机（针织品、制成浴室用品）或者鼓染机（短袜）中进行。

块状、绳索状和表层织物可以在特殊的机器中进行染色，采用轧蒸工艺，最好使用压力蒸汽可获得较短的固色时间。片状物品，尤其是室内装饰材料（丝绒），也可以用轧蒸工艺进行染色，但是在这一情况下需要利用饱和蒸汽进行固色。这意味着固色时间较长，因此需要快速扩散阳离子染料和染料溶剂。

（1）分散染料

分散剂用于产生轻到中等深度的色光度。染色技术与聚酯纤维染色一致。但是，可以在温度低于100℃的情况下，不用载体进行染色。此外，由于分散染料较好的迁移特性，不需要使用均染剂。

（2）阳离子染料

序批式染色工艺中应用的典型配方包括电解质（乙酸钠或者硫酸钠）、乙酸、非离子型分散剂和阻滞剂。在最佳的范围内控制温度对处理后的纤维进行染色。最后染色液进行冷却，材料漂洗后进行后处理。

应用的连续工艺通常如下。

轧蒸工艺（100℃以上的高压蒸汽进行固色）——该工艺具有减少固色时间的优点。典型的轧染液包括耐蒸汽阳离子染料、乙酸和染料溶剂。

轧蒸工艺（在100～102℃下的饱和蒸汽中固色）——该工艺需要较长的固色时间。快速扩散阳离子染料和染料溶剂，应用染料溶剂以起到载体的作用。

当采用基本染料进行染色时，特殊的均染剂（也称为阻滞剂）较多地应用于控制染料在纤维上的吸附率，从而促进均匀染色。

表 2.9　聚丙烯酸纤维最普遍的染料和染色技术概要

染料	化学物和添加剂/典型应用条件	技　术
分散剂	类似聚酯染色的条件 不需要添加载体	
阳离子表面活性剂	乙酸(pH3.6～4.5) 盐(硫酸钠或者乙酸钠) 阻滞添加剂(通常是阳离子型制剂) 非离子型分散剂	序批式染色
	乙酸(pH4.5) 染料溶剂 耐蒸剂、已溶染料(液体)	利用高压蒸汽的轧蒸工艺
	染料溶剂 快速扩散染料	利用饱和蒸汽的轧蒸工艺

2.7.6.4　醋酸纤维（CA）和三醋酸纤维（CT）

与其他再生纤维素纤维不同，CA 和 CT 是疏水性的，因此其可以在与 PES 纤维染色相类似的条件下采用分散染料进行染色。在弱酸条件下（pH5～6）非离子型或者阴离子型分散剂存在时，使用分散染料对醋酸纤维进行浸渍法染色。染色通常在 80～85℃下完成。在50～60℃时，一些湿稳定性较低的染料已经吸附到纤维上，然而，更多的湿稳定性染料需要温度到 90℃。

与 CA 相比，CT 的染色特性和整理特性与纯合成纤维更相似。在均染剂存在条件下，在弱酸介质中使用分散染料对 CT 和 CA 进行染色。CT 应用的染色技术包括：

① 序批式染色　通常为 120℃，如果不能满足这一条件时，需要添加染料加速剂（苯甲酸丁酯或水杨酸丁酯）。

② 热处理。

2.7.7　纤维混纺染色

天然/合成纤维混纺在纺织工业中变得越来越重要，因为其结合了合成纤维的技术特点和天然纤维的优秀质感。

世界范围内 PES 纤维的消耗中 55%～60% 用作与纤维素纤维或羊毛进行混纺。大约40% 的聚酰胺用于混纺，50% 聚丙烯纤维用于与羊毛进行混纺生产针织品［186，ULLmann's，2000］。

纤维混纺可以用以下三种方法进行生产。

短纤维形式的不同种类的纤维与人造短纤纱线混合在一起进行纺纱。

不同种类的纤维分别纺纱，然后纺成的纱线再缠绕在一起形成混合纱线。

不同种类的纤维分别纺纱，然后在梭织阶段结合在一起，在这一过程中，一种或几种纤维纱线作为经纱，其余的作为纬纱。

混纺纤维的染色通常比纯纤维染色更长和更难。尽管有这些缺点，但是染色工艺与流程尾端的整理工艺在位置顺序上更为接近。事实上，这使得染色加工者不需要储存大量的染成产品或各种光色度纱线材料就可以满足市场的需要。

当对混纺纤维进行染色时，可以应用以下方法：

两种纤维进行同色染色或者采用同一染料染成两种不同的光色度；

只对一种纤维进行染色（染料不会被另一种纤维吸附）；

不同的纤维被染成不同的色度。

对于"同色"染色，有时使用同一染料对不同的纤维进行染色。当必须使用不同种类的染料时，所选染料对其中一种纤维具有亲和力而另一种没有，染色工艺更加容易。然而，在现实中，这种情况是独特的，而且对混纺纤维进行染色仍然是一项复杂的操作。

混纺纤维染色可以在序批式、半连续和连续工艺下进行。序批式工艺包括：

在一种染液和一个步骤中进行染色（所有的染料在同一染液和单一的步骤中加入）；

在一种染液和两个步骤中进行染色（染料按照步骤有次序的加入到同一染液中）；

在两种染液中染色（在两种不同染液中两个步骤里进行染色）。

最常见的混纺纤维在下面的章节进行介绍。

(1) 聚酯-纤维素混纺物

PES 生产的很大一部分（约 45%）用于制造这种混纺物。聚酯纤维和纤维素混纺物用于各种服装和床上用品。其中的纤维素化合物通常用棉花，但也可以用黏胶短纤，偶尔采用亚麻。最佳的 PES：纤维素的混合比是 67：33（贴近皮肤的纺织品）、50：50 和 20：80 [186，Ullmann's，2000]。

在 PES-纤维素混合物的染色过程中，聚酯化合物应用分散染料，而其中的纤维素部分采用活性染料、还原和直接染料进行染色，涂料染色也通常用于浅光色度情况。

分散染料只能在纤维素纤维上进行浅色染色，染料可以轻易地通过后续的冲洗或者还原后处理去除掉。

PES-纤维素混纺物通常在连续工艺中染色。对于纱线和针织物，序批染色更重要。

在序批染色工艺中，染色过程可以使用一种染液在一步或两步中进行，或者两种不同的染液在连续的步骤中进行染色。分散染色剂通常在高温条件下应用，而不需采用载体。

在单一染色液单一步骤过程中，使用所谓供酸体的特殊添加剂，当温度增加时，可以降低 pH 值。用这种方法可以在碱性条件下将活性染料固色，通过提高温度达到分散染料的最优染色条件（pH 5~6）。在 pH 8~10 条件下有利于碱稳定分散染料，同时可以避免低聚物问题。

由于更为经济，单一染色液/一步式工艺成为首选工艺，但是目前存在更多困难。例如盐的存在增加分散染料将混纺物中棉纤维染色的趋势。最近发展的低盐活性染料在使用中表现出较好的效果和较高的可回收性（见 4.6.11）。

表 2.10 为当前最常用的工艺的总结。染色工艺选择取决于各种典型条件。关于特定种类染色剂的更多细节详见相关章节。

表 2.10 聚酯-纤维素混纺物的染料和染色技术概要

技 术			分散染料/还原染料	分散染料/活性染料	分散染料/直接染料	颜料
序批式	单浴法				YK	W[①]
	二浴法			YK		
	单浴两步法		YK	YK	YK	
连续式	所有染料在一个染色浴液中用轧染＋干燥法染色	热处理＋轧卷	W			
		热处理＋轧堆		W		
		热处理＋轧蒸	W	W	W	

① 涂料染色包括使用颜料、黏合剂和添加剂，干燥和 140℃ 下 5min 进行聚合轧染。

注：Y—纱线；W—梭织纤维；K—针织纤维。

(2) 聚酯-羊毛混纺

聚酯-羊毛混纺物应用广泛，特别是对于梭织物和针织物而言。最常见的 PES：羊毛为 55：45。

羊毛无法在 PES 和 PES-纤维素混纺的高温染色工艺的高温条件下进行染色。染色时间应该也尽可能短，这样羊毛才不会被破坏。对于大量的生产，首选在开始对羊毛和 PES 分别染色，然后在加工纱线的阶段再进行混纺的方法。然而，短期计划和时尚的快速变化常常不允许单独染色。

当对聚酯-羊毛混纺染色时，聚酯使用分散染料，羊毛使用阴离子型染料（酸和金属络合染料）。

只有分散染料可以尽可能轻的对羊毛染色或者很容易通过冲洗去除，因此分散染料可以用于羊毛-聚酯混纺物中。实际上，分散染料容易污染羊毛，而且还原性后处理并非总是可行（需要适当的稳定染料）。

PES-羊毛混纺的典型染色工艺为以下的序批式过程：

- 沸水温度下使用载体；
- 在 103～106℃下不使用载体；
- 在 110～120℃下添加甲醛作为羊毛保护剂，使用少量载体或者不使用（高温条件）。

由于载体使用而带来的环境问题（见附录Ⅰ6.7 部分和 2.7.8.1 部分），在可能的情况下应该避免采用第一种技术。从这个方面来说，在沸水温度下，不用载体就可以进行染色的纤维也是可以采用该技术的（关于免载体可染纤维见 4.6.2，环境友好载体见 4.6.1）

实践中单浴法工艺应用较多；在深光色度和需求高固色度情况下应用两浴法。首先用分散染色剂对材料进行染色。在对羊毛部分染色前，进行还原中间处理。在两种染色方法中，如果羊毛可以承受的话，在染色之后，都需要进行后处理去除羊毛上的分散染料。将材料在乙氧基脂肪醚的弱酸性溶液中 60℃条件下进行处理。

(3) 聚酰胺（PA)-纤维素混纺

由于 PA 纤维对所有应用于纤维素的染料都有很好的亲和力，对这种混纺材料染色可以采用不同的方法：直接染料和分散染料（pH 8）；酸或 1∶2 金属络合染料（pH 5～8）；还原染料（采用浸染和轧蒸工艺）；活性染料。

每种典型染料的应用条件已经在相关章节进行描述了。

(4) 聚酰胺-羊毛混纺

聚酰胺-羊毛混纺率从 20∶80 到 60∶40 之间变化。这种混纺在地毯行业尤为重要。关于这一领域的更多的细节见相关章节（见 2.14.5 部分）。

适用于这种混纺材料的染色工艺的一般资料显示，两种纤维对酸和 1∶2 金属络合染料都具有亲和力。然而，与羊毛相比，染料更容易通过 PA，因此染色更深，特别是在浅色的情况下。采用均染剂（也称为 PA 阻滞剂，主要为芳香族磺酸盐）来克制这种效应。这些添加剂与 PA 纤维有较高的亲和力，从而阻碍染料在这部分的吸附。

染色在乙酸和硫酸钠存在的条件下进行。由于酸性染料固色率不高，在进行深光色度染色时需要使用 1∶2 的金属络合染料 [186, Ullmann's, 2000]。

(5) 丙烯酸纤维（PAC)-纤维素混纺

PAC-纤维素混纺用于日用纺织品（布料和餐布）和仿毛皮制品（"长毛绒"，绒毛由 PAC 纤维构成，背面由棉制成）。混合物中 PAC 的百分率在 30％～80％之间变化。

使用阳离子或者分散染料对 PAC 进行染色，而使用直接染料、还原染料或活性染料对纤维素成分染色。

以下的方法是对这种混纺物最为常用的染色方法：

采用轧蒸工艺用阳离子和直接染料进行连续染色（为了避免高浓度的阳离子和阴离子染料在轧染液中的析出，在溶液中添加阴离子和非离子型表面活性剂）。

序批式染色（通常采用单浴两步法）采用阳离子和还原染料或者阳离子和活性染料。

(6) 丙烯酸纤维-羊毛混纺

在合成纤维中，PAC 纤维是最适合于羊毛混纺并保持羊毛质感的材料。这使得这种混纺物被广泛地应用，特别是生产针织物和家用纺织品。PAC 与羊毛的混纺范围从 20∶80 到

80：20之间变化。

对于羊毛部分，金属络合染料、酸性染料和活性染料是典型的染色剂，而PAC采用阳离子染料进行染色。

阳离子染料对羊毛纤维染色。阳离子染料首先附着到羊毛上，然后在高温条件下迁移至PAC纤维。即使选择具有比较好的保留效果的染料，染色过程仍然需要进行足够长的时间（从60~90min）以在羊毛上获得较好的保留效果 [186, Ullmann's, 2000]。

PAC-羊毛混纺可以采用以下浸染方法染色：单浴单步、单浴两步、两浴。

第一种方法染色时间短，消耗水量小。然而应用并不多，因为阴离子和阳离子化合物在染液中同时存在同时会纤维表面形成加合物并析出。使用分散剂和选择合适的染料可以避免析出的发生。

当采用单浴两步法进行染色时，不需要使用阻滞剂。实际上，羊毛吸收阳离子染料并缓慢地释放出来，起到了阻滞剂的效果（对PAC发挥了阻滞的效果）。

2.7.8 环境问题

与染色过程相关的潜在污染源和排放类型总结如表2.11所示。

表2.11 染色过程中产生的典型排放物总结

操 作	排 放 源	排 放 类 型
调色间操作	染料准备	每周期结束时，非连续，低浓度废水排放（清洗阶段）
	添加剂准备	每周期结束时，非连续，低浓度废水排放（清洗阶段）
	染料和添加剂的配制（人工）	来自化学物的错误投加和管理的非直接污染（溢出、较差光色度重复等）
	染料和添加剂的配制（自动）	无排放，系统为保证正确运行需要经常校准和检查
序批式染色	染色	在每个循环结束后，非连续排放低浓度的废水
	染色后进行冲洗和漂洗操作	在每个循环结束后，非连续排放低浓度的废水
	设备清洗	非连续排放低浓度的废水
半连续和连续染色	着色剂的使用	除染液的排放外，没有其他排放物
	干热法或蒸汽固色	连续排放废气（通常不明显，除特殊情况，如热熔，载体染料纤维染色等）
	染色后冲洗和漂洗操作	连续，低浓度的废水排放
	在基座和原料储存容器中剩余物的排放	非连续，在每一批结束时高浓度的废水排放
	设备清洗	非连续，低浓度废水排放（当采用还原剂和次氯酸时，废水中包含有害物质）

正如上表所示，大部分的废物排放至水中。由于染液中物质的蒸汽压低，其很少释放到空气中，可以认为其仅与工作环境的空气问题有关（从投加/配制化学物和染色过程中的开放机器中产生的短暂释放）。也有少量的例外，为热熔过程、涂料染色和采用载体的染色过程。在涂料染色工艺中，使用涂料后不冲洗材料，因此污染物在干燥的过程中一定量释放到空气中。载体污染物排放到水和空气中。

以下的讨论中第一部分关于使用的物质带来的环境问题，接下来的第二部分关于工艺的环境问题。

2.7.8.1 使用的材料带来的环境问题

上面提及的水中污染物主要来自：染料本身（例如毒性、金属、色素）；染料配方中包含的添加剂；染色过程中使用的基本化学物（例如碱、盐、还原剂和氧化剂）和添加剂。

在经过整个工艺过程中，纤维上的污染物（在散纤维和纱线染色过程中会遇到羊毛上残留的杀虫剂，类似的在合成纤维染色中遇到纺丝油剂）。

(1) 染料

用过的染液，残留染液和冲洗操作的水总是包含一定量的未固定染料。固定率在不同种的染料间变化，对于活性染料（如棉花）和硫化染料特别的低。此外，即使是给定的一类染料，仍然会发生较大的变化。对于活性染料这一情况更为明显。例如，在铜（有时是镍）酞菁活性染料染绿松石绿色和一些海洋色调情况下，固色率很难超过 60%。然而，对所谓的双锚活性染料而言，可以达到特别高的固色率（见 4.6.10 和 4.6.11 部分）。

根据纤维种类、光色度和染色参数，同一染料的固色率也会变化。因此固色率的值只能作为大概的近似值。然而，对于废水中发现的未固定的染料的数量进行估计，固色率是一个有用的参数。不同专著的信息见表 2.12。

表 2.12 排水中未固定的染料的基本类型百分比

染　　料	EPA	OECD	ATV	拜耳法[①]	欧洲纺织服装组织	西班牙
酸性染料						
羊毛	10	7～20	7～20	—	5～15	5～15
聚酰胺	20					
基本染料	1	2～3	2～3	2	—	0～2
直接染料	30	5～20	5～30	10	5～35	5～20
分散染料						
乙酸盐	25					
聚酯 1bar	15	8～20	8～20	5	1～15	0～10
聚酯高温	5					
无机染料	25	5～10	5～10	—	10～25	10～25
活性染料[②]						
棉	50～60	20～50	5～50	5～50	20～45	10～35
羊毛					3～10	
金属络合染料	10	2～5	2～5	5	2～15	5～15
铬染料	—	—	1～2	—	—	5～10
还原染料	25	5～20	5～20		5～30	5～30
硫化染料	25	30～40	30～40		10～40	15～40

资料来源：[11，US EPA，1995]，[77，EURATEX，2000]，[293，Spain，2002]。

注：EPA—美国环境保护署；

OECD—经济合作与发展组织；

ATV—Abwasser Technishe Vereinigung（废水技术协会）。

① Now Dystar（包括 BASF）。

② 具有高固色率的新型活性染料（见 4.6.10 和 4.6.11 部分）。

正如前所述，未完全固色的结果导致工艺中一定百分比的染料最后出现在废水当中。

尽管一些染料可以在其他条件下降解（例如，偶氮染料可以在缺氧和厌氧条件下分解），但在氧化条件下，染料无法生物降解。废水中少量的水溶性染料分子可以被生物大量去除，通过混凝/沉淀或者吸附/活性污泥吸附。废水处理厂的活性污泥质量与染料的性质是染料去除的关键因素。

着色剂的着色强度是另一个需要考虑的因素。例如，与其他类型的染料（例如直接染料、还原染料和硫化染料）相比，采用活性染料时，只需要使用少量的着色剂达到要求的光色度。因此废水中只有少量的染料需要去除。

难生物降解的染料（除非进入强化性处理技术）通过生物废水处理厂，而最终随出水排放。最先可以看到的效果是受纳水体的颜色。高剂量的颜色不仅影响美观，而且阻断光合作用，因而影响水生生态。另一个影响是着色剂的有机物含量、水生物毒性、金属和卤素分子导致 AOX 的排放。

每种染料的这些环境问题的深入讨论见附录Ⅱ。本章只讨论一些一般性的关键问题。

（2）AOX 的排放

还原染料、分散染料和活性染料分子中通常包含较多的卤素。

某些还原染料中与有机物结合的卤素的质量比可达 12%。然而，还原染料通常具有非常高的固色度。此外，这些染料不溶于水，在废水处理厂中利用活性污泥的吸附作用得到高效的去除。

活性染料，与之相反，具有低固色度（目前发现，在序批式染色工艺中使用酞菁染料的固色度最低）而且从废水中去除非常困难，由于这些染料是难以生物降解而且/或者只有较低的活性污泥吸附水平。MCT（一氯均三嗪）活性基团中的卤素在染色过程中转化为无害的氯化物。在计算废水负荷的时候，假设 MCT 活性系团在固色或水解反应中彻底消耗，因此不会导致 AOX 的排放。然而，许多通常使用的多卤化活性染料，例如 DCT（二氯均三嗪）、DFCP（二氟一氯嘧啶染料）和 TCP（三氯嘧啶），在固色和水解之后，仍然包含有机卤化物。在染料浓缩液（轧染）和无排放染液中存在未反应的染料，排水中发现化合卤素。

对于一些其他类型的着色剂，AOX 问题不是重点关注的，因为卤素含量通常低于 0.1%。

PARCOM 97/1 建议对 AOX 进行严格限制。甚至比欧盟生态标准标签和德国立法制定的限制标准还要严格。对纺织废水中的 AOX 进行过详细的调查，但是 AOX 作为一个指标仍然是关注的问题。

染料中包含的有机卤化物（氟化物除外）测定为 AOX。限制染色过程中的 AOX 排放的方法包括染料选择、染料的高效利用或者通过脱色处理废水。出水脱色可以使用高级氧化技术，例如自由基氧化或者非氧化性技术（如混凝、吸附）。

然而，需要注意的是染料中 AOX 与来自于纺织工艺如漂白、羊毛防缩处理等中间的氯反应产生的 AOX 并没有相同的效果。

染料并不是可生物降解的化合物，其分子中的卤素也不会导致卤仿反应（有害 AOX 的主要原因）。

在这一方面，需要考虑 PARCOM 97/1 没有设置关于 AOX 的一般排放限值，而是区别对待有害 AOX 和无害 AOX [50，OSPAR，1997]。

（3）重金属排放

染料中存在重金属主要有两个原因：第一，在加工一些染料的时候使用金属作为催化剂，也有一些是以杂质形式存在；第二，在一些染料中，金属与染料分子螯合，是构成其整体结构的元素。

染料制造商已经投入很多努力以减少杂质形式存在的金属量。可以通过启动产品的选择，去除重金属以及替代发生反应的溶剂等方法实现。

ETAD已经建立了染料中重金属量的限制。限制2%的重金属染色和染料总稀释比1：2500。该限值的设置可保证排放水平满足已知的废水要求 [64，BASF，1994]。

含有金属的染料的例子有酞菁基团中的铜和镍，铜存在于铜-偶氮络合活性染料中，铬存在于对羊毛丝绸和聚酰胺染色的金属络合染料中。金属化染料的总量正在逐渐减少，但仍然占有一定应用领域（某些色调如绿色，某些固色度），例如酞菁不容易被取代。

在金属化染料中存在的金属与自由金属杂质相比不是主要问题。实现高浸染和固色水平并对处理、增重和转鼓清洗等过程进行测量以最小化来自其中的损失，只有少量的未消耗染料进入到废水当中。此外，由于金属是染料分子整体的一部分，本身不可以生物降解，几乎没有使其转化为生物可利用的物质的可能性。

处理方法的选择也很重要，例如活性污泥的过滤和吸附作用可以去除污水中的染料，也可以适当的减少最终出水中结合态金属的量。相反，其他方法如高级氧化，可能会将金属释放出来。

(4) 毒性

具有水生物毒性和/或过敏效果的染料在附录Ⅱ重点描述。在这里，需要提及很重要的一点，当今大约60%～70%的染料是偶氮染料 [77，EURATEX，2000]。在还原性条件下，这些染料可能产生胺，其中一些是致癌物质。在裂解某些偶氮染料时产生的致癌性的胺类物在表 2.13 中列出。

表 2.13 致癌性胺类物列表

1	4-对联苯基胺	12	3-3′-二甲基联苯胺
2	对二氨基联苯	13	3-3′-二甲基-4-4′-二氨基二苯甲烷
3	4-氯代邻甲苯胺	14	邻甲酚定
4	2-萘胺	15	4-4′-亚甲基-二-(2-氯苯胺)
5	邻氨基偶氮甲苯	16	4-4′-二氨基二苯醚
6	2-胺-4-硝基甲苯	17	4-4′硫代苯胺
7	对氯苯胺	18	邻甲苯胺
8	2,4-二氨基苯甲醚	19	2-4′-二氨基甲苯
9	4-4′-二氨基二苯甲烷	20	2,4,5-三甲苯胺
10	3-3′-二氯联苯胺	21	4-氨基偶氮苯
11	3-3′-二甲氧对二氨基联苯	22	邻氨基苯甲醚

使用偶氮染料，可能分解成表 2.13 中 22 种潜在的致癌性芳香胺类物之中的一种。根据 76/769/EWG 危险物指导第 19 次修订版，禁止使用偶氮染料。

然而，超过 100 种具有潜在形成致癌性胺类物的染料仍然在市场上销售 [77，EURA-TEX，2000]。

① 包含在染料配方中的添加剂　根据染料的种类和应用的方法（例如序批式和连续式的印染），染料配方中包含不同的添加剂。由于这些物质不能吸附/固定到纤维上，因此完全进入到废水当中。典型的添加剂列在表 2.14 当中。

表 2.14　染料配方中添加剂的生态特性

添加剂	化 学 成 分	COD mg O₂/kg	BOD₅ mg O₂/kg	TOC 去除①
分散剂	木质素磺酸盐	1200	50	15%
	萘磺酸盐,甲醛缩合产物	650	50	15%
	环氧乙烷/环氧丙烷共聚物			
盐	硫酸钠,氯化钠			
粉末黏合剂	矿物油或煤油(＋添加剂)			
消泡剂	乙酰基二醇类			
防冻剂	甘油	1200	780	90%
	二醇类	1600	10	95%
增稠剂	羧甲基纤维素	1000	0	30%
	聚丙烯酯			
缓冲体系	磷酸盐,乙酸盐			

① 去除量统计测试(Zahn-Wellens 测试)。

资料来源 [18, VITO, 1998]。

注:空白单元意味着数据无效。

　　尽管这些添加剂对水生物没有毒性,但是通常情况难于生物降解和去除,尤其是还原染料、分散染料和硫化染料配方中的分散剂。这些染料是不溶性的,需要这些特殊的水中分散态的添加剂。这些分散剂主要包含萘磺酸甲醛缩合物和木质素磺酸盐,同时也有由酚类、甲醛和亚硫酸钠缩合产生的磺甲基化产物。其他不易去除的添加剂有丙烯酸酯、CMC 基增稠剂和消泡剂。

　　介绍了不同的液体和粉末配方。液体染料包含的分散剂的量相当于粉末染料的 1/3(见表 2.15)。造成这一差异的原因是加工粉末染料的过程:研磨过程产生的微小颗粒在后续的干燥过程中需要被保护起来,因而只能加入高性能的分散剂。

表 2.15　粉末和液体染料中的添加剂和染料的范围

成分配方	粉末形式	液体形式	成分配方	粉末形式	液体形式
染料	30%～50%	20%～40%	消泡剂	0～5%	0～5%
分散剂	40%～60%	10%～30%	防冻剂	—	10%～15%
盐	0～20%	—	增稠剂	—	0～5%
粉末黏合剂	0～5%	—	水	5%～10%	40%～60%

资料来源 [18, VITO, 1998]。

　　注意液体染料制剂包括液体分散剂和真溶液(不含溶解酸),而粉末染料可以尘状、流动状、非尘状或颗粒状加入。

　　② 染色工艺中的基本化学物和添加剂　关于在染色过程中使用的化学品和添加剂带来的环境问题中值得重点提及的是以下几个关键问题。

(5) 含硫还原剂

　　硫染色废水包含的硫化物,源于工艺中使用的还原剂。在一些情况下,硫包含在染料配方当中,而另一些情况,在染色之前,将硫添加到染液当中。然而,最后过量的硫化物排放到废水当中。硫化物具有水生生物毒性,而且会导致 COD 负荷的增加。此外,在酸性条件下,硫化物阴离子会转化为硫化氢,从而导致臭味和腐蚀性的增加。

　　亚硫酸氢钠(也称二亚硫酸钠)是另一种含硫还原剂。这种还原剂不仅应用在硫化染色和还原染色工艺,而且在 PES 染色过程中作为后清洗还原剂。亚硫酸氢钠没有硫化钠带来的问题严重。然而，在染色过程中，二亚硫酸钠会转化为亚硫酸盐（对鱼类和细菌有毒性），在一些情况下，进一步氧化为硫酸盐。

在废水处理厂，亚硫酸盐通常氧化成为硫酸盐，但是这仍然会带来问题。事实上，硫酸盐可能导致混凝土管道的腐蚀或者在厌氧条件下还原为硫化氢。

尽管羟基丙酮会导致 COD 负荷的增加，仍然被推荐加入到废水当中以减少硫化物的含量，然而并非在所有情况下取代亚硫酸氢盐。已经研发出的新型有机还原剂具有改善的还原效果（更多细节见 4.6.5 部分和 4.6.6 部分）。

机器（部分淹没的染色机）中存在的氧气消耗的还原剂也需要计算到需求量当中。除了对染料进行还原所需要的还原剂的量，通常还有额外还原剂被机器中所含氧气消耗。这显著的增加了废水的需氧量。

(6) 氧化剂

在欧洲，使用还原染料和硫化染料染色时，重铬酸钾已经不再作为氧化剂使用，但仍然广泛地用于羊毛染色过程中的铬固色上。Cr(Ⅲ) 具有较低的急性毒性，而 Cr(Ⅵ) 的急性毒性较高，而且已被证明对动物有致癌性。在铬染料的染色过程中，通过工艺控制，将 Cr(Ⅵ) 还原为 Cr(Ⅲ)。然而，在染料准备过程中对重铬酸钾的管理不当仍然会导致 Cr(Ⅵ) 的排放（由于重铬酸盐是致癌物而且可能导致操作人员的健康问题，因此必须小心）。除非采用替代染料，否则排水当中的三价铬只是可以减到最低（见 4.6.15），但是不能避免（见 4.6.16）。

溴酸盐、碘酸盐和氯酸盐作为氧化剂在还原染色和硫化物染色工艺中的使用，以及次氯酸盐作为剥色剂在对缺陷产品的脱色中的使用或用于清洗染色机（例如在进行浅色调染色前），都可能产生 AOX 的释放。然而，只有次氯酸钠和含氯的化合物（例如某些包含氯气的亚氯酸盐或者使用氯气作为活化剂制备二氧化氯气体）才会导致有害的 AOX 的增加。

(7) 盐

针对不同的目的（例如促进染色水平或增加染料利用），各种类型的盐在染色工艺中被使用。特别是，在使用活性染料的序批式染色工艺中使用大量的盐。用盐量与其他类型的染料相比非常可观，例如用直接染料。染料制造商已经在积极努力解决这个问题（见 4.6.11 节）。

表 2.16　采用活性染料和直接染料在对棉进行序批式染色中使用的盐量

光色度	染料浓度	采用直接染料的含盐量	采用活性染料的含盐量
浅色	<1.5%	2.5~7.5g/L	30~60g/L
中等	1.0%~2.5%	7.5~12.5g/L	70~80g/L
深色	>2.5%	12.5~20g/L	80~100g/L

资料来源 [11, US EPA, 1995]。

除了使用盐作为原材料，通常使用酸和碱中和产生的作为副产物的盐。

盐在传统的废水处理系统中不能被去除，因此最终排放到受纳水体中。尽管通常使用的盐对哺乳动物和水生物的毒性很小，但是在干旱和半干旱地区，大规模的使用盐导致其浓度超出毒性限制，增加地下水含盐量。很多国家已经制定了 2000mg/L 或更低的排放限值。而且河流质量标准也需要给予考虑。

(8) 载体

由于生态和健康问题，在过去广泛使用的添加剂目前已经减少了。在聚酯和羊毛混纺的染色过程中这是一个问题。

载体可能在制造环节被加入到染料当中。在这种情况下，纺织品整理环节难以掌握排放负荷的信息（［4，Tebodin，1991］和［61，L. Bettens，1999］）。

载体包括广泛的有机化合物，其中很多具有挥发性，难以生物降解而对于人类和水生物具有毒性。然而，作为活性物质通常与纤维有较好的亲和力（疏水性），其中的 $75\%\sim90\%$ 被吸附到纺织品上，只有乳化剂和亲水性载体例如苯酚和苯甲酸衍生物出现在废水中。残留在纤维上的载体在染色和冲洗操作之后，在干燥和固色操作环节部分蒸发，进入排放的废气中。痕量的载体仍然会在成品上出现，因此对消费者而言具有一定的潜在问题。

替代选择在 4.6.1 部分和 4.6.2 部分描述。

（9）其他会带来环境问题的添加剂

其他染色添加剂物质以及可能导致水污染的物质有：

- 脂肪胺聚氧乙烯醚（均染剂）；
- 烷基酚聚氧乙烯醚（均染剂）；
- 季胺类化合物（阳离子染料阻滞剂）；
- 聚乙烯吡咯烷酮（还原染料、硫化染料和直接染料均染剂）；
- 氰胺盐缩合产品（改善固色效果添加剂）；
- 丙烯酸马来酸共聚物（分散剂）；
- 配位化合物：乙二胺四乙酸盐（EDTA）、二乙三胺五醋酸（DTPA）、乙二胺四亚甲基膦酸（EDTMP）、二乙三胺五亚甲基膦酸（CTPMP）。

这些物质是水溶性难生物降解化合物，在废水处理系统中只能部分降解或直接通过而不发生转化。

此外，其中的一些是有毒性的（例如季铵盐）或者会导致水环境中影响繁殖代谢物（APEO）的增加。

2.7.8.2　工艺相关的环境问题

染色工艺的水耗和能量消耗与染色技术、操作实践和使用机器相关。

与连续工艺相比，序批式染色工艺通常的水耗和能量消耗水平较高。这是由以下几个不同的因素导致的。

其中之一是序批式染色需要较高的液比。正如之前在 2.7.2 部分中提及的，较高的液比不仅意味较高的水和能量消耗，而且随染液体积的增加，也要求较多的化学物和添加剂的投加量。

所有设备制造商现在都可以提供适应不同类型物质的质量，并减少液比的机器。"低液比"和"超低液比"的概念现在通常用于定义现代机器的性能和功能。

在纤维染色中，绳索状"低液比机器"的几个参考值的范围，对于棉为（1：5）～（1：8），对于 PES 为（1：3）～（1：4）。其他类型的物质和纤维的液比更高一些。术语"超低液比"用于定义可以在为实现完全润湿材料和避免水泵气蚀的最小需求体积下运行的机器。该术语只用在对绳索状的纤维染色的机器上。

区分名义液比和真液比十分重要。正如已经在 2.7.2 部分陈述的，名义液比是机器在最大/最优负荷下运行的液比。一般的情况是机器处于其最优负荷之下。这种情况经常发生在委托生产公司，这些公司往往根据客户的需求，具有较高的生产灵活性以满足较大变化范围。现代机器也可以在大致固定液比情况下运行，同时可以在其标称能力的 60% 的水平下工作（甚至对于纱线染色机，可以低至标称能力的 30% 下工作，见 4.6.19 部分）。用这样的方法，甚至减少负荷时也可以获得与低液比下相同的优势。然而很明显的是，当机器在远低于其最佳能力（例如，对于纤维染色机低于标称能力的 60%）的负荷下工作时，真液比将与名义液比有很大的不同。这不仅导致较低的环境效益（较高的水耗、能耗和化学品消耗），而且造成较高的运行成本。

总之，根据将要处理的材料数量，使用低液比机器或者选择最合适机器是工艺最终环境效益的根本。

尽管如此，序批式染色中的高能耗和水耗并不仅仅是高液比的结果。

另一个需要考虑的因素是序批式染色操作模式下的非连续特性，特别是关于例如冷却、加热、冲洗和漂洗等操作。

此外，色彩匹配也是导致水耗和能耗较高的原因，尤其是当染色在没有实验指导下进行时。在手册指导中，染料块通常在第一阶段加入，以获得与最终产品需要的最为接近的颜色。接下来进行一系列的匹配操作，在这一过程中，应用少量的染料以获得最终的光色度。难以匹配的色调需要重复的色彩添加，在每次添加之间进行冷却和二次热加工 [32，ENco，2001]。

增加的水耗和能耗也有可能是不合适的处理技术和/或工艺控制系统的不佳性能导致的。例如，在一些情况下，在对纤维进行浸泡的机器中，可能发生溢流，过量进料和溢流，其可能在只是用人工控制阀门的机器中存在，这样的机器难以控制液位和准确地控制温度（见 4.1.4 部分）。

连续和半连续染色工艺消耗较少的水，但是这也意味着在染液中有较高的染料浓度。在非连续染色过程中，染料的浓度在 0.1～1g/L 之间变化，而在连续工艺中，该值在 10～100g/L 之间。在进行新的颜色染色时，在轧车、泵和管道中的残留轧染液必须废弃掉。与非连续染色相比，这种浓度的排水可以导致较高浓度负荷，尤其是对一小组材料进行处理。然而，现代连续染色设备在近些年已经稳步提高。小管道和泵的使用和小型轧堆槽减少了排放液体的浓度。此外，使用自动投加系统可以将剩余物排放达到最小化，系统测量染料溶液中成分，然后提供所需的额外的量（关于最新进展的详细信息见 4.1.3 和 4.6.7）。

不论序批式还是连续式染色工艺，最终的冲洗和漂洗操作是需要考虑的用水较多的步骤。水冲洗和漂洗操作实际上比染色本身消耗更多的水量（序批式和连续式工艺的水和能量保护技术见 4.9.1 和 4.9.2，序批式工艺设备优化见 4.1.4 和 4.6.19）。

2.8 印花

2.8.1 印花工艺

印花，与染色类似，是对基材应用颜料的过程。然而，与染色中将整个基材染上颜色不同，印花是在规定的区域内使用颜料，以获得需要的模式。与染色相比，这需要不同的技术和不同的机器，但是在染料和纤维之间发生的物理和化学过程是类似的。

一个典型的印花工艺包括以下步骤。

① 色浆制备　在进行纺织品印花时，染料或涂料并没有在水相当中，相反，通常很好地分散在高浓度的印花浆液中。

② 印花　采用不同的技术将染料或颜料浆液应用到基材上，将在下面讨论。

③ 固色　印花之后，纤维马上进行干燥，然后颜色主要通过蒸汽或热空气（对涂料）固定。需要注意在对地毯进行印花时（去除高黏度液体需要非常多的能量），不用进行中间干燥步骤。

④ 后处理　最后的操作包括纤维的冲洗和干燥（使用涂料进行印花或者采用其他的特殊技术如转移印花时不需要进行后处理）。

在描述不同的印花技术的时候，应该对涂料印花和染料（活性染料、还原染料和分散染料等）印花进行区别。涂料与纤维没有亲和力。

2.8.1.1　涂料印花

涂料印花在当今已经非常重要，目前对于一些纤维（例如纤维素纤维）成为最为常用的技术。涂料可以应用于各种纺织品材料。由于现代添加剂性能的增加，采用该技术可以获得高质量的印花效果。

涂料印花浆液包含增稠剂、胶黏剂，如果需要，还有其他添加剂如固色剂、塑化剂、除泡剂等。

过去应用在浓缩系统中白酒糟基乳化液现在只是偶尔使用（主要是半乳化增稠剂）。关于可以使用的添加剂的性能的更多信息见附录Ⅰ7.2部分。

使用印花浆液之后，对纤维进行干燥，之后涂料通常在热空气条件下固定（根据配方中胶黏剂的种类，固色可以在20℃下储存几天后实现）。涂料印花的优点是该过程不需要后续的冲洗（而对于其他大部分印花技术，冲洗是需要的）。

2.8.1.2　染料印花

(1) 印花浆液制备

传统的过程从浆液制备开始进行。与涂料印花相比，浆液的组成更为复杂和变化多样，并不是由使用的染料决定而是由采用的印花技术、基材和固色方法所决定。

除了染料之外，印花浆液中包含增稠剂（见附录Ⅰ7.1部分）和多种其他添加剂，根据功能进行分类如下：氧化剂（例如间硝基苯磺酸盐，氯化钠，氯酸钠，过氧化氢）；还原剂（例如亚硫酸钠，亚硫酸甲醛，甲脒亚磺酸，氯化亚锡）；拔染剂（例如蒽醌）；亲水效果的物质，如尿素；染料溶剂，极性有机溶剂如甘油、乙烯乙二醇、乙二醇丁醚、硫二甘醇等；防锈剂，在活性防锈印花（例如磺化烷烃）；除泡剂，例如含硅化合物，有机和无机酯类，脂族醚等。

所有必需的成分在混合设备中经过测量（投加）、混合在一起。由于印花一个图案通常需要5~10种不同的印花浆液，为了减少损失，通过精确地测量，浆液制备得以在自动设备中进行。在现代工厂中，在特殊设备中，可以测量印花浆液精确的量，对每一个印花点，浆液以连续模式进行制备，因此减少了运行结束时的剩余量。

在许多印花车间中通常在使用前对印花浆液进行过滤，例如使用滤布。这一操作对于增稠剂尤为重要，以防止游离的颗粒物堵塞格栅的通道。

(2) 印花（使用浆液）

首先经过浆液制备，然后在纺织品的特殊区域使用浆液，有以下几种技术：直接印花（包括数字印花和转移印花）、拔染印花、防染印花。

在直接印花情况下，在经过预处理的纺织品材料的特定区域使用染料。纺织品材料可以是白色或者预染的（浅色调）。

拔染印花可以看作在使用印花浆液的固色过程中，对之前所使用的染料进行局部破坏的印花方法。如果通过蚀刻，原先的染色区域变成了白色，则这一过程称为拔白。如果相反的，在破坏先前使用染料之后的蚀刻区域必须获得一个彩色的图案，这种工艺称为色拔（图2.15）。在这种情况下，印花浆液必须包含抗还原染料和破坏先前染料的化学物。结果先前染色背景按照图样被破坏掉，并由耐还原的染料代替。

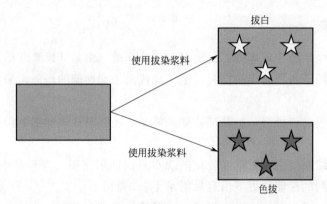

图 2.15　拔染印花示意 [63，GuT/ECA，2000]

在防染印花工艺中，一种特殊的印花浆液（称为"防染剂"）印花到织物的某些区域，以阻止染料的固定。在物理防染情况下，材料使用难润湿树脂印花，这可以阻止第二个阶段使用的染料的渗透。在另一种情况下，使用化学防染剂，通过化学反应阻止染料的固色过程（图2.16）。根据工艺的运行方式，可以分为预防染、中间防染和后防染工艺。一个普遍的过程是湿还原染色法。在这个工艺中，防染浆液在一开始印花到材料上，然后将材料用覆网全覆盖后套印，最后固色和冲洗。只有在已经经过预先染色和干燥的织物上，染料仍然处于未固定形式时使用套印防染工艺，类似于开发染料的情况。

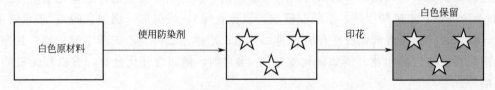

图 2.16　防染印花示意 [63，GuT/ECA，2000]

转移印花与之前介绍的技术的区别在于，该工艺并不是在织物的表面直接印花。图样首先使用选择性分散染料创建在一个中间载体上，然后从载体转移到织物上。将印花纸与织物接触在一起，进入到高温高压系统中，将染料固定下来。在热的影响下，染料升华并从载体上扩散到纺织材料的纤维中。并无需进行蒸染和冲洗等进一步的处理。该技术应用于涤纶、锦纶和腈纶纤维。根据特定纤维种类使用选择性分散染料。

（3）固色

印花之后，对纤维进行干燥。当织物在导辊上输送过程中，水分蒸发导致染料浓度的增加同时防止染料拖尾。在这一阶段，染料还没有固定下来。

后续的固色步骤的目标是尽可能多的转移染料，通过增稠剂将染料固定在纤维上。对于染料这尤其重要。例如还原染料以不溶的形态印花，接下来在固色过程中通过与还原剂的反应转化为相应可溶的形式。

通常使用蒸汽进行固色。水蒸气凝结在印花过的材料上，增加了增稠剂，加热了印花，为染料扩散提供所需的转移介质。在纤维和增稠剂之间的染料分布是一个衡量染料固色程度的重要的参数，这称为增稠剂的"保持力"。增稠剂通常由多糖组成，因此在保持染料的过程中与纤维素进行竞争。这就是指定染料在印花工艺中比染色工艺中的固色率低10%的原因。

（4）后处理

印花工艺的最后步骤包括对织物进行的冲洗和干燥。在使用不溶性染料如还原染料进行印花时，该操作也可以作为重新把染料转化为原始的氧化态的方法。在这种情况下，在使用冷水进行初步的漂洗后，对印花材料使用过氧化氢进行处理。该过程与使用碳酸钠在沸点时的皂化处理发生竞争。

正如已经解释的，使用涂料印花和转移印花时，不需要冲洗的步骤。这对所有无需增稠剂和染料几乎全部固定的印染系统有效（例如，使用数字喷印技术的印花地毯砖，见4.7.8部分）。

（5）辅助操作

在每一批结束和在每次颜色变化时，进行多种清洗操作：

在印花过程中与织物胶合在一起的橡胶带（见下面的描述）在连续模式下使用水进行清洗，以去除多余的胶黏剂和印花浆液。一些机器装备了水循环系统。

印花设备首先通过对残留浆液尽可能多的去除得到清洗，然后用水进行漂洗。在一些公司中，残留浆液直接返回到相应的印花浆液序批式储存罐中以作回用。

在制备（还原浆液）浆液的容器中剩余的浆液，通常在进行水冲洗之前，使用抽吸系统进行初步清理。用这种方式对残留的印花浆液进行收集，然后处置。

2.8.2 印花技术

可以用多种不同的机器来对织物进行印花。最常采用的机器如下。

（1）平网印花机

平网印花和圆网印花的特点都是印花浆液通过特别设计的筛网中的开口转移到织物上。每个筛网上的开口与图样相对应，当印花浆液是在刮板的压力作用下通过筛孔时，所需的图样就复制到织物上了。图样中的每种颜色分别制作一个筛网（图2.17）。

平网印花机可以手动、半自动或全自动运行。对在印花车间能见到的一种机器描述如下。首先将织物粘到运动的环形带上。在机器的一段的静止筛网降低到需要印花图样的区域，使用刮板将印花浆液抹到材料上。然后，粘有织物的带前进到花回点，筛网再次降低。印花织物一步一步向前移动，并通过干燥设备。该设备每次只能印花一种颜色。当第一种颜色被印花到织物的整个长度上时，干燥织物已经可以进入第二个循环，如此循环直到图样完成（图2.18）。

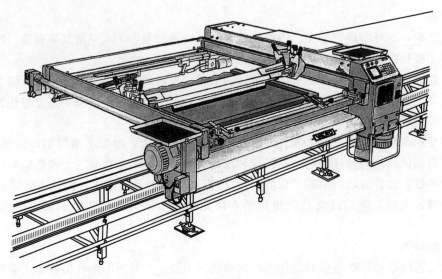

图 2.17　带自动刮板系统的筛网印花 ［69，Corbani，1994］

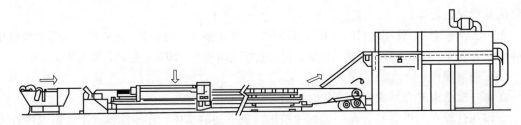

图 2.18　平网印花机示意

　　在其他全机械化的设备中，所有的颜色同时进行印花。沿着印花机布置一系列的固定筛网（从 8～12，但是一些机器配备了 24 种不同的筛网）。当黏结固定在运动的环形橡胶带上的纺织品前进到花回点的过程中，筛网同步提升起来。接下来再次下降，将浆液用刮板通过筛网压到织物上。每次将印花材料向前移动一格，在离开最后一格后，进行最终的干燥然后准备固色（图 2.19）。

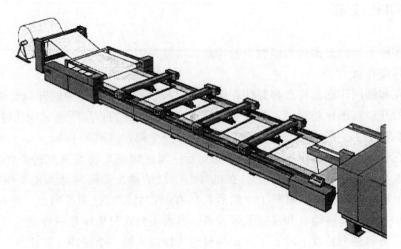

图 2.19　装配固定筛网框的机械网印花机示意 ［69，Corbani，1994］

如果需要，在以上两种机器中，连续橡胶带在输送织物之后，以连续的模式向下运动通过一个导辊，使用水和滚动刷以去除残留的印花浆液和胶水。在此之后，皮带输送回涂胶设备。在一些情况下，胶黏剂以液体的形式用刮板进行施用。而在其他的机器中，皮带用热塑性胶预涂。在这种情况下，纺织品先进行加热，然后使用滚筒或者简单地在橡胶带上进行挤压，实现胶黏剂软化和初步的黏着。在印花之后，对筛网和应用系统进行冲洗。通常的做法是，在冲洗之前，将染料从筛网挤压回到印花浆液混合容器中。

（2）圆网印花机

圆网印花机与之前描述的平网印花机的原理相同，但是颜料通过轻巧的圆柱形金属箔筛网（见图 2.20）。纺织品以连续的形式在一系列圆柱筛网下向前运动，在每个印花点印花浆液从罐体中自动地进入到筛网内，然后压到织物上（图 2.21）。设计上每种颜色需要一个单独的圆柱滚筒。

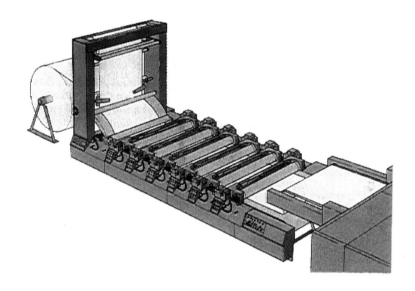

图 2.20　圆网印花机示意 [69，Corbani，1994]

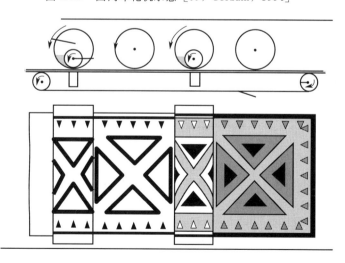

图 2.21　圆网印花工艺示意 [63，GuT/ECA，2000]

传统的圆网印花机的浆液投加系统如图 2.22 所示。从浆液罐引出至水泵的抽吸管，从抽吸管引出一根印花液管道到橡胶辊轮（染料管带橡胶辊轮）。浆液从这里直接进入到圆柱滚筒内部。所谓的印花浆液投加系统的容量相当高，因而每次变换颜色时需要被去除的残留浆液量也非常多。可引入多种系统以降低该设备的体积配置，以减少相应的废物量（见4.7.4）。另一种方式可能已经在一些公司实施，那就是回收和再利用这些残留物用于配成新的浆液（见 4.7.5 和 4.7.6）。

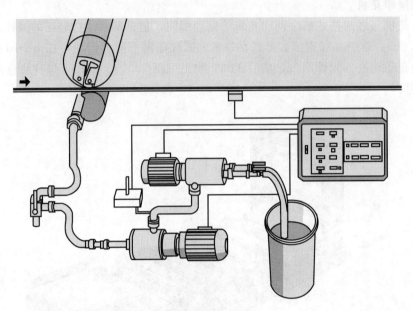

图 2.22　圆网印花机的印花浆液投加系统［69，Corbani，1994］

　　圆网印花机装备了类似于之前描述的平网印花机的胶黏设备和冲洗设备。为去除残留的浆液和黏合剂，需要对皮带进行冲洗。不仅仅是皮带，筛网和浆液投加系统（软管、管道、泵、刮板等）也必须在每次变换颜色的时候进行清洗。

（3）滚筒印花

　　在滚筒印花工艺中，印花浆液从投加槽中加入到旋转铜滚筒当中，在滚筒上按照需要的设计进行刻蚀。这些轧辊与一个圆柱形主轧辊接触，对织物进行输送。通过与轧辊和织物的接触，设计图样转移的织物上。每一个印花机可以有 16 个轧辊，每个轧辊对设计的图样进行一次重复的印花。当滚筒旋转的时候，带动连续运行的刮粉刀将多余的浆液刮回到颜料槽当中。在每个批次完成之后，浆液进样槽被手动清空到适当的印花浆液储存容器当中，然后进行挤出。皮带和印花齿轮（滚筒刷或者刮粉刀、刮板和长柄钩勺）使用水进行冲洗。滚筒印花机如图 2.23、图 2.24 所示。

（4）喷印

　　喷印是一种不需要接触进行应用的系统，最初研发用于印花地毯，但是目前在纺织品领域的应用逐渐增多。第一部商业地毯喷印机是 ELektrocoLor，接下来是米里特朗染色机（图 2.25）。在米里特郎染色机中，通过气动控制染料喷嘴的开关来实现将染料喷射到基材上。在地毯向前移动的过程中，机器的任何部分都不与基材表面接触。使用空气流保证染料的连续喷出，剩余物进入捕集器或排水托盘当中。染料回到缓冲罐当中，经过过滤后进行循环回用。当需要进行喷染时，暂时关闭空气，将适量的染料喷射到纺织品上。染料连续流入

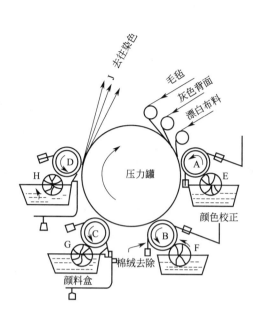

图 2.23　滚筒印花机 [4，Tebodin，1991]

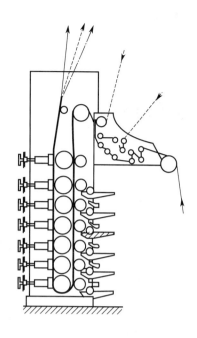

图 2.24　最新的滚筒印花机 [7，UBA，1994]

主储存槽以补充其消耗量。

　　喷涂印花系统和第一代喷射印花法不能进行控制生产出预先设计的图样。因此首先使用设备生产较宽范围的效果，然后由设计者或市场人员进行选择。

　　第一个数字地毯印花机做出了早期的改善（Zimmer 工程的 Chromotronic 和 Tybar 工程的 Titan）。这些机器基于所谓的"按需喷墨原理"，即在染液投加管上设置可开关的电磁阀，根据需要的图样，以一定的顺序将分散的染液滴喷射的基材上。

　　这些机器中，尽管使用的染料量在基材的每一个点可以使用数字控制，染料向基材的进一步渗透仍然取决于纤维和纤维表面润湿力的毛细管作用。这可能导致再现性问题，意味着仍然需要使用增稠剂控制染液的流量。

　　新型机器改进了地毯和块状织物的喷印。在机器内，颜料被精密注入到织物表

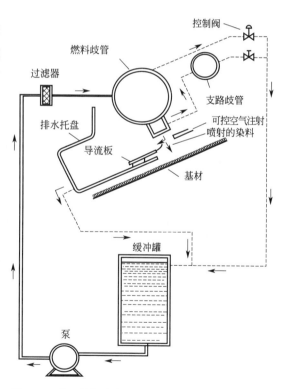

图 2.25　米里特朗染色机示意 [63，GuT/ECA，2000]

面，而机器的任何部分都不会接触到材料。通过改变"喷印时间"和泵压力实现对喷到材料上的液体量的控制。

该系统可以类似于"喷染"过程，而"喷染"这个名称作为一个商业名词，专指最近的美利肯公司的米里特朗染色机中应用的技术。Zimmer 公司制造的 Chromojet 是另一种市售的数字喷射印花机。在 Chromojet 系统中，印花头装备有 512 个喷嘴。喷嘴通过电磁控制，每秒可以实现开关 400 次（见 4.7.8）。

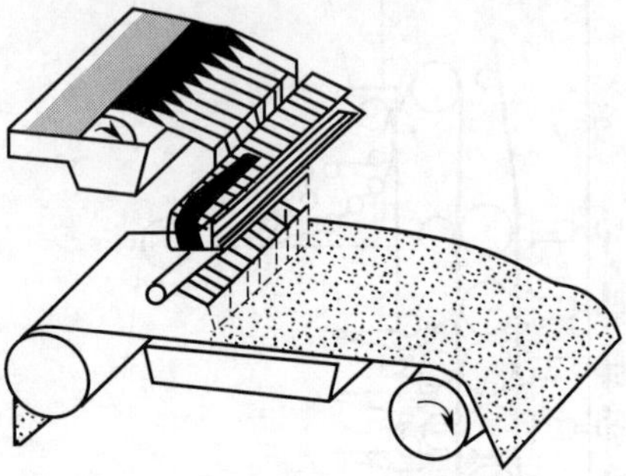

图 2.26　TAK 系统示意图
[63，GuT/ECA，2000]

地毯在 J 箱中积累，然后经过蒸汽浴和擦刷。当运行到印花台时，停止运动。喷嘴固定在一个滑动的框架之上，框架自身可以沿着经纱的方向运动，而地毯在整个印花过程中保持静止。

喷墨印花是另一种数字印花技术，其最早应用于纸张印花中，目前也在纺织业越来越多的应用。在喷墨印花中，颜料施用到材料的表面而喷墨时间、压力和速度都不变。因此该技术只能应用于平整而且轻的纺织品上，尤其是丝（见 4.7.9）。

TAK 印花系统也可以应用于地毯业。该技术可以生产不对称的图样。已经染过底色的地毯通过染液滴印上彩色斑点。通过在沿着地毯宽度方向上调节溢流槽，改变彩色斑点的尺寸和频度。

2.8.3　环境问题

印花工艺排放源类型：剩余印花浆液；冲刷和清洗废水；干燥和固色过程中的挥发性有机物。

(1) 剩余印花浆液

印花过程中产生剩余印花浆液的原因有多种，其与产生的量密切相关（消耗和排放水平的信息见 3.3.3.5.5）。例如两个主要的来源是错误的测量和为避免不足而过量制备的浆液。

此外，在每次变换颜色时，印花设备和容器（浸渍器、混合器、均化器、转鼓、筛网、搅拌器、橡胶滚轴等）必须进行清洗。印花浆液因其高黏性而黏附在所有设备上，通常的做法是使用干燥捕获系统进行去除，然后再使用水进行漂洗。用这样的方法，这些残余物至少可以在隔离形态下处置，因而实现水中污染物的最小化。

另一个重要但经常被忽略的剩余印花浆液来源是图样样品的制备过程。有时这些样品在一系列的生产设备上制造出来，这意味着会产生大量的额外残余物。

现在也有可以有助于减少浆液剩余量的技术（见 4.7.4）和再生回用过剩浆液的技术（见 4.7.5 和 4.7.6）。然而，其由于印花技术的内在缺陷而受到限制。大部分缺陷与图样变换、表面和材料不可避免的接触以及敷抹器（筛网）和配方中增稠剂（浆液流变学）的使用相关，这些都限制了浆液回用的潜力。数字印花为这些问题提供了解决方案（见 4.7.8 和 4.7.9）。

(2) 从冲刷和清洗操作中产生的废水

印花工艺中产生的废水主要来源于固色之后最终对织物的冲洗，对印花机器中应用系统的清洗，对调色设备和皮带的清洗。

来自清洗操作导致的废水占总污染负荷中的很大比例，甚至多于冲洗操作产生的废水。

向水中排放的污染负荷主要来自于染料印花工艺过程。因为在涂料印花的情况下，粉状涂料可以完全固定在纤维上，而不需要进行冲洗，尽管清洗操作产生的废水会有大量增加。

废水中可能遇到的污染物在表 2.17 中列出。

表 2.17　印花工艺废水中可能遇到的污染物

污 染 物	来　源	备　　注
有机染料	非固定的染料	相关的环境问题取决于使用的染料类型（在附录Ⅱ讨论）
尿素	亲水剂	高水平的氮对富营养化的贡献
氨	涂料印花浆液中	高水平的氮对富营养化的贡献
硫酸盐和亚硫酸盐	还原剂副产物	亚硫酸盐对水生生物具有毒性，在浓度>500mg/L，硫酸盐可能导致腐蚀问题
多糖	增稠剂	高 COD，但易生物降解
羧甲基纤维素衍生物	增稠剂	难生物降解和难以生物去除
聚丙烯酸酯	增稠剂 涂料印花中黏合剂	难生物降解，但>70%的生物去除率（OECD 302B 测试方法）
甘油和多元醇	染料配方中抗冻添加剂 印花浆液中增溶剂	
间硝基苯磺酸盐及其氨衍生物	使用还原染料拔染印花中作为氧化剂 使用活性染料直接印花中限制染料的化学还原作用	难生物降解和难以在水中溶解
聚乙烯醇	毛毯粘着物	难生物降解，但>90%的生物去除率（OECD 302B 测试方法）
复合芳胺类化合物	拔染印花中偶氮染料还原裂解物	难生物降解和难生物去除
矿物油/芳香族烃类化合物	印花浆液增稠剂（半乳化涂料印花浆液目前仍然在应用）	芳香醇和糖类可以生物降解 芳香族烃类化合物难生物降解和难生物去除

（3）干燥和固色过程中的挥发性有机物

干燥和固色过程是印花工艺中另一个重要的排放源。下面的污染物可能在废气中出现 [179，UBA，2001]：黏合剂中的脂肪烃（C10-C20）；单体例如丙烯酸盐、醋酸乙烯酯、苯乙烯、丙烯腈、丙烯酰胺、丁二烯；固色剂中的甲醇；乳化剂中其他醇类、酯类、聚二醇；固色剂中的甲醛；氨（来自尿素的分解和原有的氨，例如来自涂料印花浆液）；乳化剂中的 N-甲基吡咯烷酮；磷酸酯；增稠剂和黏合剂中的苯基环乙烯。

在附录Ⅴ中展示了印花后的热处理过程产生的废气中可能存在的更为详细的污染物列表和潜在排放源。

2.9　整理（功能性整理）

2.9.1　整理过程

"整理"这个术语涵盖了所有给予纺织品最终的使用性能的处理方法。包括相关的视觉效果、处理以及如防水和非可燃性的特殊属性。

整理过程可能涉及机械/物理和化学处理。此外，在化学处理中，可以进一步分为使用整理剂与纤维发生化学反应和不需要整理剂的化学处理（如软化处理）

有些整理处理是对某些特定纤维的典型处理（如棉花的免烫工艺、合成纤维的防蛀防静电处理以及羊毛的防毡缩处理）。其他整理操作则更具有普遍性（如软化）。

本部分着重强调化学整理，因为这些过程伴随严重污染的可能性。

织物（包括片状的地毯）的整理通常在染色之后做为一个单独的操作过程。但是这并不是固定的：例如在地毯的染色过程中可以进行防蛀；在涂料染色中，通过在染液中同时使用涂料和成膜聚合物，可以使涂料染色、树脂整理在同一步骤中完成。

超过80%的情况下，水溶液/分散形式的整理液应用在浸轧技术中。干织物首先通过含有必需成分的整理液，然后在滚轴之间通过，在干燥和最终成型之前，尽可能地将处理液挤出。冲洗是最终的步骤，除非绝对需要，逐渐倾向于避免冲洗操作。

为了减少消耗，其他所谓的最低应用技术逐渐变得重要。下面都是典型的应用方法，如：应用涂层辊筒（或泥浆浸轧）（布料在滚轴中浸湿，滚轴最低端被浸没，其可控制应用于单面布料的染液量）；应用喷涂；应用泡沫。

在 fouLard 应用情况下，轧余率大约为70%，而采用最低应用系统的轧余率约为30%。然而在最小应用技术中，染液浓缩2～3倍，以保证等量活性成分的使用。

在生产羊毛地毯的部门，无论是在染色过程中或是随后的漂洗或整理液中，都需要对纱线或散纤维进行功能性整理。

不同助剂之间会有不兼容问题，除了这些特殊情况，浸轧和长液体应用技术（序批式工艺）均需要在一个单独的颜料液中添加所有的整理剂，而不是在不同的阶段投加。

2.9.2 化学整理处理

2.9.2.1 免烫性处理

对包含纤维素的纤维进行免烫性整理可以获得多种特性，如易洗，在洗和穿的过程中耐磨，不需熨烫或需要少次熨烫。纤维素纤维具有这些特性后即可以与聚酰胺和聚酯等合成纤维进行竞争。

免烫性处理配方包含以下成分：交联剂；催化剂；添加剂（柔软剂、手感调节剂最常用，但也有阻水剂、亲水剂等）；表面活性剂作为润湿剂。

有关典型物质的使用信息，在附录Ⅰ8.1部分可以找到。在浸轧处理后的免烫性处理工艺中，织物在一个平幅式的展幅框架上进行干燥，最后进行固化。最常见的固化方法是干交联过程，在该过程中，织物在干燥后，进入固化设备或者展幅机中进行固化。

2.9.2.2 阻水性处理（疏水性处理）

阻水性处理应用在需要有防水性能但也需要有空气和水蒸气渗透性的织物上。

可能通过上疏水性物质，如石蜡乳液和铝盐（例如蜡为基础的阻水剂）实现；通过在纤维表面增加聚合物，形成交联阻水薄膜（例如硅剂，树脂基阻水剂，含氟阻水剂）实现。防水性物质的特征在附录Ⅰ8.5部分进行了描述。

2.9.2.3 软化处理

柔软剂不仅用在整理过程中，也用于堆染过程。它们应用在染色池或随后的清洗池。柔软剂的使用不涉及固化过程。在连续或半连续过程中，浸渍织物在展幅框架中干燥。作为柔软剂使用的物质在附录Ⅰ8.6部分进行了描述。

2.9.2.4 阻燃处理

阻燃处理已变得日益重要，并且是一些强制性的要求。阻燃处理应防止纤维燃烧，而不会改变织物的触感、颜色和外观。

阻燃物质一般应用在棉花和合成纤维中（如在家具装饰材料中较为重要）。在某些特定情况下，尤其是在地毯行业（如期货市场，航空），羊毛必须进行阻燃处理，即使这种纤维本身已经具有阻燃功能。

通过使用既可以与纺织品发生反应又可以作为添加剂的多种化学物质实现阻燃性能。经常在整理处理中作为阻燃剂的物质在附录Ⅰ8.4部分描述。

还有其他使纺织产品获得阻燃特性的方法，包括：在加工纤维的精纺溶液中添加特殊化学物质；采用本身具有阻燃性的材料进行纤维改性；对纺织品进行布背涂布（例如家具、床垫），由此可在纺织品的一侧粘贴阻燃层。

2.9.2.5 防静电处理

该工艺采用吸湿物质对纤维进行处理，以增加纤维的导电性，因而避免了电荷的累积。

该整理处理对于合成纤维非常普遍，但是也应用在地毯行业中必须进行防静电环境内采用羊毛材料的地板覆盖物上。

经常用作抗静电剂的物质在附录Ⅰ8.3部分描述。

2.9.2.6 防蛀处理

羊毛和以羊毛为基础的材料生产的地板覆盖纺织品通常不需要进行防蛀处理，但是一些高风险服装也需要处理（例如军装制服）。应用于服装时，防蛀处理通常在染色过程中进行。地板覆盖物可能在生产过程的不同阶段进行防蛀处理，例如用于原羊毛的煮练、精纺、纱线煮练、染色、整理或者后续的其他环节。

防蛀处理中使用的灭菌剂见附录Ⅰ8.2部分描述。

2.9.2.7 灭菌处理

该处理应用于化学物（以保存添加剂和染料）和服装中。例如用于袜子的抑臭处理，因健康因素对地板覆盖物的处理，防治尘螨处理。最近的分析显示越来越多的纺织品（外套和内衣）采用了抗微生物处理。

采用的灭菌剂在附录Ⅰ8.2部分描述。

2.9.2.8 防毡缩处理

进行防毡缩整理可为产品增加防毡缩特性。如果经常在洗衣机中进行清洗，该处理可以防止整理后的产品缩水。

应用两种互补的处理技术：氧化处理（去除处理）、树脂处理（添加处理）。

这些处理可以应用在该工艺的任意阶段和所有不同的材料中。通常应用于生产特殊产品的精梳毛条上（例如内衣）。

(1) 氧化处理

在氧化处理中，特殊的化学物攻击表面范围并造成纤维的外部结构发生化学变化。

该处理传统上使用以下几种氯释放剂进行：次氯酸钠、二氯异氰尿酸钠、活性氯（已不再使用）。

最早的工艺使用次氯酸钠。然而。由于活性氯的研发难以控制，羊毛特性会被改变，导致无规则的结果。二氯异氰酸盐具有更多的优势，因为其具有逐步释放氯的能力，因此减少纤维损坏的风险。

使用二氯异氰尿酸（Basolan 工艺获得 BASF 许可）的工艺包括将材料浸入包含氧化剂、硫酸钠和添加剂的液体（35℃）中。20～30min 后，对材料进行漂洗，接下来使用2％～3％的亚硫酸氢钠对材料进行抗氯化处理，之后再次漂洗。

所有这些含氯制剂最近都遇到限制，因为其与羊毛中的成分和杂质发生反应，形成可吸收有机氯化物（AOX）。

因此要研发替代的氧化处理工艺。过硫酸盐、高锰酸盐、酶催化和电晕放电开始进入考虑的范围。然而，当前可以替代含氯试剂的只有过硫酸盐。

使用过硫酸盐化合物的工艺与氯处理相似，但是不包括氯的使用且不会产生氯胺。材料在室温条件下，被酸性介质中的氧化剂处理，直到大部分的活性氧被消耗。

在使用含氯试剂和过硫酸盐的工艺中均需要在同样的液体中弱碱性条件下，添加亚硫酸钠作为抗氧化剂。此外还需还原后处理以避免损坏及羊毛纤维在碱性条件下泛黄。

产品接下来进行漂洗。如果需要，使用聚合物进行处理（见后面的树脂处理）。

(2) 使用树脂进行处理（添加过程）

在添加过程中，在纤维表面使用树脂，以"膜"的形式覆盖整个范围。然而，该处理被认为是一种伪抗毛毡化的整理过程。因为其并非减少了毛毡化的趋势，而仅仅是改善了效果。

树脂对羊毛有直接染色性。阳离子树脂对这种处理最为合适，在预氧化和还原预处理之后，羊毛表面变成阴离子性。

在一些情况下，树脂可能充分有效，而无需预处理。然而，减少和添加工艺的联合是技术的最大影响因素。

(3) 联合处理：Hercosett 工艺

最早的联合工艺即是所谓的 Hercosett 工艺（C.S.I.R.O），其包含氯预处理，及使用聚酰胺-环氧氯丙烷树脂的处理。

Hercosett 工艺可以同时在序批或者连续的模式下运行，后者在当今应用中占据主要地位。

连续工艺包含以下步骤（见图 2.27）：在酸性介质中进行氯处理（使用氯气或者次氯酸钠）；在同一液体中使用亚氯酸盐对氯进行还原；漂洗；使用碳酸钠进行中和；漂洗；软化操作；干燥和聚合。

由于低廉的成本和优秀的效果，Hercosett 工艺对不同形式（散纤维、精梳毛条、纱线、针织和梭织物）的羊毛进行防毡缩整理已经广泛地应用多年。然而，排放的废水中有高浓度

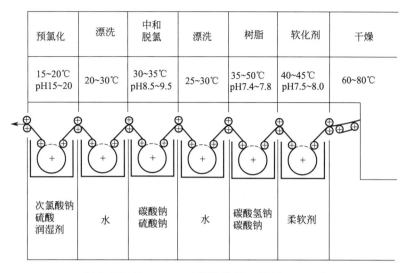

预氯化	漂洗	中和脱氯	漂洗	树脂	软化剂	干燥
15~20℃ pH15~20	20~30℃	30~35℃ pH8.5~9.5	25~30℃	35~50℃ pH7.4~7.8	40~45℃ pH7.5~8.0	60~80℃
次氯酸钠 硫酸 润湿剂	水	碳酸钠 硫酸钠	水	碳酸氢钠 碳酸钠	柔软剂	

图 2.27　Hercosett 工艺示意 [1, UBA，1994]

的 COD 和 AOX。AOX 的形成并不仅归因于氧化剂，而且也包含树脂。实际上，在 Hercosett 工艺中应用的典型树脂是一种阳离子聚酰胺，其加工过程包括环氧氯丙烷的使用，这是出水中氯化烃类物质的另一来源。

已经研发出替代树脂，包括基于聚酯、氨基聚硅氧烷、聚氨酯和聚二甲硅氧烷的交联物，但是这些所有的树脂在其应用性上都有一定限制。

新工艺也开始研发，但到目前为止任何替代产品都不能完全达到 Hercosett 工艺的效果。这就是该工艺仍然是优选工艺，尤其是对于精梳毛条进行防毡缩整理处理时的原因。

2.9.3　环境问题

在纺织品整理工艺中，从排放物产生的角度看，使用化学物的操作是值得注意的。在染色工艺中，连续工艺和非连续工艺产生的排放物有很大不同。因此同样的也会在对整理工艺的主要环境问题进行讨论时进行区别。防毡缩处理所采用的技术和排放物方面均表现出独特性。与该工艺相关的环境问题在 2.9.2.8 中与其工艺本身同时进行讨论。

（1）连续整理工艺相关的环境问题

除一些例外情况，连续整理工艺在固色之后不需要冲洗操作。这意味着可能的水污染物排放只局限于系统损失和清洗所有设备的用水。在常规的 foulard 系统中，潜在的系统损失在每个批次结束时：底盘中残留的液体、管道中残留的液体、序批式储存容器中残余物（整理液由此投加到底盘中）。

一般而言，这些损失的范围为 1%～5%（基于液体消耗的总量）；整理企业不会将昂贵的添加剂倾倒掉。然而，在一些情况下，在小规模的代工整理的企业内，可以看到损失可达到 35%甚至 50%。这取决于应用系统（例如 foulard 底盘的尺寸）和需要整理的产品的尺寸。在这方面，一些应用技术如喷雾、泡沫和溢流-浸轧（由于系统中高残留而导致较低的范围）的系统损失就体积而言非常的低（尽管活性物质的浓度更高）。

如果整理工艺中应用的添加剂表现得足够稳定，或者分别作为废物预计进行焚烧处置，则可对残留的高浓度液体进行回用。然而，这些液体经常被排放并与其他排放物混合在一起。

尽管与纺织厂产生的全部废水体积相比,这些体积非常小,但其浓度水平非常高,其中活性物质量的范围为 5％～25％,COD 为 10～200g/L。在主要是短序批操作的委托整理加工厂,系统损失占到全部有机负荷中相当大的比例。此外,很多基质难以生物降解的或者根本无法生物降解,有时甚至是有毒性的(例如杀虫剂具有很低的 COD,但有较高的毒性)。

根据采用整理技术的类型,废水中污染物在很宽的范围内变化。最为常用的整理剂相关的环境问题和典型污染物在 8.8 节讨论。特别的,以下物质的释放导致环境中相应物质的增加:"非交联形式"的亚乙基脲和三聚氰胺衍生物(免烫整理中使用的交联剂);有机磷化物和多溴化有机物(阻燃剂);聚硅氧烷及其衍生物(软化剂);磷酸乙醇和磷酸烷基醚(抗静电剂);含氟阻水剂。

在染色和固色操作中,挥发性活性物质及其组成物会产生废气(例如单体、低聚物、杂质和分解副产物)。其余的废物(有时伴随臭味)产生于残留的制剂和逆流工艺中的纤维残留物(例如,纺织品在经过氯化物载体或四氯乙烯处理后再进行热处理时导致多氯代二苯并二噁英/呋喃的增加)。

排放负荷取决于干燥或固色温度,整理液中挥发性物质的数量,配方中基质及其可能的试剂。污染物的种类范围非常广,取决于配方中存在的活性物质以及固色和干燥参数。然而,在多数情况下,整理剂配方中的任一化合物产生的排放量可由制造商提供。因此,利用制造商提供的整理剂排放因子可以很简单地计算出废气中有机排放物(总有机碳和特殊的化合物例如致癌性和毒性物质)的总量(见 4.3.2)。然而需要注意,只有在德国,制造商在提供整理剂的同时提供这些信息。

关于废气排放,另一个重要考虑的因素是直接加热(甲烷、丙烷、丁烷)展幅机可能产生的相应排放物(燃烧不完全的有机物,CO,NO_x,甲醛)。例如,在一些情况下,排放物中的甲醛含量达到 300g/h(2～60mg/m³),这归因于展幅机框架中气体的低效燃烧 [179,UBA,2001]。因此很显然,在讨论废气排放的问题时,如果在展幅机框架中的燃烧器不能很好调节并产生大量的甲醛释放的话,使用无甲醛整理剂配方获得的环境收益将全部丧失。

在最普遍的整理剂中活性物质和可能的排放废物在附录Ⅰ8中讨论。此外热处理产生废气中通常存在的污染物的更为详细的信息列表见附录Ⅴ。

(2) 非连续工艺相应的环境问题

在序批式工艺采用的长液法中使用的功能性整理剂主要应用在纱线整理,特别是羊毛地毯纱线工业中。由于功能性整理一般都应用在染液或在染色之后的漂洗液中,因此该操作并不额外消耗水量。对于最终的废水排放,由于采用序批式染色,活性物质从液体到纤维上的转化效率是关键的因素,其影响着排放负荷。该效率取决于液比和其他参数,例如 pH 值、温度和乳化类型(微观或宏观乳化)。在防蛀整理中应用杀虫剂时,效率最大化尤为重要。由于防蛀剂是非水溶性的,因此以乳化液形式应用。乳化程度和 pH 值是防蛀剂应用的关键因素(例如当活性物质以微观乳化态和酸性下应用,工艺的效率较高)。这里需要注意,整理剂应根据纤维的重量投加,而不是根据液体的重量。

废水中遇到的污染物根据使用的整理剂而变化,更多细节见附录Ⅰ8部分。值得注意的主要问题是防蛀剂(杀虫剂的排放)的使用和软化剂的低水平排放物(难生物降解物质的排放)。

2.10 涂层和层压

2.10.1 涂层和层压方法

一般情况下,纺织品的涂层和层压是指天然或合成的高分子物质所形成的软质薄膜与纺织品(通常包括梭织物、针织物和无纺布)结合的过程。

涂层织物通常是指其上面直接覆盖了一种黏性液体的聚合物构成的纺织物。涂层的厚度通过刀片或类似宽窄的缝隙来控制。

层压织物通常由一个或多个织物基底构成,织物基底通过粘合或热压与预先准备好的聚合物薄层或薄膜结合。

涂层/层压织物的基本操作须要满足下列条件:需要涂层/层压的织物在滚轴上具有足够的宽度;在涂层或层压的热压区,需小心控制织物的张力;添加添加剂后,通过烘热使织物与其结合,并且在冷却和卷起前,将挥发性溶剂去除。

在纺织行业中,广泛应用发泡火焰层压法:将预先准备好的薄层热塑性发泡板放入位于层压轴前的火焰燃烧器中。此过程中不需要烘干或固化炉。过程中产生的废气具有强烈的刺激性,可在易感人群中引发过敏反应。

使用的典型涂层化合物和添加剂详见附录 I 9 部分。

2.10.2 环境问题

涂层/层压过程中所导致的主要环境问题是其排放的废气,这些废气中的污染物主要来自于溶剂、添加剂、涂层化合物中产生的副产品。因此,必须将可能引起污染的各类物质加以区分(以下信息引自 [179,UBA,2001])。

(1)粉末涂层

除了六聚酰胺及其共聚物(在标准工艺温度下可释放残留的单体 e-己内酰胺),大多数情况下不考虑粉末涂层可能排放的空气污染物。在某些情况下废气会含有软化剂(通常为邻苯二甲酸盐)。

(2)浆料涂层

浆料涂层排放的污染物主要来自于添加剂(除了在上面的案例中提到的尼龙 6)。这些污染物主要是:

- 脂肪醇,脂肪酸,表面活性剂中的脂肪胺;
- 乳化剂中的乙二醇;
- 分散剂中的烷基酚;
- 乙二醇,脂肪烃,亲水基团中的氮-甲基吡咯烷酮;
- 邻苯二甲酸盐,不包括软化剂/增塑剂的硫胺/酯类;
- 丙烯酸,丙烯酸酯,氨,脂肪族烃类增稠剂。

（3）聚合物分散剂（溶液配方）

与浆料涂层相比，聚合物分散剂的废气排放量很低。废气排放物中主要含有分散剂、聚合（特别是叔丁醇作催化剂的初始化聚合反应）和不完全的单体聚合反应过程中产生的残余物。后者对车间环境以及气味方面有很大影响。这些物质包括：

- 丙烯酸酯，如丙烯酸，丁酯，乙酯，丙烯酸甲酯，醋酸乙烯和乙基己酯；
- 致癌物单体，如丙烯腈，氯乙烯，丙烯酰胺，1,3-丁二烯，乙烯基环己烯。

废气中很少含有乙烯基环己烯。然而，如果使用 1,3-丁二烯就会形成乙烯基环己烯（2＋2环加成反应产物）。

废气中的丙烯酰胺往往与甲醛的排放有关（羟甲基反应的产物）。

（4）三聚氰胺甲醛树脂

三聚氰胺甲醛树脂的应用范围很广，其大部分是由水溶液中的甲醇、三聚氰胺和甲醛发生的醚化反应生成。该产物中混有大量的游离甲醛和甲醇。应用三聚氰胺甲醛树脂时，树脂与织物（如棉线）的交联反应在一定温度并有酸催化剂存在的条件下发生，同时释放出甲醇和甲醛。

（5）聚合物分散剂（有机溶剂型配方）

在纺织精整业中，很少应用有机溶剂型涂料。当采用这一技术时，对废气的净化通常采用基于热焚烧或活性炭吸附技术的净化设备。

2.11 地毯背部涂层

背部涂层是一个重要的生产工序，用于提高地毯面料的稳定性。此外，背部涂层对隔音、加强弹性和隔热性能等方面都能产生良好的效果。

涂层分为以下几种：预涂层、发泡涂层、织物背部涂层、双涂层、加固、背部整理。

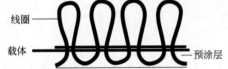

图 2.28　簇绒地毯的预涂层

（1）预涂层

簇绒地毯预涂层过程的特点是，地毯进行簇绒处理后，将其永久固定在载体层内线圈中（图 2.28）。预涂物质包括：X-SBR 乳胶，X-SBR 乳胶是分散剂，其中含苯乙烯、丁二烯和碳酸产生的共聚物；填料；水；添加剂（如增稠剂，抗泡沫剂，泡沫稳定剂等）。

可采用预涂层的情况：

- 不发泡，采用单面浸轧技术（图 2.29）；

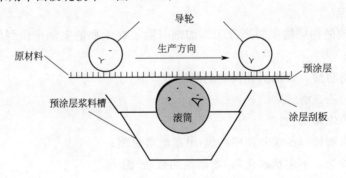

图 2.29　采用单面浸轧技术进行预涂层

- 发泡，采用刮胶板技术（图 2.30）。

在随后的烘干阶段，由于氢键的形成，产生了由高分子链形成的三维立体网络和弹性塑料层。

（2）SBR 发泡涂层

发泡涂层是在已经过预涂层的地毯上增加一个泡沫层，如图 2.31 所示。

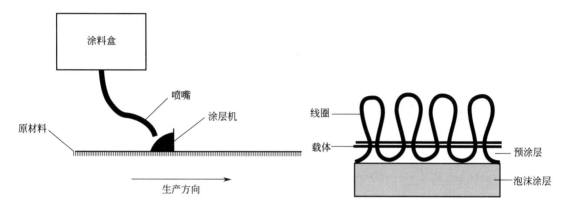

图 2.30　采用刮胶板技术进行预涂层　　　　图 2.31　簇绒地毯发泡涂层

发泡工序共有两个步骤：泡沫的使用和通过干燥使泡沫固化。泡沫形成后采用刮胶板将其涂在已经过预涂层的地毯上。

SBR 泡沫进入硫化烘箱中固化之前，必须采用一定方法保持它的稳定。可用两种方法来达到稳定：

- 非凝胶过程，将表面活性剂用作泡沫稳定剂；
- 凝胶过程，使用胶凝剂醋酸铵（AA 凝胶系统）或硅氟化合物（SF 凝胶系统）。

整个过程见图 2.32。

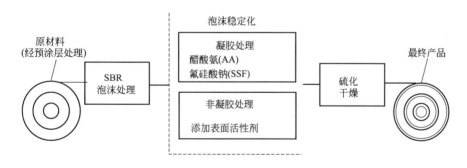

图 2.32　SBR 泡沫涂层过程

泡沫的组成如下：SBR 胶体分散系；黏性物质，包含了许多的活性添加剂；惰性填料（主要是石膏粉，添加于复合浆料成品中）；水；增稠剂（如聚乙烯醇，甲基纤维素，聚丙烯酸酯）；染料和涂料；抗氧化剂和臭氧稳定剂。

这种涂层方法中一些黏性物质的活性成分会对环境产生不良影响。为了更好地辨别排放源，可将其进行如下划分。

① 聚合添加剂

	备 注
泡沫稳定剂	
交联剂	通常为过氧化硫
硫化促进剂	巯基苯(如锌巯基苯) 二硫代氨基甲酸:二乙基二硫代氨基甲酸锌、二苄基二硫代氨基甲酸锌或二丁基二硫代氨基甲酸锌(最常用的)
活化剂	通常为氧化锌(ZnO)和硬脂酸的结合物(有报道说非凝胶和某些 SF 凝胶系统没有必要用 ZnO [281,Belgium,2002])

② 加工过程添加剂

项 目	备 注
发泡剂和稳定剂	表面活性剂
胶凝剂	例如醋酸铵(AA 凝胶系统)或硅氟化合物(SF 凝胶系统)
疏水性物质,以提高泡沫表面张力和防水性能	石蜡乳液和硅乳液
络合剂、螯合金属离子(使泡沫层老化的催化剂)	例如乙二胺四乙酸,胺,多磷酸盐
抗氧化剂	
增稠剂	基于聚丙烯酸酯和纤维素(如 CMC)的有机聚合物

③ 功能性添加剂　光（UV）稳定剂、防静电剂、阻燃剂（如氧化铝）。

（3）聚氨酯泡沫涂层

另一种发泡涂层法是聚氨酯泡沫涂层法。最常见的是 ICI 聚氨酯涂层法。首先对地毯进行气蒸预处理，然后将其送入含有聚氨酯（二异氰酸酯和醇）的雾化室，由化学反应产生的二氧化碳被嵌入到泡沫中，最后在红外加热场和随后的反应场中强化涂层过程。整个过程示意图如图 2.33 所示。

图 2.33　聚氨酯泡沫涂层 [63，GuT/ ECA，2000]

（4）织物背部涂层

织物背部涂层是将某种纺织面料与预涂地毯粘合。地毯和纺织面料之间是通过使用下面一种胶来实现连接：覆膜胶、熔胶。

① 覆膜胶　这个过程中，通过单面浸轧将 X-SBR 胶乳涂于地毯上。而将后纺织面料粘于地毯上，最终用热处理的方式对乳胶进行加固（图 2.35）。乳胶的成分类似于预涂所使用的聚合物，为了使其拥有更高的粘接力，其聚合物分散体的比例较高。

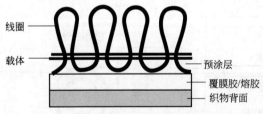

图 2.34　纺织品背面上胶

② 熔胶　该方法采用加热可融化的热塑性聚合物（主要是聚乙烯）。在粉末层压（尤其是在粉末散射层压）中，聚乙烯粉被均匀地撒在地毯的背面，随后，聚合物在红外场中熔化。之后纺织面料被压入熔胶中。通过随后的冷却过程，熔胶将纺织面料和地毯的背部永久地连接在一起。这个过程见图 2.36。

另一种采用熔胶进行纺织品背面上胶的方法被称为 AdBac 法。在这个方法中，地毯的第一层布料（负载层）含低熔点添加剂。第二层布料（布料中也含有低熔点添加剂）与地毯的背面相接，而后进入加热区，较高的温度会使布料熔化，然后在加热区的出口处被压辊压在一起，最后地毯被冷却。用 AdBac 方法生产地毯的过程见图 2.37。

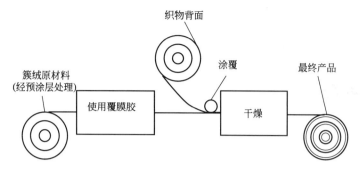

图 2.35　采用覆膜胶进行纺织品背面上胶

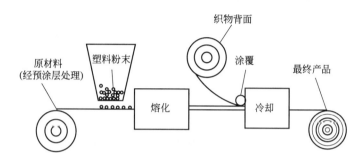

图 2.36　采用粉末层压法（熔胶）进行纺织品背面上胶

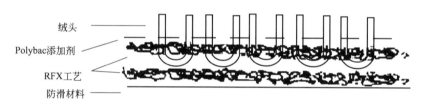

图 2.37　采用 AdBac 法生产地毯

（5）重涂层

重涂层主要用于瓷砖（SL）。涂层过程是涂层材料运用的过程，使用涂层材料时可采用单面浸轧技术或刮胶板技术，后续还需进行固化处理。大多数情况下，每层上均采用涂层材料（双涂层技术）。在第一层上（预涂层）会增加玻璃纤维网，而后进行第二次涂层。所用

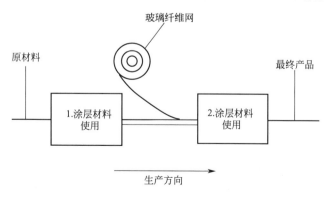

图 2.38　重涂层过程

的涂层材料如下：APO（"无规（立构）聚烯烃"的缩写）、沥青（含有丰富的无机和有机添加剂）、PVC（聚氯乙烯）、EVA（醋酸乙烷乙烯酯）。

这个过程的原理见图 2.38。

2.12 清洗

2.12.1 水洗

清洗时重要的影响因素有：水的特性、肥皂和洗涤剂的选择、流体力学、温度和 pH 值、漂洗阶段。

清洗通常采用热水（40～100℃），且其中含有润湿剂和洗涤剂。洗涤剂可以乳化矿物油，分散不能溶解的颜料。表面活性剂的选择因织物类型的不同而有所不同。常用的是阴离子表面活性剂和非离子型表面活性剂的混合物。选择表面活性剂的一个重要依据是其在强碱性条件下的有效性。

在清洗的最后一步通常用漂洗来去除乳化混合物。

对绳状或平幅织物均可进行清洗，并都有不连续或连续模式。最常见的是在平幅织物上使用连续模式进行的清洗。

2.12.2 干洗

有时需要对精致面料采用工业溶剂进行清洗，通常使用的是四氯乙烯，在这种情况下，溶剂可将杂质带走。同样也可采用软化处理，在这种情况下，溶剂中添加有水和表面活性剂一类的化学物质。

溶剂清洗可通过连续模式用于平幅织物（梭织或针织物），也可通过不连续模式用于纱线或绳状织物（一般为针织物）。

溶剂车间有一个内置的溶剂处理和回收系统，溶剂经蒸馏提纯后被用于下一次清洗过程。在溶剂浓度很高的情况下，必须将蒸馏产生的剩余污泥当做危险废物进行处理。

经过蒸馏再次利用前，必须对溶剂进行冷却，因而需要大量的冷却水。水没有被溶剂污染，因此可以重复利用。在有溶剂处理和水洗设施的工厂，从冷却车间来的温水可用于水洗过程，以节约水和能源。然而，在多数情况下，冷却水不会被再次使用，而是与其他废水一起被排放。

可采用封闭和开放的循环气流来去除织物中的溶剂。

在开放循环系统中，当清洗周期结束后，来自外部环境的大量空气通过蒸汽换热器加热并被引入机器内，从而使有机溶剂蒸发。这个过程会反复进行几次，直到溶剂从织物中几乎完全被去除。含有大量溶剂的空气被送到一个集中的活性炭过滤系统中。过滤材料需要定期更新，以确保能达到最佳的去除效果。大多数现代的过滤器可使排入空气的溶剂值低于 $3 \sim 4 \text{mg/m}^3$。

封闭的系统中使用的空气可在内部进行处理，而不用经过过滤后释放到大气中。这种处理系统还含有溶剂冷凝浓缩回收装置。当溶剂从空气中被分离并回收后，含有少量溶剂的空气通过热交换器加热，然后被送回机器内。回收的溶剂被集中送到蒸馏和纯化车间。封闭循环系统不需要活性炭过滤器。

除了上述提到的开放式循环系统中排放的废气，干洗过程中，机器的缝隙（可通过改进机械的密封性来消除或减少）和附着在干燥织物上的溶剂也可能释放出废气，并最终排放到大气中。大多数现代化机器有一个内置的控制系统，如果机器中溶剂的浓度高于国家规定的标准值，机器门就会无法打开。

含有溶剂的剩余污泥和活性炭滤料也是潜在的排放源。

图 2.39～图 2.41 显示了开放式和封闭式溶剂清洗机中，溶剂和空气的循环过程（溶剂循环通常为封闭式循环）。

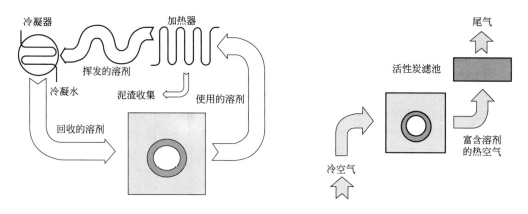

图 2.39　溶剂清洗：溶剂循环过程　　　　图 2.40　溶剂清洗：开放系统的空气循环过程

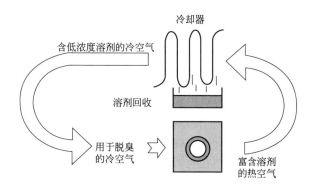

图 2.41　溶剂清洗：封闭系统的空气循环过程

2.13　干燥

干燥可去除或减少纤维、纱线及织物湿处理后的含水量。干燥是一个高耗能的过程（尽管采取再利用/有选择性回收的方式时，可减少整体能耗），特别是水分蒸发过程。

干燥可分为脱水和烘干两个过程。脱水过程一般用于去除纤维内的机械水。目的是为了提高烘干过程的效率。烘干过程是将水加热使其转化成蒸汽。热的转换可以通过：对流、红外辐射、直接接触、射频。

一般情况下，干燥是不能由一台机器单独完成，通常干燥至少需采用两种不同的技术。

2.13.1 散纤维干燥

在烘干之前，纤维内的水分可通过离心分离或轧干来初步去除。

2.13.1.1 离心分离

基本上，常见的纺织品离心分离器（离心脱水机）是家庭式旋转脱水机的更强大版本，虽然该机器在处理量非常大的情况下也可连续工作，但通常采用序批式操作。

使用传统的序批式离心脱水机时，从印染机中卸载出的纤维会被装到专门设计的织物袋中，织物袋要能承受离心脱水机的离心力。脱水周期为 3～5min，残余水分含量大约可降到 1.0L/kg 干纤维（纤维为羊毛的情况下）。

2.13.1.2 轧干机

常用气动轧干机去除经过染色的散纤维中所含的水。设备有一个纤维料斗，用于破坏染色包，使得纤维能够以均匀的形式进入连续干燥机。轧干机的效率低于离心脱水机。

2.13.1.3 烘干

所有烘干机的设计本质上都是相似的，都是多室结构，热空气在其间通过风扇循环。连续的各室在不同温度下工作，纤维从最热的室内被传递到逐渐冷却的室内。纤维可通过转动帘、传送带或设备上的一系列"抽吸圆筒"来传输。目前已开发出具有钢穿孔传送带的高效率烘干机，可以使气体通过纤维层后气压值下降得更少。这使得所需的热能更少，而烘干也更加彻底。

虽然大多数烘干采用的是蒸汽加热方式，但也有许多工厂采用射频烘干机。在风扇吹动气流的情况下，通过多孔聚丙烯传送带输送纤维，使其通过射频场。在这个设备中纤维不需经受高温，并且干燥纤维的水分含量可以控制在较好的范围之内。

据报道，射频烘干机的能量利用率远远大于蒸汽加热烘干机。但是，如果进行更综合的分析，比较产生电力所需要的消耗一次能源和产生热能所需要消耗的甲烷气体，则射频烘干机的效率并不高。射频烘干机主要用在电力成本低的地方。

2.13.2 绞纱干燥

2.13.2.1 离心分离

从绞纱染色机中出来的纤维的含水量（纤维为羊毛的情况下）可达 0.75kg 水/kg 干纤维（也可能更高，这取决于纤维的亲水性）。在烘干之前，通过离心分离可使纤维的含水率有一定程度的减少，所用设备与上面所述散纤维的设备相同。这个过程大约可将含水率降至 0.4L/kg 干纤维。

2.13.2.2 烘干

烘干机由许多通过风扇辅助空气流通的加热室组成，绞纱被挂在衣架、杆上，或被置于传送带上通过加热室。

地毯纱线处理过程中，绞纱需缓慢通过烘干机，该过程的停留时间通常长达 4h，以确保最终的含水率均一。空气温度保持在 120℃ 以下，以防止纤维变黄（羊毛在沸点以上会变黄）。

所有机器均可连续运转。热量一般由蒸汽型换热器提供，也可回收烘干机排放的热量来加热空气。

采用除湿室来干燥绞纱是一种较少见的方法。该方法利用传统的除湿设备对水分进行冷凝回收。与烘干机相比，此方法中纱线的停留时间往往较长，但能源消耗量较低。

2.13.3　卷装纱线干燥

通过离心分离可初步降低染色卷装纱线的含水率。特别设计的离心机，可兼含染缸和导纱器。

采用传统方法时，为确保卷装纱线全部被烘干，纱线的烘干时间往往很长。目前常用的方法有快速（强制）空气干燥法和射频烘干法，后者有时与真空抽吸法结合使用。使用快速空气干燥器时，一般使 100℃ 热空气（温度可调控）从筒内向筒外循环，筒内残留的水分在从筒外传递到筒内的空气流中重新被分配。射频烘干机在操作上比快速空气干燥器灵活，在较低的温度下对其进行操作且它的能源利用率较高（散纤维的干燥也有此特点）。

2.13.4　织物干燥

织物的干燥通常包括两步：第一步的目的是去除机械水，第二步是将织物完全烘干。

2.13.4.1　挤压式脱水

用 2 或 3 个压辊构成的挤压机来挤压织物使其脱水。此法不能用于精制面料。

2.13.4.2　自吸式脱水

使面料通过一个与泵相连的"吸筒"，外部空气被吸入织物中，从而使多余的水分被去除，但最终的残余湿度仍在 90% 左右。

2.13.4.3　离心分离

设备类似于此前提及的散纤维和纱线的离心脱水机。因为织物都比较厚重，所以会采用横轴脱水机。

这是去除机械水最有效的方法，但它不适用于容易形成永久性折痕的精致面料。

2.13.4.4　拉幅机

此设备可将织物充分干燥。将平幅面料送入机器中，热气流会吹遍整个织物从而使水分蒸发。

织物在两个平行的循环链上持续不断地转动。织物成起伏状并且未被张紧，干燥时织物可以收缩。

最常见的拉幅机为水平式或多层式，但也存在许多新型的设计。在水平拉幅机中，织物从一侧进入，从另一侧出来。在多层式中，织物的进出都在同一侧。前者织物水平移动，方向没有变化，而后者方向变化多次，因此该设备不适用于精致面料。从另一方面看，水平拉幅机会占用较大的空间，而且能源利用率较低。

2.13.4.5　蒸汽烘干机

该机器由一个大的金属盒构成，盒中有许多偏离织物轨道的压辊（整个宽度上），以便织物在机器内能通过更长的距离（约250m）。采用热交换和通风法来加热内部空气。

2.13.4.6　接触烘干机（加热缸）

在接触烘干机内，织物直接接触高温物体的表面而被干燥。织物纵向铺在一系列金属圆筒的表面，圆筒内部由热蒸汽或火焰直接加热。

2.13.4.7　干燥输送机

利用两条毯子在一系列干燥组件中传送织物。每个组件通过其中流动的干热空气而使织物被干燥。

此设备通常用于对针织和梭织面料的综合整理，具有干燥和收缩效果，收缩是为了使织物手感柔软并使其具有良好的尺寸稳定性。

2.13.4.8　空气烘干机

该机器可用于绳状梭织和针织物的清洗、软化和烘干。

烘干阶段，在强烈的湍流空气中，绳状织物在机器中循环旋转。因此，部分水分通过机械方式被去除，部分通过蒸发被去除。

由于该机器的特殊设计，在一台机器中可同时实现清洗等湿处理。在这种情况下，机器底部装满了所需的水和化学品及需要连续浸泡和挤压的织物。

通道的数量（一般为2~4条）可决定机器的容量。

2.14　纺织工业的分类

至此，本章描述了此书涉及的纺织行业中的基本工序。本书的构架以织物类别为基础，所以本章可解释由织物的物理化学特性所导致的一些问题。然而，从应用的角度来看，基于织物类别对纺织行业部门进行的划分，对某些问题提供不了实际的帮助。

在实际中，每个厂都有既定的生产模式，每个精整厂都有各自倾向的产品（如纱、梭织物、地毯等），这个由每个厂使用的特有机器来确定。虽然在过去可根据大量使用的天然纤维来将各厂进行分类（主要是棉花和羊毛），但是目前大量使用的人造纤维使得精整机器可加工众多品种的纤维，即使在一个厂某类纤维会占据优势（如羊毛、棉花等）。

为促进BREF的推广应用，本章的余下部分提供了可在实际生产中找到的主要类型工厂的实际信息。

对于下面列出的各类典型工厂，第3章中还将介绍其废物排放和能源消耗水平。

羊毛清洗厂	项　目	羊毛清洗厂	项　目
纱/棉精整厂	-主要为纤维胶(CV)、聚醚砜、丙烯酸纤维(PAC)和/或棉 -主要为羊毛/棉/纱 -主要为棉纱 -主要为聚醚砜纱 -主要为羊毛，PAC和/或CV纱	梭织物精整厂	-主要为棉和/或CV -主要为有印花比例较高的棉和/或CV -主要为羊毛 -主要为聚酰胺(PA)
针织物精整厂	-主要为棉 -主要为印花比例较高的棉 -主要为合成纤维 -主要为羊毛	地毯业	-羊毛及羊毛混纺地毯纱/散纤维染坊 -地毯染色和印花厂 -综合地毯制造厂

地毯业是独立于其他精整业的一个行业。这与基于处理工艺的分类方法略有不一致的地方，在这个分类方法中，羊毛纱精整厂已被归为一类。然而，作为成品，地毯的特性使其对地毯厂在生产过程中有特殊的要求。

2.14.1　羊毛清洗厂

在欧洲，所加工的羊毛主要通过进口获得。在欧洲生产的羊毛，其实大部分是粗羊毛，只适用于地毯制造，不适用于服装。而美利奴羊毛（细羊毛）主要来自于澳大利亚、新西兰、南非、阿根廷、乌拉圭和巴西。

根据洗毛过程的不同可将羊毛处理系统分为两类：粗纺系统和精纺系统。洗毛部门往往运用其中之一。粗纺系统通常只清洗羊毛（有时他们也会在交给客户之前将羊毛混合）。精纺系统通常会清洗并梳理羊毛，生产出平行的纤维条。由于这种差异，精纺机器通常被称为精梳机。

在欧洲，可以从直接屠宰动物的皮中通过生皮去毛过程获得大量的羊毛，这个过程中利用化学或生化处理使得皮上的羊毛根变得松散，以便使羊毛可以很容易地从皮上分离。

清洗过程是羊毛清洗厂唯一的湿处理过程，这一过程在2.3.1.1部分中已有详细的描述。

大多数的清洗过程都有现场污水处理系统来处理排放的清洗废水。大部分经处理的污水被排放到下水道，但也有一些洗涤水经处理后直接排入地表水。后一类的污水处理需达到更高的排放标准。排到下水道的污水，仅处理了清洗过程中排放的污染严重的物质，而漂洗水未经处理就直接排放。在某些情况下，也将清洗和漂洗两股水先混合然后进行处理。

从广义上讲，清洗废水的处理工艺主要有4种：混凝/絮凝；蒸发（有时与全封闭水循环、焚烧结合）；膜过滤；厌氧/好氧生物处理；土地或氧化塘处理（油脂分离后，洒在羊毛产区土地宽广的地方）。

有的厂联合使用上述几种处理工艺来处理清洗废水。若既不是污染严重的清洗废水，也不是混合了清洗和漂洗的废水，可直接使用好氧生物处理，由于其COD较高，在好氧处理前常用厌氧生物处理或混凝/絮凝处理（在好氧处理之前用混凝/絮凝可能会产生大量的污泥）。

清洗污水的处理过程所产生的污泥或浓缩污泥需进行安全处理。污泥处理方法包括填埋、堆肥、焚烧、热解气化和制砖。

2.14.2　纱和/或棉束精整厂

棉束及纱线精整厂的共同特点是所有工艺一般在同一设备中完成。基本顺序是：预处理（清洗/漂白）、染色、整理（主要是在最后的漂洗槽中加入软化剂进行软化，以及对地毯羊毛纤维进行阻燃或防虫处理）。

预处理可作为一个单独的步骤，特别处理的纤维为天然纤维时，也可通过在染液中加入一些助剂，使其与染色过程合为一个步骤。当纤维中含有少量且易清除的杂质时，或当所用的助剂不影响染色时（如化纤油剂、纺纱润滑剂），常选择第二种方法。

合成纤维通常不用漂白。对于天然纤维，暗色调通常不用漂白，而对于明亮的色彩，漂白往往与清洗相结合。清洗之后，纤维在同一台机器上被染色，然后进行最终的清洗和漂洗处理。

通常对于棉和上等布料，为获得最终想要的颜色，染色阶段主要采用多次染色来实现。而纱线所需的颜色必须通过一次染色来实现，因为纱线不同于棉和上等布料，其颜色不能通过补偿法来矫正。基于这个原因，纱线染料的配方需要更高的精确度。

正如本书其他部分所述，处理不同的纤维需要用不同的染料和助剂。

棉花有时需要进行丝光处理，在这种情况下，原料以绞纱的形式被处理。丝光处理通常在单独的机器中进行，并且通常这是整个处理的第一步。

防毡处理是另一种可用的处理，它只适用于羊毛，并且以毛条为主。

2.14.3　针织物精整厂

(1) 主要原料为棉的针织物精整厂

主要原材料为棉的针织面料精整厂的典型工艺流程见图 2.42（只显示了湿处理过程）。虚线表明的是非必须或不常见的处理过程。例如，酸性脱矿化只适用于少数工厂。丝光也是以虚线表示，因为这些处理只适用于某些物质。

洗涤一般为批量操作，但大型设备往往可进行连续操作。过氧化氢是目前最常用于棉纺厂的漂白剂。

棉针织物可用不同类别的染料染色，如活性染料、直接染料、硫化染料和还原染料。活性染料是最常用的。较亮的色调用直接染料，暗色调用硫黄染料。还原染料用于有非常高色牢度要求的情况。

从印花的角度，还可将棉针织精整厂分成下面两个子类：没有印花部门的棉针织物精整厂；有印花部门的棉针织物精整厂。

印染工艺被广泛应用于针织面料，当采用活性染料、分散染料和还原染料印花时不需要后清洗步骤（后清洗步骤是常见的处理工艺）。

(2) 主要原材料为合成纤维的针织物精整厂

主要原材料为合成纤维的针织物精整厂的典型工艺流程见图 2.43（只显示了湿处理过程），可选的步骤以虚线表示。

在染色前，一般需冲洗纤维以去纤维油剂及杂质。流程中不经常采用热固定处理，需要采用时，可在清洗之前（在原纤维上）或之后进行此操作。

流程中漂白过程是否需要取决于所要求的白度。

主要原材料为羊毛的针织物精整厂

图 2.43 显示的处理流程，也适用于原材料为羊毛的针织物精整厂。

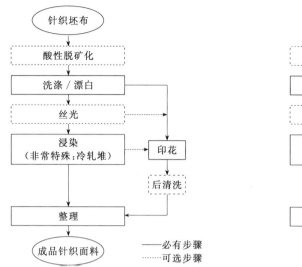 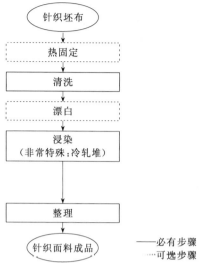

图 2.42　原材料为棉的针织物精整厂
的典型工艺流程[179,UBA,2001]

图 2.43　主要原材料为合成纤维的针织物
精整厂的典型工艺流程［179，UBA，2001]

2.14.4　梭织物精整厂

(1) 主要原材料为棉和/或纤维胶的梭织物精整厂

主要原材料为棉组成的梭织物精整厂的典型工艺流程如图 2.44 所示。可选步骤以虚线表示。

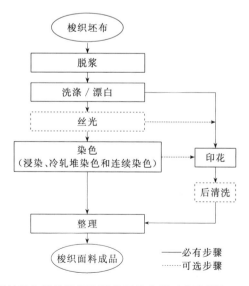

图 2.44　原材料为棉的梭织物精整厂的典型工艺流程[179,UBA,2001]

主要原材料为棉花和棉混纺的梭织物可采用半连续/连续生产模式或非连续模式，这取决于场地的大小。

在连续生产线上，脱浆、洗涤、漂白等预处理往往被结合为一体。在黏胶纤维的预处理中，通常仅需要碱处理和清洗过程，因为通常情况下其上浆剂是水溶性的。

除了图2.44中提到的处理过程，特殊情况下可能需要进一步的处理，如液氨预处理（在欧洲只有极少数工厂采用）。

从印花的角度，还可将棉梭织物精整厂分为以下两个子类：没有印花部门的棉梭织物精整；有印花部门的棉梭织物精整厂。

（2）主要原材料为羊毛的梭织物精整厂

主要原材料为羊毛的梭织物精整厂的典型工艺流程（粗纺和精纺羊毛）如图2.45所示。

在羊毛业中广泛采用水洗和溶剂洗涤（干洗）。无论是绳状（以批量方式）还是平幅的（主要以连续方式，有时也以批量方式）羊毛均可在水中进行清洗。粗纺羊毛更适于以绳状进行清洗，而精纺羊毛适于以平幅方式进行清洗。

流程中炭化和漂洗是可选的处理工序。炭化只适用于粗纺羊毛，漂洗最常见的应用对象也是粗纺羊毛。

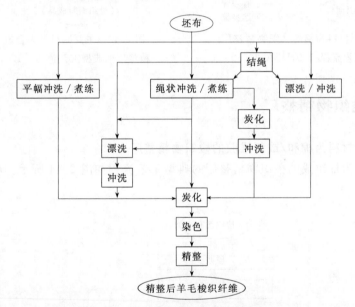

图2.45　主要原材料为羊毛的梭织物精整厂的典型工艺流程 [31，Italy，2000]

炭化处理可在染色前或染色后进行，依预期效果而定。对原材料进行炭化可固定织物的尺寸，使该织物的尺寸在使用过程或在随后的处理中不会改变。

（3）主要原材料为合成纤维的梭织物精整厂

主要原材料为合成纤维的梭织物精整过程与图2.43所示的过程相似。然而，因为需要去除所有浆料，所以清洗/退浆过程显得更为重要。通常使用的合成浆料，在连续清洗机中很容易用水去除掉。

在有一定弹性的织物中，还含有一些有机硅。完全去除有机硅是非常困难的。某些情况下，需使用四氯乙烯。为减少溶剂的损失，目前主要在完全封闭的系统中使用四氯乙烯。

染色过程在连续染色机或批量染色机上进行，主要采用分散染料。

2.14.5 地毯业

2.14.5.1 主要原材料为羊毛及羊毛混纺的地毯纱染厂

色纺纱的生产部门是地毯生产厂中一个特殊的部门。可根据加工纤维的不同（羊毛或羊毛混纺）对厂进行分类。要使白色散纤维变成染色地毯纱，需进行不同的处理过程。湿处理主要包括印染及其辅助操作，可用于散纤维或纱线。干处理包括翻转、混纺、梳理、成纱等。因为这些已经在前面的章节中有所讲述，这里将不再介绍。以染色发生的时段为依据，对原料纤维使用这些处理过程中的部分或全部。从图 2.46 中可以看出，可行的基本路线有3 种。

① 干纺路线　这样命名是因为成纱过程中没有湿处理。在这一工艺中，首先进行散纤维的染色，其次是纱线的形成，最后是捻线的形成。这一处理顺序是最近才开始采用的，该工艺要求羊毛中的羊毛脂含量较低，并需使用专门的不会弄脏地毯的纺纱润滑剂。这种工艺在生产大量纯暗色地毯纱线和花式纱线（通过混合不同颜色的纤维获得）时尤为常用。虽然这种生产工序资源消耗是最少的，但挑选清洁原材料和清洁生产环境的持续维护比较困难。

② 传统散毛染色路线　过去常用于为素色地毯生产大量的同色纱线。散毛先被染色，然后再被转换成可用的纱线，这一过程有时还被称为"石油纺"，使用这一术语是因为习惯于用矿物油乳剂作为纺纱润滑剂。即使只有很少的矿物油残留，使用后仍会导致地毯很容易被弄脏，所以用这种工艺制备的纱线需要以绞纱的形式来将其彻底洗涤（见下文）。即使现在大部分矿物质润滑油已被水溶性合成产品所取代，为避免因织物被弄脏而引起的赔偿，许多生产商还是会将洗涤当作一个必不可少的步骤。不同于干纺工艺，此工艺在原材料采购方面具有更大的灵活性，可以使用具有较高羊毛脂含量的羊毛。

③ 纱线染色路线　清洁纤维先被转换成纱线，而后再染色。这个工艺适用于生产地毯中需要的特定图案或订制的商品。可先将白纱储存于工厂中，染色时按订单的要求进行染色。这个工艺也可用于大批量生产，此时主要是生产簇绒和梭织的素色纱线，印染机的处理能力可高达 4t。

综合纱线生产商，经常会同时进行两个或多个工艺的操作，这些工艺常共用湿处理设备。因为三种路线所用的染色和精整技术相同，下面各节讨论这些技术时不会再考虑路径的不同，除非某条路径有特殊情况。如干处理过程对环境有明显的特殊影响，则会专门对其进行讨论。

2.14.5.1.1 地毯的散纤维染坊

要求大量纱线的颜色完全相同时［例如，一个较大的同色（素色）地毯上细微的颜色变化都会非常醒目］，常规的方法是将纤维在松散状态（散装）时进行染色。每个批次有可能包括许多的单独染色过程，染工调整染料染色，以达到预期的纱线颜色。而后，在一个特定的设备中进行混纺和梳理操作。因此，散纤维染色对均匀性的要求不如纱线染色高，因为采用纱线染色时，不可能通过进一步的机械处理来使染料变均匀。

散纤维染色也可以用来生产五彩纱线。纤维被染成深浅不同的颜色并被混合在一起，产生如"石楠花"等目前很流行的产品。这种混合物可包括染色和未染色的天然纤维及未染色

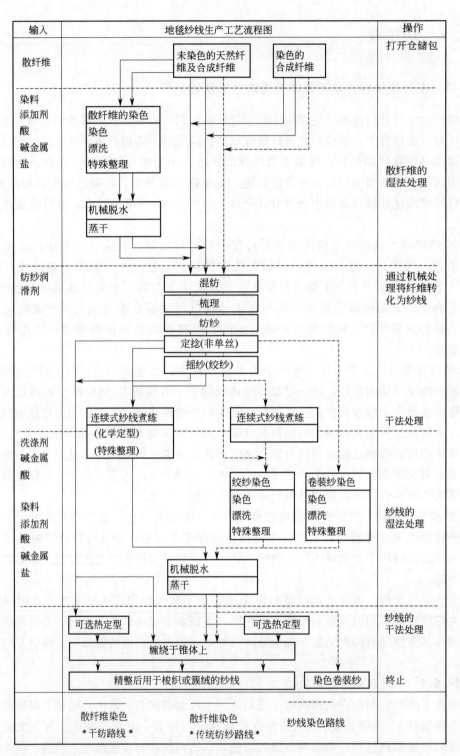

图 2.46 主要原材料为羊毛及羊毛混纺的地毯纱通常采用的生产工艺流程 [32，ENco，2001]

和有颜色的合成纤维。

倘若最终产品为羊毛和合成纤维（通常含羊毛 80％，锦纶 20％）的混合物，通常需要对每种纤维单独进行染色，如此可更好地选择每种纤维适用的染色条件和染料。

(1)散纤维染色工艺

洗净的羊毛和新合成的纤维在"清洁"的状态下被送至染坊，通常染色前不需要进行任何去除污染物的前处理。从外面购买来的原料纤维，通常以纺织行业运输中常用的压紧捆包的形式被运到工厂。

在综合制造厂，因为有自己的洗毛设施，散纤维可以在洗毛部门、混纺部门或染坊之间通过中间仓库或气动输送机来实现转移。

通常处理洗净的羊毛和新合成纤维时不需要专用的开口设备。因此，往往只需将货物称重，然后送到染坊，在染色机旁将其打开，将所需的（干）纤维人工装入染缸中。纤维在包装之前也可能是湿的，湿纤维对染色机的均布负载有利。

可用于散羊毛和合成纤维的染色的设备类型很多。其中包括锥盘、梨形和辐流机（见附录Ⅲ）。通常手动将散纤维装入这些设备中。

染料先被溶解于热水中，然后被添加到循环室。适用于羊毛和羊毛混纺的典型染料和化学物质见2.7.4和2.7.6。

大多数情况下所有化学品和染料被手动添加到染色机中。如果使用"加压"印染机（用于合成纤维，羊毛通常在常压下染色），通过特殊的添加罐将预溶解的化学品和染料添加到染室，这样可提高染色效率。

一般先将染室运转10～15min，以确保在加热周期开始前液体能连贯的渗透入纤维内，而后以每分钟1～2℃的速度将染液温度提高到98℃。到达此温度后，染色织物的停留时间为60min，在此期间，需要检查和调整染液的pH值。通常采用视觉观察，与纤维样品比较来判断染色效果。

纤维染上所需颜色后就要立刻停止，然后将染料排出。染出的颜色不是所需的颜色时，可以增加一种或多种染料来进行颜色调节，但每次都需将染液加热到沸腾。因为对散纤维染色后会进行混纺处理，因此超过一种颜色的调节是很罕见的。

接下来是用冷水冲洗染物，以除去其表面的染料，并在手动卸载织物之前使其冷却。可在设备中充满冷水，运行10～15min后再排水。使用"溢流冲洗"时，先将冷水填满染室，之后运行过程中水会不断流失，因为水费和污水处理成本都会增加，这种操作现在很少使用。

无论染色还是冲洗过程中的液体都可进一步回收再利用，在这种情况下，设备必须装有一个外部储存槽。如果有许多相同颜色的染液，当量足够大时就可循环利用。在这种情况下，染液被泵入储存槽然后输送到下一批染色时所用的染缸中。但是，应用这个操作有严格的限制，因为染色效果很受温度影响，在过高的温度下染色可导致染料的穿透率较差并且染色效果不均。只有循环使用过程能成功操作，才能使选择的染料及染色条件发挥理想的效果。

在这种环境下，更常见的做法是回收冲洗液，因为冲洗液的温度较低，很适合染色开始时所需的温度。这个操作过程也可以不使用储存槽，不过这取决于机器的设计。两种方法都可节约用水，并能节约小部分能量（见4.6.22）。

(2)功能性精整

许多功能性的精整工序可被应用于散纤维，可以用在染色过程中，也可以在染色/冲洗过程之后。这种方法更常用于"干纺"工艺，因为这一工艺中形成的纱线不会再经过湿处理。在散纤维阶段应用的精整过程包括防虫处理、抗静电处理、防污处理和纱线/地毯的防光褪色处理（见附录Ⅰ8部分）。

方便起见，只要可行，都将这些处理都与染色过程结合进行，只有当两个过程所使用的化学品不相容，或它们需要的温度和pH值不同时才单独处理。与染色的联合处理通常仅仅需往染室添加所用药剂。

单独处理需要干净的水，或者足够干净可再次使用的冲洗水。

目前已经有可行的办法来最大限量减少散纤维染色废液中防虫剂的含量。这种药剂添加于染色周期开始之前，并且不会影响染色的正常进行。在染色周期结束后，加入能使pH值降低的甲酸，使染液持续沸腾20~30min。强酸性条件可促进羊毛纤维对防虫剂活性成分的吸收，所以废液中残留的防虫剂含量可减少98%。

众所周知，在适当温度下，纤维冲洗可使结合在羊毛纤维中或位于羊毛纤维表面的防虫剂脱附。因此冲洗水中防虫剂有效成分的浓度可能远远高于染液中的浓度。目前已有减少冲洗脱附影响的技术，这种技术将冲洗液回收并用于配制新的染液，从而消除了冲洗液中残留药剂的排放，并可减少总用水量的50%（4.8.4部分做了详细介绍）。

处理后的纤维含水率高达2L/kg（干纤维的重量）。可以在烘干之前通过离心分离技术或采用轧干机来减少含水率。

2.14.5.1.2　地毯纱线染坊

综合型地毯加工厂中未染色细纱以散装或者卷装的形式被储存，根据染色设备的需要，会将细纱绕成圆锥形或者其他形式。以此为基础，生产出满足订单要求尺寸的材料。常规的羊毛捆包纱线适用于纱处理器。

纱线包通常先被运入染坊，而后在洗涤或染色机旁将其打开，然后人工装载入机器内。

(1) 纱线洗涤

洗涤通常是一个半连续的过程，成批的纱线通过一系列含有清洁剂、碱或冲洗水的槽。如图2.46所示，染色和未染色的纱线都可被洗涤。为防止与染料交叉污染，综合型纱线制造厂可能会同时运行两个洗涤机，一个用于冲洗染色前的白纱，另一个用于冲洗染色后的彩色纱线。

纱线的洗涤可采用绞纱或者卷装纱（有时也被称为单端）洗涤设备。

带式清洗机（图2.47）的设备上下各装有一条尼龙环带，尼龙环带在槽和轧辊上连续运行并传送绞纱，通过每个槽底部的中间辊来控制尼龙带的倾斜角度。槽的工作容积通常在1200~1800L之间。处理能力一般为500~1500kg/h。停留时间约为20~45s。通过机器底部包围的镀锡卷板或流通蒸汽来进行加热。

初始阶段，往每个槽中手动或通过计量泵装满所需的化学品，并在加工期间进一步添加药剂。在仅用于洗涤的设备中，最后液体可能会从四槽回到一槽，从而形成了简单的逆流系统。纱线的量和洗涤槽中水的外排量，对水的消耗量影响很大。通常每千克纱需要消耗2~7L水。

"卷装纱"清洗机（图2.48）并不常见，并且多为较新的机器。机器的整个处理过程均自动化，包括烘干处理。卷绕装置从锥形筒子上获得纱线，并使其形成包裹纱线，然后通过自动的方式将其放在传送带上。传送带会通过洗涤和冲洗槽，然后纱线被转移到另一个传送带上，再通过干燥机。最后，将包裹的纱线打开，并且将其重新绕成锥形。

洗涤槽的容积为3500L，比带式洗涤机的容积大得多，并且加热采用直接燃气加热。大部分机器都配备了双纱卷取机，整体处理能力可达到500kg/h。

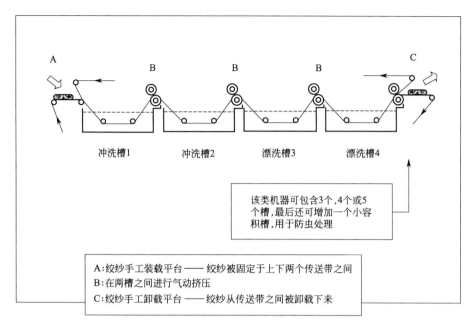

冲洗槽1　　　　冲洗槽2　　　　漂洗槽3　　　　漂洗槽4

该类机器可包含3个,4个或5个槽,最后还可增加一个小容积槽,用于防虫处理

A:绞纱手工装载平台 —— 绞纱被固定于上下两个传送带之间
B:在两槽之间进行气动挤压
C:绞纱手工卸载平台 —— 绞纱从传送带之间被卸载下来

图 2.47　绞纱洗涤机的示意 [32，ENco，2001]

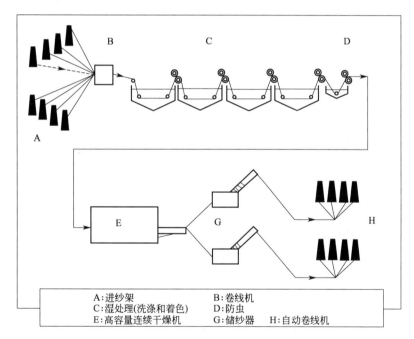

A:进纱架　　　　　　　　B:卷线机
C:湿处理(洗涤和着色)　　D:防虫
E:高容量连续干燥机　　　G:储纱器　　H:自动卷线机

图 2.48　"卷装纱"洗涤装置示意 [32，ENco，2001]

　　绞纱和卷纱设备可单独用于洗涤,也可同时进行化学定捻和防虫处理。

　　① 洗涤以去除润滑剂　　当设备仅用于润滑剂去除时,分别在前两个槽中加入清洁剂和碱,工作温度为 50～60℃,在剩下的槽中用 20～30℃的干净水冲洗纱线。将前两个槽中化学添加剂的量调整到预设的浓度,处理过程中再不断添加以保持液体浓度。

　　② 洗涤及防虫处理　　四槽设备通常用于同步进行洗涤与防虫过程。如上,槽 1 或 2 用于洗涤,槽 3 用于冲洗,槽 4 用于防虫处理。为纱线防虫处理而特别设计的槽 4 容量较低

（100～200L），以减少液体的使用体积和排放量。

采用"连续添加"法将防虫剂加入设备中，而不是物理浸渍法。依据纱线的生产量，通过化学计量来维持平衡的药剂浓度。

在50～60℃的酸性条件下运行（通过甲酸或醋酸调节pH值，pH值约为4.5），可使纱线在较短的停留时间内能快速吸收活性成分。

因为槽中的杀虫剂不能直接排入下水道，所以需采用储罐来存留这些液体。从纱线中脱离的染料会严重污染液体并将会导致之后的纱线颜色改变，因此在储存前可用一个简单的吸附过滤系统来去除染料。可用装有一些羊毛纤维的过滤器来过滤液体。过滤时需先将液体预热到至少70℃，这样可促进染料的有效去除。液体通过这个系统后就可重新被利用，而无须外排。

对于未经过滤处理的废液，可以将其从设备中抽出，添加到深色染色工艺中。这个工艺的染色温度较高，在高温下活性成分的释放会减少。对散纤维及纱线染色时可以采用这样的处理方法。

第三种去除方法是使用可化学水解的活性成分来破坏残留的杀虫剂。将废液从机器中抽出，在温度为98℃，含有氢氧化钠（4g/L）的容器中持续处理60min。酯及与氯菊酯和氟氯氰菊酯集合的氰基酯在此条件会迅速水解，能实现大于98％的去除效果。与原物质相比，初级降解产物对水生无脊椎动物的毒性能减少至少一个数量级。采用这种方式处理的液体可直接排入下水道，其中碱含量较高的液体可用染色过程的酸来中和。

有关这些技术的更多信息在4.8.4中有详细的描述。

③ 化学定捻　如果洗涤的同时要进行化学定捻，通常会采用五槽机器。在槽1和槽2中添加焦亚硫酸钠（10～20g/L）、清洁剂和碱，在槽4中可能会加入过氧化氢（5～10g/L），以中和残留的亚硫酸氢盐。其他方面与上述过程相似。

洗涤处理中，经轧干机处理后的绞纱含水率约0.8L/kg（干重）。若余下的工艺不采用湿处理，在烘干之前将对绞纱采用离心脱水进一步去除残留的水分。

绞纱洗涤也可以采用序批式溶剂洗涤设备，虽然目前这种方法很少使用。将四氯乙烯用作溶剂，设备在全封闭的条件下运行，在一个水平滚筒内依次完成洗涤、漂洗、烘干等工序。全部设备都装有溶剂蒸馏回收系统，用于在烘干过程中回收溶剂蒸汽。

（2）绞纱和卷装纱的染色处理

传统上，地毯纱线的染色采用绞纱形式，该法可生产出有典型物理特性的纱线。绞纱染色机大多为胡桑式。

在纺织工业的其他部门中卷装纱染色是很常见的，将纱线缠绕在穿孔的中心物体上，染液在压力下可循环。比较两种形式纱线的染色，绞纱染色有相当大的成本优势，因为形成绞纱时无需卷轴操作，因此在地毯纺织或簇绒的准备过程中，不需要将绞纱缠绕成锥形。对羊毛及羊毛混纺纱线采用卷装纱的卷绕过程，会导致纱线"倾斜"并使成纱不具备地毯所需的物理特性。不过，有多种方法能解决这个问题，所以卷装纱染色法慢慢地得到了地毯纱线染色行业的认可。用于羊毛卷装纱染色的三种基本设备为：水平轴、垂直轴或管式染色设备。

虽然绞纱和卷装纱染色采用的设备不同，但本质上染色程序和方法是相同的，所以可将其合并起来描述。

为了获得一致的纱线染色效果，需要相当谨慎，因为纱线不能通过机械混合来使其颜色均匀。在染色时必须通过去除或添加染料来修正不完善的染色工艺，以获得所需的颜色。这在很大程度上会增加资源的消耗量。

与合成纤维相比，羊毛染色时的染色速率和上染率更难预测，因为羊毛纤维的物理性质和化学成分会有较大变化，这对染色有很大的影响。

以羊毛和聚酰胺纤维混合物为主要原材料的地毯纱线的染色很考验染工，因为这两种纤维有明显不同的染色性能，必须使用特殊染色助剂才能使其成为市场上可接受的产品。对这种纱线进行染色时最大的问题是均染问题，因为实际上只有很少的色调可通过单一染料来实现，对于大多数颜色需要同时使用不同比例的多种染料，而问题就在于这些染料可能有不同的吸收率。

通常的方法是在实验室对特殊纤维混纺样品进行染色试验，然后在实际染色中减少使用5％～10％的染料，最后通过添加额外的少量染料来实现所需的颜色。为使新添加的染料能够均匀渗入，在添加染料之前可能需要将染液冷却，冷却过程是否需要取决于所用的染料。

为了修正染色过程中的"失色"现象，一般采用过量的匀染剂或还原剂使染料从纤维上脱离，然后再加入正确的染料来达到颜色修正。在大多数染厂中，这是一种万不得已才会选择的做法。

颜色匹配是染色过程中的重要一步，无论是自由出售的货物，还是已与客户签订合同的货物，大多数染色都执行统一的标准。颜色匹配主要依靠眼睛，染工将经过染色的布料与基准模式进行对比，以判断颜色是否匹配。

一些纺织厂也采用分光光度计，通过染色材料的反射光谱值同标准相比来确定染色效果。在某些情况下，这种测量方法也被用于按照标准来生成染料配方的过程。尽管此项技术还存在一些问题，但是一些厂家仍使用这项技术，因为厂家认为这项技术在各批次染色纤维之间的颜色匹配方面有显著的改善，并且减少了原料的浪费。

绞纱染色机可用于干纱或湿纱的染色。湿纱可能是因为洗涤而被弄湿，也可能是为便于平整装填而故意将其弄湿。故意弄湿绞纱的方法通常用于要装填大的有较高捻系数绞纱的情况。卷装纱染色机只能用于干纱的染色。

羊毛和聚酰胺纤维主要采用的染料和化学品见 2.7.4 和 2.7.6.1 部分相关内容。染色的准备过程通常为：按配方要求将 15～30℃ 的水和酸、盐和染色助剂加入设备中。对于绞纱染色机，通常先将盖子抬起，而后加入预溶解的染料。对于封闭的卷装纱染色机，则是从连接的转移罐中加入染料。

开始加热之前，先使染液在 15～30℃ 的温度下循环 10～15min，然后根据染色程序升高染液温度，以最大限度地利用染料。

而后染工通过设备的取样口取染纱样本，并与标准进行比较，以确定是否需要提高染液负荷。当判定颜色与标准颜色一致时，染色结束并将染液排出。当颜色不一致需要再增加染料时，需要将染液进行冷却，在此情况下绞纱染色机会通过局部排水及补充冷水来冷却，而卷装纱染色机会通过内部热交换机来循环冷却水。

加入染料之后，需将染液重新加热至沸腾并停留 30～60min，然后再进行下一次取样比色。此操作可能会被重复几次，直到染色纱线与标准颜色一致。最后将失效的染液排出，并在 15～30℃ 的清水中冲漂洗纱线 10～20min，而后卸载纱。

某些情况下，纱线漂洗槽内的漂洗液中残留的染料很少甚至没有。因为漂洗液的水温与染色初始温度一致，所以留在染色机中的漂洗液可用于随后的染色。这种做法可减少的用水量高达 50％。

（3）功能性精整

功能性精整涉及多种类型的处理，精整剂可与染料一同被加入染液中，也可在染色之后的清水中加入。这些处理包括防虫处理、阻燃和抗静电处理。

① 防虫处理　过去，以合成除虫菊酯或苯磺酸为主成分的杀虫剂，会同染料一起被加入染液中。现在，为了尽量减少杀虫剂的残留并控制挥发量，在染色的后阶段才将此种杀虫剂加入染液；为避染色阶段发生物质溢出，选择使用的助剂不能干扰反应。经验表明，当染色工艺在酸性条件下进行时，废水中杀虫剂的残留量通常在排放标准内，但当染色是在中性条件下进行时，便不能达到排放标准。这种情况下，需将废水排入一个水温为70～80℃并含有甲酸的处理槽中进行再处理（见4.8.4）。

② 抗静电处理　主要采用阳离子表面活性剂进行抗静电处理，药剂需在微碱性条件下使用。因为阳离子表面活性剂与阴离子染料不能共存，所以需要在染色后再进行处理。处理过程包括准备清水、调节pH值以及添加适量的药剂，而后需将液体升高至60℃并运行20～30min，最后在清水中将纱线洗净。

③ 阻燃处理　羊毛及羊毛混纺纤维通常采用锆的配合物（六氟锆酸钾）作为阻燃剂。羊毛纤维地毯的典型处理过程如下：

如果存在硫酸盐、磷酸盐，需要先将其清洗干净，以纺织其对阻燃剂的干扰；水温设为20～30℃，利用盐酸（10%o.w.f）或甲酸（15%o.w.f）和柠檬酸（4%o.w.f）调节pH值到3；加入六氟锆酸钾，六氟锆酸钾与热水的质量比为1：10［也可根据最后所要达到的标准和原材料不同适当调整与水的质量比为，可调整为1：（3～8）］；水温每分钟升高1～2℃，直到60℃为止，并在60℃下持续运行30min；在冷水中漂洗10～20min。

（4）其他处理方法

除了上述的功能性精整，剩余的处理都与染色工艺一起进行，纱线的染色设备可用于特殊纱线的漂白和定捻。这些内容分述如下。

① 漂白　业内普遍采用氧化漂白加上还原漂白来获得中性的白色。典型的处理过程是：

a. 首先将纱线放入40℃的液体中，液体中含有3%o.w.f的稳定剂、1.5%o.w.f.三聚磷酸钠、20%o.w.f.过氧化氢（35%）。而后将液体加热至70℃并运行40min。最后排出废水。

b. 其次将纱线放入另一个液体内，液体中含有0.2%o.w.f.甲酸（85%）和0.75%o.w.f.亚硫酸钠。而后将液体加热至50℃并运行20min，最后排出废水并用冷水将纱线冲洗干净。

② 纱线定捻　这一过程通常不是一个单独的处理过程。实际中，在羊毛纱线的绞纱染色过程中，在染液的沸腾温度下，纤维内部的化学变化会使纺纱时的加捻达到稳定。

在常规绞纱染色机内可进行定捻。典型的处理过程是：

a. 将染液加热至80℃，加入重量为纱线重量5%的亚硫酸钠，在液体中浸泡纱线15min后，排出废液；

b. 用含有0.8%o.w.f.过氧化氢（35%）的冷水冲洗纱线15min。

2.14.5.2　综合地毯制造厂

综合地毯制造厂含有所有的机械工艺、湿法工艺（预处理、染色、印花及后整理操作），可处理天然纤维和合成纤维。制造厂也可能会利用原始聚合物生产自己的合成纤维。在某些情况下这些厂也会挑选并购买天然纤维，然后自己完成从洗毛、染色、纺纱到地毯梭织/簇绒等整个加工链。但是，这些操作通常不在同一地点进行。

根据地毯类型的不同，地毯生产可以按照不同的路线进行。

（1）簇绒地毯

用以下材料生产纱线：主要成分为合成纤维〔聚酰胺（PA），聚丙烯（PP），聚醚砜（PES），聚合氯化铝（PAC）〕和天然纤维（羊毛和棉花）的短纤维；其次是合成纤维（主要有聚酰胺，聚丙烯和聚醚砜）的连续长丝。

载体材料（主要成分）通常包括：PP 梭织物或纤维网；PES 梭织物或纤维网；黄麻织物。

簇绒地毯的精整包括：染色和/或印花；涂层；机械整理；化学整理。

染色和化学整理可应用于散纤维、纱线或布匹，而其他处理用在地毯的最后加工阶段。

（2）针刺毡毯

几乎所有的纤维都可用来制作针刺毡毯（聚丙烯，聚酰胺，聚醚砜，聚合氯化铝，羊毛，黄麻/剑麻类棉花，椰绒纤维和纤维胶）。但大多情况下还是使用人造纤维。

针刺毡精整过程包括：染色（很少采用）；涂层；机械整理（很少采用）；化学整理。

（3）梭织地毯

天然和合成纤维都可用于生产梭织地毯。

采用已染色的纱线梭织地毯（因而染色布匹不能用于生产梭织地毯）。最后对地毯进行机械和化学处理。

3
废物排放和能源消耗水平

3.1 简介

与纺织业有关的主要环境问题，第 2 章已进行了详细的阐述。

纺织业一直被视为水消耗密集型行业。因此，主要的环境问题是废水的排放量和其中含有的化学物质。另一个重要的问题是能源消耗量，废气和固体废物的排放以及臭味问题，在某些工厂中也十分重要。

废气的收集通常在产生点进行。废气控制已经历了很长时间的发展，因此各具体工序废气排放的历史数据较为完整。

废水的排放情况与废气不同。来自于不同处理工序的废水被混合在一起，形成最终出水，因此，出水特性受多种因素的影响：处理纤维的类型；包装的类型；采用的生产技术；生产过程中使用的化学品和助剂的类型。

此外，一年中（季节和时尚趋势的变化），甚至每一天（生产计划的变化）中，生产都会有很大的不同，由此废水的排放量更是难以进行标准化。

最好的办法是系统地分析每个具体工序，但很多原因导致可用的数据很少，例如法规往往把重点放在最后的出水，而不是特定工序产生的污水上。

鉴于工业废水特性的不确定性，较好的办法是先确定精整业的类别，然后比较同类工厂的总流通物质。通过比较同类工厂的能量消耗和废物排放水平，可对工厂进行一个粗略的评估，还可验证给定的数据并且确定类似生产的关键问题和同类工厂之间的不同点。

通过从整体流通物质到一些值得关注的具体过程的细节分析，可一步步确定生产过程的输入/输出情况。

除了本章结尾处的 3.5 节和 3.6 节所描述的废气和固体废物处理，本章将按上述方法对第 2 章（2.14 节）所确定各类行业进行阐述。需要指出的是，本章表中所显示的数据仅供参考。

3.2 洗毛厂

3.2.1 水洗

2.14.1 节已经简要描述了水洗的一般特点，2.3.1.1 部分已描述了具体过程。本节主要介绍在欧洲进行的一个对原羊毛洗涤和废水处理实践的调查，此调查为欧盟在 1997/98 年所做。

从欧盟成员国收到的羊毛洗涤活性答复数据情况如下：

比利时	0
法国	2
德国	1
意大利	1
葡萄牙	2
西班牙	1
英国	5
总计	12

此外，从澳大利亚的一家欧洲公司的子公司得到了一个完整的调查表。在第二阶段，一些意大利工厂提供了一组数据（[193，CRAB，2001]）。

各厂的生产量相差很大，从每年 3000～65000t 油脂纤维不等。生产模式也多种多样，从每周工作 7 天，每天 24h 到每周工作 5 天，每天 15～16h。

正如 2.3.1.1 部分强调的，洗涤液和冲洗液的循环可能会有很大的区别。由于羊毛的品种（细或粗）和存在的污染物的不同，在生产过程上也会有巨大差异。所有这些因素，以及所采用的工业废水处理工艺，都会影响洗毛厂的出水水质。表 3.1～表 3.3 总结了在不同地区收集的洗毛厂的数据。一些公司已经联合起来，试图找到所用废水处理系统和与其对应的能量消耗和废物排放水平之间的关系。表中保留了不同公司的原始识别字母，将细毛、超细毛和粗羊毛处理过程分别列出，以便于比较。

表 3.1 洗毛过程的概述（细羊毛）

细羊毛	F 厂	E 厂	G 厂	J 厂	N 厂
物质回收	无	有		有	
水循环	无	无		有（从污水处理厂）	
耗水量(L/kg 原毛)					
总耗水量：	6.67	n.d	6.30	n.d	5.00
循环再利用					
-油脂循环	0	n.d.	3.33	n.d.	1.31
-冲洗水循环	0	0	0	0	0
-污水处理厂出水循环	0	0	0	2.37	2.38
净耗水量：	6.67	10.00	2.97	0.36	1.31
清洁剂(L/kg 原毛)	7.78	15.83	5.96	4.50	6.15
增洁剂(L/kg 原毛)	4.20	0.00	n.d.	5.55	3.84
油脂循环(L/kg 原毛)	34.5	71[①]	27	19.10	34.6
总量的百分数	25～30		20	20	25～30
来水 COD(g/kg 原毛)					
-冲洗来水		13.40	n.d	n.d	7.35
-洗涤来水		n.d.	n.d.	n.d.	143

数据来源：[187，INTERLAINE，1999]。

① 离心油脂＋酸裂解油脂。

注：物质回收：通过回收水以去除污垢/回收油脂。

水循环：通过 UF 系统从污水处理厂和清洗槽回收利用水。

总耗水量＝全部洗涤用水，即全部新鲜水及循环水。

表 3.2　洗毛过程中的概述（粗羊毛）

粗羊毛	C 厂	H 厂	L 厂
物质回收	无	有	有
水循环	无	无	有（来自清洗槽，采用 UF 系统）
耗水量(L/kg 原毛)			
总耗水量：	13.20	10.28	n. d.
循环再利用			
-油脂循环	0	5.71①	n. d.
-冲洗水循环	0	0	n. d.
-污水处理厂出水循环	0	0	n. d.
净重：	13.20	4.57	1.80
清洁剂(L/kg 原毛)	9.09	8.00	7.00
增洁剂(L/kg 原毛)	7.09	1.00	7.00
油脂循环(L/kg 原毛)	0	13	7.5
总量的百分数	0	25	15
来水 COD(g/kg 原毛)			
-冲洗来水	n. d.	4.46	1.6
-洗涤来水	n. d.	218.5	105.2②

数据来源：[187，INTERLAINE，1999]

① 该厂有两个独立的循环系统（一个用于油脂循环，一个用于污垢去除）。

② 超滤系统浓缩的废水＋油脂回收循环产生的废水。

注：总耗水量＝全部洗涤用水，即全部新鲜水及循环水。

表 3.3　洗毛过程中的概述（超细羊毛）

超细羊毛①(15～22μm)	1 厂	2 厂	3 厂	4 厂
物质回收	Yes	Yes	Yes	Yes
水循环	No	No	No	No
耗水量(L/kg 原毛)				
总耗水量：	n. d.	n. d.	n. d.	n. d.
循环再利用				
-油脂循环	n. d	n. d	n. d.	n. d
-冲洗水循环	0	0	0	0
-污水处理厂出水循环	0	0	0	0
净耗水量：	13.3	14	7.1	8.1
清洁剂(L/kg 原毛)	6.8	4.62	7.7	13.8
增洁剂(L/kg 原毛)	12.3	15.2	12	20.3
油脂循环(L/kg 原毛)	30.9	42	31.7	32.5
总量的百分数	n. d	n. d	n. d	n. d
来水 COD(g/kg 原毛)				
-冲洗来水	n. d	n. d	n. d	n. d
-洗涤来水	n. d	n. d	n. d	n. d
污水处理厂的污泥(g/kg 原毛)	510	432	353	325

数据来源：[193，CRAB，2001]。

① 数据所对应的纤维为原毛，本报告中出现的生产值所对应的都是原毛。在原始参考文献中数据所对应的是净毛（约为原毛重量的 60%～70%）。

(1) 用水量

洗毛业是一个高耗水行业。据 [18，VITO，1998] 报道，传统洗毛设备耗水量为 10～

15L 水/kg 原毛，不过被调查企业的耗水量都较小。

通过油脂和污垢回收循环可以减少净耗水量，通过这两个循环水可被收到洗涤槽中。冲洗水也可以应用类似的回收利用技术，L 厂采用超滤技术来处理冲洗水。

除了上面的综合循环，在有蒸发系统的污水处理厂中，还可回收蒸发器中的冷凝水，用于洗涤和/或冲洗。在五个被调查的采用蒸发系统的污水处理厂中，只有三个回收冷凝水。其中一个不回收冷凝水的原因是氨的积累及臭味等问题。

在细羊毛的洗毛厂中，洗涤水的总量变化很大，从 N 厂的 5L/kg 到 E 厂的超过 10L/kg，N 厂与 G 厂的生产条件类似，但 G 厂有一个旧的复杂系统，可对污水进行收集、沉淀和过滤，这可能是其用水量较低的原因。G 厂回收的洗涤水是 N 厂的 3 倍。

净耗水量的变化更大（从 E 厂的 10L/kg 到 J 厂的 0.36L/kg）。J 厂净耗水量较低的原因是其反复利用污水处理厂的冷凝水（厌氧塘/蒸发），并进行一定的油脂回收/污垢去除综合处理过程。

在粗羊毛的洗毛厂中，洗涤的起始阶段有两个厂有污垢去除/油脂循环回路，其中有一个还有冲洗水的回收循环（L 厂）。三个厂在洗涤的最后阶段都采用漂白技术，且均使用过氧化氢进行独立的逆流漂白。

可以计算其中两个洗毛厂的总洗涤用水量。除了一个细羊毛洗毛厂，这两个厂的用水量都明显高于其他细羊毛洗毛厂。这可能是因为粗羊毛比细羊毛所含的污垢多［187 INTER-LAINE，1999］。

三个粗羊毛洗毛厂的净耗水量差别很大。C 厂是接受调查的所有生产细羊毛和粗羊毛的厂中净耗水量最高的厂。这个厂完全不回收液体。H 厂是这次调查中污垢去除/油脂循环过程做得最好的厂，这使得它的净耗水量最低。L 厂重复使用冲洗水，并且还进行其他循环，因此其净耗水量也较低。

生产量是另一个影响净耗水量的潜在因素。图 3.1 为净耗水量和生产量的关系曲线图，该图表明随着生产量的增加净耗水量会下降。从图中还可以看出有些工厂的净耗水量低于曲线所代表的正常值。

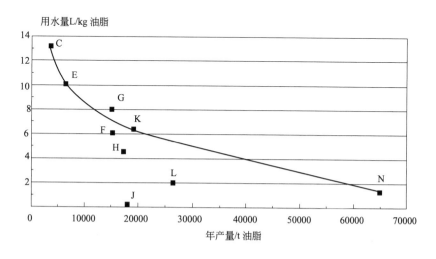

图 3.1 净耗水量和生产量的关系曲线 ［187，INTERLAINE，1999］

可能影响生产量和净耗水量之间关系的因素有几个。除了公司的经济规模之外，最重要的影响因素是工厂的节水措施。一些中型纺织厂可能因为没有投资能力或缺少人力资源而无法去实施节水措施［187，INTERLAINE，1999］。

关于表 3.3 中提到有关工厂应用的油脂回收循环的特点，目前没有详细介绍资料。因此，不可能得出关于水的消耗水平的结论。

（2）油脂回收

只有一个没有油脂回收的洗涤（C 厂）厂，在其余的厂中加工每吨粗羊毛可回收 8～71kg 油脂。此范围中的较低值（H 厂 13kg/t 和 L 厂 8kg/t）对应的厂洗涤的羊毛全部（或主要）是粗羊毛，其中所含易氧化油脂的比例较低（疏水性差），因此很难用离心分离。此范围中较高值对应的是 E 厂，其加工每吨羊毛能回收 71kg 油脂。E 厂是细羊毛洗毛厂，有离心油脂回收分厂和酸裂解分厂。酸裂解分厂生产的油脂质量较差，被视为废弃物而不是副产品，这些物质通常卖不出去，因而不得不被掩埋处理掉。其余的厂，全部（或主要）从事细羊毛的洗涤，每吨原毛可回收 22～42kg 油脂（平均 30kg/t）。

（3）化学品的使用

洗涤中使用的最重要的化学品是清洁剂和增洁剂。从表 3.1 和表 3.2 中的数据可以看出，有 7 个洗毛厂使用的清洁剂是醇聚氧乙烯醚，有 5 个厂使用的是烷基酚聚氧乙烯醚（仅有 2 个工厂的数据报告）。有 2 家英国洗毛厂还指出，使用"溶剂辅助剂"可从刚剪下的羊毛中去除某些特殊物质。有 8 个洗毛厂使用碳酸钠作为增洁剂，两个厂使用氢氧化钠，还有两个厂不使用增洁剂。

表 3.3 中没有提到其他洗毛厂使用的洗涤剂类型。

粗（地毯）羊毛洗涤的客户经常要求在最后一次漂洗过程中加入过氧化氢和酸作为漂白剂。其中有 5 个洗毛厂会经常（或偶尔）使用此方法。

使用醇聚氧乙烯醚的 7 个工厂，每千克原毛平均消耗 9.1g 清洁剂（范围为 3.5～16g/kg），使用烷基酚聚氧乙烯醚的 5 个厂，每千克原毛平均消耗清洁剂 8.0g（范围为 5～16g/kg）。目前还没有充分是数据说明大规模生产条件下烷基酚聚氧乙烯醚的效率高于醇聚氧乙烯醚。

通常认为细羊毛比粗羊毛需要更多的清洁剂。但调查表明，每千克细羊毛平均消耗 7.5g 清洁剂（范围为 5～10g/kg），而每千克粗羊毛原毛平均消耗 8.5g（范围 3.5～16g/kg），所以这种说法是没有根据的。

图 3.2 表明了清洁剂的输入速度和其排入污水处理厂速度之间的关系。洗涤废液中所含的清洁剂，部分通过油脂/污垢循环后被再利用。这个图形中纵坐标的值是将清洁剂年使用量除以总加工羊毛量得到的，与表 3.1 及表 3.2 中所报道的数值可能会有不同。

增洁剂的使用量与羊毛类型、清洁剂消耗量、操作方式没有明显的关系。

有几个洗毛厂指出，为达到清洗效果，厂内会使用不同数量的酸和碱。包括盐酸、硝酸、磷酸和硫酸、有机和无机酸的混合物、烧碱，还有污水处理厂使用氯化钠。某些洗毛厂在污水处理工程中会使用大量的化学品，但没有相关的数据报道［187，INTERLAINE，1999］。

（4）能源消耗

没有要求这次调查的工厂提供能源消耗数据。这里的数据源自 1998 年在英国进行的一项调查。

图 3.3 显示了 11 个工厂提供的能源消耗数据（MJ/kg 原毛）和净耗水数据（L/kg 原毛），（数据仅包括洗毛过程中的能源消耗，不包括污水处理厂的能源消耗）。

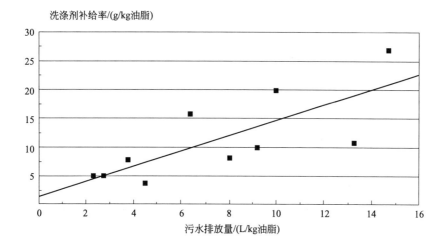

图 3.2 洗涤剂的输入速度和排入污水处理厂速度之间的关系 [187，INTERLAINE，1999]

图 3.4 绘制的是能源消耗与水消耗曲线，能源消耗量随着水消耗量的增加而增加，数据只涉及洗涤过程及相关处理过程。

能耗量和水耗量都有很大的波动。能源消耗的范围为 4.28～19.98MJ/kg（平均 9.29MJ/kg），耗水量的范围为 1.69～18.0L/kg（平均 8.16），两者之间的相关系数 R^2 为 0.906。

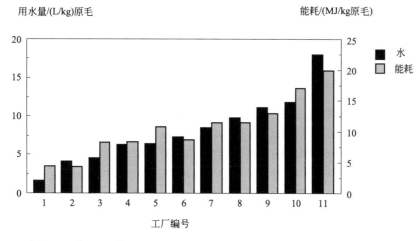

图 3.3 英国 11 个洗毛厂的能耗和水耗图 [187，INTERLAINE，1999]

对英国进行的这个研究表面耗水量和产量之间没有必然联系，如图 3.5 所示。

能耗和水耗相关的原因有两个。一个较明显的原因是，洗毛厂的大部分热能是用来加热洗涤水的。另一个不太明显原因是，重视节约用水的工厂同时也会重视减少能源消耗。可用下面事实说明后一点，即加热 1L 洗涤水需消耗 0.21MJ 的能量，而图 3.4 的线性趋势线的斜率是 1.09MJ/L [187，INTERLAINE，1999]。

(5) 化学需氧量

表 3.1～表 3.3 仅给出了几个工厂进行废水处理前的 COD 负荷。但是，最后的总结估算出了全球洗毛厂产生废水的 COD 负荷范围为 150～ 500g/kg（见图 3.6）。

除了原料中所含污染物的量，油脂和污垢回收系统的处理效率也影响污水中 COD 的负

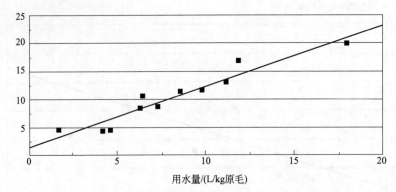

图 3.4　英国 11 个洗毛厂的能耗和水消耗关系图［187 INTERLAINE，1999］

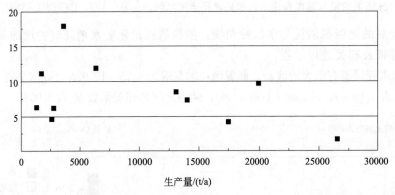

图 3.5　英国 11 个洗毛厂中耗水量与产量之间的关系［187，INTERLAINE，1999］

荷。羊毛油脂、污垢和羊毛粗脂是 COD 的主要来源，而清洁剂对 COD 的贡献很小。利用现有数据，考虑如下内容后，可粗略估计 COD 的负荷：

① 原毛中 COD 的含量（556kg COD/t 细羊毛原料及 315 kg COD/t 粗羊毛原料，见 2.3.1.2）；

② 去除的油脂量/从废水中回收的量（假设 COD 的主要来源为油脂）。

所调查工厂的污水处理厂出水 COD 相关的数据见表 3.4。这些工厂的出水有的直接排放（直接排放到地表水），有的间接排放（预处理后排入下水道）。其中一个工厂通过蒸发处理将污水完全回收，所以不排出任何污水。

表 3.4 中的某些数据是通过其他数据估计或计算出来的。为了区分两者，工厂直接提供的数据用黑体字印制。

因部分洗毛厂的污水经预处理后被排放到下水道，所以在计算进入环境的 COD 负荷时，假定市政污水处理厂的 COD 去除率为 80%。虽然没有确凿的证据，但通常认为 80% 是一个合适的去除率。

接受调查的污水处理所使用的处理工艺多种多样，包括混凝/絮凝、蒸发处理、膜过滤和好氧/厌氧生物处理。

但是，并非所有类型的处理处理方式都被采用了。例如，没有工厂在添加了混凝剂/絮凝剂的污水中使用溶气气浮（DAF）作为分离设备（全部使用卧螺离心机或水力旋流器）。

只有一个工厂使用超滤（UF）膜过滤——没有其他类型的膜过滤。所调查的工厂均没有使用厌氧消化工艺，但在意大利有一个工厂采用了厌氧消化工艺。

在意大利也有工厂使用常规好氧生物处理工艺（类似城市污水处理工艺）及厌氧和好氧生物处理组合工艺［187，INTERLAINE，1999］。

表 3.4　污水处理工艺及相关的化学需氧量和污泥产量概览

类别	污水处理厂		污水处理后出水 COD		污泥 /(g/kg)	城市污水处理厂处理后出水 COD /(g/kg)	厂名
	洗涤水	冲洗水	/(mg O₂/L)	/(g/kg)			
不排放	经厌氧塘处理和蒸发处理后回收利用洗涤（油脂回收后）和冲洗水		0	0	55	0	J
直接排放	无		19950③	299③		299③	B
	无		19950③	299③		299③	D
	蒸发（没有油脂回收）		**260**	**3.4**	315②	**3.4**	C
	蒸发＋生物反应器（水循环到冲洗槽）	延时曝气（4～5d）	**120**	**0.2**	75④	**0.2**	N
间接排放	铝/聚合物絮凝水力旋流器	无	**9000**⑤	73⑤	233②	14.6⑥	G
	酸/高分子絮凝剂沉降式离心机	无	**15000**	60	145①	12.0⑥	II
	铁/石灰/高分子絮凝剂沉降式离心机		**3900**	33	135①	6.6⑥	K
	酸裂解压滤机	无	**4000**	42	154①	8.4⑥	E
	好氧(4～5d)		**2800**	25	113①	5.0⑥	F
	蒸发	超滤循环利用（浓水蒸发）	**500**	**1.3**	185①	0.3⑥	L

数据来源：［187，INTERLAINE，1999］。

① 干重。

② 干重或湿重。

③ 计算公式如下：粗羊毛的 COD 含量：315kg/t，其中 95% 出现在未经处理的废水中，假设用水量为 15L/kg 原毛。

④ 干重估计。从油脂回收循环和好氧生物处理系统中得到的污泥（蒸发器中的冷凝物经焚烧后产生灰渣，而不是污泥）。

⑤ 计算公式如下：细羊毛的 COD 含量556kg/t，其中 95% 出现生在未经处理的废水中，假设用水量为 15L/kg 原毛。

⑥ 假设市政污水处理厂好氧工艺的 COD 去除率为 80%。

注：粗字体的数值是工厂直接提供的，其他值是通过计算或估计得到的。

有四个工厂直接将出水排入地表水。其中两个（C 和 N 厂）厂有很严的处理排放标准。但有两个工厂直接排放未经处理的污水。

在调查进行之后，其中一个污水处理厂已经设置了絮凝/混凝处理工艺。

J 厂的污水经蒸发处理后完全被回收。N 厂通过蒸发和生物过滤处理回收洗涤水，对冲洗水采用延时曝气处理之后将其处理排入地表水。

其他厂的污水被直接排入下水道，而后进入城市污水处理厂的好氧生物处理系统。大多数这些厂都使用了物理化学混凝/絮凝工艺来对废水进行现场预处理，不过只有 K 厂同时处理了冲洗水和洗涤水。

洗毛厂加工每吨原毛排放的 COD 范围为 0～73kg，采用的污水处理工艺不同，使得排放的 COD 差别很大。但是，所有工厂排放到下水道的 COD 均超过 3.4kg/t，他们都向市政污水处理运营商支付进一步处理的费用。这使其排入环境的 COD 减少到 0～15kg/t。排入环境的 COD 负荷最低是 N 厂,其值为 0.2kg COD/t,L 厂的出水也排放到下水道,但其进入环境中的 COD 负荷接近 0.3kg COD/t。

(6) 污泥

对于污水处理系统的污泥产量,许多洗毛厂对给出的值并未说明是湿重还是干重。表3.4 中注明了这个问题。除了其中两个厂,其他厂的污泥产量(干基)均约为 100~300kg/t 原毛。J 厂采用厌氧塘+蒸发工艺处理污水,污泥产量仅为 55kg/t。这个值可能对应的是蒸发产生的污泥或浓缩物,但是不包括厌氧塘产生的污泥。总之,这不可能是 J 厂的全部污泥。N 厂采用蒸发和焚烧处理洗涤污水,这个过程会产生 20kg/t 的灰,但没有污泥产生。N 厂的污泥来自于重力沉降、沉降式离心机、油脂回收/污垢去除循环和冲洗废水的好氧生物处理。污泥产生量为 75kg/t [187,INTERLAINE,1999]。

未经预处理的污泥直接被送到垃圾填埋场,或者用于其他用途,如制砖或通过堆肥制备土壤调理剂,此外还有焚烧处理。

(7) 体外寄生虫杀虫剂

羊毛洗涤污水中残留的杀虫剂可能会破坏环境。最常见的体外寄生虫杀虫剂及其随污水排放后会引起的环境问题在 2.1.1.9 和 2.3.1.2 节中已介绍过。

在对洗毛厂进行调查的过程中,要求他们提供羊毛的来源。将这些数据与 ENco 的羊毛和杀虫剂数据库(见 2.1.1.9 节)结合,可以估计出原料中生物杀菌剂的平均含量。估算结果见表 3.5,该表说明原毛中体外寄生虫杀虫剂的浓度为 2~15mg/kg。

表 3.5　12 个洗毛厂羊毛中平均有机氯、有机磷和合成除虫菊酯类生物杀菌剂的含量

工厂	总有机氯[①] g/t 原毛	总有机磷酸酯[②] g/t 原毛	总合成除虫菊酯[③] g/t 原毛
B	2.73	1.13	0.29
C	5.05	4.14	0.31
D	2.31	1.09	0.05
E	0.12	4.61	1.41
F	0.10	3.93	1.18
G	0.60	4.86	6.25
H	0.22	18.7	4.55
J	3.03	4.02	4.30
K	0.32	16.3	4.36
L	0.53	19.0	3.79
M	0.57	4.65	5.73
N	0.30	4.98	2.76

数据来源:[187,INTERLAINE,1999]。

① α-六氯环己烷,β-六氯环己烷,γ-六氯环己烷和 δ-六氯环己烷,六氯代苯,七氯,环氧七氯,艾氏剂,狄氏剂,异狄氏剂,DDD 和 DDT 总量。

② 毒虫畏,除线磷,二嗪农和胺丙畏总量。

③ 氯氟氰菊酯,氯氰菊酯,溴氰菊酯,氰戊菊酯总量。

调查过程中未获得与污水中杀虫剂负荷相关的数据。但是,这些数据可通过表中化合物在水和油脂中的分配系数来估算。

生物杀菌剂的去除是通过污垢去除/油脂回收环实现的,与洗涤过程发生在同一阶段,污染物之后进入末端污水处理厂。举个例子,若一个厂在其羊毛油脂回收环中清除了总油脂的 25%,在污垢去除过程中清除了总油脂的 5% 余下 70% 的油脂中,80%(即占总量的56%)的油脂进入污水处理厂,油脂的总回收率为 86%。亲脂性杀虫剂的去除模式与油脂

类的去除模式类似。如果将冲洗水循环利用，则还可再去除一些杀虫剂。

与洗毛过程中体外寄生虫杀虫剂的去向问题相关的研究很多，这些问题都在2.3.1.2部分中已讨论过。存在以下一些假设 [103，G. Savage，1998]：

① 从羊毛中去除的杀虫剂占96%（洗涤后仍有4%的农药残留在纤维中）。

② 从羊毛中去除的这部分杀虫剂中，通常有30%（在一些厂中也可能会更低）残留在回收的油脂中。

③ 剩下的部分被（不在羊毛，油脂和污垢中）排到污水中，并进入污水处理厂。也有例外的情况：

① 对于水溶性杀虫剂（如灭蝇胺和环虫腈），假设残留在纤维中的量占初始总量的4%，羊毛脂回收或现场处理不能将该类杀虫剂处理掉，则进入污水中的量占初始总量的96%。

② 杀虫隆：最近的研究表明（[103，G. Savage，1998]），部分杀虫隆能与油脂结合，部分能与污垢结合，因此大部分杀虫剂会被截留在油脂及污垢中。有时残留在油脂及污垢中的杀虫剂能高达90%。

关于污水处理厂的处理情况，表3.6总结了ENco在1997/98[1]年间对一些羊毛洗涤污水处理厂进行监测的结果。该表对处理前和处理后的污水进行了对比，并分析了10天中24h的混合样。该表还显示了蒸发系统对有机磷的去除效果（见2.3.1.2）。

表3.6　污水处理厂对羊毛洗涤废水中羊毛油脂、化学需氧、悬浮物和体外寄生虫杀虫剂的去除效果

工厂	处理工艺	污水处理厂的去除率						
		油脂	COD	SS	OC	OP	SP	生物杀虫剂
1	CF/Fe	86	84	89	83	88	94	88
2	CF/acid	89	73	89	69	78	40	77
3	HAC	82	70	75	72	75	75	75
4	BF/Fe	93	75	83	96	56	71	59
5	CF	73	70	75	76	91	94	91
6	CF/Fe	80	80	77	81	76	74	76
7	HBF/Fe	96	83	94	90	92	89	92
8	Evap	100	99	100	97	72	100	78

数据来源：[187，INTERLAINE，1999]。

注：COD—化学需氧量；SS—悬浮物；OC—有机氯杀虫剂；OP—有机磷杀虫剂；SP—合成除虫菊酯；CF—连续絮凝；HAC—热酸裂解；BF—间歇式絮凝；HBF—热间歇式絮凝；Evap—蒸发。

ENco的另一个研究[2]计算了7家工厂的出水中羊毛处理常用的三种化学药品的质量负荷 [二嗪农（OP），有机磷杀虫剂（OP）和合成拟除虫菊酯（SP法）]，并将其与原毛中该物质的负荷进行了对比。结果被列于表3.7。

表3.7　7个厂的原毛和洗毛废水羊毛处理所用化学物质的含量

工厂	二嗪农			有机磷杀虫剂			合成除虫菊酯		
	原毛中/(g/t)	污水中/(g/t)	去除率/%	原毛中/(g/t)	污水中/(g/t)	去除率/%	原毛中/(g/t)	污水中/(g/t)	去除率/%
T	8.63	1.63	9.99	81	0.57	94	5.58	0.05	99
U	8.16	0.66	92	8.63	0.37	96	5.30	0.04	99
V	5.30	0.59	89	2.72	0.17	94	3.45	0.15	96
W	6.14	1.14	82	7.80	0.61	92	4.12	0.21	95

---

[1] ENco, unpublished results, 1997 and 1998.

[2] ENco, unpublished results, 1998.

工厂	二嗪农			有机磷杀虫剂			合成除虫菊酯		
	原毛中 /(g/t)	污水中 /(g/t)	去除率 /%	原毛中 /(g/t)	污水中 /(g/t)	去除率 /%	原毛中 /(g/t)	污水中 /(g/t)	去除率 /%
X	4.59	0.10	98	0.19	0.02	91	3.60	0.52	86
Y	8.16	1.48	82	10.60	0.78	93	5.41	0.20	96
Z	10.76	0.17	99	12.10	0.36	97	7.06	0.02	100

数据来源：[187，INTERLAINE，1999]。

比较表 3.6 及表 3.7，可以看出，洗毛过程对羊毛处理所用化学物质的去除率明显高于污水处理厂对其的去除率。如前所述，这个与污垢去除/油脂回收有关。

以上讨论了污水处理厂采用物理和物理化学法来去除羊毛处理化学用品的情况。延时生物处理可以去除一部分化学药品。在欧洲，所调查的一个洗毛厂采用延时曝气（4～5d）处理冲洗污水，此方法可去除全部的合成除虫菊酯和除线磷以外的全部有机磷杀虫剂❶❷，可部分去除有机氯杀虫剂。停留时间短的生物处理不能分解这些化学物质，但可将化学物质吸收到生物的脂质成分中。

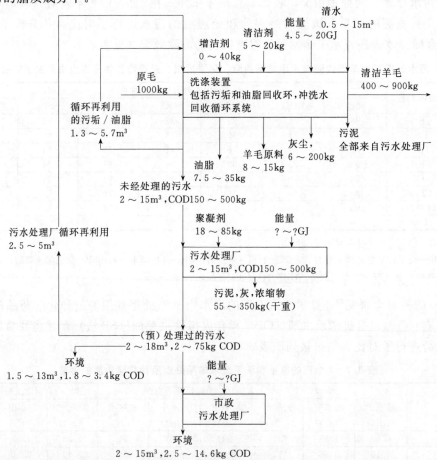

图 3.6 所调查工厂在洗涤处理和污水处理过程（工厂和市政）中的物质能量的输入和输出量

[187，INTERLAINE，1999]

---

❶ 除线磷是一种有机磷，过去在新西兰被批准用于羊毛处理，现在由于它的生物难降解性，其使用准许已被撤销。

❷ G. Timmer, Bremer Wolkämmerei, private communication，1998.

图 3.6 描述了 1t 原毛在洗毛过程和污水处理过程中的能量消耗和废物排放量。图中的值是通过目前的调查结果并结合 ENco 在 1996 年和 1998 年所进行的调查结果得出的。需要指出的是，图中的有些值并不是普遍适用的。例如，污水处理用的絮凝剂的值是只适用于有混凝/絮凝工艺的污水处理厂。

3.2.2 溶剂清洗

物质、能量的输入和输出量见表 3.8。表中数据源于一个生产量为 500kg 清洁羊毛纤维/h 的洗毛厂。通常原毛输入量为 852.6kg/h 时，所含羊毛纤维的量为 500kg/h，油脂为 128kg/h 的，污垢为 102kg/h，羊毛粗脂为 42.6kg/h，水分为 80kg/h。因为还可能含多种污染物（农药等），所以这些只是理想情况下的典型数据。

表 3.8　洗毛系统的物质能量输入和输出估算值

项　　目		生产产量		单位产量的输入/输出量			
		500kg/h 清洁羊毛	单位	1kg 原毛	1kg 清洁羊毛	单位
输入							
水	合计	124	kg/h	0.145	0.219	kg
	湿羊毛	20	kg/h	0.023	0.035	kg
	湿空气	4	kg/h	0.005	0.007	kg
	喷出的蒸汽	100	kg/h	0.117	0.117	kg
溶剂	TCE	10	kg/h	11.7	17.7	g
能量	电力	207	kWh	0.243	0.368	kWh
	天然气	674	MJ/h	0.79	1.19	MJ
输出							
干的清洁羊毛	合计	563.1	kg/h	660	1000	g
	羊毛纤维	500	kg/h	586	888	g
	湿羊毛	60	kg/h	70	106	g
	油脂	0	kg/h	0	0	g
	污垢	0.8	kg/h	0.9	1.4	g
	羊毛粗脂	2.3	kg/h	2.7	4.1	g
	杀虫剂（合计）	0	kg/h	0	0	g
	TCE	0	kg/h	0	0	g
污垢	合计	109.3	kg/h	128	194	g
	污垢	98	kg/h	114.9	174	g
	油脂	7	kg/h	8.21	12.4	g
	羊毛粗脂	4.3	kg/h	5.04	7.64	g
	杀虫剂（合计）	0.000138	kg/h	0.00016	0.00024	g
	TCE	0	kg/h	0	0	g

项　目		生产产量		单位产量的输入/输出量		
		500kg/h 清洁羊毛	单位	1 kg 原毛	1kg 清洁 羊毛	单位
油脂	合计	160.2	kg/h	188	285	g
	油脂	121	kg/h	141.9	215	g
	污垢	3.2	kg/h	3.75	5.68	g
	羊毛粗脂	36	kg/h	42.2	64	g
	杀虫剂(合计)	0.00256	kg/h	0.003	0.00454	g
	TCE	0	kg/h	0	0	g
排放的废水	合计	124	kg/h	0.145	0.22	kg
	废水	124	kg/h	0.145	0.22	kg
	TCE	0	kg/h	0	0	kg
排放的废气	合计	643.01	kg/h	0.765	1.157	kg
	废气	643	kg/h	0.754	1.14	kg
	TCE	0.01	kg/h	0.011	0.017	kg
未被收集的[①]	TCE	5	kg/h	5.86	8.88	g

数据来源：［201，WooLtech，2001］。

① 5kg/ h 的量是可以被允许的。

对报告的数据做以下注释（参见图 2.5）［201，Wooltech，2001］。

① 清洁羊毛　指不含杀虫剂的羊毛（已有支持这一说法的分析数据）。不含杀虫剂使得织物精整厂排放的废水更达到杀虫剂排放限值。

② 溶剂　溶剂的理论消耗量为 10kg/h，但是实际使用的消耗量要远远小于 10kg/h。

③ 油脂　油脂为热的液体。虽然其中会含有一些污垢和羊毛粗脂，但是如果需要高质量的油脂，可以通过一些方法将其分离（可采用酸裂解或无酸裂解）。此外，油脂可作为燃料用于燃烧。

④ 羊毛和湿气　来自湿羊毛、湿空气以及注入用水（真空喷射器所用的蒸汽）的水分被引入处理装置，经两步处理后（见 2.3.1.3）后，99.98％的溶剂被回收，回收的溶剂可再次被利用。残余的微量溶剂（$\times 10^{-6}$级）经过 Fenton 反应被降解。

⑤ 污垢　通过在烘干之前冲洗固体残渣合并重新离心，可以去除油脂。固体残渣可被填埋处理或用作土壤。有研究表明污垢中的种子与溶剂接触的话可能无法生长。

⑥ 废气　为保持处理装置处于微负压状态，会将工厂中的空气抽出。将空气经吸附系统处理后可回收溶剂蒸汽。剩余的溶剂用水吸收，水中的溶剂采用氧化法来分解。

3.3　纺织工业

在下面部分，废物排放和能源消耗水平的分类以 2.14 节中的内容为基础。

数据来自于各种各样的资源（［179，UBA，2001］，［198，TOWEFO，2001］，［200，Sweden，2001］，［199，Italy，2001］，［193，CRAB，2001］，［31，Italy，2000］），这是历

经五年对欧洲纺织产业进行调查的结果。

关于化学原料的消耗情况，是通过"telquel"原理进行计算的。这意味着许多产品的原料也将被考虑在内，包括在制备液体时所消耗的水。尤其是当对比不同公司的资源消耗时要考虑这个问题。例如：液体染色剂所需用水量就要比颗粒状染色剂大。

3.3.1 纺织纱线或者棉絮

3.3.1.1 棉絮加工工厂：主要成分是 CV、PES、PAC 或者 CO

对于这种原料，废水产生量的信息是最有价值的。这些信息见表 3.9，因为冲洗次数较少，所以产生的废水较少，表 3.9 中的数据来自"FhG-ISI，1997"。

表 3.9　两个工厂的污水浓度值和特定排放因子，材料的主要成分包括 CV，PES，PAC 或 CO

项　目	TFI1	TFI2	项　目	TFI1	TFI2
流量/(L/kg)	34	10	有机 N/(mgO_2/L)		
COD/(mgO_2/L)	1945	1300	E-Fac/(g/kg)		
F-Fac/(g/kg)	67	13	总 N/(mgO_2/L)		
BOD$_5$/(mgO_2/L)	850	370	E-Fac/(g/kg)		
E-Fac/(g/kg)	29	4			
AOX/(mgO_2/L)			Cu/(mgO_2/L)	1.2	0.05
E-Fac/(g/kg)			E-Fac/(g/kg)	41	0.5
HC/(mgO_2/L)	12.4		Cr/(mgO_2/L)	0.13	0.2
E-Fac/(g/kg)	0.4		E-Fac/(g/kg)	5	2
pH			Ni/(mgO_2/L)		<0.02
L/(mS/cm)	14.9		E-Fac/(g/kg)		
T/℃	40		Zn	0.71	0.3
NH$_4^+$/(mgO_2/L)				25	3
E-Fac/(g/kg)					

数据来源：[179，UBA，2001]。

注：空白单元格表示有关资料无法获得。

3.3.1.2 上衣/纱线/棉絮加工工厂：主要原料为 WO

表 3.10 显示了 3 个典型羊毛染色厂的资源消耗水平，此外还有一个纺纱染色厂（TFI4）。这个表格中的 4 个工厂主要是生产上衣，同时 TFI1、TFI3 以及 TFI4 还上染一定比例的纱线，但是 TFI2 仅处理上衣和散纤维。

表格中的处理过程不同导致用水量不同。TFI4 的用水量非常大，其原因有很多。第一，对比其他工厂，这个工厂超过一半的材料以绞纱形式进行处理（这种方法需要很高的液比）；第二（像 TFI3 一样），它同样需要进行抗收缩处理，这就为整个过程增加了一个环节。事实上，这家公司是一个综合工厂，生产的是高品质的产品和优质纱（这些产品价格较高），这些产品有很高的利润，这也就解释了这家工厂为何不注重节约水资源。如前所述，TFI3 以及 TFI4 都拥有抗收缩处理程序。这两个过程废水的 COD 都比较高，同时排出废水中的交替氧化酶（AOX）含量较高。

TFI2 是一个基于铬染色的工厂，这也引起了比较高的铬排放量（124g/kg）。

表 3.10　4 个工厂的物料消耗及污染情况

项　目	TFI1	TFI2	TFI3	TFI4
生产	上衣 64% 绞纱 16% 包纱 20%	上衣 80% 棉束 20%	上衣 92% 绞纱 4% 包纱 4%	上衣 52% 绞纱 41% 包纱 7%
输入				
水的消耗/(L/kg)	39.9	43.6	35.6	180
电力消耗/[(kW·h)/kg]	0.6	0.7	0.5	1.1
热消耗/(MJ/kg)	12.3	11.4	28	26.5
染料/(g/kg)	15	36.2	12.2	26.6
助剂/(g/kg)	9.4	23.9	111.2	142
基础化学品/(g/kg)	48.5	86.9	285.6	147
水的排放①				
COD E-Fac/(g/kg)	29	22	46	65
BOD$_5$ E-Fac/(g/kg)				
Cu E-Fac/(g/kg)	<2	<2	<2	<2
Cr E-Fac/(g/kg)	70	124	64	36
Ni E-Fac/(g/kg)	<2	<2	<2	<2
Zn E-Fac/(g/kg)	12	52	36	54
废物				
固体废弃物/(g/kg)	11	21	15	
污泥/(g/kg)②	8	9	24	172
润滑油/(g/kg)	0.04	0.09		

数据来源：[193，CRAB，2001]。

① 数据在现场处理前在均质容器中测得。

② 数据在现场污水处理之后测得。

注：空白单元格表示有关资料无法获得。

3.3.1.3　纱线加工工厂：主要成分为 CO

表 3.11 中包含了 4 个用棉来生产纱线工厂的污染物浓度值以及排放因子。它们的用水量在 100～215L/kg 之间。这些数值来源于"FhG-ISI，1997"，较低以及较高的数据也曾经被报道（68L/kg、73L/kg、78L/kg、83L/kg、120L/kg、128L/kg、149L/kg、181L/kg、271L/kg）。对于用水量而言，271L/kg（数据来自一个小工厂，产量小于 0.5t/d）是比较高的数值，所以该数据是要受到质疑的。TFI4 是一个用水量较高的公司，该公司大多采用绞纱形式进行染色。这个工厂的冷却水没有完全被循环利用（这个过程的水发生泄漏时，冷却水被输送到污水处理厂）。这也解释了该工厂用水量巨大的原因。

表 3.11　4 个 CO 纱线加工厂废水的污染物浓度值及纺织基材的排放因子

项　目	TFI1	TFI2	TFI3	TFI4
流量/(L/kg)	105	108	120	215
COD/(mgO$_2$/L)	690	632	805	365
E-Fac/(g/kg)	73	69	97	78
BOD$_5$/(mgO$_2$/L)	260	160	200	98[①]
E-Fac/(g/kg)	27	17	24	21
AOX/(mg/L)			0.36	
E-Fac/(g/kg)			0.04	
HC/(mg/L)	<0.5	1.2		
E-Fac/(g/kg)	<0.05	0.1		
pH 值			9.8	
L/(mS/cm)	7	6.2		
T/℃	27.3	33.5		
NH$_4^+$/(mg/L)			0.6	
E-Fac/(g/kg)			0.07	
有机 N/(mg/L)			11.1	
E-Fac/(g/kg)			1.3	
总 N/(mg/L)				10.1
E-Fac/(g/kg)				2.2
总 P/(mg/L)				2.1
E-Fac/(g/kg)				0.45
Cu/(mg/L)	0.19	0.12	0.13	0.1
E-Fac/(g/kg)	20	13	16	21.5
Cr/(mg/L)		<0.05		
E-Fac/(g/kg)		<0.6		
Ni/(mg/L)	0.32	<0.1		
E-Fac/(g/kg)	34	<11		
Zn/(mg/L)				0.2
E-Fac/(g/kg)				43

数据来源：[179，UBA，2001]；[200，Sweden，2001]。

① 报告数据指的是 BOD$_7$。

注：空白单元格表示有关资料无法获得。

很有趣的是当使用染料类型不同时，COD 的排放因子也不同。像 TFI1 以及 TFI2 这样的工厂，主要采用活性染料染色，其废水 COD 值较低（大约 70g/kg），而 TFI3 采用还原染料，COD 大约为 100g/kg。如果过程中使用纺织助剂，则 COD 数值可能上升。因为与还原染料相比，活性染料-发色团能吸收 2～3 倍以上的光分子，因此为达到同样的染色效果，采用还原染料进行染色时所需的染料量更大，从而会使 COD 值更高。

该过程使用的化学原料分为染料，纺织印染助剂以及基础化学品。典型的数值为：染料约 25（g/kg 纺织基材）；纺织印染助剂约 70（g/kg 纺织基材）；基础化学品约 400（g/kg 纺织基材）。

注意，由于所需中性盐更多，采用活性染料进行染色的公司对于基本化学品的消耗量会增加。

该过程总的能源消耗量是 11kW·h/kg，电消耗量是 2kW·h/kg。

3.3.1.4　纱线加工工厂：主要成分为 PES

表 3.12 包含了 8 个工厂污染物的排放因子以及浓度值。

表 3.12 8个工厂（主要应用 PES 生产纱线）废水污染物浓度值及纺织基材的排放因子

项　目	TFI1	TFI2	TFI3	TFI4	TFI5	TFI6	TFI7	TFI8
流量/(L/kg)	125	65	66	148	75	64	102	171
COD/(mgO$_2$/L)	870	1917	1520	655		1320	1140	2280
E-Fac/(g/kg)	109	125	100	97	83	85	85	390
BOD$_5$/(mgO$_2$/L)	139		380	169		562	588	910
E-Fac/(g/kg)	17		25	25		36	60	156
AOX/(mgCl/L)	0.7	1.26	0.45	0.65				
E-Fac/(g/kg)	0.09	0.08	0.03	0.10				
HC/(mg/L)		19						
E-Fac/(g/kg)		1.24			15			
pH 值	8.2		7.7	8.6		7.7	7.7	7.5
L/(mS/cm)	1.9		5	3				
T/℃	24	26	44	35				
NH$_4^+$/(mg/L)	31.2		8.2	7.6		43	16	
E-Fac/(g/kg)	3.9		0.54	1.12		2.77	1.63	
有机 N/(mg/L)	13		17.3	9.5				
E-Fac/(g/kg)	1.63		1.14	1.41				
总 N/(mg/L)						101	44	
E-Fac/(g/kg)						6.5	4.5	
总 P/(mg/L)								
E-Fac/(g/kg)								
Cu/(mg/L)				0.05				
E-Fac/(g/kg)				7.4	2			
Cr/(mg/L)					7			
E-Fac/(g/kg)								
Ni/(mg/L)					2			
E-Fac/(g/kg)								
Zn/(mg/L)					22			
E-Fac/(g/kg)								

数据来源：［179，UBA，2001］；［193，CRAB，2001］；［198，TOWEFO，2001］；［198，TOWEFO，2001］；［199，Italy，2001］。

注：空白单元格表示有关资料无法获得。

除了 TFI8 之外，污水流量都在 65～148L/kg 之间，"FhG-ISI，1997"所报道三个厂的流量数据为 63L/kg、86L/kg 和 122L/kg。

用水量最高的工厂（148L/kg）也是应用绞纱形式生产纱线的（因此液比较高，用水量较大）。用水量较大也因为这些工厂要对需进行丝光并用偶氮染料染色的面纱进行处理，这导致了用水量的增加。

与棉花生产工艺相比，PES 纱线生产所产生的 COD 排放浓度（97～125g/kg）一般较高。主要原因有两点：分散染料的使用、需去除化纤油剂。

对于第一个影响因素，使用分散染料时需添加分散剂（参照 2.7.6.2 以及附录Ⅰ6.3）。除了增加出水 COD 负荷之外，其还会增加水中其他水溶性以及难降解物质的含量。

对于第二点，在 2.6.4 中的纤维和纱线制造过程中也出现过，化纤油剂需要在染色之前被去除。污染物中还有一类重要物质——矿产油，也被称之为烃类化合物（HC），其仅在两个工厂中被检测出来。从 TFI2 的排放值（1.2g/kg，对应的 COD 是 3g/kg）来看，HC

对于 COD 的贡献似乎并不大，但是这还需要继续验证。假设化纤油剂的用量为 20g/kg，相应的 COD 值为 3g/g，若化纤油剂从纤维上的去除率为 90%，则进入废水中的 COD 估计为 50g/kg（参考附录Ⅰ2）。

该过程应用到的化学原料为：染料 18～36（g/kg 纺织基材）；纺织印染助剂 80～130（g/kg 纺织基材）；基本化学品 95～125（g/kg 纺织基材）。

当使用高浓度的软化剂时，纺织染料的用量可以增至 175g/kg。

3.3.1.5　纱线加工工厂：主要成分为 WO，PAC/CV

表 3.13 表示主要应用羊毛及 PAC 混合物生产纱线的 7 个工厂的污水排放情况。

表 3.13　采用 WO/PAC/CV 制造纱线的 7 个工厂废水污染物浓度值及纺织基材的排放因子

项　目	TFI1	TFI2	TFI3	TFI4	TFI5	TFI6	TFI7
流量/(L/kg)	120	212	167	66	74	43	95
COD/(mgO$_2$/L)	590	480	584	782	1023		
E-Fac/(g/kg)	70.8	102	97.5	51.6	75.7	35	47
BOD$_5$/(mgO$_2$/L)	190	170	265	355	220		
E-Fac/(g/kg)	22.8	36	44.2	23.4	16.3		
AOX/(mgCl/L)		0.4	0.76		0.17		
E-Fac/(g/kg)		0.08	0.13		0.01		
HC/(mg/L)							
E-Fac/(g/kg)							
pH 值		7.7	6.9	7.3	6.8		
L/(mS/cm)			4.4				
T/℃			41				
NH$_4^+$/(mg/L)		4.6					
E-Fac/(g/kg)		0.98					
有机 N/(mg/L)		11.2	16.6		22.8		
E-Fac/(g/kg)		2.37	2.77		1.69		
总 N/(mg/L)							
E-Fac/(g/kg)							
Cu/(mg/L)		0.02	<0.01				
E-Fac/(g/kg)		4.2	1.7				
Cr/(mg/L)		0.03	<0.1	0.38	1.2		
E-Fac/(g/kg)		6.4	16.7	25.1	88.8	34	28
Ni/(mg/L)			<0.1		0.01		
E-Fac/(g/kg)			16.7		0.7	<2	<2
Zn/(mg/L)			0.63		0.47	39	
E-Fac/(g/kg)			105.2		34.8		10

数据来源：[179，UBA，2001]；[193，CRAB，2001]。

注：空白单元格表示有关资料无法获得。

这 7 个工厂所产生的污水量范围较大（从 43～212L/kg），影响污水产量的原因有很多。设备的使用年限是其中一个因素，但是纱线的组成成分也是一个需要考虑的因素。例如：TFI6 厂 100% 的纱线都是采用包纱形式进行生产的，所以废水量很低，而在 TFI7 厂中 10% 的生产是以绞纱的形式进行，因此产生了很高的污水量。

COD 的排放值与棉纱加工工厂排放值接近，除了铬类，其余物质的排放因子都与其他类型工厂的排放因子类似。该类工厂排放的废水中铬浓度较高，这是因为在生产过程中使用了金属络合物和铬染料。后者包含了重铬酸钾或重铬酸钠。根据羊毛加工量和染色方法的不同，铬的排放量差异可能会很大。在羊毛加工量比较高的公司中，铬的排放量能达到100mg/kg（TFI5的数据为89mg/kg）。

生产过程中应用的化学原料及其浓度范围为：染料 13～18（g/kg 纺织基材）；纺织印染助剂 36～90（g/kg 纺织基材）；基本化学物质：85～325（g/kg 纺织基材）。

总能量消耗在 4～17kW·h/kg 的范围内，同时进行纺纱、络筒、整经工艺的工厂能量消耗更大。其中电力的实际消耗量约为 0.9～6.5kW·h/kg，同时进行上述加工工艺的工厂这个值会更大。

3.3.1.6 纱线加工工厂部分工艺的分析

对于这些工厂而言，最需要考虑的是污水的排放，因为工厂对于大气的污染还不明显。

不同工艺带来的污染排放是不一样的（不同类型的染液排放污染物浓度不一样）。例如以下 5 种排放指标：COD、pH、电导率、温度以及色度（在 435nm，500nm，620nm 的波长下的吸收系数），它们在三种典型染色过程中的值分别为：采用活性染料上染 CV 纱线[液比（1∶8～1∶12）]（表 3.14）；采用分散染料上染 PES 纱线[液比（1∶8）～（1∶12）]（表 3.15）；采用还原染料上染 CO 纱线[液比（1∶8）～（1∶12）]（表 3.16）。

表 3.14 采用活性染料上染 CV 纱线时排出废液的参数值

COD，pH 值，电导率，温度以及色度（光谱吸收系数 SAC）

序号	废液名称	COD /(mg O₂/L)	pH 值	电导率 /(mS/cm)	温度 /℃	SAC 435nm /(1/m)	SAC 500nm /(1/m)	SAC 620nm /(1/m)
1	用过染液	3179	10.2	35.1	48	27	13	2
2	清洗液	550	10.1	11.7	42	14	10	3
3	中和液	1220	4.4	3.8	44	4	4	1
4	皂洗液	4410	6.2	2.4	57	16	11	4
5	清洗液	1040	7.1	0.9	59	7	5	3
6	清洗液	320	7.3	0.5	60	10	8	5
7	清洗液	190	7.4	0.3	49	7	6	4
8	调节液(软化)	790	4.4	0.6	35	0	0	0

数据来源：[179，UBA，2001]。

表 3.15 采用分散染料上染 PES 纱线时排出废液的参数值

COD，pH 值，电导率，温度以及色度（光谱吸收系数 SAC）

序号	废液名称	COD /(mgO₂/L)	pH 值	电导率 /(mS/cm)	温度 /℃	SAC 435nm /(1/m)	SAC 500nm /(1/m)	SAC 620nm /(1/m)
1	预处理液	610	7.4	20	134	3.9	2.7	1.4
2	用过染液	10320	5.0	3.4	130	290	375	125
3	清洗液	1310	7.2	0.6	85	51	78	8.6
4	还原后处理液	3610	9.5	6.1	89	18	11	6.3
5	清洗液	615	9.2	1.4	84	6.3	4.2	2.7
6	清洗液	140	8.6	0.5	66	0.9	0.7	0.3
7	调节液(软化)	2100	7.2	0.5	55	23.6	17.9	11.8

数据来源：[179，UBA，2001]。

表 3.16　采用还原染料上染 CO 纱线时排出废液的参数值
COD、pH 值、电导率，温度以及色度（光谱吸收系数 SAC）

序号	废液名称	COD /（mgO$_2$/L）	pH 值	电导率 /（mS/cm）	温度 /℃	SAC 435nm /（1/m）	SAC 500nm /（1/m）	SAC 620nm /（1/m）
1	用过染液	14340	12.9	46	70	254	191	190
2	冲洗液	6120	12.6	24	46	95	59	59
3	清洗液	1900	12.2	12.7	34	9	8	7
4	氧化液	4780	11.7	5.6	51	4	3	2
5	清洗液	580	10.6	2	32	1	1	1
6	皂洗液Ⅰ	1510	10	2.3	55	4	4	5
7	清洗液	230	9.3	1.5	36	2	2	2
8	皂洗液Ⅱ	860	10.1	3.4	74	4	3	2
9	清洗液	47	8.9	1.2	37	1	1	1
10	清洗液	27	8.5	1	31	0.5	0.5	0.4
11	调节液（软化）	1740	4.7	1.2	45	17	11	6

数据来源：[179，UBA，2001]。

　　上述三个例子反映了采用活性、分散、还原染料对纱线进行浸染所产生的废液情况，但这并非一个固定不变的排放值。例如有的工厂需增加额外的清洗过程，有的时候最后的软化处理可以省去。

　　不过。这三个表格显示了一些关键问题：

　　首先，从这些表格中可看出单一溶液中污染物浓度与最终混合污水污染物浓度的不同，同时由于稀释作用，最终污水 COD 浓度与用过染液的 COD 相比大大降低。

　　以上三个例子中，用过染液在所有废液中污染物浓度最高，但活性染料与分散染料及还原染料相比，其废液中 COD 的值较低。正如本章之前提及的，由于分散染料和还原染料不溶于水，使用时需添加分散剂，导致 COD 的升高。

　　运用皂化工序及还原后处理工序是为了去除未被固定的染料，这些染料往往会大大增加废水中的 COD 和色度。在软化过程中，若 COD 含量明显升高，说明软化剂的吸收率较低。

　　清洗工序能够将污染物的浓度降低 10～100 倍，这是非常重要的。在清洗过程中，低浓度的污水可以循环使用。

　　表 3.17 及表 3.18 显示了对松散纤维及纱线（包纱）进行染色时水和能源的消耗情况。

表 3.17　对松散纤维染色时水及能源的消耗情况

松散纤维 成分	电能 /[（kW·h）/kg]	热能 /（MJ/kg）	染色用水[①] /（L/kg）	清洗用水 /（L/kg）
WO（酸性，铬或金属络合染料）	0.1～0.4	4～14	8～15	8～16
PAC（阳离子染料）	0.1～0.4	4～14	4～12	4～16
PES（分散染料）	0.1～0.4	4～14	6～15	12～20
CO（活性染料）	0.1～0.4	4～14	8～15	8～32
PA（酸性染料）	0.1～0.4	4～14	6～15	6～12

数据来源：[77，EURATEX，2000]。

① [280，Germany，2002]。

表 3.18　对纱线染色时水及能源的消耗情况

成分 \ 纱线	电能 /(kW·h)/kg	热能 /(MJ/kg)	染色用水 /(L/kg)	清洗用水 /(L/kg)
WO(酸性,铬或金属络合染料)	0.8~1.1	3~16	15~30①	30~50①
PAC(阳离子染料)	0.8~1.1	3~16	15~30①	30~50①
PES(分散染料)	0.8~1.1	3~16	15~30①	40~60①
CO(活性染料)	0.8~1.1	3~16	15~30①	60②
PA(酸性染料)	0.8~1.1	3~16	100③~150	

数据来源：[77, EURATEX, 2000]。

① [280, Germany, 2002]；②冲洗及清洗水量和；③总水量。

3.3.2　针织面料加工

3.3.2.1　针织面料加工：主要成分为 CO

表 3.19 显示了 17 个以棉为主要成分的针织面料加工厂的水量消耗情况。

这些工厂水量消耗相对较小（60~136L/kg），但是有两个极端的情况（TFI9 以及 TFI17）。TFI9 仅仅消耗 21.1L/kg，但是水中 COD 浓度非常高。而 TFI17 中由于使用了清洗工序，所以用水量比较高。

这些工厂污水 COD 的范围大多在 70~85g/kg 之间，TFI9 除外（48g/kg），TFI10、TFI11、TFI16 的 COD 比较高，分别为 107g/kg、108g/kg、97g/kg，这也许是因为这几家工厂也同时处理无纺布。处理 PES 纤维也会导致比较高的碳水化合物排放量（>20mg/L），这是在去除含有矿物油的化纤油剂时产生的。对于只处理棉花的工厂，碳水化合物的值有时也会在 10~20mg/L 之间，但一般小于 10mg/L。这些工厂污水中的重金属含量都很低。

所用到的化学原料为：染料 18（g/kg 纺织基材）；纺织印染助剂 100（g/kg 纺织基材）；基本化学品 570（g/kg 纺织基材）。

由于使用含有中性盐（NaCl，Na_2SO_4）的活性浸染，使得化学原料的需求量较大，大约为 400g/kg。

总的能源消耗大约为 6~17kW·h/kg。

3.3.2.2　针织面料加工：主要成分为 CO（含印花工序）

表 3.20 为含有印花工序的针织面料加工数据。这一行业大多数企业采用的都是涂料印花工艺。

对于涂料印花，仅仅在清洗的时候才会产生污水，这也解释了为什么采用这种工艺产生的污水产量会比较小（大约在 10L/kg）。只有 TFI6 使用了活性印花（需要进行后清洗）。

除了工厂 TFI3，表中其他厂都不进行预处理。这也解释了为何这些工厂有较高的污水量和有机磷含量。

表 3.19　17 个针织面料加工厂废水的污染物浓度值及纺织基材的排放因子

项　目	TFI1	TFI2	TFI3	TFI4	TFI5	TFI6	TFI7	TFI8	TFI9	TFI10	TFI11	TFI12	TFI13	TFI14	TFI15	TFI16	TFI17
流量/(L/kg)	67	60	101	67	78	79	120	77	21	71	133	75	88	136	87	96	216
COD/(mgO$_2$/L)	1210	1340	748		931	954	673	1010	2281	1502	814	804	911	439	658	1004	390
E-Fac/(g/kg)	81	80	76		73	75	81	78	48	107	108	60	80	60	57	96	84
BOD$_5$/(mgO$_2$/L)	409	622	174	444	289	408	175	453	788	671	218		390	127	259	166	112
E-Fac/(g/kg)	27.1	37.7	17.6	29.7	22.5	32.2	21	34.9	16.5	47.6	29.0		34.3	17.3	22.5	15.9	24.2
AOX/(mgCl/L)																0.3	0.21
E-Fac/(g/kg)																0.03	0.05
HC/(mg/L)	9.3	18.9	8.3	5	23.7	21.9	6.8	19.2	11.22	32	6.1	0.9	14.3	6.2	18.5		0.21
E-Fac/(g/kg)	0.6	1.1	0.8	0.3	1.8	1.7	0.8	1.5	0.2	2.3	0.8	0.1	1.3				0.05
pH值																	
L/(mS/cm)	3.5	4.4	6.5	4.6	10.1	4.7	8.1	2.9	2.7	3.8	2.26	6.3	6.1	5.1	11.1		
T/℃	34	30	38	36	33.8	33	35	28.6	39	29.3	21	20	24	31	30		
NH$_4^+$/(mg/L)																9	0.21
E-Fac/(g/kg)																0.9	0.05
有机 N/(mg/L)																14.3	22
E-Fac/(g/kg)																1.4	4.8
Cu/(mg/L)	0.1	0.11	0.23	0.05	0.12	0.1	0.19	0.1		0.22	0.25	0.1	0.1	0.11	0.1		0.3
E-Fac/(g/kg)	7	7	23	3	9	8	23	8		16	33	8	9	15	9		65
Cr/(mg/L)	0.1	0.1	0.05	0.05	0.1	0.1	0.05	0.1		0.2	0.05	0.1	0.1	0.1			
E-Fac/(g/kg)	7	6	5	3	8	8	6	8		14	7	8	9	14			
Ni/(mg/L)																	
E-Fac/(g/kg)																	
Zn/(mg/L)	0.2	0.33	0.37	0.1	0.2	0.14	0.1	0.2	0.37	0.26		0.1	0.12	0.12	0.2		0.3
E-Fac/(g/kg)	13	20	37	7	16	11	12	15	8	18		8	11	6	17		65

数据来源：[179, UBA, 2001]。

注：空白单元格表示有关资料无法获得。

对化学投入和能源消耗的资料没有提供。

表 3.20 主要成分为 CO 的 12 个针织面料加工厂（含印花工序）废水的污染物浓度值及纺织基材的排放因子

项　目	TFI1	TFI2	TFI3	TFI4	TFI5	TFI6	TFI7	TFI8	TFI9	TFI10	TFI11	TFI12
流量/(L/kg)	6	15	42	1.1	0.4	35	0.4	2	0.9	2	2	3
COD/(mgO$_2$/L)	233	391	170	296	376	17	1027	639	713	666	351	1196
E-Fac/(g/kg)	1.4	6	7	0.3	0.2	0.6	0.4	1.3	0.6	1.3	0.7	3.3
BOD$_5$/(mgO$_2$/L)			105									
E-Fac/(g/kg)			4.4									
AOX/(mgCl/L)												
E-Fac/(g/kg)												
HC/(mg/L)	0.9	0.3	1.2	0.7	1	0.2	10.3	14.4		1.7	0.9	11.2
E-Fac/(g/kg)	0.01	0.005	0.05	0.001	0.0004	0.01	0.004	0.03		0.003	0.002	0.03
pH 值												
L/(mS/cm)	1.3	1	2.6	0.7	3	2.6	1.3	1.4	0.9	3.3	1.3	1.1
T/℃	11.9	18.9	16.2	17.2	10.6	17.2	14.5	15.9	13.2	19	17.6	17
NH$_4^+$/(mg/L)												
E-Fac/(g/kg)												
有机 N/(mg/L)												
E-Fac/(g/kg)												
总 N/(mg/L)												
E-Fac/(g/kg)												
Cu/(mg/L)	<0.05	<0.1	<0.1	<0.1	<0.05	<0.1	0.1	0.6	0.07	<0.1	<0.1	<0.1
E-Fac/(g/kg)	0.30	1.50	4.20	0.11	0.02	3.50	0.04	1.20	0.06	0.20	0.20	0.30
Cr/(mg/L)	<0.05	<0.1	<0.1	<0.1	<0.05	<0.1	<0.1		<0.1	<0.1	<0.1	<0.1
E-Fac/(g/kg)	0.3	1.5	4.2	0.1	0.02	3.5	0.04		0.1	0.2	0.2	0.3
Ni/(mg/L)												
E-Fac/(g/kg)												
Zn/(mg/L)	0.19	<0.1	0.3	<0.1	<0.1	<0.1	<0.1		<0.1	<0.1	0.3	0.2
E-Fac/(g/kg)	1	1.5	13	0.11	0.04	4	0.04		0.09	0.20	0.6	0.6

数据来源：[179，UBA，2001]。

注：空白单元格表示有关资料无法获得。

3.3.2.3　针织面料加工：主要成分为合成纤维

由表 3.21 的 13 个工厂可以看出，污水量的变化是很大的（35～229L/kg），用更加先进的技术可以降低污水量（低液比的自动化设备）。而那些用水量高的工厂设备都比较陈旧。

通过该数据可以看出，其烃类化合物的排放量明显高于以加工棉纤维的工厂（表 3.19）。

对于加工棉纤维的工厂，重金属的排放并不明显。

COD 的数值在 65～150g/kg 之间，COD 比较低的工厂主要生产锦纶。以加工锦纶针织纤维、锦纶/氨纶混纺针织纤维的工厂为例，图 3.7 显示了这类厂 COD 负荷的来源组成。

如图 3.7 所示，印染助剂，特别是均染剂和清洗剂，对 COD 负荷的贡献量最大。化纤油剂也是 COD 升高的一个因素。从所给的例子可以看出，化纤油剂对 COD 的贡献是 20%，己内酰胺也会出现在废水中，其对 COD 的贡献是 4%。

所需要的化学原料为：染料 15～50（g/kg 纺织基底）；纺织印染助剂 45～150（g/kg 纺织基底）；基本化学物质 50～280（g/kg 纺织基底）。

各项污染物浓度值的范围非常大，这反映了过程中所用工艺的不同，总能源消耗在 3.5～

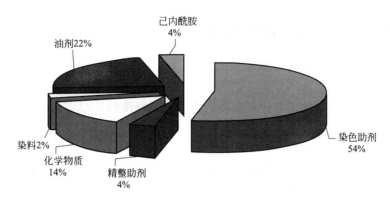

图 3.7　锦纶针织面料加工厂的 COD 组成

$17kW \cdot h/kg$ 之间，而电力的消耗在 $1.5 \sim 6kW \cdot h/kg$。拥有纺纱、针织工序的工厂，能源消耗比较大。

表 3.21　以合成纤维为主原料的针织面料加工厂废水污染物浓度值及纺织基材的排放因子

项 目	TFI1[1]	TFI2[1]	TFI3[1]	TFI4[1]	TFI5[1]	TFI6[1]	TFI7[1]	TFI8[1]	TFI9[1]	TFI10[1]	TFI11[1]	TFI12[2]	TFI13[2]
流量/(L/kg)	117	173	81	77	127	89	35	229	83	43	61	144	255
COD/(mgO$_2$/L)	1003	379	1045	3590	911	890	2170	384	581	3480	1870	883	262
E-Fac/(g/kg)	117	66	85	276	116	79	76	88	48	150	114	127	67
BOD$_5$/(mgO$_2$/L)	271	184	384	855	242	246	252	95	132	590		326(3)	88(3)
E-Fac/(g/kg)	31.7	31.8	31.1	65.8	30.7	21.9	8.8	21.8	11.0	25.4		47	22
AOX/(mgCl/L)				4.3	0.3	0.34				0.65	0.3		
E-Fac/(g/kg)				0.3	0.04	0.03				0.03	0.02		
HC/(mg/L)	60	4.9	57.1		26.9								
E-Fac/(g/kg)	7	0.8	4.6		3.4								
pH 值						7.3		9.2		6	7.4		
L/(mS/cm)	3.2	4.1	1	2.2		1.7		1.5	3.6	2.6	0.9		
T/℃	29.3	29	39.8					36.8					
NH$_4^+$/(mg/L)				2		6		18					
E-Fac/(g/kg)				0.2		0.5		4.1					
有机 N/(mg/L)				15	16.5	18.2			12	2.7		15	
E-Fac/(g/kg)				1.2	2.1	1.6						0.6	
总 N/(mg/L)													4.7
E-Fac/(g/kg)													1.2
总 P												1.9	2.3
E-Fac/(g/kg)												0.27	0.59
Cu/(mg/L)	<0.05	0.06	0.09	0.09	<0.09			<0.1		<0.01	0.04	0.1	0.03
E-Fac/(g/kg)	6	10	7	7	11			23		0.43	2	14.4	8
Cr/(mg/L)		<0.1	0.15	<0.05	0.14							0.03	0.03
E-Fac/(g/kg)		17	12	4	18							4.3	8
Ni/(mg/L)							<0.1		<0.01	<0.02			
E-Fac/(g/kg)							23		0.43	1.2			
Zn/(mg/L)	0.16	0.05	0.07							0.03	0.08	0.07	0.03
E-Fac/(g/kg)	19	9	6							1	5	10	8

数据来源：①［179，UBA，2001］（工厂 TFI1～TFI11 对应站点 1～11）；②［200，Sweden］（工厂 TFI12 和 FI13 对应站点 B 和 G）。

注：空白单元格表示有关资料无法获得。

3.3.2.4 针织面料加工：主要成分为羊毛

该部分废物排放及能量消耗数据主要仅来自一个工厂，没有报道该工厂精确的工艺流程。

表 3.22 包含了污水排放的数值，与棉或合成纤维制造的针织面料相比，流量及其他参数没有显著差异。

没有提供所应用化学品的资料。

该工厂的能源消耗非常高（67kW·h/kg），电力消耗为 9.5kW·h/kg，这是因为该过程中含有纺纱、加拈、络筒和针织工序。

表 3.22   以羊毛为主原料的针织面料加工厂的废水污染物浓度值及纺织基材的排放因子

	TFI1		TFI1
流量/(L/kg)	63	NH_4^+/(mg/L)	9.5
COD/(mgO$_2$/L)	1470	E-Fac/(g/kg)	
E-Fac/(g/kg)	93	有机 N/(mg/L)	23.3
BOD$_5$/(mgO$_2$/L)	367	E-Fac/(g/kg)	1.5
E-Fac/(g/kg)	23.1	Cu/(mg/L)	0.03
AOX/(mgCl/L)	0.3	E-Fac/(g/kg)	2
E-Fac/(g/kg)	0.02	Cr/(mg/L)	0.09
HC/(mg/L)		E-Fac/(g/kg)	6
E-Fac/(g/kg)		Ni/(mg/L)	
pH 值	6.8	E-Fac/(g/kg)	
L/(mS/cm)	0.6	Zn/(mg/L)	0.5
T/℃	31.5	E-Fac/(g/kg)	32

数据来源：[179，UBA，2001]。

注：空白单元格表示有关资料无法获得。

3.3.2.5 针织面料加工厂的过程分析

所涉及的工艺过程主要包含：加热（见 3.3.3.5.2）；棉针织物预处理（连续和非连续过程）（见 3.3.2.5.1）；主要成分为棉和合成纤维的针织面料的浸染（见 3.3.2.5.3）；印花（见 3.3.3.5.5）；精整（见 3.3.3.5.6）；涂层（见 3.3.3.5.7）。

3.3.2.5.1 棉针织物预处理

预处理包括对棉针织物的漂白和洗涤。漂白的强度主要取决于棉花的质量和需要达到的白度。对于后续进行深色调浸染的织物，漂白强度可相对低一些（预漂白），而对于浅色和非染色产品，白度要求高，因此必须进行强度更大的漂白处理。

（1）棉针织物的连续预处理

一般使用大型装置进行连续预处理，下面介绍一个采用过氧化氢进行连续漂白/洗涤的过程。它包括以下几个步骤：

- 添加吸液率为 130% 的漂白液；
- 于 95～98℃ 的温度下，在饱和蒸汽中漂白 30min；
- 逆流冲洗；
- 添加络合剂和清洗剂，再通 3～5min 的饱和蒸汽；
- 冲洗和干燥（对于非染色产品，干燥前应添加柔软剂）。

一个典型的配方见表3.23。

表 3.23 对棉针织物进行连续漂白/清洗的典型配方

试剂/(g/kg 纺织品)		COD/(g/kg 产物)	输入 COD /(g/kg 纺织品)	排放 COD /(g/kg 纺织品)
漂白液				
NaOH(100%)	8.2			
润湿剂	6.0	1210	7.3	7.3
络合剂	4.4	270	1.2	1.2
有机稳定剂	22.0	185	4.1	4.1
$MgSO_4$	2.2			
H_2O_2(50%)	66.0			
荧光增白剂	5.0	760	3.8	1.14
清洗剂	1.5	2060	3.1	3.1
二次漂白				
多磷酸盐	1.1			
清洗剂	1.1	1780	2.0 总和:21.4	2.0 总和:18.84
软化液				
软化剂	14.5	684	9.9	0.99
醋酸(60%)	1.1	645	0.7	0.7

数据来源：[179，UBA，2001]。

注：估算 COD 排放量时，假设润湿剂、稳定剂和有机稳定剂被释放到污水中，而荧光增白剂、软化剂残留在纤维上的比例达70%和90%。

一般 COD 数值大概在 20～30g/kg 纺织品范围内，这个数值对应第 11 章给出的标准配方。污水产量是 30L/kg。

第一个步冲洗出水的相关数值为：COD 4000～8500mg/L；电导率 2.5～4.5mS/cm。pH 值 10 左右。

第二步冲洗出水的相关数值为：COD 1000～3000mg/L；电导率 0.5～1.2mS/cm；pH 值 8～10。

在表 3.23 中，COD 的数值大概为 20g/kg 纺织品（润湿剂是对最后出水 COD 贡献最大的助剂）。

废水中 COD 的数值大约在 80～100g/kg 纺织品范围内，COD 来源之一是添加剂，不过要指出的是，过氧化氢尚未被计算在内（按 COD_{Cr} 的计算方法，其 COD 值为 0.45g COD/g H_2O_2）

第二个工序包含了以下几个步骤：

• 用 130% 的有机酸或无机酸在 40℃ 的温度下进行反应，然后冲洗；

• 用漂白剂进行漂白；

• 在 97℃ 的温度下，在饱和蒸汽中进行漂白反应；

• 持续冲洗；

- 添加软化剂（如果需要的话）。

相关的化学品消耗量及排放的 COD 数值如表 3.24 所列，由表 3.24 可见该过程所需的用水量明显减少。

表 3.24 对棉针织物进行连续预处理（漂白/冲洗）的化学品消耗量及相关的化学需氧量

输入/排放	单位	数值
无机物的消耗	g/kg 纺织品	37～41
有机物的消耗（以 COD 计）	gO_2/kg 纺织品	29～35
水消耗	L/kg 纺织品	14～19
蒸汽消耗	kg/kg 纺织品	1.1～16
电力消耗	kW·h/kg 纺织品	62～79
由于化学剂的使用所导致的污水中 COD 的排放[①]	gO_2/kg 纺织品	16～20

数据来源：[179，UBA，2001]。

① 估算 COD 排放量时，假设润湿剂、稳定剂和有机稳定剂被释放到污水中，而荧光增白剂、软化剂残留在纤维上的比例达 70% 和 90%。

(2) 棉针织物的非连续预处理

对于棉针织物的非连续漂白/冲洗，第 11 章提供了采用过氧化氢漂白的标准配方，关于COD，pH 以及电力消耗量及对过氧化氢漂白的预处理都在表 3.25 有所介绍。因为分批废水的数据不可获得，所以排放参数无法计算。只有总排放废水的数据（30～50L/kg，包含冲洗用水）。

表 3.25 用过氧化氢对棉针织物进行预漂白以及全漂白过程中的
一些参数，整个过程中的废水流量是 30～50L/kg

参　数	预漂白			全漂白		
	漂白	热冲洗(15min)	冷冲洗(25min)	漂白	热冲洗(15min)	冷冲洗(25min)
pH 值	11.4～11.7	11.1～11.3	11.1～11.2	12.1～12.5	12.1～12.3	11.3～11.5
COD/(mgO_2/L)	5200～6500	4200～5400	800～1700	7800～8500	5700～6500	800～1200
电导率/(mS/cm)	6.4～9.5	5～8	1.5～3.5	16～16.8	12～12.6	2.1～1.5

数据来源：[179，UBA，2001]。

对于棉针织物，过去，次氯酸钠、过氧化氢混结合使用是非常广泛的。自从次氯酸钠被过氧化氢取代后，现在这种方法已很少见了。1992 年的数据表明这两者结合使用时的相关数值以及污水中 AOX 的不同（表 3.26）。用过氧化氢进行漂白，AOX 的数值达 6mg/L。而经过冲洗之后，AOX 几乎没有了。

表 3.26 结合过氧化氢、次氯酸钠对棉针织物进行漂白及冲洗时相关的参数值

参　数	次氯酸钠漂白	过氧化氢漂白	冲洗
pH 值	9.3～10.2	10.5～11	8.2～8.3
COD/(mgO_2/L)	1500～1800	1500～1600	70～80
AOX/(mg/L)	90～100	3.5～6	0.2～0.3
电导率/(mS/cm)	10.2～10.5	7.2～8	0.8～0.85

数据来源：[179，UBA，2001]。

3.3.2.5.2 合成纤维针织面料的预处理

合成纤维针织面料预处理的输入/排放数据是有限的。关于从纤维中去除的混合物详见附录Ⅰ2部分。废水量以及其中的COD含量，烃类化合物的数值都是估计出来的。大公司采用连续预处理工艺，所需的耗水量减少，以致废水中的COD及烃类化合物浓度增加。需特别说明的是，烃类化合物的浓度在g/L数量级内。

3.3.2.5.3 浸染针织物

对针织面料染色通常进行分批处理（浸染）。少数情况下采用半连续模式处理（通常为冷轧堆工艺）。

(1) 浸染棉针织物

表3.27显示了一些输入数据，颜色可分为浅色、中等色和暗色（这主要影响输入的染料和盐类）。表中所示的不同液比不是由于所用的机器不同（所有机器的额定液比都为1:8）；它反映的是由于需要进行小批量，机器未处于满负荷状态，机器在非最优化液比下运行时的液比。现代化机器的共同特点是采用最大负荷条件下的液体比来进行小批量处理（具体见4.6.19）。

表3.27 采用活性染料染色对棉针织物进行侵染时典型的输入数据

项　目	单位	浅色	中等色	暗色
液比	(1:8)～(1:25)			
染料输入	g/kg 纺织品	0.5	45～30	30～80
有机助剂输入	g/kg 纺织品	0～30	0～30	0～35
盐类输入	g/kg 纺织品	90～400	600～700	800～2000
无机助剂	g/kg 纺织品	50～250	30～150	30～150

数据来源：[179，UBA，2001]。

对于污水的排放，以下几个表显示了一些典型染色过程的情况。表3.28显示了活性染料浅色调染色时的废水排放值。

对于浅色调染色，通常对漂白的较低，并且不需要皂洗。废水的COD非常低，特别是对于冲洗水。表3.29中显示了暗色调染色时的相关数值，其COD、电导率以及色度都比较高。利用活性染料进行中等色染色时的数值介于这两种情况之间。

表3.28 采用活性染料对棉针织物进行浅色调染色时排放废液的相关数值
液比为1:25；整个过程中的水消耗量为142L/kg

序号	废液名称	COD /(mgO$_2$/L)	pH 值	电导率 /(mS/cm)	SAC 436nm/(1/m)	SAC 525nm/ (1/m)	SAC 620nm/ (1/m)
1	染色废液	920	11	72	43	18	6
2	冲洗废液	180	10.6	10	9	4	2
4	冲洗废液	33	10	2.8	4	2	1
5	冲洗废液	23	9	1	2	1	1
6	冲洗废液	5	8.3	0.8	1	0.5	0.2

数据来源：[179，UBA，2001]。

表 3.29　采用活性染料对棉针织物进行暗色调染色时排放废液的相关数值

液比为 1：8.2；整个过程中的水消耗量为 71L/kg

序号	废液名称	COD /(mgO₂/L)	pH 值	电导率 /(mS/cm)	SAC 436nm/(1/m)	SAC 525nm/(1/m)	SAC 620nm/(1/m)
1	染色废液	3400	12.1	140	328	315	320
2	冲洗废液	2980	11.8	55	325	298	308
3	中和废液	2530	4.5	25	309	220	246
4	冲洗废液	1060	4.7	8.3	316	185	196
5	冲洗废液	560	5.3	2.1	316	164	154
6	皂洗废液	450	6.7	0.8	321	177	132
7	冲洗废液	150	7.0	0.5	205	94	61
8	冲洗废液	76	7.6	0.4	63	27	17
9	冲洗废液	50	7.6	0.4	29	13	7

数据来源：[179，UBA，2001]。

以下另外两个例子，一个是用直接染料进行浅色调染色，一个是利用硫化染料进行中等色染色。

表 3.30　采用直接染料对棉针织物进行浅色调染色时排放废液的相关数值

序号	废液名称	COD /(mgO₂/L)	AOX /(mg Cl/L)	pH 值	电导率 /(mS/cm)	SAC 436nm/(1/m)	SAC 525nm/(1/m)	SAC 620nm/(1/m)
1	染色废液	3000	1.5	10	9.1	50	28	19
2	冲洗废液	160	0.18	8.2	1.2	8	3	2.8
3	冲洗废液	50	0.07	7.4	0.6	0.3	0.02	0.02
4	调节液(软化)	900	0.2	4.8	0.8	13	9	7

数据来源：[179，UBA，2001]。

表 3.31　采用硫化染料对棉针织物进行暗色调染色时排放废液的相关数值

序号	废液名称	COD /(mgO₂/L)	AOX /(mg Cl/L)	pH 值	电导率 /(mS/cm)	SAC 436nm/(1/m)	SAC 525nm/(1/m)	SAC 620nm/(1/m)
1	染色废液	4800	3.3	11.5	63	1100	1080	1130
2	热冲洗废液	600	0.4	10	3.2	8	8	9
3	冲洗废液	36	0.03	8.2	0.62	0.5	0.3	0.3
4	冲洗废液	25	0.04	8	0.34	0.3	0.1	0.2
5	热冲洗废液	580	0.3	8.3	1.3	3.5	3.2	3.3
6	冲洗废液	30	0.04	7.4	0.52	0.1		30
7	冲洗废液	25	0.04	7.4	0.5	0.1	0.02	0.03
8	热冲洗废液	390	0.25	8.2	1.5	2.8	2.6	3
9	冲洗废液	24	0.03	7.6	0.52	0.1		0.08
10	冲洗废液	12	0.04	7.7	0.5	0.2		0.08
11	软化废液	2200	1.6	7.7	1.1	15	8	5

数据来源：[179，UBA，2001]。

以上表格包含了进行浅色、中等色、暗色染色时的一些重要参数值。其显示了分离废液的重要性，通过分离废液能够回收低负荷液体，同时对浓缩液进行更有效的集中处理（见4.6.22以及4.10.7的具体内容）。

（2）浸染合成纤维针织物

表3.32显示了对PES针织面物进行浸染的一个典型配方，为保证它的高耐光牢度，还使用了紫外稳定剂，对此纤维或其他合成纤维的浸染目前还没有可分析的数据。

表3.32 采用分散染料对PES针织物染色过程中一些典型成分的输入值及估算的输出值

项　　目	输入参数（gCOD/kg 针织物）	污水中的排放物（gCOD/kg 针织物）
液比	1∶10	
浸染		
染料输入	1～100	0.5～50
分散剂	6	5
有机酸	未检出	未检出
混合载体①	23	11
紫外线吸收剂	19	4
消泡剂	17	16
后处理		
NaOH（50%）		
还原剂	7	5
固色剂	3	3 总计 45～95

数据来源：[179，UBA，2001]。

① 常见的是邻苯二甲酸酯。

由上面的数据可以看出，与活性染料相比，使用分散染料时，出水COD含量高得多，这是由于有分散剂（染料配方中分散剂的含量高达40%～60%）和载体的存在。

3.3.3　梭织物的加工

3.3.3.1　梭织物的加工：主要成分为CO和CV

表3.33显示了17个厂在生产棉梭织物过程中的污水排放情况，这些工厂大多数采用连续或者半连续形式的预处理。染色过程也大多采用连续或半连续的形式，部分公司采用浸染与连续染色结合，或者采用其中的一种（以TFI16为例）。

废水排放量最低在45～50L/kg之间，最高能超过200L/kg，有两个例子的污水排放量甚至超过了600L/kg。这些数值与"FhG-ISI，1997"的报告相符，其报告了数据类似的其他25个厂，其中有两个厂排水量为240L/kg和265L/kg，还有一个厂高达415L/kg。

表 3.33 以 CO 为主原料的棉织面料加工厂废水污染物浓度值及织纺基材的排放因子

项 目	TFI1①	TFI2①	TFI3①	TFI4①	TFI5①	TFI6①	TFI7①	TFI8①	TFI9①	TFI10①	TFI11①	TFI12①	TFI13②	TFI14②	TFI15②	TFI16②	TFI17
流量/(L/kg)	182	83	211	99	52	56	132	93	45	150	93	618	71	99	21	645	107
COD/(mgO₂/L)	822	3460	597	1210	824	2280	996	949	4600	672	1616	334	2000	1046	2782	467	1926
E-Fac/(g/kg)	150	303	126	120	43	128	132	89	208	101	150	206	143	104	60	302	206
BOD₅/(mgO₂/L)	249	1350	128	256	356	610	384		1760	307	367	66	900	197	1026	141	262
E-Fac/(g/kg)	45	113	27	25	19	34	51		79	46	34	41	64	20	22	91	28
AOX/(mgCl/L)	0.3	2.5	0.38	0.9		0.17			1.1	0.3	0.3	0.27					
E-Fac/(g/kg)	0.05	0.21		0.09		0.01			0.05	0.04	0.028	0.17					
HC/(mg/L)							3	3									
E-Fac/(g/kg)							0.4	0.3									
pH值	8.4	7.5	8.6	10.1		9.6		4.5		10.1		8.6	12	8.5		9	7.2
L/(mS/cm)	1.4	3.3	1.9			2.4	0.2			2.2		1.2					
T/℃	25.8	44.5					20.4	34.1	33.7	41.9		30.9	40			35	
NH₄⁺/(mg/L)	4.6	3.1	7.9	48.3		14.3										2	
E-Fac/(g/kg)	0.8	0.3	1.7	4.8		0.8										1.29	
有机N/(mg/L)	16.7		15.6	158		56				25		16.5					
E-Fac/(g/kg)	3		3.3	16		3.1				3.7		10.2					
总N/(mg/L)													40	12.32	75	11	19.7
E-Fac/(g/kg)													2.86	1.22	1.61	7.11	2.11
总P													5	2.2	6		2.4
E-Fac/(g/kg)													0.36	0.22	0.13		0.26
Cu/(mg/L)	0.23	0.6	0.09	0.36		0.08	0.07	0.08	0.25	<0.01	0.13	0.12	0.10	0.12	0.05		0.22
E-Fac/(g/kg)	42	50	19	36		5	9	7.5	11	<1.5	12	74	7.1	11.9	1.0		23.5
Cr/(mg/L)	0.09	0.05	0.02				0.1	0.07	0.006	<0.01	0.05	0.022	0.10	0.04	0.02		
E-Fac/(g/kg)	16	4	4				13	7	0.3	<0.15	5	14	7.1	4.0	0.5		
Ni/(mg/L)									0.03		0.03		0.10	n. d.	n. d.		
E-Fac/(g/kg)									1		3		7.1				
Zn/(mg/L)	0.24	0.18	0.09	0.36			0.16	0.3	0.18	<0.01		1.05	0.20	0.36	0.24		0.06
E-Fac/(g/kg)	44	15	19	35.8			21	28	8	<1.5		649	14.3	35.8	5.1		6.4
Sb/(mg/L)																	0.11
E-Fac/(g/kg)																	22.7

① [179, UBA, 2001]（从 TFI1~TFI12 对应站点 1~12）。
② [198, TOWEFO, 2001]（从 TFI13~TFI16 对应站点 B01、B02、B06）。
③ [200, Sweden, 2001]（TFI17 对应站点 C）。

注：空白单元格表示无有关资料。

与废水量为 200L/kg 的公司相比，废水量为 50L/kg 的公司拥有更加先进高效的清洗设备（TFI6、TFI9）。有两个公司（TFI12、TFI16）用水量很大（618L/kg、646L/kg）。对于 TFI2，这是因为它的设备十分陈旧，而对于 TFI6，是因为其染色过程采用分批染色，耗水量比连续和半连续染色耗水量大。

与针织纤维相比，梭织纤维的 COD 排放量较高（高 2～3 倍），这主要是因为需要对梭织物中含量高达 15% 的上浆剂进行去除，如此 COD 的负荷就会增加。例如，TFI5 处理的纤维上浆剂负荷较低，除此之外，这个公司只进行预处理，不进行染色，因此 COD 的排放量较低。相反，TFI2 的上浆剂负荷高，导致高浓度 COD 废水的产生（300g/kg）。

另外一个有趣的现象是 COD 与 BOD_5 的比例，这个比例能够表示上浆剂的可生化降解性能。羧甲基纤维素（CMC）、聚丙烯酸酯（PA）和聚乙烯醇（PVA）等合成上浆剂的生化降解能力较差，其中 CMC、PA 几乎不能被生化降解。TFI1 以及 TFI2 的 COD/BOD_5 数值为 3:1，说明其具有较高的生化降解能力。TF4、TFI5 的 COD/BOD_5 数值为 5:1，可见其上浆剂几乎不能被生化降解。

由于印花工序的存在，TFI4 的氨氮浓度很高（这个厂没有被划分到具有印花工序的一类厂里面，是因为在该厂内进行印花的织物占总织物的比例不到 30%），TFI2 的 AOX 排放量较高，但是还没找到合理的解释。

图 3.8 显示了一个棉梭织物加工厂的污水中 COD 的负荷，这些数据是根据所报道的信息以及已知或假设的排放因子计算出来的，且已将该数据与实测的污水中 COD 浓度核对过。

很明显，上浆剂和棉花杂质对于 COD 负荷有着重要的贡献。下面举例的公司主要使用硫化染料和还原染料，由于配方中分散剂的存在，该公司染料对 COD 的贡献大于主要使用活性染料的公司。

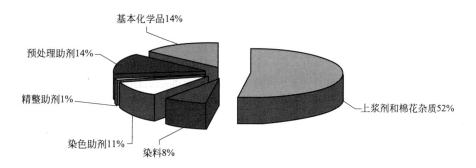

图 3.8 棉梭织物加工厂的 COD 排放值；主要采用连续和半连续染色，所用染料为硫化染料、还原染料和活性染料 [179，UBA，2001]

主要用到的化学原料为：染料 10～20（g/kg 纺织基底）；纺织印染助剂 180～200（g/kg 纺织基底）；基本化学品 200～250（g/kg 纺织基底）。

能源消耗范围为 8～20kW·h/kg，进行纺纱、加捻、络筒的工厂能源消耗较大。电力消耗大约在 0.5～1.5kW·h/kg 之间（从 8 个厂获得的数据）。

关于生产过程中各个环节能量消耗的数据比较有限，其中有两个关于能量消耗例子分析得比较详细。如图 3.9 及图 3.10 所示。

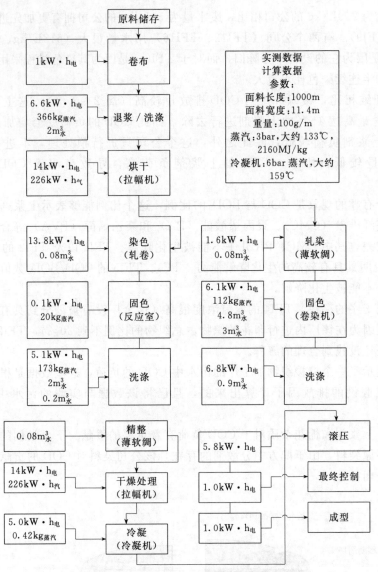

图 3.9　黏胶纤维加工厂的热能和电能消耗[179,UBA,2001]

(注：1bar＝10^5Pa)

第一个例子描述了拉幅机热处理以及干燥处理等对总能耗贡献量最大的高温程序，各个处理程序都会消耗电能，每一程序所消耗的电能大致相等。

第二个例子描述了对聚酯纤维进行高温染色的过程，这个过程需要消耗较多的能力，这部分能耗占了总能耗的很大一部分。

以上两个例子的基础数据可推广运用到整个纺织产业。但对其所做的评估在纺织行业中却是比较少见的，很明显，只有进行了如此详细的分析，才能找出对减少能量消耗最有意义的工序。

3.3.3.2　梭织物的加工：主要成分为 CO、CV，含一个重要的印花工序

表 3.34 显示了 12 个含有印花工序的梭织物加工厂（超过 30％的织物经过印花处理）的污染物排放情况。经调查，TFI1 到 TFI10 是采用染料进行印花，另外两个工厂使用涂料

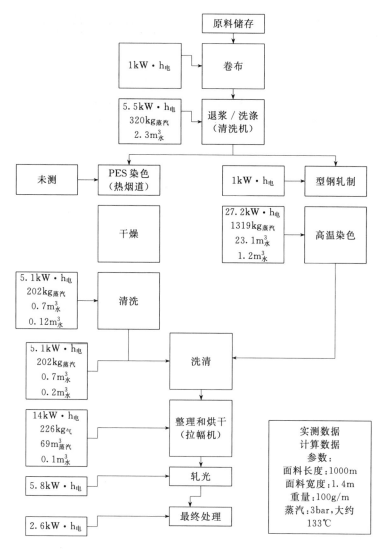

图 3.10　PES 纤维加工厂的热能和电能消耗情况[179,UBA,2001]

印花。这影响了水量消耗水平，因为染料印花消耗的水量大于涂料印花耗水量。印花工序在所有工序中的耗水量也是相对较高的。

十个染料印花厂耗水量大约为 155～283L/kg。TFI 4 除外（因为它没有使用预处理工艺，而是在已经过预处理的基材上直接进行印花和精整）。这些数值被"FhG-ISI,1997"所证实，其还报道了另外七个厂的耗水量数据，分别是 282L/kg、228L/kg、327L/kg、450L/kg、261L/kg、189L/kg 以及 302L/kg。

因为添加了上浆剂，COD 的排放浓度较高，上浆剂是印花工序中有机质含量最高的物质。

对于典型的染料印花工艺，其所排放的废水中氨氮浓度也比较高。这是由于尿素和氨的存在，尤其是在印花浆料中，尿素浓度可达 150g/kg 印花浆料，尿素水解后变成废水中的氨。此外，由于铜酞菁复合活性染料固定率较低，铜的排放量也比其他加工厂的排放值要高。使用含卤素的还原染料及酞菁染料时，废水中 AOX 浓度较高。

所需要的化学品如下：染料 80～100（g/kg 纺织基材）；纺织印染助剂 180～200（g/kg 纺织基材）；基本化学品 800～850（g/kg 纺织基材）。

表 3.34　含印花工序，以 CO 为主原料的梭织面料加工厂废水污染物浓度值及纺织基材的排放因子

	TFI1[①]	TFI2[①]	TFI3[①]	TFI4[①]	TFI5[①]	TFI6[①]	TFI7[②]	TFI8[②]	TFI9[②]	TFI10[②]	TFI11[③]	TFI12[③]
流量/(L/kg)	264	155	229	139	255	283	207	284	295	283	175	143
COD/(mgO_2/L)	1167	1265	859	819	570	760	640	961	513	607	1701	766
E-Fac/(g/kg)	308	196	197	114	145	215	132	273	151	172	298	110
BOD_5/(mgO_2/L)	272	605	267	215	169	215	240	286	169	187	625[④]	191[④]
E-Fac/(g/kg)	72	94	61	30	43	61	50	81	50	53	114	27
AOX/(mgCl/L)		0.4	1.3	2.4		1.7						
E-Fac/(g/kg)		0.06	0.30	0.33		0.48						
HC/(mg/L)	18.1											
E-Fac/(g/kg)	4.78											
pH 值		9	9.1		9.3	9.6	7.8	7.9	8	8		
L/(mS/cm)	1.4	2.8	2.8	2.5		1.3						
T/℃	26	19	33.7									
NH_4^+/(mg/L)			98	146	13.5	170	72	102	40	9		
E-Fac/(g/kg)			22.44	20.29	3.44	48.11	14.91	29.02	11.81	2.55		
有机 N/(mg/L)			24		156		19.5					
E-Fac/(g/kg)			5.49		39.78		4.04					
总 N/(mg/L)							92	108	46	28	39.5	29.9
E-Fac/(g/kg)							19.05	30.72	13.58	7.93	6.91	4.28
总 P											6.4	3.4
E-Fac/(g/kg)											1.12	0.49
Cu/(mg/L)	0.61	0.06	0.4			0.1					0.32	0.24
E-Fac/(g/kg)	161	9	92			28					56.0	34.3
Cr/(mg/L)	0.1	0.02	0.08								0.02	0.01
E-Fac/(g/kg)	26	3	18								3.5	1.4
Ni/(mg/L)		0.03				0.01						
E-Fac/(g/kg)		5				3						
Zn/(mg/L)	0.22	0.15				0.15					0.24	0.06
E-Fac/(g/kg)	58	23				42					42.0	8.6
Sb/(mg/L)												0.03
E-Fac/(g/kg)												3.3

数据来源：① [179，UBA，2001]（从 TFI1～TFI6 对应站点 1～6）。

② [198，TOWEFO，2001]（从 TFI7～TFI10 分别对应站点 I10，I14，I15，I16）。

③ [200，Sweden，2001]（TFI11～TFI12 对应站点 D，E）。

④ 数据为 BOD_7。

注：空白单元格表示有关资料无法获得。

　　有两个原因可以用来解释染料消耗量较高这个问题，第一是因为进行了两次着色，染色和印花；第二是因为所使用的多为液体染料，而计算消耗量时会把所含的水考虑在内较高的化学原料消耗量是因为预处理及印花等工序对化学品的需求量较大。

　　调查过程中仅仅获得了一个公司的能源消耗的数据。其总能耗是 18.8kW·h/kg（其中电耗为 2.3kW·h/kg，其余部分为热能的消耗）。

3.3.3.3　梭织物的加工：主要成分为 WO

　　利用 WO 生产梭织物的数据主要来自于 6 个工厂，见表 3.35。这些工厂的污水排放量

比纤维素纤维加工厂的值要高，这些数据也经过了"FhG-ISI，1997"的认证（133L/kg、156L/kg、253L/kg、142L/kg、143L/kg）。与其他工厂相比，这些厂铬的排放量比较突出（例如 TFI1 和 TFI2，铬浓度分别为 54mg/kg 和 71mg/kg），这是由于使用了经过后铬染料和金属复合染料。对于 TFI5，可以看到铜的排放量也很大（603mg/kg），这是由于采集数据时，这个工厂的热回收系统采用的是铜管道，但是这个工厂现在已经采用不锈钢管道替换铜管道。

表 3.35　以 WO 为主原料的 6 个梭织面料加工厂废水污染物浓度值及纺织基材的排放因子

项　　目	TFI1①	TFI2①	TFI3②	TFI4②	TFI5③	TFI6④
特定流量/(L/kg)	141	296	314	170	114	70
COD/(mgO$_2$/L)	659	814			280	728
E-Fac/(g/kg)	93	241	144	66	32	51
BOD$_5$/(mgO$_2$/L)	227	308			60⑤	140
E-Fac/(g/kg)	32	91			6.8	9.8
AOX/(mgCl/L)		0.31				
E-Fac/(g/kg)		0.09				
HC/(mg/L)						
E-Fac/(g/kg)	8.5					
pH 值		7.1				
L/(mS/cm)	1	1.9				
T/℃	27	30				
NH$_4^+$/(mg/L)						34
E-Fac/(g/kg)						2.4
有机 N/(mg/L)		22.7				
E-Fac/(g/kg)		6.7				
总 N/(mg/L)					55.2	
E-Fac/(g/kg)					6.3	
总 P					1.9	
E-Fac/(g/kg)					0.22	
Cu/(mg/L)	0.08	0.05			5.29	
E-Fac/(g/kg)	11	15	<8	<7	0.6	
Cr/(mg/L)	0.38	0.24			0.04	0.25
E-Fac/(g/kg)	54	71	<8	16	5	17.5
Ni/(mg/L)		0.05				
E-Fac/(g/kg)		15	<8	<7	0	
Zn/(mg/L)	1.3	0.61			1.58	
E-Fac/(g/kg)	183	181	32	50	180	

数据来源：① [179，UBA，2001]（TFI1 和 TFI2 对应站点 1 和 2）。

② [193，CRAB，2001]（TFI3 和 TFI4 对应站点 1 和 2）。

③ [193，CRAB，2001]（TFI5 对应站点 1）。

④ [31，Italy，2000]（TFI6 对应站点 1）。

⑤ 代表 BOD$_7$。

注：空白单元格表示有关资料无法获得。

在这个过程中，应用的化学原料如下：染料：10～30（g/kg 纺织基材）；纺织印染助剂：140～160（g/kg 纺织基材）；基本化学物质：85～95（g/kg 纺织基材）。

只获得了两个工厂提供的能耗情况，总消耗在 11～21kW·h/kg 之间（其中电耗为 0.5～0.8kW·h/kg，天然气能耗为 10～20kW·h/kg）。

3.3.3.4 梭织物的加工：主要成分为合成纤维

以合成纤维为原料的梭织物加工厂的相关数据如表 3.36 所示。这些数据随着混纺类型的不同及织物中所含天然纤维百分比（主要是棉，亚麻和丝绸）的不同而不同。

废水产量大概约为 100L/kg，其中 TFI1 的废水产量为 71L/kg，但是这个工厂情况比较特殊，与其他工厂没有可比性。TFI1 所处理的纤维含 100％PA，且它在预处理过程中只采用现代化连续清洗设备对化纤油剂和上浆剂进行去除。

设备及工艺流程的不同导致污水产量的不同（例如 TFI3 以及 TFI5）。

COD 浓度变化非常大，其范围从 110g/kg 到 200g/kg（TFI2 是一个特例，其 COD 浓度高达 286g/kg）。TFI1 的 COD 浓度较小，为 14g/kg，但是这是因为这个工厂没有染色工序。

图 3.11 显示了以尼龙为原料的梭织物加工厂污水中 COD 的情况，从图中可以明显看出化纤油剂对 COD 的贡献很大。污染物的去除需要较大的水量，染色过程对 COD 的贡献也很大，但这主要不是因为染色剂本身，而是因为染料配方中的均染剂和分散剂（特别是对于广泛应用于合成纤维中的分散染料）。

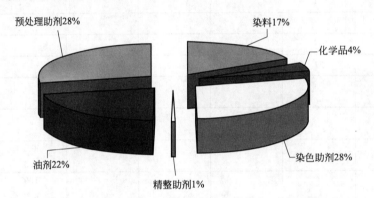

图 3.11　以尼龙为主要原料的梭织物加工厂中 COD 来源组成

表 3.36　以尼龙为主原料的 6 个梭织面料加工厂废水污染物浓度值及纺织基材的排放因子

项　目	TFI1[①]	TFI2[②]	TFI3[②]	TFI4[②]	TFI5[②]	TFI6[③]
流量/(L/kg)	7	114	165	248	178	100
COD/(mgO$_2$/L)	1950	2500	965	665	726	1254
E-Fac/(g/kg)	14	286	160	165	129	125
BOD$_5$/(mgO$_2$/L)	317		227	245	165	373
E-Fac/(g/kg)	2		38	61	29	37
AOX/(mgCl/L)	0.13					
E-Fac/(g/kg)	0.001					
pH 值	11		7	7.4	7.6	
L/(mS/cm)	0.6					
T/℃	32					
NH$_4^+$/(mg/L)			1	9	12	
E-Fac/(g/kg)			0.17	2.23		
有机 N/(mg/L)						
E-Fac/(g/kg)						

项　目	TFI1[①]	TFI2[②]	TFI3[②]	TFI4[②]	TFI5[②]	TFI6[③]
总 N/(mg/L)			14	23	23	9
E-Fac/(g/kg)			2.3	5.7		0.9
总 P/(mg/L)						4.9
E-Fac/(g/kg)						0.5
Cu/(mg/L)						0.14
E-Fac/(g/kg)						14
Cr/(mg/L)						0.06
E-Fac/(g/kg)						6
Ni/(mg/L)						
E-Fac/(g/kg)						

数据来源：① [179, UBA, 2001]（TFI 1 对应站点 1）。

② [198, TOWEFO, 2001]（从 TFI2 到 TFI 5 对应站点 I 03，I 06，I 13，I 17）。

③ [200, Sweden, 2001]（TFI 6 对应 site F）。

注：空白单元格表示有关资料无法获得

3.3.3.5　梭织物加工厂中一些相关具体过程的分析

所涉及的相关过程有：烧毛，热定型，梭织物的连续预处理，连续及半连续染色，印花，涂层。

3.3.3.5.1　烧毛工艺

此工艺对于空气有很大污染，污染程度取决于：基材的处理方式；燃烧器的位置（与纺织品的角度和距离，单面或双面烧毛）；减排装置的类型。

主要的空气污染物有：纤维燃烧过程中的灰尘；不完全燃烧所产生的有机物；燃烧气体中的甲醛气体。

5 个工厂的空气污染调查数据如表 3.37 所列 [179, UBA, 2001]。

对报告中的数据进行以下说明 [179, UBA, 2001]：

① 如果在后冲刷部分采用水洗涤装置的话，灰尘浓度会小于 $0.1mg/m^3$，但是有时候也可能会达到 $6mg/m^3$（标）。

② 有机物的浓度由工艺本身决定（甲烷气体不包括在内），变化范围很大 [1～26mgC/m^3（标）]。燃烧产生的甲醛浓度范围为 $1～3mg/m^3$（标）。

③ 排放气体的温度取决于取样点（燃烧处或后冲刷处），以及是否应用了水洗涤装置。

烧毛过程所产生的气味很浓。一个具有减排措施的烧毛装置气味能够达到 6000 OU/kg 纺织品 [179, uba, 2001]。先进的臭味削减和除尘装置是必要的（见 4.10.9 节）。气味处理的具体方法在 3.5 节中会有介绍。

3.3.3.5.2　热定型

表 3.38 显示了以下热处理过程中气体的排放情况：原料的热处理；经过有效清洗之后的纤维的热处理。

典型热定型过程中空气污染的情况（浓度、排放因子、流量）见表 3.39。当系统安装减排装置后，各项污染物浓度指标都会下降。在直接加热的拉幅机中，燃料所产生的有机碳（甲烷、丙烷、丁烷）单独被列出，这些数据并没有被包括在有机碳的数值中（浓度、排放因子、流量）。

表 3.37　5 个工厂的气体排放数据

纺织公司	取样点	减排装置	基材	有机物浓度 /[mgC/m³(标)]	甲烷浓度 /[mgC/m³(标)]	甲醛浓度 /[mgC/m³(标)]	灰尘 /[mg/m³(标)]	空气流量 /[m³(标)/h]	气体温度 /℃	流速
A	预冲刷+燃烧处	预冲刷+燃烧装置;后冲刷装置;纤维过滤器;水洗漆空气循环	CO	99	22	—	1.8~3.7	5900	28	60~100 m/min
B	预冲刷+燃烧处	预冲刷+燃烧装置;后冲刷;水洗漆装置	PES/CO	82	<1	—	0.3~0.4	3800	34	120 m/min
B	后冲刷处	后冲刷;水洗漆装置	PES/CO	—	—	—	0.1	5670	24	120 m/min
C	预冲刷+燃烧处	预冲刷+燃烧装置;后冲刷装置;纤维过滤器;水洗漆空气循环	CO	74	—	—	6.2	8200	32	100~120 m/min
D(过程1)	燃烧处	后冲刷;水洗漆装置	CO	—	—	0.9	<0.1	4410	83	2160kg 纺织品/h
D(过程2)	燃烧处	后冲刷;水洗漆装置	PES/CO	—	—	1.9	<0.1	—	83	1620kg 纺织品/h
D(过程2)	后冲刷处	后冲刷;水洗漆装置	PES/CO	—	—	—	<0.1	—	27	1620kg 纺织品/h
E	燃烧处	后冲刷;水洗漆装置	PES/EL	42.4	26.3	3.2	—	3190	118	1746kg 纺织品/h
E	后冲刷处	后冲刷;水洗漆装置	PES/EL	—	—	—	6.6	2760	27	1746kg 纺织品/h

数据来源：[179, UBA, 2001]。

表 3.38　坯布或未经有效清洗的织物的热定型可能造成的空气污染

纤维	纺织品的副产物	空气污染物
人造纤维	化纤油剂	矿物油,脂肪酸以及其他的热处理污染物
天然纤维	化纤油剂	矿物油,脂肪酸以及其他的热处理污染物
PU(弹性)	纤维溶剂 化纤油剂	二甲基硅
聚芳酰胺	纤维溶剂	二甲基乙酰胺
PAC	纤维溶剂	二甲基甲酰胺,二甲基乙酰胺
PA6	单体	e-己内酰胺

数据来源：[179，UBA，2001]。

对数据进行以下说明：

① 纺织原料的热定型对于废气负荷有很大影响，如果对 PA6 进行热定型，就要考虑己内酰胺的排放（见 1.1 以及 13.3）。

② 对于使用低挥发性油剂的工厂，其污染物排放水平较低（见 15.1 及 15.2）。

③ 染料的不完全燃烧会增加气体中有机物的含量，可以让有机物浓度从 0.1g/kg 纺织品上升至大于 5g/kg 纺织品。

④ 甲烷的排放不仅仅来源于助剂，还来源于直接加热的拉幅机本身，这是由于其中一些气体（甲烷，丙烷，丁烷）的不完全燃烧。拉幅机中产生的甲烷浓度范围为 $0.1 \sim 60 mg/m^3$（标）。

最常见的一些化纤油剂排放因子如表附录Ⅳ 2 所列。3.3.3.5.6 部分有进一步的解释，这些排放因子是指在给定的工艺条件下，1kg 助剂所排放的有机物及无机物的总量（以 g 计）。

3.3.3.5.3　梭织物的连续预处理

(1) 纤维素梭织物的预处理

对于棉花而言，最常见的预处理过程是退浆、煮练和漂白。目前这些过程常被联合使用。

下图是一个典型的预处理过程（退浆、煮练和漂白），在这个例子中，水溶性的物质可轻易被水清洗掉。表 3.40 显示了一个连续预处理过程中水、蒸汽、化学品的输入情况。

表 3.40 中显示了在不同预处理过程中水、水蒸气以及化学品的使用情况。但是这些数据并未考虑物质回收的情况，所以不一定特别准确。据报道（[281，BeLgium，2002]），现代的预处理过程总耗水量大约为 6L（水及水蒸气/kg 纺织物）或者 9L（含热交换和过滤）。在知道上浆剂使用量的情况下，有机物含量以及 COD 负荷可以通过计算得到，在附录Ⅰ 3 部分有显示。对于表 3.40 中所示的退浆工艺，其水的输入量为 4L/kg，假设纤维中上浆剂的含量约为 6%（质量分数），CO 负荷为 1600g/kg，通过计算可以得到 COD 浓度为 24000mg/L，其相应的 COD 排放因子为 96g/kg 织物。

使用淀粉和改性淀粉上浆剂时，通常采用酶法或氧化法进行退浆。附录Ⅳ，给出了酶法退浆、氧化法退浆及水溶性上浆剂去除的典型配方。

表 3.39　加热定型过程中的气体排放情况（监测值）

纺织工厂	拉幅机技术减排措施	工艺	基材	工艺温度/℃	排放因子 /(gC/kg 纺织品)	浓度 /[mgC/m³ 标)]	流量 /(gC/h)	机器排放因子 /(gC/kg 纺织品)	备注
1.1	直接加热	加热定型（原料）	PA6	185	12	82	359	5.4	4.3g/kg 己内酰胺
3.3	直接加热 热回收 电滤	加热定型（原料）	PES/PAC	180	0.7	92	1260	0.1	
3.4	直接加热 热回收 电滤	加热定型（预清洗纤维）	PES/PAC	180	0.9	77	1055	0.2	
4.3	直接加热	加热定型（非原料）	PES/WO/EL	165	0.2	14	130	1.6	0.08g/kg 甲醛
4.4	直接加热	加热定型（染色纤维）	PES/WO/EL	165	6.5	460	4269	1.4	0.08g/kg 甲醛
10.2	直接加热 水洗装置 电滤	加热定型（非原料）	PA6.6/EL	190	1.5	38	427	0.1	
10.3	直接加热 水洗装置	加热定型（预清洗纤维）	PA6/EL	190	2.2	84	945	0.2	
10.4	直接加热 水洗装置	加热定型（非原料）	PA/EL	190	2.6	71	1052	1.4	
11.1	直接加热 水洗装置 电滤	加热定型（非原料）	PES	150	1.2	24	507	0.5	
11.2	直接加热 水洗装置	加热定型（预清洗纤维）	PES	150	0.8	19	394	0.4	
13.1	直接加热 冷凝 电滤	加热定型（非原料）	PES	205	3.2	36	820	1.2	
13.2	直接加热 冷凝 电滤	加热定型（非原料）	PES/PAC	180	2.2	59	1350	0.5	
13.3	直接加热	加热定型（非原料）	PA6	185	1.9	18	410	0.5	0.7g/kg 己内酰胺
14.1	直接加热 电滤	加热定型（非原料）	CO/PES	200	1.1	95	697	0.1	
15.1	直接加热 水洗装置	加热定型（非原料）	PES	190	0.8	65	689	0.2	考虑原始气体
15.2	直接加热 是洗装置	加热定型（非原料）	PES/CO	90	0.6	39	421	0.2	考虑原始气体

数据来源：[179, UBA, 2001]。

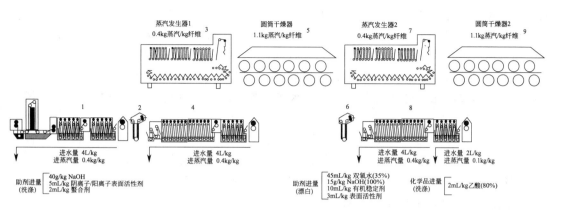

图 3.12 典型的纤维素纤维连续预处理过程，包括退浆（前两个槽），煮练（煮练液的添加、气蒸、清洗、干燥），漂白（漂白液的添加、气蒸、清洗和干燥）[179, UBA, 2001]
1—退浆；2—漂洗；3—气蒸；4—洗涤；5—干燥；6—漂白；7—气蒸；8—洗涤；9—干燥

表 3.40 连续预处理工艺（包括退浆，冲洗，漂白）中的水、蒸汽以及化学物质输入情况

操作	输入值 kg/纺织物	热水 L/kg 纺织物	蒸汽 kg/kg 纺织物	
			没有热交换	有热交换
脱浆		3～4	0.6～0.8	0.3～0.4
煮练	NaOH(100%)40g/kg 湿润剂 5mL/kg 隔离剂 2mL/kg			
气蒸				0.4
清洗		4～5	0.8～1	0.4～0.5
干燥				1.1
漂白	H₂O₂(35%)45mL/kg NaOH(100%)15g/kg 有机稳定剂 10mL/kg 润湿剂 3mL/kg			
清洗	醋酸(80%)2mL/kg	4～5①	0.8～1①	0.4～0.5①
气蒸				0.4
干燥				1.1

数据来源：[179, UBA, 2001]。

① 冷漂白后清洗过程的参考数值：水 4～6；蒸汽（不经过热交换）0.9～1.2；蒸汽（经过热转换）0.4～0.6。

(2) 合成纤维梭织物的预处理

合成纤维梭织物的预处理可采用非连续形式，也可采用连续形式。主要目的是为了去除化纤油剂。典型配方在附录Ⅳ中有描述。

连续预处理所排放的烃类化合物浓度非常高。举个例子，假设烃类化合物负荷为 1.5%（质量分数），水的消耗量为 5/kg，则所产生的废液浓度高达 3000mg/L，另外一些有机负荷来自于预处理的助剂。

(3) 羊毛梭织物的预处理

所能获得的关于羊毛织物预处理的详细信息是有限的，附录Ⅳ中给出了该预处理的标准配方。

3.3.3.5.4 连续以及半连续染色

羊毛梭织物浸染工艺的物质消耗及废物排放水平未在本章中描述，因为这个过程与针织物浸染的操作条件及处理结果都非常相似。

对于半连续以及连续染色，轧染是最常见的染料应用技术，因此必须考虑以下几点。

通常所有的轧染液都会被提前准备。为以防止过程中出现短缺的情况，要准备一些多余的轧染液。目前很多工厂仍然将轧染机及准备槽中残留的轧染液排放到废水中。与整个工艺所产生的废水量相比，这个过程产生的废水非常少，但却会使废水中的染料负荷大大增加（见 4.6.7）。

所需染料的多少主要取决于纺织面料的长度和宽度，以及轧染机的设计方式。其范围一般为 10～15L（现代化设计），对于较旧的设计或重型织物，这个值一般为 100L。

准备槽中的染液残留量取决于染料投加和控制的技术，其范围一般可从几升到 150～200L 左右，后者出现的概率并不低。

残留轧染液的量可以依据每天染色的批次来估计。举个例子，一个处理量为 4000m/d 的工厂，若每批处理量为 800m，则每天的处理批次为 50 批，这个数字乘以平均每批所残留的轧染液的量即为每天所需处理的残留轧染液的量。

举个例子，假设轧液率为 100%，染料浓度为 2～100g/L，染料的 COD 值为 1～2g/g。仅仅考虑到染料本身，不考虑染料配方中的助剂，染料对轧染液的 COD 贡献是 2～200g/L。

附录Ⅳ给出了半连续及连续染色的典型配方。

3.3.3.5.5 印花

(1) 圆网印花中印花浆的残留及污水的排放

一般来说，与数字印花相比，圆网印花及模拟印花的印花浆损失量是非常大的（可能比平网印花小），具体见 2.8.3。尤其是铜或镍酞菁染料，它们在纤维素纤维、聚醚砜及其混纺纤维上的固定率非常低（小于 50%）。

关于印花浆损失的典型数据为：

- 2.5～4kg，刮浆板（取决于刮浆板的直径和长度）；
- 2.5kg，来自管道和泵；
- 1～2kg，来自筛网；
- 6.5～8.5kg，总和。

因此，对于常规的印花浆供应系统，浆料损失大概为 6.5～8.5kg。

浆料的损失量取决于纺织品的数量和形式，某些情况下所损失的浆料量甚至可以超过使用在纺织基材上的浆料量。举个例子，若对 250m 织物进行印花（重量为 200g/m），假设覆盖率为 80%（总纺织面积和印花面积的比），需要 40kg 印花浆。若一共印 7 种颜色，则每种颜色残留的浆料大概需 6.5kg，因此总损失为 45.5kg，这个数值是很高的（不考虑浆料桶内的残留物）。

印花浆料是不同的化学物质的混合物，其中涂料印花浆的有机物浓度最高，而活性印花浆有机物质含量最低。附录Ⅳ给出了活性浆料，还原浆料，分散浆料，涂料印花浆的典型配方。

每次印花之后会对印花设备（刮浆板，管道，泵，筛网）进行清洗。用水量如下：

- 350L，一台泵及一套浆料供应设备的管道；
- 35L，一块刮浆板（现代清洗设备）；
- 90L，一个筛网（现代清洗设备）。

此外，清洗印花毯子的耗水量在 1200L/h 左右。

干燥毯子也需要清洗，典型的耗水量为 400L/h。

（2）活性印花浆料中尿素的消耗水平

活性印花浆料中的尿素是印花过程排出废水中 NH_3 以及 NH_4^+ 的主要来源。

下面的数据反映了意大利三个典型工厂目前的运行情况［312，ANT，2002］，所处理的纤维为丝绸和黏胶纤维。丝绸的尿素消耗范围为 40～100（或 110）g/kg 印花浆。黏胶纤维的消耗量更高，可达 150g 尿素/kg 印花浆。避免或减少尿素使用的技术介绍详见 4.7.1。

（3）印花之后的干燥和固色处理所引起的废气排放

印花过程会对空气造成一定程度的污染。相关的污染数据见 2.8.3。

表 3.41 显示了三个厂的污染数据。这些数据适用于平幅织物的圆网印花（不适用于毯子等膨松织物）

表 3.41 印花之后的干燥和固色处理所引起的废气排放（对两个工厂进行了监测）

工厂	印花工艺	具体步骤	基材	温度/℃ 停留时间/min	排放因子 /(gC/kg 织物)
A	还原浆料直接印花	干燥 气蒸	CV CV	102；13	0.3 1.0
	还原浆料两步印花	干燥 固色		135；1	0.6 1.3
	分散浆料印花	干燥 固色	PES PES	175；5	1.3 0.01
	涂料印花	干燥 浓缩	CO CO	150 160；5	0.2 0.1
B	涂料印花	干燥及固色	CO	干燥 150；1 固色 160；4	0.4～4 取决于配方
C	涂料印花	干燥及固色	PES	干燥 150；1 固色 160；4	0.4～5.6 取决于配方

数据来源：［179，UBA，2001］。

3.3.3.5.6 精整

（1）精整过程的废水排放

精整过程中的废水来自后清洗处理（不一定需要），以及未被完全处理掉的，来自轧染设备、准备槽及管道的高浓度残留液。这些残留液占整个精整过程所产生废液的 0.5%～35%。对于综合性工厂，这个比例较小，对于小批量生产的工厂，这个比例较大。

在这个过程中会使用多种不同的化学试剂。对纤维素纤维进行精整常采用活性阻燃剂及活性非铁助剂。对于后者，一个典型的配方如表 3.42 所列。

表 3.42 采用活性非铁化合物对棉梭织物进行精整的标准配方

项 目	g/L	备注
二羟甲基二羟乙烯脲	130～200	交联剂
硫酸（48%）	15～30	
清洗剂	2	脂肪酸聚氧乙烯醚

数据来源：［179，UBA，2001］。

注：1. 反应 pH 值为 2～3，反应时间为 20～40h，温度为 25～30℃。

2. 轧染液 COD 浓度大约为 130～200g/L。

阻燃剂及非铁助剂中所含的化学试剂都是不可生物降解的物质，活性污泥对其的吸附率也很低，因此这种废水不宜采用生物法进行处理。

另一个例子是对棉梭织物进行抗皱防缩处理。该过程精整剂的典型配方如表 3.43 所列。

表 3.43 抗皱防缩精整剂的典型配方

成　　分	质量/(L/1000m)	X0.91①	COD/(gO₂/kg)	COD/(mg/1000m)
均染剂及分散剂	5	4.55	645	2934.75
二羟甲基二羟乙烯脲	40	36.40	790	28756.00
MgCl₂	10	9.10		
F-硼酸钠	0.15	0.14		
荧光增白剂	2	1.82	360	655.20
交联剂的添加剂	20	18.20	628	11429
平滑剂	40	36.40	340	12376.00
软化剂 1	30	27.30	530	14469.00
软化剂 2	30	27.30	440	12012.00
总化学物质	177.15		总计:82632.55	
总液体用量(包括水)	195			

数据来源：[179, UBA, 2001]。

① 由于稀释作用。

注：纤维重量为 250g/m³，宽度为 1.6m。

在这个例子中，没有后处理程序，但也没有潜在的环境污染物。活性组分、增白剂及柔软剂不可生物降解，经废水生物处理后仍会残留在出水中，影响其中 COD 的含量。

(2) 精整助剂的废气排放潜能（计算数据）

大多数情况下，精整剂排放潜能的计算可以配方中每一种物质的排放因子为基础。根据这一思想可得出以下参数：基于配方物质的排放因子；基于纺织基材的排放因子。

基于配方物质的排放因子有两种：有机物的总排放值，用总碳表示；具体某种有机物，有毒物质或致癌物质的排放值，例如氨和氯化氢。

在德国，助剂供应商会提供基于配方物质的排放因子信息，这为后续计算提供了依据。

基于纺织基材的排放因子（WFc 或者 WFs）以在给定条件下处理 1kg 纺织基材释放的有机物和无机物总量来定义（以 g 为单位）。

基于纺织基材的排放因子可通过基于配方物质的排放因子来计算。同时还需要知道配方中各组分的含量（fs 或 fc），它们在液体中的浓度（FK）以及液体的吸收率（FA，其范围通常为 60%～120%）。表 3.44 给出了一个计算实例。

表 3.44 两个废气排放因子的计算实例

项　目	FK /(g/kg)	FA /(kg/kg)	fs /(g/g)	fc /(g/g)	FK×FA×fs /(g/kg)	WFs /(g/kg)	FK×FA×fc /(g/kg)	WFc /(g/kg)
配方 1								
棉，170℃								
脂肪酸酯	20	0.65		0.015			0.2	
聚硅氧烷	20	0.65		0.005			0.07	
交联剂	100	0.65	0.0041FO	0.0009	0.27FO		0.06	
硬脂尿素衍生物(催化剂)	20	0.65	0.0165FO	0.0162	0.21FO		0.21	
总计 1						0.48FO		0.54

项目	FK /(g/kg)	FA /(kg/kg)	fs /(g/g)	fc /(g/g)	FK×FA×fs /(g/kg)	WFs /(g/kg)	FK×FA×fc /(g/kg)	WFc /(g/kg)
配方2								
棉,150℃								
软化剂	50	1		0.005			0.25	
无甲醛交联剂	12	1		0.01			0.12	
催化剂	12	1		0.008			0.1	
总计2								0.47

数据来源：[179，UBA，2001]。

注：FK—配方中的浓度（g助剂/kg液体）；

FA—吸液率；

fs—基于配方物质的排放因子（g排放物/g助剂，排放物为有毒物质或致癌物质，或氨、氯化氢等无机物）；

fc—基于配方物质的排放因子，以总有机物碳计（g有机碳/g助剂）；

WFs—∑（FK×FA×fs）基于纺织基材的排放因子，以同一类物质计；

WFc—∑（FK×FA×fc）基于纺织基材的排放因子，以总有机碳计；

FO—甲醛。

以以上例子为基础，附录Ⅳ4部分的表中给出了很多商业化助剂在精整之后的热处理过程中释放有机碳或甲烷等其他特殊物质的潜能。所分析的助剂来源于"纺织印染助剂采购指南"[65，TEGEWA，2000]。根据功能的不同，助剂被划分为不同的种类。

同属一类的助剂性能也会有一些差异，这是由于其化学成分，活性成分，副产品和杂质的不同。但是总体上还是可以得到以下一些结论：

甲醛的释放主要来自交联化合物助剂（交联剂和活性阻燃剂）。大多数情况下，三聚氰胺衍生物的甲醛释放潜能要高于二羟甲基二羟乙烯脲（见附录Ⅳ4部分表3及表4）。

以易挥发烃类化合物为主要活性组分的消泡剂比硅型消泡剂的废气释放潜能要高（见附录Ⅳ4部分表5）

含对磷酸三丁酯的润湿剂，其蒸气压较高，排放因子高达340 g有机碳/kg。由于使用了未在"材料安全数据表"中列出的添加剂/副产品，且活性组分的量差别也很大，因此润湿剂的排放因子（见附录Ⅳ4部分表6）相差较大。

含脂肪酸衍生物的软化剂其排放因子的范围为1～5g有机碳/kg。聚硅氧烷型软化剂的排放因子更大。附录Ⅳ4部分表7中提到的含易挥发蜡添加剂的脂肪酸型软化剂的排放值最大。

载体通常是易挥发性物质，其排放因子有时会超过300 g有机碳/kg（见附录Ⅳ4部分表8）。

与载体一样，染色过程中所使用的匀染剂也会被纺织基材携带，并引起相当大的废气排放量。

由于活性物质的种类及副产物（醇、乙二醇、乙二醇醚）的量不同，阻燃剂的排放潜能差别很大。

驱虫剂引起的污染情况也有很大不同。这主要是由于氟碳树脂（乙酸乙酯、异丙基、乙二醇、丙二醇）所需要的溶剂种类和量不同，且活性成分的量不同。

对于调节剂，烷烃比脂肪酸衍生物的排放潜能更高（见附录Ⅳ4部分表11）。

对于荧光增白剂和抗静电剂，随着活性成分及配方中助剂的不同，排放潜能也不同（见附录Ⅳ4部分表12）。

表 3.45 精整工艺之后的热处理过程：过程中的排放因子（实测值）

纺织工厂	拉幅机技术减排措施	方案	基材	工艺温度 /℃	排放因子 /(g/kg 纺织物)	浓度 /[mg/m³(标)]	流量 /(g/h)	机器排放因子 /(g/kg 纺织物)	备注
1.2	直接加热	精整（硬挺交联剂，脱气，防滑）	PA6	150	3.5	21	101	7.7	1.5g/kg甲醛
1.3	直接加热	防静电，软化	PA6.6	150	0.7	33	148	0.1	0.02g/kg甲醛
2.1	间接加热	免烫整理，软化，乙酸	CO/EL	170	0.9	52	506		0.01g/kg甲醛
3.1	直接加热，热回收	阻燃剂	CO	145	0.3	19	155	0.2	0.05g/kg甲醛
3.2	直接加热，热回收	荧光增白剂，抗静电	PES	190	0.6	24	277	0.5	0.01g/kg甲醛
4.1	间接加热	软化	PES/WO	130	0.6	187	529		
4.2	间接加热	防滑整理	PES/WO	130	0.3	15	188		
5.1	直接加热	硬挺整理，软化	PES	170	0.4	9	123	0.2	0.03g/kg甲醛
5.2	直接加热	软化	PES	170	0.5	10	149	0.2	0.04g/kg甲醛
6.1	直接加热，热回收	涂层（聚乙酸乙烯酯）	CV/PP	110	0.7	68	689	1.4	0.06g/kg甲醛
6.2	间接加热，热回收	涂层（聚乙酸乙烯酯），软化，增稠剂，乙酸	CV/CO	120	0.08	8	36		
7.1	直接加热，水洗涂装置	涂层（丙烯酸酯），交联剂，发泡剂	CV	150	0.35	16	142	0.1	0.14g/kg甲醛
8.1	直接加热，水洗涂装置	润湿剂，去污	CV/CO/PES/WO	165	0.5	22	255	0.4	
8.2	直接加热，水洗涂装置	软化，发泡剂	PES/CV/CO	150	0.3	17	200	0.3	
8.3	直接加热，水洗涂装置	聚氨酯涂料	PES/CO	130	0.2	10	121	0.1	
9.1	间接加热	免烫整理，软化，润湿剂，乙酸	CO/EL	150	0.2	43	56		0.03g/kg甲醛
9.2	间接加热	免烫整理-软化，润湿剂，硬挺整理，疏水性，乙酸	CO/CV/EL	150	0.3	53	69	0.1	0.05g/kg甲醛
10.1	直接加热，水洗涂装置	染色后的干燥	PA/EL	135	0.4	12	138	0.1	
12.1	直接加热	羊毛保护（聚氨酯，聚丙烯酸酯）润湿剂	PES/WO/EL	190	1.3	60	542	0.3	0.7g/kg全氯乙烯
12.2	直接加热	疏水性，润湿剂，软化，乙酸	PES/WO/EL	190	0.9	41	370	0.4	0.8g/kg全氯乙烯
14.2	直接加热	疏水性	PAC/PES	180	0.5	18	238	1.3	
14.3	直接加热	软化剂	CO/PES	160	0.5	34	439	0.7	
14.4	直接加热	防滑整理	PAC	160	0.7	19	245	1.8	
14.5	直接加热	免烫整理	CO/PS	170	1.5	50	764	0.6	0.06g/kg甲醛

数据来源：[179，UBA，2001]。

以天然聚合物或合成聚合物为基础的填充剂及硬化剂排放潜能较低。

后处理剂的排放水平较低。

杀菌剂含有芳香族烃类化合物，引起排放因子的升高（见附录Ⅳ4部分表16）。

以硅酸为基础的防滑剂排放潜能非常低。

（3）精整之后的热处理过程所排放的废气，经处理后的排放情况

前面阐述的排放因子是由计算得到的，至于排放水平的实际测量值，表3.45给出了一个实例工厂典型的排放值。当系统安装减排装置后，表中显示的数值所对应的就是清洁气体的数值。对于直接加热型拉幅机，燃料所产生的有机碳排放值是单独给出的，并未包括在有机碳排放值内（浓度、排放因子、流量）。

对所报道的数据进行以下说明：

采用拉幅机对纺织品进行的热处理过程可能会受到上游精整工艺的影响（以及前清洗处理的效率）。

几乎所有纺织精整工艺的排放因子都可达0.8g有机碳/kg纺织物（但必须注意的是，对于配备了减排系统的厂，所给出的排放数字对应的是清洁气体的值）。

由于不完全燃烧引起的有机碳排放值范围为0.1g/kg纺织物到大于5g/kg纺织物（对于燃烧过程控制较差的厂）。

甲醛不仅可来源于所使用助剂，还可来源于直接加热型拉幅机燃料气体（甲烷、丙烷、丁烷）的不完全燃烧。浓度范围为$0.1 \sim 60mg/m^3$（标）。

（4）上游工序产生的污染物被携带至下游的干燥及固色工序中

纺织印染助剂和其他化学物质（及其副产品/杂质）具有一定的纤维亲和力，可暂时被固定在纺织品中，特别是清洗不充分的时候。在下游的热处理过程中这些的物质可能从纤维中被释放出来，进入排放废气中，这类物质中典型的类型包括：载体、均染剂、后处理剂、载体、润湿剂、印花浆料中的烃类化合物（具体见3.3.3.5.5）、全氯乙烯、醋酸。

与载体染色纤维及干洗纤维的排放潜能相关的数据如下：

① 载体染色织物的排放潜能 载体主要被应用于PES及PES混纺的染色过程中（见2.1.1.1及4.6.2）。染色过程中被纤维吸收的载体物质（有时可达50%或更多）在热处理过程中会被释放出来，载体的吸收率/释放率主要取决于：液比、染色工艺、用量、纺织基材、水洗条件。

相关数据见表3.46，这些织物已经过了载体染色（工业范围内），但并未对其进行干燥。经干燥的织物，其排放潜能的测量仅在实验室中进行。

表3.46 经过载体染色后的纺织物的空气污染物排放因子

载体活性成分	排放因子（g C/kg 纺织物）
苯甲酸苄酯,邻苯二甲酸酯	8.97
联苯;邻苯二甲酸二甲酯	8.3
苯邻二甲酰亚胺	5.88

数据来源：[179, UBA, 2001]。

表3.47显示了4个对羊毛进行载体染色后的工厂在干燥/固色过程中典型的空气排放因子。从表中数据可以看出，如果采用芳烃溶剂作为载体，其活性成分会使热处理过程产生大量的废气。对于这类物质，减排系统的效率一般较低（10%～40%）。

未经处理的废气浓度范围大概为 $30\sim4600\mathrm{mgC/m^3}$，流量为 $0.2\sim28\mathrm{kgC/h}$，排放因子为 $0.8\sim24\mathrm{gC/kg}$ 纺织物。排放废气中最关键的物质是联苯，其浓度为 $60\sim100\mathrm{mg/m^3}$，流量为 $350\sim600\mathrm{g/h}$（WFs：$0.9\sim1.5\mathrm{g/kg}$ 纺织物）。

表 3.47　经载体染色后的纤维在干燥/固色过程中织物的空气污染物排放因子

纺织工厂	减排效率/%	载体	排放因子/（g 有机碳/kg 纺织物）	浓度/[mg/m³（标）]	质量流量/（kg 有机碳/h）
工厂 1					
纺织物 A	15	芳烃溶剂	24	2000~4500	28
纺织物 B	25	芳烃溶剂	7.6	200~1000	8
工厂 2					
纺织物 A	未安装	邻苯二甲酸二甲酯	0.77	66	0.4
纺织物 B	未安装	联苯,邻苯二甲酸二亚甲基	1.2	84	1.1
工厂 3					
纺织物 A	30~40	苯甲酸,邻苯二甲酸	0.8~0.9	22~25	0.2
纺织物 B	10~25	苯甲酸,邻苯二甲酸	2.0~2.2	50~60	0.6
工厂 4					
纺织物 A	没有记录	苯甲酸酯类,芳香族化合物	6.5	400	4.3

数据来源：[179, UBA, 2001]。

② 干洗织物的排放潜力　纺织工业中采用干洗工序的目的是：

● 清洁灰色纺织品，特别是弹性纤维混纺（常规清洗工序不足以去除对氨纶纤维使用的有机硅油剂）；

● 对羊毛/氨纶或羊毛/PES 织物进行后处理，以提高色牢度（特别针对暗色调）；

● 提高质量（去除斑点）。

除了使用全氯乙烯进行的干洗，其他的织物干洗过程都是在德国进行的，因为进口的产品通常已经过干洗。纺织品中残留的四氯乙烯（干洗中主要应用的溶剂）量较高。热处理过程中四氯乙烯可以被释放出来（尤其是干燥）。

使用四氯乙烯干洗织物时，在干燥/固色过程中可能形成二噁英/呋喃，因此一些国家禁止在直接加热型拉幅机上处理用四氯乙烯干洗的织物。

在实验室范围内，对 5 个纺织厂采用四氯乙烯进行干洗的织物的排放潜能进行了调查，表 3.48 总结了测量结果。

采用四氯乙烯干洗的织物在干燥/固色过程中空气污染物排放值的范围是：$0.1\sim0.8\mathrm{g}$ 四氯乙烯/kg 纺织品（厂内干洗）；$0.3\sim1.7\mathrm{g}$ 四氯乙烯/kg 纺织品（厂外干洗）。

表 3.48　采用四氯乙烯干洗的织物的排放值

纺织工厂	纺织物	排放因子/（g 有机碳/kg 纺织物）	浓度/[mg/m³（标）]	质量流量/（kg 有机碳/h）	排放因子/（g PER/kg 纺织物）
厂 1	A[①]	0.11	28.1	3.77	0.27
	B[①]	0.23	32.6	4.28	1.17
厂 2	A[①]	0.19	16.1	1.88	0.95
	B[①]	0.26	21.7	2.71	0.66
	C[①]	0.14	11.7	1.68	0.63
	D[①]	0.13	6.1	0.82	0.47
	E[①]	0.85	70.8	9.27	1.65
	F[②]	0.29	21.1	2.59	0.67
	G[②]	0.29	21.1	2.59	0.67

纺织工厂	纺织物	排放因子/(g 有机碳/kg 纺织物)	浓度/[mg/m³(标)]	质量流量/(kg 有机碳/h)	排放因子/(g PER/kg 纺织物)
厂3	A[②]	0.27	19.3	2.37	0.09
	B[②]	0.18	12.9	1.58	0.19
	C[②]	0.30	20.1	2.47	0.13
厂4	A[②]	1.23	94.9	11.95	0.79
	B[②]	0.86	65.9	8.11	0.65
	C[②]	0.80	53.1	6.53	0.54
厂5	A[②]	0.09	6.6	0.80	0.46
	B[②]	0.12	4.0	0.50	0.67
	C[②]	0.15	6.4	0.81	0.82

数据来源：[179，UBA，2001]，参考文献"EnviroTex，1998b"

① 厂内干洗。

② 厂外干洗。

3.3.3.5.7 涂层和层压

涂层工艺引起的环境问题主要来自挥发性有机溶剂、柔软剂以及从稳定剂和交联剂中产生的氨和甲醛。2.10节对这个方面进行了更详细讨论。表3.49给出了5套设备在涂层工艺中的排放值（包括一个给地毯进行背面涂层的例子）。但是必须指出的是，由于不同情况下的排放水平相差很大，因此，在这个问题上表3.49给出的例子只是提供参考。

一些其他的数据见表3.45（纺织工厂6.1，6.2，7.1，8.3）。

请注意，对于直接加热型拉幅机，燃料所产生的有机碳（甲烷、丙烷、丁烷）单独被列出（见机器排放因子一栏），这些数据并没有被包括在有机碳的排放值中（浓度、排放因子、流量）。

3.4 地毯工业

3.4.1 羊毛及羊毛混纺地毯纱线染坊

本节所述的这一工序在2.14.5.1中有详细介绍。关于羊毛地毯纱线的能量消耗及废物排放数据非常少。下面给出的信息来自ENco向EIPPC提交的报告[32，ENco，2001]。所收集的数据来自英国一些在这方面很有代表性的公司。该调查涵盖的企业规模不等，有年处理量为1000t的纱线染坊，也有年处理超过7000t的工厂。

涉及的工厂分为三类：仅染色和干燥散纤维的染坊；洗涤、染色、干燥纱线的染坊，其中有一两个工厂也洗涤已经染色的纱线；散纤维、纱线综合染坊。

这份文件给出了前两类工厂的能源消耗及废物排放数据，分别见表3.50和表3.53。综合染坊可看作这两类厂的结合。图3.14给出了羊毛地毯纱线处理过程中的各类输入量及输出量（经过城市污水治理的输出结果不包括在内）。使用该报告的数据时应谨慎，因为在这类工厂中所采用工艺的不同会使得结论出现不同。

文件给出了1999~2000年间共12个月的数据。

所给的废物排放数据仅涉及水污染方面，因为水污染是这类工厂生产中最容易引起的环境问题。

排放因子是根据污水排放量、从排放口测得的污水浓度以及纺织品产量计算得到的。随着染色过程中所使用纤维性质的不同，污水的组成也随之变化。长时间的测量数据会更加可靠，若只做几次测量，所得的数据不足以反映一个长期的情况。

表 3.49　涂层工序的空气污染物排放数据（测与 5 个工厂）

监测点	干燥技术减排措施	方案	基材	工艺温度/℃	排放因子/(g 有机碳/kg 织物)	浓度/[mg/m³(标)]	质量流量/(kg 有机碳/h)	机器排放因子/(g/kg 纺织物)	备　注
1.1	直接加热水洗涤装置	涂层剂（丙烯酸分散）；固定剂（三聚氰胺）；发泡剂；增稠剂（丙烯酸酯）	CV（无纺布）	150	0.4	20	173	0.1	甲醛：0.14g/kg
2.1	间接加热	层压：PVC 黏合剂（聚氯乙烯粉，软化剂，稳定剂，打底剂，乳化剂）	聚氯乙烯箔针织物	105		82	144	23g 有机碳/h	邻苯二甲酸盐：6mg/m³（标）；醋酸乙烯酯：12mg/m³（标）
3.1	直接加热	地毯背面涂层（预涂层，泡沫涂层）基于苯乙烯/丁二烯胶乳和天然胶乳	PA6	120	0.8	75	450	1.5	甲醛：0.06g/kg；氨：0.3g/kg
4.1	直接加热	火焰层压	PA 基材上的 PU 发泡材料			74	232	798gC/h	HCN：3.6mg/m³（标）；TDI[①]：0.5mg/m³（标）
5.1	直接加热	含添加剂（增稠剂、氨、催化剂）的丙烯酸酯分散剂	CO	150	0.4	—	138	1.9	氨：0.02g/kg

数据来源：[179, UBA, 2001]。

① 根据另一个参考资料（[319, Sweden, 2002]），火焰层压厂通常采用纤维过滤器和湿式除尘器来处理废气，在所给的一个例子中，一个采用湿式除尘器来处理其废气的工厂，除尘器入口的 TDI 浓度为 1.09mg/m³（标），除尘器出口 TDI 浓度为 0.06mg/m³（标）。

　　以下几项环境参量来表现污染物排放情况：

- 化学需氧量（COD）

- 悬浮固体（SS）

- 金属（铜，铬，钴，镍）

- 有机氯农药（六六六，狄氏剂，滴滴涕）

- 有机磷农药（二嗪农，机磷希普迪普二嗪农）

- 拟除虫菊酯类杀虫剂（氯菊酯，氟氯氰菊酯）和氯氰菊酯

3.4.1.1　散纤维染坊

(1) 水和能源消耗

　　总的来说，上表给出的水消耗量比考虑机器的液比（对于散纤维通常为 1∶10）及清洗

等其他后处理所消耗的水时得出的理论值要大。表中的用水还包括了加热所用的蒸汽、加载和重装时溢出的水、冷却时所用的水等。

表 3.50　三个典型散纤维染坊的物质消耗和污染物排放值

散纤维染坊		单位（以 t 纺织品计）	厂 A	厂 B	厂 C
输入过程					
水		m³	34.9	28.7	53.5
总能源		GJ	11.18	15.52	15.64
化学品	基本化学品	kg	36.39	28.81	72.11
	总染料，铬＋金属络合物	kg	7.65 2.90	3.60 2.10	4.39 2.81
	助剂 均染剂	kg	10.27 5.67	15.84 5.85	4.30 2.53
	精整剂 防蛀剂	kg	0.40 0.18	5.89 0.78	0.08 0
输出过程					
排入废水中的物质					
COD		kg	20	28	20
SS		kg	0.05	0.30	1.03
金属总量		g	67.33	54.85	2.97
铬		g	66.08	52.78	1.67
铜		g	0.47	1.19	0.15
钴		g	0.78	0.88	1.15
总 SP		g	0.462	0.172	0.015
氯菊酯（来自防蛀剂）		g	0.458	0.165	0.010
氟氯氰菊酯（来自防蛀剂）		g	n. d.	n. d.	n. d.
氯氰菊酯（来自纤维原料）		g	0.004	0.007	0.005
总 OC（来自纤维原料）[1]		g	0.003	0.007	0
总 OP（从纤维原料）[2]		g	0.811	0.664	0.722
		m³	27.7	24.46	45.44

数据来源：［32，ENco，2001］。

注：n. d. ＝未检测。

[1] 六氯环己烷、狄氏剂、滴滴涕的总和。

[2] 二嗪农、烯虫磷、毒虫畏的总和。

[3] 厂 C 未使用铬媒染料，仅使用了金属络合染料。

表 3.50 中的三个厂运行条件不同，水回收利用的措施不同，因此耗水量也不相同。A 厂采用标准染色法，清洗过程在独立的池中进行，所有废液被排出。C 厂和 A 厂的操作方式相似，不过 C 厂采用溢流冲洗和冷却的方式，溢流的水作为废水排放。B 厂回收部分染液及清洗液，所以总耗水量最低。

使染液温度从室温升高到沸点以及使纺织品中的水分蒸发所消耗能源的相关数据为：加

热 1kg 水到 100℃需要 0.00043GJ；蒸发 1kg 水需要 0.00260GJ。

因此，染色和干燥散纤维的热量需求为：染色（10kg 水/kg 纺织物）4.3GJ/t；干燥（干燥器中的水分含量：0.5kg/kg 纺织物）1.3GJ/t。

总能量消耗为 5.5GJ/t 纺织物，实际的能源消耗量还要高一些，这是因为蒸汽产生和传递的过程中会有一些能源损失，并且清洗、精整等工序需要在适宜的温度下才能够完成。

（2）化学需氧量

废水中的 COD 数值反映了染料和印染助剂的使用模式。在散纤维的染色中，金属络合染色占主导地位。染色过程中还可能会使用均染剂和聚酰胺保留剂。

三个所选择的厂 COD 排放因子范围为 20～30kg/吨纤维。其中部分 COD 负荷来源于原材料中所含的污染物。合成纤维中可能残留有羊毛油脂和洗涤剂，残留量取决于洗毛的效率。合成纤维中还含有残留油剂，其浓度取决于所使用的润滑剂。

表 3.51 中的数据来自于实验室的分析结果，将原材料进行水溶液提取，以模拟第一湿法工艺对污染物的去除。

表 3.51　散纤维原材料中对废水 COD 负荷有贡献的物质浓度

材　料	第一湿法工艺	可去除污染物的 COD 值/(kg/t)
洗净羊毛纤维	散纤维染色	5～15
尼龙纤维	散纤维染色	30～50

数据来源：[32，ENco，2001]。

（3）来源于防蛀剂的拟除虫菊酯

防蛀剂活性成分二氯苯醚菊酯的排放因子范围较广，因为每个厂的工艺过程各有不同。

厂 A 使用的是传统防蛀方式，防蛀剂的投加率始终保持一致（通常为 100mg 二氯苯醚菊酯/kg 纤维）。

厂 B 采用过量处理及染液循环系统，以减少防蛀剂的排放。在这一过程中只有部分纤维（可能仅占织物总量的 10%）经过了防蛀处理，这部分纤维中的防蛀剂含量较高。这个过程中用过的染液所含的二氯苯醚菊酯浓度较高，但它们被保留在储存槽，并用于下一批的染色。总的来说，这一工艺所产生的污染比传统工艺小得多。最后，过量处理和未经处理的纤维在机械加工和纱线形成过程中被紧密结合在一起。

厂 C 不使用防蛀剂，染色纤维中二氯苯醚菊酯的含量很低，因此废水中二氯苯醚菊酯浓度也很低。当废水中出现这种污染物时，很难鉴别其来源。一种可能是来自本身已受污染的原材料。

图 3.14 给出了经过常规防蛀处理之后的一些典型污染物数据，经过这种防蛀处理的纱线需进行除油处理。在英国，大多数的纱线生产商都会这样做，以满足当地废水排放标准。

（4）金属

厂 A 和厂 B 所使用的后铬媒染料比例最高，污水中铬负荷的范围为 53～66g/t 染色纤维。请注意，该负荷是由污水总量及纤维总量估算出来的，并不代表单独进行后铬媒染色槽的出水浓度，很明显这一出水浓度会更高（对于铬媒染料约为 90g/染色纤维，对于复合染料约为 10g/t 染色纤维）。

（5）有机农药、有机磷及合成除虫菊酯体外寄生虫杀虫剂

纺织厂出水中有机农药浓度的数据很难获得，这不仅因为这些数据往往低于检测下限，也因为这些物质并不是连续释放的。

所报告的数据计算依据是纤维的消耗量以及不同地区纤维中农药残留浓度。作为示例,表 3.52 给出 6 个参考工厂洗净羊毛中农药的年平均含量。

表 3.52　6 个参考工厂洗净羊毛中农药的年平均含量

平均 OC 浓度(g/t 纺织物)[①]	平均 OP 浓度(g/t 纺织物)[②]	平均 SP 浓度(g/t 纺织物)[③]
0.07	2.71	0.79
0.05	3.00	0.81
0.13	2.30	0.50
0.24	2.50	0.69
0.01	1.63	0.35
0.05	3.32	0.17

数据来源:[32, ENco, 2001]。

① 六氯环己烷异构体、六氯代苯、七氯、环氧七氯、艾氏剂、狄氏剂、异狄氏剂、滴滴涕的综合。

② 毒虫畏、二嗪农、除线磷的总和。

③ 氯氰菊酯、氯氟氰菊酯、溴氰菊酯的总和。

农药的年释放量通过湿处理工艺中废水-织物的分配系数来计算。这些系数通过实验所采用的高农药负荷的纤维来确定,以保证每个过程中都能检测到农药。OP、OS 农药的计算也采用同样的方法,最常见的 OS、OP、PS 农药相关的数据如图 3.13 所示。

对地毯进行湿处理时[32, ENco, 2001],OPs(烯虫磷、二嗪农、毒虫畏)与 SP(氯氰菊酯)的效果不同。

高温染色过程中,这些化合物在染液及纤维中的分配系数取决于物质在水中的溶解度,因此氯氰菊酯的(溶解度为 0.009mg/L)浓度比烯虫磷(溶解度为 110mg/L)低。二嗪农的特性不同,在羊毛染色的 pH 条件下其会被降解,因此染色结束后它既不出现在废水中,也不出现在纤维中。这是最近才得出的研究结果(ENco, 2000),这个结论解释了为什么洗净羊毛中的二嗪农含量高于烯虫磷,但染厂废水中二嗪农含量却低于烯虫磷。

染色过程还会使疏水性农药从羊毛纤维表面迁移到微观结构中。因此,与洗涤染色后的纺纱相比,洗涤本色纱线时向废水中释放的这类物质更多。

3.4.1.2　纱线染坊

表 3.53 分析的 4 个工厂中,仅获得了 H 厂、K 厂和 L 厂的水和能源消耗数据,但它们却代表了不同工艺的需求量。H 厂和 K 厂都进行预清洗,并在胡桑式染色机上进行(液比 1∶15)染色。H 厂在染色后不进行漂洗,而 K 厂在染色后会进行漂洗。前者的耗水量为 22m³/t,后者的耗水量为 53m³/t。L 厂进行卷装式染色(液比 1∶12),不进行预清洗,在这种情况下,水和能源的需求量明显低于 H 厂和 K 厂。

表 3.53　4 个典型地毯纱厂的能量消耗及废物排放水平

染纱厂	单位/t(纺织品)	H 厂	J 厂	K 厂	L 厂
输入					
水	m³	22		52.7	17.9
总能量	GJ	23.27			11.9

染纱厂		单位/t（纺织品）	H 厂	J 厂	K 厂	L 厂
清洗所用 化学品	基本化学品	kg	16.2		8	
	清洗剂	kg	4.6	0.45	6	
	防蛀剂	kg	0	0	1	
化学品	基础化学品	kg	144	103	56.6	38
	总染料 铬媒染料＋金属 络合染料	kg	5.6 0.3	12.3 3.7	7.1 0.25	11.4 7
	助剂 PA 助剂	kg	33.6 16.4	58.2 37.4	25.0 18.71	47.9 34.3
	总精整剂 防蛀剂	kg	1.0 0.5	0.4 0.1	1.6 0.6	2.2 0
输出						
向水中排放的物质						
COD		kg	16.3	25.2	n.d.	59
SS		kg	0.26	2.04	n.d.	1.85
金属总量		g	0.8	3.54	n.d.	22
铬		g	0.1	2.19	n.d.	21.2
铜		g	0.41	0.26	n.d.	0.10
钴		g	0.07	0.82	n.d.	0.09
镍		g	0.28	0.27	n.d.	0.36
SP 物质		g	0.212	0.039	n.d.	0.277
氯菊酯（来源于防蛀）		g	0.24	0.035	n.d.	0.023
氟氯氰菊酯克（来源于防蛀）		g	0	0.002	n.d.	0.24
氯氰菊酯（来源于原料纤维）		g	0.012	0.002	n.d.	0.014
总 OC（来源于原料纤维）[1]		g	0.029	0.005	n.d.	0
总 OP（来源于原料纤维）[2]		g	0.142	0.426	n.d.	0.41
总废水量		m³	16.6	23	n.d.	17.9

数据来源：[32，ENco，2001]。

[1] 六氯环己烷，狄氏剂，滴滴涕的总和。

[2] 二嗪农，烯虫磷，毒虫畏的总和。

注：n.d.＝未检出

本书中分析散纤维染色的水和能源消耗量时所需考虑的几点，纱线染色时仍需考虑。

对纱线染色能源消耗理论值的分析作如下说明。

筒子纱染色（处理 1kg 纺织物需加热 10kg 水）：4.2GJ/t。

纹纱染色（处理 1kg 纺织物需加热 15kg 水）：6.3GJ。

纱线干燥（进入干燥器前的水分含量：0.5kg/kg 纺织品）：1.3GJ/t。

筒子纱染色和纹纱染色的理论总能源消耗量分别为 5.5GJ/t 纺织物及 7.6GJ/t 纺织物。

个别工厂的能源需求是平均水平的 2～3 倍以上，原因与前述散纤维染色的相同。工艺的不同导致能源消耗量的不同。H 厂和 K 厂使用绞纱印染设备，并且在染色前对纱线进行预清洗。而 L 厂采用筒子纱染色装置，此外，L 厂不对纱线进行预清洗，而只在染色过程中使用润滑剂，所选择的润滑剂不会干扰染色（这个工艺并不常见）。

所进行的调查针对的是湿法染色，这些数据不足以估算染色和干燥分别消耗的能源比例。但是在其他研究中得到了绞纱染色的这一比例（表 3.54）。典型的条件下，绞纱染色的总能源消耗为 17～28GJ/t 纺织品，筒子纱染色为 5～18GJ/t，下面例子的能源消耗在此范围内，因此比较有代表性。多数案例表明，清洗及染色所消耗的能源占 75%，干燥所消耗的能源占 25%。

表 3.54　纱线染色过程中的能源需求

项　　目	工艺	能源需求 /(GJ/t 纺织品)	占总能耗的百分比/%
绞纱染色路线	连续绞纱洗涤	3.0～5.0	18
	绞纱染色	10.0～16.0	57
	绞纱干燥	4.5～6.5	25
	总和	17.5～27.5	100
筒子染色	筒子染色	5～18	

数据来源：英国环境部，能源高效利用最佳实践项目，最佳实践指南第 168 号。

(1) 化学需氧量

所报道的数据是最终排放污水中的 COD 值。但可估计出洗毛过程对 COD 的贡献达 80%。从各清洗槽中释放出的 COD 的量并不相同，在大多数装置中，槽 1 和槽 2 产生的 COD 占 95%。

在纱线染色环节，由于均染的需要，所用酸性染料占总染料的 90%。个别厂家染色的纱线需要较高的色牢度，因此会使用金属络合染料和活性染料。对于黑色和海军色产品，铬媒染料的使用受到限制，这类染料的使用量不超过总量的 5%。在所消耗的印染助剂中，聚酰胺保留剂占相当大比例。

评估纱线染色废水中 COD 的含量时，需要指出的是，除了化学原料以及助剂，纤维原料也携带了一定量的有机污染物。合成纤维纱含有合成纤维油剂和纺纱润滑剂，这些物质在第一级湿处理过程中被去除，因为也会对废水中的 COD 有一定贡献。

表 3.55 显示了纤维原料中对 COD 有贡献的化合物的污染负荷。这些数据是通过将原材料进行一个简单的水提取过程以模拟第一级湿处理得到的。清洗之前纱线的 COD 值与原料的性质、纺纱润滑剂的数量及性质有关，洗毛过程残留 COD 量取决于洗毛效率。不同工厂在这一过程中产生的 COD 差异很大。

表 3.55　纤维原料中影响废水 COD 的化合物的量

材　　料	第一级湿处理	COD 当量/(kg /t)
80/20 羊毛尼龙纱	纱线清洗	40～80
80/20 羊毛尼龙纱洗净后染色	纱线染色	10～20

数据来源：[32，ENco，2001]。

(2) 防蛀剂中的拟除虫菊酯

纱线染色过程中拟除虫菊酯的排放水平与染色池中的 pH 值及所用助剂有关。在强酸环境下进行染色，可以使残留的污染物浓度降低。使用金属络合染料在中性环境下染色，残余量较高。当 pH＞4.5，应用金属络合染料染色时，排放因子的变化范围是 0.7～9.2g/t 纱线。此外，一些印染助剂（特别是均染剂）能够显著减缓防蛀剂的吸收。

在所调查的工厂中，H 厂的菊酯排放因子（0.24g/t）较高，而 J 厂的排放量为 0.035g/t。引起这一差异的原因不是所用染料的不同，因为这两家公司的操作条件相似，主要使用的都是酸性染料。所不同的是，H 厂的防蛀剂以氯菊酯为基础，而 J 厂的防蛀剂是一种混合添加剂，并且其并不是对所有纺织品都进行防蛀。

L 厂不使用防蛀剂，所以废水中的防蛀剂是由之前被污染的纤维带入的。

(3) 金属

废水中残留的金属反映了染料的使用方式。尤其是金属铬的浓度能反映铬染料使用情况。纱线染色过程中主要采用的是酸性染料和金属复合染料。因此该过程中的金属铬排放量低于散纤维染色过程。L 厂的排放因子最高，这是因为 L 厂的染料中，60％都是金属络合染料及铬媒染料。

有机农药、有机磷及合成除虫菊酯体外寄生虫杀虫剂。

具体数值见图 3.13。

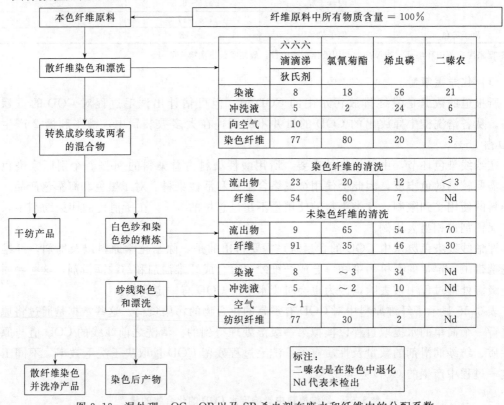

图 3.13　湿处理，OC，OP 以及 SP 杀虫剂在废水和纤维中的分配系数
数据来源：[32，ENco，2001]

3.4.2　综合地毯生产厂

表 3.56 显示了两个典型的地毯生产厂排放废水的情况。这里的废水量不是按照立方米计算，而是按照千克计算的。目前的信息还不是很多，因此下面例子提供的帮助较为有限 [179，UBA，2001]。

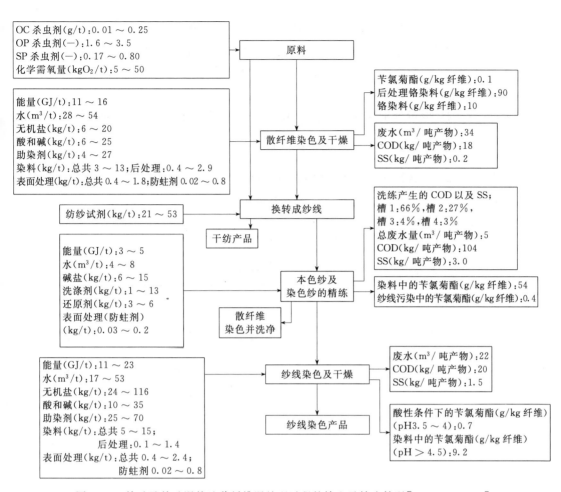

OC 杀虫剂(g/t):0.01～0.25
OP 杀虫剂(一):1.6～3.5
SP 杀虫剂(一):0.17～0.80
化学需氧量(kgO₂/t):5～50

原料

苄氯菊酯(g/kg 纤维):0.1
后处理铬染料(g/kg 纤维):90
铬染料(g/kg 纤维):10

能量(GJ/t):11～16
水(m³/t):28～54
无机盐(kg/t):6～20
酸和碱(kg/t):6～25
助染剂(kg/t):4～27
染料(kg/t):总共 3～13;后处理:0.4～2.9
表面处理(kg/t):总共 0.4～1.8;防蛀剂 0.02～0.8

散纤维染色及干燥

废水(m³/吨产物):34
COD(kg/吨产物):18
SS(kg/吨产物):0.2

纺纱试剂(kg/t):21～53

换转成纱线

干纺产品

洗练产生的 COD 以及 SS:
槽 1:66%,槽 2:27%,
槽 3:4%,槽 4:3%
总废水量(m³/吨产物):5
COD(kg/吨产物):104
SS(kg/吨产物):3.0

能量(GJ/t):3～5
水(m³/t):4～8
碱盐(kg/t):6～15
洗涤剂(kg/t):1～13
还原剂(kg/t):3～6
表面处理(防蛀剂)
(kg/t):0.03～0.2

本色纱及
染色纱的精练

染料中的苄氯菊酯(g/kg 纤维):54
纱线污染中的苄氯菊酯(g/kg 纤维):0.4

散纤维
染色并洗净

能量(GJ/t):11～23
水(m³/t):17～53
无机盐(kg/t):24～116
酸和碱(kg/t):10～35
助染剂(kg/t):25～70
染料(kg/t):总共 5～15;
后处理:0.1～1.4
表面处理(kg/t):总共 0.4～2.4;
防蛀剂 0.02～0.8

纱线染色及干燥

废水(m³/吨产物):22
COD(kg/吨产物):20
SS(kg/吨产物):1.5

纱线染色产品

酸性条件下的苄氯菊酯(g/kg 纤维)
(pH3.5～4):0.7
染料中的苄氯菊酯(g/kg 纤维)
(pH＞4.5):9.2

图 3.14 羊毛及羊毛混纺地毯纤维湿处理过程的输入及输出情况[32,ENco,2001]

表 3.56 两个地毯生产工厂废水污染物浓度及纺织基材排放因子

	TFI1	TFI2		TFI1	TFI2
流量/(L/m²)	14.7	35.6	NH₄⁺/(mg/L)		
COD/(mg O₂/L)	1980	1670	E-Fac/(g/m²)		
E-Fac/(g/m²)	29	59	有机 N/(mg/L)		
BOD₅/(mg O₂/L)		490	E-Fac/(g/m²)		
E-Fac/(g/m²)		17	Cu/(mg/L)	0.3	
AOX/(mg Cl/L)		0.28	E-Fac/(mg/m²)	4.4	
E-Fac/(g/m²)		0.01	Cr/(mg/L)	0.11	
HC/(mg O₂/L)			E-Fac/(mg/m²)	16.2	
E-Fac/(g/m²)			Ni/(mg/L)		
pH 值	7	6.8	E-Fac/(mg/m²)		
L/(mS/cm)	0.73		Zn/(mg/L)	0.23	
T/℃	29	37	E-Fac/(mg/m²)	3.4	

数据来源:[179,UBA,2001]。

注:空白单元格表示有关资料无法获得。

两个工厂均有染色及印花的工艺。TFI1 采用非连续染色法,TFI2 是少数几个应用 Carpet-O-RoLL 染色法的工厂之一,两个工厂都采用了滚筒印花技术。

浸染过程所产生的废水量最大(80%),其次是印花过程(18.5%),清洗仪器设备所产生的废水占 1.5%。这类废水常采用絮凝/沉淀法进行处理，所产生的污泥量较大。

将所用的化学原料归类为染料、纺织印染助剂和基本化学品。具体数值如下：染料 2.1～3.4（g/m² 地毯）；助剂 21.6（g/m² 地毯）；基本化学物质 4.4（g/m² 地毯）。

一个工厂所用的助剂及基本化学品总量为 55.2g/m²。

以上两个厂的用电量分别为 0.9 及 1.3kW·h/m²，石油及天然气的消耗数据无法获得。

3.4.2.1 地毯生产厂中一些相关具体工序的分析

目前没有获得厂内各具体工序能量消耗及废物排放的具体信息，仅有地毯背衬生产线的空气污染物排放数据。相关数据的测定时间为 1996～2001 年。

表 3.57 显示了两个典型工厂的废气排放情况。

表 3.58 显示了废气中主要污染物 VOC 的排放情况。

表 3.57　两个典型工厂的废气排放情况（采用 GC/MS 测定）

纺织背底		泡沫背底	
废气组分	μg/m³	废气组分	μg/m³
苯	13.9	二苯胺	15.2
苯乙烷	140.9	异硫氰酸甲酯	118.66
丙基苯	167.8	十二烷基甲	10
异丙苯	165.5	2,2,4,6,6-五甲基-3-庚烯	518.14
其余烷基苯	374.9	4-苯基环己烯	4986.01
苯乙烯	658.9	枯烯	486.5
4-苯基环己烯	258.5	环己醇	62.79
其余烯烃苯	73.2	乙基代苯	255.01
乙酰苯	19.0	丙基苯	193.81
苯甲醛	n. a.	丙烯基苯	541.87
二甲氨基	521.3	苯乙烯	739.63
四乙烯基环己烯	91.6	二甲苯	198.26
未鉴定出的芳香烃	n. a.	烷基环己烷	150.3
烷基环己醇	180.1	三甲苯	1779.86
辛醇	56.4	甲苯	144.06
烷基二甲氨基物	239.2	乙烯基环己烯	378.74
三甲基甲醇	n. a.	癸烷	193.81
异辛醇	2413.6	正癸醇	174.03
未鉴定出的醇类	48.6	三烯烃-乙基庚烯	10
肉豆蔻酸异丙酯	99	己二醇	19.17
烷基环己烷	2271.3	其余烯烃	1740.31
十一烷	51.9	其余烷基化苯	2729.12
十二烷	39	未鉴定出的乙二醇	31.06
十三烷	137.1	四甲基苯	193.81
正十四碳烷	68.9	十三烷	197.76
其余脂肪烃	49	十一烷	229.4
未鉴定出的烯烃	n. a.	甲氧基三甲基硅烷+丁二醇	30.4
未鉴定出的化合物	903	其余脂肪烃	205.8
列出的所有物质	9042.7	列出的所有物质	12333.51
所有物质（甲苯当量）	11115.3	所有物质①	16313.50

数据来源：[280，Germany，2002]。

① 测得的总芳烃：12626.66。

胶乳中会排放出 1,3-丁二烯和 4-乙烯基-1-环己烯等有害物质，但这些物质浓度较低，

表 3.58 地毯背衬生产线的空气污染物排放例子

纺织厂	过程	第一次使用胶乳 /(g/m²)	第二次使用胶乳 /(g/m²)	生产速度 /(m²/h)	单元	氨 质量流量 /(kg/h)	氨 浓度 /(mg/m³)	总有机碳 质量流量 /(kg/h)	总有机碳 浓度 /(mg/m³)	乙烯基环己烯 质量流量 /(kg/h)	乙烯基环己烯 浓度 /(mg/m³)
A	纺织背底	700	700	1285		0.25	20	0.16	13	无数据	无数据
A	泡沫背底	800	1000	1084		0.50	39	0.43	34		
A	纺织背底(普通胶乳)	725	1000	1220		0.07	5	0.27	19		
A						0.05	3	0.27	20		
A	纺织背底(使用普通胶乳预涂层,无氨乳液黏合剂)	775	830	1260		0.06	4	0.19	13		
A						0.05	3	0.19	13		
A						0.04	3	0.17	12		
A	泡沫背底(非胶体)	0.02	2	0.32		0.71	5	0.33	24		
A						0.05	3	0.33	24		
A						0.02	2	0.32	23		
B	泡沫背底(AA胶)	没有数据	没有数据	1080	干燥	0.60	17	没有数据		没有数据	没有数据
B					红外		35				
B					冷却单元				12		
C	针刺毛毡	没有数据	732		预干燥	0.04	4	0.69	77	0.0	0.00
C			930		转筒干燥器	0.02	2		31		0.00
C					冷却单元		2				0.00
C					预干燥		2				
C					转筒干燥器		2				
C					冷却单元		1				
D	仅有预涂层	800		1260	预干燥 1	0.67	28	3.75	72	0.4	0.05
D					预干燥 2	0.64	37	3.71	262①		没有数据
D						0.64	27	3.63	65		
D							36		262①		
D							27		68		
D							36		254①		

纺织厂	过程	生产数据			氨				总有机碳				乙烯基环己烯			
		第一次使用胶乳/(g/m²)	第二次使用胶乳/(g/m²)	生产速度/(m²/h)	质量流量/(kg/h)	预干燥	红外	冷却单元	质量流量/(kg/h)	预干燥	红外	冷却单元	质量流量/(kg/h)	预干燥	红外	冷却单元
E	针刺毛毡	没有数据	没有数据	205	0.30	42	35	26	0.27	50	18	25	0.0	0.00	没有数据	没有数据
F	备份路线	300 (第一次使用胶乳系统)	230 (第二次使用胶乳系统)	2840	0.39	备份线路	14	备份线路	0.75	备份线路	26	备份线路	0.0	备份线路	0.00	备份线路
					0.35		12		0.95		33		1.6		0.06	
					0.35		12		0.95		33		1.6		0.06	
G	备份线路	800 (第一次使用胶乳系统)	1260 (第二次使用胶乳系统)		73	0.73	预干燥		60	0.0	预干燥		0.00	0.89	预干燥	
					60	1.07			88	0.0			0.00	0.73		
					77	0.53			44	0.0			0.00	0.94		
					112	0.45			21	0.0			0.00	2.42		
					48	0.48			22	49			3.5	1.05		
H	乳胶涂层(间接加热拉幅机)	没有数据	没有数据	没有数据	0.53	0.5g/kg纺织基材（浓度/(mg/m³)）	没有数据		0.6	0.6g碳/kg纺织基材（浓度/(mg/m³)）	没有数据		1.1	0.001g/kg纺织基材（浓度/(mg/m³)）	没有数据	
									0.3	0.3g碳/kg纺织基材						

续表

纺织厂	过程	生产数据			氨		总有机碳		乙烯基环己烯	
		第一次使用胶乳/(g/m²)	第二次使用胶乳/(g/m²)	生产速度/(m²/h)	质量流量/(kg/h)	浓度/(mg/m³)	质量流量/(kg/h)	浓度/(mg/m³)	质量流量/(kg/h)	浓度/(mg/m³)
I	PP热熔胶涂层	没有数据			没有数据		0.06	0.09g碳/kg纺织基材	没有数据	
							0.05	0.03g碳/kg纺织基材		
J	乳胶涂层(直接加热)	没有数据			0.031~0.132	0.05~0.23g/kg纺织基材	1.3	0.7g碳/kg纺织基材	没有数据	
					0.04~0.25	0.05~0.23g/kg纺织基材	0.5	0.9g碳/kg纺织基材		
K	乳胶涂层(间接加热)	没有数据			0.023	9	0.021	8	没有数据	
					0.076	11	0.153	22		
L	乳胶涂层(间接加热)	没有数据			0.157	30	0.142	27	没有数据	

数据来源：[280，Germany，2002]。

① TOC主要来自于未完全燃烧的天然气。

尤其是 1,3-丁二烯，浓度通常低于 1mg/kg。

氨主要被用作胶乳的稳定剂，它也会出现在排放废气中。目前在市场上也有无氨胶乳或含氨很少的胶乳。

3.5 纺织厂产生的一些恶臭问题

纺织厂中的一些工艺过程可能产生恶臭气体。

产生恶臭问题的物质及浓度见表 3.59 和表 3.60。

表 3.59 纺织行厂中产生臭味的物质

物　　质	可　能　来　源
ε-己内酰胺	尼龙 6 和尼龙 6 混纺的热定型；采用 PA 6 和 PA 共聚物进行的糊状、粉状涂层
烷烃,脂肪醇,脂肪酸,脂肪酸酯(气味轻,但浓度高)	灰色纺织品和预清洗不充分纺织品的热定型
烃类	印花,润湿剂,机器清洗,涂层
芳香族化合物	载体
醋酸,甲酸	各种过程
硫化氢,硫醇	还原剂,羊毛洗毛厂的热酸裂解
硫衍生物	印花(尿素),涂层,无纺布加工
氨	印花(增稠剂),涂层,无纺布加工
丙烯酸酯	免烫整理,无纺布精整,永久性阻燃剂
萜烯(四烯)	溶剂,机器清洗
苯乙烯	丁苯橡胶聚合,苯乙烯、丁苯橡胶缩合
四乙烯基环己烯(4 - VCH)	丁苯橡胶聚合(4-VCH 是丁苯橡胶聚合过程中形成的丁二烯二聚体)
丁二烯	丁苯橡胶聚合过程中的单体
4-苯基环乙烷(4-PCH)	丁苯橡胶聚合(4-PCH 由苯乙烯和丁二烯反应形成)
醛	烧毛工艺
丙烯酸	甘油的分解
磷酸酯尤其是三丁酯	润湿剂,脱气剂
邻苯二甲酸酯	均染剂及分散剂
胺(低分子量)	各种过程
醇(辛醇,丁醇)	润湿剂,消泡剂

数据来源：[179，UBA，2001]。

表 3.60 纺织厂中典型恶臭物质的浓度（OU：气味单元）

基材/过程	气味浓度/(OU/m³)	平均气味浓度/(OU/m³)
PA6 坯布热定型	2000～4500	2500
PA6 经热固定和预清洗面料的精整	500～2000	1100
PES 坯布热定型	1500～2500	2000
PES 经热固定和预清洗面料的精整	500～1500	800

基材/过程	气味浓度/(OU/m³)	平均气味浓度/(OU/m³)
CO 精整	300～1000	500
纤维混合 热定型	1000～2500	1500
纤维混合 经热固定和预清洗面料的精整	500～2000	1200
硫磺染色		最高 10000
烧毛工艺		最高 2500
无纺织布 (含单体黏合剂)		最高 10000
印花(热风干燥) 涂料 还原染料(2步) 分散染料 还原染料		282 586 53 286
印花(蒸汽) 色素 分散染料 还原染料(2步)		670 608 633
载体染色纺织品的干燥① 载体:苯甲酸苄酯,邻苯二甲酸酯 载体:联苯,邻苯二甲酸二甲酯 载体:邻苯二甲酰亚胺		800～2800 4800 478
无载体纺织品干燥		4790

数据来源：[179, UBA, 2001]。

① 数据所代表的织物经过了染色，但还未经过干燥，干燥过程的排放量仅在实验室中进行了测量。

3.6 关于纺织工业中固体及液体废物的一般问题

纺织工业中会产生许多固体及液体废物，这些废物中的一部分得到了循环再利用，其余部分则被焚烧或填埋，还有一些经过厌氧消化进行处理。

大多数这些废物并非纺织精整厂所特有的，这里对属于纺织精整厂特有的废物以及不属于这一类型的废物进行了划分（见表3.61）。

表 3.61 纺织工业产生的固体及液体废弃物

非纺织精整厂特有的废弃物	纺织精整厂特有的废弃物
不需控制的废弃物： 废玻璃 纸,纸板 木 废铁(管道,旧机器) 电力电缆 塑料桶(清洁) 金属桶(清洁) 无污染的塑料包装	不需控制的废弃物： 废纱 废布(弄坏的产品,剪掉的布边) 刮绒产生的废物 纺织粉尘

非纺织精整厂特有的废弃物	纺织精整厂特有的废弃物
需要控制的废物： 废油 废气油类 非卤化有机溶剂 石油焚化炉产生的黑烟灰 胶水和粘接剂 受污染的包装材料 电子废物	需要控制的废物： 染料和颜料 残留染液 残留印花浆料 残留精整液 废气处理中产生的含有冷凝物 废水处理产生的污泥
需强力控制的废物： 油/水分离器中产生的废物 卤化有机溶剂 多氯联苯	

数据来源：[179，UBA，2001]。

通常大多数纺织工业废弃物得到了回收利用。

目前，只有少数厂会将剩余染液等高负荷污水分离。很多厂仅在 COD、氨、色度超标时才会采用这个方法。

相反，剩余印花浆料的单独处理却较为常见。通常在焚烧厂中对浆料进行处理，对于活性印花浆料及还原印花浆料，常在厌氧消化池中对其进行处理。

很多工厂用絮凝/沉淀来处理产生的废水。废水处理过程中会产生污泥，这些污泥经过压滤之后含水率为 60%～65%，质量浓度在 1～5kg/m³ 之间。通常产生废水的流量为 100～150L/kg，相应污泥的产量为 100～750g/kg 织物 [179，UBA，2001]。

4

在 BAT 确定过程中要考虑的技术

4.1 一般最佳管理实践

4.1.1 管理和良好的内部控制

(1) 描述

如下所述是管理和内部控制的要点,尽管不够详尽,旨在为一些纺织厂提供普遍适用的通则和污染防治方法。

① 员工培训 员工培训是环境管理的一个重要组成部分。员工必须掌握一些避免资源消耗和环境污染的措施。这种培训应涉及资源(化学药品、纤维、能源、水),生产过程和机械设备三方面。

高级管理人员最好以环境政策和实施策略的方式对环境改善做出明确的承诺,并让所有员工了解这些政策并实施这些策略。

② 设备维护与操作 机械设备、泵、管道系统(包括减排系统)都应得到良好的维护并避免泄漏。应制订定期维护计划,编写规章制度,以下方面需特别注意。

● 机械设备检查:机械设备最重要的部分,如泵、阀门、液位开关、压力调节器和流量调节器都应被列入维护清单之中。

● 泄漏控制:应谨慎处理发生损坏和泄漏的管道、泵、阀门,不仅针对水系统,还需特别注意油热交换系统和化学药品投加系统。

● 过滤装置维护:定期清洗和检查。

● 计量设备校准:如化学药品计量和投加装置、温度计等。

● 热处理装置(拉幅机):所有零部件都需进行定期(至少每年一次)的清理和维护。还应定期清洗尾气排放系统和燃烧器进气系统中的沉积物。

③ 化学药品的储存、处理、定量和投加 按照制造商提供的《化学药品安全说明书》储存化学药品。

隔离存放化学药品的区域和可能发生泄漏的区域,防止泄漏的化学药品进入地表水或下水道,单独储存有毒危险化学品。更多相关内容可以参阅"储存 BREF"(正在编写中)。

应设置急救设施,制订紧急疏散和突发事件应对方法,并定期进行演习。

在仓库和机械设备之间运送化学药品时,常会发生泄漏和泼洒。必须对用于运送的泵和管道系统进行定期检查(见上述"设备维护与操作"),另外需制定相关规章制度以确保人工运送的安全(包括对工人进行适当的培训,使用带有防漏盖的桶等)。

人工操作时，避免或减少泄漏最根本的方法是精确称量、投加和混合。化学药品自动定量和投加系统较人工操作有很多重要的优点（使实验室、染坊联系更紧密；降低工人操作危险化学品时受伤的风险；更短的配送时间等）。

④ 增加所用化学药品和原材料的相关知识　在整个生产过程中，员工应当掌握物质和能量的输入、输出量，并进行定期监控。这包括了纺织原材料、化学药品、热量、电力、水的输入和产品、废水、废气、污泥、固废、副产品的输出（见4.1.2）。

对于污染预防来说最关键的是原材料（纤维、化学药品、染料、助剂等）的预处理。原材料供应商有责任提供足够的产品信息（甚至是专利产品）来帮助制造商进行可靠的环境评价。

目前，供应商提供给制造商的纺织原材料的具体信息往往仅限于纺织基材的技术特性。除此之外，供应商提供的信息还应包括整理剂、浆料的种类和用量、纤维中染料、金属和杀菌剂（如羊毛中的抗外寄生虫药）的残留量。这些杂质会被带入生产过程中，成为纺织厂污染负荷中的重要部分。更详细的原材料信息可以帮助制造商来防止污染，至少可以控制最终的污染排放。

⑤ 化学药品的最优化使用　总的来说，化学药品的最优化使用包括以下步骤：

a. 可以避免使用化学药品的地方应避免使用化学药品；

b. 必须使用化学药品的地方，采用旨在降低风险的方法来选择化学药品及其使用方式，以确保最低的整体风险。

一般有以下一些通用的方法：

- 定期修正配方来避免使用一些不必要的化学药品（染料、助剂）；
- 优先选择高生物降解性、低人类和生态毒性、低挥发性、低嗅味的助剂和化学药品（见4.3.1和4.3.2）；
- 通过控制生产过程参数，如温度、化学药品进料、停留时间、湿度（对于烘干机）等，来优化生产过程；
- 在湿处理过程中使用高质量的水（必要时），来避免或减少为防止杂质引起副作用所使用的化学药品；
- 避免或减少所用化学药品和助剂过量（如化学药品的自动定量和投加）；
- 优化生产顺序（如在染色中，先染浅色后染深色可节约清洗设备所需的水和化学药品）；
- 优先选择化学药品用量低的设备；
- 尽可能重复使用染液；
- 在挥发性物质的运送过程中回收蒸汽；
- 将挥发性物质充满容器时应采用以下防范措施：将蒸汽从一个满的容器转移至另一个空的容器时使用蒸汽平衡曲线；使用最低负荷来避免飞溅（对于较大容器）。

⑥ 水和能量的使用　为了使生产过程中产生的废弃物得到更好的减量化，需要对废弃物及其所需的处理有更深的了解。特别要注意的是，水和能量的最优化使用应基于对生产过程中各个小单元的水、热量、电力消耗的监控和废物流的特性。4.1.2中将具体描述一般的基本方法。

利用这些关于改进生产过程的知识，可以找出若干低技术含量的方法。第一类方法适用于湿处理过程（水和能量的消耗往往是相关的，因为大部分能量都被用来加热水）：

● 安装流量控制装置和自动截止阀将主机械传动装置和水流联系起来（如连续水洗器，见4.9.2）；

● 安装自动控制器以精确控制充满容器的液体量和液体温度（如批量印染机）；

● 使用基于优化过程控制的其他方法（如智能冲洗）替代溢流冲洗（在批量生产中），可减少向下水道排放的废水及下水道的堵塞问题（见4.9.1）；

● 优化生产顺序（如在染色工序中，先染浅色后染深色可减少清洗设备所需的水和化学药品；在整理工序中，合理的安排可减少机器开关次数和加热/冷却次数）；

● 根据后续工序的质量要求来调整预处理过程（如产品为深色，则不需漂白）；

● 将各湿处理过程合并到一步（如合并煮练和退浆，煮练/退浆和漂白，4.5.3中将举例说明）；

● 重复利用水（如最终冲洗水、染液的重复利用，利用后清洗水预清洗毛毡，连续清洗中使用相对流，见4.6.22）；

● 将冷却水用作加工用水（同时可回收热量）。

应注意到，明确生产过程中水的用途和耗水量对水的循环利用很重要。当生产过程中有水得到重复利用时，耗水量就自然降低了。

第二类着重于节能的方法是：

● 管道、阀门、容器、机械的绝热（见4.1.5）；

● 优化锅炉房（重复利用冷凝水，气源的预热，燃烧废气的热回收）；

● 在热回收和从热水流中回收热量前先将冷、热废水流分离；

● 安装废气热量回收系统，4.8.1中将举例说明；

● 安装变频电机；

● 控制循环空气及拉幅机上织物的含水率（见4.8.1）；

● 适当调整干燥/固化的温度和时间。

⑦ 废物物流管理

通常有以下方法：

● 从低浓度废物流中分离出高负荷废物流来实现更有效的处理；

● 分开收集不可避免的固体废物；

● 减少包装；

● 使用可回收容器；

● 循环使用纺织废料（残余织物、次品、起绒等）。

（2）主要的环境效益

通过优化内部控制和管理方法能实现的主要的环境效益包括减少化学药品、助剂、水和能量的消耗，减少固体废物，降低废水、废气的污染负荷。

车间条件也可有所改善。

（3）操作数据

随所采用的方法而变。参考上述技术更详细的信息。

（4）跨介质的影响

没有。

（5）适用性

上述方法中大多数都是低投入的，不需投资购买新设备，尽管一些方法在现有工厂中的应用还会因空间、后勤保障和需要改变主要结构而受限制。特别是，如果现有一些工厂要采用优化锅炉房和安装废气热回收系统等方法，空间条件会限制其使用 [311，Portugal，2002]。

安装自动计量系统和过程控制装置等一些方法可能会很昂贵，这取决于其复杂程度。

管理和内部控制方法的成功与否很大程度上取决于管理者的安排和组织能力。EN ISO 9000 ff，EN ISO 14001 和 EMAS 等工具可用于支持这一方法。公司层面和整个供应链内部的信息沟通是非常必要的。

(6) 经济性

上述方法可以提高操作的可靠性和重复性，有经济利益。最主要的经济效益是降低了能量、水、化学药品消耗，降低了废水、废气、固废的处理费用。

(7) 实施动力

实施高水平综合管理的主要原因是可节约成本、改善操作的可靠性、提高环境绩效、遵守法律法规。

(8) 可参考工厂

欧洲很多工厂都已实施了高水平综合管理方法来提高环境绩效，并依照了一致的高水平内部控制原则。

(9) 参考文献

[192，Danish EPA，2001]，[179，UBA，2001]，[51，OSPAR，1994]，[77，EU-RATEX，2000]，[11，US EPA，1995]，[32，ENco，2001]，[187，INTERLAINE，1999]。

4.1.2 输入/输出流的评估/清单

(1) 描述

所有的环境问题都与输入/输出流有直接的关系。知道尽可能多的输入/输出流的数量和质量对于判断改善环境和经济效益的优先性是非常重要的。

输入/输出流清单可以在不同层面上列出，最常用的是某一地点一年的清单。

图 4.1 表明了输入/输出流的关系。根据往年的数据，可以计算特定的纺织基材输入输出因子（如每千克加工织物耗水升数或每千克加工织物废水中含有多少克 COD 等）。尽管这些因子有其局限性，但可以利用这些因子与其他地点或相似工艺做初步比较，这些因子提供了跟踪持续的能量消耗和废物排放水平的基准。不同类别废水相关的数据见第 3 章。

化学药品（染料和颜料、纺织助剂和基本化学药品）的系统清单和对其的评估对于鉴别关键化合物非常重要。因此推荐使用以下 8 个表格，每个表格代表以下一个类别（以表 4.1 为例）：

- 纤维、纱线的助剂和整理剂；
- 预处理剂；
- 染色和印花的纺织助剂；
- 整理剂；
- 纺织业综合利用的助剂；
- 纺织助剂用户指南"Melliand/TEGEWA，2000"中未收录的纺织助剂；

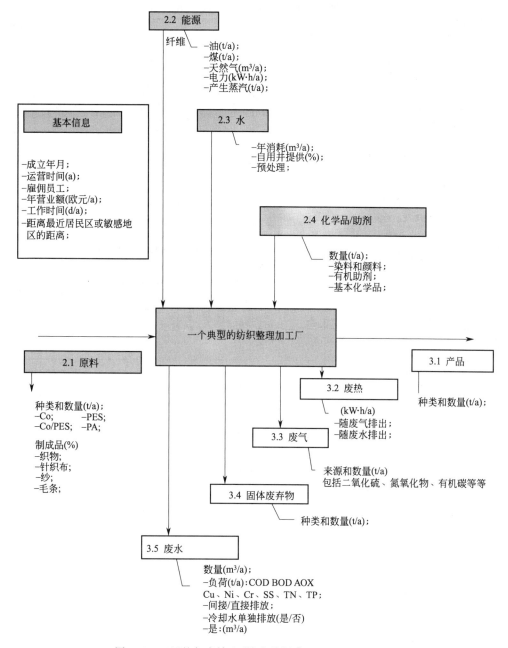

图 4.1 工厂的年度输入/输出计划 ［179，UBA，2001］

- 基本化学药品（所有无机物、有机脂肪酸、有机氧化还原剂、尿素）；
- 染料和颜料。

前 6 个类别与纺织助剂用户指南相同。

表 4.1 是关于染色和印花的一个例子。

表 4.1 对使用的化学药品做了一个粗略的评估，计算了生产过程中输入的 COD 值。生物降解的相关信息是挑选具有更好的生物降解性产品的依据。但是，整张表只评估了用于商业用途的材料。另外，化学药品的生物降解性通常由于其性质和测定方法而难以确定。

表 4.1   染色和印花助剂列表 [179，UBA，2001]

表 3	TFI:										年份:

3. 染色印花助剂	3.12 印花增稠剂
3.1 染料增溶剂及憎水剂	3.13 汽油印花乳化剂
3.2 分散剂及保护胶体	3.14 去印花增稠剂
3.3 润湿剂及脱氧剂	3.15 印花及边缘黏合剂
3.4 匀染剂	3.16 氧化剂
3.5 载体	3.17 还原剂
3.6 防皱剂	3.18 拔染剂及拔染助剂
3.7 染料保护剂及煮练保护剂	3.19 抗蚀剂
3.8 填充助剂	3.20 媒染剂
3.9 连续染色印花固定加速剂	3.21 增白剂及退色剂
3.10 牢固度改善后处理剂	3.22 纤维保护剂
3.11 染色印花黏合剂	3.23 pH 稳定剂及酸碱分配器

编号	商品名	化学成分	应用工段	危险指数	年消耗量 /(kg/a)	生物降解/去除性(%)及测试方法	COD 值 /(mg O_2/g)	BOD_5 值 /(mg O_2/g)	重金属含量 /(mg /g)	有机卤化物含量 /(mg/g)	COD 负荷 /(mg O_2/g)
3.16	Revatol S Gran.	硝基苯磺酸，钠盐	染色	XI	5400	>90；OECD 302 B	0.990				5346
3.04	Alviron OG-BM fl.	表面活性剂及高沸点醇类	染色	—	3800	>80；	0.760				2888
3.17	Cyclanon ARC Ptv.	磺酸衍生物及分散剂	染色	XI	3650	20~70；OECD 确认测试	0.335				1223
3.02	Lamepon UV fl.	多糖	染色	—	2500	>70；OECD 302 B	0.350				875
3.04	Drimagen E2R fl.	芳香族聚醚磺酸盐	染色	XI	1300	46；OECD 302 B	0.616				801
3.23	Sandacid PBD fl.	脂肪酸衍生物	染色	—	1250	80；OECD 302 B	0.309				386
3.04	Peregad P gl.	聚酰胺	染色	—	850	>70；OECD 确认测试	0.430				366
3.23	Egasol 910 Plv	无机盐及有机盐混合物	染色	XI	620						202
3.10	Indosol E-50 fl.	脂肪族聚胺	染色	—	480	89；OECD 302 B	0.420				

下一个层面是生产过程或机械设备层面。第 3 章介绍了一些特定生产过程中能量消耗和废物排放水平分析的例子。很多情况下，这个层面的信息会直接影响改善和优化方法的选择。

图 3.9 是生产过程层面对输入/输出进行评估的例子（涉及能量和水的消耗量，但也适用于其他因素）。

（2）主要的环境效益

上述输入/输出物质流的评估和清单是鉴别环境和经济优化潜力的基本管理工具，但仍需不断改进。

（3）操作数据

使用这个管理工具要求高素质的员工和最高层面的管理。这项工作对专家而言较为熟知，但并未广为人知。

（4）跨介质的影响

并未提到任何跨介质的影响。反之，在潜在优化选项评估中，输入/输出流评估/清单可以考虑跨介质的影响。总的来说，这意味着实现了更高水平的环境保护。

（5）适用性

这项技术适用于现有的和新安装的设备。如果管理人员意识到了这种工具的优点，它将不受工厂规模大小的限制。

（6）经济性

关于经济方面，目前还没有明确的信息，但一般来说，由于纺织环节有较大的改进潜力，上述管理工具会在短时间内体现出其价值 [179，UBA，2001]。

（7）实施动力

节约原材料和生产成本是很有意义的。这种方法的应用使 EMAS/ISO 14001 规定的环境管理系统更容易执行。

（8）可参考工厂

西欧的很多纺织厂在工厂层面上实施了输入/输出流评估和清单。但是只有少数几家在生产过程层面上系统地应用了该工具。

（9）参考文献

[179，UBA，2001]。

4.1.3 化学药品自动制备与投加

（1）描述

近年来，在传统的人工操作转向自动化方面，人们已经取得了巨大进步，如化学药品（水溶液、粉末、糊状物）的制备和定量投加，甚至是整个实验室的运行。

现在，在纺织业中，很多工厂都使用了自动化调色间和自动化化学药品计量和投加系统。微处理器控制计量系统会根据各种实际情况，如恒定流量和可变流量，自动称量化学药品。

这样可以防止或尽可能地减少预处理、染色和整理（连续和半连续过程）过程中所需的高浓度轧染液过量。现在，自动化系统可以实现液体的现配现用。基于对所需轧染液和加工织物量的在线监测，自动控制系统可以制备和投加精确量的液体，从而减少多余的轧染液产生的废水污染。

此外，在现代定量投加系统中，计算所需液体流量时也考虑了清洗预处理容器的水和供水管中的水。该方法可以减少废水量，但存在化学药品预混的现象。其他自动计量系统可在化学药品进入涂药器或印染机前未预混的情况下使用。在这种情况下，系统会单独控制每个产品。因此，在下道工序前无需清洗容器、泵、管道，节约了更多的化学药品、水和时间。这是连续生产线的一个重要特点。

图 4.2 是一个制备预处理液和整理液（无化学药品的预混）的化学药品自动投加系统的例子。半连续（冷轧卷堆，见 4.6.7 节中的相关技术）和连续染色中都可用到类似的设备。

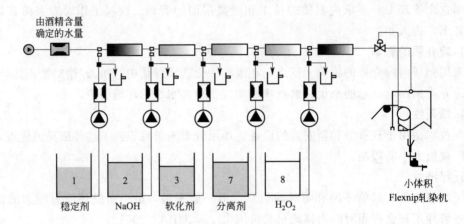

图 4.2　化学药品自动投加系统的例子

除了上述改进之外，适用于毛毡和蓬松织物的计量系统的近期发展情况仍然值得关注，尽管这种系统很昂贵。最先进的设备可以实现在线实时制备、计量，并对各部分进行单独控制。最先进的机械和应用系统都遵循按需染色的原则。液体的添加不再需要测量，都是数字化定量加入，因此，在生产完成之后没有液体剩余。

实验室运行也取得了重要进展。分批印染所需的操作在实验室都可完全通过自动控制系统实现，几乎不需任何人工操作。这些复杂的系统已经在一些大型染坊得到成功应用。

（2）主要的环境效益

自动化能产生很多主要的环境效益。

首先，对于生产过程更精细的控制可以实现最及时的改进，这就意味着尽可能减少返工、重染、剥色、校色等补救过程的发生。

其次，由于具有液体实时制备和不同化学药品分别投加（也就是无预混）功能的自动控制系统可以最少化或者是避免剩余液体的产生（否则这些液体需要在最后进行处理），因此可明显减少废水和化学药品的浪费。这对连续和半连续生产都特别重要。

另外，自动控制系统也提供了一个更安全、更健康的工作环境。消除人工接触就意味着工人不会接触和吸入有毒有害物质。

（3）操作数据

高度自动化控制系统通常要求专业人员来运行，但只需一个人就可以轻松运行整套系统。

粉末自动控制系统是非常复杂的，尤其是需要称取的量很少时。特别是对于粉末染料来说，高精度计量是最根本的。现代自动计量系统可以量取最少为 0.8g 的粉末 [289，Comm.，2002]。

一个纺织印染厂（规模为 5500t/a）的数据表明了安装化学药品自动定量投加系统前后

生产效果的改进状况 [289，Comm.，2002]。

项　　目	前	后
次品	1.6%	0.9%(减少43%)
返工	4.5%	3.7%(减少17%)
化学药品成本节约		11.2%
劳动力成本节约(染坊中)		10%
印染机械效率提高		5%

以另一个意大利知名企业为例，由于安装了染料和助剂的自动定量投加系统，已无需从每个批次中进行抽样检测，而改为每天对每台机器上的一个批次进行抽样检测 [289，Comm.，2002]。

实验室自动化操作可以使返工量减少到总产量的 2%～3%。

（4）跨介质的影响

没有提到任何跨介质的影响。

（5）适用性

本节中提到的典型的自动定量投加技术适用于现有的装置和新安装的装置。但是，如基于按需配色原则和自动化实验室的计量系统的高度复杂技术是个例外，因为它仍然非常昂贵，因此更适用于大型装置。

总的来说，根据设备供应商提供的信息可知，工厂的规模和建设年代并不影响自动定量投加系统的应用。实例证明生产能力从 70t/d 到 5t/d 的工厂都适用 [289，Comm.，2002]。

在现有工厂中，可用空间可能会成为一个限制因素，特别是对于染料的自动化控制。相反，由于生产过程中使用的化学药品种类有限，液态化学药品较容易实现自动控制。由于缺乏可用空间和高额的投资，种类繁多的染料在一些工厂中成为了一种限制因素。

不论如何，在染坊中很难找出 150 种或 200 种不同的染料。而多数情况下，一种纤维最多可能会用到 15 种颜色，也就是说 6 种不同的纤维会用到 90 种不同的染料 [289，Comm.，2002]。

因此，工厂通常会对最常用的染料（消耗量最大）进行自动控制。较典型的情况是：一家工厂使用 60 种每天消耗量为 5～6kg 的染料和 20 种每天消耗量为 10g 的染料。在这种情况下，工厂会自动控制那 60 种高耗量的染料，而人工计量和投加其他的。这种选择通常会使工厂更多地使用那些自动控制的染料，逐步减少其他染料的用量 [289，Comm.，2002]。

不同化学药品分别自动投加于系统中，所产生的主要的环境效益对在生产中和长期连续生产线上（投加系统中的死区体积相当于轧染机的体积）大量使用化学药品和助剂的工厂特别重要。如果化学药品在生产前未经预混，则很容易在下一轮生产中重复利用。如果分别对每种染料进行投加，尽管技术上可行，但非常昂贵，所以仅可利用于使用少量种类染料（最多9种染料）的三原色系统，在三原色系统中能回收足够的量来收回投资成本。

（6）经济性

液态化学药品自动计量系统的投资成本取决于被服务的机器数量，所需的液体数量和所使用的化学药品，通常从 230000 欧元到 310000 欧元不等。对于粉末染料，投资在 250000～700000 欧元之间，然而，对于粉末助剂，投资则在 110000～310000 欧元之间。上述投资价格并未包括管道和连接装置的费用 [289，Comm.，2002]。

可以从减少化学药品和水的消耗量，提高再现性和减少人工费用方面节约成本。根据[179，UBA，2001]，最多可节约30％成本。

出于对健康和安全的考虑，同时由于相对较低的投资（生产过程中所需的化学药品种类有限），最常对液态化学药品进行自动控制（现有工厂的首选）[289，Comm.，2002]。

(7) 实施动力

最主要的实施动力是提高再现性和生产力，同时还有法律规定的健康和安全的要求为动力。

(8) 可参考工厂

目前，欧洲超过60％的印染厂具有自动定量投加系统。液态化学药品自动控制系统最为普遍（70％的工厂），而粉末染料和助剂自动定量投加系统只有20％[289，Comm.，2002]。

德国一些使用液体实时制备自动系统的装置有：

- Brennet AG，D-79704 Bad Säckingen
- Schmitz Werke GmbH ＋ Co.，D-48282 Emsdetten
- Görlitz Fleece GmbH，D-02829 Ebersbach
- Thorey Gera Textilveredelung GmbH，D-07551 Gera.

欧洲和全世界有很多厂都配备了全自动系统装置。

(9) 参考文献

[179，UBA，2001]，[171，GuT，2001]，[76，Colorservice，2001]，[289，Comm.，2002].

4.1.4 纺织生产中耗水量的优化

(1) 描述

众所周知，纺织生产是一个水资源密集型行业。本章中的大部分技术，包括本书中其他部分提到的内部控制工具，都涉及减少耗水量。一些方面与很多措施是共通的。本节将汇总可能对优化用水有重要意义的各种因素。

① 控制耗水量　首先，任何避免水的不必要浪费计划的先决条件是收集装置信息，以及各种生产过程中的消耗量。列清单/评估方式事实上就是关于收集各股废水的类型、数量、构成和来源等更大范围计划的一部分（见4.1.2）。

对于耗水量，工厂层面的数据是决定耗水量是否过多的基准和估算改进潜力的基础。特定生产过程分析是设置优先次序和判断潜在污染防治选择的基础。应当在机器或者生产过程层面监控和记录用水量情况。同时，应定期维护和校准水表。

② 减少耗水量

a. 通过改进操作减少耗水量。操作不当和缺乏自动控制系统会导致水的过多消耗，例如，在上浆和冲洗过程中，如果只装有人工水量控制阀，水就有可能从机器中溢出。在机器中浸泡纤维时，溢出的水最多可占印染周期总运行水量的20％（如果水溢出，也可能损失染料和危险化学药品）。

合理的生产程序和良好的员工训练是很重要的。印染机至少应配备现代操作控制设备，从而可精确控制填充液体体积和温度。

b. 通过降低液比减少耗水量。在连续染色中，染料被配成浓缩液体使用。因此，即使是传统的系统（如轧染机），在印染过程中处理每千克纤维所消耗的水也都很少。对于更先进的系统所消耗的水更少。

正如 2.7.8.2 中所述，尽管在分批操作这一领域中已取得了相当大的改进，但其处理每千克基材的耗水量仍然很高。目前主要的机械制造商都生产低液比的印染机器。购买这些机器的投资成本可以通过降低运行成本（能量、水、化学药品、染料等），缩短生产时间以提高生产效率来回收（见 2.7.8.2 和 4.6.19）。

c. 通过提高清洗效率来减少耗水量。不管是分批生产还是连续生产，清洗的耗水量都明显大于加工过程本身（如染色等）（见 2.7.8.2）。现代连续清洗机大大提高了清洗效率。在分批生产中，利用少量的水无法在短时间内直接达到高清洗效率，因此低液比并不总是可以减少耗水量，而只是一个可能的因素。事实上，要找到能在液比为 1：5 的条件下染色，在液比为 1：10 的条件下清洗的机器并不困难。但是，传统机器只能通过提高液比来处理基材。

最近，机械制造商和染料供应商正在协商这些问题。目前的技术发展已经将分批生产的耗水量降低到了多数典型连续生产的水平。可变负荷的恒定液比是现代分批生产设备的标准特征。高效清洗技术在分批运行中也有很大的发展（见 4.9.1）。此外，连续生产中很多典型功能都被转移到了分批生产设备上，如：在染液内进行分离基材操作；生产用液体和清洗用液体的内部分离；抽出机器内的液体来减少残留物并提高清洗效率；分批清洗中的内部逆流（见 4.6.19）。

d. 通过合并工序减少耗水量。合并和合理安排工序可以避免化学药品的浪费。这通常适用于预处理过程（如煮练/退浆，煮练/退浆/漂白，见 4.5.3 中的例子）。有时候，将预处理合并到染色阶段也是可行的。

③ 水的重复利用 分批生产中较难对水进行循环利用。当分批生产中要重复利用废水时，必须保证有足够的空间来存储可回用的废水。水流的非连续特性和高液比也是回用分批漂白和煮练废水中存在的问题。

现在的分批生产中，也可能存在织物和水的连续逆流。现在的机器都有内置的分离收集水流装置。例如，上一批物料的冲洗水可以收集起来用于这批物料的漂白，然后可再用作下一批物料的煮练用水。这样，每次进水都可以使用三次。

本章中提到了一些关于水的循环和重复利用的例子（见 4.6.22 和 4.7.7）。

一些现代分批印染机（见上）能将生产用水从清洗用水中分离出来，这对于简化水的分离和重复利用是必须的，在这种情况下，这项措施是否可行取决于液体的性质。

（2）主要的环境效益

可明显节约水和能量的消耗（因为大部分能量是用来加热生产用水）。

（3）操作数据

根据第 3 章中的数据和专家意见（对生产过程、可用机器和使用技术的评估），以达到以下耗水量水平 [179, UBA, 2001]：

- 纱线整理 $70\sim120L/kg$
- 针织物整理 $70\sim120L/kg$
- 针织物印染 $0.5\sim3L/kg$
- 纤维素纤维为主的织物整理 $50\sim100L/kg$
- 纤维素纤维为主的织物整理（包括瓮染和活性印花） $<200L/kg$

- 羊毛为主的织物整理 $<200L/kg$
- 羊毛为主的织物整理（对于要求高液比的生产过程） $<250L/kg$

(4) 跨介质的影响

没有。

(5) 适用性

上述原则在一般条件下均适用。

(6) 经济性

在现有纺织厂中，对于新设备或原设备结构改造（如分离水流）的投资似乎是必需的。

(7) 可参考工厂

见本书中其他章节可相互参照的技术。

(8) 参考文献

[179，UBA，2001]，[204，L. Bettens，2000]，[208，ENco，2001]，[11，US EPA，1995]。

4.1.5 高温（HT）机器的绝热

(1) 描述

管道、阀门、容器、机器的绝热是实行良好内部控制的一般原则，应在所有生产过程中综合应用。

本节给出了一个通过对高温印染机进行绝热操作达到节约能量效果的例子。

(2) 主要的环境效益

能量的利用更加合理。

据报道，绝热最多时，可以节约湿处理机器所需能量的 9% [146，Energy Efficiency Office UK，1997]。但是，节约能量的综合方法比一些特殊措施更可取。

(3) 操作数据

生产过程决定了绝热材料会被暴露在水、化学药品中，并会受到物理撞击。因此，任何绝热材料都必须覆盖或涂上耐磨、耐化学药品腐蚀、防水的外层。

(4) 跨介质的影响

没有。

(5) 适用性

普遍适用。

(6) 经济性

高温印染设备绝热投资回报的计算见表 4.2 [179，UBA，2001]。

参考计算数据如下：

- 不锈钢的热传递系数 $15.1W/(m^2 \cdot K)$
- 绝热材料的热传递系数 $0.766W/(m^2 \cdot K)$
- 印染温度   110℃
- 室温   30℃
- 高温印染机工作时间（平均温度 110℃）   10h/d
- 生产时间   230d/a

- 燃气费用   0.25 欧元/m³
- 能量转换和转移的损失   15%
- 印染机 1-正面   17.5m²
- 印染机 2-正面   23.5m²
- 印染机 3-正面   31.6m²

表 4.2   印染机绝热投资回收期

项 目	印染机 1	印染机 2	印染机 3
材料成本—绝热/欧元	3838	5263	6500
劳动力成本—绝热/欧元	2000	2000	2000
每年因散热而损失的能量/(兆瓦时/年)	45.4	60.9	81.9
每年节约燃气/(欧元/年)	1434	1926	2590
投资回收期/年	4.9	4.6	3.8

数据来源：[179，UBA，2001]。

(7) 实施动力

节约能源费用。

(8) 可参考工厂

很多。

(9) 参考文献

[179，UBA，2001]，[146，Energy Efficiency Office UK，1997]。

4.2 原料纤维的质量管理

4.2.1 具有良好环境效应的人造纤维制备剂

(1) 描述

人造纤维的生产和加工都离不开助剂。但在经过各种预处理过程后（如水洗和热定型），这些助剂会成为污染物，进入染整厂排放的废水和废气中。

在所使用的助剂中，应用于已制成纤维上的络筒油及其他预处理剂被认为是引起下游生产污染的主要因素。这是由这些制剂本身的性质及其较高的负荷导致的（见 2.6.4.2）。

传统预处理剂主要来源于矿物油，有很多公认的缺点：用量大、热稳定性差（高温加工时会气化）、生物降解性差、含多环芳香族化合物、会使生物污水处理厂的污泥难以沉降（见附录Ⅰ2 部分）。

这些含矿物油预处理剂的替代品主要为 [179，UBA，2001]：聚醚/聚酯或聚醚/聚碳酸酯；特殊的多元醇酯；特殊的空间位阻脂肪酸酯。

(2) 主要的环境效益

替代预处理剂具有更低的挥发性和更好的热稳定性。此外，其用量也较少。因此，可以减少车间的嗅味和废气中挥发性有机物的排放水平。

表 4.3 比较了灰色材料热定型过程中替代品和传统产品的性能。

表 4.3　排放系数和废气中相应的有机碳浓度

物　质	排放系数/(gC/kg 织物)	浓度/(mg C/m³)
传统产品		
矿物油	10～16	500～800
传统脂肪酸酯	2～5	100～250
优化产品		
空间位阻脂肪酸酯	1～2	50～100
多元醇酯	0.4～4	20～200
聚醚/聚酯或聚醚/聚碳酸酯	0.2～1	10～50

数据来源：[179，UBA，2001]，[77，EURATEX，2000]。

注：预处理剂用量，2%；空气/织物比，20 m³/kg；热定型温度，190℃；硬化时间，1.5min。

从表 4.3 可以看出，优化产品更容易洗净（水、能量、化学药品的消耗量低），与矿物油预处理剂相比，通常具有较好的生物降解性，特别是聚酯/聚醚聚碳酸酯化合物，其生物降解性非常好。另一方面，空间位阻脂肪酸酯与传统脂肪酸酯相比，只是有助于改善热处理（热固定）时的空气污染。事实上，它们的挥发性较差，随着碳链上支链的增加，会变得难以生物降解。

(3) 操作数据

① 纱线厂　由于潜在的腐蚀问题，一些机械部件必须由高级钢材制造。由于聚酯/聚醚聚碳酸酯产品与传统疏水性预处理系统存在兼容性的问题，需在下次使用前彻底清洗设备。

② 纤维厂　由于兼容性问题，设备需仔细清洗（特别是在使用聚酯/聚醚聚碳酸酯助剂时）。

③ 整染厂　需为新的预处理系统调整预处理过程。有时候（如使用聚酯/聚醚聚碳酸酯助剂时），可以简化甚至省略预处理中的清洗步骤。

(4) 跨介质的影响

由于新产品挥发性较低，可以减少废气中排放的污染物，但是热定型后有更多的预处理剂残留在了纤维上，最后进入到了废水中。

然而，由于新产品所需的用量更少，并具有更好的生物降解性，因此，这种替代是有益的 [179，UBA，2001]。

(5) 适用性

低排放预处理剂适用于 PES、PA6.6、PA6、CV 及其与 PES、CV 的纤维混纺。但是，预处理剂是否适用取决于纤维的种类和最终产品的用途。因此，应针对每种情况进行特定的尝试 [179，UBA，2001]。

委托生产商通常无法从供应商处得到所使用预处理剂的性质及相关信息。传统预处理剂较便宜，而纺织厂主要关注经济成本和预处理剂在纺织生产中的性能，因此，纺织厂不会优先考虑下游生产（整染厂）所产生的环境问题。

(6) 经济性

必须考虑以下经济方面的问题，这些问题影响着整条纺织产业链 [179，UBA，2001]。

① 纱线厂　低排放助剂价格昂贵，但这可以通过减少用量来弥补。

② 整染厂　无需废气净化设备，简化废水处理过程，防止含油废水产生，可以降低投资、维护、清理成本。

有些预处理剂可以省略全部或部分清洗过程，从而可以额外地节约一部分成本。同时可以提高生产的可靠性。

(7) 实施动力

使预处理剂（遵守国家规定）产生的废气污染负荷降到最低，节约清洗过程中的用水量是使用低排放预处理剂的主要原因。

(8) 可参考工厂

欧洲的一些纤维/纱线厂和纺织厂正在使用低排放预处理剂。如下是一些纤维/纱线厂的例子 [179，UBA，2001]。

Inquitex S. A.

Via Augusta 158，5ᵃ planta

E-08006 Barcelona

Nurel S. A.

P. delle Gracia 53

E-08007 Barcelona

Nylstar GmbH

Postfach 2209

D-24531 Neumünster

Nylstar CD Italy

Via Friuli 55

I-20031 Cesano Maderno（MI）

Textilwerke Deggendorf GmbH

Postfach 1909

D-94459 Deggendorf

Trevira GmbH & Co KG

D-60528 Frankfurt am Main

Unifi Textured Yarns Europe LTD.

Co. Donegal

Letterkenny，Ireland

(9) 参考文献

[77，EURATEX，2000]，[179，UBA，2001]。

4.2.2 毛纺润滑剂中矿物油的替代品

(1) 描述

纺织润滑剂通常会在预处理阶段被去除，以保证染料和整理剂能均匀渗透到纤维中，避免它们相互之间反应并生成沉淀。对于羊毛来说，由于整染厂中首先进行的是湿处理过程

（水洗/洗毛），因此润滑剂的存在对水中排放污染物的影响大于对空气中的。

对于粗纺羊毛和羊毛混纺纱，纺织润滑剂的用量较大（相对于精纺羊毛），（和洗毛时所用的洗涤剂）最多可能占染坊废水需氧量的 80% ［32，ENco，2001］。

矿物油润滑剂在羊毛加工中一度被广泛使用。但这些物质在生物污水处理厂中并不能被完全降解。

此外，传统纺织润滑剂中可能会含有不定量的更加有害的物质，如多环芳烃、APEO或其他"硬表面活性剂"，如乳化剂（见附录Ⅰ2部分）。

如今，大部分矿物油已被乙二醇类物质所取代，并且这种趋势在延续。可生物降解的替代品现在已经可以使用了［32，ENco，2001］。APEO 化合物也可被问题更少的表面活性剂取代。

(2) 主要的环境效益

从排入污水处理厂的洗毛和染色废水中去除矿物油。

使用无 APEO 纺织润滑剂有助于减少接纳水体中的潜在有毒内分泌干扰物的量。

(3) 操作数据

在毛毡生产中，矿物油润滑剂用量的降低已经有好几年的时间了，这说明制造毛毡纱线时可以不使用这些原料［32，ENco，2001］。相信这也适用于其他纺织品。

(4) 跨介质的影响

与矿物油润滑剂相比，污水处理中越来越多的发泡剂应得到重视。

有迹象表明，矿物油润滑剂比水溶性更好的乙二醇类产品更适合进行原位处理。如果有原位预处理设施，润滑剂的选择就会变得很关键，矿物油类产品可能是更合适的选择。但这还需要进一步的研究［32，ENco，2001］。

(5) 适用性

纺织润滑剂可用于纤维混纺过程中。对于包含湿处理之前的生产过程的企业，如纺纱品销售、垂直一体化公司，他们有控制这些原料的"内部"使用的方法。

印染厂作为客户使用含有润滑剂的纱线，因此，生产商就有必要与客户共同努力去除这些来自供应链的污染物质［32，ENco，2001］。

(6) 经济性

用一种纺织润滑剂去替代另一种所带来的影响是难以预计的。因为很难精确计算纱线产量，而且产量上很小的变化都会明显影响纱线生产的经济状况。润滑剂的类型和使用水平对产量有明显影响［32，ENco，2001］。

(7) 实施动力

环境法规。

(8) 可参考工厂

欧洲的很多工厂。

(9) 参考文献

［32，ENco，2001］。

4.2.3 针织物生产中矿物油的替代品

(1) 描述

生产针织产品要求对针织机上的针和其他部分有效地进行润滑。润滑剂的用量取决于机器所采用的技术和针织速度。

在织布过程中，纱线被针带动时会带走部分润滑剂。结果，最终的针织产品会含有 $4\%\sim8\%$（质量分数）的润滑油，然后这些润滑剂需要在预处理中去除。

传统针织润滑油（矿物油类物质）可以用洗涤剂、乳化剂、抗再沉积剂通过乳化作用去除。这个过程需要在碱性，温度在 $80\sim100\,^{\circ}\mathrm{C}$ 之间的条件下进行。耗水量大约为 10L/kg 织物，时间大约需要 $30\sim60\mathrm{min}$。

这项技术推荐使用水溶性油代替传统润滑剂。

对于棉花针织物和棉花与合成纤维的混纺针织物，这些水溶性油可以在 $40\,^{\circ}\mathrm{C}$ 下用水轻松洗去。这使得冲洗和漂白可以合为一步，从而节约了时间、水和能量。

合成纤维针织物（如聚酯或聚酰胺）在清洗之前通常会进行热固定。如果织物上有传统润滑油，就会发生强烈的蒸发，而在随后的清洗中，织物上残留的润滑油会变得更难去除。

对于这种情况，通常会使用水溶性润滑油代替传统润滑剂，并在热固定之前进行清洗。在一个连续高效的清洗装置中进行（如 TVE-Escalé 型）清洗，然后，织物被送到拉幅机上，再染色、清洗、整理，这样可最大程度地减少拉幅机上废气的产生。

（2）主要的环境效益

与传统的矿物油类润滑剂不同，织物上的水溶性润滑剂能被轻松洗去。这有助于减少水、能量、化学药品的消耗，还能节省处理时间。此外，根据 OECD test 301C［295，Spain，2002］，这些润滑剂是可生物降解的，使得废水更适合于进入生物污水处理厂进行处理。

对于合成纤维针织物，在热固定之前清洗的一个优点是无需废气排放控制设备就可明显减少拉幅机上的废气排放。

（3）操作数据

本节中提到的水溶性针织润滑剂会产生能稳定保持 3 天的乳状液［295，Spain，2002］。

（4）跨介质的影响

若作为传统润滑剂替代品的水溶性针织润滑剂是可生物降解的，并且织物经过了高效清洗机的处理，那么主要的环境效益可以实现得很好。

（5）适用性

这项技术适用于新建的和现有的工厂。但是，在一些现有工厂中使用时出现了腐蚀的问题。

对于纤维类型，上述水溶性润滑剂适用于纤维素纤维和混纺纤维的针织物，以及合成纤维织物，主要是聚酯和聚酰胺，以及它们与天然或合成纤维的混纺物，包括氨纶。

然而，由于这项技术意味着工厂将直接控制针织生产中所用润滑剂的种类，对于非综合工厂来说，实施起来会存在问题，特别是对于委托生产商。因此，委托方与客户共同将这些物质从供应链中去除是很有必要的。

一些合成针织物需要在清洗之前进行热固定。因此，另一个选择是"干处理"：织物先热固定，再清洗，产生的烟气由静电除尘器处理，回收润滑剂。优点是回收的润滑剂可以单独进行处理，从而降低了污水的污染程度。这项技术的另一个特点是能回收能量，详见 4.10.9。

（6）经济性

与传统润滑剂相比，这项技术的总体收支是能达到平衡的。水溶性针织润滑剂比矿物油类润滑剂昂贵，但是这部分额外的费用可以通过更高的生产效率和废水经过预处理后更好的可处理性来弥补。

（7）实施动力

环境法规对于废气、废水排放的严格限制促使了这项技术的实施。

（8）可参考工厂

很多工厂。

（9）参考文献

[295，Spain，2002]。

4.2.4 选择具有良好环境绩效的浆料

（1）描述

为了防止梭织时发生断线，会对经线使用浆料。在后续处理中，需要尽可能将浆料从织物上完全去除。这在退浆工序中完成，通常需要大量的水和助剂。这部分废水不仅 COD/BOD 负荷高（大约占总 COD 负荷的 30%～70%），还会有难降解物质进入后续处理中。有时，可以从退浆液中回收浆料。但是多数情况下，这部分废水直接被送进污水处理厂进行处理。

如同预湿等低用量技术（见 4.2.5），浆料的选择对于降低生产中的环境影响也是非常重要的。

环境友好型浆料必须满足以下几点要求：低用量时也有高效率；便于从织物上完全去除；易生物降解或生物去除（根据 OECD-test 302 B，7 天后大于 80%）。

现在普遍认为，易生物降解的浆料是有效的，能满足任何要求。改性淀粉、某些半乳甘露聚糖、聚乙烯醇、某些聚丙烯酸酯都满足这些要求。

此外，新一代聚丙烯酸酯能满足上述的全部条件。首先，使用这些高效合成浆料代替传统改性淀粉可以减少用量，而不影响梭织效率（有时还会提高）。其次，新一代聚丙烯酸酯很容易用少量水洗去，并不需任何助剂。

新一代聚丙烯酸酯几乎是可用作所有种类纤维的万能浆料。但对于涤纶长丝和在一些特殊整理工序中，可能会出现质量问题，这是一个特殊情况。例如，对经过预收缩整理的棉花纤维使用聚丙烯酸酯时，在整理时会出现技术问题 [281，Belgium，2002]。

对于棉花来说，为了增加浆料的黏度，会将聚丙烯酸酯与 PVA 等其他浆料共同使用。

（2）主要的环境效益

使用易生物降解的浆料能明显降低 COD 负荷，而使用传统浆料时这些物质在污水处理厂中可能无法被去除，从而直接被排放到自然水体中。

使用高效、易清洗浆料还有其他好处。低用量可以减少废水中的 COD 负荷，易清洗可以明显节约化学药品、水和能量的消耗。对于高效清洗机，只需要少量的水来去除浆料，并且无需助剂（如乳化剂）或长时间循环（低能耗）。

聚丙烯酸酯、聚乙烯醇和改性淀粉不仅易生物降解或生物去除，并且适合于回收。新一代聚丙烯酸酯更可用作万能浆料。这就意味着它们在梭织厂中可以很容易被重复利用。

（3）操作数据

改性淀粉、新一代聚丙烯酸酯、聚乙烯醇和某些半乳甘露聚糖的七种组合浆料的生物去除曲线如图 4.3 所示（见"可参考工厂"）。

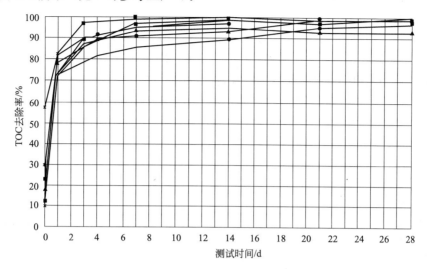

图 4.3 改良 Zahn-WeLLens Test 测定的七种不同组合浆料的生物去除曲线，
14 天后生物去除率超过 80% [179，UBA，2001]

改性淀粉易水洗（与聚丙烯酸酯比较难），不需要酶或氧化剂，易生物去除，但是会引起结块、粘连和产生难以沉降的丝状污泥等问题。

聚乙烯醇在中性 pH 下易于洗去，并可回收利用。碱性条件下，聚乙烯醇会膨胀变成胶状因而难以去除。聚乙烯醇只有在特定条件下可以被生物降解，如采用被驯化的活性污泥，温度不低于 15℃，尤其是低 F/M 比条件下（见 4.10.1）。碱性条件下，PVA 存在沉淀的问题。

上面已经提到，新一代聚丙烯酸酯在低用量时也有高效率（见表 4.4），只用水就可以清洗（不需酶或氧化剂），并且很耐碱（可以不经冲洗直接对织物漂白）。与传统聚丙烯酸酯不同，在 Zahn-WeLLens 测试的条件下，新一代产品通过活性污泥的吸附作用，即使在高浓度下，去除率也能超过 90%。此外，其与铁形成的络合物是不溶的。这样，就可以用少量沉淀剂来将其完全沉淀。

表 4.4　聚丙烯酸酯类改进浆料替代传统浆料后的 COD 削减量

项　　目	传统浆料配方 （改性淀粉、蜡）	改进浆料配方 （改进聚丙烯酸酯、PVA、蜡）[1]
用量	13%	10%
比 COD(g O_2/100 kg 经线)	17800	11550
总 COD/(t/a)[2]	712	462
COD 削减量	—	35%

数据来源：[179，UBA，2001]，参考"SteideL，1998"。

① 喷气织机上 650r/min 人造短纤维上浆的典型运行条件是：PVA 7kg；改性淀粉（25%溶液）7kg；蜡 0.4kg；上浆液体积 100L；夹持压（nip pressure）20kN；上浆速度 100m/min。

② 按照年产 4000t 经线计算。

（4）外部影响

使用易生物降解的浆料会增加需处理的污泥量 [179，UBA，2001]。这些污泥易膨胀，是丝状菌，难以沉降。

（5）适用性

尽管对于所有的上浆车间来说，使用改良浆料在技术上是可行的，纺织产业链的全球性组织使得非综合工厂，特别是委托生产商难以影响上游的梭织厂［179，UBA，2001］。

(6) 经济性

多数情况下，易生物降解的组合浆料并不比那些无法达到高去除率（根据 OECD-test 302 B，7 天去除率大于 80％）的昂贵［179，UBA，2001］。

表 4.5 是使用聚丙烯酸酯类高效替代浆料的费用。

表 4.5　传统与高效浆料的比较

项　　目	传统浆料配方 （改性淀粉、蜡）	改进浆料配方 （改进聚丙烯酸酯、PVA、蜡）
浆料成本/（欧元/年）	260850	325850
经线断线/（断线/10⁵ 匹）	5.8	3.0
减少断线节约的成本/（欧元/年）	—	225000
总节约成本/（欧元/年）①	—	160000

数据来源：［179，UBA，2001］有关 "Steidel，1998"。

① 节约成本按照一个年生产时间为 8000h 的典型梭织厂计算（100 台梭织机，310r/min）。

(7) 实施动力

总的来说，减少 COD 排放负荷的需要和对于环境保护越来越多的关注（见 EU Eco-label）是选择易生物降解浆料的主要动力［179，UBA，2001］。

整个欧洲也倡议（EU Eco-label、OSPAR）选择易生物降解浆料。

此外，对于梭织厂来说，使用传统浆料的高效替代品是有经济利益的，特别是与预湿技术结合时（见 4.2.5），能减少至少 1/3 的浆料消耗量。

(8) 可参考工厂

环境友好型改良浆料在全球范围的梭织厂内都有广泛使用。

UBA 报道了瑞士最初使用的 20 家梭织厂。现在已经开发并使用了 7 种易生物降解浆料（见图 4.3），能满足所有种类基材和梭织技术的要求。它们是［179，UBA，2001］：淀粉和淀粉衍生物；某些聚丙烯酯；聚乙烯醇；某些半乳甘露聚糖。

(9) 参考文献

［51，OSPAR，1994］P003，P004，P005，P008，P047，［179，UBA，2001］，［18，VITO，1998］，［169，European Commission，2001］，［77，EURATEX，2000］。

4.2.5　通过预湿处理经线减小浆料用量

(1) 描述

众所周知，棉布整染厂中，退浆工序贡献的 COD 占废水总 COD 的 50％～70％。因此，减小纺织过程中用在经线上的浆料量是降低由浆料引起的有机负荷最有效的污染预防方法。

现在可以选择在线监控法来控制浆料用量及预湿技术来减少浆料用量。

预湿技术是在上浆前用热水来处理经线，经线浸泡在热水中（可能需要另外喷洒热水），再用挤压辊去除多余的水。两次浸泡、轧水的技术也有使用。

预湿可以使上浆更均匀，增强浆料的附着能力，减少纱线起毛丝。试验分析表明这可减少浆料凝结的产生。因此，在不影响纺织效率的情况下，可以减小浆料的用量。有时，甚至可能提高纺织效率。

（2）主要的环境效益

降低纱线的上浆负荷可以减少预处理废水中的浆料量，对降低最终废水的有机负荷也有立竿见影的效果。

（3）操作数据

根据经轴的安装（设置）和纺线的类型（如纱线密度、纤维种类）不同，浆料用量可能会减少 20%～50%。

（4）跨介质的影响

没有。

（5）适用性

预湿技术用于所有类型的棉纱线以及棉/PES 和纤维胶的混合纤维的实际测试表明，对于粗纱线的效果最好。可以应用在超过 5000m（大于 10000m 更好）的大批量生产中，对环纺和 OE 纱线同样适用。相反，由于难以控制合适用量，这项技术不适用于小批量生产（小于 5000m），这是对于染色纱来说通常会出现的情况。

在效率测定、高湿度控制和浸湿装置校准方面可能会出现技术问题［281，Belgium，2002］。

对于现有两个上浆盒的上浆机，可以通过采用第一个上浆盒预湿、第二个上浆来升级改造。

在欧洲进行整理的棉布中的一大部分实际上是从非欧盟国家（如印度）进口的，在这些地方，这些控制技术还没被广泛使用。因此，从实用性的观点看来，相对于委托生产公司，这种污染预防方法对于综合公司更简单，并可立即生效。

（6）经济性

带预湿盒的上浆机大约为 25000～75000 欧元，比不带预湿盒的昂贵。运行费用只比不带预湿盒的略高，因为预湿产生的额外费用可以由减少浆液消耗量来弥补。

两者之间的直接比较表明（一个印度梭织厂的操作数据），节约成本约 27%，上浆机械速度提高约 22%，纺线效率提高约 0.2%［179，UBA，2001］。

（7）实施动力

节约浆料，提高纺线效率，降低废水负荷（减少环境成本）是实施预湿技术的动力。

（8）可参考工厂

Benninger Zell GmbH，Zell，Germany，已经在全球范围内销售量大约 100 只预湿盒。Deutsche Babcock Moenus Textilmaschinen AG，Mönchengladbach，约有 60 只预湿盒在 40 个工厂被使用。Karl Mayer Textilmaschinenfabrik GmbH，Obertshausen，Germany 也提供预湿系统［179，UBA，2001］。

（9）参考文献

［179，UBA，2001］。

4.2.6 减少纤维上浆料量技术的应用（紧密纺纱）

（1）描述

通常，在环锭纺纱机中，在通风系统之后会有一个纺织三角。这时，当纤维经过纺织三角不会因为相互缠绕而加强强度，会产生纱线损坏和多毛的现象。在紧密纺纱中，纤维在通风系统后通过气动装置（低压运行）被压缩［179，UBA，2001］，可参考"Artzt，1995"。这样可产生高质量的纱线（增加纤维强度和延长性、减少毛、增强耐磨性）。

(2) 主要的环境效益

相较于传统的环锭纺纱，紧密纺纱具有更好的运行性能，当浆料用量最多减少50％时，梭织中纱线的损坏更少。这可以明显降低退浆废水的负荷。由于起毛的减少，不再需要在纱线上使用石蜡［179，UBA，2001］。

(3) 操作数据

没有可用信息。

(4) 跨介质的影响

没有。

(5) 适用性

适用于纯棉纱线。必须考虑到紧密纺纱（以及它们制成的产品）的外观和技术性能与常规方法的不同。对于用于针织的纱线来说，不希望发生起毛少的情况。

适用于部分现有的纺纱机［179，UBA，2001］。

(6) 经济性

由于梭织效率更高，浆料用量减少，纱线生产中的额外费用可以通过梭织厂的成本节约而得到部分或全部的补偿。整理生产中也可降低费用（如由于使用的浆料减少而降低了污水处理费用）。

(7) 实施动力

安装紧密纺纱机的主要原因是纱线质量得到提高且有可能创造出新的效果或设计。

(8) 可参考工厂

目前安装了约250000个纱锭，几乎全在意大利（"ITV，2001"）

紧密纺纱机由以下厂商制造：Rieter Textile Systems，CH-Winterthur；Zinser Textil-maschinen，D-Ebersbach；Spindelfabrik Süssen，D-Süssen。

(9) 参考文献

［77，EURATEX，2000］，［179，UBA，2001］。

4.2.7 使用替代品以减少原材料上有机氯类抗体外寄生虫药的残留量

(1) 描述

不管是否合法，一些国家可能还会对羊使用有机氯类抗体外寄生虫药。这些有机氯化物在环境中具有毒性、持久性和生物累积性。它们可能会产生长期的影响，如在羊毛中发现的最危险的抗体外寄生虫药。一些有机氯化物还可能有内分泌干扰性。

在主流的羊毛生产和出口国，有机氯化物已不用来治疗羊病。然而由于背景污染源，来自这些国家的羊毛也会含有有机氯化物。羊毛的第二供应源，包括阿根廷、捷克、法国、西班牙、土耳其和前南联盟，并没有淘汰有机氯化物。现在，纤维的地理来源是表明其中是否含有有机氯杀虫剂的最可靠标志。

一些组织主张公布含脂原毛和脱脂羊毛中杀虫剂含量的信息。制造商可以通过这些信息来避免加工可疑的羊毛，羊毛供应商至少应提供证明有机氯化物含量小于1mg/kg的分析报告。这样，受污染羊毛的市场会被破坏，那些仍然使用有机氯化物来治疗羊病的人也会停止使用有机氯化物。如果没有这些信息，制造商可以通过化验样品来确定其中的杀虫剂含量，但是这样会增加厂商的成本。

在羊毛印染厂中，洗毛工序去除了含脂原毛中的大部分有机氯化物。因为在洗毛时，这些物质和羊毛脂分别进入了固体和液体废物（见 2.3.1.3、3.2.1）。脱脂羊毛中杀虫剂的含量比含脂原毛中杀虫剂的含量少 10%。

经洗毛后，羊毛脂含量较少的羊毛含有的有机氯化物也少，实际中，洗毛的效率会受到限制，有时保留一些羊毛脂在纤维上可有助于后续的机械加工。洗毛后残余羊毛脂含量在 0.4%～1.0% 之间的羊毛通常被认为是最好的。残余羊毛脂含量明显超过 1% 的纤维在高效洗毛中是不合格的，厂商也会避免，即使其只占混合纤维中的一小部分，除非有分析可以证明杀虫剂含量合格。

（2）主要的环境效益

减少原材料上有机氯类抗体外寄生虫药的残留可以减少洗毛、染色、整理过程中产生的废水和污水厂接受的纺织废水中有机氯化物的排放。接纳污水处理后出水的地表水中有机氯化物的环境浓度也会下降，污泥中的有机氯化物浓度也会下降。

从英国的例子可以看出控制措施的效果。西约克郡的卡尔德河接纳了 Dewsbury 污水处理厂的纺织出水。这家污水厂接受来自十家加工羊毛毡纤维染坊、两家洗毛厂和一家羊皮厂的废水。这条河按照欧盟环境质量标准被定期监控。

表 4.6 表明了到 2000 年 6 月为止，两年来通过管理者（环境机构）报道的污水厂下游的河水浓度（ng/L）数据。这些数据表明这个区域纺织业（和其他）采用的方法足够将有机氯化物排放降低到检测限以下，符合欧盟环境质量标准。

表 4.6 **Dewsbury 污水处理厂（英国）下游 River Calder 中的有机氯**
杀虫剂浓度（数据是到 2000 年 6 月为止的两年间）

项　　目	γ-六六六[1]	艾氏剂	狄氏剂	异狄氏剂	DDT[2]
欧盟环境质量标准/(ng/L)	100	10	10	5	25
定量限制/(ng/L)	1.0	2.0	3.0	2.0	5.0
到 2000 年 6 月为止两年内分析的样品总数	27	24	27	27	23
样品数>定量限制	19	0	2	0	23
最大值/(ng/L)	61	—	6.0	—	—
最小值/(ng/L)	3.0	—	4.0	—	—
平均值[3]/(ng/L)	16.4	—	5.0	—	—
样品数<定量限制	8	24	25	27	23
超出欧盟环境质量标准的样品数	0	0	0	0	0

数据来源：[32，ENco，2001]。

① 所有样品中 α-六六六和 β-六六六小于 1ng/L。

② op DDT 和 pp DDT 之和。

③ 这些值忽略了小于定量限制的结果。如果这些结果使用定量限制的一半来估计的话，γ-六六六和狄氏剂的平均值分别是 11.7 和 1.7。

（3）操作数据

工厂废水中有机氯化物的出现是源于任意给定时间被处理纤维的混合，因此非常不规则。多数情况下，浓度低于可靠分析方法的检测限。因此，工厂废水的分析不可能提供排放的真实估计。监控原材料中的有机氯化物可提供一种更实际控制输入和废水中输出的方法。

现在，对少量的纤维进行另批测试是不可行的。但是，大量产自不同地方的羊毛有机氯化物含量的平均数据是可信的。制造商应根据监测数据中的趋势来避免加工可能受到污染的羊毛。

(4) 跨介质的影响

预计有正面的跨介质的影响。

(5) 适用性

所有自己购买或委托洗毛厂、整染厂购买原材料的制造商都可采用这项技术。

然而，如果工厂被要求停止某些业务，那么他们采用在全欧盟范围内被采用并强制实施的方法。

目前，英国工厂通过选择性购买来源有保证的羊毛来减少有机氯化物的排放。这个策略被证实是成功的，特别是对于自己购买原材料的制造商。尽管供应链的下游委托厂商可以向供应商索要数据来控制他们的原材料的品质。

(6) 经济性

因为杀虫剂含量而用一个供应源取代另一个，这会对产业的成本有较大的影响。维持一个赚钱的生意通常取决于平衡这两者间的关系，用最经济的价格购买符合技术规格的羊毛（纤维直径、长度、色泽等）。

对于商人而言，取样和分析一批羊毛的费用，比如说，10t大约是200欧元，或者0.02欧元/t，当超出检测限时，这可能会变得很昂贵，进口商的解决办法是在合约中加入适当的条款，让羊毛在出口前就进行取样和分析。必须由取样、分析和证书来保证品质。

这项费用最终会减到零，因为这项技术会打击羊毛原产国使用有机氯化物治疗羊病的做法，可以预见可能受有机氯化物污染的羊毛的来源会越来越少。

(7) 实施动力

防止水体污染和长期性影响，增加污泥农用的可能性，减少羊毛油脂中的有机氯化物是实施动力。

(8) 可参考工厂

英国洗毛厂和印染厂已经证实通过选择性加工和购买羊毛来控制有机氯化物排放是可行的。

澳大利亚的 CSIRO 正在推行检测和证书计划来让欧洲的购买者买到放心的羊毛。

(9) 参考文献

[32，ENco，2001]，[187，INTERLAINE，1999]，[97，CSIRO，2000]，[202，Ian M. Russel，2000]。

4.2.8 通过使用替代品来减少原材料中有机磷酸酯和合成拟除虫菊酯等抗体外寄生虫药的残留量

(1) 描述

其他化合物，如有机磷酸酯（OP）和合成拟除虫菊酯（SP），在畜牧业中使用是合法的，这使得它们比有机氯化物更难替代。工厂废水中 OP 和 SP 杀虫剂的出现是由于任意给定时间被处理纤维的混合，因此高度不规则。废水中的浓度可能低于可靠分析手段的检测限。监控原材料中的 OP 和 SP 可提供一种更实际的控制输入和废水中输出的方法。

一些来源于较小生产地的羊毛事实上并没有 OP、SP 残留，不仅是因为这些原料在这些国家是不能用的，还因为气候或当地条件表明他们不需要使用。这些来源的羊毛数量很少，很少有机会能扩大生产来满足国际生产需求。因此不用考虑在这些来源使用 OP 和 SP 的替代品。

在羊毛主流生产国，主要的羊毛生产商和市场已经认识到了通过良好的种群管理、控制使用程序和利用治疗羊和羊毛收获之间的间隔时期来减少 OP、SP 残留的重要性。在编写本书的时候，主要国家的合作方案已经有效减少了羊毛中 OP、SP 平均残留量。纺织业继续发展这些策略，会使低杀虫剂羊毛被广泛接受，也可能通过认证的方式促进其发展。

制造商应该通过与主要生产国的继续对话来推行低杀虫剂羊毛策略的发展。

（2）主要的环境效益

可以减少染色、整理废水和污水厂接受的纺织废水中 OP 和 SP 的排放。接纳污水处理出水的地表水中 OP 和 SP 的环境浓度也会下降。污泥中的浓度也会下降。

（3）操作数据

现在，基于 OP、SP 杀虫剂浓度来选择羊毛的方式还未广泛被使用。因此，到目前为止没有直接的运行经验 [32，ENco，2001]。但是，贸易协会和羊毛产业促进机构的作用会影响主要羊毛生产国的羊毛生产业，一些主要生产商已经制定了降低杀虫剂计划，可以逐渐降低原毛杀虫剂的平均浓度。

澳大利亚"CSIRO 纺织"和"纤维技术机构"正在推行低残留认证计划。

实现原毛平均浓度降低所需的资金是需要考虑的，但是这个策略的效果可以参考近年来澳大利亚和新西兰羊毛中 OP、SP 平均浓度的数据（见图 4.5）。

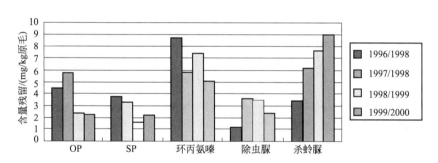

图 4.4　1996～1999 澳大利亚原毛的杀虫剂残留量 [202，Ian M. RusseL，2000]

（4）跨介质的影响

预计有正面的跨介质的影响。

（5）适用性

所有自己或合作厂购买原材料的厂商都可采用这项技术。

（6）经济性

羊毛价格是影响整个纱线生产经济性的一个重要因素。纱线生产商（买卖纱线的商人和整理工厂）会通过考虑技术特点和价格两方面来选择羊毛。维持一个赚钱的生意通常取决于平衡这两者间的关系，用最经济的价格购买符合技术规格的羊毛（纤维直径、长度、色泽等）。由于杀虫剂含量而用一个供应源取代另一个对产业的成本会有较大影响。

（7）参考文献

[32，ENco，2001]，[97，CSIRO，2000]，[202，Ian M. Russel，2000]。

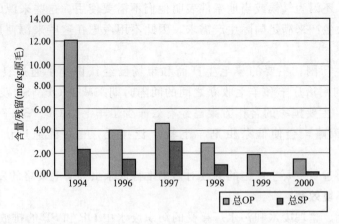

图 4.5　1994～2000 新西兰原毛的杀虫剂平均残留量［32，ENco，2001］

4.3　化学药品的选择/替代

4.3.1　根据与废水的相关性来选择纺织染料和助剂

(1) 描述

过去 15 年中，针对纺织染料和助剂的生态毒性的评估和分类，形成了各种各样的体系。包括荷兰的 Dutch General Assessment Methodology（RIZA-Concept），丹麦的 SCORE-System，瑞士的 BEWAG-Concept 和德国的由行业和政府合作制定的 TEGEWA 体系。

其中的三个体系——TEGEWA 体系、SCORE-System 和 Dutch General Assessment Methodology——分别由德国、丹麦、荷兰 TWG 成员制定，可用作决定 BAT 时的工具。三种方法详见附录Ⅵ。

(2) 主要的环境效益

这三群发起者认为这些计划是帮助用户从生态毒性方面选择纺织染料和助剂的有效工具。因此，这对水质也会有间接的好处，虽然难以量化/评估。

根据 TEGEWA，德国于 1998 年采用这种方法之后，已经减少了三等产品（根据 TE-GEWA 的分类，与废水高度相关的产品）的消耗量。详见表 4.7。

表 4.7　根据 TEGEWA，1997～2000 年德国售出的纺织助剂：一等、二等、

三等纺织品种助剂的种数、消耗量和百分比［179，UBA，2001］

项目	种数				消耗量/(t/a)				消耗量/%			
	1997	1998	1999	2000	1997	1998	1999	2000	1997	1998	1999	2000
一等	2821	3020	3242	3164	98446	105983	102578	104406	63	67	75	77
二等	1499	1485	1358	1258	29972	29422	23321	22103	19	18	17	16
三等	460	417	358	297	27574	23830	10231	9206	18	15	8	7
合计	4780	4922	4958	4719	155992	159235	136130	135715	100	100	100	100

(3) 跨介质的影响

根据两者的来源可知没有跨介质的影响，但是有些影响还是值得一提的。

① EU/ OSPAR 制定了化学药品的选择及其优先顺序的标准。EU/ OSPAR 标准的结论与推荐使用的分类体系得出的结论并不完全一致。

② 危险评估仅考虑产品在生产中的特性，并不考虑实际风险或总的排放浓度。区分危险和风险是很重要的。风险是危险和暴露量的函数。如果这两个因素都为零，则没有风险。相反地，如果暴露量更大的话（如数量、使用频率、消耗程度），危险性较小的产品能造成更大的风险。危险和暴露量是风险评估的因素（欧盟政策将其考虑在内）。只有进行风险评估才能正确估计并控制使用化学药品的风险［102，ETAD，2001］。

③ 生产工序和对产品毒性等级加以区分的信息可以帮助用户（行业和政府）正确评估使用这一产品的风险，这是很重要的。

(4) 适用性

从用户/纺织整染厂的角度，实施 TEGEWA 体系不需要特别的投入，因为化学药品制造商已经将产品分级了。

相反的，丹麦 SCORE-System 的实施需要政府和厂商拿出必需的人力来建立这个系统。一旦厂商使用了这个系统，每年需要大约 25～50 工时来维持这个系统［192，Danish EPA，2001］。

这类工具在欧洲能否得到广泛应用取决于利益相关各方对这一方法的接受度（如行业和国家政府）。

(5) 经济性

根据资料显示，在德国和丹麦这两个国家已经实施了分类工具的国家，没有遇到重要的经济方面的问题。

(6) 实施动力

政府要求［192，Danish EPA，2001］。

(7) 可参考工厂

德国于 1998 年开始使用 TEGEWA 体系，在丹麦，Ringkjobing，SCORE-System 的实施是服装纺织业环境许可证的一部分。

(8) 参考文献

［192，Danish EPA，2001］，［37，TEGEWA，2000］，［179，UBA，2001］ with reference to：

"Lepper，1996"

Lepper，P.；Schönberger，H.

Konzipierung eines Verfahrens zur Erfassung und Klassifizierung von Textilhilfsmitteln
Abschlussbericht FKZ 10901210 zu einem Forschungsvorhaben im Auftrag des
Umweltbundesamtes (1996)-nicht veröffentlicht

"TEGEWA，1998"

Noll，L.；Reetz，H.

Gewässerökologisch orientierte Klassifizierung von Textilhilfsmitteln
Melliand Textilberichte 81（2000）633-635

"TVI-Verband，1997"

Verband der deutschen Textilveredlungsindustrie，TVI-Verband，D-Eschborn

Official and published self-commitment concerning the classification of textile auxiliaries according to their waste water relevance, dated 27.11.1997 (1997).

4.3.2 排放因子概念（向空气中排放）

(1) 描述

排放因子的概念为热定型、热力学过程、整理剂浸润和固定过程产生废气中挥发性有机碳和危险物可能的排放。这一概念由德国政府（国家或联邦层面）与德国纺织整染业联合会（TVI-Verband）、TEGEWA "LAI, 1997" 共同提出。

这一概念最基本的原理是，在大多数情况下，排放由助剂中单一成分的叠加引起。因此，每一种助剂的排放潜能可以由给定的单一物质的排放因子计算得出（对某些物质，排放和生产过程参数间的相关性很复杂）。

有必要区分以下两方面：基于物质的排放因子；基于纺织基材的排放因子。

在 3.3.3.5.6 中已经提到，基于物质的排放因子（fc 或 fs）的定义是在特定操作条件下（操作时间、温度、基材类型），每千克助剂中能释放的物质（有机或无机）的克数。有两种基于物质的排放因子：a. fc，给出了有机物产生的总排放量，以总有机碳计；b. fs，特定的有毒或致癌有机物或无机物的排放量，如氨、氯化氢的排放。

在德国，这项技术得到了广泛应用，助剂供应商将基于物质的排放因子提供给用户，附加《原材料安全数据表》提供的信息。因子由测定、计算或类推得出（根据 TEGEWA 中计算基于物质的排放因子的指南）[287, Germany, 2002]。

基于纺织基材的排放因子（WFc 或 WFs）的定义是在一定生产条件下（操作时间、温度、基质类型）由给定助剂处理的每千克织物释放出的有机或无机物的克数。基于纺织基材的排放因子可以根据各种物质各自的排放因子（fc 或 fs）、其在液体中的浓度（FK）、液体用量计算得出。表 3.44 是一个计算例子。

计算出的基于纺织基材的排放因子 WFc/s 可以与环境部门给出的限值相比较（在 $20m^3$ 空气/kg 纺织基材的标准空气-纺织基材比）。

(2) 主要的环境效益

这一概念可以用来控制和预防纺织整理中的空气污染。基于助剂物质的排放因子可根据单一物质的排放因子计算出某一助剂的排放量。这样，用户就可以知道在其生产过程中的排放量，然后就可以专注于设计其产品和生产过程来从源头上减少排放，例如减少助剂用量或选择低排放潜能的助剂。

(3) 操作数据

典型助剂的排放因子见附录IV。

为控制整理剂的空气污染应定期预先计算纺织基材排放因子，特别是使用新助剂或改变现有助剂中的成分时。

以下是德国使用的根据排放因子概念得到的，在 $20m^3/kg$ 的空气/纺织基材比下的空气排放因子：

- 有害物质如有毒物质、疑似致癌物，总排 ≤0.4g/kg 纺织基材，整个工厂的排放量是 0.10kg/h 或更高；
- 有机致癌物总排放的最大值是 0.02g/kg 纺织基材，整个工厂的排放量是 2.5g/h 或更高；

- 其他有机物＝0.8gC/kg 纺织基材，整个工厂的排放量是 0.8kg 有机碳/h 或更高。

在助剂中，所有超过 500mg/L 的第一类物质（3.1.7 TA-Luft）都应被公布。另外，2.3 TA-Luft 中的物质（致癌物）超过 10mg/L 时，必须被公布（"TA-Luft, 1986"）。

根据 Directive 67/548 EEC（最新一次的修订为 Directive 1999/33/EG，最新被改写为 Directive 2000/33/EG,）被定义为致癌物、制突变物、生殖毒物，并最终符合 Directive 2000/33/EG，风险等级为 R45、R46、R49、R60、R61 的物质或预处理剂应在最短的时间内被其他毒害作用较小的物质或预处理剂替代。

（4）跨介质的影响

没有跨介质的影响。

但是，应注意使用排放因子会使累计信息的使用变得困难，除非这些信息被完全公开 [281，Belgium，2002]。

（5）适用性

排放因子的概念在纺织厂中得到了广泛应用，特别适合于化学整理加工和热力学过程。

这项技术在德国得到了广泛应用，也被环境部门所认可。在其他国家，排放因子概念的应用完全取决于国家主体。

（6）经济性

除了计算所用整理剂的排放因子（微不足道）外，纺织整染厂不需任何费用。正确选择低排放助剂可以明显降低废水处理费用。

（7）实施动力

预先计算排放因子可以让用户采取行动来达到环境部门设定的排放限值。

在德国，环境部门采用了排放因子概念，实施这项技术的重要动力是避免和降低高昂的废气处理费用（预先计算）。

（8）可参考工厂

在德国有很多。

（9）参考文献

[179，UBA，2001]。

4.3.3 烷基酚聚氧乙烯醚（及其他有害表面活性剂）的替代

（1）描述

由于生物降解性较差，具有毒性（包括它们的代谢产物）和潜在内分泌干扰性，很多表面活性剂会引起环境问题。

最近，人们关注的焦点集中到了烷基酚聚氧乙烯醚（APEO），特别是壬基酚聚氧乙烯醚（NPE）上。这两种物质经常出现在洗涤剂和其他助剂中（如分散剂、乳化剂、纺织润滑剂）。

烷基酚聚氧乙烯醚本身具有内分泌干扰性，会造成雄鱼雌性化。更重要的是，它们的代谢产物的内分泌干扰性要比其强很多倍。其中最强的物质是辛基酚和壬基酚。壬基酚在 OS-PAR 和欧盟水框架指令中被列为优先有害物，任何排放都应被逐渐停止。

烷基酚聚氧乙烯醚是助剂中的主要活性物质，或作为少量的添加剂。这两种情况下，烷基酚聚氧乙烯醚都可以被替代。现在主要的替代品是醇聚氧乙烯醚，其他易生物降解的表面活性剂也在开发中。

至于其他存在问题的表面活性剂，其替代品通常是在污水处理厂中易于生物降解或生物去除且并不会产生有毒代谢产物的物质。

如果一种物质在 28 天的时间内，在现有的生物降解研究中能达到如下的降解水平，则认为这种物质是易于生物降解的：

- 基于溶解性有机碳的测定（如 OECD tests 301A，301E）：减少了 70% 的 DOC；
- 基于耗氧量或产生二氧化碳量的测定（如 OECD tests 301B）：60%（理论最大值）。

达到如下的降解水平，则认为这种物质是易于生物去除的：

- 28 天内，根据 OECD tests 302B，DOC 去除率为 70%
- 7 天内，根据 OECD tests 302B，DOC 去除率为 80%（如果污水处理厂在处理这种物质时使用了合适的"菌种"）。

用户可以根据制造商在原材料安全数据表中提供的信息来选择较安全的产品。

（2）主要的环境效益

使用无 APEO 助剂可以减少接受水体中潜在内分泌干扰物的总量。另外，使用无法生物去除表面活性剂的替代品可以使废水变得更易于处理。

（3）操作数据

在只使用无 APEO 助剂的工厂没有发现运行或生产上的问题［32，ENco，2001］。

对于洗涤剂中 APEO 的替代品，新的洗涤剂在浓度上与传统的相似［180，Spain，2001］。

根据其他资料（如［187，INTERLAINE，1999]），AE 的作用效果没有 APEO 好，这就意味着要达到同样的效果，AE 的浓度和使用速率都要更高。在洗毛厂进行的调查表明工厂如果使用烷基苯酚聚氧乙烯醚洗涤剂，则平均用量是 7.6g/kg 含脂原毛（4.5～15.8g/kg），而使用醇聚氧乙烯醚洗涤剂，则平均用量是 10.9g/kg 含脂原毛（3.5～20g/kg）。

（4）跨介质的影响

没有提到会对环境产生的不利影响。

如果污水处理厂的出水中含有足够多的未处理的表面活性剂或部分具有表面活性特性的代谢产物，则可能会在河流中产生泡沫。泡沫的形成是很多其他表面活性剂存在的特征，包括 APEO。

（5）适用性

这种方法对于所有新建的和现有的湿处理设备都适用。但是，如果在纤维和纱线预处理剂中使用了"硬"表面活性剂，染坊就很难控制湿处理废水中的大部分潜在有害表面活性剂了。

对于 APEO，应当注意这些表面活性剂也可以用在很多干加工过程中（如在生产纤维胶时有技术用途的干纺织润滑剂）。在这些情况下，APEO 是可能被替代的，但会很昂贵，并不会被优先考虑。的确，当表面活性剂不再进入湿处理生产线后，就可以不把 APEO 的存在当做是一个重要的问题。

（6）经济性

AE 比 APEO 贵 20%～25%。事实上，AE 的效果不如 APEO，这就使得使用 AE 的运行成本会比 APEO 的高。但是，工厂使用 AE 来代替 APEO 时，会对其进行优化［187，INTERLAINE，1999］。

一家在 1996 年使用替代品的英国洗毛厂为我们提供了一个例子。每年洗涤剂的成本预计从 84700 欧元增加到了 103600 欧元；相当于处理每吨羊毛增加了 1.09 欧元。在过去的几年中，APEO 的成本从 1000 欧元/t（1997/98）大幅降低到了 700 欧元/t（1999）。结果，使用 AE 所增加的成本就变得更高了 [187，INTERLAINE，1999]。

一般来说，环境友好型产品的成本与传统产品是相当的，但在一些情况下会明显高出传统产品。但是，用户通常会倾向于接受使用环境友好型产品带来的成本增加，特别是考虑整体环境平衡时 [179，UBA，2001]。

(7) 实施动力

国家和欧洲整体实施的条例，PARCOM 推荐规范和生态标签计划是主要的推动力。

(8) 可参考工厂

全世界很多工厂。

(9) 参考文献

[187，INTERLAINE，1999]，[32，ENco，2001]，[179，UBA，2001]，[180，Spain，2001]，[51，OSPAR，1994] with particular reference to P010，P011，P012，[61，L. Bettens，1999]。

4.3.4 预处理和染色过程中可生物降解/生物去除络合剂的选择

(1) 描述

络合剂是用来络合水溶液中的碱土金属阳离子和过渡金属离子的，以去除它们对预处理过程以及染色过程的不利影响。

典型的络合剂有聚磷酸盐（如三聚磷酸盐）、膦酸盐（如 1-羟乙基 1，1-二膦酸）、氨基羧酸（如 EDTA、DTPA、NTA）（见图 4.6）。

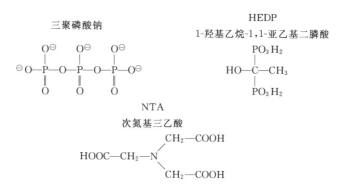

图 4.6　一些含 N 和 P 的络合剂的化学结构 [179，UBA，2001]

人们关注这些物质的使用通常是因为它们含 N 和 P、生物降解/生物去除性较差且会与金属形成稳定的络合物，从而会导致重金属的沉积（见附录 I）。

淡水软化，即从工艺用水中去除铁和硬化碱土金属阳离子，以及 4.5.6 中所讲的技术是在各种工序中（如过氧化氢漂白、棉花在活性染料染色后再水洗）可以最少/避免使用络合剂的方法。

当使用络合剂时，聚羧酸酯或取代多羧酸（如聚丙烯酸酯和聚丙烯酸酯、马来酸共聚物），羟基羧酸（如葡萄酸盐、柠檬酸盐），以及一些糖-丙烯酸共聚物是传统络合剂较好的替代品。这些产品的分子结构中不含 N 或 P（图 4.7）。另外，羟基羧酸和糖-丙烯酸共聚物是易生物降解的。

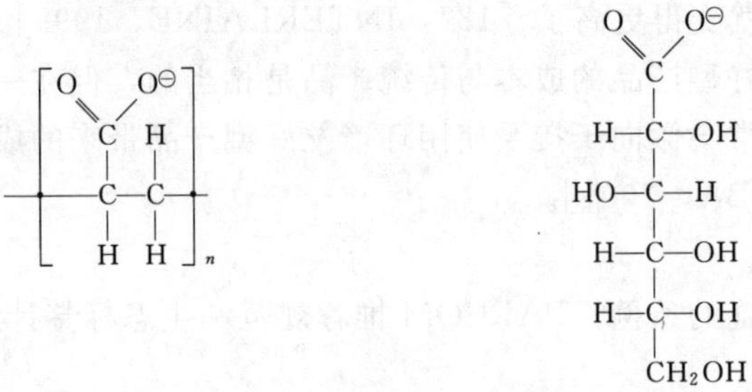

图 4.7　不含 N 和 P 的络合剂的化学结构 [179，UBA，2001]

最好的络合剂（从技术性能、经济、生态三方面考虑）应该能达到生态性能和使用效果之间的良好平衡，不对染色造成不利影响（破坏染料）。

络合剂的效果可以由其对碱土金属阳离子的络合能力，分散能力，稳定过氧化氢的能力来评价。

在生态方面，应该考虑以下几个因素：生物降解性；生物去除性；重金属沉积；总氮含量（富营养化潜力）；总磷含量（富营养化潜力）。

表 4.8 是多种常用络合剂生态性能的定性评价，表 4.9 是对它们效果的分析。

表 4.8　常用络合剂的定性评估

生态性能	EDTA、DTPA	NTA	聚磷酸盐	膦酸盐	聚羧酸	羟基羧酸	糖共聚物
生物降解性	否	是	无机	否①	否	是	是
生物去除性	否	—	—	是②	是	—	—
含 N	是	是	否	否	否	否	否
含 P	否	否	是	是	否	否	否
重金属沉积	是	否	否	否	否	否	否

数据来源：[179，UBA，2001]。

① [179，UBA，2001] 中 "Nowack，1997"。

②观察到在 UV 催化下会发生降解。

(2) 主要的环境效益

用上述产品来替代传统络合剂有以下好处：缓和接受水体的富营养化；改善最终废水的生物降解性；降低底泥中重金属沉积的风险。

(3) 操作数据

在纺织化学的很多不同领域都会用到络合剂。因此会根据不同的生产过程来选择络合剂的种类和使用方法。但是，使用上述优化产品并不意味着会与传统络合剂有明显的区别。

一些分子结构中不含 P 和 N 的常用产品的生物降解/去除速率如下。

●糖、丙烯酸共聚物：易生物降解，（OECD 301 F，矿化率 100%；COD 194mg/g；BOD$_5$ 40mg/g）（"CHT，2000"）。

●糖、丙烯酸共聚物：易生物降解，（OECD 301C；COD 149mg/g）（"Stockhausen，2000"）。

●羟基羧酸：可生物去除，（OECD 302 B，去除率 92%；COD 144mg/g；BOD$_5$ 51mg/g）

（"CHT，2000"）。

● 羧化物：（OECD 302B，去除率＞90％；COD 280mg/g；BOD$_5$ 125mg/g）（"Petry，1998"）。

● 变性多糖：易生物去除（OECD 301E，生物去除率 80％；COD 342mg/g；BOD$_5$ 134mg/g）（"Clariant，2000"）。

NTA 在污水处理厂的硝化条件下是可生物降解的（OECD 302B，去除率 98％，COD 370mg/g；BOD$_{30}$ 270mg/g-"BASF，2000"）。最近研究表明 NTA 只扮演了一个次要的角色，即便有，也只是在水体底泥的重金属沉积时 [280，Germany，2002]。膦酸盐是不能被生物降解的，但可以被生物去除，并且不会促进重金属的沉积（见附录Ⅰ）。

（4）跨介质的影响

参考传统络合剂的使用，并没有重要的跨介质的影响。对于聚丙烯酸酯类络合剂，应该考虑聚合物中残留的单体的影响（注意丙烯酸酯在其他领域也被广泛地大量使用，如洗涤剂助剂，因此在所进入污水处理厂污水中的含量要明显高于纺织废水）。

（5）适用性

本节中提到的络合剂在连续和非连续生产中都有应用。在用环境友好型络合剂代替传统产品时，应考虑不同产品的效果（见表 4.9）。

表 4.9　络合剂的效果

性　能	EDTA、DTPA	NTA	聚磷酸盐	膦酸盐	聚羧酸	羟基羧酸	糖共聚物
软化性能	＋	＋	＋	＋＋	＋	0	＋
分散性能	－	－	0	＋	＋	－	＋
过氧化氢稳定性	＋	－	－	＋＋	0	－	＋（特别产品）
去矿化作用	＋＋	＋	0	＋＋	0	0	0

数据来源：[179，UBA，2001]。

注：效果按以下顺序增强：－，0，＋，＋＋。

（6）经济性

无 N 或无 P 络合剂，特别是糖-丙烯酸共聚物的成本与其他无 N 和 P 的产品相当，尽管有时候它们需要更多的用量 [179，UBA，2001]。

（7）实施动力

国家和欧洲整体实施的条例，PARCOM 推荐规范和生态标签计划是主要的推动力。

（8）可参考工厂

世界上很多工厂都使用了无 N 和 P 的络合剂。聚羧酸酯的消耗量明显高于糖-丙烯酸共聚物和氨基羧酸 [179，UBA，2001]。

（9）参考文献

[61，L. Bettens，1999]，[169，European Commission，2001]，[179，UBA，2001] 以及：

"CHT，1999"

Chemische Fabrik Tübingen，D-Tübingen

Material Safety Data Sheet（1999）

"CHT，2000"

Chemische Fabrik Tübingen，D-Tübingen

Product information（1999）

"Clariant，2001"
Clariant，D-Lörrach
Material Safety Data Sheet（2001）

"Stockhausen，2000"
Stockhausen，D-Krefeld
Material Safety Data Sheet（2000）

"Petry，1998"
Dr. Petry，D-Reutlingen
Material Safety Data Sheet（1998）

4.3.5　具有良好环境性能的消泡剂的选择

(1) 描述

染色过程中起泡过多会导致纱线或纤维染色不均。由于高速高温生产、用水量降低和连续设备/生产的发展，消泡剂的消耗量也变得越来越多。消泡剂通常用在预处理、染色（特别是用喷射染色机时）和整理过程，也出现在印花浆中。低发泡特性对于喷射染色特别重要，因为染色机中的搅动是非常剧烈的。

不溶于水和表面张力小的产品会产生消泡作用。它们将替换空气/水边界层上产生泡沫的表面活性剂。但是，消泡剂会导致最终废水中的有机负荷增加。因此，首先应减少它们的消耗量。在这方面可能的方法有：使用无水喷气染色机，水不会被织物的旋转搅动；回用染液（见4.6.22）。

但是，这些技术并不总是适用的，也不能完全避免消泡剂的使用。因此，具有良好环境性能的助剂的选择是很重要的。消泡剂通常基于矿物油制成（烃类化合物）。当消泡剂中含有品质较差的成品油时，必须考虑多环芳烃污染物的存在。

环境友好型产品不含矿物油，并且有很高的生物去除速率。

替代产品中典型的有效成分是硅酮、磷酸酯（特别是磷酸三丁酯）、高分子醇类、氟衍生物和这些物质的混合物。

(2) 主要的环境效益

使用无矿物油消泡剂可以降低废水中的烃类化合物负荷，而烃类化合物负荷通常在国家/地方的法律中是受到限制的。另外，这些替代型消泡剂相比于烃类化合物，其本身的COD较低，具有更高的生物去除率。例如，脂肪酸甘油三酯和脂肪醇聚氧乙烯醚（COD 1245mg/L；BOD_5 840mg/L）类产品的生物去除率超过 90%（根据 OECD 302 B 或 EN 29888，以改进的 Zahn-Wellens-Test 测定）。

对于废气排放，由于替代了矿物油类物质，在高温生产时，可能会降低 VOC 的排放（由于在湿处理过程后，消泡剂残留在了织物上）。

（3）操作数据

在某种程度上，无矿物油消泡剂的使用与传统产品相似。由于硅酮类产品有更高的效率，因此用量会大大减少。

（4）跨介质的影响

必须注意：

- 废水中的聚硅氧烷（硅酮）只有在非生命过程中才能被去除。另外，在达到特定浓度时，硅酮油会阻碍氧气转移/扩散到活性污泥中去；
- 磷酸三丁酯具有强烈的嗅味和刺激性；
- 高分子量醇类具有强烈的嗅味，并无法在高温液体中使用。

（5）适用性

对于上述无矿物油消泡剂的使用，没有什么特别的限制。但是，应当考虑不同替代产品的效果 [179，UBA，2001]。

如果使用硅酮类消泡剂，会存在硅酮沾污织物和在机器内结垢的风险 [179，UBA，2001]。

在一些时候，需要考虑使用硅酮的限制条件。例如，在汽车工业中就会存在限制条件，在发动机和汽车用织物中就禁止使用硅酮。

（6）经济性

无矿物油产品的成本与传统产品相当 [179，UBA，2001]。

（7）实施动力

减少废水中的烃类化合物是替代含矿物油消泡剂的主要原因。

（8）可参考工厂

欧洲的很多工厂。有很多无矿物油消泡剂的供应商。

（9）参考文献

[179，UBA，2001] 以及：

"Dobbelstein，1995"

Optimierung von Textilhilfsmitteln aus ökologischer Sicht. Möglichkeiten und Grenzen Nordic Dyeing and Finishing Conference 20. 05. 1995，F-Hämeenlinna

"Petry，1999"

Dr. Petry GmbH，D-Reutlingen

Material Safety Data Sheet

4.4 洗毛

4.4.1 集成砂土去除/羊毛脂回收系统的运用

（1）描述

如 2.3.1.1 部分所述（见图 2.4），一个采用逆流式生产模式的洗毛厂通常会产生以下 3 种废水：

- 洗槽底部的高含砂量废水；
- 冲洗槽底部的废水，污染程度较轻；
- 富含羊毛脂的废水，主要包括第一个洗槽顶部或侧面的出水，洗槽顶部或侧面主要收集从羊毛中挤压产生的洗槽出水。

通过羊毛脂回收和砂土去除，可以对上述三种废水进行部分净化和循环回洗槽进行再利用。

目前对于怎样才是运转这一过程的最好方式并没有达成一致的意见。一些工厂倾向于分别处理高含砂废水和高含羊毛脂废水，而另外一些工厂倾向于混合两种废水再按照先去除砂土再回收羊毛脂的顺序进行处理。

羊毛脂可以采用板型离心机来回收。在回收羊毛脂时，会将废水先通过水力旋流器来去除其中的砂土，以保护板型离心机不被砂土磨损，再通过板型离心机回收羊毛脂。废水在离心机中会分层，顶部的是"油层"，包含了羊毛脂和少量的水。而这一"油层"通常又会进入第二个离心机，在这个离心机中，这部分液体将分成上、中、下三层。上层无水羊毛脂含量较高，可以作为副产品出售。下层含砂量较高，可以回流进入砂土回收循环系统，或是进入污水处理厂。中间层羊毛脂和砂土含量都很低，可以全部或部分回用作洗毛用水，加入到第一个洗槽中。中间层的一部分也会进入污水处理厂。

砂土的去除需要使用重力沉淀池、水力旋流器或卧螺离心机，或三者的组合。

在有多条洗毛生产线的工厂中，各条生产线之间通常会共用砂土去除/羊毛脂回收设备。

对于很细和极细的羊毛，当使用能单独进行污泥连续排除的机械时，羊毛脂回收可以去除极细小的砂土，而不再需要单独的砂土去除。

(2) 主要的环境效益

使用砂土去除/羊毛脂回收可以：

- 与相对流连续生产工厂耗水量的数据（5～10L/kg 含脂原毛）相比，使耗水量减少至少 25%，最多可超过 50%；
- 节约被循环液带走的热量损耗（液体温度一般在 60℃ 左右）；
- 产生有价值的副产品：无水羊毛脂；
- 减少洗涤剂和增效剂的消耗量，这与耗水量的减少是成比例的；
- 将悬浮性砂土转变为易于处理的污泥；
- 降低进入污水处理厂的负荷（耗氧物质和悬浮固体），同时也意味着可以减少处理污水过程中能量和化学药品的消耗量。这与能达到的砂土去除和羊毛脂回收率是成比例的。

(3) 操作数据

对于采用砂土去除/羊毛脂回收的大中型洗毛厂（每年加工 15000～25000t 含脂原毛），其加工大多数种类的羊毛所需的净耗水量都能达到 2～4L/kg 含脂原毛。调查发现，不管是加工粗羊毛还是细羊毛，都能达到上述耗水量水平。但是，还没有足够的数据来证实这是否也适用于加工极细羊毛。

在被调查的工厂中，能作为副产品出售的羊毛脂的量是 10～35g/kg 含脂原毛。加工细毛时最多能达到 35g/kg 含脂原毛，而加工粗毛时最多能达到 13g/kg 含脂原毛。这些回收率表明，在洗净羊毛中还残留有大约 25% 的羊毛脂。

使用离心机可能能实现最高的羊毛脂回收量，但这由洗净羊毛中疏水羊毛脂和亲水羊毛脂（顶部羊毛脂和氧化羊毛脂）的比例决定 [187，INTERLAINE，1999]。

（4）跨介质的影响

砂土和部分没有作为副产品得到回收的羊毛脂会作为污染物从水中转移到土地上。

（5）适用性

这项技术适用于所有新建的和大多数现有的洗毛厂。

对于兽毛，或是只能产生少量低质量羊毛脂的羊毛，这项技术在经济上不具有吸引力。

砂土去除和羊毛脂回收所产生废水中的 COD 浓度对于好氧污水处理厂来说可能会太高。这个问题可以通过在好氧生物处理之前增加凝聚/絮凝或厌氧生物处理得到解决。

（6）经济性

基于表 4.10 中的假设，可以计算出加工一吨含脂原毛产生的净经济效益。各项单价参考了当时英国的情况，因此对于整个欧洲范围内，这只能作为参考。

表 4.10 安装集成砂土去除/羊毛脂回收系统产生经济效益的估计

加工一吨含脂原毛的效益	单　　价
节约水：4m³	0.68 欧元/m³ 自来水
节约能量：836.8 MJ[①]	0.00245 欧元/MJ
节约洗涤剂：1kg	1.40 欧元/kg
节约增效剂：1kg	0.27 欧元/kg(Na_2CO_3)
无需处理的废水：4m³	0.53 欧元/m³ 排水[②]
无需处理的污泥：约 150kg（湿重）	0.041 欧元/kg 污泥（湿重）
可出售的羊毛脂 —32.5kg（细毛加工） —13kg（粗毛加工）	2 欧元/kg 无水羊毛脂[③]（但变化很大）

数据来源（除③外）：[187，INTERLAINE，1999]，I. M. Russell personal communication.

① 将水加热到运行温度 60℃节约的能量可以按照 209.2MJ/m³ 节约的水进行估算（用燃气直接加热，效率为 90%）。

② 英国的价格（1999）仅考虑排放量。实际中也应考虑能量、化学药品、人力等。

一个加工规模为 15000～25000t 含脂原毛/年的洗毛厂安装砂土去除/羊毛脂回收系统大约要花费 400000～800000 欧元，这取决于所选择系统的性质、品质和生产能力。如果忽略废水处理成本降低所带来的效益，安装这一系统的投资回收期在 2.04～4.08 年之间 [187，INTERLAINE，1999]。

（7）实施动力

对于大中型洗毛厂，特别是加工细羊毛（高羊毛脂含量）的工厂来说，实施的动力是经济效益。经济效益来自于耗水、耗能量、污泥处理量和化学药品成本的减少和出售无水羊毛脂的收益。但是，高昂的建设成本、维护费用和系统的复杂性是不利因素。

（8）可参考工厂

欧洲的很多工厂（见第 3 章中的相关调查）。

4.4.2　结合废水蒸发和污泥焚烧的集成砂土去除/羊毛脂回收系统的运用

（1）描述

这项技术是通过回收的水和能量，采用蒸发/焚烧法来对洗毛废水进行封闭循环处理。因此，整个废弃物管理系统与洗毛过程中的砂土去除/羊毛脂回收紧密地联系在了一起（见 4.4.1）。

到目前为止，全世界只有一家工厂在使用这项技术。就是第 3 章的调查中所提到的厂 N [187，INTERLAINE，1999]（如图 4.8 所示的废弃物管理系统示意）。这家工厂所使用的

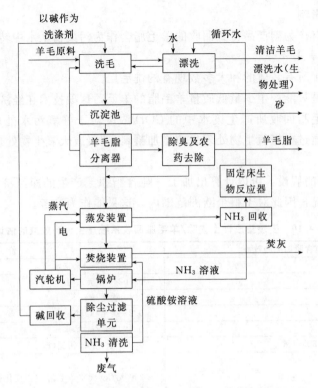

图 4.8　在厂 N 使用的废弃物管理系统示意［187，INTERLAINE，1999］

这一系统的特点是这项技术说明的基础。

　　厂 N 8 条洗毛生产线。洗槽的出水在一组容积为 5000m³ 的圆形池中进行好氧生物处理。生物污泥在沉淀池中得到分离，部分回流至第一个曝气池。剩余污泥进入污泥浓缩池，然后在离心分离机中脱水，最后脱水污泥可以进行农用。

　　高负荷洗毛废水进入沉淀池中。沉淀池底部含砂量较高的污泥在离心分离机中脱水，部分用于制砖，部分进行填埋。沉淀池顶部羊毛脂含量较高的废水进入羊毛脂分离器（羊毛脂分离），这样，羊毛脂就被分离出来了。离心机中的中间层废水回用作洗毛，底层废水（污染较严重）送至蒸发装置。

　　厂 N 安装了 7 级蒸汽加热降膜式蒸发器。加热所需的蒸汽由锅炉产生，所需的热量来自于焚烧炉内的余热。锅炉也推动蒸汽涡轮机发电。集成蒸发/焚烧/锅炉系统在能量上能自给自足，而这所有的能量都来自污泥。

　　在蒸汽剥离机中，蒸发器中的冷凝液所含的氨被去除，然后其通过一个固定床好氧生物反应器，在被回流至冲洗阶段前，去除其中残余的嗅味物质和 90% 的挥发蒸汽带来的外寄生虫。在蒸汽剥离机中去除的氨可以在催化反应器中与 NO_x 反应，从而降低焚烧炉烟气中的 NO_x 浓度。

　　进入焚烧炉的蒸发器浓缩液的热值为 9.5MJ/kg，能提供燃烧所需的热量（无需外加燃料）。焚烧炉的运行温度是 1200℃，可以消除多氯二噁英和多氯苯并呋喃。焚烧炉的废气可用来加热锅炉，这在上面已说明，烟道气中的飞灰在布袋除尘器中得到去除。灰分用水萃取，以回收其中的钠和碳酸钾，这些物质可以作为洗毛时的助剂。经萃取的灰分和焚烧炉中凝固的液体灰分被填埋处理。

（2）主要的环境效益

除了在上一节中提到的使用砂土去除/羊毛脂回收系统所带来的主要的环境效益之外，这项技术还可以进一步减少：

- 排放到环境中的有机负荷（见表 4.11）。
- 耗水量。这是由于从蒸发器中回收了额外的水量。假设一家工厂在使用高效砂土去除/羊毛脂回收系统之后，达到的最少耗水量为 4～6L/kg 含脂原毛，那么，则可在此基础上，再减少 70%～75% 的耗水量（厂 N 公布的净耗水量为 1.31L/kg 含脂原毛）。
- 需要处理的污泥量。每千克含脂原毛在蒸发/焚烧过程中产生 20g 灰分，但没有污泥产生。污泥在砂土去除/羊毛脂回收系统和冲洗废水生物处理过程中产生（75g/kg 含脂原毛，干重）。在其他不焚烧污泥的工厂，污泥产量大约是 185g/kg 含脂原毛（干重），如厂 L 的例子（见 3.2.1）。

上面已经详细介绍了厂 N 使用这套装置所带来的主要的环境效益。这套装置的安装始于 1982 年，到 1995 年安装完成，前后经历了 13 年的时间。在 1982 年，安装了沉淀池和无水羊毛脂回收装置。到 1987 年，废水好氧生物处理装置已经可以运行，并用于处理高污染洗毛废水。在 1988 年，安装了蒸发/焚烧装置，用于处理好氧生物处理过后的高污染洗毛废水和冲洗废水。此后，又进行了后续的改进，包括固定床生物反应器，用于去除回收的蒸发冷凝液的嗅味和挥发的体外寄生虫；并安装了氨气提塔来防止氨在冷凝液中循环，因此减少了进行好氧生物处理废水中氨和硝酸盐的含量。几乎同时，工厂开始使用锅炉废气中的氨来还原 NO_x，布袋除尘器（代替一个水洗器）来去除飞灰，因此减少了气体污染物的排放和水中钠盐和钾盐的排放。

表 4.11～表 4.13 给出了这些装置对减少向水、空气、土地中排放的污染物的效果。数据与含脂原毛消耗量有关。

表 4.11　1982～1995 年厂 N 向水中排放的污染物：生产过程的具体值

项　目	单位[①]	1982 沉淀，羊毛脂回收	1987 好氧生物处理	1992 蒸发器，焚烧炉	1995 后续改进
COD	g/kg	74	21	1.1	1.1
BOD	g/kg	32	1.4	0.03	0.03
NH_4^+,NO_3^-,NO_2^-	g/kg	15	8.4	1.3	0.3
磷酸盐	g/kg	0.13	0.13	0.13	0.02
AOX	mg/kg	88	18	3.2	3.2
外生寄生虫总量	mg/kg	2.0	1.2	0.01	0.01

数据来源：[187, INTERLAINE, 1999]。

① 数据与含脂原毛消耗量有关。

表 4.12　厂 N 焚烧炉烟道气排放物：浓度

项　目	单　位	1994 年平均值
一氧化碳	mg/m³（标）	约 10
总粉尘量	mg/m³（标）	5
总碳	mg/m³（标）	<10
无机氯化物（以 HCl 计）	mg/m³（标）	6
无机氟化物（以 HCl 计）	mg/m³（标）	0.9
SO_x	mg/m³（标）	<10
NO_x	mg/m³（标）	180
Cd+Ti	mg/m³（标）	0.0001

项　　目	单　　位	1994 年平均值
Hg	mg/m³（标）	0.001
Sb＋As＋Pb＋Cr＋Co＋Cu＋Mn＋Ni＋V＋Sn	mg/m³（标）	0.013
PCDDs	ng/m³（标）	0.02
杀虫剂	μg/m³（标）	<0.1
氨	mg/m³（标）	<30
嗅味	OE/m³（标）	<2

数据来源：［187，INTERLAINE，1999］。

表 4.13　1982～1995 年厂 N 产生的固体废物：生产过程的具体值[①]　　单位：g/kg

项目	1982 年 沉淀,羊毛脂回收	1987 年 好氧生物处理	1992 年 蒸发器焚烧炉	1995 年 后续改进
填埋	615	585	207	108
农用	0	31	100	200

数据来源：［187，INTERLAINE，1999］。

① 数据与含脂原毛消耗量有关。

(3) 操作数据

运行像这样的一套装置需要大量的监控。表 4.11～表 4.13 中的所有项目都应定期监控［187，INTERLAINE，1999］。

(4) 跨介质的影响

只有在装置的运行出现问题时才会产生明显的跨介质的影响。这套装置在能量上自给自足，使用大量自身产生的热量和电能，其中会产生 CO_2。但是，蒸发器冷凝液中的碳转变成 CO_2 总比将其填埋过后转变成甲烷要好［187，INTERLAINE，1999］。

(5) 适用性

这套"完整解决方案"的适用性受到洗毛废水和废弃物管理问题的限制，对于现有的洗毛厂，应考虑大量因素［187，INTERLAINE，1999］：

● 经济性——高昂的建设成本和运行费用——这对于除最大型洗毛厂之外的工厂恐怕都无力承受（厂 N 的生产能力 65000t/a，几乎是欧洲其他任何一家洗毛厂的 2 倍）。

● 技术非常复杂，所需要的专业知识超出了洗毛厂人员的范围。有必要来寻找和雇用具备所需技能和经验的工程师。

● 装置占地面积很大，很多洗毛厂没有足够的空地。

厂 N 为正在考虑安装相似装置的其他洗毛厂提供了有用的专业知识。这可能会提高这项技术的适用性，因为其他工厂不需要经过学习过程。而这个学习过程从 1982 年就在厂 N 开始了，而且一直在进行，尽管上述所有的改进都已在 1995 年之前完成［187，INTER-LAINE，1999］。

(6) 经济性

除能通过砂土去除/羊毛脂回收系统（见 4.4.1）节约的成本外，回收蒸发器冷凝液还能节约水和废水处理费用。

厂 N 于 1995 年公布了其在这项技术上所花费的基建费用：从 1982 年开始，总共达到 64000000 德国马克（33000000 欧元）；装置的年运行费用是 10000000 德国马克（5000000 欧元）。根据调查，如果不考虑厂 N 如此大的生产规模和规模效应，其加工每吨羊毛产生的废水和废弃物处理费用要高于除最小的洗毛厂之外所有的工厂 [187，INTERLAINE，1999]。

（7）实施动力

对空气和水中排放物严格控制的地方和国家法规是厂 N 使用这一技术的推动力 [187，INTERLAINE，1999]。

（8）可参考工厂

厂 N。

如上文所述，到目前为止，厂 N 是使用这一技术的唯一一家工厂。

（9）参考文献

[187，INTERLAINE，1999].

4.4.3 降低洗毛装置的能耗

（1）描述

洗毛是一个耗能的过程。除上文提到的通用良好内部控制技术外，洗毛过程中最大的节能环节是通过使用砂土去除/羊毛脂回收系统来减少排到管网或是污水处理厂的废水。这项技术包括安装热交换器来回收砂土去除/羊毛脂回收系统出水中的热量。

采取以下措施可以进一步节能 [187，INTERLAINE，1999]：

● 给洗槽装上盖子来防止对流或蒸发引起的热量损失。但是，有时候要改装现有的装置是比较困难的。

● 在羊毛进入蒸汽烘干机之前，通过优化最终挤压机的运行来提高羊毛中水的机械去除率。用于挤压羊毛的挤压机通常有钢制底辊和多孔顶辊。传统上的顶辊是一个被杂交（粗糙的）毛条磨损的钢辊（一个平行纤维薄片）。近期这被羊毛和尼龙（聚酰胺）的混合毛条、尼龙条或横切面为方形的绳子（通常由羊毛和尼龙混合而成）所替代。后一种具有良好的性能和耐久性。多孔辊已经得到商用，但在这方面的应用上没有任何信息。

● 在相对较高的温度下运行最后一个洗槽来提高挤压效率。很多洗毛厂在生产时，从第一或第二个洗槽到最后一个洗槽，温度是一直下降的。调查中，最后一个洗槽的温度范围是从环境温度（20℃）到 65℃，平均 48℃。由于温度增加，最后一个洗槽的热量损失会增加，但烘干机的耗热量就会相对减少，挤压效率得到了提高，因此会有最后一个洗槽的最优温度。对于羊毛产量超过 500kg/h 的洗槽来说，这个温度是 60～65℃。

● 改装烘干机的热回收单元。但是这很昂贵，而且可以回收到的热量仅为 0.2MJ/kg。洗毛厂对于羊毛烘干机热回收单元的实际运行经验是：这个单元会很快地被纤维堵塞，甚至可能增加耗能量。

● 直接用燃气加热洗槽和烘干机，来避免使用直接或间接蒸汽加热时，蒸汽产生和投加时发生的损失。并不是所有的现有装置都可以进行改造的，而且改造费用非常高昂。能节约的能量是 0.3MJ/kg。

（2）主要的环境效益

减少能耗会减少 CO_2、SO_x 和 NO_x 的排放，不管是对于洗毛厂自身还是其他地方。如果使用带热循环和热交换器的洗毛装置，砂土去除/羊毛脂回升系统能节约的能量估计是 2MJ/kg 含脂原毛。假设传统洗毛厂的排水量为 10L/kg 含脂原毛，那么就需要 2.09MJ 的能量来将 10L 清水从 10℃加热到 60℃（209kJ/L）。而安装热循环和交换器后，洗毛厂的排水量仅为 2L/kg（见 4.4.1），并且回收了废水中 80% 的热量（所需的能量变成了 0.084MJ/kg 含脂原毛）。

如上文所述，通过在最优温度下操作最后一个洗槽来节约的烘干机中的能量也是值得关注的。

表 4.14　在最优化温度下运行最后一个洗槽所节约的能量（65℃）

最后一个洗槽的温度/℃	20	30	40	50
节约的能量/(MJ/kg 羊毛)①	0.42	0.25	0.12	0.04

数据来源：[187，INTERLAINE，1999] 中关于 L A Halliday，WRONZ Report No R112，1983 的部分。
① 按间接蒸汽烘干机计算。

其他方法节约的能量已经在"描述"中介绍过了。

总之，大中规模的洗毛厂可以达到 4~4.5MJ/kg 含脂原毛的耗能量。对于小一点的工厂，生产中的耗能量受到很多的限制，但是没有可用信息来证实这点 [187，INTERLAINE，1999]。

(3) 操作数据

很多工厂没有为监控单独机器或生产过程甚至是整个厂的耗能量来分别测定过程所需的能量。在这种情况下，工厂的人员就很难判断能量节约潜力或及时发现问题，如烘干机的能量损失率。安装能量监控装置可以很快得到回报，但没有证据可以支持这个观点。若不能对单独的机器测定，全厂的监控应频繁地进行，出现任何反常情况时也需进行 [187，INTERLAINE，1999]。

(4) 跨介质的影响

节约能量对减少向空气和土地中排放污染物有积极的作用。预计没有负面影响。

(5) 适用性

上述措施具的适用性较为多样化。很多已经在现有的工厂中被采用了，但是一部分还没有，或只在那些采用这些方法后实际上已经变为新工厂的地方被采用。对于多数方法的适用性，上面已经讲到了 [187，INTERLAINE，1999]。

(6) 经济性

洗毛厂降低能耗的最重要的方法是降低耗水量和废水量。通过安装逆流洗毛和集成砂土去除/羊毛脂回收系统来达到这一目的的经济成本在上面已经提到了（见 4.4.1）。到目前为止，还没有其他方法在成本方面的信息 [187，INTERLAINE，1999]。

(7) 实施动力

从这个产业看来，经济方面的考虑是最重要的推动力。从政府的角度来看，主要的推动力是减少向空气排放的污染物，来履行国际协议中的承诺 [187，INTERLAINE，1999]。

(8) 可参考工厂

上述所有方法在全世界很多工厂都已采用，尽管可能没有一个工厂会采用所有的这些方法。唯一的例外是电热联产的使用（结合热量和电力），没有一家洗毛厂在使用这一系统，但在其他产业有。可能是在大部分欧盟成员国，一家洗毛厂产生的额外能量（电能），会被出售和并入电网中。对于洗毛厂，热电联产是一种新兴技术 [187，INTERLAINE，1999]。

(9) 参考文献

[187，INTERLAINE，1999]。

4.4.4 使用有机溶剂洗毛

（1）描述

Wooltech 洗毛系统使用非水溶剂（三氯乙烯），在清洗过程中不使用任何的水。在 2.3.1.3 部分中已经提过了。

（2）主要的环境效益

上述技术避免了像现有洗毛过程一样对水的使用。排放的废水来自羊毛上的水分、真空喷射器中的蒸汽和进入到设备的空气中的水分。处理这些废水分两步，溶剂的空气剥离单元和剩余溶剂去除单元。剩余的溶剂去除基于 Fenton 反应的自由基反应过程（铁和过氧化氢）。

由于杀虫剂在溶剂中的溶解度很大，并残留在羊毛脂中，因此清洗过后的羊毛是不含杀虫剂的。这对下游的加工，如羊毛整理是有好处的。

由于有机溶剂相对于水有更低的气化潜热，因此这项技术的另一个好处就是降低能耗。

（3）操作数据

生产 500kg/h 洗净羊毛纤维的有机溶剂的消耗量通常是 10kg/h。溶剂中有一部分最后进入到废水中被分解了。其余还有一部分进入了废气中（0.01kg/h），另一部分由于未被回收而损失了（5kg/h）。

根据资料（[201，Wooltech，2001]）显示，由于未被回收而损失的溶剂通常非常少，但这与工厂如何进行维护，如何管理有直接的关系。Wooltech 方法为工厂管理人员提供了严格维护、质量管理和处理所有环境、健康、安全方面问题的管理措施的规范 [201，Wooltech，2001]。

（4）跨介质的影响

这项技术使用三氯乙烯作为溶剂。三氯乙烯是一种无法生物降解，并能在环境中能持久存在的物质。不考虑泄漏、残留在纤维上等引起的损失，如果不就地充分去除这种溶剂，可能就会导致其向四周的扩散，进而引起很严重的土壤和地下水的污染问题。在这项技术的最新发展中，必须考虑到这点。

（5）适用性

根据资料显示，这项技术适用于各种羊毛。产量为 250kg/h 或 500kg/h 洗净羊毛（852kg/h 含脂原毛）的典型工厂可以采用这项技术，规模再小一点的就应慎重考虑了 [201，Wooltech，2001]。

（6）经济性

根据供应商提供的信息（[317，Comm.，2002]），对于一家产量为 500kg/h 洗净羊毛的洗毛厂来说，安装溶剂洗毛生产线所需的改造费用大约是 5000000 美元（约合 2800000 欧元）。

运行费用可以根据表 3.8 中的消耗量估算出。

（7）实施动力

水资源的缺乏可能是采用这项技术的主要动力。

（8）可参考工厂

意大利里雅斯特的一家工厂使用了 Wooltech 系统。

（9）参考文献

[201，Wooltech，2001]。

4.5 预处理

4.5.1 利用超滤技术回收浆料

(1) 描述

使用浆料是为了在梭织过程中保护纱线。浆料应在纺织预处理时去除，会占到织物整染厂总 COD 的 40%～70%。

聚乙烯醇、聚丙烯酸酯、羧甲基纤维素等水溶性合成浆料，能利用超滤技术从清洗液中回收。最近证实，改性淀粉（如羧甲基淀粉）也可循环使用。

利用超滤技术进行回收的原理如图 4.9 所示。在上浆和梭织之后，浆料于纺织预处理阶段在连续清洗机中通过热水清洗去除（为了减小耗水量，应优化清洗过程）。清洗液中的浆料浓度大约是 20～30g/L。在超滤装置中，浆料浓度会达到 150～350g/L。回收到的浓缩液可以重新用于上浆，相反剩余的液体可以用作清洗机中的水。应注意，浓缩液能保持高温（80～85℃），无需重新加热 [179, UBA, 2001]。

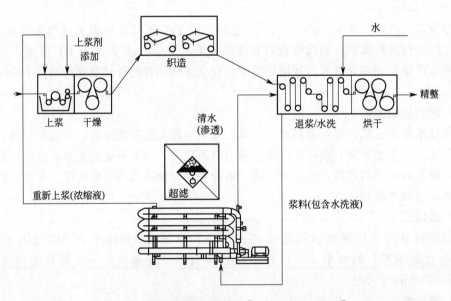

图 4.9 利用超滤回收浆料 [179, UBA, 2001]

图 4.10 表明了一个典型案例中回收与不回收过程的浆料和水的物料平衡。应注意到，即使对浆料进行回收，在加工的各种步骤中仍有浆料会损失，特别是在冲洗时。此外，上浆后的织物上会残留一定量的浆料，超滤后的液体中也会有一小部分。总之，浆料的回收率为 80%～85%。

(2) 主要的环境效益

织物整染厂废水的 COD 负荷可以减少 40%～70%。浆料可以回收 80%～85%。另外，无需对废水中的浆料进行处理。由于需要处理的污泥量减少，污水处理的能耗也会显著降低 [179, UBA, 2001]。

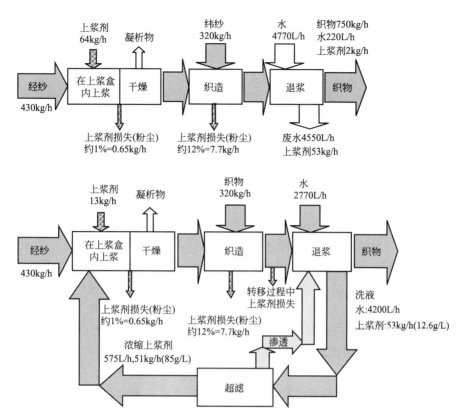

图 4.10　回收与不回收过程的浆料和水的物料平衡 ［179，UBA，2001］

对于纺织厂来说，超滤技术可高效降低有机负荷。但是，应注意到可回收浆料中使用的聚合物也在家用洗涤剂等其他产品中有着广泛的应用，因此，在其他废水中可以发现大量的这些物质 ［61，L. Bettens，1999］。

（3）操作数据

为了最大程度地减少膜污染和堵塞，应在超滤之前去除水中的纤维。对于一些微小的颗粒，如烧毛灰，也应如此。这一目的可以通过预过滤来达到。

给彩色织物上浆时，上浆后的液体也会有一定的颜色。染料颗粒很难被去除，此时应先进行微滤（这很复杂，但仍是可行的）［179，UBA，2001］。

回收浆料的超滤装置的运行/管理要求有资质的员工和很好的维护。

（4）跨介质的影响

超滤需要能量，但是消耗的能量远远少于生产新浆料（如果不进行回收）和在污水处理厂中处理这些废水所需的能量 ［179，UBA，2001］。

（5）适用性

如上所述，这项技术只适用于某些特定的浆料。它们是水溶性合成浆料，如 PVA、聚丙烯酸酯和羧甲基纤维素。最近证实，一些改性淀粉，如羧甲基淀粉也可循环使用。

有时，在梭织厂进行回用时也会出现问题。原料和回收的浆料需要在无菌的条件下储存，然后再与新的浆料混合。过去，由于储存不当引起的细菌滋生（生物降解了浓缩液，并污染了超滤设备），导致了比利时一家回收利用工厂停工［61，L. Bettens，1999］。现在，回收的浆料在超过 75℃的温度下储存。在此温度下，无需担心微生物的生长，因此不需要添加任何灭生物剂来维持无菌条件［280，Germany，2002］。

使用这项技术的限制可能来自于在纱线上使用的助剂不只是浆料，还包括蜡、抗静电剂等。这些化合物会留在超滤过后的浓缩液中。浓缩液可以重新用来上浆，但是当使用相同的浓缩液对不同种类的纱线（不同的最终用途）进行上浆时，就会出现问题，这时可能需要一些特殊的添加剂［281，Belgium，2002］。到目前为止，梭织厂对回收的浆料仍不是十分能接受。梭织厂关心回收浆料的质量能否达到要求。另外，崭新效果等只有在未退浆的织物中才能体现出来。由于这些原因，浓缩液的再利用通常在综合工厂中对统一的产品进行。

另一个需要考虑的因素是运输距离。长距离的运输会消除任何的生态优势，因为液体在转移中需要绝热的容器，并有合适的条件［179，UBA，2001］。尽管如此，还是有工厂不考虑梭织厂和整染厂之间的距离（美国一家工厂超过 300km），对浆料进行回收。浆料回收通常在综合工厂中进行，即工厂中制造部门和整理部门在同一个地方。

当梭织和整理（退浆）在两个完全不同的地方进行时，直接在梭织厂内进行浆料回收或许是较为可行的，因此梭织厂也会生产上过浆的织物。但是，在一家综合工厂中，只有当加工织物的产量大于 1000t/a 时，这个过程才是经济的。对于梭织厂来说，生产上过浆的织物的最小产量应比这大得多（大约 5000～8000t 织物/a），因为需要安装额外的超滤装置、清洗机和染色机［179，UBA，2001］。另外，纺织整染厂对已经上过浆的织物的接受程度仍然很有限，崭新效果等只能在未退浆的织物上才能表现出来。

(6) 经济性

估算成本/收益时，不仅应考虑超滤的成本，还应考虑到浆料成本和整体的加工处理费用，特别是当使用合成浆料替代淀粉及淀粉衍生物时会影响梭织效率。合成浆料远比淀粉类浆料昂贵，但是它们的用量较少，并且梭织效率会更高。

表 4.15 是关于回收浆料后每年节约费用的一个典型例子［179，UBA，2001］。

表 4.15 回收浆料每年可节约费用的典型例子［179，UBA，2001］

浆料用量	不回收（每年）		回收（每年）	
织物生产量	8750t		8750t	
纱线产量	5338t		5338t	
浆料负荷	13.8%		10%	
可回收浆料	—		427t	76095 欧元
淀粉衍生物	470t	261435 欧元		
PVA	264t	722500 欧元	75t	205100 欧元
Polyyacrylates(100%)			32t	158400 欧元
蜡	59t	133040 欧元	26.7t	30485 欧元
清水	5075m³	5840 欧元	755m³	830 欧元
蒸汽	890t	10780 欧元	350t	4235 欧元
电	155680kW·h	8560 欧元	32000kW·h	1760 欧元
人工	4450h	58700 欧元	1680h	22180 欧元
总费用		1200855 欧元		499085 欧元

资料来源：［179，UBA，2001］。

在表 4.15 所述的例子中，有梭织效率提高、预处理（与节约时间、与淀粉类产品相比，用来降解和去除浆料所需的化学药品明显减少）及污水处理减少的费用可带来额外的费用节约。超滤装置的投资回收期不足一年［179，UBA，2001］，这表明多数情况下，工厂投资使用这项技术主要不是因为环境效益，而是经济利益。

上面列举的例子中超滤装置的投资如下 [179，UBA，2001]：

-超滤装置：   1000000 欧元

-配水池：   105000 欧元

-安装费用：   77000 欧元

-启动：   27500 欧元

-其他：   27500 欧元

-总投资：   1237000 欧元

（7）实施动力

废水处理问题和成本的降低是对浆料进行回收的最重要动力 [179，UBA，2001]。

（8）可参考工厂

第一家回收聚乙烯醇的工厂于 1975 年在美国投入运行。与此同时，德国的两家工厂已经运行了很多年，现在，在巴西、中国台湾和美国有很多工厂在运行。但超滤装置的供应商并不多 [179，UBA，2001]。

（9）参考文献

[61，L. Bettens，1999]，[179，UBA，2001] 以及：

"Klaus Stöhr，ATA Journal，Oct/Nov，2001，50-52"

"Heinz Leitner，Melliand Textilberichte 10 (1994) E，205-209"

"Technical information BASF，T/T 372e，July 2000"

"Size UCF-4，Techn. Info BASF (2000)"

4.5.2　使用氧化法去除高效通用浆料

（1）描述

很多织物含有多种不同的浆料，这取决于基材的来源和性质。大多数纺织整染厂加工不同种类的织物，因此他们处理不同的浆料，所以对能否将非纤维材料（杂质、类纤维材料或任何预处理剂）迅速、连续可靠的去除很感兴趣，希望这些物质的去除过程与原始纤维没有关系。

酶退浆可以去除淀粉，但对其他浆料的效果甚微。在特定条件下（pH＞13），H_2O_2 会产生自由基，这些自由基可以高效地无选择性地降解所有浆料，将其从织物上去除。这一过程为后续的染色和印花提供了一个清洁、吸收性强、颜色均一的材料，而不论使用的是何种浆料和纤维 [189，D. Levy，1998]。

最近的研究（[203，VITO，2001]）表明，在 pH＞13 时，氧自由基阴离子 O^{*-} 是氧化性最强的存在形式。这种物质具有很高的反应活性，但由于各种原因，只会与非纤维材料（浆料等）反应，而不会与纤维素反应。原因有很多，首先是由于其带负电，与强碱性介质中的纤维素聚合物电荷性质相同（库仑力排斥作用），其次是由于其与 OH^* 不同，不会使苯环开环。

建议先去除催化剂，这些催化剂不均匀地分布在织物表面上（如铁颗粒、铜等）。因此合理的处理顺序应该是：去除金属（现代预处理生产线都配备有金属检测器），氧化退浆（过氧化氢和碱），煮练（碱），去矿化作用（去酸，最好是同时去碱/提纯），漂白（过氧化氢和碱），清洗和染色。

(2) 主要的环境效益

这项技术主要可以产生的显著环境效益有：水和能量消耗的减少，同时废水的可处理性提高。

当使用过氧化氢进行漂白时，氧化法是一个具有吸引力的选择。这一技术的优势在于过氧化氢同时也是漂白中的活性物质，可以将碱漂白和煮练结合起来，并通过不同的预处理步骤来调节碱和过氧化氢的相对流量，因此可以节约水、能量和化学药品。

由于过氧化氢产生的自由基的反应，浆料聚合物可以被高度降解。这个过程会产生短链和支链较少的分子，如葡萄糖、羧酸盐分子如草酸、醋酸和甲酸，这些物质可以在高效清洗机中用少量水轻松洗去。

对浆料聚合物的预氧化同时也有利于提高废水处理水平（提高可处理性）。采用酶退浆，淀粉并不能完全被去除（大分子在退浆之后并未被彻底打断）。这意味着污水处理厂需要处理更高的有机负荷，同时也会引起诸如产生膨胀的难以沉淀的污泥等问题。

(3) 操作数据

众所周知，在氧化性碱性介质（过氧化氢）中，如果在漂白时 OH* 的产生得不到控制，就会存在纤维被破坏的风险。

浆料和纤维素具有相似的分子结构，因此无选择性的 OH* 与纤维素聚合物是可能发生反应的。为了达到良好的效果，避免纤维被破坏，当去除淀粉类浆料时，必须要在 pH $>$ 13 时加入过氧化氢。这样的操作条件可以最大程度地减少可能破坏纤维素的 OH* 自由基。

对 PVA/淀粉进行退浆-漂白的配方的一个例子：清洁剂（0.3%）；络合剂（0.1%）；氢氧化钠（0.7%～2.0%）；过氧化氢（0.2%～0.4%）；盐（0.4%）；乳化剂。

(4) 跨介质的影响

没有跨介质的影响。

(5) 适用性

这项技术特别适合于委托整染厂（有单独的浆料），他们要求很大的灵活性，因为他们的货物并不是来自同一个地方（因此，他们没有使用相同浆料处理的货物）。为获得较高的生产能力，这些工厂需要一种普遍适用的技术来保证退浆过程省时可靠。

不需复杂的控制装置，因为已经可以控制氧化漂白过程。所需设备与现代预处理生产线相同。

(6) 经济性

一些步骤的进行和药品的使用可以结合起来，这样资源的消耗量就可以得到优化，使总体费用降到最低。

(7) 实施动力

随着在漂白时越来越多地使用过氧化氢来代替次氯酸盐，过氧化氢相对于其他氧化剂的费用会持续降低。选择性使用过氧化氢（使非选择性的反应程度最小化）对于降低总体费用很重要，其可降低原材料使用、能量消耗和环境治理的费用。

(8) 参考文献

[203，VITO，2001] 以及：

Ref. 1995，Catalytic oxidations with oxygen：An Industrial Perspective，Jerry Ebner and Dennis Riley

"Ref. 1998，Peroxide desizing：a new approach in efficient，universal size removal，David Levy"

"Ref. 1995，Environmentally friendly bleaching of natural fibres by advanced techniques，Ludwich Bettens (SYNBLEACH EV5V-CT 94-0553)-Presentation given at the European

Workshop on Technologies for Environmental Potection，31 January to 3 February 1995，Bilbao，Spain-Report 7"

4.5.3　棉花织物的一步退浆、煮练和漂白

(1) 描述

多年来，对于棉花织物及其与合成纤维的混合物，三步预处理过程已经成为了标准程序，包括：退浆、煮练、漂白。

新型助剂的配方、自动计量加药和蒸汽机的使用，使得使用所谓的"闪流"过程成为可能，闪流过程可以把退浆、碱性分解（煮练）和蒸汽过氧化氢漂白结合成一个步骤［180，Spain，2001］。

(2) 主要的环境效益

将这三个步骤结合为一步可以明显减少水和能量的消耗。

(3) 操作数据

未染色货物在2～4min的时间内变成了适宜染色的白色，与此同时，原本弯曲的纱线会变直。这是一个巨大的优势，特别是当加工的织物有褶皱时［180，Spain，2001］。

这个化学过程很简单，并且可以在最优化的条件下完全自动进行。

以下是一个配方：

- 15～30mL/kg 无磷漂白剂、分散剂、润湿剂、洗涤剂的混合剂；
- 30～50g/kgNaOH 100％；
- 45～90mL/kg$H_2O_2$35％。

"蒸汽过氧化氢漂白"的顺序是：使用漂白溶液；通入蒸汽2～4min（饱和蒸汽）；热洗脱。

(4) 跨介质的影响

没有跨介质的影响。

(5) 适用性

有适合这项技术的新型机械设备的厂商可以使用这项技术［180，Spain，2001］。没有更具体的信息。

(6) 经济性

目前没有可用信息。

(7) 实施动力

生产能力的增加。

(8) 可参考工厂

欧洲的很多工厂。

(9) 参考文献

［180，Spain，2001］with reference to "International dyer，October (2000)，p. 10"

4.5.4 酶洗

(1) 描述

使用淀粉酶进行酶退浆是使用多年的生产方法。最近证实果胶酶可能可以替代碱洗处理。一些助剂供应商推荐了酶处理过程来从棉花中去除疏水性物质和其他非纤维素物质。这一新过程在中性 pH 条件下运行，温度范围较广，可以在如喷射机之类的机器上使用。

由于经过酶洗的织物具有更好的漂白性，因此漂白过程可以减少大量的漂白用化学药品和助剂。事实上，酶可以使基材的亲水性更强（这就解释了其更好的漂白性），但是它们无法破坏蜡和棉子，因此这些东西需要在后续的漂白过程中被去除。

(2) 主要的环境效益

在连续煮练处理中，氢氧化钠已不再是必需的了。另外，相对于传统的加工过程，还有以下优势（见表 4.16）。

表 4.16 酶洗过程可实现的主要环境效益

项　　目	酶洗	酶洗＋低浓度过氧化氢和碱漂白
减少清洗水消耗量	20%	50%
减少 BOD 负荷	20%	40%
减少 COD 负荷	20%	40%

数据来源：[179，UBA，2001]。

(3) 操作数据

将煮练和退浆合为一步的浸轧过程如下所示 [179，UBA，2001]：

- 在 60℃（pH 8~9.5）加入 2~3mL/L 润湿剂；2~5mL/L 乳化剂；5~10mL/L 酶化合物；4~6mL/L 淀粉酶；2~3g/L 盐。
- 储存 3~12h，取决于淀粉的种类和数量。
- 抽取和清洗。

(4) 跨介质的影响

主要的环境效益仍不是很清楚，因为酶贡献了有机负荷，而且其反应更像是基于水解的一个过程，而非氧化。未由酶洗去除的有机负荷会出现在后续的湿处理阶段。从全局上看酶洗对整个过程可能并没有明显的改进。

(5) 适用性

酶洗过程适用于连续和非连续过程中的纤维素纤维及其混合物（梭织与针织）。

当使用酶退浆时，可以与酶洗相结合。

这一过程可以使用喷射、溢流、绞车、轧堆、浸轧汽蒸装置和浸轧筒设备。

(6) 经济性

当考虑该过程的总费用时，经济性是很好的。

(7) 实施动力

质量方面（良好的可再生性、减少纤维被破坏、良好的空间稳定性、柔软的手感、增强色彩等），技术方面（如金属部分不被腐蚀）以及生态和经济方面是使用酶洗技术的主要原因 [179，UBA，2001]。

(8) 可参考工厂

欧洲的很多工厂 [179，UBA，2001]。

(9) 参考文献

[179，UBA，2001] 以及

"kahle，2000"

Kahle，V.

Bioscouring ein neues，modernes Bio Tech-Konzept。

Product information，Bayer AG，D-Leverkusen（2000）。

4.5.5 漂白中次氯酸钠和含氯化合物的替代

（1）描述

使用次氯酸盐会引发副反应，生成氯化烃类物质，如具有致癌性的三氯甲烷（通常也会是反应链的最终产物）。大多数此类的副产品可以利用合计参数 AOX 作为可吸附有机卤素来检测。这些危险的 AOX 也可能来自于氯或会释放氯的化合物和含氯的强酸（如三氯乙酸）。卤代溶剂也是一种 AOX（见 2.6.1.2）。

在很长一段时间内，次氯酸钠在纺织整染业中是使用最广泛的漂白剂。尽管在德国和欧洲其他很多国家，它已经大量被替代，但它仍然得到了广泛使用，不仅是作为漂白剂，也可用来清洗染色机或是用作回收错误染色的货物时的退色剂。

在一些条件下，亚氯酸钠也能形成 AOX，尽管与此氯酸盐相比，其影响小得多。但是，最近的研究表明，这个原因不在于亚氯酸钠本身，而是作为杂质存在（来自非化学计量的产品）或用作活化剂的氯或此氯酸盐。最新的技术（使用过氧化氢作为氯酸钠的还原剂）可以在产生 ClO_2 的同时不产生 AOX [18，VITO，1998]，[59，L. Bettens，2000]。

过氧化氢现在可以作为次氯酸钠的替代品用于对棉花及棉花混合物进行漂白。

当在一级加工过程中只使用过氧化氢无法达到所要求的洁白度时，可使用过氧化氢（第一步）和次氯酸钠（第二步）的二级加工过程，来减少 AOX 的排放。这样，纤维上的杂质——卤仿反应的前体物——就得到了去除，因此废水中的 AOX 就减少了。然而，现在已经有了只使用过氧化氢的二级漂白过程，这样就完全不会用到次氯酸盐了（先在室温下进行冷漂白，然后再热漂白）。

在利用还原/提取技术小心去除催化剂后，过氧化氢漂白在强碱性条件下就能达到很高的洁白度，这也使过氧化氢的使用得到越来越多的支持。使用过氧化氢的另外一个优势是能将煮练和漂白结合起来。还原/提取再加强烈的氧化结合漂白/煮练过程（较高的碱和活性氧浓度）可以在任何类型的机器（非连续和连续的）上对任何组成的织物进行漂白。这一方法使用了氧化过程和活性氧。

（2）主要的环境效益

可以避免废水中的有害 AOX，如三氯甲烷和氯乙酸。

（3）操作数据

需特别注意预处理过程的组合或顺序，以及含有次氯酸盐或氯的废水的混合。例如，两级漂白过程中，次氯酸盐与过氧化氢都会使用，如果使用次氯酸盐漂白时基材上仍残留有大量的有机卤素前体物，那么就会存在潜在的危险。如果次氯酸盐漂白作为最后一步，那么就可以降低这种风险，因为碱性过氧化氢漂白可以去除纤维上的前体物。但是，没有可用的数据表明将顺序"次氯酸盐——过氧化氢"变为顺序"过氧化氢——次氯酸盐"的重要性。事实上，即使是采用了正确的预处理漂白顺序，避免将次氯酸盐漂白废水与其他废水或混合废水（尤其是退浆和清洗废水）混合也是很重要的。有机卤素的产生很可能是将这些生产废水混合起来的结果。

对于亚氯酸盐漂白，处理和储存亚氯酸钠时应特别小心，因为其具有毒性和腐蚀性。应该经常检查机器设备，因为其运行压力较大（见 2.6.1.2）。

(4) 跨介质的影响

通常用络合剂（如 EDTA、DTPA、膦酸盐）作为过氧化氢稳定剂。应当注意的是这些物质会与金属形成稳定的络合物（导致重金属无法被去除），其中含有 N 和 P，通常也是难以生物降解/生物去除的。但是，使用强力络合剂可以避免漂白过程中 pH 值的微小变化，当与硅酸盐、镁、丙烯酸酯或可生物降解羧化物共同作用时，可以减缓不受控制的过氧化氢的分解过程（见 4.3.4）。

在过氧化氢漂白不足以达到要求的洁白度时，通常也会使用荧光增白。需要考虑由此产生的 COD 负荷和拉幅机上定型时产生的烟气。另外，荧光增白剂具有刺激性，因此，通常无法在直接接触皮肤（如内衣、床单）的产品上使用。

(5) 适用性

作为次氯酸盐替代品的漂白剂对新安装的和现有的装置都适用。

对于纱线和纤维素、羊毛及其混合纤维的织物的漂白，过氧化氢是一种有效的替代品。如今，已经可以只使用过氧化氢对棉花及含棉混合针织物进行漂白（去除催化剂后在强碱性下进行煮练/漂白），并能达到较高的洁白度（＞75 BERBER 洁白指数）

对于亚麻和其他麻类纤维，无法只使用过氧化氢进行漂白。阴离子漂白剂不像二氧化氯，无法去除所有的有色物质，也不会优先接近纤维中的疏水区域。因此，对于亚麻，可以采用过氧化氢——二氧化氯两级漂白。

上面已经提到，先用过氧化氢再用次氯酸盐进行漂白可以去除卤化反应的前体物，这也可以达到较高的洁白度，但是对于结构较松散的织物，这可能会使织物分解。

对于亚麻纤维、亚麻制品和一些合成纤维，亚氯酸钠是最好的漂白剂。

(6) 经济性

一般来说，由于市场已经饱和，因此用过氧化氢漂白的价格不再比用次氯酸盐高。

针对针织物使用过氧化氢进行两级漂白的价格比使用过氧化氢和次氯酸盐的常规过程高出 2～6 倍 [179，UBA，2001]。

如果使用二氧化氯作为漂白剂，那就需要对现有设备进行改造，使其变得耐腐蚀。

至于二氧化氯的生产，这一过程在其他 BREF 中（制浆造纸业）有充分的研究和描述。

(7) 实施动力

市场对无氯漂白织物的需求和法律法规的要求（关于废水排放）是使用这项技术的主要推动力。

(8) 可参考工厂

欧洲和全世界的很多工厂大量使用次氯酸钠的替代品作为漂白剂。

(9) 参考文献

[179，UBA，2001]，[51，OSPAR，1994]（P059，P063），[203，VITO，2001]。

4.5.6　减少过氧化氢漂白中络合剂的消耗量

(1) 描述

使用过氧化氢漂白时，水中会存在具有不同反应活性的氧（O_2^*，H_2O_2/HOO^-，H_2O/OH^-，HOO^*/O_2^{*-}，OH^*/O^{*-}，O_3/O_3^{*-}）。这些物质形成和分解的动力学取决于氧的浓度、活化能、还原电位、pH值、催化剂和其他试剂的影响。这些过程非常复杂，只能通过动态仿真模型来解释。现在普遍认为，OH^*自由基是与纤维素纤维反应的主要物质，会破坏纤维素（解聚），而OH^*自由基主要是由于H_2O_2/HOO^-与过渡金属，如铁、锰和铜的反应而形成。可以使用络合剂来使催化剂失去活性（稳定剂），从而防止"催化剂"破坏纤维，即防止OH^*自由基不受控制的形成，见附录Ⅰ部分。

在整染厂中使用的典型络合剂（见图4.6）有聚磷酸盐（如三聚磷酸盐）、膦酸盐（如1-羟乙基1,1-二膦酸）、氨基羧酸（如EDTA、DTPA、NTA）。使用这些物质时应注意其含有N和P，生物降解性/生物去除性通常都较差，与金属形成的稳定络合物会导致重金属难以去除（见附录Ⅰ部分）。

可以通过去除水中和纺织基材上的催化剂和OH^*来避免使用大量的络合剂。

纺织厂通常会对淡水进行软化，即从工艺用水中去除铁和硬化碱土金属阳离子（氢氧化镁具有稳定作用，应优先选择能去除过渡金属和钙的技术）。

未加工纤维中的铁来自于纤维中的杂质，铁锈或织物表面的粗铁颗粒。后者可以使用磁力探测器/磁铁（现代连续生产线都配备有磁力检测器）在干加工过程中检测和去除。当整个过程是以氧化煮练/退浆开始时，这种处理是很方便的，因为在湿处理过程中，大量的化学药品会被用来溶解粗铁颗粒。另一方面，当在漂白之前先进行碱性煮练时，并非一定要预先去除粗铁颗粒。

磁感应器无法检测到非磁性的颗粒，磁铁无法去除纤维中的铁（纤维中的杂质和污染严重的货物中的铁锈）。这部分铁必须在漂白前通过酸性去矿化作用或还原/提取处理进行溶解和去除。至于酸性去矿化作用，铁（Ⅲ）氧化物、金属铁和很多其他形式的铁（一些有机化合物）都能在强酸性条件下溶解（盐酸，pH＝3）。这意味着机械设备的金属部件必须能抵抗住这些条件。还原处理的优势在于无需使用强腐蚀性酸。另外，新型无害还原剂（见4.6.5）可以避免pH值的剧烈变化。

如上所述，为了在不使用络合剂的情况下减少对纤维的破坏，应去除OH^*自由基。

过氧化氢反应的深入研究（SYNBLEACH EV5V-CT94-0553 EC资金支持的研究项目）表明对于这些过程的控制是防止过氧化氢不受控制分解和优化使用过氧化氢的基础。

图4.11表明了在最适条件下（pH值大约为11.2，均匀分散的催化剂和受控制的过氧化氢浓度）羟基自由基OH^*可被过氧化氢去除，而形成真正的漂白剂，二氧化物自由基离子（二氧化物自由基阴离子O_2^{*-}的最大形成量与峰值一致）。在这些条件下，过氧化氢自身也会作为清除剂，反应产物是活性漂白剂本身（这就可以实现过氧化氢的最优化使用）。添加甲酸（甲酸根离子）作为清除剂对控制OH^*自由基的形成，产生更多的O_2^{*-}和减少纤维的破坏都很有效。

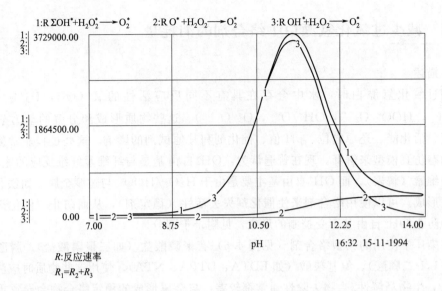

$1:R \Sigma OH^* + H_2O_2^* \longrightarrow O_2^*$　　$2:R \cdot O^* + H_2O_2 \longrightarrow O_2^*$　　$3:R \cdot OH^* + H_2O_2 \longrightarrow O_2^*$

R:反应速率

$R_1 = R_2 + R_3$

图4.11　用过氧化氢清除羟基自由基（OH*）时过氧自由基离子的产生［203，VITO，2001］

(2) 主要的环境效益

使用这项技术可以充分漂白纤维素，达到较高的洁白度，通过以下措施可以避免破坏纤维：

- 不使用有害络合剂；
- 减少过氧化氢用量（小于不受控制条件下用量的50％）；
- 对去除的物质进行（预）氧化。

(3) 操作数据

如上所述，为替代酸性去矿化方法，可以对污染严重的织物进行预清理，这种预清理在碱性条件下进行，使用无害还原剂，无需 pH 值的剧烈变化。还原/提取对所有类型的基材和所有品质的织物（污染严重的，铁锈分布不均匀的）都适用。这一步易于在弱碱性和强碱性漂白条件下通过氧化方法将非连续和连续过程整合起来。

(4) 跨介质的影响

预计没有。

(5) 适用性

本节所述的方法普遍适用于现有的和新建的工厂。但是，在受控制条件下使用过氧化氢需要全自动设备。受动态仿真模型控制的漂白剂的计量仍然受到限制［203，VITO，2001］。

(6) 经济性

过氧化氢消耗量最多可减少50％。有机负荷非但不会增加，还可能降低，而且废水的可处理性也会改善。如果对复杂的控制参数有较好的认识的话，所使用的化学药品并不是很贵，而且很稳定［203，VITO，2001］。

(7) 可参考工厂

本节所述的技术可直接由一些助剂供应商提供。在动态仿真模型的帮助下，他们可以制备一种针对特定基材、设备，在特定过程条件下稳定使用的助剂。

(8) 参考文献

［203，VITO，2001］以及：

"Ref. 1995，Environmentally friendly bleaching of natural fibres by advanced techniques，Ludwich Bettens (SYNBLEACH EV5V-CT 94-0553) -Presentation given at the European Workshop on Technologies for Environmental Potection，31 January to 3 February 1995，Bilbao，Spain-Report 7".

4.5.7 从丝光处理中回收碱

(1) 描述

丝光处理就是使用高浓度氢氧化钠溶液（270～300g NaOH/L，或170～350g NaOH/kg 纺织基材）处理棉纱线或织物（主要是梭织物，也包括针织物）大约40～50s，然后清洗纺织基材来去除氢氧化钠的过程。清洗水被称作弱碱（40～50g NaOH/L），可以通过蒸发浓缩进行循环使用。主要原理如图4.12所示。

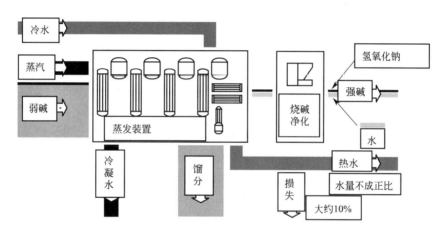

图4.12 通过蒸发提纯回收氢氧化钠的原理[179，UBA，2001]

在去除棉绒、绒毛和其他颗粒之后（使用自动清洗旋转过滤器或压力微滤装置），弱碱首先被浓缩，例如通过三级蒸发过程。多数情况下，碱液的提纯必须在蒸发后进行。提纯技术取决于碱液的污染程度和是否能简单地通过加入过氧化氢来沉淀或氧化/浮选。

(2) 主要的环境效益

大大降低了废水中的碱负荷，中和废水所需的酸也大大减少。

(3) 操作数据

弱碱液的浓度通常是5～8°Bé（30～55g NaOH/L）到25～40°Bé（225～485g NaOH/L），浓度取决于丝光过程。当对灰褐色干纺织基材进行丝光处理（生丝光）时，氢氧化钠的浓度不会超过25～28°Bé，然而，熟丝光处理后，氢氧化钠的浓度能达到40°Bé。在生丝光处理中，杂质浓度明显较高，黏度也较大，这妨碍了碱液达到更高的浓度（干扰液体在蒸发器中的循环）[179，UBA，2001]。

蒸发的级数越多，越多的热量将被回收利用，蒸汽的消耗量也更低，因此，运行费用也更低。但是，投资随级数的增加会明显增加 [179，UBA，2001]。

(4) 跨介质的影响

在四级蒸发器中，蒸发过程需要大约0.3kg 蒸汽/kg 水。这相当于1.0kg 蒸汽/kg 回收浓度为 28°Bé 的 NaOH，或 1.85kg 蒸汽/kg 回收浓度为 40°Bé 的 NaOH。

(5) 适用性

这项技术对现有的和新安装的装置都适用。

由于过氧化氢分解产生的活性氧的反应，可以回收和净化有色碱液，将其重新使用（在氧化时已经使用了过氧化氢，见 4.5.2）。

(6) 经济性

投资主要取决于工厂的规模和提纯技术，通常在 200000～800000 欧元之间。投资回收期取决于工厂的规模和每天运行的时间。通常如果丝光处理是全天候进行的，投资回收期少于一年。对于不回收氢氧化钠溶液而用酸中和的工厂，投资回收期少于 6 个月。因此，从经济角度来看，回收氢氧化钠很具有吸引力 [179，UBA，2001]。

(7) 实施动力

废水中较高的碱含量和不回收氢氧化钠所造成的经济损失是主要推动力 [179，UBA，2001]。

(8) 可参考工厂

在一百多年前，就有工厂开始回收氢氧化钠了。现在，全世界有超过 300 家工厂在回收氢氧化钠，特别是针对梭织物丝光和纱线丝光以及一些针织物丝光的废水（最后一种的应用不是很广泛）。

欧洲主要的供应商是：

- KASAG Export AG，CH-9259 Kaltenbach，Switzerland；
- Körting Hannover AG，D-30453 Hannover，Germany。

(9) 参考文献

[179，UBA，2001]，[5，OSPAR，1994] P040.

4.5.8　棉纱线预处理的优化

(1) 描述

在生产白色、不染色的棉花褥单（如用作被单和桌布）时，会在梭织之前将棉纱线漂白（对于生产这种类型的产品，织物在梭织后无需退浆）。

常规的生产过程包括五步，润湿/煮练，碱性过氧化氢漂白，以及三次清洗。最后一次的清洗水可以回用至第一个清洗容器中。

这个过程可以通过合并润湿、煮练和漂白过程，进行两次清洗，回用第二次清洗水作漂白、煮练液来改进（如上所述）。

另外，可以通过回收热量来降低这一过程的能耗。煮练和漂白液（110℃）中的热量可以进行回收（通过热交换器），用来加热第一次清洗所需的水。这样，液体温度大约会降到80℃，同时清洗水温度会达到 60～70℃。

将冷却后的煮练/漂白液与第一次清洗后的热水一同收集到一个容器中。这部分废水仍含有一定的热量。因此，在排放之前，这些水可以用来加热第二次清洗所需的水（如上所诉第二次清洗水可用作漂白/煮练液）。

(2) 主要的环境效益

优化前后的耗水量和废水排放情况见表 4.17：可以减少 50% 的耗水量。

表 4.17　经纱煮练/漂白的优化：优化前后绝对和单位耗水量和废水排放量

项　目	过　程	常规过程耗水量/L[①]	优化过程耗水量/L[①]
第一步	润湿/煮练	6400	6400
第二步	漂白	5000	
第三步	冷清洗	5000	5000
第四步	热清洗	5000	
第五步	清洗及用以酸调节 pH 值	5000	5000
合计		26400	16400
循环最后一次清洗水		−5000	−5000
总耗水量		21400	11400
单位耗水量(800kg 纱线/批)		26.8L/kg	14.3L/kg
纱线残余水		20000	10000
单位废水量		25L/kg	12.5L/kg

数据来源：[179，UBA，2001]。

① 基于一批重量为 800kg 织物的数据。

化学药品和能量的消耗也可以大大减少。如下 [179，UBA，2001]：

处理时间：	约 50%
耗水量/废水排放量：	约 50%
NaOH：	约 80%
H_2O_2：	没有减少
络合剂/稳定剂：	约 65%
表面活性剂：	约 70%
荧光增白剂：	没有减少
废水 COD 负荷：	约 20%
能量：	1.2kg 蒸汽/kg 经纱

(3) 操作数据

优化过程的运行条件如表 4.18 所列，表中也包括了 COD 输入和输出的计算。

表 4.18　经纱煮练/漂白的优化：优化过程的配方与运行条件

处理过程输入和运行条件	数　量	单位 COD	每 kg 纱线的 COD 负荷
润湿/煮练/漂白			
·条件:pH 值约 12,110℃,10min			
·配方			
-NaOH 38°Bé (33%)	3.5g/L	—	
-H_2O_2 35%	3.0g/L	—	
-络合剂及稳定剂	1.0g/L	85mgO₂/g	0.6gO₂/kg
-表面活性剂	1.9g/L	1610mgO₂/g	24.2gO₂/kg
-荧光增白剂	0.15%	2600mgO₂/g	3.9gO₂/kg
			合计:28.7gO₂/kg
			来自棉花:70.0gO₂/kg
第一次清洗		3000mgO₂/L	18.7gO₂/kg
·条件:70℃,15min			
第二次清洗		1000mgO₂/L	6.2gO₂/kg
·条件:70℃,15min			
			合计:124gO₂/kg

数据来源：[179，UBA，2001]。

（4）跨介质的影响

没有跨介质的影响。

（5）适用性

过程的优化适用于现有的和新安装的装置。对于热量回收，需要足够的空间来放置额外的容器，这在某些情况下会成为限制因素。需要考虑棉纱线的品质（如考虑铁和种子的含量等）来确定是否可以使用这一过程。

（6）经济性

这一过程能节约大量的时间、水、化学药品和能量，是很经济的。优化过程无需新设备来进行预处理，但需要容器、热交换器、管道和控制装置来回收废水中的能量。

（7）实施动力

改善环境是改进这一过程的主要动力，但是了这项投资的效果也证明了其经济效益。

（8）可参考工厂

德国的两家纺织整染厂成功地使用了上述优化过程。

（9）参考文献

[179，UBA，2001] 中关于：

"van Delden，2001"

van Deleden，S.

Prozessoptimiwerung durch Wasserkreislaufführung und Abwasservermeidung am Beispiel einer Kettbaumbleiche

Proceedings of BEW-Seminar "Vermeidung，Verminderung und Behandlung von Abwässern der Textilindustrie" on 06. 03. 2001 (2001)

4. 6 染色

4. 6. 1 使用无载体或环境友好型载体染色技术的聚酯和聚酯混纺浸染

（1）描述

由于聚酯合成纤维的玻璃化转换点较高，大约在 $80\sim100℃$ 范围内，在正常的染色温度下，染料分子扩散到标准 PES 纤维（以 PET 纤维为基准）的速率非常低，因此，通常适用于其他种类基底的染色条件对此并不适用。但在载体存在的条件下，聚酯和聚酯混纺浸染能够在压热器中的高温条件下（$130℃$的 HT-染色，通常适用于纯 PES 和无羊毛的 PES 混纺）或普通的染色温度（$95\sim100℃$，通常适用于 PES/羊毛混纺）下进行（参见 2.1.1.1，2.7.6.2，2.7.7 和附录 I 6.7 部分）。

载体可被 PES 纤维大量吸入，它们促进了纤维膨胀和染色剂的迁移。在染色和漂洗中，大量的载体物质排入废水中，而另外的一部分残留在纤维中的载体物质将在随后的烘干、热化、熨烫中进入空气中。

载体中所含的化学物质主要包括：氯代芳香族化合物（单氯苯，三氯苯等）；邻苯基苯酚；联苯和其他芳香族烃类化合物（三甲基苯，1-甲基萘等）；邻苯二甲酸盐（邻苯二甲酸二乙基己酯，邻苯二甲酸二丁酯，邻苯二甲酸二甲酯）。

使用上述物质时，主要受到关注的问题是其对人类和水生生物的毒性、其高挥发性和高强度的气味（参见 2.7.8.1）。不仅水和空气会受到排放物的污染，人们甚至越来越怀疑，染色后纺织品中的载体卤化物（如 1,2,4-三氯苯）的再活化会对消费者的健康造成严重的问题 [18，VITO，1998]。

HT-染色工艺在运用过程中不必使用载体，该技术目前广泛应用于纯聚酯和无羊毛 PES 混纺的染色。然而，由于羊毛物质对高温的敏感性，当给聚酯混纺染色，特别是给聚酯/羊毛混纺染色的时候，仍然需要使用载体。在这种情况下，危险性载体可被毒理学特性和环境特性已被改进的无氯物质取代。新载体以苯甲酸苄和 N-烷基邻苯二甲酰亚胺为基质。

（2）主要的环境效益

在 HT-染色工序中，废水和废气不含载体，因此可产生环境问题的物质数量减少。PES/羊毛混纺可采用以苯甲酸苄可染色和 N-烷基邻苯二甲酰亚胺为基质的载体染色；苯甲酸苄是一种易生物降解的物质（苯甲酸苄的矿化作用程度为 79％ [179，UBA，2001]）而 N-烷基邻苯二甲酰亚胺是一种可生化降解的物质（BOD_{30}/COD 为 50％～100％）对鱼的致毒浓度为 10～100mg/L；另外，由于其挥发性低，异味（尤其是在工作场所）可以忽略不计。

这两种物质在水溶液中表现出很大的亲和力，因此很容易制备（不需要乳化和分散剂），在染色的最后工序中也很容易被清除（耗水量低）。

（3）操作数据

以苯甲酸苄为载体时，采用的浓度范围为 2.0～5.0g/L（在沸腾温度，平均液比下染色）[179，UBA，2001]。

运用于浅色调染色时，N-烷基邻苯二甲酰亚胺载体的使用量为 2％（液比为 1∶10）～1％（液比为 1∶20）。而运用于深色调染色时，载体的用量在 6％（L.R.1∶10）和 3％（L.R.1∶20）之间 [179，UBA，2001]。

（4）跨介质的影响

在采用 HT 工艺染色时，会有更多的低聚物迁移到纤维的表面，在高温下染色能量消耗较大，两种不同影响之间的平衡（危险载体对环境的影响和高能量消耗的影响）对该技术的运用仍然具有较大意义 [179，UBA，2001]。

基于苯甲酸苄和 N-烷基邻苯二甲酰亚胺的载体染色效果不如传统载体，它们的渗透和膨胀的效果都较弱。因此，需要更长的停留时间和更大的用量（约为 3 倍）才达到同样的效果。

（5）适用性

在使用 HT 染色设备的条件下，高温无载体染色工艺可适用于所有 PES 材质的基底。对 PES 混纺的适用性取决于混纺中纤维对的高温敏感度，特别是 PES/WO 混纺。使用优化载体的染色工艺适用于所有 PES 混纺。

（6）经济性

本章节所描述的优化载体的成本接近于常规载体 [179，UBA，2001]。

（7）实施动力

环境法规定了工作车间的安全标准，对此带来的效果已经成为消除/替代卤化和其他危险载体这一行动的主要实施动力。

1994 年，保护东北大西洋海洋环境委员会建议停止使用有机卤化载体（[51，OSPAR，

1994])。此外，许多纺织产品生态标签的计划里要求考虑染色载体。例如，欧洲生态标签要求不使用卤化载体。GuT-标签要求（地毯用），染色载体不能用于生产或不能在产品中检出。

(8) 可参考工厂

无载体 HT 染色工艺和上面提及的优化载体工艺被应用于欧洲各国和世界上其他国家。

(9) 参考文献

[179，UBA，2001]，[18，VITO，1998]，[61，L. Bettens，1999]，[52，European Commission，1999]，[59，L. Bettens，2000]。

4.6.2　无载体可被染色的 PES 纤维的使用

(1) 描述

聚合物行业一直表现出对由 N-亚甲基乙二醇同源序列制成的所有芳香族聚酯聚合物的兴趣。在这些聚合物中，基于 PET 的聚酯纤维在纺织行业中最为重要。它们具有优异的力学性能和耐热性能，但它们的高结晶度，使得它们在不适用载体的条件下，低于 100℃ 便无法染色。

有害物质的使用引起了越来越多环境方面的关注，解决这个问题的技术在上面的章节中已经讲述过。另外一个选择是使用无载体可被染色的 PES-纤维，例如苯二甲酸乙二醇酯（PTT）涤纶（见 2.1.1.1）。

很长一段时间以来苯二甲酸丙二醇并不是一种重要的聚合物，不是因为它缺乏良好的物理和化学性能及潜在的应用性，而是合成它的单体（1，3-丙二醇）成本较高，无法将其合成的纤维推向市场。由于壳牌最近在 PPT 聚合物的低成本合成上取得了突破使得它重新成为了当下的焦点。

采用苯二甲酸乙二醇酯制成的纤维可以使用标准分散染料染色或印花，而不需要任何特殊步骤或载体来加速染色过程。

(2) 主要的环境效益

与标准涤纶相比（PET 类型），该染色工艺主要获得了以下的环境效益：

——完全避免了工作场所和环境中载体物质的排放；

——与高温高压（HT）条件下的 PET 染色相比，能量消耗低（在常压及 100℃ 的环境下对进行 PTT 染色，可以得到很好的上染效果和色牢度）。

(3) 操作数据

对于 PPT 来说，分散染料是首推的染料，尤其是暗色调。碱性染料也可以使用，但仅限于明亮的色调。染色色光平衡大概需要 30～60min，这取决于染料的选择。为了在不影响生产力的前提下提高染料利用率，建议在 100℃ 下保持 30～45min 时间 [178，VITO，2001] 建议的染色条件为：pH=7，温度为 100℃（与 PET 在 130℃ 时的染色效果相比，PTT 在 100℃ 可染出同样甚至更深的色调）[178，VITO，2001]。

(4) 跨介质的影响

无影响。

(5) 适用性

PTT 不但合成工艺简单，而且容易加工。只要对常用的机械做一些小的改造，就可用这些机械将其进行挤压塑形。由于这些特性，它们可应用于地毯、纺织品和服装、工程热塑性塑料、非梭织布、薄膜和单丝等。据制造商称，由 CORTERRA® Polymers 制造的纤维性能在许多情况下优于其他材料，如聚丙烯、尼龙和 PET。但是，由于结构差异，其物理和力学性能明显不同于标准 PES 纤维（PET 类型）。因此，它们并没有完全覆盖市场上同样的产品，他们也不能被视为 PET 纤维的"替代品"。

(6) 经济性

与 PES 纤维相比，壳牌推出的聚乙烯（苯二甲酸丙二醇酯）的新合成路线制造让 PTT 纤维更具市场竞争力。低染色温度和宽 pH 适用范围降低了染色成本，并且，由于载体存在而带来的环境成本也可避免了。

(7) 实施动力

目前环境法律法规对染料载体的限制，以及主导的自愿生态标签计划是其主要的实施动力。在地毯行业中，可以常压下不使用载体对地毯进行染色是极为方便的（由于 HT 工艺染色时加压设备的成本较高）。

(8) 可参考工厂

壳牌化学公司于 1996 年宣布 PTT 的商业贸易项目名称为 CORTERRA® Polymers。

(9) 参考文献

[178，VITO，2001]。

4.6.3 染料配方中更易生化降解的分散剂

(1) 描述

分散剂（见附录 I 6.3 部分）存在于分散染料、还原染料及硫化染料中（在之后的过程中将其添加进去），这些分散剂确保了染色和印花过程中染料能均匀分散。粒状或粉状形式的分散染料含 40%～60%（在某些情况下高达 70%）的分散剂，而液体制剂含分散剂 10%～30%（参见表 2.15，第 2.7.8）。通常，在染暗色调时并不需要额外的分散剂，而这却可能是浅色调所必要的。染缸及硫黄染料中分散剂的量可能相似，但并不精确。

分散剂对纤维没有亲和力，因此，它们会随着废水被排出。由于使用量大且不易生化降解，它们极大增加了染色和印花过程中的有机负荷。特别是作为分散剂被广泛使用的木素磺酸盐及萘磺酸与甲醛的缩合物，两者的化学需氧量分别高达 1200mg/g（木素磺酸盐）和 650mg/g（萘磺酸与甲醛的缩合物）。废水的生物处理不足以去除这两种物质，因此，它们增加了处理后废水中的剩余化学需氧量 [179，UBA，2001]。

目前染料配方中可被改进分散剂替代的传统分散剂的量已高达 70%。可选择的方案有两种 [179，UBA，2001]：

① 选择 A（目前只适用于分散染液体制剂） 基于脂肪酸酯的优化产物替代了部分传统的分散剂，形成了一种混合的分散剂，其中脂肪酸酯为主要的成分。该产品的分散效果相对于传统的分散剂来说有所提高，这意味着在配方中的分散剂使用量将大量减少。染色过程中的着色强度也同样被提高（100%～200%），这是由于配方中染料浓度的相应提高（"Grütze，2000"）。

② 选择 B（适用于普通粉状及颗粒状配方中的分散剂） 它是由芳香族磺酸钠盐混纺组成的分散剂（"Kilburg，1997"）。据报道，这些分散剂是由传统分散剂经萘磺酸甲醛修饰而

成的化合物。这种化学上的修饰较提高了其生化降解性，这是由于生物吸附率的增加。然而它们依然属于不可生物降解的化合物。

(2) 主要的环境效益

① 选项 A　根据改进的 Zahn-Wellens 分析方法（OECD 302 B），该选择所得产物生化降解率在 90%～93% 之间。图 4.13 给出了传统分散染料和优化染料的对比（在整个染色过程中考虑其平均值）。着色强度的差异也考虑在内。

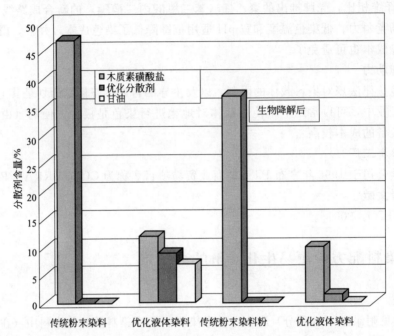

图 4.13　生化处理前后传统液体染料和新配方液体染料的成分对比
[Y 轴（%）表示分散剂在染料中的百分比]。

② 选项 B　图 4.14 比较常规萘磺酸甲醛缩合物及其改良优化后产物的生化降解率。经过修饰的分散剂生化降解率约为 70%（根据 OECD 302B 的测试方法），相比之下传统分散剂的值为 20%～30%。

(3) 操作数据

与传统分散剂相比，上文提出的环境友好型分散剂的使用不会改变原有的染色过程。

(4) 跨介质的影响

无影响。

(5) 适用性

① 选择 A　这种分散剂只适用于液体配方的分散染料；在使用过程中并没有任何限制，但目前可用的染料调色板是有限制的。

② 选择 B　这种分散剂适用于分散染料和还原染料（固体和液体配方）。

(6) 经济性

包含高生化降解性分散剂的染色配方通常比传统的配方贵 [179，UBA，2001]。

(7) 实施动力

环境方面所表现出的改善是最主要的实施动力，它促使印染厂选择含高生化降解性分散

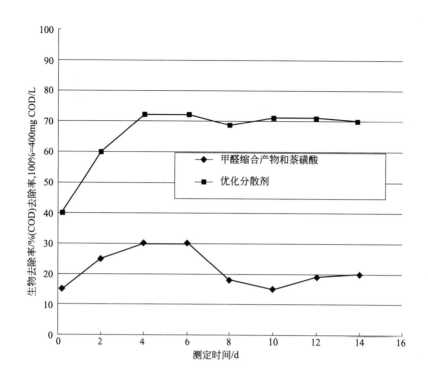

图 4.14 传统分散剂和改进后的分散剂生化降解率比较，
两者都基于萘磺酸甲醛缩合产物［179，UBA，2001］

剂的染料。

（8）可参考工厂

欧洲的很多工厂。

（9）参考材料

［179，UBA，2001］with reference to "BASF Aktiengesellschaft, Technical Information TI/T 7063 d，1998"。

4.6.4 浅色调的一步还原染料连续染色法

（1）描述

传统的还原染料轧蒸法染色（见 2.7.3）包括以下步骤：染料填充；中间干燥；采用化学物质/助剂（还原剂）轧堆；汽蒸；氧化；洗涤（几个洗涤和漂洗的步骤）。

在某些情况下，这个工艺可以不进行汽蒸和洗涤，按下列顺序简化（类似使用颜料的染色工艺）：同步将染料和化学物质/助剂进行轧堆；干燥；固定。

这个工艺必须选择特定的低流动性还原染料，此外，基于聚乙二醇和丙烯酸类聚合物的助剂也是必须的，它能提高轧染液的稳定性，使其较为牢固。

（2）主要的环境效益

其避免了很多步骤，特别是洗涤一步，这样，工艺过程的最后只需要处理残留的轧染液，用水量大约能减少至 0.5L/kg 纺织品［179，UBA，2001］。

化学品和能源的消耗也减少了。

（3）操作数据

一个典型的轧染液配方包括［179，UBA，2001］：黏结剂 30～40g/L；硫酸钠 5～10g/L；防泳移剂 10～20g/L；染料 最大浓度为 2.5g/kg。

在典型的工艺参数范围内，轧液率应尽可能低（50%～65%），酒精的温度应保持低于35℃。中间干燥应在 100～140℃下进行，纤维素热固化温度一般为 170℃，固化时间为30s，聚酯/纤维素混纺热固化温度一般为 190℃，固化时间为 30s［179，UBA，2001］。

（4）跨介质的影响

无影响。

（5）适用性

该技术适用于纤维素和纤维素/聚酯混纺。但是其适用性局限于浅色色调（染料浓度最大约为 5g/L，轧液率最高为 50%）。

（6）经济性

由于能量、时间、水及化学用品的节省，与常规的轧蒸法相比，该方法具有良好的经济效益。

（7）实施动力

经济效益是这项技术实现的最主要动力。

（8）参考工厂

德国以及世界各地的很多工厂［179，UBA，2001］。

（9）参考材料

［179，UBA，2001］with reference to "BASF Aktiengesellschaft，Technical Information TI/T 7063 d，1998 and 7043 d，1998"。

4.6.5　PES 染色后的处理

（1）描述

使用分散染料对 PES 纤维以及 PES 混纺进行染色时，最大的问题是耐洗牢度。为了达到耐洗牢度要求，需要实施一个后续处理步骤，以从纤维中清除掉没有凝固的分散染料。一般在用表面活性剂进行简单清洗后采用还原法，因为吸附在表面的分散染料分子可被分解成更小的、水溶性更强的无色碎片（见 2.7.6.2）。但前提是染色过程中没有使用容易被还原的染料。

在传统的工艺中，涤纶在 130℃的温度下干燥后，染液（酸性）在排走前需冷却到70℃，这是为了使纤维的温度低于其玻璃化的温度。后续还原处理需在碱性条件下，在含连二亚硫酸盐和分散剂的染液中进行（此过程中温度再次提升到 80℃）。在清洗结束之后，还需采用一两个步骤清洗掉剩余的碱和还原剂。在进入蒸汽炉前，纺织品的 pH 值需保证在4～7 之间，以避免布料泛黄，因此还需对其进行酸洗。

除了由于使用连二亚硫酸盐作为还原剂所带来的环境问题（见 2.7.8.1），该工艺包括三次染液的变化（包括升温/冷却循环），和两个清洗处理中 pH 值的改变：从染液的酸性pH 到后续处理高碱度，然后再回到洗液的酸性范围。重复的变化消耗了更多的水、能量、化学品和时间，废液中的含盐量盐度也大大提高。

于是人们提出了如下两种不同的方法。

① 方法 A　使用由一种特殊的短链亚磺酸衍生物构成的还原剂，它可直接被添加到用过的酸性染液中的。这种还原剂是液体，因此可以被自动测定。此外，它具有非常低的毒性，易于生物降解 [179，UBA，2001]，[181，VITO，2001]。

② 方法 B　使用不需要还原而可在碱性介质中被水解清除的分散染料，其为含酰亚氨基团的氮型分散染料 [182，VITO，2001]。

(2) 主要的环境效益

① 方法 A　首先，由于该方法的还原剂适用于酸性 pH 范围，因此可节省大量的水和能源。相较对于传统工艺，可节省高达 40% 的用水量。

此外，这些脂肪族短链亚磺酸衍生物很容易生物降解（该物质不易挥发也不溶于水，在 OECD 302B 的测试方法下，超过 70% DOC 在 28 天内可被还原）。该产品硫含量约为 14%，相比之下连二亚硫酸钠的含硫量为 34%，而且副产物的含硫量（亚硫酸盐和硫酸盐），相对于传统工艺可减少一半（见表 4.19）。

还值得注意的是，该物质不同于连二亚硫酸钠，它无腐蚀性，无刺激性，不易燃，没有难闻的气味。因此，对比连二亚硫酸钠，它能提高工作场所的安全性，气味干扰也降到最低。

表 4.19　使用基于连二亚硫酸钠或亚磺酸的还原剂的典型工艺废水中硫和亚硫酸盐的浓度负荷

方　　法	混合废液中的硫浓度[①]/(mg/L)	混合废液中亚硫酸盐的最高浓度[①]/(mg/L)	硫负荷[②]/(mg/kg PES)	亚硫酸盐最大负荷[②]/(mg/kg PES)
连二亚硫酸钠(2 次淋洗)/(3g/L)	260	4100	640	10300
亚磺酸(2 次淋洗)/(3g/L)	100	1700	130	2000
亚磺酸(1 次淋洗)/(3g/L)	200	1700	260	2000

数据来源：[179，UBA，2001]，参考 "WO 98/03725；BASF Aktiengesellschaft，Priority，July 23rd 1996"。

① 混合废液：用后的染液，一次清洗废液和数次淋洗废液的混纺。

② 数据在假设液比为 1∶4 的基础上计算得出。

② 方法 B　可排放碱类染料的使用避免了连二亚硫酸盐或其他还原剂的使用，这意味着降低了最后排出的废液对氧气的需求量。

印染 PES/棉混纺还有一种可行的方法为一浴两步染色法，由于碱性条件下可去除的染料可应用于含棉活性染料的染液中，这在水和能源的消耗量方面产生了良好的环境效益。

(3) 操作数据

① 方法 A　大多数情况下，等量的上述物质可以替代连二亚硫酸盐。对于一个典型的工艺，会在使用过的染液中加入 1.0～1.5mL/L 的还原剂（对于中等色调来说）或 1.5～2.5mL/L 的还原剂（对于暗色调来说）。该过程需在 70～80℃的条件下持续 10～20min。之后是冷热淋洗 [179，UBA，2001]。

为了让所提出的方法产生最大的环境和经济效益，最重要的一点是最大限度减少还原染料时所需的还原剂消耗量。因此，应尽可能避免机器中氧气所消耗的还原剂。达到此目的的一个有效技术来是利用氮气去除机器中液体与空气内的氧气 [182，VITO，2001]。

对于一些在染色过程中，有较高比例的低聚物容易迁移到表面的聚酯，在新的溶液中进行后续处理更为有利。

② 方法 B　下面的例子给出了两种染料配方的比较，其中一种使用碱性条件下可去除的染料，另一种使用标准分散染料：

可在碱性条件下去除的染料配方   标准染料配方

-染料 40g/kg   -染料 55g/kg

-pH 稳定剂 25g/kg   -乙酸 25g/kg

-均化剂 10g/kg   -均化剂 10g/kg

              -均染剂 5g/kg

              -分散剂 12g/kg

              -洗涤剂 12g/kg

使用碱性条件下可去除的分散染料后不必再使用均染剂、分散剂或清洁剂。此外，所用的染料量减少，由此产生的环境效益是显而易见的。

(4) 跨介质的影响

① 方法 A 染液中使用该物质后，未固定的分散染料颗粒通过还原被破坏，使得排除的废液中有色物质大大减少。另一方面，还原反应产生的副产物可能会比原来的染料危害大（例如含氮染料被还原所产生的芳香胺）。因此，废液在排放之前必须进行处理（聚酯低聚物和芳香胺）。

② 方法 B 无影响。

(5) 适用性

① 方法 A 该技术可用于所有类型的染色机器，除聚酯纤维外，还包括 PAC、CA 及其混纺。仅在含有弹性纤维的混纺上限用。

② 方法 B 目前碱性条件下可去除的染料被运用于 PES 和 PES/棉混纺，运用于 PES/棉混纺时能获得更大的经济和环境效益。

(6) 经济性

① 方法 A 该方法生产率高，能源、水及化学品的消耗量低，废水中的污染物负荷也较低。

② 方法 B 碱性条件下可清除的碱染料配方成本比传统分散染料要高（大概两倍多：碱性条件下可清除的染料其价格大约为 0.5EUR/kg，而标准分散染料价格为 0.2EUR/kg）。然而，方法 B 节省了时间（更高的生产力率），减少了水、能量和化学品的消耗（通常这种染料应用在 PES/棉混纺中）。

(7) 实施动力

较低的费用（更高的生产率）及较好的环境效益（尤其是考虑废水中亚硫酸盐的含量时）是这些技术得以运用的最主要原因。

(8) 可参考工厂

① 方法 A 此技术至少应用在德国及世界的 5 个印染厂中 [179，UBA，2001]。

② 方法 B 欧洲的许多工厂。

(9) 参考文献

[179，UBA，2001] with reference to "BASF Aktiengesellschaft，Technical information TI/T 7043 d，1998"，[180，Spain，2001]，[182，VITO，2001]，[181，VITO，2001]，[59，L. Bettens，2000]。

4.6.6 硫化染料染色法

(1) 描述

硫化染料在全世界范围内都对棉布的中色调至深色调（特别是黑色）染色起着重要作

用，因为其在光照和洗涤时能表现出很高的牢度。硫化染料不溶于水，在染色的一些步骤中需要将它们转换成可溶于水的"无色形式"（也可参见附录Ⅱ 9 部分）。

传统的硫化染料为粉末状。染色前，须将其用硫化钠在碱性条件下还原。另一类典型的硫化染料为"预还原"或"可直接使用"的形式。它们以液体形式存在，并且配方中已包含了还原剂（硫化物含量可能高于 5% [179，UBA，2001]）。

过量的硫化物（来源于染料和还原剂中）会导致水生生物中毒，产生难闻的气味（工作场所的空气）（也可参见章 2.7.8.1 部分"含硫还原剂"）。

由于新硫化染料和替代还原剂的引进，硫化染色法对生态环境影响有了很大的改善，经典的粉末状及液态硫化染料可成功被以下物质取代 [179，UBA，2001]：预还原染料（液态配方，硫化物含量＜1%）（参见"DyStar，2001"）；非预还原无硫染料（其氧化态可溶于水）（参见"DyStar，2001"）；非预还原无硫稳定分散染料（粉末状或液态）（参照"DyStar，2001"）；非预还原无硫染料（稳定悬浮）（参照"Clariant，2001"）。

不同于老的弱还原性硫化染料，这些类型的染料可在无硫化钠的情况下使用（在预还原液态配方中仍有少量的硫化钠）。常使用以下的物质组合体系（"DyStar，2001"）：连二亚硫酸钠和葡萄糖的组合；羟基丙酮和葡萄糖的组合（很少）；甲脒亚磺酸和葡萄糖的组合（很少）。

在连二亚硫酸钠中加入葡萄糖可防止过度还原。参见第一要点，当使用稳定无硫化染料配方时，葡萄糖的添加可以被忽略（第三要点）。最后一个要点提到，使用非预还原硫化染料的时候，只要加入葡萄糖还原过程即可进行（"Clariant2001"）。

过去，关于硫化染料的另一个关注点是采用重铬酸钠作为氧化剂（用来将被纤维吸附后的染料恢复到原始的氧化不溶解状态）。现在，重铬酸钠已完全被过氧化氢、溴、碘和亚氯酸盐取代。

过氧化氢是首选的氧化剂。溴酸盐、碘和亚氯酸盐会被检测为有机卤化物，不过，他们不是有机卤素化合物，他们也不可能生成有害的有机卤素物质（只有某些含有氯气或使用氯作为活化剂的亚氯酸盐产品才有可能生成危险的有机卤化物）。

（2）主要的环境效益

低硫与无硫染料结合无硫还原剂的使用带来了较好的环境效益，废水中硫化物的含量也降至最低。

为了让所提出的方法产生最大的环境和经济效益，最重要的一点是最大限度减少使用还原染料时所需的还原剂消耗量。因此，应尽可能避免机器中氧气所消耗的还原剂。达到此目的的一个有效技术是利用氮气去除机器中液体与空气内的氧气 [182，VITO，2001]。

（3）操作数据

下面给出一个典型的喷式机器棉布染色配方 [液比（1∶6）～（1∶8）；在 95℃下染色 45min] [179，UBA，2001]（参照"DyStar，2001"）：非预还原硫化染料 10%；润湿剂 1g/L；氢氧化钠溶液（38°Bé）15～20mL/L；纯碱 8～10g/L；盐 20g/L；葡萄糖 10～12g/L；连二亚硫酸钠 8～10g/L，或羟基丙酮 4～5g/L，或甲脒亚磺酸 4～5g/L。

（4）跨介质影响

当使用连二亚硫酸钠作为还原剂时，必须考虑废水中的亚硫酸盐含量（见 2.7.8.1）。

（5）适用性

本节中描述的染料和还原剂适用于现有的及新的染色机器（浸染及连续染色的技术）。

与普通硫化染色相比可能造成的色调差异需考虑在内 [179，UBA，2001]。

(6) 经济性

稳定的非预还原无硫染料比硫化染料贵。无详细信息 [179，UBA，2001]。

(7) 实施动力

由于硫化物的存在导致的工人的健康与安全、异味和废水等问题。

(8) 可参考工厂

欧洲和全世界范围内的众多工厂。

(9) 参考文献

[179，UBA，2001]，[51，OSPAR，1994] P071，[183，VITO，2001]。

4.6.7 轧染工艺中染液损失的最小化

(1) 描述

轧染过程中的主要污染物排放源为每次染色结束，新一轮染色开始时轧染机、泵和管子中染液的残余物（有关排放和消耗水平的详细信息参见 3.3.3.5.4 部分相关内容）。

要减少这些染液损失，可通过采用面轧染色或通过将浸槽容量最小化来实现（例如柔性轴、U 形轴）（见图 4.15）。

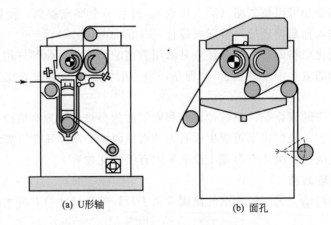

(a) U 形轴　　　　　(b) 面孔

图 4.15　U 形轴和面轧染液应用系统示意

要进一步减少染液损失，可通过以下方式实现：

① 原材料输入量控制系统　根据对应的配方确定染液和助剂的量，并将两者单独注入，轧染时再将其混合。

② 根据所测得的轧液率确定轧染液的用量　通过测定染色时间及织物比重可测算单位时间处理的织物量，据此可得出染液的消耗量。这一结果可自动获得并用于下一批同类染色的准备过程中，以最大程度减少残留染液的量。但这一系统并不能避免染液残留在送料槽中。快速批量染色技术在这方面有了进一步改善。对于这种技术，染料不是在批量染色之前一次性准备好（为整个染色过程）而是根据轧液率的在线监测值来分几步准备。

(2) 主要的环境效益

常规的轧染液槽容量在 30～100L 之间。改用 U 形轴槽（容量为 12L）后，与传统系统相比，每批染色过程中，残留染液的减少量可达 60％到近 90％。相应的，面轧染色（5L）可实现高达 95％的残留染液减少量。

化学品和着色剂分开配用，避免了不能再利用的原材料的浪费。根据轧液率的在线监测值来准备染液时，残留染液的量可减少 150L，但若将化学品和着色剂经过预先混合，该值则会下降到 5～15L。

此外，现代染色的操作过程中会将漂洗水的用量最小化，这能额外节省 25％的水。

（3）操作数据

为确保设备的正常运行和测量精度，日常的维护是必不可少的。特别是配料系统（如水泵）和轧液率测量系统的精度要定期检查。在测量轧液率时，织物比重所指对象为染色前的布料，而不是预处理前的原材料。

（4）跨介质的影响

无影响。

（5）适用性

上述技术建议使用在新的和现有的连续及半连续染色中。不过，与将现有机器部分升级相比，重新安装要求的所有机器后再使用该技术会更为方便 [59，L. Bettens，2000]。

面轧染色不适用于轻纤维（220g/m 以下）或润湿性良好的纤维。由于纤维会起绒或被剪切，给液时间可能过短，对其重复性带来不利影响 [179，UBA，2001]。

必须特别注意针织纤维和弹性纤维。

（6）经济性

自动配料系统和一个体积最小化槽的投资成本（例如 U 形轴）大约为 85000 欧元（以宽度 1800mm 作为标准）。另一方面，若精轧机每天进行 15 次染色，每年可节省 85000 欧元（假设每次染色节省 50L 染液，每升染液的价钱是 0.5 欧元）。这意味着能回收投资的时间很短 [179，UBA，2001]。

此外，还要考虑需处理废水量减少所实现的额外收益。

（7）实施动力

环境法律规定的限制（例如排出液的颜色）鼓励厂家采用各种各样的方法减少污染物的排放。然后，他们并不是唯一的实施动力，通过改进过程控制，避免了昂贵原材料（着色剂和助剂）的浪费，增加了物质的再利用率并提高了生产效率，这些在该技术的推广运用中起到了重要作用。

（8）可参考工厂

在欧洲和欧洲以外的国家中，大约有 40 家工厂成功应用了上述技术。这些工厂都为染料/助剂的定量送料配备了单独在线控制系统，并配有为下一批次染色做准备的轧液率监测设备。在欧洲，至少有一个工厂成功运行了染液快速批量定量给料系统。

快速批量定量给料系统的出处为 [179，UBA，2001]：

—E. Kusters Maschinenfabrik GmbH & Co. KG，division textiLe，D-47805 Krefeld

—Kleinewefers Textilmaschinen GmbH，D-47803 Krefeld

—Seybert & Rahier GmbH & Co. Betriebs-KG，34376 Immenhausen

（9）参考文献

[51，OSPAR，1994]（P082），[179，UBA，2001]，[59，L. Bettens，2000]。

4.6.8 活性染料染色中皂洗后的酶处理

(1) 描述

使用活性染料染色和印花需要有一系列的皂洗和水洗步骤，来从基底上去除未反应和水解的染料。为让织物获得良好的耐湿性，从中去除所有未固定的染料是必不可少，但同时也增加了整个染色过程中能源、水及化学品的消耗量。

提出使用酶处理技术不仅在于其可去除纤维上未固定的染料，而且也去除用过的染液中残存的染料。Levafix、Remazol、Cibacron、Procion、Synozol 等已证实了酶对活性染料的漂洗作用 [179，UBA，2001]。

酶的化合物通常被应用在四个或五个漂洗步骤中（见表 4.20）。

(2) 主要的环境效益

如表 4.20 中所列，使用酶后处理技术可以减少一个热漂洗步骤，这项技术最大的好处在于节省了水、能量和洗涤剂 [179，UBA，2001]。

(3) 操作数据

酶处理过程如下（批式处理工艺）[179，UBA，2001]：装满清水（50℃）；加入缓冲液校正 pH 值；控制 pH 值（如果需要则加入乙酸）；添加酶化合物（0.25g/L）；运行 10min；排水。

表 4.20 皂洗后常规处理和酶处理的比较（浸染）

皂洗后常规处理的典型步骤	皂洗酶处理的步骤
5min 溢流冲洗	5min 溢流冲洗
10min,40℃	10min,40℃;中和
10min,40℃;中和	10min,60℃
10min,95℃	10min,95℃
10min,95℃	15min,50℃;酶处理
10min,50℃	10min,30℃
10min,30℃	—

数据来源：[179，UBA，2001]，参考"Bayer，2000"。

(4) 跨介质的影响

无影响。

(5) 适用性

这项技术已应用在使用活性染料的浸染中。对于连续染色和印花的应用目前正在开发中。大部分活性染料能够采用酶漂洗，但建议先在实验室进行测试。

(6) 经济性

它的经济性在于节省了水和能量，减少了整个工艺所需时间。没有关于酶化合物成本的资料。

(7) 实施动力

降低了成本，提高了产品质量（更高的牢度）[179，UBA，2001]。

(8) 可参考工厂

后续酶处理技术被应用于德国的一些精轧机，并在世界范围内推广 [179，UBA，2001]。

(9) 参考文献

[179，UBA，2001]。

4.6.9 冷轧卷堆染色的无硅酸盐固定法

(1) 描述

硅酸钠常应用于冷轧卷堆染色中，以增加轧染液的稳定性，避免布边炭化。但另一方面，硅酸钠产生了一些问题，例如纤维表面和仪器设备上形成硅酸盐沉淀，排出废液中盐度增加等。

目前开发出了无硅酸盐高浓度碱性溶液，并已在市场上可见。它是现成的产品（仔细调配过的碱溶液），很容易为现代定量配料系统所运用。特别适合于冷轧卷堆染色工艺。

(2) 主要的环境效益

具有以下优点：

储备罐中无残留的碱，因为碱不像硅酸钠，可以现成碱溶液加入，不需要制备；

不会在基底和设备中形成难以清洗的沉淀物；

不需在轧染液中加入额外助剂来避免沉淀；

排出废液中电解质含量低；

废水处理时可使用膜技术（过滤器、管道、阀门中不会有结晶，不会出现膜堵塞，而使用硅酸钠就会出现以上现象）。

(3) 操作数据

运用该产品时，使用计量泵等隔膜泵和与4∶1的投药比（碱溶液与染料溶液之比）较为适合 [179，UBA，2001]。

图4.16 显示了一个典型的加药曲线。用曲线绘制的方法代替传统碱液投加方法在重现性上具有较大优势 [179，UBA，2001]。

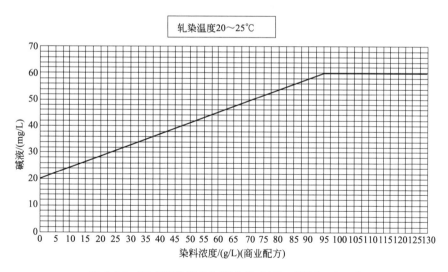

图4.16 现成碱溶液的加药曲线 [179，UBA，2001]

(4) 跨介质的影响

无影响。

(5) 适用性

该技术适用于现有设备及新设备。不过，为保证恒定的操作条件，对现有设施可能需增加过程优化和控制的措施 [179，UBA，2001]。

(6) 经济性

现成碱液法比传统的固定方法昂贵。

现成碱溶液法是专为现代低容量槽设计的，其轧染液的更换时间很短，不需要轧染液有很长时间的稳定性。而硅酸钠会影响轧染液的稳定性，因此需要更有效的过程控制（例如染液温度控制），就需要考虑相应的投资。

必须考虑下列经济效益 [179，UBA，2001]：

① 先进的定量投药系统投资成本低，因为只需要投加单元（一个用于染料溶液一个用于现成的碱溶液），而基于硅酸盐的传统固定方法，需要三个投加单元（一个用于染料溶液，一个用于硅酸盐，一个用于碱）。一个投加单元的投资成本大约为12000欧元。

② 不需要因为硅酸盐沉淀而频繁更换轧染机的橡胶。更换轧染机橡胶的费用约为7000～10000欧元。

③ 溶液中所含电解质减少，降低了水解后染料的亲和性，使之更容易被洗掉。因此在工艺的清洗步骤中降低了能源和水的消耗量。

④ 提高了轧染机和洗涤机组生产力。

⑤ 可检测的进程使得操作的重现性更好。

总之，相对于传统的固定方法，实现了全过程成本的降低。

(7) 实施动力

主要的实施动力中值得强调的是 [179，UBA，2001]：更好的重现性；全过程成本的降低；产品的易于操作（碱以液态形式存在，可按要求的浓度定量投加，无结晶问题产生）；无沉淀，更易洗清洗；可利用膜技术处理废水。

(8) 可参考工厂

欧洲已有许多精轧机应用现成的碱溶液，例如意大利的米罗里奥集团；法国的 T. I. L.、F-里昂；德国的里德尔和蒂茨纺织有限责任公司、D-09212 林巴赫-奥伯弗罗纳；奥地利的 Fussenegger、A-多恩比恩。

(9) 参考文献

[179，UBA，2001]。

4.6.10 采用高固着性多官能团活性染料对纤维素类纤维进行浸染

(1) 描述

研究和发展的一个主题是开发具有最大固着性的活性染料（见附录Ⅰ 8 部分和 2.7.8.1-"染料"）。双官能团的（多官能团的）活性染料，包含两个相似的或不相似的反应基团，在浸染中具有很高固着性。与只有一个反应基团的单官能团染料相比，由于具有两个反应基团，双官能团活性染料对纤维素类纤维的化学反应性更强。如果在染色过程中一个反应基团水解了，另外一个仍然能够跟纤维素的羟基反应。此外，同一染料分子与两个反应基团结合发挥了两个基团各自的优点（例如高牢度和强清洗性）。然而，多官能染料不一定好，只有老个活性基团的合理结合才能使它们优于传统的单反应基团染料。

高固着性染料的例子 ［179，UBA，2001］：

Cibacron FN (exhaust warm) (Ciba)；

Cibacron H (exhaust hot) (Ciba)；

Drimarene HF (Clariant)；

Levafix CA (Dystar)；

Procion H-EXL/XL＋(Dystar)；

Sumifix HF (Sumitomo)。

图 4.17 为其中两个例子的化学式。前者有两个单氟三嗪反应基团，可连接载色体；后者有两个乙烯砜基反应基团。也有含两种不同反应基团的活性染料。

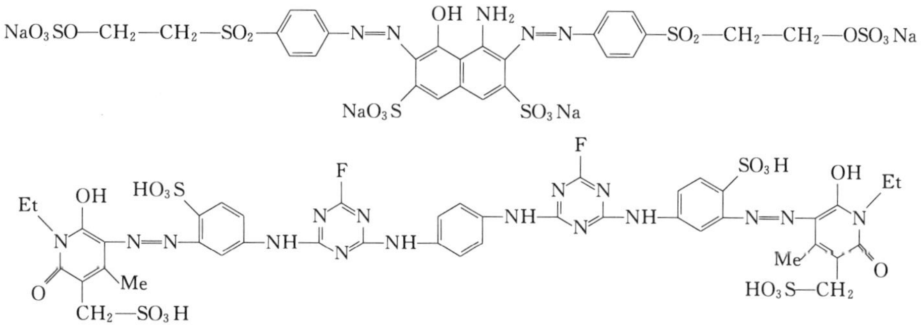

图 4.17　两个多官能团染料的例子 ［179，UBA，2001］

（2）主要的环境效益

活性染料在纤维素上的固着性可表示为占总体投加染料百分比（固色率，有时也被称为"绝对固定"）或表示为占用消耗染料的百分比（上染率，有时也被称为固定效率）。在单官能团染料中，固色率约为 60％（上染率约 70％），因此，40％ 的染料浪费在排出的废液中。双官能团活性染料可达 80％ 的固色率和 90％ 的上染率。染色结束时废水中未使用的染料显著减少（减少了色度和有机负荷）。

当运用高等氧化技术处理废水中的染料时，这一点的优势尤为突出（见 4.10.7）。然而，必须指出的是，废水中染料含量的减少并不一定产生视觉上色度的降低。新活性染料的着色力有了明显的改善，这意味着，即使想获得更深更强的色调，与其他类型的染料相比，该染料的投加量也可能减少。于是残留在废水中的染料量随之减少，但色度可能依然很高 ［190，VITO，2001］。

新型染料（和工艺）的使用带来了水、能量和化学品的节省空间。例如，最近推出 Levafix CA 染料（Dystar）在盐度适中的条件下可达到超过 90％ 的固色率。

为获得一定耐湿度所进行的后清洗过程可以在较短的时间内完成，能量与水的消耗也相对减少。这在一定的程度上由于是新双官能团染料的高固着性（只有少量未固定的染料需要清洗掉）。然而，更重要的是，新活性染料的特殊分子结构使其水解后亲和力较小，很容易被清洗掉。

Dystar 最近的一项发明（Procion XL＋染料），在 90℃ 的温度下使用多官能团染料，将预处理和染色过程结合在一起，大大缩短了对某些基底的染色时间。并可节省高达 40％ 的水量和能量，以及超过 30％ 的盐。

（3）操作数据

为了方便地选择和应用，印染商推出了小型染色联合机，其中含有性质一致的可共存染料，这些联合机被配备到特定的工艺环节中，同时需要有适合的基底。这一点非常重要，因为这样才能提高工艺的重复性、降低对染色条件（例如液比、染色温度、盐分浓度等）的依赖，以实现一次染色到位。

(4) 跨介质的影响

无影响。

(5) 适用性

高牢固活性染料能够应用在所有类型的染色机器中，但在配有多功能控制器的现代化低液比染色机上可表现出独特的优势，因为此时可减少更多的水能源和消耗量 [179，UBA，2001]。特别地，具有良好溶解性的新型活性染料可应用在超低液比的染色条件下 [190，VITO，2001]。

(6) 经济性

对比传统的活性染料，多官能团活性染料每千克的价格更高，但其具有更高的固定效率，并可节省盐、能量及水的使用，可使总成本显著减少。

(7) 实施动力

法规对排出液色度的限制是高牢度染料发展的主要实施动力，另一重要动力是通过高牢度染色可降低整个工艺的成本 [179，UBA，2001]。

(8) 可参考工厂

欧洲的很多工厂。

(9) 参考文献

[179，UBA，2001]，[190，VITO，2001]，[180，Spain，2001]。

4.6.11　使用低盐反应染料的浸染

(1) 描述

传统上，使用活性染料对纤维素类纤维进行浸染需要大量的盐来提高上染率（通常 50～60g/L，但对于深色调会高达 100g/L，见 2.7.3 和 2.7.8.1-"盐"）。一些印染商开发了新型染色联合机及其运行工艺，这种工艺只需要 2/3 的盐量。例如：Cibacron LS（Ciba）、Leva-fix OS（Dystar）、Procion XL＋（Dystar）、Sumifix HF（Sumitomo）。

这些染料大部分是多官能团染料，能提供很高的牢度，因此降低了废水中未固定染料的含量，获得了很好的效益。

该方法降低了浸染所需盐量，而低盐染料更易溶于水，使得染料能在溶液中保持较高浓度，甚至高于低液比染色机所需浓度。这为进一步降低整个过程的盐需求量提供了可能性，具体说明见表 4.21。

表 4.21　上染 1000kg 纤维至中等色调所需要盐量

项　目	绳状染色机 （液比 1∶20）	喷式染色机 （液比 1∶10）	低液比喷式染色机 （液比 1∶5）
传统活性染料(含盐量 60g/L)	1200kg	600kg	300kg
低盐活性染料(含盐量 40g/L)	800kg	400kg	200kg

数据来源：[179，UBA，2001]。

（2）主要的环境效益

与常规活性染料相比，低盐染料浸染纤维素类纤维，可减少 1/3 的用盐量，这可降低废水中含盐量，有利于废水处理单元的平稳运行［179，UBA，2001］。

低盐活性染料具有很高的亲和性，因此比低亲和性或中亲和性染料更难被冲洗掉。但是，低亲和性染料更易被水解（未固定的），使后续清洗变更易操作。

（3）操作数据

盐的浓度越低，系统对影响浸染的参数变化会越敏感。为了让染色系统的灵活性达到要求，印染商已开发出具有高度相容性的三色染料（通过协调各染料的反应性，最大限度地减少组分之间的相互作用）。应用性能极为相似的产品现已出现在市场上，它们受染色条件的变化影响不大（或不敏感）。据称针对批量大小及液比变化范围较大的情况，已开发出可一次性染色到位的产品（例如 Cibacron LS），例如给涤/棉混纺染色［190，VITO，2001］。

个别厂商提供了他们的低盐染色联合机的详细技术资料，包括如何根据色调的深度、基底的类型及使用的设备使用盐的详细建议。

先进活性染料最大的特点在于每个联合染色机内的染料都具有高度相容性（通过协调各染料的反应性，最大限度地减少组分之间的相互作用）。基于现有的尖端分子工程技术，已设计出具有最优性能，能最大程度增加一次性染色到位产品的活性染料。这些染料上染率非常相近，几种染料颜色随温度和时间变化的曲线之间几乎没有差异，这对于提高工艺的重现性、降低其对染色条件的依赖性非常重要（例如液比、染色温度、盐度），由此能实现一次性染色到位。

（4）跨介质的影响

无影响。

（5）适用性

低盐活性染料适用于现有设备的和新的印染设备，但在最现代化的低液比染色机中能发挥独特的优势，更大程度地减少能量和水的消耗［179，UBA，2001］。

（6）经济性

低盐活性染料比传统活性染料明显要贵（主要由于在生产过程中应用了高端的分子工程技术）。然而，由于染厂环境的特殊性，低盐染料的应用可以获得较好的经济效益。

（7）实施动力

低盐活性染料首先运用在气候干旱及水资源不断减少的区域（例如美国的北卡罗莱纳州及印度的蒂鲁普、泰米尔纳德邦）。现在它们也已在染厂出水直接排入淡水，因而在需要降低盐的影响的地区得到成功推广。

此外应注意的是，盐造成的腐蚀是阻碍水循环的主要原因。

（8）可参考工厂

欧洲的很多工厂。

（9）参考文献

［179，UBA，2001］，［190，VITO，2001］，［180，Spain，2001］，［61，L. Bettens，1999］。

4.6.12 使用活性染料印染棉类的后清洗过程中不使用洗涤剂

（1）描述

有关纺织厂的国际文献及实践经验都表明，洗涤剂并不能促进从纤维中水解的活性染料的去除。

但是，高温却会对清洗效果产生影响。在 90～95℃ 下进行清洗试验，结果表明，高温下的清洗更有效，更快速。与 75℃ 相比，在 95℃ 下，清洗 10min 能多去除 30％ 的未固定活性染料水解产物。

很多染厂已经开始在活性染色以后使用热清洗，而不再使用洗涤剂。这样不会对产品质量产生负面影响，相反，与在第一轮清洗中使用洗涤剂、络合剂、中和剂的传统方法相比，使用热清洗还能提高产品的牢度。

使用大量热水时应进行能量回收。能量回收可通过流出热水与流进冷水之间的热交换实现，也可通过回收热水，再利用其中的水和能量实现。

(2) 主要的环境效益

最大的优点在于其降低了洗涤剂的消耗量以及废水中污染负荷。很明显，不同公司所能降低的潜力会根据现有的染色工艺有所不同。

两个染厂的经验表明（一个主要印染针织面料，另一个印染服装），每 100kg 纺织品平均可减少 1kg 洗涤剂，1kg 络合剂和 1kg 乙酸的使用。

此外还可节约自由基处理步骤中用于去除活性染料的化学物质。例如在 Fenton 反应中，羟基不仅能和染料反应，而且能和洗涤剂快速反应，不使用洗涤剂能够节省大量昂贵的 H_2O_2。

(3) 操作数据

一些新型多官能团低盐活性染料具有较高的牢固度和较好的可清除性能（参见 4.6.10 和 4.6.11），使得产品在不使用洗涤剂的情况下，经过热清洗即能获得良好的耐湿度。

据报道，机械的意外停止可能导致严重后果，在这种高温清洗的条件下，可能导致棉或纤维中的羟基与染料中的反应基团之间的化学键发生不可逆转的断裂 [297, Germany, 2002]。

(4) 跨介质的影响

热清洗代替冷清洗会消耗更高的能量，除非清洗后出水中的热量能得到回收。

(5) 适用性

过去 5 年，丹麦一个纺织公司完全停止了洗涤剂在活性染色后的清洗过程中的使用。该公司可将棉或棉/PES 混合制成的针织或梭织品染成各类颜色。这一技术的应用可能会改变使用的染料类型。上述公司使用的是双官能团活性染料，例如 Cibachron C 和 Bezaktiv S，并且他们使用的是软水。

过去 5～6 年，另一个染色针织服装和梭织面料的纺织厂，除了少数情况外（如红色，暗红色或棕红色），也几乎没有使用洗涤剂。

(6) 经济性

操作过程中唯一的不同是不再添加洗涤剂。所带来的节省取决于公司活性染料的使用量。

(7) 实施动力

化学品和废水处理的高成本。

(8) 可参考工厂

欧洲的很多工厂。特别指出在丹麦应用这种技术的一些例子：Kemotextil A/S, Sunesens Textilforædling ApS, Martensen A/S。

(9) 参考材文献

[78, Danish EPA, 1999], [7, UBA, 1994],

"Environmentally friendly method in reactive dyeing of cotton". Water Science and Technology Vol. 33, No. 6, pp. 17-27, 1996。

"Reclamation and re-use of process water from reactive dyeing of cotton". Desalination 106 (1996) 195-20。

4.6.13 纤维素类纤维的连续（和半连续）活性染色的另一种技术

(1) 描述

这种技术是指一种纤维素类纤维的连续染色技术，它使用的是选定的活性染料。不同于传统的轧染/连续染色系统，它不需要额外添加尿素、硅酸钠及盐等物质，也不需要很长的停留时间来固定染料。该配方包括：xg/L 染料 1、yg/L 染料 2、zg/L 染料 3，1～2g/L 润湿剂和碱。传统工艺中通常使用的其他助剂被干燥过程中控制蒸汽量这一操作所取代。

染液通过轧染机浸入纺织品（棉的上染率达 70% 左右，黏胶纤维达 80% 左右），然后织物通过空气中的一小段通道，直接进入干燥器（热烟道），停留 2min。

传统工艺中，尿素被用作热干燥过程的溶剂。尿素熔点为 115℃，100℃ 以上能与水结合，从而使染料浸入织物，在蒸汽中得到固定。而上述所说的工艺不需要尿素，因为干燥器的条件（120℃、蒸汽体积分数为 25%）已经设定，所以织物在完全干燥之前，一直保持在特定 68℃ 的温度中。

由于高度活性染料的使用，固定时只需较低的织物温度（68℃），较弱的碱性环境和较短的时间（2min）。

(2) 主要的环境效益

减少了化学品的消耗。如图 4.18 所示。

不需消耗尿素、盐（氯化/硫酸盐）或硅酸钠，碱度更低（基于所选的染料，可用 Na_2CO_3 替代 NaOH，使 NaOH 用量减少）。

一个公司若使用轧-烘-焙工艺或轧-烘-轧-蒸工艺，操作三班工作系统来进行连续染色，速率为 40m/min，会消耗约 423t/a 的尿素或 540t/a 的氯化钠。但是，若一个公司使用上述技术来操作三班工作系统，仅消耗 22t/a 碳酸氢钠，这些物质最后都将进入排出废液中。所以说，

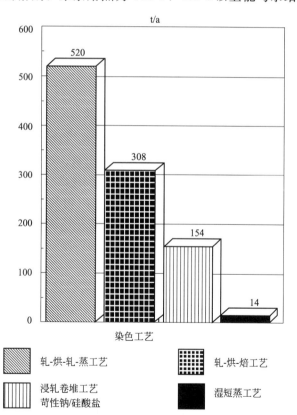

图 4.18 使用轧-烘-轧-蒸工艺、浸轧卷堆工艺、轧-烘-焙工艺及上述工艺时每 1000 万米织物的基本化学品消耗 [180, Spain, 2001]

采用该技术，清洗废水中的化学品负荷只有其他染色工艺4%～5%［190，VITO，2001］。

不使用尿素可降低废水中含氮的化合物的总量，并避免了废气中尿素分解物的存在，这一现象在轧-焙工艺中很容易出现。

不使用盐优点在于，这样不仅可以降低最后排出废液的盐负荷，而且可以使未固定的染料更易被清洗掉（在后清洗操作中，水和能量的消耗小）。此外，低亲和性的染料水解后更容易被清洗掉。

另外，通过排气控制，能源消耗实现最小化。

(3) 操作数据

图4.19表述的是固定过程中温度和湿度变化曲线。

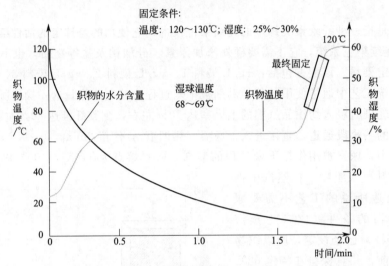

图4.19　使用上述技术的染色过程中织物的温度和湿度［180，Spain，2001］

机器启动时要使用一个给湿装置，以确保干燥器内蒸汽的体积分数为25%。

有时候，从轻纤维中释放出的水量，不足以让蒸汽体积分数保持为25%。这种情况下，蒸汽喷射器可用来喷射出所需的蒸汽量。

必须强调的是，只有合理选择织物的预处理方式和染料配方，才能获得最好的染色效果。

(4) 跨介质的影响

无影响。

(5) 适用性

无论是小批量还是大批量处理，这项技术本身很简单也很理想。对于染厂来说，这是一个经济上可行的再投资选择。

对比其他染色技术，这项技术除了灵活性和适用性，还在纤维质量方面具有很多优点，例如［180，Spain，2001］：

① 固色条件温和，因此手感柔软；

② 通过快速固定和湿度控制实现泳移程度最小化（尤其对于绒头织物，较少的染料泳移到绒头上，使耐摩擦牢度提高）；

③ 高温下湿度的保持，改善了难渗透织物的渗透能力（与轧-焙工艺对比）；

④ 与浸轧卷堆工艺或浸染工艺相比，提高了僵棉的覆盖面积；

⑤ 单浴染色 PES/纤维胶和 PES/棉混纺获得了很好的效果。

(6) 经济性

不需要 IR 预染，除非上染重纤维。不过，热烟道的初始投资成本大约为 75 万欧元，其中不包括自动配液系统的费用 [190，VITO，2001]。然而这个投资成本，可通过节省大量化学品/助剂、能量、提高工艺灵活性、生产率和改善环境来获得回报（需处理的废气和废水减少）。

化学品/助剂成本的降低是由于染色配方中避免了使用硅酸钠、氯化钠和尿素。在多数情况下，对比其他工艺，例如浸轧卷堆工艺，染料消耗量也降低了。表 4.22 中的例子可说明这一点。

表 4.22 传统浸轧卷堆工艺和所述工艺应用于 100%丝光斜纹纯棉的对比（300g/m，75%上染率）

项 目	浸轧卷堆/硅酸钠法	本节所述工艺	差异/%
Levafix Yellow CA	15.0g/L	13.7g/L	−8.7
Levafix Red CA	12.0g/L	11.6g/L	−3.3
Levafix Navy CA	10.4g/L	10.1g/L	−2.9
总染料	37.4g/L	35.4g/L	−5.3
尿素	100g/L	—	100
润湿剂	2g/L	2g/L	0
硅酸钠 38°Bé	50mL/L	—	−100
苛性钠 50%①	14mL/L	6mL/L	−57
碳酸钠①	—	10g/L	+100
总化学物质	166g/L	18g/L	−89
停留时间	12h	2min	

数据来源：[180，Spain，2001]。

① 不同的操作过程中（根据所选的染料），苛性钠和碳酸钠可能被碳酸氢钠全部替代（降低碱度）。

与传统浸轧卷堆工艺相比，停留时间的减少提高了生产率，节省了物质和能量。尽管浸轧卷堆工艺机械设备成本相对较低，但考虑整个工艺的成本，这种技术的经济性更好。此外，工业要求高效性更易得到满足。不需要等到第二天再来查看色调意味着服务和产品能更快更好地传递给顾客。

(7) 实施动力

最小化消耗，可持续的清洁技术，市场占有率。

(8) 可参考工厂

所述技术已在 Econtrol® 的名义下商业化，这是一个 DyStar 的注册商标。

西班牙、比利时（合众-运动装）、意大利、葡萄牙、中国、土耳其、印度、巴基斯坦和韩国的许多工厂都运用了这种 Econtrol® 工艺。

4.6.14 控制 pH 的染色技术

(1) 描述

羊毛、锦纶和真丝等纤维含有弱酸和弱碱基团（如羧基和氨基）。就像所有蛋白质的基本组成物氨基酸，这些纤维在 pH 接近等电点时会表现出两性特征（即纤维中含有相同数量质子化基团和酸性电离基团时的 pH 值）。

当 pH 低于等电点时，羧酸阴离子会通过逐步吸附质子而被中和，使得纤维带上正电荷

（见方程式 4-1）：

$$H_3N^+—(fibre)—COO^- + H^+ \longrightarrow H_3N^+—(fibre)—COOH \quad (4-1)$$

相反，当 pH 高于等电点时，由于羧基的电离（方程式 4-2）及氨基吸附氢氧根离子或其他阴离子而引起的去质子化，纤维会带上负电荷，如方程式 4-3 所示：

$$H_3N^+—(fibre)—COOH + OH^- \longrightarrow H_3N^+—(fibre)—COO^- + H_2O$$

$$H_3N^+—(fibre)—COO^- + OH^- \longrightarrow H_2N—(fibre)—COO^- + H_2O$$

在这些反应的基础上，具有两性特征的纤维能在等温条件下通过调控 pH 值来染色，这一方法可替代原来的等 pH 条件下温度调控的方法。

染色过程在碱性条件下开始，pH 值位于等电点以上。在该 pH 值下，羧基电离，阴性基团排斥带负电的染料。这样就可通过逐步降低 pH 值来控制纤维对染料的吸附。

当 pH 值足够低时，纤维上的阳离子数增加，染料通过库仑作用吸附在纤维上，这一过程额外提供了不易被热搅动破坏的化学结合力。

当 pH 稳定时，随着温度的升高，部分羧基会被中和，使得染料能以最少的能量在纤维中快速移动。

控制温度染色和控制 pH 染色之间最主要的区别是：温度控制染色过程中控制的是染液上染率和染料的热迁移，而 pH 控制染色过程中控制的是离子化纤维对染料的吸附。

染色过程中 pH 的变化可通过添加强酸、强碱或构建一个缓冲系统来控制（弱酸及其共轭碱或弱碱及其共轭酸的混纺）。通常有两种方法可以生成一个缓冲系统：一种方法是往起初含有强碱的染液里添加弱酸（例如醋酸），或者往含有弱碱的染液里添加强酸；另一种方法是使用释酸剂或释碱剂（例如硫酸铵和可水解的有机酯即为释酸剂）。

(2) 主要的环境效益

等温染色的其中一个好处是能避免使用特殊的有机染剂或缓凝剂（通常加在染液中来稳定染色过程）。

控制 pH 值的染色过程与控制温度的染色过程相比，时间和能量消耗都较低。由于不需要把染液（和机器）从室温加热到泳移温度（在最佳染色温度以上），所以能量消耗减少。加热和冷却的时间缩短节省了一部分时间，并且不再需要消耗额外的时间在泳移过程上。

此外，这种技术提供了回收利用使用过染液的新契机。有了 pH 控制系统，使用过的高温染液可用于下一批次的染色，而不是在重复利用之前将其冷却。这在温度控制染色系统中是不可能的，因为在这种系统中染色过程不能在"处理温度"下开始，必须从一个更低的温度（例如 50℃）开始，以防止染色不均衡。

(3) 操作数据

如前所述，染色过程中的 pH 调控可通过增设酸碱定量添加系统来实现。这是最好的也是最有效的方法，因为这样调节 pH 化学品消耗量最小。然而，这种方法很难做到精确控制 pH，因为 pH 必须连续测量，染液必须完全均匀混合。因此，这种技术仅局限于能够将固体和液体很好混合的机器，如喷式机器和用于地毯染色的现代化绳状染色机。此外，如果使用了无机酸（例如硫酸）和无机碱，染液的盐含量可能超过水回收可接受的限值。

除了使用 pH 测量设备，还有一种方法是在染色过程中构建 pH 缓冲系统。这样就不再需要测量系统中的 pH 值。事实上，通过 pH 化学机理和动态质量平衡能够预测 pH 值，更重要的是，能提供一个稳定的 pH 值 [171，GuT，2001]。由于以上这些原因，这项技术虽然比较昂贵（更大的化学品消耗量）并且会产生更大的污染（废水中的有机负荷更高），但往往是该领域企业的首选。

使用脱二氧化碳水是确保最适 pH 值的最好方法，特别是使用弱释酸剂的时候（当工艺中使用的不是脱二氧化碳水时，酸会以 CO_2 的形式被消耗掉，而不是调节染液的 pH 值）。

(4) 跨介质影响

上述技术的应用不会带来重大的跨介质影响。但是，硫酸铵的热分解会释放氨气到大气中。

(5) 适用性

控制 pH 的工艺适用于具有两性离子特性的纤维，如羊毛、锦纶、丝绸等。该技术通常运用于纯纤维的染色，运用于纤维混纺以获取不同色调（差异染色）时，它具有一定的局限性。这里，如果两种类型的纤维（或者更多）没有互相兼容的 pH-消耗/吸附特性时，在等 pH 值条件下的染色会更适合。

控制 pH 的染色工艺很少运用于只有碱性或酸性基团的纤维。不过，用碱性染料染色碱性有其益处，而原则上可将"中性条件下可染色"的活性染料应用于所有类型的纤维。

所述技术在分批式和连续式地毯染色过程中被评为最有价值的技术，其也可能成为其他纺织产品的范例 [59，L. Bettens，2000]。

(6) 经济性

不需要根据预设的温度对染液进行加热或冷却，因此节省了时间，这是这项技术一个主要的经济优势。

通过回收用过的高温染液还能另外节省一部分时间和能源，因为染液可在下一次染色过程中重复利用，而不必将其冷却而后又再次加热。

投资成本虽然在可接受的范围内，但也与机器的定量投加单元及 pH 控制单元有关。

当 pH 的控制由缓冲系统或酸/碱释放剂来实现时，不需要投资成本。

(7) 实施动力

节省时间和能源是这一技术实施的主要动力。此外，该技术克服了控制温度的染色工艺中经常出现的染液回收的局限性。

(8) 可参考工厂

该技术从 20 世纪 70 年代初开始就已应用于许多染坊（特别是地毯行业）。

(9) 参考文献

[171，GuT，2001]，[59，L. Bettens，2000].

4.6.15 羊毛的低铬和超低铬后铬染方法

(1) 描述

羊毛的铬染仍是其获得深色调的一种极其重要的工艺，该工艺价格实惠，并能得到良好的牢度。

1995 年，国际市场上羊毛染料约有 24000t，亚洲所占比例比欧洲高，尤其是中国和日本。铬媒染料约占全球市场的 30%，其专门用于深色调，50%～60% 用于黑色，25%～30% 用于藏青色，剩下的 10%～25% 用于一些特殊的颜色，例如棕色、玫瑰红或绿色 [179，UBA，2001]。

后铬染方法（见 2.7.4 和附录 II 6 部分）是现在运用铬媒染料时使用最广泛的技术，铬（重铬酸钠或重铬酸钾）是最常见的用作媒染剂的金属。在铬媒染料的应用中，低效的铬染法会导致铬随用过的染液排放（见 2.7.8.1 "氧化剂"）。为了尽量减少铬在最后废水中的残留量，低铬和（化学计算的量）超低铬（低于化学计算的量）染色技术近来得到了很大的关注。这两种技术重铬酸盐的投加量为纤维中形成染料络合物所需要的最少量。

最近 10～15 年中，低铬染色技术已越来越多地被使用。该方法中铬的投加量为化学计算的量（最高达到 1.5% o.w.f.），还需精确控制 pH 值（3.5～3.8）并投加还原剂，还原剂用于将六价铬还原为三价铬，这有助于提高染料的上染率 [191，VITO，2001]。

每一个主要的铬媒染料制造商都公布了关于铬添加物和染色技术的数据，这些数据目前已被广泛采用（例如 Bayer，Ciba-Geigy，Sandoz）。

通过低铬染色技术的使用，在实际的工厂条件下，可以将残留在铬染液中的三价铬从 200mg/L（典型的传统工艺）降低到大约 5mg/L，几乎没有六价铬残余。在实验室中，残余的三价铬浓度可达到更低（约 1mg/L），但是这样的结果主要发表在文献中，不易在实践中实现 [191，VITO，2001]。

低铬技术不能保证用过的铬染液中残余铬含量低于 5mg/L，但使用超低镀铬技术可以在实践中达到更低的铬残余量（例如需将羊毛染成深色时）。此时铬是根据纤维对染料的吸收来分剂量比投加的。

与低铬工艺相比，超低铬技术还要增加额外的步骤来确保染液的最高上染率。如果铬处理之前染液消耗不完全，染液中剩余的染料将被铬化并残留在染液中，增加铬的排放量。保证最高的染料上染率，可减少这一污染源的污染物排放，也可得到最大的牢度。染液上染率的提高可通过足够低的 pH 值来实现，或者可像 Bayer 公司所说，通过在染色结束阶段将染液冷却至 90～80℃来实现。采用铬媒处理时，将染液排掉，更换新的液体进行该处理过程可获得最佳的效果 [191，VITO，2001]。

(2) 主要的环境效益

精确使用计算所得出的重铬酸盐用量并采用特殊的工艺条件，可使废水中铬含量达到最低。

目前能达到每千克羊毛排放 50mg 的铬，即当液比为使用 1∶10 时，用过的染液中铬浓度为 5mg/L [191，VITO，2001]。

(3) 操作数据

为了确保精确的投加量，并使操作员处理的危险化学品尽量减少，低铬/（超低铬）技术的应用需要用自动计量和配药系统控制重铬酸盐、染料和 pH。所需的重铬酸盐通过管道直接送入染色机（无需手动转移、无人工接触、无损耗）。该系统配有输送量的测定及控制设备，若正常运行参数遭到破坏，整个系统即会切换到紧急模式 [161，Comm.，2001]。

此外，建议采用特定的安全防范措施来储存重铬酸盐。储存重铬酸溶液的容器必须放在独立的空间中，以防止溢出，并避免与其他化学物质的相互作用（如果溢出）。

为了尽可能提高铬媒处理的效率，至关重要的一点是从染液去除所有会抑制铬/染料的相互作用的化学物质。主要有两类化学物质能产生这种抑制作用，第一类包括所有可与铬形成可溶络合物的化学物质，它们会使铬停留在染液中，并增加出水负荷。这类物质的例子有螯合剂和多元羧酸，如柠檬酸。第二类是能抑制重铬酸阴离子消耗的化合物，最常见的例子是硫酸根离子。因此应避免使用硫酸钠和硫酸，除了在特殊的 Bayer 法中 [191，VITO，2001]。

必须注意的是，即使不添加还原剂，从羊毛释放到染液中的还原剂也几乎可将全部的六价铬转换成三价铬。但有一个例外，若羊毛已进行氧化防缩处理，这种情况下的羊毛分子已被氧化，还原电势较低。

（4）跨介质的影响

以传统方法作为参考，没有跨介质的影响。

必须考虑的是，即使有了以下3个前提：①采用了特殊的方法，包括将六价铬还原为三价铬的方法；②促使铬与纤维内的羧基复合；③通过清洗进一步将废水稀释，要将总的铬印染废水（用过的染液＋清洗废水）中的铬含量从300mg/L降到1mg/L，仍然是一个巨大的挑战。这也是后铬染法的前景被质疑的原因［188，VITO，2001］。

若因为超低铬技术的需要而为铬媒处理更换一次液体，新增的用水量又必须纳入考虑中［280，Germany，2002］。

（5）适用性

低铬技术便宜且适用性强，目前已得到广泛应用。

在特定的铬染条件下，适量的重铬酸盐添加物即可完成铬媒处理，并可最大限度地减小纤维的氧化和交联，由此可以减少纤维的破坏。

但必须考虑到，若重铬酸盐的使用量过低，可能会对色调要求的重现性造成负面影响［280，Germany，2002］。

（6）经济性

普遍认为从长远来看，自动计量/配药系统的引入提高了计量的精确性，节省了化学品，但目前还没有这方面的数据［161，Comm.，2001］。

因为较长的染色周期以及由此产生的低生产率，还原剂的添加提高了成本［161，Comm.，2001］。由于超低铬技术的需要而更换铬媒处理的液体也会带来同样的问题［280，Germany，2002］。

（7）实施动力

法规设定的安全要求可能是这项技术应用的主要动力。但是，应当指出的是，目前有许多停止使用铬媒染料（OSPAR，GuT，EU-Ecolabel等）的倡议。对于并非必须使用铬媒染料的公司，无铬染色变得越来越具吸引力。

（8）可参考工厂

欧洲的很多工厂

（9）参考文献

［51，OSPAR，1994］P091，［161，Comm.，2001］，［188，VITO，2001］，［179，UBA，2001］，［191，VITO，2001］。

4.6.16 无铬羊毛染色

（1）描述

在铬媒染料染色羊毛时使用重铬酸钠（或钾）作为媒染剂的内容已经在2.7.8.1（"氧化剂"）中讨论过。低铬染色技术（见4.6.15）使这个工艺在效率上有了很大的提高，但都无法避免污水和污泥中游离铬的存在。

此外，目前有许多停止使用铬媒染料（例如OSPAR，GuT，EU-Ecolabel）的倡议。

直至近年，由于铬媒染料良好的耐湿性，它的使用对于某些类型的羊毛品来说都被认为是不可避免的，特别是深色调的染色。近来，一类新型活性染料投入到了市场中，它们能提供与铬媒染料水平相当的牢固度，即使是深色调染色。

这类新型着色剂为含双官能团的活性染料，一般含有溴丙烯酰胺或乙烯砜反应基团。典型的溴丙烯酰胺型双官能团活性染料结构如图 4.20 所示。染料装置基于三原色表色系统，其中黄色 CE（或金黄色 CE）染料，红色 CE 染料和蓝色 CE 染料可用作彩色阴影区染色的基础，藏青色 CE 染料和黑色 CE 染料可用于高速藏青色和黑色染色。

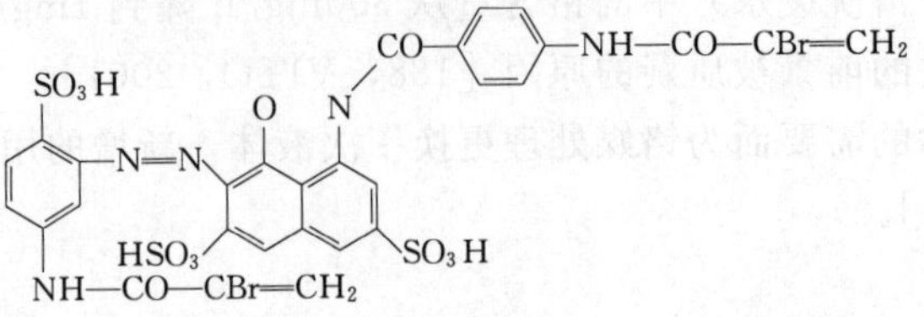

图 4.20　染色羊毛的典型溴丙烯酰胺双官能团活性染料结构

市场上可见的六种不同活性颜料及其相关助剂如表 4.23、表 4.24 所列，其中还包括了其详细的化学组成和生态特征。

表 4.23　用于羊毛的六种商业活性染料的组成和生态信息

商品名	化学描述（所有染料皆为粉剂）	危险符号	生物降解/生物去除(%)测试方法	spec. COD /(mg O_2/g)	spec. BOD_5 /(mg O_2/g)	重金属 /(mg/g)	有机卤素 /(mg/g)	氮 /(mg/g)
兰纳素黄 CE	偶氮染料的混纺	Xn	40～50，OECD 303A	790	55		65	39
兰纳素金黄 CE	偶氮染料	Xi	<10，OECD 302B	909	0		<1	大约 10
兰纳素红 CE	偶氮染料的混纺	Xi	<10，OECD 302B	700	0		<1	56
兰纳素蓝 CE	偶氮染料和蒽醌染料的混纺(含活性黑 5)	Xn	40～50，OECD 303A	928	329		<1	36
兰纳素藏青 CE	偶氮染料的混纺(含活性黑 5)	Xn	20～30，OECD 302B	1032	329		<1	64
兰纳素黑 CE	偶氮染料的混纺(含活性黑 5)	Xn	20～30，OECD 303A	大约 800	0		<1	96

数据来源：[179, UBA, 2001]。

表 4.24　与"兰纳素染料"共同使用的两种助剂的组成和生态信息

商品名	化学描述	危险符号	生物降解/生物去除(%)测试方法	spec. COD /(mg O_2/g)	spec. BOD_5 /(mg O_2/g)	重金属 /(mg/g)	有机卤素 /(mg/g)	氮 /(mg/g)
Cibaflow CIR	含烷基、聚亚烷基、乙二醇醚和酯的阴离子除氧剂	Xi	80～90，OECD 302B	410	135			
Albegal B	两性的羟乙基脂肪酸胺衍生物	Xi	60～70，OECD 302B	1025	0			33

数据来源：[179, UBA, 2001]。

须指出的是，制造的产品中还含有不定量的助剂（例如抗尘剂），这些助剂会随着用过的染液完全排出。

由于目前的染色能达到很高的固定率，排放染液中的 COD 仅有很小一部分来自染料本身，而绝大部分来自染料配方中的其他成分，以及工艺中使用的助剂等（如匀染剂）。

铬媒染料、新型活性染料的一般特征如表 4.25 所列。

（2）主要的环境效益

六价铬具有慢性毒性和致癌作用，需要对其采用特殊的安全措施，改用活性染料后，就

表 4.25　羊毛染色中使用的铬媒染料和活性染料特征的对比分析

项目	铬媒染料	活性染料
固着机理	染料的酸性小分子与铬分子络合	共价化学键
染料上染率	传统铬媒染料：<83%[①] 优化铬媒染料：<99%[①]	优化活性染料：<95%[①]
配方	上染黑色时只需一种发色团	上染黑色时需几种染料相结合
均染性	很好	匀染性取决于染色助剂及与染料结合的物质 （无助剂存在时匀染性较差）
牢固性	很好	与铬媒染料牢固性相当
重现性	难以重现	很好
染色过程	两步染色（上染和铬媒处理）	一步染色（但对于深色调需要后处理）

数据来源：[179, UBA, 2001]，[191, VITO, 2001]。

① 未固着染料：金属络合体染料 3%~7%（"Entec" 和 "Ciba"）；1∶2 金属络合体染料：2%~5%（"Ciba"）；铬媒染料：1%~2%（"Entec"）；活性染料：7%~20%（"Entec"），5%~15%（"Ciba"）。

可避免这一处理过程。

以螯合物形式存在的铬及游离金属铬不再出现于废水中。关于这一点，必须考虑到使用无铬染料染色的染坊仍可能继续使用金属络合体染料。不过，在金属络合体染料中，金属以螯合物形式存在，它带来的风险比铬媒处理中释放的等量的铬要小（见 2.7.8.1 部分"重金属排放"）。

（3）操作数据

据报道，活性染料染色周期较长，这是由于需要进行水洗和清纱（大约比铬媒染色的标准周期 2.5h 长 1h）[163, Comm., 2001]。然而，目前这种技术的进步非常快，工业经验表明，大多数情况可以在 105℃ 下染色，并在染液中进行后清洗过程，且不会降低耐湿性（染色曲线如图 4.21 所示）[280, Germany, 2002]。因此，水和能源的消耗量可减少。

（4）跨介质的影响

要注意颜色、有机卤化物和不可生物降解的匀染剂带来的有机负荷。

活性染料产生的废水比铬媒染料产生的废水色度更高。这是由于其染色剂有更高的着色力。但是，对于同样的颜色，活性染色排出染料的总量与传统染色方法相当，甚至更少 [61, L. Bettens, 1999]。EU 的研究表明，存在经济有效的可行途径，来消除残余的染料（Enhanced Thermal Fenton ETF & Enhanced Photo Fenton reaction EPF）[191, VITO, 2001]。

要客观评价染色过程所产生的有机负荷，需考虑染料的组成、染料配方中其他成分的 COD 值以及工艺中使用的助剂。由于染料相对较高的上染率，其对最终废水的有机负荷影响很小。而添加到染液中的匀染剂产生的有机负荷总体上非常显著。这些都是脂肪胺乙基氧化物，难以生物降解，只有 60%~70% 可生物去除。这些化合物对羊毛具有亲和力，据估计，其中的 50% 将余留在纤维中，而其余的 50% 将存在于污水或污泥中（也就是转移到其他介质）。即使匀染剂的使用量达最低水平：1% o. w. f.（10g/kg 纤维），其仍然会释放 1.5g/kg 的 COD 进入废水中（10g/kg×0.5×0.3×1025mg COD/g），除非使用了破坏自由

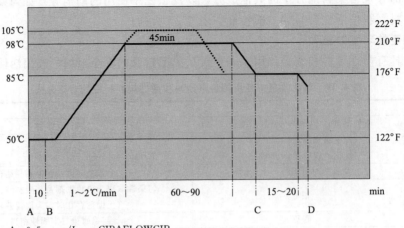

A 0.5   g/L   CIBAFLOWCIR
   0～5   %   硫酸钠
   1～2   %   ALBEGAL B
   x %   醋酸80%和/或甲酸
   pH 6～4.5
B y %   LANASOLCE 染料
C z %   氨水或纯碱/pH 值为 8.5
D 分别用温水和冷水漂洗
   最后的漂洗液用1%甲酸（80%）的酸化

-对于纱染和匹染，建议在 70℃时保持 15min

-对于抗收缩的羊毛，建议起始温度为 30℃，在 60℃时保持 15min

图 4.21　使用活性染料浸染羊毛的染色曲线

基的方法。

　　使用控制 pH 的染色方法（开始时在酸性条件下进行还原反应，当达到沸点后转换到碱性 pH）可在环境影响程度最小的情况下达到最佳的浸染效果（不需要匀染剂）。pH 缓冲系统可当作碱使用，而不需要再用碱中和酸性染液（这将导致不均衡的后果）。然而，需评估这些化合物的危害性及其产生有害物质的可能性。

　　事实上，活性染料可能含有机结合的卤素，这被视为一个环境问题，特别是在一些国家，有机卤化物是环境法律控制的一种物质。然而，对于活性染料，其废水中发现的有机卤化物不是三卤甲烷反应生成的，因此，它带来的环境风险性较低。此外，来源于活性染料的有机卤化物并不会持续存在于环境中，因为他们可以水解（见章节 2.7.8.1，"有机卤化物"）

　　另外，大多数藏青色和黑色的染料（铬媒染料最常用的色调范围）不含任何有机卤化物[280，Germany，2002]。

　　最后，水和能源的消耗：采用活性染料染色时，为了去除未固定染料，通常染色后要在80℃下进行两步清洗步骤。这将导致更高的水（大约 30% 以上 [163，Comm.，2001]）和能源消耗。

　　然而，正如前面所述，近来的工业经验表明，在大多数情况下，后清洗过程可以直接在用过的染液中进行，从而节省了水和能源（据报道水消耗量约为 25L/kg）[280，Germany，2002]。

272　　4　在 BAT 确定过程中要考虑的技术

(5) 适用性

本节描述的活性染料适用于各种性质的羊毛和聚酰胺，并且可在所有类型的染色机上使用。

活性染料的牢固性很好，甚至可达铬媒染料的效果。然而，因为很多原因，活性染料替代铬媒染料的重要性上升很慢：

① 并非所有的经营者都认为这两种不同类型的染料处理羊毛制品皆能满足最后的质量标准，尤其对于牢固度而言。一些人仍然认为，对于套染，铬媒染料是唯一可以保证牢固度的染料；

② 不可能得到完全相同的色调（同色异谱），染料替换之后得到的产品会有轻微的不同；

③ 改用活性染料是困难的，尤其对于委托型染坊，因为客户往往明确要求使用特定类型的染料；

④ 经营者会觉得很难适应新技术，因为要形成一个完善的程序需要彻底的改变；

⑤ 据称采用活性染料染色要比铬媒染料昂贵。

(6) 经济性

UBA 称考虑整个染色过程的成本时，活性染色与铬媒染色成本相当 [179，UBA，2001]。

然而，据意大利的 CRAB 所说，活性染料染色比铬媒染料昂贵 [163，Comm.，2001]。将铬媒染料改为活性染料时所涉及的经济问题总结见表 4.26。

表 4.26　将铬媒染料改为活性染料时的经济性评估

评估项	所增加的成本	所降低的成本	备　注
染料及助剂	意大利 CRAB 称由于活性染料价格较高且消耗量较大，配方的成本提高了 30%（0.25EURO/kg）[163,Comm.,2001]		需要完整的成本比较来支持这一陈述
水	由于清洗过程消耗了更多的水,使得水的成本提高（比铬媒染料高 30%）[163,Comm.,2001]		铬媒处理所需水量达 25～35L/kg（针织物）。金属络合体染料处理半精纺毛纱约需 25L/kg。当后处理在单独的浴槽中进行中,活性染料可能需更多的水量
热能	由于清洗过程消耗了更多的能量,使得能源的成本提高（据估计比铬媒染料高 3～5MJ/kg）[163,Comm.,2001]		以下假设为基础进行评估: -两步清洗步骤 -液比为 1:10 -水需从 20℃加热到 80℃[4.2kJ/(L·℃)]
污水处理	由于色度的提高,最后的废液需进行臭氧处理,消耗了更多的能源 [163,Comm.,2001]		EU 研究表明有更经济有效的途径（ETF & EPF）来去除分离废水中的残留染液 [191,VITO,2001]
废物处置		由于污泥中没有铬,成本降低	

数据来源：[163，Comm.，2001] and remarks according to [191，VITO，2001]。

(7) 实施动力

经济原因不是它的实施动力。法律设定的安全要求是进行铬媒染料替换的一个更主要的原因。

正如开始时所说，欧洲有许多停止使用铬媒染料的倡议（例如地铁的 GuT 标签、纺织品的生态标签等）。例如，GuT 成员已同意羊毛地毯不再使用铬媒染料染色，欧洲生态标签标准中对于纺织品也采用同样的规定。

GuT 和 EU 标签也包括了金属络合体染料。OSPAR 认为铬媒染料有存在的必要性，但建议应严格限制它的使用，以最大限度减少铬的排放量。

(8) 可参考工厂

活性染料投入市场大约已有 15 年，现已成功应用于欧洲及世界的许多精轧机上。

(9) 参考文献

[179，UBA，2001]，[163，Comm.，2001]，[61，L. Bettens，1999]，[59，L. Bettens，2000]，[51，OSPAR，1994]。

4.6.17 使用金属络合体染料染色羊毛时的减排

(1) 描述

染色散毛纤维和精梳毛条时仍然经常使用后铬染料或金属络合体染料。在多数情况下，后铬染料可被无金属活性染料所替代。然而，当其不可被无金属活性染料替代时，另一种选择是在优化条件下使用金属络合体染料（特别是 pH 值控制）。在 1:2 的金属络合体染料中，染色工艺可通过以下方法改进：

① 使用一种特殊的助剂（对纤维和染料具有高亲和力的不同脂肪醇聚氧乙烯醚混纺）；

② 甲酸取代醋酸。

优化过程是著名的"Lanaset TOP 过程"，由一个染料和纺织品助剂供应商在 1992 年发起。

与传统工艺相比，pH 的控制和不同脂肪醇聚氧乙烯醚混纺的应用大大缩短了染色时间。此外其上染率几乎是 100%，这使得续染缸的染色过程中更易操作 [179，UBA，2001]。

除了环境方面的优势，这个工艺还具有很好的染色重现性和很高的牢度。

(2) 主要的环境效益

由于较高的上染率和固色率，浸染液中所含的染料减少，这直接导致排出废水中铬含量降低。在实验室的试验结果中，用过的海蓝色（即一种深色调）染液中残余铬含量已能降到 0.1mg/L。目前已证实可以实现如此低的铬含量。然而，在公司的日常实践中，1mg/L 的值更切实可行。因此处理羊毛时可实现 10～20mg/kg 的排放量。也就是液比为 1:10 的染液用过后铬含量为 1～2mg/L [320，Comm.，2002]。

如此低的浓度水平带来了在续染缸染色的一种方式，它没有因为铬的积累而产生负面影响/限制。

乙酸（COD 为 1067mg/g）被甲酸（COD 为 35mg/g，是一种比酸醋更强的酸）取代有助于降低废水中的 COD 负荷。

另一个优势在于其缩短了染色周期。应用这种技术时，沸腾时间可缩短至传统工艺的 1/3，节省能源以及时间。

(3) 操作数据

图 4.22 显示了传统工艺和优化工艺的染色曲线（Lanaset TOP process）。

(4) 跨介质的影响

无影响。

(5) 适用性

该技术适用于新型的和现有的装置。它主要应用于散毛纤维和精梳毛条的染色，两者占据了每年处理的羊毛纤维的一半。

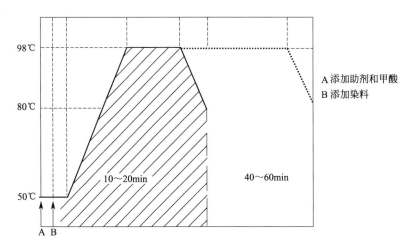

图 4.22　散毛纤维和精梳毛条的染色：比较传统的染色工艺曲线（整个曲线）和优化的工艺
曲线（Lanaset TOP process）（虚线部分曲线）[179，UBA，2001]

（6）经济性

缩短了工艺时间，减少了清洗用水量。

（7）实施动力

环境法规对减少废水中铬含量的要求及生产力提高的希望是这项技术实施的主要实施动力。

（8）可参考工厂

该工艺已在世界各地的许多染坊中成功实施。

（9）参考文献

[179，UBA，2001]。

4.6.18　在羊毛染色中采用脂质体作为助剂

（1）描述

在采用酸性染料染色羊毛的过程中使用脂质体作为助剂，在 80℃下染色 40min，能达到很高的上染率。其优点有：

① 羊毛纤维表面损伤降低（由于工作温度较低，织物的手感更柔软）；

② 节能；

③ 无电解液的使用；

④ 废水中 COD 负荷低。

在羊毛/涤纶混纺中，为了使分散染料扩散到涤纶中，需要在较高的温度（100℃）操作染色过程，并加入低浓度的染色载体。脂质体具有增进分散染料扩散到羊毛纤维的效果（见章节 2.7.7-"涤纶-羊毛混纺"）。因此，为了避免对上染产品的牢固性产生负面影响，进行适合分散染料的选择很重要。

（2）主要的环境效益

有关使用脂质体的主要环境效益包括：节能；降低废水中的 COD 负荷；降低废水的电导率。

（3）操作数据

在脂质体的存在下使用酸性染料染色羊毛时，操作温度为 80℃，染色过程进行 40min，染液中含有［308，Spain，2002］：脂质体 0.1%~0.2% o.f.w.、蚁酸；酸性染料。

(4) 跨介质的影响

无影响。

(5) 适用性

基于脂质体的助剂普遍适用于羊毛染厂［308，Spain，2002］。

(6) 经济性

节约了能源，得到了质量更好的织物，这两点补偿了脂质体的花费［308，Spain，2002］。

(7) 实施动力

产品质量的提高是这一技术实施的主要推动力。

(8) 可参考工厂

据报道巴塞罗那地区的两个工厂已实施这项技术［308，Spain，2002］。

(9) 参考文献

［308，Spain，2002］，［180，Spain，2001］。

4.6.19　批量染色的设备优化

(1) 描述

纺织设备生产商越来越意识到节约水、能源和化学品的重要性。这些是新机械技术可以实现的关键目标。此外，设备优化不仅能带来环境方面的效益，还能提高工艺的经济性。

液比是影响批量染色工艺环境绩效的参数之一，最近，设备生产商表现出了降低液比的明显趋势。设备生产商常用"低液比"、"超低液比"等术语来定义批量染色机器的特征（见2.7.8.2中这些术语的定义）。此外，现代化机器的一个突出特点是它们可以在几乎恒定的液比下工作，同时负载可低至其额定容量的60%，（纱线染色机器甚至可达其额定容量的30%）。因此，即使小批量的染色也可以在最佳/额定液比下进行。这一点对于需要高生产弹性的委托公司特别重要。

低液比染色机器能节约化学品、水和能源，并能实现更高的固着率。然而，正如文中其他部分已经解释过的（见4.1.4），总耗水量不仅取决于染色步骤的液比，同时也受漂洗和冲洗过程的影响。

液比和总用水量的关系并非总是确切的，在评估一个批量染色机器的环保性时，还应考虑液比以外的其他因素。

其中一个重要因素是不同批次之间的最大分离度，特别是用过染液和清洗用水之间的最大分离度。

对于一些现代化批量染色机器，纺织品采用单独的水流连续冲洗，而不是采用溢流或者排放染液后重新把清洗用水充入容器的方法，因此可避免冷却或稀释染液。这样用过的高温染液和冲洗废水可单独储存，使两者可被重新利用，至少可以分别处理和回收热能。

此外，还有很多技术可用来提高清洗效率。如果条件适合，机械化液体萃取可用来减少停留在纤维中的非结合水，否则这些非结合水就会被纤维带到下一步骤中。对纤维进行挤压、抽气和鼓风通常也都是可行技术。真空技术最为有效，但它并不适用于所有类型的织物，并且它比挤压要消耗更多的能量。

染色过程中影响水和能源消耗的另一个因素是染色周期。短周期意味着不仅能有更高的生产率，而且还能减少电能和热能的消耗。减少工作周期停工时间的技术有很多。通常包括泵抽排水、配药选择，控制染槽（用于在其他过程进行的同时准备溶液）和冷却-冲洗联合系统等。在工艺后半部分的冷却步骤中，冷却水通过热交换机，然后作为热清洗用水直接进入喷式机器。清洗水量是可以控制的，它取决于最终温度、所需的冷却速率，对于某些机器还取决于所期望的清洗质量。

要进一步缩短周期，可通过改变操作条件（例如注入碱/染料，温度升高/降低），促进纺织品/染液的接触，让染液更快均化（也就是缩短过渡时间）。

现代化批量染色机器的其他共同特点如下。

① 化学品/染料配药和染色周期控制的自动化系统　这提高了工艺的效率，改进了工艺的可重复性。此外，过度使用化学品，操作过程中出现损失及需要清理设备等现象减少了。

② 便于液面和温度检测及控制的自动控制器　其中只配备手动控水阀门，用于处理充水和清洗操作中可能出现的溢流和不必要的用水浪费现象。溢流也可能由染色过程中最后阶段的过度沸腾所导致。现代化机器配有过程控制设备，能精确控制液面高度和蒸汽供应。

③ 间接加热和冷却系统　间接加热和冷却是现代化批量印染设备中常用的方法，其可防止液体溢流或被稀释。

④ 罩和门　将机器全部关闭可大大减少蒸汽损耗。

（2）主要的环境效益

上述染色机器的技术优化，使其在资源消耗（水，能源和化学品）和水污染方面的环境性能得到了改善，总结如表4.27所列。

表4.27　批量染色机器的优化带来的环境效益

涉及项	一般技术	改进技术	环境效益
添加染料和化学品	手动	自动,微处理机控制	减少了溢流量、操作量、以及最后释放到废水中的残余化学品
液面和温度的控制	手动	自动,微处理机控制	减少量溢流量和用水的浪费
加热	直接蒸煮,沸腾	间接加热	减少了水的溢流和稀释
罩、门	打开	完全关闭	减少了能源和蒸汽损耗
液比	高	低	减少了： -染色步骤的用水 -加热染液的能源消耗 -染色步骤的化学品使用
负载变化时的稳定液比	不论负载如何,需要向机器中充入同样体积的液体	机器能在负荷低至额定容量60%的时候保持恒定液比	即使负荷较低,也能获得低液比带来的益处(见上)
染色和清洗操作的关系	混合	分离(不同批次之间分离最大化)	避免了清洗废水的污染,避免了冷却高温染液带来的污染,可回收利用染液①,改善了高浓度废水的处理
清洗	采用溢流技术或排放后再充满技术	高效清洗技术(例如机械化萃取)	清洗操作的水和能源消耗量降低,需处理的废水减少

数据来源：[171, GuT, 2001]。

① 在控制pH值的条件下染色时，用过的高温染液和清洗用水之间的完全分离尤为有利，在这种情况下，用过的高温染液可直接被再利用于下一批次的染色中，染色过程都是在高温条件下开始的。

（3）操作数据

随着设备类型的不同而变化（更多的信息可在4.6.20到4.6.21.3所提出的例子中找到）。

(4) 跨介质的影响

无影响。

(5) 适用性

本节所描述的大多数原理适用于所有类型的批量染色设备。液比可以降低的程度依赖于要处理的纤维类型，不过，与传统机器相比，现在的设备制造商能为每一种纤维提供越来越低的液比，同时得到相同质量标准的产品。

应用所述原理的批量染色机器的例子见 4.6.20～4.6.21.3。

(6) 经济性

随着设备类型的不同而变化（更多信息能在上面提到的交叉引用章节中的例子里找到）。

(7) 实施动力

生产效率和重现性的提高，仍然是主要的实施动力，其次是水、化学品和能源消耗量的减少。

(8) 参考文献

[176，VITO，2001]，[171，GuT，2001]，[177，Comm.，2001]，[179，UBA，2001]，[116，MCS，2001]，[120，Brazzoli，2001]，[127，Loris Bellini，2001]。

4.6.20 绞盘绳状染色机的设备优化

(1) 描述

附录Ⅲ中3.1.1对绞盘绳状染色机做了详细介绍。在纺织工业的许多领域里，它已经被其他类型的设备所取代（如喷式机器），但给膨松纺织品（如地毯、坐垫、管状织物等）上染时，绞盘绳状染色仍为一种重要的技术。这些类型纺织品的柔软性由染色过程中的松密度决定，而绳状机器具有强化纤维张力的优点，因此机械作用效果较好。

这项染色技术目前有了一些技术上的改进，主要如下 [171，GuT，2001]。

① 加热　早期绳状染色机中的染液一般是通过往穿孔管直接注入蒸汽来进行加热。这一体系能快速加热并为染槽提供强力的搅拌，但需考虑稀释的影响。现在常用间接加热/冷却的方法，它可避免染液稀释和水泄漏的现象。

② 染液/织物的接触　现代绳状染色机（图4.23）可以让染液和纤维不断循环流动，以促进染液/织物之间的接触。地毯在染液中循环时，会被转鼓过滤器不断抽吸而除去棉绒。这种循环流动的系统能保证染液快速均质化以及整个地毯的颜色分布均匀。

③ 液比　近年的绞盘绳状染色机的运行液比相对于传统机器显著降低。此外，它的一个突出特点是小批量运行时的液比几乎能与最大负荷运行时的液比相同。

④ 漂洗　现代绳状染色的设计可直接转移地毯而不需排出染液，染液也不

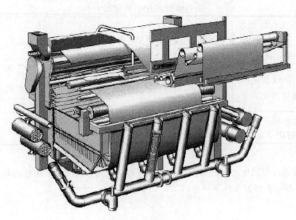

图4.23　Supraflor型地毯绳状染色机 [171，GuT，2001]

会被漂洗水冷却或稀释。"热移出系统"可自动将地毯从染槽中取出，并通过真空脱水机去除非结合水，回收的染液返回染槽中。紧接着地毯被喷淋，然后进行第二次抽吸，此时可收集漂洗废水。

除了以上所提及的优势，现代绳状染色机还配有风罩，以恒定温度，减少损失。此外还配备了自动计量和过程控制系统，染色过程温度的变化和化学品的注入都可由该系统完全控制。

(2) 主要的环境效益

上述特征使其节约了大量的水、化学品和能源，整个染色工艺减少了40%～50%的用水量（漂洗过程节水高达94%）。据机器制造商所说还能减少30%的电力消耗 [171，GuT，2001]。

应用于这类绞盘绳状染色机的先进理念是，漂洗不在染液中进行，而是在设备一个独立的部分以连续模式进行，织物和染液之间没有接触。如此一来，漂洗水流和高温用尽染液之间没有混合，便可回收利用染液和热能。

(3) 操作数据

地毯绳状染色机中所用的液比通常为1∶30或更高。现代的平幅绞盘绳状染色机可在(1∶15)～(1∶20)的液比下运行，不同的基底类型、负载和织物结构，液比有所不同。一种新型的用于地毯平幅染色的绞盘绳状染色机，可在 (1∶9.5)～(1∶19) 的液比范围下运行，目前已成功应用于多种设备。

在纺织印染中，传统绞盘绳状染色机的液比范围通常为 (1∶15)～(1∶25)。现代的纺织品绞盘绳状染色机额定液比可低至 (1∶5)～(1∶8) （取决于基底的类型）[171，GuT，2001]。

(4) 跨介质的影响

无影响。

(5) 适用性

新型绞盘绳状染色机能在所有需要该类型机器的地方取代旧型机器（例如地毯、座垫、毛巾、浴巾等膨松纺织品）。

新型机器的基础设备不能直接在现有染色设备上改造，现有设备必须被取代。不过，其中一些旧设备可采用"热移出系统"进行升级。

(6) 经济性

无可用数据。

(7) 实施动力

生产效率和重现性的提高仍然是主要的实施动力，其次是水、化学品和能源消耗的节省。

(8) 可参考工厂

世界上许多纺织精轧工业正在运行这类染色机，如 Supraflo 型和 Novacarp 型地毯绳状染色机。

(9) 参考文献

[171，GuT，2001]。

4.6.21 喷射染色机的设备优化

目前喷射染色机引入了一些新的理念，它可显著提高绳状织物染色工艺的生产力和环保性。现有的一些技术示例列于以下各节。

4.6.21.1　气流喷射染色机

(1) 描述

喷射染色是一种成熟的技术。但是，还有一个必要的改进是对空气的利用。可将空气与水共同使用或者代替水，作为驱动绳状纤维的动力（喷气）。

在最新的发展中，织物可在完全没有液体的情况下，采用润湿的空气，或蒸汽与空气的混纺驱动。染料、化学品和助剂被注入到这些气流中。使用这种喷气染色机时，梭织 PES纤维的液比可达1∶2，而梭织棉纤维的最低液比可达1∶4.5。

图 4.24 显示出染液液面总是低于需染色纺织品所在位置，织物不会一直与染液接触（染液液面低于循环过程中盛放织物的筐）。这意味着可以在不改变织物所处状态的条件下改变染液的条件。（例如，当织物仍处于高温度状态以延长染料固定时间时，染液却可以被冷却；此外还可往染液中加入化学品，或将其与另外的染液交换）。

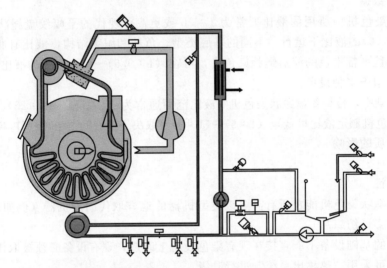

图 4.24　表征空气循环和染液注入的气流染色机示意图 [280，Germany，2002]

使用染液量少是这个机器的一个主要特点，另一个特点是染液以独立的路线循环，不与织物接触。与传统机器相比，在整个漂洗过程中（见图 4.25），它的底阀一直处于打开状态，漂洗用水一进入喷射器，便会喷洒到织物上，然后漂洗水立即排出，与织物没有额外接触。因此，漂洗不再是一个分批操作过程，而具有了连续操作过程所具有的潜在优势（节省时间；在 130℃的高温染色过程之后可排出染液以最大化回收热能；最大程度分离高温染液和漂洗用水等）。

(2) 主要的环境效益

极低的液比；连续的冲洗系统，使得整个工艺不需中断过程，此外：

① 由于可更快地进行加热和冷却，以及从用后高温染液中回收了更多的热能，使得所需能量减少；

② 依据染液的量定量添加化学品（例如盐），使得化学品消耗量减少（约减少40%[179，UBA，2001]）；

③ 用水量减少 [与液比为(1∶8)～(1∶12) 的传统机器相比，节水量高达50%] [179，

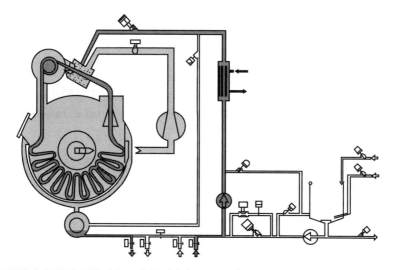

图 4.25　气流染色机漂洗步骤示意，表征了为实现连续冲洗而打开的阀门［280，Germany，2002］UBA，2001］。

此外，由于可在染色温度下排放用过的染液且染液不会被漂洗水稀释，使得当采用先进的全处理工艺"ETP&ETF"（强化热芬顿反应和强化光芬顿反应）时，残余染料和其他难处理助剂可被高效经济地削减。

（3）操作数据

表 4.28 显示了在液比范围为 （1∶8）～（1∶12）的传统喷射染色机中及上述气流染色机中，使用活性染料进行棉染色时所需投入的数据范围。这些数据引自生产地的测量结果。

表 4.28　在传统喷射染色机［液比（1∶8）～（1∶12）］及上述气流染色机中使用活性染料进行棉染色时，所需投入的数据对比

投入	传统喷射染色机　液比：（1∶8）～（1∶12）	气流染色机　液比：（1∶2）～（1∶3）（PES）～（1∶4.5）（纤维素）
水[①]/（L/kg）	100～150[③]	20～80[③]
助剂/（g/kg）	12～72	4～24
盐/（g/kg）	80～960	20～320
染料/（g/kg）	5～80	5～80
蒸汽/（kg/kg）	3.6～4.8	1.8～2.4
电量/（kW·h/kg）	0.24～0.35	0.36～0.42
时间[②]/min		

数据来源：［179，UBA，2001］。

① 包括漂洗过程。

② 包括装载/卸载过程。

③ 不同纤维类型有不同的水量消耗，PES 为 20L/kg，纤维素为 80L/kg；气流染色机过氧化氢漂白过程所用水量仅为 16L/kg，而传统喷射染色机需消耗 32.5L/kg；气流染色机活性染色/冲洗过程耗水量为 26.6L/kg，而传统喷射染色机需消耗 43L/kg［176，VITO，2001］。

需要补充说明的是设计这一节中所描述的气流模型也是为了让机器在即使负荷较低的情况下也能使用低液比进行染色。

（4）跨介质的影响

无影响。

(5) 适用性

这种机器可用于针织物和梭织物的染色，且几乎适用于所有类型的纤维。含弹性纤维织物，由于它的形稳性，总是较难染色，但利用气流染色机却可将其成功染色。因为毛毡问题，这种机器不能用于羊毛及羊毛比例超过50％的羊毛混纺的染色。不推荐将这种技术用于亚麻织物染色，因为亚麻线头会导致机器被刮。该技术已被证明可用于丝绸，但很少应用。

目前已开发了一种工艺，用于减少由注入空气中的氧气引起的还原染料和含硫染料的氧化。

(6) 经济性

这项技术的应用意味着新设备的投资，因为不能在现有机器上改造。这类机器的投资成本大约是传统喷射染色机的1/3，但由于其带来的大量节约，投资回收期较短［179，UBA，2001］。

(7) 实施动力

生产率和重复性的提高仍然是主要的实施动力，其次是水、化学物质和能源消耗的节省。

(8) 可参考工厂

世界上很多纺织品精轧机厂正在运行该气流染色机。本节所描述的低染液使用量的气流染色机中，织物仅由空气驱动，这类机器由THEN GmbH，D-74523 Schwäbish Hall生产。巴塞罗那特拉萨的ATYC SA Terrassa Barcelona生产了一种ULLR气流染色机（机器AIRTINT EVO H. T.），织物由单独喷射的气流和水流共同驱动。还有一些机器制造商，使用空气和水来移动纤维，并使用少量且可变的染液来染色（例如Thies GmbH，48653 Coesfeld；MCS，I-24059 Urgnano-Bergamo；Scholl AG，CH-5745 Safenwil）。

(9) 参考文献

［179，UBA，2001］，［176，VITO，2001］。

4.6.21.2 染液和织物之间没有接触的软流染色机

(1) 描述

这种喷射机器的运行模式是利用水来维持纤维的流动。这种设备与具有液压系统的传统喷射机器的区别在于：绳状织物在整个工艺周期内都保持流动（从装载到卸载），不需在排水或充水的过程中停止染液或织物的流动。

这项技术的原理是：清水经过一个热交换器进入容器，并抵达一个特殊的交换空间，同时，使用过的染液被导入排水管中，不与机器中的织物或新染液接触。

漂洗在连续的模式下进行，正如前面所述气流染色机。由于一个特殊逆流系统的应用，漂洗效率得到提高。

(2) 主要的环境效益

对比其他类型的软流染色机而言，这种机器的特点在于有效节省了工艺时间（17％～40％）、水（约50％）和蒸汽用量（11％～37％）。该数据来源于机器的"操作数据"。

不同液体的有效分离使其还具有其他的优点，例如更好的热回收、资源的重复使用以及污染物有针对性的处理。

(3) 操作数据

表4.29显示了在传统染色机、"新一代"染色机（一般具有控制染槽、泵抽排水、注入选择和连续漂洗系统）以及上述软流染色机上运行相同染色过程的结果比较。

表 4.29　在传统染色机、"新一代"染色机（一般具有控制染槽、泵抽排水、注入选择和连续漂洗系统）以及上述软流染色机中采用活性染料进行棉染色的结果对比

投　入	传统染色机	"新一代"染色机	软流染色机
水[①]/(L/kg)	82	87	42
助剂/(g/kg)			
染料/(g/kg)			
蒸汽/(kg/kg)	3.95	4.84	3.07
电量/(kW·h/kg)			
时间[②]/min	472	341	284

数据来源：[176，VITO，2001]。

① 包括漂洗过程。

② 包括装载和卸载过程。

（4）跨介质的影响

无影响。

（5）适用性

软流染色机典型的适用性。

（6）经济性

这项技术的应用意味着新设备的投资。不能在现有机器上改造。关于这类设备的投资花费信息，目前还没有可用的数据。

（7）实施动力

生产力的提高。

（8）可参考工厂

本节所描述的机器由 Sclavos 生产（VENUS™和 Aquachron™过程）。

（9）参考文献

[176，VITO，2001]。

4.6.21.3　单绳流动染色机

（1）描述

这种喷射染色机的配置如图 4.26 所示。它处理织物的方式及其染色周期与传统的绳状染色机有很大差异。首先，只有一条纤维绳穿过所有的流体和机器隔间，绕转一圈后又回到第一个隔间。

单绳染色法可确保系统始终保持一致的状态，因此机器可不断反复操作。

能实现系统的高度一致是由于织物在绕转过程中可连续经过不同的喷嘴和不同的染槽。而在多绳染色机中，由于种种原因，每个隔间中的条件会有所不同（例如由于喷嘴流量的不同导致绳子的速度不同等）。单绳染色法能保证整个系统运行条件的一致。这也意味着，当运行条件改变时（例如碱/染料注入，温度上升/下降），染液能更迅速地达到平衡。其带来的直接效果是，化学注射的速度可加快，温度梯度可显著增加而不会损坏纤维。

这种单绳技术在保证高重复操作性方面引入了一个新概念：通过控制染色时间来控制染色过程，不如通过控制绕转的圈数效果好，除了染料固定时间，这是唯一一个时间参数，将染料和化学品加入机器中，温度的上升或下降等，都是依据绕转的圈数来进行，而不是依据预先设定的时间。计算圈数相对容易，并确保了从一批染色到另一批染色过渡时，织物总处

图 4.26　单绳染色机示意

于平衡状态。这种计算圈数的方法还有另一个优点：即绕转一圈所用的时间会根据绳子的速度和机器的负载自动调整（绳子长度越短，机器周期越短）。

这种技术还吸纳了很多最新的节省时间的设备，如电力灌装和排水设备、满容量加热槽、先进的漂洗设备等。

这种机器可保持恒定的液比（通常 1∶6），即使负载水平低至其额定容量的 60%。

（2）主要的环境效益

如上所述，该机器的周期很短且还有其他很多特点，这些使其与传统的多绳染色机对比，水和能源的消耗大大减少（高达 35%）。

它的高重复操作性和可靠性进一步增加了其环保性能。使产品一次性染色成功是最有效的污染预防方法之一，因为它避免了返工、重染、脱色、调整色调等补充过程所带来的额外消耗及化学品和资源的浪费。应用这种技术的公司，返工率可以减少 2%～5%［177，Comm.，2001］。

此外非常重要的一点是，单绳染色机的使用减少了染色周期最后所需进行的缝合和裁剪量，而每次缝合剪裁平均会浪费 1～1.5m 的布料。一个典型的三绳染色机，每天运行 3 个染色周期，若以 300 天/年计算，运行相同染色过程时，其每年会比单绳染色机多浪费 2700m 的布料。对于一个中等规模的整染厂，相当于每年浪费约 3000～4500kg 的织物［177，Comm.，2001］。

（3）操作数据

表 4.30 显示了在传统染色机［液比（1∶10）～（1∶12）］、"新一代染色机"（典型的液比为1∶8，配有最新的省时装置）和上述的单绳染色机（液比 1∶6）上操作相同染色工艺所得的结果，这些数据引自生产地的测量结果。

（4）跨介质的影响

无影响。

（5）适用性

单绳染色机几乎适用于所有纤维的针织和梭织品。除了水平式单绳染色机，其不能用于羊毛、蚕丝以及这两种纤维混纺的染色。

表4.30 在传统染色机［液比（1∶10）～（1∶12）］、"新一代染色机"（典型的液比为1∶8，配有最新的省时装置）以及上述单绳染色机（液比1∶6）中采用活性染料进行棉染色的结果对比

投　　入	传统染色机	"新一代"染色机	单绳染色机
水[1]/(L/kg)	100～130	50～90	30～70
助剂/(g/kg)	15～75	8～40	5～25
染料/(g/kg)	10～80	10～80	10～80
助剂/(g/kg)	100～900	80～640	60～480
蒸汽/(kg/kg)	4～5	2～3	1.5～2.5
电量/(kW·h/kg)	0.34～0.42	0.26～0.32	0.18～0.22
时间[2]/min	510～570	330～390	210～220

数据来源：［177，Comm.，2001］。

① 包括漂洗过程。

② 包括装载和卸载过程。

(6) 经济性

这种机器的投资成本比传统机器高20%～30%，但由于节省能耗并能提高生产率，投资回收期少于10个月。

(7) 实施动力

高生产效率、高重现性和多功能性是这种机器的主要优势。其另一个优点是极大减少了能源消耗。

(8) 可参考工厂

世界各地的很多纺织整染工厂已运行了单绳染色机。本节所描述的机器由意大利 MCS Urgnano（BG）公司生产。

(9) 参考文献

［177，Comm.，2001］，［116，MCS，2001］，［176，VITO，2001］。

4.6.22　批量染色工艺中水的再利用/回收

(1) 描述

染色过程中，可通过染液再生、染液再利用或将漂洗用水重复利用于下一次染色中来降低耗水量。

染液再利用的过程为：回收用过的高温染液中的着色剂和助剂，进行补充后将其再利用于下一批染色中。有两种方法可实现染液的回收利用。第一种方法是将染液抽到储存槽中（或者是另一个相同的机器中），而纺织品在染色过程所用的同一个机器中漂洗。漂洗结束之后染液回到原来的机器中，被用作下一批染色的原料。第二种方法是将纺织品从用过的染液中移出，放在另一个机器中漂洗。这种情况不需要储存槽，但原料需要另外的处理。染液的分析可采用分光光度计，并且/或者也可通过与上染率、挥发度和染液带出液有关的生产经验来判断［11，US EPA，1995］。

由于用过的染液通常是热的，因此染液的重复使用可以节省时间和能源。然而，为保证染色均匀，通常需要在50℃的条件下启动染色过程。因此，需把用过的热染液冷却下来，然后再次加热。在某些情况下，这些过程可以避免。现已开发出新的技术，可使染色过程的启动温度与过程温度相同。工艺过程中不需再通过调控温度来控制染色条件，而改为调控染料的化学势（即当染色条件发生变化时，可通过添加氢氧化钠等物质到活性染料中来调节）。

这类技术适用于酸性染料和丙烯酸类染料对羊毛的染色（这样将不再需要添加匀染剂），也适用于棉类织物的含硫染色或活性浸染工艺 [204，L. Bettens，2000]。

这里提出的第二种方法是相似的，但其用过的漂洗液会作为下一次染液的组分被重复利用。

（2）主要的环境效益

减少了水和化学品的消耗。在某些情况下（见上），当染料的吸附由 pH 值来控制，且染色结束时染液几乎完全用尽而不需冷却时，也可能节省能源的消耗。

（3）操作数据

UBA 公布了给 PES 和膨松羊毛纤维染色的一个工厂的操作数据。羊毛纤维采用后铬染或金属络合染料上染，而 PES 纤维采用分散染料上染。这两种染料的特点为具有很高的上染率，使得下一批染色中可重复利用已用过的染液。所有容量从 $50 \sim 100$ kg 的染色机（液比 1:8）都配备了储存槽、温度和 pH 值控制设备以及甲酸自动给料系统。大部分储存槽被连续运用于同类染料且同种色调的染色中（例如深色调的后镀铬等）。由于技术上的改进，该工厂的耗水量从 60L/kg 降到了 25L/kg [179，UBA，2001]。

ENco 报道了另一个染色膨松羊毛纤维的工厂的操作经验。这个工厂运行锥型盘式机，装载的纤维为干燥纤维。传统染色和漂洗过程的耗水量分别为 9.5L/kg 和 7.8L/kg（从染色过程转换到漂洗过程时，纤维中保留了 1.7L/kg 的水量）。传统染色过程的总耗水量为 17.3L/kg。

下一次染色中重复利用漂洗液时，平均需添加 1.7L/kg 的水至染液中，以补充前一次染色结束后湿润纤维带走的水分。经验表明，要获得同样的色调，水的循环利用平均仅能维持四个周期。与传统方法相比，这四次染色过程总共约可减少 33% 的耗水量 [32，ENco，2001]。

（4）跨介质的影响

无影响。

（5）适用性

在染色过程中，水的重复使用（两种技术）通常需要有储存槽来储存用过的染液。某些类型的现代化批量染色机（例如卷染机、喷射机和绳状机）具有内置的储存槽，因此可连续地将漂洗用水和染液自动分离。

当使用顶部装载染色机（通常用于膨松纤维，某些情况下用于纱线）时，工艺结束后，漂洗液能被保留在机器中，并重复使用于下一批材料的染色，而不需要储存槽。

染液和漂洗液的重复使用，与新鲜液体的使用存在一些基本的差异。最容易管理的系统是使用具有高亲和性染料（浸染）且染色过程中最不易发生变化的系统。例如：采用酸性染料染色尼龙、羊毛，采用碱性染料染色丙烯酸类纤维，采用直接染料染色棉花以及采用分散染料染色合成纤维。最简单的是在染料、设备及纤维相同的情况下，重复利用染液来获取相同的色调。一些生产过程要求从浅到深进行染色（这可能会在一定程度上限制批量染色操作的灵活性）。

循环使用的次数会因为多种来源的杂质的积累而受到限制。一种来源是纺织品中的杂质，其中包括棉花和羊毛中的天然杂质、针织油、纤维制备剂等。杂质也可来源于染料成分、助剂（例如匀染剂）、电解质、加入酸和碱控制 pH 值时所积累的盐等。

总之，对于使用三色系统进行染色，染料的吸收由 pH 值控制的机器，以及染色结束时染液几乎全部用尽而不需要进行冷却的机器，机器内部可直接分离用过的染液和漂洗液，此时的局限性较小 [204，L. Bettens，2000]。

(6) 经济性

因为节省用水的水费和污水处理的费用而直接降低了成本。节省的费用因国家而异。据UBA报道，以上述的工厂为例，其可节省的费用为 3.20 欧元/m³（用水费用节省 0.6 欧元/m³，废水处理费用节省 2.60 欧元/m³）。ENco 指出英国的城镇供水水费为 1.09 欧元/m³，平均污水处理费用约为 1.62 欧元/m³（按标准 Modgen 强度公式计算）[32，ENco，2001]。

以 UBA 报道的工厂为例，其水槽、管道和控制设备的投资总额为 80 万欧元 [179，UBA，2001]。

(7) 可参考工厂

欧洲的很多工厂。

(8) 参考文献

[204，L. Bettens，2000]，[179，UBA，2001]，[11，US EPA，1995]，[51，OS-PAR，1994]（P087，P088），[32，ENco，2001]。

4.7　印花

4.7.1　活性印花中的尿素替代和（或）尿素还原

(1) 描述

活性印花色浆中尿素的含量可高达 150g/kg。尿素也用在还原染料的印花色浆中，但浓度低得多（大约 25g/kg）。尿素的作用有：

① 提高低水溶性染料的溶解度；

② 增加凝析物的形成，使得染料从色浆中转移到纺织品上；

③ 形成有较高沸点的凝析物（115℃），这意味着连续运行所需的要求降低（如果不使用尿素，非连续运行的状态会对重现性产生负面影响）。

尿素能被定量添加的水分所取代 [棉纤维为 10%（质量分数），粘胶纤维为 20%（质量分数），棉混纺为 15%（质量分数）]。水分可以应用于发泡或喷洒规定数量的水雾。

(2) 主要的环境效益

在纺织整染工业里，印花环节是尿素及其分解产物（NH_3/NH_4^+）的主要来源。在废水处理中，过量氨氮的硝化作用会消耗很高的能量。尿素、氨和硝酸盐的排放会增加水体的富营养化和水生毒性。从源头上减少或消除尿素，可大大降低这些不利影响。

通过水分的控制，活性印花色浆中尿素的含量可从 150g/kg 降低至 0。但是，对于酞菁络合活性染料，由于这些大分子染料典型的低迁移性能，尿素的含量只降能低到 40g/kg [179，UBA，2001]。

(3) 操作数据

通过在活性印花色浆中避免使用尿素，对于一个具有重要的印花环节的整染厂，混合污水氨氮浓度大约可从 90~120mg NH_4^+-N/L 降低到 20mg NH_4^+-N/L [179，UBA，2001]。

如果不使用所提的技术，丝绸印花色浆中尿素的消耗量大约可减少至 50g/kg，而对于黏胶纤维，尿素消耗量可减少至 80g/kg，并且两者都依然能获得同样质量的产品。

（4）跨介质的影响

运用水分需要能量，但其消耗的能量远低于生产尿所需的能量［179，UBA，2001］。

（5）适用性

泡沫系统及喷印系统适用于新建的和现有的采用活性印花的工厂［179，UBA，2001］。

然而，对于丝绸和黏胶纤维制品，尿素的使用无法通过喷印系统完全避免。该技术不能确保纤维所需的低剂量水分被恒量添加到色浆中，特别对于上成织物。目前已有喷印系统不能满足质量标准的案例报道。

相反，几年前泡沫系统就被证明能完全消除黏胶纤维中尿素的使用［179，UBA，2001］。对于丝绸，这种技术原则上也应该是可行的，尽管尚未得到证实。据了解，丝绸在这方面遇到的问题要比黏胶纤维的小，但通常将其置于较小的加工厂处理。

（6）经济性

包含在线水分测量器在内的喷印设备投资成本约 30000 欧元，而泡沫系统则贵许多。一个发泡机大约需要 200000 欧元，其生产能力大约可达 80000m/d。泡沫技术在经济可行的条件下，已被运用于生产力约为 30000m/d、50000m/d 和 140000m/d 的多家工厂。

（7）实施动力

由于地表水富营养化和水生毒性，地方政府对废水中的 NH_4^+-N 采取了严格的限制，也因此促进了这项技术的推广。

该技术的应用对于将废水排放到城市污水处理厂的工厂也很有吸引力。由于生物硝化作用的耗能较高，现在许多城市对非直接排放者按氮排放量收费。

（8）可参考工厂

欧洲的很多工厂。对目前应用该技术的工厂举例如下：Ulmia，DRavensburg-Weissenau；KBC，D-Loerrach；Textilveredlung Wehr，D-Wehr［179，UBA，2001］。

（9）参考文献

［179，UBA，2001］。

4.7.2 活性染料两步印花

（1）描述

如 4.7.1 所述，在传统的活性染料单步印花中，尿素的作用为增加染料的溶解度，以促进染料从印花色浆转移到纺织品上。在单步印花中，可通过控制水分的添加来减少甚至消除尿素的使用。

另一种选择是采用两步印花法，其包括以下步骤：浸染印花色浆；中间干燥；添加碱性固色溶液（特别是水玻璃）；采用过热蒸汽固定；洗涤（除去印花浆料并提高牢度性）。这一工艺没有使用尿素。

（2）主要的环境效益

其主要生态作用是大幅度减少了废水中的氨含量，并减少了废气排放的问题。此外，印花色浆的生命周期延长，这增加了回收残余印花色浆的可能性［179，UBA，2001］。

（3）操作数据

印花色浆的一个典型配方如下［179，UBA，2001］：

原浆：海藻酸钠增稠剂 700g、氧化剂 50g、络合剂 3g、保鲜剂 0.5~1g、水 xg，总计：1000g。

印花色浆：原浆 800g、活性染料 xg、水 yg、总计 1000g。采用过热蒸汽（125℃下，90s）进行固定。

（4）跨介质的影响

无影响。

（5）适用性

两步活性印花法可用于棉花和黏胶纤维。固定液需与配有蒸汽发生器的注入设备结合使用。过热蒸汽是必需的。可以使用氯均三嗪型及乙烯砜型活性染料［179，UBA，2001］。

应当指出，这一技术比单步工艺更复杂且更慢。

（6）经济性

未提供可用信息。

（7）实施动力

实施两步印花法的动力来自于环境影响和产品质量方面的要求。

（8）可参考工厂

欧洲及世界各地的很多工厂。

（9）参考文献

［179，UBA，2001］with reference to：

"DyStar，2000"

DyStar，D-Frankfurt/Main

Product information（2000）

4.7.3 环境友好型涂料色浆

（1）描述

涂料印花的最后阶段会使用热空气干燥并固定印花织物。在这两个过程中，都会有数量显著的挥发性有机化合物排放到空气中（也可见 2.8.3 及 8.7.2）。

过去，印花乳浆中使用的石油溶剂，是挥发性有机化合物的主要来源。现在，欧洲已不再使用水-油型（完全乳化）印花浆料，半乳化型印花色浆（水中有油）也仅偶尔使用。但是，由于合成的印花浆料中含有矿物油，产生的废气中仍然存在烃类化合物（主要是脂肪族），其排放值可高达 10g Org. -C/kg 纺织品。

新一代印花浆料含有极少的挥发性有机溶剂，其将聚丙烯酸或聚乙二醇化合物代替了矿物油。目前也已开发出不含任何挥发性溶剂的产品，其以无粉尘颗粒或粉末的形式存在。

涂料印花废气排放的另一个来源为固色剂。这些助剂中的交联剂主要为羟甲基化合物（三聚氰胺化合物或脲甲醛预缩物），这些物质会提高废气中的甲醛和乙醇（主要是甲醇）含量。新型低甲醛产品现已推出。

此外，优化的印花色浆不含 APEO（涂料印花助剂可能会因为清洗过程而出现在废水中），且氨的含量较低。氨作为黏合剂的添加剂，也是空气污染的来源。

（2）主要的环境效益

表 4.31 显示了三种典型的印花浆料在干燥和固定过程中可能产生的排放值。

表 4.31　涂料印花中的挥发性有机碳排放量

操　作	涂料印花配方 I /(g Org.-C/kg 纺织品)	涂料印花配方 II /(g Org.-C/kg 纺织品)	涂料印花配方 III /(g Org.-C/kg 纺织品)
干燥	2.33	0.46	0.30
固定	0.04	0.73	0.06
总和	2.37	1.19	0.36

数据来源：[179，UBA，2001]。

配方 I 的印花浆料已经过优化，但仍会排放烃类化合物。在优化配方 II 中，矿物油被聚乙二醇代替，配方 III 使用的是粉末印花浆料。使用配方 III，甲醛排放量可保持在 0.4g CH_2O/kg 纺织品以下（假设 $20m^3$ 空气/kg 纺织品）。因此，从印花过程转到后续处理工序时，携带的挥发性物质也可减少到 0.4g Org.-C/kg 以下。

使用优化的印花色浆，氨氮排放量也可减少到 0.6g NH_3/kg 纺织品以下（假设空气/纺织品的比率是 $20m^3$/kg）。

(3) 操作数据

运行条件、产品质量和工艺控制都没有变化 [180，Spain，2001]。

(4) 跨介质的影响

无影响。

(5) 适用性

该技术适用于新型装置及现有装置 [179，UBA，2001]，[180，Spain，2001]。

粉末型印花浆料可能会产生灰尘或堵塞模板 [179，UBA，2001]。

(6) 经济性

印花色浆的成本较高，但较低的废气处理成本可将其抵消（降低挥发性有机物质的排放）[180，Spain，2001]，[179，UBA，2001]。

(7) 实施动力

环境法规（尤其是关于挥发性有机碳、甲醛和氨的限量排放）是使用优化印花色浆的主要动力 [179，UBA，2001]。

(8) 可参考工厂

欧洲及世界各地的很多工厂。

(9) 参考文献

[180，Spain，2001]，[51，OSPAR，1994]（P096，P106），[61，L. Bettens，1999]，[179，UBA，2001]。

4.7.4　圆网印花机中色浆供应系统的体积最小化

(1) 描述

纺织品圆网印花机典型的印花色浆供应系统如图 2.22 所示。容量取决于管道和滚轴的直径以及泵的设计和管道的长度。

每台印花机对应的色浆供应系统可多达 20 个，每次改变颜色或图案时，都需将这些系统进行清洗，导致大量的印花色浆被排入废水中。对于时尚的图案，每种设计所需的颜色数目为 7～10 种。传统的及优化的纺织品印花色浆供应系统典型容量如表 4.32 所列。注意，本节中给出的数字并不适用于地毯圆网印花［地毯圆网印花的网更大（5～6m 宽），且其所需的印花色浆体积明显大于大部分纺织品所需的体积］。

表 4.32　传统的和优化的纺织品印花色浆供应系统的容量

印花宽度/cm	传统系统[1]/L	优化系统[1]/L
164	5.1	2.1
184	5.2	2.2
220	5.5	2.3
250	5.8	2.4
300	6.2	2.6
320	6.5	2.7

数据来源：［179，UBA，2001］。

① 包括管道、泵及滚轴。

除了以上容量，圆网中残余的印花色浆可能还有 1～2kg，这个也需考虑。因此，每个传统供应系统损失的色浆高达 8kg。

将这个数量与用于织物印花的色浆总量对比（见表 4.33），可以很明显看出，供应系统的容量是非常重要的，它甚至可能超过用于织物的色浆总量［每批印花（每种款式）长度大约为 120m 时］，在欧洲，近年来，每批印花的平均长度已大幅减少，仅为 400～800m。

表 4.33　不同的覆盖程度以及不同的织物长度所需的印花色浆总量

每款/每批长度/m	重量[1]/kg	不同覆盖长度所需印花色浆的量/kg		
		25	60%	90%
120	21.6	5.4	13.0	19.5
500	90.0	22.5	54.0	81.0
1000	180.0	45.0	108.0	162.0
1500	270.0	67.5	162.0	243.0

数据来源：［7，UBA，1994］。

① 假设每米织物重量为 180g。

因此排入废水中印花色浆的量主要受供应系统体积的影响。目前管道和滚轴的直径已被减小到 20～25mm，这极大减小了色浆的排放量。

随着供应系统容量最大程度的减少，通过从供应系统中提高色浆的回收率便可使其残留量降至最低。新型泵可以在两个方向上运行，因此，在每次运行结束时，部分印花色浆可被抽回滚筒中。空气经过滚轴的孔洞被吸入的问题，可以通过 4.7.5 中所描述的技术来解决。

其他方法有：

① 使用滚轴，使得色浆在整个宽度上分布均匀（尽量减少残留在筛网上的印花色浆）；

② 完成一次运行前不久，手动停止印花色浆的供应，以尽量减少残余在圆形筛网上的印花色浆。

特别地，对于小批量的运行过程，也可以考虑以下措施：不使用供应系统，而是手动将少量印花浆（1～3kg）直接注入滚轴里或手动注入小槽中（3cm×3cm 或者 5cm×5cm 的横截面）通过泵正上方的漏斗直接供应印花色浆，以减少管道的使用。

(2) 主要的环境效益

系统容量以及由此产生的损失可大大减少（根据行业经验，最高可减少 1/3），其减少程度决于设备的年限［179，UBA，2001］。

（3）操作数据

手动注入印花色浆以及在运行结束前不久人工停止印花色浆供应系统，都需要经培训过的积极的员工。其实一些企业已实施了手动注入印花色浆这一技术，但有报告说，那只在小批量的印花过程中（织物最长为 120m），该技术的应用还较为困难，再现性可能会受到影响。因为需注入的印花色浆的量根据图案的不同而变化，这对于工作人员来说是很难操作的。此外，筛网中印花色浆的量难以保持恒定，这可能会影响产品的质量。

（4）跨介质的影响

无影响。

（5）适用性

所描述的方法适用于现有的和新型的设施。

（6）经济性

安装 12 根体积最小化管道和滚轴大约需投资 25000 欧元。

（7）实施动力

通过减少印花色浆的损失和废水排放的问题来减少生产成本，是主要的实施动力。

（8）可参考工厂

欧洲甚至世界上的很多工厂已安装体积最小化印花色浆供应系统，并已成功运行。

（9）参考文献

[179，UBA，2001]，[51，OSPAR，1994]（P100）。

4.7.5 从圆网印花机的供应系统的回收印花色浆

（1）描述

这种技术可在每次运行的最后，从圆网印花机中回收残留在供应系统中的印花色浆。在往系统注入色浆前，先将一个球插入滚轴中，然后球被注入的色浆运送到底部。一次印花过程运行结束后，这个球将被可控的气压压回，供应系统中的印花色浆同时被抽回滚筒中以供重复使用。4.7.6 描述了可重复使用残余印花色浆的系统。

该技术如图 4.27 所示，该图显示了泵将小球送回到滚筒的过程。

（2）主要的环境效益

印花色浆损失大幅下降。例如，在对宽度为 162cm 的纺织品印花的过程中，损失将从

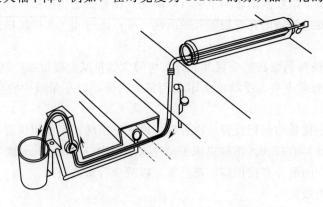

图 4.27 从色浆供应系统中抽回插入的球以回收色浆

[179，UBA，2001] 参照 "Stork，2001"

4.3kg（在印花色浆供应系统未被优化的情况下）减少到0.6kg。

即使在实际运行中，圆网印花机的供应系统也多达20个，对于流行图案，常需7~10种不同的印花色浆。因此，每个供应系统节省的3.7kg印花色浆再乘以7~10，为一个圆网印花机所节省的量。水污染也可因此大大减小。

为了从这一措施中获得最大得益，应使用具有最小体积供应系统的现代印花机。（见4.7.4）。

（3）操作数据

所描述的技术已成功应用于许多纺织整染厂，尤其是印花色浆的回收和利用相结合的工厂。

（4）跨介质的影响

无影响。

（5）适用性

该技术适用于新型设备（新型圆网印花机），某些现有的机器可以改装。这种技术只有一个供应商（Stork Brabant B.V.，NL-5830 AA Boxmeer），所有源自这一生产商生产的比RD-Ⅲ新的机器（即RDⅣ及其之后的所有机型）都可以加装上述系统。

如前所述，该技术适用于纺织整染厂（半面织物），原则上其也可用于地毯，但由于多种原因没有应用。最主要的原因可能跟地毯印花色浆中最常用的浆料有关。这些浆料来自于瓜尔胶，其价格低廉，而保质期有限，因此无法存放很长时间以再次利用（它可生物降解，细菌及酵母菌等其他微生物的增长，会迅速摧毁其黏性）。

（6）经济性

加装这种回收系统到具有12根滚轴和管道的圆网印花机，投资花费（印花织物宽185cm）约为42000欧元。表4.34显示了这一技术给所参考的工厂带来的节省。

表4.34　一个典型的纺织工厂安装所描述的色浆回收系统所带来的节省

（在工业实践中，色浆更换次数及每种设计所需的色浆种类可能更高）

每天的印花色浆更换次数	8
每年的工作天数	250
每种设计平均所需印花色浆的种数	7
每个供应系统印花色浆的节省量	3.7kg
印花色浆价格	0.6 欧元/kg
每年的节省	31080 欧元/年

数据来源：[179, UBA, 2001]。

这个例子并不包括新泵的投资成本，所以需要将黏度维持在一定范围内。当需要更宽的黏度范围时，就需要更换泵。因此，项目总投资成本大约为90000~112000欧元。

因此，可认为投资的回收期约为2年，但这需要回收的印花色浆全部被重新利用。在实践中这是不可能的，尤其是使用几种不同类型印花色浆的工厂。对于这样的工厂，由于后勤问题（有限的存储和处理能力），其重复使用率据报道只有50%~75%，这大大延长了投资的回收期[179, UBA, 2001]。

（7）实施动力

严重的废水问题，由于经济和环境因素需减少印花色浆的损失，这两点是主要的实施动力。

(8) 可参考工厂

世界各地，尤其在欧洲，很多圆网印花机已使用了上述技术。

(9) 参考文献

[179，UBA，2001]，[180，Spain，2001]。

4.7.6 残余印花色浆的回收

(1) 描述

印花色浆是一种包含染料、浆料和其他各种助剂的高度浓缩制剂，它会根据色浆种类的不同而变化（例如涂料色浆、活性色浆、还原色浆和分散印花色浆）。在未经优化的设备中，印花色浆的残余量高达 40%～60%，这些残余物大部分仍旧排入污水中，从而造成极大的水污染问题（见 2.8.3）。

长期以来，印花色浆都是手工配制，因此残留物可以重新使用，但重复使用的程度和方式，高度依赖于员工的负责心和生产的安排。如今，电脑辅助系统提高了印花色浆回收的可能性。在大多数公司里，印花色浆都依靠电脑系统来配制（每种印花色浆的特定配方都采用电子储存）。在每次运行的最后，将残余色浆进行称重，并输送到一个储存设备的指定位置。残余色浆的组成以电子形式被储存下来，然后电脑程序计算出新印花色浆的配方，计算时会把被重复使用的残余物的总量、构成和持久性（通常情况下这不是个问题）考虑在内。

另一种选择是清空所有滚筒中的残余印花色浆，并根据其化学特征分类（即染料和浆料的类型）。先用刮刀将滚筒刮干净，以尽量减少印花色浆损失，然后将其用水冲洗，以便在配制新印花色浆时重复使用。

(2) 主要的环境效益

处理残余的印花色浆可大大减少废水和固体废弃物的量。残余印花色浆的量至少可减少50%，在多数情况下，大约可减少 75% [179，UBA，2001]，[192，Danish EPA，2001]。

(3) 操作数据

据已应用这些技术的纺织整染厂报告，这种系统需要一些时间来实现正常工作，但一旦解决了启动时的问题，其运行效果将相当令人满意。这里介绍的回收系统对只有一种或两种印花色浆的公司最为有效（例如涂料色浆和活性印花色浆）。对于使用多种不同类型印花色浆的公司，管理大量的各类混纺会比较困难（后勤问题，存储区容量有限等问题）。在这种情况下，回收率可能只有 50%～75% [179，UBA，2001]。

现代印花机内置了可从给料系统的管道和软管里机械化清除印花色浆的系统，它的运转，将增加能被收集并重复使用的印花色浆的总量（见 4.7.5）。

(4) 跨介质的影响

无影响。

(5) 适用性

印花色浆回收系统适用于纺织行业现有的及新型的设备。但是，对于完全计算机化的系统，印花环节必须有一个尺寸至少为 3mm 的圆网印花机和/或平网印花机 [179，UBA，2001]。

刮桶等手工操作，需要训练有素且工作积极的人员，旨在提高色浆的回收率。印花厂商称专业人员不愿刮桶，特别是对于一个典型的 12 位印花机，平均每印 600～800m 织物需改变一次方位，因此每天需要刮的桶的数量相当大。

因为 4.7.5 所介绍的同样原因，这种技术没有应用在地毯行业。

(6) 经济性

投资花费大约为 50 万～100 万欧元，这取决于回收系统的尺寸和数量。据报道，投资回收期根据各厂情况有所不同，一般大约为 2～5 年 [179，UBA，2001]。

(7) 实施动力

经济上的考虑及残余印花色浆的处理问题是主要的实施动力 [179，UBA，2001]。

(8) 可参考工厂

欧洲乃至世界各地的许多工厂。

重要的供应商有：

—Stork Brabant B. V.，Nl-5830 AA Boxmeers

—GSE Klieverik Dispensing，NL-6971 GV Brummen

—I. A. S. Industrial Automation Systems S. R. L.，I-22077 Oligate Comasco

(9) 参考文献

[179，UBA，2001]，[192，Danish EPA，2001]。

4.7.7 在清洗操作中减少用水量

(1) 描述

印花机的辅助设备（例如筛网、水桶和印花色浆补给系统）需要经过仔细的清洗才能用于新的颜色。在清洗操作中有几种方法可减少用水量：清洗印花带时控制其启动和停止；机械清除印花色浆；清洗滚轴、筛网和桶的水最为干净，可重复利用；重复利用清洗印花带的水。

① 清洗印花带时控制其启动和停止　很多情况下，纺织品和（因此）印花带的传送会因为些原因而停止，而此时清洗印花带的水的注入仍在继续。这种情况下，清洗水的注入可根据印花带的启动（停止）而自动启动（停止）。

② 机械清除印花色浆　在印花厂里，清洗滚轴、筛网和桶使用了大量的水。在清洗设备之前提高印花色浆的清除率，可以减少清洗用水的总量。可采用物理设备从桶中清除染料（例如刮刀）。现代印花机中有可从管道和软管里机械化清除印花色浆的内置系统。

③ 清洗滚轴、筛网和桶的水最为干净，可重复利用　通常情况下，第一步清洗过程中，从洗涤设备里流出的污水含大量印花色浆，将作为污水被排放。然而，用于第一步清洗的水不需要高品质的水，因此可以使用回收的水，第二步清洗过程必须使用干净的水，但可将用后的废水收集起来，作为下一周期中的第一步清洗用水重复使用。

④ 重复利用清洗印花带的水　清洁印花带的冲洗水只是稍微有点颜色和少量纤维（取决于织物）和极少量的胶水，漂洗水可以进行机械过滤，如果少量干净水添加到回收系统，为同一目的从溢出容器收集并重复使用。

(2) 主要的环境效益

环境效益来自于用水量的减少。在丹麦，一个采用了以上所用措施的涂料印花厂，每年减少的用水量大约为 25000m³（减少 55%）。单独选用方法①，可解决印花机已经停止，而清洗印花带的水仍在继续进入的问题，这样每个小时约可节水 2m³；对于方法③，50% 的水可被重复使用；选用方法④能回收约70%的水［192，DanishEPA，2001］。

(3) 操作数据

未提供可用资料。

(4) 跨介质的影响

无影响。

(5) 适用性

方法①~④适用于包含印花部门的所有类型的纺织品公司：新建或现有的，大型或小型的。可用空间的大小是一个次要因素：该公司只需有收集容器的空间（方法③和方法④）。然而，在过旧印花机里应该不能加装一个如方法②所提的从管道和软管里机械清除残留印花色浆的设备［192，Danish EPA，2001］（见4.7.5）。

(6) 经济性

在上述丹麦案例中，所有方法的总投资成本（容器，机械过滤器，泵和管道）约为100000丹麦克朗（13500欧元）。方法③和方法④的投资成本总共约为95000丹麦克朗（12825欧元）。方法①大约需花费5000丹麦克朗（675欧元），方法②的成本可忽略不计。所有方法经营成本的变化（实施前后）可以忽略不计。每立方米淡水和废水排放的费用分别是9丹麦克朗和18丹麦克朗（1.2欧元/m³和2.43欧元/m³）。因此，全年可节省大约675000丹麦克朗（90000欧元）。对于这一案例，当其所有方法一起采用时，投资的回收期约为两个月［192，Danish EPA，2001］。

(7) 实施动力

工业废水排放的高成本以及一些国家淡水的高价格，是上述措施的主要实施动力。

(8) 可参考工厂

欧洲的许多工厂。本节中引用的例子来自［192，Danish EPA，2001］：丹麦色彩设计纺织印花A/S公司。

(9) 参考文献

［192，Danish EPA，2001］。

4.7.8 地毯及膨体织物的数码喷印

(1) 描述

喷印技术的原理及该种技术的最新发展在2.8.2中有所描述。

当今的喷印技术是一种全数字化技术（从设计阶段到工业生产阶段）。设计者在计算机中设计样品，通过这些数字信息，该样品可在工业上被精确制造出来，而不需要任何修正措施。

(2) 主要的环境效益

在数码喷印中，将所选的三色染料根据计算的要求在线定量投加。色彩由需求决定。这样可避免工艺最后染料的损失和印花色浆的残留，这是在传统印花方式之上一次革命性的变化（纯网和圆网印花）。

这项技术的另一大优势为：根据基底类型的不同，所需印花浆料的总量有不同程度的减少，这是由于染料可直接喷射到面料的深处。

此外还有长远的环境优势［171，GuT，2001］：

① 减少耗水量（耗水量仅为传统印花的20％）；

② 减少反复取样（最重要的污染来源之一，在评价中常常被忽略）；

③ 印花过程可以在生产链的最后阶段进行（减少材料的损失，特别是有色织物）。

(3) 操作数据

未提供可用的资料。

(4) 跨介质的影响

与模拟印花技术相比，没有负面的跨介质影响。但是必须指出的是，这一技术仍需对基底进行固定和后清洗过程。因此，污水的排放不可能完全避免。

(5) 适用性

数码喷印可用于地毯和膨体织物，同时也适用于提花面料、垫子、瓷砖。在这三种情况下，印花过程可在工艺的最后，在现成的产品上进行（不需要后清洗过程）。

投资成本较高，因此该技术只适用于大公司。

该技术仍存在发展空间［171，GuT，2001］：

① 提高生产力；

② 更广泛的应用（堆密度不均、堆高不等的情况，混纺，非固定结构）；

③ 降低投资成本；

④ 扩大染料范围，以涵盖更多色调和色度，即使无法全部涵盖。

(6) 经济性

这一先进设备相对较高的投资成本（无确切信息），使其更适合于大容量的印花厂。尽管如此，数控印花工艺仍然具有很多经济优势。首先，这项技术具有较高的灵活性，可满足消费者和零售商准时交货的要求（可快速处理客户的订单，改动非常容易）；同样，由于厂家根据订单进行生产，便不再需要仓库来储存成品，且设计以电子的形式储存，就不再需要一个大容量的存储设施［171，GuT，2001］。

(7) 可参考工厂

许多工厂已经在使用数码喷印机。

如2.8.2所述，这项技术的最新发展已被应用于商用机，如齐默公司的Chromojet型喷射印花机和美利肯公司最新的米里特朗喷射印花机。

(8) 参考文献

［171，GuT，2001］。

4.7.9 平面织物的数字化喷墨印花

(1) 描述

喷印技术是（见2.8.2和4.7.8）颜料可喷射到面料深处的技术，可用于地毯及膨体织物，并不适用于轻薄织物，例如那些通常需在纺织品处理部门进行印花的织物。而喷墨印花技术（也可见2.8.2）则适用于这类织物，因为颜料必须用在织物的表面（类似于纸张）。

虽然喷墨印花在技术上已取得了很大的进步，但生产速率仍然较低，从而抑制了这种技术对传统模拟印花技术的取代。尽管如此，在小批量的生产过程中，它仍具有明显的优势（通常织物短于100m），这种情况下模拟印花技术在系统中损失的色浆往往等同甚至超过用在织物上的色浆总量。

尿素（用于溶解高浓度的染料）和增稠剂是必需的助剂，由于黏度较大而针头较小，这些助剂无法通过针头注射。因此，印花工艺中的第一个操作就是将尿素和增稠剂覆盖于基底上（梭织或针织物）。

印花结束后，一般先对织物进行干燥，然后将其固定，最后对织物进行清洗和整理。

对织物具有亲和力的染料是必需的物质。Ciba、Dystar 及 BrookLine 等公司，已开发出可利用的酸性染料、活性染料和分散染料。最近涂料染料的配方也已被研制出。

(2) 主要的环境效益

染料残留物降至最低。"根据要求上色"的原则意味着不再需要印花色浆的制备过程。因此在每次运行的最后没有染料残留，也没有盛放印花色浆的容器需要清洗。与传统模拟印花技术相比，当进行小批量操作时，环境优势尤为明显，因为此时模拟印花机中的色浆损失特别高。

对于涂料印花，数码技术更具优势，因为它不需要后清洗操作，这意味着，工艺中不会产生残留物或污染废水，且能提高生产率。涂料印花品在印花产品中占很大份额，且由于传统印花方法的后清洗过程会产生废物排放的问题，因此相比之下这种技术迅速变得更有竞争力。

(3) 操作数据

这种技术一直处于完善中，然而，商用纺织品喷墨印花机目前的速度范围仅为每小时处理 $20 \sim 40 m^2$ 的纺织品。

应该强调的是，数码印花机每天可以工作 24h，而且，跟模拟印花机不同，它从一种产品更换到另一个产品时，不需花费额外的时间去进行清洗操作。

(4) 跨介质的影响

喷墨印花技术被认为是一种清洁技术，但在有油墨浪费的情况下（连续喷墨印花技术），以及印花机停止运行时，采用溶剂冲洗喷射器以防止阻塞的情况下，则不能算作清洁技术。

(5) 适用性

喷墨印花适用于平面织物。

喷墨印花通常被认为是只适于样品生产的一种技术。然而，使用数码印花机生产样品并使用模拟印花机（筛网印花）生产工业产品，要求数码印花所得的样本与模拟印花所得的产品之间特征必须匹配，由于种种原因，目前要达到这一要求非常困难。因此，喷墨印花在纺织行业中今后的目标是工业化规模的生产。存在的问题是在目前的运行速度下，这种工艺只在印染低于 100m（小批量运行）的织物时，才具有经济上的优势。总的来说，喷墨技术应被视为小批量生产时的 BAT 技术，而不应将其局限于样品生产（目标是将样品生产机变为大规模生产机）[281，Belgium，2002]。

(6) 经济性

无关于投资成本的可用信息。据报道，由于消费者和零售商需求时的灵活性和敏捷性，补偿了机器的投资成本 [180，Spain，2001]。

(7) 可参考工厂

很多工厂。

(8) 参考文献

[180，Spain，2001]，[204，L. Bettens，2000]。

4.8 精整

4.8.1 尽量减少拉幅机的能源消耗

(1) 描述

在纺织处理过程中，拉幅机主要用于热定型、干燥、热喷和精整。可以大致估计，在一次织物精整过程中，每一纺织基材平均需在拉幅机中经过 2.5 次处理。

拉幅机的节能可以采用以下技术。

① 优化通过烘箱的废气流量 拉幅机消耗的能源主要是用于加热和蒸发。因此，节能的根本是要尽量减少织物进入拉幅机前的含水率，这样即可减少烘箱内的废气流量。

通过使用真空抽气系统、优化挤压辊等（后者效率较低，但能耗也较低）脱水设备，可使得进入拉幅梭织物的含水率最小化。在织物进入拉幅机前，如果面料的含水率能降至 60%～50%，节能效果最高可以达 15%（能量节省效果根据基材的不同而有所差别）。

排气量的优化也是一个决定性因素，许多拉幅机对此的控制效果仍然较差，主要是依靠手工调节和操作员对织物干燥程度的主观估计。为了达到最佳性效果，废气湿度应保持在 0.1～0.15kg 水/kg 干空气，但目前很多拉幅机的废气湿度只有 0.05kg 水/kg 干空气。这样高的排气量，使得过多的能量被用来加热空气 [146，Energy Efficiency Office UK，1997]。如果没有气流监控措施，用于空气加热的能源消耗量可达总量的 60% [185，Comm.，2001]。

目前有可解决这个问题的设备（如变速风扇），它会根据废气的含水量或者处理后织物的含水量或温度来自动调节排气量。新鲜空气的消耗量可从 10kg 空气/kg 织物降低到 5kg 空气/kg 织物，从而节约了 57% 的能源 [179，UBA，2001]。

② 热量回收 通过空气-水热交换器，可实现余热的回收利用，由此可节省 70% 的能源。热水可用于染色。用于废气清洁的静电脱尘装置可以选择性安装，也可以进行改装。

如果不需要热水，可以使用空气-空气热交换器。效率一般为 50%～60%（[146，Energy Efficiency Office UK，1997]），大约可以节省 30% 的能源 [179，UBA，2001]。单独使用的水洗器或与静电脱尘装置结合使用的水洗器可选择性安装，以用于废气净化。

③ 保温 合理地对拉幅机箱进行保温，可以在一定程度上降低热损失。如果保温层的厚度从 120mm 增加到 150mm（使用相同的保温材料），可以减少 20% 的能源消耗。

④ 供热系统 据报道，直接烧煤气既干净又便宜。当它被首次引入的时候，有人担心，该过程中产生的氮氧化物（空气在燃烧室的高温下而形成）会造成织物泛黄或部分染料被漂白。这种担心已经被证明是不合理的 [146，Energy Efficiency Office UK，1997]。

不过，其他一些研究也显示了最近研发的气体间接燃烧系统的优势。通过烟道气体/空气换交热器，燃烧器的火焰产生的热量直接被转移到拉幅机的循环气体中去（"Monforts，Textilveredlung 11/12，2001，p.38"）。该系统相对于传统的间接加热系统（主要使用循环热油）具有更高的效率。同时，可以避免废气中的化合物与排放的纺织原料及助剂发生反应（尤其可避免甲醛的产生）。

⑤ 燃烧技术 对于直接加热型拉幅机，优化燃烧系统、有效控制燃烧器，可以减少甲

烷的排放量。对于一个优化的燃烧器，甲烷的排放量约为 $10\sim15g$ 甲烷/h（以有机碳计），必须注意的是，燃烧器排放的甲烷量也与燃烧器实际容量相关。

拉幅机应由专门的公司定期进行维修和保养。同时，应该对空气入口进行例行的检查，以防止其被线头或机油堵塞，还应清洁管道中的沉积物，请专家对燃烧器进行定期调整。

⑥ 其他技术　优化空气喷嘴和引导系统可减少能源消耗。当喷嘴系统可以依据织物的宽度进行调整时，效果更为明显。

(2) 主要的环境效益

节省了能源消耗，减少了废气排放量是主要的环境效益。

相关的实验数据已证实现有的一些技术确实能够节约能源，不过，对于现有的工厂，根据工厂生产工艺和能源管理技术的不同，减排潜力会有所差别。

(3) 操作数据

要减少拉幅机的能源消耗，特别在安装了热回收系统的情况下，需要经常对设备维护（清洗热交换器和拉幅机，检查控制/监测设备，调整燃烧器等）。

合理安排精整过程，以减少机器的使用步骤及加热/冷却步骤，是实现能源节省的先决条件。

热回收系统往往和水洗涤器、静电除尘装置等结合使用。

热回收系统的冷凝物（主要是循环油）必须单独收集。

(4) 跨介质的影响

几乎没有。

(5) 适用性

所介绍的技术皆适用于新装置。对于现有设备，只在一些有限的情况下适用。例如，虽然对于一些旧机器，对顶盖进行保温可能是经济有效的，但提升拉幅机的保温性并不总是可行的。现有的定型机也不能加装空气-空气热交换器。

(6) 经济性

应用于干燥和热定型两种工艺的热回收系统的回收期数据（包括空气/水和空气/空气系统）见表 4.35。该信息以以下参考数据 [179，UBA，2001] 为基础：热回收系统为反流管；干燥温度 $130℃$；加热温度 $190℃$；烟气流量 $15000m^3/h$；废气含水率（干燥）$70g/m^3$；废气含水率（热定型）$40g/m^3$；淡水温度 $15℃$；效率 70%；天然气热值 $9.3(kW \cdot h)/m^3$；天然气价格 0.25 欧元$/m^3$；维护费用 1000 欧元$/a$；利率 6%。

表 4.35　不同工艺（纺织品干燥和热定型）、热回收系统
（空气/水和空气/空气）和班数情况下的投资回报

项目	工艺	每天 1 班		每天 2 班		每天 3 班	
		节约/欧	回收期/年	节约/欧	回收期/年	节约/欧	回收期/年
空气/水	干燥	32050	5.7	64150	2.6	96150	1.7
新鲜水温度:15℃	热定型	34450	5.4	68900	2.4	103350	1.5
空气/水	干燥	18050	12.6	36100	5.9	54150	3.3
新鲜水温度:40℃	热定型	23350	8.6	46700	3.7	70050	2.4
空气/水	干燥	8000	>20	16000	15.6	24000	8.5
新鲜空气温度:20℃	热定型	11000	>20	22000	9.6	33000	6.6

数据来源：[179，UBA，2001]。

上述信息没有考虑其他设备的使用（如织物湿度控制系统和废气湿度控制系统）。如果安装这些系统后，热回收可能不符合成本效益 [146，Energy Efficiency Office UK，1997]。

（7）实施动力

优化改造拉幅技术的主要原因是要使得能源消耗最小化（因而使成本最小化）。

（8）可参考工厂

所描述的技术已经在欧洲和世界范围内的许多精整厂中使用。基于烟气/气热交换机的间接加热系统目前也已在少数精整厂中投入使用。

（9）参考文献

［146，Energy Efficiency Office UK，1997］，［179，UBA，2001］，［185，Comm.，2001］。

4.8.2 无甲醛或低甲醛的防皱精整剂

（1）描述

防皱精整工艺主要用于纤维素纤维及其混纺，以防止织物起皱，提高织物的尺寸稳定性。

防皱精整剂的主要成分有合成尿素、三聚氰胺、脲衍生物与甲醛环。交联剂（活性组分）由自由或醚化的 N-羟甲基组成。

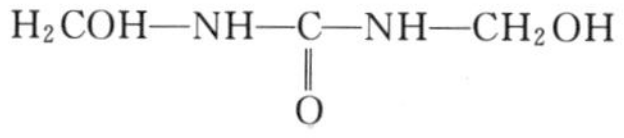

$H_2COH—NH—C—NH—CH_2OH$

二羟甲基脲和二羟甲基脲衍生物

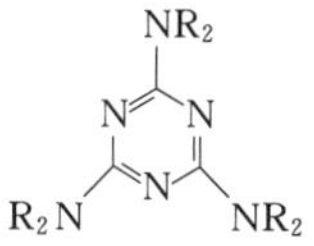

三聚氰胺衍生物（R＝H，CH_2OH，CH_2OCH_3）

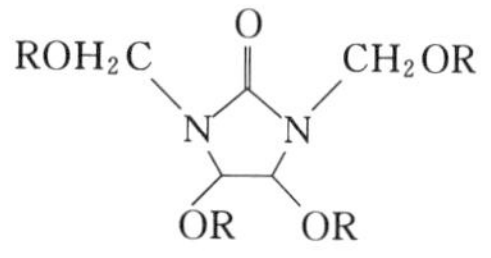

1,3-二羟甲基-4,5-尿素

1,3-二羟甲基-4,5-尿素衍生物（R＝H，CH_3）

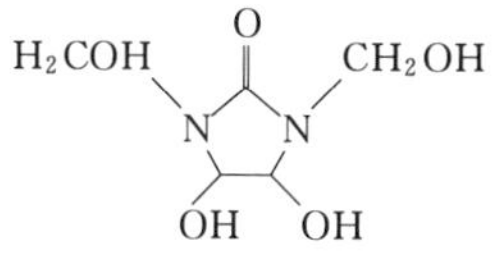

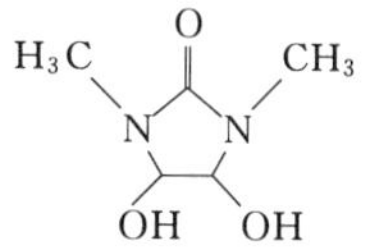

1,3-二甲基-4,5-尿素（DMeDHEU）

图 4.28 交联剂的化学结构

交联剂可能会释放游离甲醛。甲醛被认为是致癌物质，对员工有威胁。在切割操作的时候，甲醛也会泄漏。游离甲醛或部分水解的甲醛存在于成品布料中，也会对最终消费者带来潜在风险。欧洲生态标签计划为直接与皮肤接触的产品，设置了甲醛含量不超过 30ppm（mg/kg）的要求。

表 4.36 各种重要交联剂释放甲醛的潜力

交联剂类型	甲醛释放潜力	交联剂类型	甲醛释放潜力
二羟甲基脲	高	DMDHEU 衍生物	低
三聚氰胺甲醛缩合产品	高	其他	无
DMDHEU	高		

数据来源：［179，UBA，2001］。

（2）主要的环境效益

使用低甲醛或无甲醛的产品，减少了精整过程中甲醛的排放量。纺织品中甲醛残留量也可以减少［＜75mg/kg 织物，或低于 30ppm（30mg/kg）的行业要求］。如果再配合使用催化剂、并优化固定温度，可以进一步实现能源消耗的减少。

如果直接加热定型机效率低下，排出的废气中也可能含有甲醛。

（3）操作数据

低甲醛（梭织物）精整剂的一种典型配方：40～60g/L 交联剂；12～20g/L 催化剂；液体回收：70%；烘干和冷凝（150℃，3min）。

无甲醛（梭织物）精整剂的一种典型配方：80～120g/L 交联剂（集成催化剂）；液体回收 80%；用乙酸酸化；烘干和冷凝（130℃，1min）。

在实际应用中，交联剂常与湿润剂、软化剂、增加产品撕裂性的添加剂等一同使用。

（4）跨介质的影响

与传统的交联剂一样，上面提到的无甲醛交联剂也是难降解的。作为一项基本规则，应当使用小盒子，使浓缩液的量保持在最少，残渣也应该单独处理而不应排入废水中。

低甲烷产品未经进一步处理可能有浓烈的异味。

（5）适用性

在地毯行业中，通过使用无甲醛免烫精整剂，总是能减少甲醛排放量；在纺织行业中，低甲醛交联剂的使用更加常见 [281，Belgium，2002]。

该产品同样可以应用于传统产品。不过，催化剂的种类和数量、固定时间、温度都应该有所调整。

无甲醛产品所需的用量大约是传统产品的 2 倍。

（6）经济性

不含甲醛的产品，价格明显比甲醛低的产品高。

（7）可参考工厂

无甲醛、低甲醛防皱精整助剂均被世界各地不同的公司所应用。

（8）实施动力

有关规定中对甲醛废气和有关消费者健康的各项行为守则（如欧盟生态标签）是使用无甲醛或低甲醛产品的主要动力。

4.8.3 避免批次软化

（1）描述

在批处理中，软化剂常常在染色工艺后，直接在染色机上使用。

但是，这种情况下选择的软化剂含有对环境有害的阳离子，而且使软化剂的使用量增加了 10%～20% [78，Danish EPA，1999]。

替代技术是使用喷淋手段或气泡系统进行软化（见 2.9.1 和 2.9.3）。

这些技术的好处是，可避免使用阳离子软化剂，而且化学产品的流失也都会减少到很低的程度 [78，Danish EPA，1999]。

相对于批次软化过程中产生的废水，使用该技术残余液的量也得到了减少。在这方面，应用喷涂、发泡等工艺时可取得最好的效果，这些工艺可使得系统的软化剂流失量（包括机箱内、管道内和贮存器中的残留液）最小。但是，虽然流失少，活性物质的浓度要高得多，这使得这些残余液不适合用生物处理系统进行处理。

批次染色后在单独的设备中使用这些软化剂的另一优点是，因为不再有阳离子的存在

（阳离子会在随后的染色过程中限制染料的吸收），染液或清洗液可以被重复利用。

（2）主要的环境效益

节约水、能源和化学药剂。使用了更加环境友好的软化剂。

（3）操作数据

没有得到可用的信息。

（4）跨介质的影响

当软化工作是在染色后、单独的设备进行时，残余液的量将减少，但活性物质浓度将提高。浓缩的废液并不与其他的废水相混合，并进行生物处理。因而，其他影响不需要考虑。

（5）适用性

该种技术被广泛使用于纺织和地毯行业。

（6）经济性

经济效益的取得主要来自于水、能源和化学药剂使用量的减少。

（7）可参考工厂

很多工厂。

（8）参考文献

[78，Danish EPA，1999]。

4.8.4　减少防蛀剂的排放

以下三个图（图 4.29～图 4.31）说明了使用防蛀剂的基本过程，指出了湿法加工的要点、排放活性物质到水中的隐患之处。生产厂商使用防蛀剂的方法依据生产纱线的工艺顺序而定，在一个厂里面使用一次以上的防蛀工艺也并非罕见。

减少残余防蛀剂排放可采取多种形式；

适用于大多数工艺的一般做法，例如材料处理、存储和选择合适的使用率；

进行特别的工艺改进，如改变工艺中的化学剂、寻找干扰化合物的替代品。

替代工艺，如一些用于防蛀的专业机械。在地毯加工工序中不同的节点采用这些替代工艺也是可行的。

特定污水的现场预处理——残余活性物质的碱性水解。

下面首先介绍一般的技术路线，然后针对以下三种纺纱路线介绍不同的改进方法：干法纺纱、石油纺纱、色织生产。

4.8.4.1　减少杀虫剂排放的一般技术

（1）描述

减少杀虫剂排放的一般技术包括：选择合适的布料和选择合适的印染助剂。

① 合适的材料　使用含防蛀剂需要使用特别的技术才能尽可能地减少其在使用和运输过程中释放出对环境有害的物质。这些添加的物质一般在使用的时候都是自乳化浓缩物的形态。

使用和传输这些浓缩物到染色机的时候，应采取以下措施：

● 散装容器应转移到一个安全的收纳柜中存储；

● 在发生火灾的事件，应通知消防局及污水处理厂可能存在的物质及其性质；

● 按染料颜色的不同进行分装；

- 自动分装系统应尽可能减少染料的泄漏并且提高操作的精度；
- 浓缩液不应该被预先溶解在容器中；
- 应使用密封的防震容器运送该物质；
- 在染色正在进行，且染液量稳定的情况下，将浓缩液添加到染液中。

为了对浓缩液进行半连续处理，应当采取以下措施：
- 浓缩液应装在原来的容器中，且采取保护，以防意外事故带来的影响；
- 浓缩液应直接添加到处理液中去；
- 添加的过程不应采用手工操作，最好使用计量泵来进行；

② 印染助剂的选择   在印染过程中可以添加一些印染助剂，以减少织物的表面昆虫的滋生。流均染剂和聚酰胺阻断剂等印染助剂的选择可以显著影响最终染液和清洗液的残留量，其影响的大小取决于染液的 pH 值和添加的助剂浓度。因此，在使用印染助剂前应进行仔细的筛选。应尽可能不选择具有明显阻燃效果的助剂。

(2) 主要的环境效益

研究已经证明，选择正确的时机和顺序来添加印染助剂，尽可能减少印染液的溢出量，对于减少污染物的最终排放具有重要的作用。

选择合适的印染助剂则能有效降低防蛀剂的使用。

(3) 操作数据

定量地分析采用以上的策略对于一个工厂最终减少的污染物排放量是很难的，但对于某一特定的印染机械而言，研究表明能减少 10%～20%的污染物排放。

(4) 跨介质的影响

似乎不存在跨介质的影响，需要提到的一点是，选择助剂时应当考虑到对环境的整体效益。

(5) 适用性

上述技术适用于所有装置。同时，应该认识到，具有同等性能的替代助剂并不总是能够找到的。

(6) 经济性

上述提到的很多有关材料替换的措施几乎是没有成本或者成本很低的。在一个连续应用系统中使用准确计量和配药系统，成本估计为 8000～16000 欧元。

(7) 参考文献

[32，ENco，2001]，[51，OSPAR，1994]，[50，OSPAR，1997]。

4.8.4.2   在干纺工艺中通过技术改进以最大限度地减少防蛀剂活性物质的排放

图 4.29 说明了纤维湿法加工过程中的干纺环节。染色开始时，防蛀剂被添加到散纤维染液中。在这个过程中，染液和冲洗液被排放到下水道中，其中包含没有被纤维利用而残留的防蛀剂。脱水用离心机或挤压辊，也是残留物产生的另一个潜在来源。

可以用来减少在散纤维染色过程中防蛀剂排放的措施有：酸洗后处理及冲洗液的再利用；散纤维的过量使用。

4.8.4.2.1   酸洗后处理和冲洗液的再利用
(1) 描述
图 4.29 包括的流程如下。
① 酸洗后处理   可以改进染色条件，以方便在染色工艺之后进行酸洗。降低染液的 pH

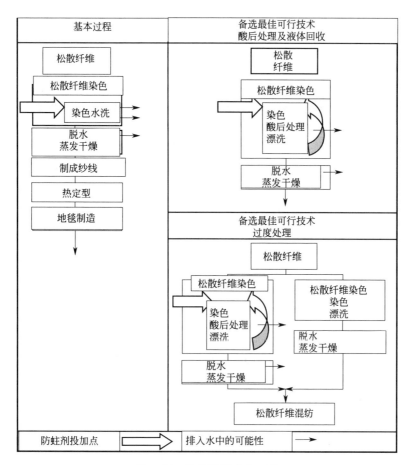

图 4.29 防蛀干纺生产工艺

值（<4.0），可以增加周期结束时染料的吸收率，以降低残留物的量。

② 冲洗液的再利用　再利用冲洗液可以减少残留物。如果印染机能在不卸载染料容器的情况下停机，或者染料容器是挂在印染机外部，则这个方法是可行的。

(2) 主要的环境收益

染色过程中的废液残留量减少。与普通工艺相比，IR 活性物质的排放量减少约 90%。

表 4.37 说明了酸洗后处理的有效性。

表 4.37　散纤维染色过程的废液排放量

废液来源	污水量/(L/kg)	残余氯菊酯/(mg/kg 纤维)		残留物减排
		普通工艺	酸洗后处理	
染液	10	15	0.17	
冲洗液	9	0.38	0.02	
脱水液	0.5	0.6	0.04	
总计		2.48	0.23	90.7%

资料来源：[32，ENco，2001]

注：1. 指的是单次染色的结果。

2. 氯菊酯的应用率：60mg/kg。

（3）跨介质的影响

无。

（4）适用性

上述技术适用于所有装置。

据悉，这种印染技术可能会影响印染产品的质量［281，Belgium，2002］。

（5）经济性

后处理过程中需要更多的时间来完成，会使得染色周期平均增加 30min。生产效率会有一定程度的降低，同时因为需要维持在染色过程的高温条件，也增大了能耗。

（6）可参考工厂

据报道，英国工业广泛使用酸后处理。一些采用这种技术的工厂还将其与冲洗液回收设备结合使用。

（7）参考文献

［32，ENco，2001］。

4.8.4.2.2 散纤维的过量使用

（1）描述

这种技术利用的原理是，处理和未经处理的纤维混合后，其整体抗虫害的水平和没有混合前是相平的。在生产实践中，只有处理一部分纤维，处理过程是通过添加防蛀剂到染色液中，其他的纤维则没有得到处理。通过机械搅拌可以使这两种纤维得到混合。

这种技术也能用于混合不同色系的纺织品。经过防蛀处理的织物与没有经过防蛀处理的织物之间的比例是可以变动的，但一般在 5％～20％之间。

这样，在整个染色过程中使用的防蛀剂就减少了，但是由于印染厂产品量还是很多，因此不可避免还是有一定量的废物排放。在实践中，一些工厂也就需要额外安装一些循环使用设备来减少污染物的排放。

另外，要回收染液及冲洗液，需增设相应的机械，改进排水系统，增加容器。要最大化减少污染物的排放，还要改进染色技术及染料/助剂的选择。

（2）主要的环境效益

使用特定的抗防蛀并且仅用防蛀剂处理 5％ 的纺织品是一项能有效减少污染物排放的措施，安装了该套设备的工厂的出水中检测到的活性物质浓度小于 0.2mg/kg 纤维，这意味着按 5％ 的比例混合后的纤维，其活性物质含量为 0.01mg/kg 细纱。

（3）跨介质的影响

效果与普通工艺相比要好很多。然而，正如上文所述，仅应用这项措施，没有专门的印染机械和废水回收系统，就难以减少防蛀剂的排放。

（4）适用性

该技术只能运用于规模较大的工厂，并需安装特别的设备，并不适用于大多数的染厂。

（5）经济性

如果是自己建设的话，这样一套设备的成本据说超过 13 万欧元。

（6）可参考工厂

在英国已经有一个这样的工厂，但关于设计或运作上的细节则不能得知。

（7）参考文献

［32，ENco，2001］。

4.8.4.3　在染色纱线精练过程中改进工艺以减少防蛀剂活性物质的排放

图 4.30 显示了将散纤维染色并精练过程中防蛀剂使用的一般工艺，防蛀剂的添加主要在散纤维染色的环节中进行。之后纤维被制成纱线并进行精练，以去除污垢和纺纱润滑剂。

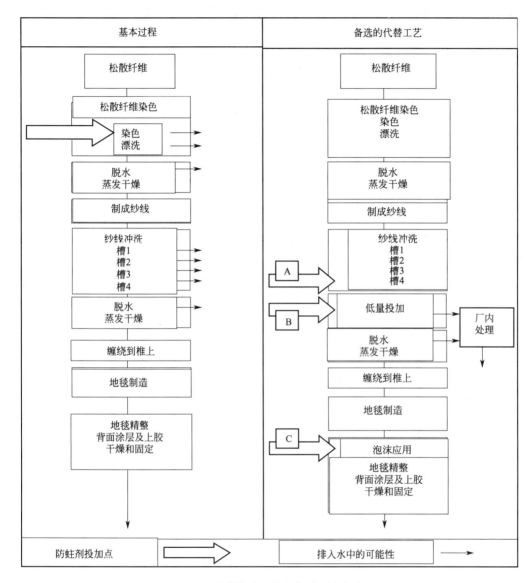

图 4.30　纱线的防蛀染色与冲刷生产流程

防蛀剂的排放来自于染色、漂洗操作和纱线精练操作，在精练作过程中，防蛀剂从细纱上被冲刷下来，进入废水中。

图 4.30 说明了三个可以改进的方向。

● 方案 A：在纱线精练工序中添加助剂-使用传统的、现有的设备，消除染色阶段污染物的排放。

● 方案 B：使用能够进行小剂量操作的特有机械，消除染色过程中的排放及精练过程中的排放。

● 方案 C：使用起泡专用机械在成堆的地毯上添加防蛀剂，这样几乎没有污染物排放。

4.8.4.3.1　在纱线精练工序中添加助剂-使用传统的，现有的设备，消除染色阶段污染物的排放

(1) 描述

在传统纱线精练过程中添加防蛀剂，取代传统的在散纤维染色过程中添加防蛀剂的工艺。

使用常规大小的精练槽，操作容量通常为 1200~2000L。防蛀剂的使用量与纱的投加量成正比，活性物质要进行酸化处理，以促进吸附。当精练液过脏之后即排放到下水道。

(2) 主要的环境效益

与普通工艺相比，活性物质的排放减少。减排量取决于在精练液被判断为太脏而被排放之前已经处理的纱的量。据报道，典型的出水排放浓度为 92mg 活性物质/kg 纱（Allanach and Madden, Proceedings of the 9th International Wool Textile Research Conference Vol. 1, 182-190 (1995)。

(3) 操作数据

这个技术曾在英国被广泛应用。20 世纪 90 年代初，地表水环境质量标准出台，严格规定了工商业污水的排放标准，防蛀剂排放的限制，使得工厂更多采用了其他替代工艺（如下所述的 B 和 C 工艺），综合以上考虑，目前该技术已不能算作 BAT 技术。

(4) 适用性

该技术可以用于任何现有的纱线精练机器。该技术通常至少需要四个槽进行精练、清洗和防蛀操作。

(5) 参考文献

[32, ENco, 2001]。

4.8.4.3.2　使用能够进行小剂量操作的特有机械，消除染色过程中的排放及精练过程中的排放

(1) 描述

为了解决上述 A 方案遇到的许多缺点，人们已开发专门的设备来进行小剂量作业，以减少污染液的量，并加入污染物去除过程，以回收利用液体，这样最大化减少了污染物的排放量。电子测量和过程控制也被使用来消除溢出导致排放并控制防蛀剂的应用效率和酸化条件。这类机器被称为微型槽，低容量槽或 EnviroProof 的装置。

上述设备的操作模式有：

● 在每一批次的纱之间贮存原料——当精练液脏了后排出；

● 在吸附后，将原料贮存在容器中。

小剂量的操作机械已经得到广泛的应用。这种机械适用于所有基于拟除虫菊酯的防蛀剂，这种防蛀剂在高温下可迅速水解。该降解产物比母体分子的毒性低几个数量级（Hill, I. R. Pesticide Science. 1989, 27, 429-465），因此可以与其他废水流一起被安全地排入下水道中。

以上技术也被用于处理那些由于污染物浓度过高而无法通过吸附处理的污水。

以上技术改进后还可处理从其他废水中分离出来的脱水液，然后将其添加到染液中。在脱水液中，通常选择暗色调来调节受污染的浅色调。染液的组成中仅含 10%~20% 的脱水液。脱水液中活性组分与原液中活性组分的作用相同，在热酸性染色调节下可被纤维吸收，污染物残留量与在染液中添加 IR 时的量差不多。

（2）主要的环境效益

专用的机械消除了染色过程中溢出导致的污染物排放。

ALLanach 和 Madden ［（Proceedings of the 9th International Wool Textile Research Conference Vol. 1，182-190（1995）］定量分析了年产 22 t 和 92 t 地毯纱线的两个厂排放的污染物，以上提到的措施在这两个厂都被应用到（a. 液体污染后将其排入下水道；b. 改进吸收条件来减少排放量）。

在没有清理的情况下进行简单的多批次处理，氯菊酯的排放量为 0.97mg/kg，当系统进行全面清理并回收染料的时候，氯菊酯的排放量为 0.23mg/kg。以上两种情况下，纱线干燥前先对其进行脱水，都会增加污染排放。

（3）跨介质的影响

无。

（4）适用性

这种类型的装置，可加装在任何连续纱线精练机上。这种技术经过进一步的发展，已能够适应各种各样的纱线加工机。

（5）经济性

上述的低剂量操作机械，目前已经有商业化和自建设备两种选择。商业化的、安装到连续纱线精练机上的机械设备一般包括剂量控制、染料管理、精练液回收在内的各项控制功能。安装费用是 185000 欧元。安装在这些装置上的化学加药系统能够根据纱的吞吐量按比例准确调节药剂投加量。因此，标称处理可被减少，同时不影响纺织品的抗虫性。由此降低的处理费用根据不同的工厂稍有不同，但基本可达 50％以上，这就相当于每处理一吨纱节省了 7.0 欧元。

在选择自建设备的情况下，用于控制和原位处理残留物的设备，以及处理高浓度印染废水的装置，要根据现场的空间大小和情况而定。成本根据设备复杂性的不同而不同，估计在 7000 欧元以上。包括能耗在内的处理费用在 1.4 欧元/m³ 左右。

（6）可参考工厂

大量的英国工厂使用上述的低剂量操作系统及其相关的废液管理系统。在欧洲和新西兰也有相似的系统。

（7）参考文献

［32，ENco，2001］。

4.8.4.3.3　使用起泡专用机械在成堆的地毯上添加防蛀剂

（1）描述

图 4.30 显示了这种技术，这个技术并不属于纱线制造过程中的一部分。在这种情况下，防蛀剂被直接添加到地毯上。专用的机器已经被制造出来，这种机器能产生含有防蛀剂的高浓度泡沫，能够现场制造，并且通过一个特殊的喷头将泡沫添加到地毯上。这是一个连续的过程，并且可以和涂层等操作同时进行。泡沫的使用，最大限度地减少了添加的水量。泡沫在特定的容器中产生，可回收冲洗水来制备下一批的泡沫，这样最终不会有污水排入工厂的下水道。在这个过程中，为了激活活性物质的全部活性，必须进行前处理。堆叠结构的密度、泡沫的密度和泡沫的喷洒频率，决定了产生的水量。关于该项技术的其他细节描述请参考 Allanach and Greenwoo 的著作（Proceedings of the 9th International wool Textile Research Conference Vol. 3，325-332，1995）。

(2) 主要的环境效益

在和回收系统联用后，这种工艺为零排放工艺。

(3) 跨介质的影响

无。

(4) 适用性

这种技术需要将纺织成品成堆叠放，因此，只能在那些具有纺织品最终加工工序的厂中使用。染厂和纺纱厂无法使用这种技术。实践中还表明，在纺织品堆叠得很紧密的情况下，泡沫很难渗透到堆体的底部；同时泡沫停留在织物的表面，也有可能导致地毯外观上的变化，这是不可接受的。与运用在纱线中的防蛀剂相比，成品堆体的防蛀剂使用量要求更高，这样才能确保在堆体底部的织物具有足够的抗虫性能。泡沫带来的附着在织物上的水必须经过后续的蒸发环节去除，这比吹干涂层需要更多的能量。

(5) 经济性

该技术需要一种能在低湿度条件下产生合乎要求泡沫的专用设备，在本著作出版的时候市场上只有一家公司实现了该设备的商业化生产。这个设备值得进一步地改进，如改为流水线作业，目前其售价为160000欧元。由于要干燥织物，还需增加干燥的设备，另外还可能需要降低织物精整工艺的工作速度。由于该种技术所需要的防蛀剂量增加，因此其化学药剂成本是湿法纺织的2倍。

(6) 可参考工厂

该技术被英国和欧洲的工厂广为采用。

(7) 参考文献

［32，ENco，2001］。

4.8.4.4　在纱线染色过程中采取必要地改进措施以减少防蛀剂活性物质的排放

描述

图4.31显示了在纱线染色过程中对地毯纱进行防蛀的过程。在这个过程中防蛀与着色是同步进行的，适量的防蛀剂需要在一开始就被加入到染料中去。

增加染液温度的升高，活性物质被纤维吸附。这种吸附过程在煮沸时达到平衡，超过98%的活性物质被纤维吸附，废染液中包含的剩余活性物质的浓度取决于染色条件。酸性染色条件下（pH<4）废水中的残留物最少。如果染色在中性条件下进行（例如在使用预硬化染料染色的情况下），残留物的浓度一般就比较高。

染色之后可能进行冲洗过程，这也可能产生残余的活性物质。在传统的工艺中这两个流程产生的废水都被排入废水稀释罐中，纺纱过程中排出的废水也可能含有微量的活性物质。

传统工艺产生的废水量取决于一系列相互关联的变量，因为每个厂的染色过程都是不同的。在实践中，一般将pH值看作是最主要的变量，从大量染色厂的排放数据来看，排放量一般在下列范围内（Enco Environmental Network，未发表）：

染液 pH <4　　　0.1~0.4mg/kg 纱；
染液 pH> 4　　　2.0~7.0mg/kg 纱。

图4.31的图例表明，相对于传统工艺而言，有四种可供选择的改进工艺，可以减少防蛀剂的排放，其中，连续性小剂量操作和使用泡沫操作两种方法已经在前面讲述过，其余两

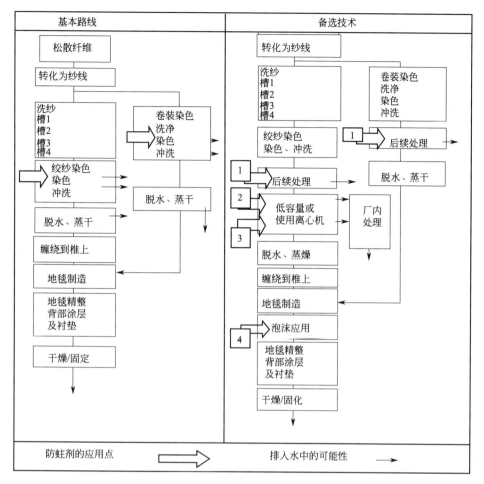

图 4.31　防蛀纱线染色生产流程

种只适合于纱线染色过程的方法将在下面阐述。

4.8.4.4.1　酸性条件下的后处理

（1）描述

在这个工艺中，抗虫剂分别从两个管子中淋出进行后处理，在该过程中要保持酸性条件，以使防蛀剂达到最大的利用效率。

（2）主要的环境效益

在该过程中，没有使用任何阻燃化学品，pH 值最有利于防蛀剂的吸附。剩余活性物质的量通常在 0.1～0.4mg/kg 之间。

（3）跨介质的影响

无。

（4）适用性

在许多染厂中，为了满足最终的产品需求，羊毛及羊毛混纺染色有多种染色条件，并且多采用的是特定染料。这个技术适用于那些染色条件对于防蛀剂吸附并非最优的情况下。在生产中，这种技术通常用于染液 pH 值大于 5.0 的条件下。

（5）经济性

这个过程需要使用一个额外的后处理环节，染料用量和普通工艺相同。用水量在 15～

$25m^3/t$ 之间，具体取决于机械设计及纱线负载。为将后处理液温度提高至染液温度，需要额外的能量消耗，并且整个工艺还会增加消耗的时间。

(6) 可参考工厂

这项技术被英国染厂广泛采用以减少污染物的排放，否则污染物的残留将过高。

(7) 参考文献

［32，ENco，2001］。

4.8.4.4.2　低剂量半连续操作

(1) 描述

基本技术和设备与在染色纱线精练过程中防蛀一节所描述的相同，相同的设备，可以用来处理绞纱，而不能处理松散的纱。在这种情况下，需要一个独立的机器，其由低剂量操作平台组成，在现有的纺纱流水线末端加装该设备，便可进行精练和防蛀。

在以上情况下，经过前面工序处理后的污水会带有很高的色度和污染物浓度，这将是一个主要问题，同时，染料的湿牢度也难以得到保证。

(2) 主要的环境效益

同 B 方案相同。

(3) 适用性

该技术适用于纱线染色时采用了良好的湿牢度染料的情况。

(4) 经济性

同 B 方案相同。

(5) 可参考工厂

目前已知的有一座工厂，但有关的细节并不清楚。

(6) 参考文献

［32，ENco，2001］。

4.8.4.4.3　将改进的离心脱水机用于防蛀剂的添加

(1) 描述

这种技术主要依靠的是改进后的序批式脱水机。离心力将处理液喷入离心机，从一个位于中央的喷头喷出，以穿透纱线。从离心机中排出的废液被收集和回收利用，或者与其他废水流分开并被单独处理以去除残留的活性物质。这项技术是由 Allanach 提出的（Proceedings of the 8th International Wool Textile Research Conference，Vol. 4，568-576，1990）。

(2) 主要的环境效益

减少了排入废水的防蛀剂。

(3) 适用性

这项技术需要对离心机进行改进，涉及喷头、离心机的排水系统和废液处理设施。这可能涉及碱性水解或者物理分离系统，这套系统最初的设想是提高染液的温度以促进防蛀剂的吸收，并且回收废液。但商业应用中对此尚没有进行实践，但该系统的变种已经有了。因为色度会发生变化，批次性的废液回收难以实现，因此，该技术适用性较小并且没有被工业界普遍采用。

(4) 经济性

目前没有可调研的商业实践。通过自己改造现有离心机，并购买配套设备，估计需要约30000 欧元。

（5）可参考工厂

在英国有一家工厂采用上述技术的变种，但更多的细节无从得知。

（6）参考文献

[32，ENco，2001]。

4.9　洗涤

4.9.1　序批式洗涤中的节水与节能

（1）描述

洗涤和漂洗，是纺织行业中最常见的操作。清洗过程的优化可以节约大量的水和能源。在批处理过程中，典型的洗涤和漂洗技术包括浸泡冲洗、溢出清洗。

在溢出漂洗过程中，干净的水被送入机器，并通过一个溢流堰排出，这种技术可用于去除由于水质差、化学品或低效的预处理造成的表面浮渣，但是它的耗水量巨大。

更好的选择如下。

① 浸泡法［205，M. Bradbury，2000］　浸泡法是在减少用水量方面更有效的技术，这项技术中，漂洗是通过连续进水、运行和排水步骤实现的，在这个过程中发挥作用的各种因素中，值得注意的是液比和排水时间，可使用下面的公式进行相应计算：

$$C_f = C_s R / L. R.$$

式中，C_f 为漂洗后漂洗液中的溶质浓度；C_s 为漂洗前的溶质浓度；R 为基材的持水量，L/kg；L. R. 为液比。

从以上公式可以看出，为了达到同样的稀释效果，在低液比情况下需要多的冲洗步骤，但总体而言会使用更少的水。下面的例子清楚地表明了这一点。假设使用后的染液含 60g/L 的电解液，同时基材的持水量为 3L/kg(R)，液比为 1∶15（L. R.），在随后的排/填操作中，电解质的浓度 C_f 将变为 12g/L，并在两个排/填操作后达到 2.4g/L。而如果染液比例降低到 1∶7，C_f 则变成 26g/L 和 11g/L。

此外，在机器中的基材保留有之前留下的液体，由参数 R（持水量）体现。这可通过适当的排水措施减少（增加排水时间），在一些批处理机中（卷装纱染色，散纤维染色），可以通过使用压缩空气，进行适当的排水而使其减少。

传统的排/填操作的主要缺点有：生产周期较长，这意味着生产力较低；对基材的第一次加热是在冲洗过程中进行的；两次冲洗之间，基材上会有沉积浮渣，这意味着去除的浮渣和化学物能够再次悬浮，特别在机器被冷水充满的情况下。

现代的机器已经克服了以上的缺陷。

为了控制周期，机器都配有特殊的用于时间控制的设备，来精确控制排水和填充，冷却和漂洗等过程，相对于以前的机器大大节约了时间。

通过使用冷却漂洗联合系统，可以省去第一次冲洗时的加热步骤。这是现代机械的一个共同特点，能够同时冷却和冲洗纺织品。清洁水进入喷嘴/溢出前，已经通过预热，预热一般采用机器的主换热器或外部的高效率的板式换热器。污染的废液随即被排掉。

沉积在基材上的浮渣，仍然是浸泡法的一个缺陷。这就是为什么间歇式染色机的设计，要让机械能在"浸泡"或"智能漂洗"两种不同的模式下进行冲洗。后者是"控制溢出"的一种方法，用于第一次冲洗，然后会切换到浸泡模式。

②"智能清洗系统"[205，M. Bradbury，2000]　低液比机的使用需要一种有效的智能清洗系统。干净的水被送入机器以实现冲洗，排水通过在染色机的底下的溢流堰实现。并且，干净水进入的速度和溢流堰排水的速度相同。与传统溢出冲洗相比，因为在机器中循环的污染液少了，稀释效益得到了提升。在用热水冲洗时使用该技术特别有效。同时，通过"冷却和漂洗联用"，可以更高效地实现冲洗效果。

冲洗液在漂洗结束的最后浓度由下面的公式计算：

$$C_f = C_s \exp-(Rt/V_k)$$

式中，C_f 为溶液的最终浓度；C_s 为溶液的起始浓度；R 为进来的新鲜水的流速，L/min；t 为冲洗时间，min；V_k 为水量，L。

液比是一个决定性因素，液体越多，在同样的流速下达到相同的稀释水平，需要淋洗时间越多。流速 R 也显著影响清洗效率，如果流速 R 降低，达到相同的终点就需要更多的漂洗时间，但是所用的水量并没有增加。

若要进一步地改进，则需要加装自动控制的系统，以控制预先加入的盐的用量（使用活性染料时），或通过检测色度以方便确定清洗的最佳终点。

(2) 主要的环境效益

排/填和智能清洗系统相对于传统的清洗技术能显著减少用水量。

根据目前已知的数据，将溢出冲洗改为 2~4 个周期的浸泡法能减少 50%~75% 的耗水量。

减少了耗水量也就意味着减少了能量消耗，因为冲洗液经常需要加热。另外，通过冷却和冲洗联用技术还可以进一步降低能源的消耗。

"智能漂洗"和排填技术与传统溢出冲洗方法相比，一个基本的特征是，他们能够回收用过的清洗液，并且分离开各项污水。污水的分离意味着可以对其进行回用或至少能够进行分别处理，并且热能也可得到回收。

(3) 操作数据

与其他提高生产效率的技术一样，以上的技术必须作为一个整体全部被采用才能保证新设备能够发挥其最大的效用 [205，M. Bradbury，2000]。

(4) 跨介质的影响

无。

(5) 适用性

新旧设备均可采用该技术，同时，采用低液比机器并配备最新的时间控制设备更有效。

智能漂洗的概念已专门用于解决与织物漂洗有关的问题。

"智能清洗"和排填技术现在几乎能用在所有新的喷气机和溢流机上 [288，MCS，2002]。

漂洗/冷却联用系统现在也得到了广泛应用，目前很多机器上都有加装（含有内部热交换器，热交换能力足够支持机器的运行量）。

(6) 经济性

"智能漂洗"和"快速排填"不仅在水和能源的使用效率方面具有巨大的优势，同时缩短了生产周期，降低了产品成本。

使用传统排填工艺虽然较容易实现（不需投资新设备），但其不能缩短生产周期，提高生产力。

(7) 实施动力

在不降低产品质量的前提下缩短生产周期（提高生产力），是实施该项技术的主要动力。

(8) 可参考工厂

世界各地均有采用该技术的工厂。

(9) 参考文献

[205，M. Bradbury，2000]，[176，VITO，2001]，[288，MCS，2002]。

4.9.2 连续冲洗/漂洗过程中的节水

(1) 描述

正如上一节中提到的，大部分纺织加工工序涉及冲洗和漂洗过程。在连续工作模式下，在染色，印花之后进行的洗涤，消耗的水量大于染色和印花过程本身。

提高洗涤效率能节约水和能源，一些简单技术的应用往往能使该效率得到不错的改善。

① 水流控制　在实践中，工厂很少致力于水的管理和使用，其实，每个厂应该有单独安装在每个机器上的水表，以测量耗水量和采用先进技术带来的改进效果。行业经验发现，采用廉价的流量控制设备 [167，Comm.，2000]，可减少大量的耗水量。同时，可采用一个系统程序，用于决定能够达到产品质量要求时的最优水流量。

在需要暂停机器的时候及时切断水流，连接水流和机器的自动截止阀能够节约大量的水和能源，如果采用手动控制，即使机器停止时间已超过 30min，水流都可能不会被关闭 [146，Energy Efficiency Office UK，1997]。

② 提高清洗效率　很多因素都会影响清洗的效率（温度、停留时间、液体/基材交换等）。洗涤所采用的技术根据织物种类的不同而不同，现代洗涤的两个基本原则是：逆流洗涤和减少织物持水量。

逆流的原则，是指在最后一个槽中用过的污染程度较轻的水被用于前一个槽的洗涤，依次逆流，直到这些水被送至第一个槽。这种技术相对简单和廉价，可应用于退浆、精练、漂白、染色或印花之后的洗涤 [11，US EPA，1995]。

一个具有内部逆流（回收）的能力洗涤器，被称为垂直逆流洗涤器。喷头将回用的水喷淋到衣物上，并通过滚筒使得衣物上的脏物溶解，溶液被收集、过滤然后再利用。这种结构能够实现洗涤的高效率与低水量的使用。能源的使用也大大降低，因为必须加热的水大大减少 [11，US EPA，1995]。

减少织物持水量是另一个基本原则，未被排出的含有污染物的水被携带至下一工序中，导致洗涤效率降低。在每个洗涤的步骤之间，适当的排出残留的水分是必要的。在连续清洗作业中，一般使用挤压辊或真空萃取的方式（更有效率），以减少携带水量 [11，US EPA，1995]。

内置真空萃取器的洗涤机目前已经在商场上有销售了，具有连续喷涂功能和真空槽的机器也已得到上市许可［11，US EPA，1995］。

③ 引入热回收设备　在一个连续的洗涤器上安装热回收设备，通常是一个简单而有效的措施，因为入水和出水是成比例的，只有一部分被截留到衣物上。从这些机器排出的污水会被纤维状物质所污染，所以应当安装的是能够处理这种负载的热交换器（自清洗）［146，Energy Efficiency Office UK，1997］。

（2）主要的环境效益

上述所有措施有助于全面减少水和能源消耗。为了充分利用新的先进的洗涤机械的优点，良好管理措施的落实是根本。

（3）操作数据

表 4.38 显示了洗涤棉和纤维素梭织物，合成纤维及其混纺需要消耗的水量。不同过程需要消耗水量的值是由生产厂家提供的，并且被使用方所证实。

表 4.38　连续作业洗涤器的水量消耗

工序	水的消耗/（L/kg）		工序	水的消耗/（L/kg）	
	总计	热水		总计	热水
预处理阶段			活性染料	10～15	4～8
退浆	3～4	3～4	还原染料	8～12	3～7
冲刷	4～5	4～5	硫黄染料	18～20	8～10
漂洗	4～5	4～5	Naphtol 染料	12～16	4～8
冷漂	4～6	4～6	印花后洗涤		
丝光			活性染料	15～20	12～16
除去氢氧化钠	4～5（热水）	4～5	还原染料	12～16	4～8
中和不干燥	1～2（冷水）	n/a	Naphtol 染料	14～18	6～10
中和后干燥	1～2（温水）	小于 1	分散染料	12～16	4～8
染色后洗涤					

数据来源：［179，UBA，2001］。

值得提出的是，以下节水措施的实现，必须依靠良好管理措施的真正落实。要协同各种可能的措施才能实现降低水耗的目的，这些措施必须从织物的预处理开始，贯穿工艺链的始终（减少上浆剂的使用，选择容易洗掉的染料等）。

（4）跨介质的影响

高度密、高效率、低水耗的洗涤技术，需要相应的机械洗涤条件，如喷涂等，这些都会增大电力的消耗。然而，实施热能回收措施，能在很大程度上抵消这部分能源消耗［179，UBA，2001］。

（5）适用性

采用上述的技术需要购买新设备，然而，简单的应用措施，如流量控制设备、自动阀，也会减少水和能源的消耗。

（6）经济性

没有详细的资料，有一个例子可以表明量级，一个连续的用于洗涤棉织物的生产线，在综合应用各种技术优化措施的情况下，水耗达到最小时（9L/kg，包括颜色的去除和棉绒的过滤），花费为 250 万欧元。

（7）实施动力

高昂的水费和污水处理费用是实施上述措施的动力，同时，该技术还能提高产品的生产率。

(8) 可参考工厂

很多工厂。

(9) 参考文献

［167，Comm.，2000］，［179，UBA，2001］，［11，US EPA，1995］，［146，Energy Efficiency Office UK，1997］。

4.9.3 全闭环有机溶剂洗涤

(1) 描述

20世纪60年代后期以来，连续运行的冲刷型开放式洗涤器就已经投入应用。他们被用于纺织后整理产业的各个工艺环节已经超过30年，因为有机溶剂相对于水来说对于很多污染物具有更好地溶解性能。

常用到的有机溶剂PER的热值仅有水的1/5，蒸发潜热低于水10倍，因此PER的蒸发相对于水而言可减少90%的能量消耗。这意味着在干燥过程大大节省了时间和精力，并且蒸发速度更快，花费更少。

较低的表面张力，使得PER能更快，更深入地进入纤维溶解污渍，因此使得衣物清洁得更加彻底。

然而，使用PER的过程需格外小心，并要通过先进的技术，尽量减少其对环境和人类可能存在的危害。

下面给出了使用比传统溶剂更为先进的溶剂的新一代的洗涤器。

从总体上看，一个典型的20世纪70年代的有机溶剂洗涤器的组件如图4.32所示。

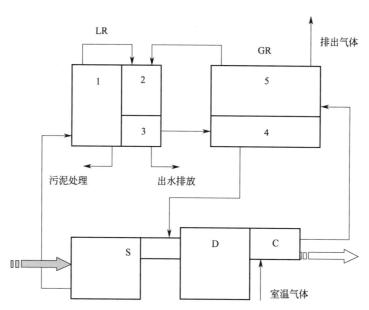

图4.32 传统有机溶剂洗涤器的流程

S—喷淋单元；D—干燥单元；C—冷却单元；LR—溶剂回收；GR—气体回收

1—蒸馏；2—凝结；3—水分离；4—溶剂罐；5—开环活性炭过滤器

一个现代洗涤器的主要结构如图 4.33 所示。

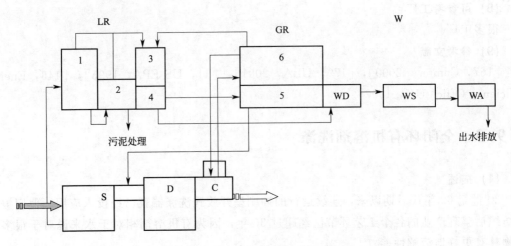

图 4.33　现代有机溶剂洗涤器的流程

S—喷淋单元；D—干燥单元；C—冷却单元；LR—溶剂回收；GR—气体回收；
W—水处理；WD—倾析；WS—空气吹脱；WA—活性炭吸收
1—蒸馏；2—污泥蒸馏；3—压缩；4—水分离；5—溶剂罐；6—闭环活性炭过滤器

为了解决下面将要阐述的主要排放和污染问题，人们已开发出了新一代的设备。

① 废气排放（排入大气）

● 问题

用于净化气流的开环活性炭过滤器会向大气中释放 500g/h 和 1000g/h 的 PER（溶剂浓度范围为 $500\sim600mg/m^3$），具体值根据设备大小的不同而不同。

● 解决方案

新装置配有闭环活性炭过滤器。排气管已被淘汰，回收的净化空气用于织物的除臭和冷却，这样就不会有任何的废气排放。

同时，由于引入了闭环过滤器，可以在洗涤器上设计一些有效的密封系统来进一步改善工作的环境。

② 废水排放

● 问题

溶剂回收系统收集的所谓的"分离液"流量一般为 $0.5m^3/h$，其中的 PER 浓度在约 $150g/m^3$ 和 $250g/m^3$ 之间。这种污水曾经被直接排入下水道或处理厂。并且，由于 PER 是难生物降解的物质，一旦其进入土壤中，就将造成长时间的积累和富集。

● 解决方案

安装一个内置的专用件设备用于预处理，提取和回收溶解在水中的大部分 PER，其工作的路径为：通过曝气净化；通过活性炭墨盒吸收。

在这里，活性炭闭环过滤器可净化第一阶段的污染气体，并可提取溶剂。

该系统能确保排水剩余 PER 不超过 1mg/L（排出量≤0.5g/h PER）。

同时，因为水量很低（$\leqslant0.5m^3/h$），也可以将高级氧化技术（例如芬顿氧化）用于该污水的处理 [281, Belgium, 2002]。

除了上面提到的少量排水外，无论是旧式还是现代的洗涤器，都没有额外的排水了。

③ 废渣

● 问题

剩余污泥中的水分含量高，PER 浓度超过 5％的，使得这些废物难以管理，并且收集者也不愿意回收。填埋会造成土壤和地下水的污染，并且 PER 最终还要被释放到大气中去。随着法令 Directive 99/31/EC 的实施，该废物将会被禁止填埋。

● 解决方案

蒸馏组件（特别是污泥蒸馏组件）的重新设计，可大大减少污泥中的溶剂残留量，使其浓度低于 10000mg/kg（1％）。产生的是干燥而紧实的剩余污泥，这减少了收集和处置的成本。

④ 工作环境

● 问题

残留溶剂被纤维吸收，其浓度大约在 0.1％～1.0％之间。这种溶剂向周围环境的排放是很难控制的。这也影响了干燥/热定型机排气管的排气质量。

● 解决方案

洗涤器进料和出口处的密封系统已被重新设计，以进一步提高溶剂蒸气的回收效率。这样就能创造一个更加安全的环境，以更好地保护人类健康。现在在一个典型的洗涤器周围，TLV-TWA 的浓度不高于 $50mg/m^3$。

同时，溶剂的消耗也已经从 3％～5％（生产的面料重量）降低到为 0.8％～1.5％。未来还可以进一步降低。

（2）主要的环境效益

主要有以下几点。

因为采取了干洗的方式，减少了水的消耗，同时有机溶剂的比热低于水，也减少了能源的消耗。

减少了助剂的使用（表面活性剂，乳化剂等）。对于一些难以去除的污渍，往往需要添加一些助剂来进行洗涤，如氨纶纤维上沾了硅油的话，只用清水冲洗想要彻底清除目前是不可能的。并且，这些添加的助剂，在随后的热处理中都会作为尾气被排放入大气中。

减少了输往污水处理厂的有机物负荷（杂质以浓缩污泥的形式被处理）

（3）跨介质的影响

有机卤化溶剂是非生物降解的持久性物质。泄漏等原因可能会引起扩散性排放，造成地下水和土壤污染。在英国，被该物质污染的地区周边已经被停止抽取地下水。

此外，四氯乙烯处理的纺织品有可能在后续的热处理中释放出污染物，同时在热处理过程中还可能会形成二噁英和呋喃。在德国，法律禁止用加热的方法处理被 PER 污染过的纺织基材。在一些设备的尾气中，也发现了高浓度的 PER（0.1～0.8g/kg 纺织基材，排放流量高达 0.3kg/h），这些设备很难达到国家标准［280，Germany，2002］。

对于这些问题，科学研究也正在展开，目标是在加热和有含水条件下，对衣物进行最终处理，以降低有机溶剂的含量，有的研究能将残留的有机溶剂降低 90％。

（4）适用性

干洗适用于那些有机溶剂洗涤优于水洗的地方，且特别适合去除那些疏水性污渍。在印花和染色前进行彻底的清洁是干洗技术的主要应用方向，干洗后那些亲水性的物质，如经纱上浆剂就不再存在。

干洗主要应用于洗涤人造纤维和针织面料。

对于一些弹性针织物（除了混合纤维），特别适合用干洗，因为它能有效去除有机硅弹性纤维中的油类，并且保持其弹性。由于这些优点，干洗还常用于棉/氨纶混纺等纺织品的洗涤。

在梭织物加工工艺中，未染色羊毛洗练时，若未使用上浆剂，则无论是灰色还是上色织物，精纺或粗纺布料，干洗都被广泛使用。

最近一些年以来，生产羊毛弹性织物（弹性羊毛和羊毛/涤纶混纺）时，为增加织物的色牢度，在染色后需进行溶剂处理。

在加工羊毛制品时，干洗可以和水碳化在同一生产线上联用（见 2.6.2.1）。

(5) 经济性

在下面的表格对干洗的经济性能进行了计算，在相同的操作条件、同样的纺织品质量以及相同的生产率条件下，与水洗进行了对比。

选取的样品是由同样的纤维组成、但采用不同的纺织方法织成的织物，并且都是在中等重量的范围，在干洗机速度为 55m/min 的情况下，两个系统处理衣织物的速度为 0.8t/h。

由于在两个系统中的所有机器名义生产能力可达 1t/h，这个比较是在 80% 工作负载下进行的。

两个系统都包括一台洗涤器和热定型机，但是：水洗时热定型机同时进行干燥；干洗时内置了干燥单元，热定型机仅仅用于定型。

生产厂家提供的有关技术参数见表 4.39、表 4.40。

表 4.39　干洗和水洗的资源消耗

消费/小时		水洗系统			干洗系统		
工序	单位	洗涤器	拉幅机	总计	洗涤器	拉幅机	总计
劳动	h	1	1	2	1	1	2
电力	kW/h	94	158	252	81	158	239
热量	MJ/h	2160	6669	8860	2282	4867	7149
气	kg/h	950	2940	3890	1000	2130	3130
水	m³/h	8		8	23[①]		23[①]
污水	m³/h	8		8			
清洁剂	MJ/h	16		16			
PER	MJ/h				8		8
污泥	MJ/h				16		16

数据来源：[197, Comm., 2001]

① 冷却水可以被全部回收，40～45℃。

热量的消耗是通过比热值来计算的，并且包含了蒸发潜热。

水洗系统所用的清洁剂和干洗系统所用的有机溶剂，属于"化学品"消费。

水洗系统中的净水环节和干洗系统中的污泥处置环节相对应。

如前所述，在干洗系统中的供水只是用于冷却，并可以完全回收用于染色或冷却，因此不会带来污染。

以上的单位成本是基于目前意大利国内的市场价格，他们容易随着时间和不同的厂而上下波动。本地的一些价格可以很容易查询到。

表 4.40　干洗和水洗系统每小时的成本

运行费用/小时		水洗系统			干洗系统		
工序	欧元/单位	洗涤器	拉幅机	总计	洗涤器	拉幅机	总计
劳动	16/h	16.00	16.00	32.00	16.00	16.00	32.00
电力	0.10/(kW·h)	9.40	15.80	25.20	8.10	15.80	23.90
气	0.03/kg	28.50	88.20	116.70	30.00	63.90	93.90
水	0.30/m³	2.40		2.40	6.90		6.90
污水	0.78/m³	6.24		6.24			
清洁剂	1.55/kg	24.80		24.80			
PER	0.40/kg				3.20		3.20
污泥	0.78/kg				12.48		12.48
总计	欧元/h	87.34	120.00	207.34	76.68	95.70	172.38

数据来源：[197，Comm.，2001]。

　　污泥处理的费用可以通过以下环节的资源节约而抵消：对气流的加热；总水量消耗（供应＋净化）；化学药剂（洗涤剂 v/s PER）。

　　总的来说，使用干洗系统，总共约可以节省成本 17%，即 35 欧元/工时。

　　当然，干洗系统的初期投资较高，但有一个很短的投资回收期（通常不超过 2～3 年），特别是对于大中型装置和那些每年至少生产 3000t 面料的大公司 [197，Comm.，2001]。

（6）可参考工厂

　　据估计，目前世界各地至少有 200 家这样的工厂，无论是新的或旧的 [197，Comm.，2001]。

（7）实施动力

　　首先是减少空气污染物排放量，其次是市场需求。纺织新产品的开发，需要干洗系统。运行成本的降低也是一个因素。

（8）参考文献

　　[197，Comm.，2001]：

　　"Paolo Zanaroli，Sperotto Rimar S. p. A.，Malo，Italy；Optimisation of wool cloth processing withsolvent：scouring and carbonising in perchloroethylene-Proceedings of the Aachen Textile Conference，November 1997，pages 417-424"。

4.10　末端治理技术

4.10.1　低 F/M 比条件下采用活性污泥法处理纺织废水

（1）描述

　　好氧生物处理技术被广泛用于处理混合纺织废水。大多数情况下，所采用的是完全混合活性污泥系统。在另一个BREF中［196，EIPPCB，2001］，对这种技术的说明和效果有更为详细的阐述。

纺织废水包含许多不同的化学物质，其中大致可归类为易生物降解、难降解和非生物降解的化合物。在活性污泥系统中，易生物降解的化合物很容易被处理，但难降解的化合物则需要特殊的条件，如低的F/M比［$<0.15kg\ BOD_5/(kg\ MLSS \cdot d)$，甚至$<0.05kg\ BOD_5/(kg\ MLSS \cdot d)$、驯化和较高的温度。

F/M是最关键的设计参数，如果在保持上述的F/M比条件下，则经过一段时间，难降解的化学物质，如NTA（"GDCh，1984"）、磺酸和其相应的胺，聚乙烯醇（PVA）（"Schönberger，1997"）和膦酸（1"Nowack，1998"）都会被处理掉。

目前，许多活性污泥系统能满足这些条件（下面会举例说明），并且能实现完全地硝化。在这种情况下，容易和难降解的化合物都可被处理。但是，对含有不能生物降解化合物的污水应进行前处理（见4.10.7），但该技术目前仅有少数的工厂使用。一般而言，除生物处理之外，工厂还有其他的处理技术，如絮凝/沉淀、混凝/吸附/沉淀、吸附、活性炭和臭氧处理等。

还有一些技术将生物降解和物理吸附、混凝和高级氧化等技术结合起来。这些技术将在4.10.3中提到。

工厂1：

该污水处理厂接收市政废水和四个大型纺织厂的污水。纺织废水经过调节后和市政污水进行混合。纺织废水占水力负荷的45%，COD负荷的60%。经过初级处理和调节后，进行生物处理，生物处理包括硝化/反硝化，并以$FeCl_3$絮凝作为最后一步（三氯化铁有在系统中引入更多的氯离子的缺点，容易造成腐蚀问题）。从图4.34可以看出该系统的基本流程，而图4.35显示了每天测量的最终出水COD平均浓度。这些值的变化范围

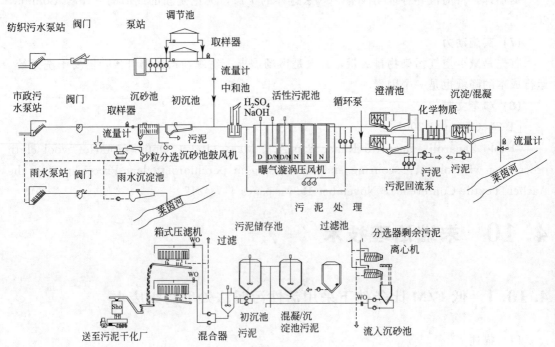

图4.34 工厂1-处理市政污水与纺织废水的混合污水

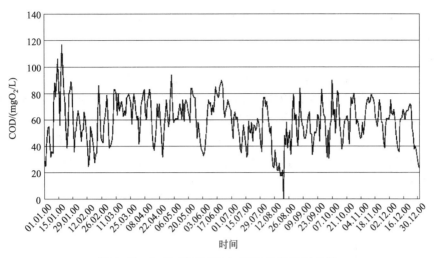

图 4.35　2000 年工厂出水 COD 的每日平均值

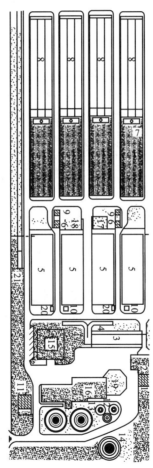

图 4.36　工厂 2-处理市政污水与纺织废水的混合污水

1—进流泵站；2—格栅；3—曝气除油沉砂池；4—文氏流量计；
5—初级处理和调节池；6—中间泵站；7—活性污泥反应池；8—澄清池；9—污泥回流泵站；
10—初级污泥泵站；11—出水排放泵站；12—污泥浓缩池；13—厌氧消化池；
14—储气罐；15—运行管理楼；16—机械设备楼；17—风机室；18—煤气发动机室；
19—污泥储存室；20—脂肪废物去除池；21—紧急溢流池

较大，特别在阴雨天（因为雨水进入下水道）和假期（八月底的值非常低，这时大部分公司放假不生产）。

工厂 2：

这个大工厂的污水来自于两个城市和一些村庄的废水以及四个大型的纺织厂的纺织废水，后者水力负荷约占 40%，COD 负荷大约为 65%。市政污水和纺织废水在公共下水道内就已经混合。图 4.36 是该厂的平面图。前处理池用于进水的调节，经活性污泥法处理后，没有进一步降低有机物和色度的处理单元。每日工厂出口 COD 负荷可以从图 4.37 中看出。图中还有由于暴雨径流造成的高峰，在这种情况下，水力停留时间减少了，因而去除效率也降低了。与工厂 1 相同，在行业中的假期时间（8 月），出水的 COD 负荷也显著降低。

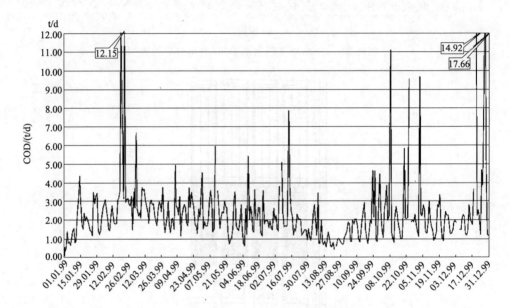

图 4.37　1999 年工厂 2 出水 COD 的每日平均值

工厂 3：

这个工厂也处理市政污水与纺织废水的混合污水。图 4.38 是该工厂的平面图，一家大纺织公司经初步处理和调节后的废水通过一个单独的下水道被排放到污水处理厂。污水经过高负荷活性污泥系统进行预处理，其 F/M 值为 1.1，即使是在这样的条件下，纺织废水中高浓度的 PVA 也不能被完全去除。超过 90% 的 PVA 是在随后的较低 F/M 值（0.05）系统中被去除的。

纺织废水经臭氧处理后色度明显降低，但该方法对 COD 的降低很少（<10%），这是因为通入的臭氧气体是微量的，但是，这些臭氧的通入却提高了废水的可生化性。活性炭处理工艺仅在出水仍不能达到要求的时候使用，但目前绝大部分厂都已经能达到标准了。絮凝过滤可以减少 10%～20% 的 COD，并去除一些色度。

工厂 4：

这个大的污水处理厂被用于处理来自 150 多个纺织厂的污水。纺织废水贡献了水量的 55%，市政废水贡献了 23%，渗滤和雨水贡献了剩余的水量。污水厂的平面图如图 4.39 所示。

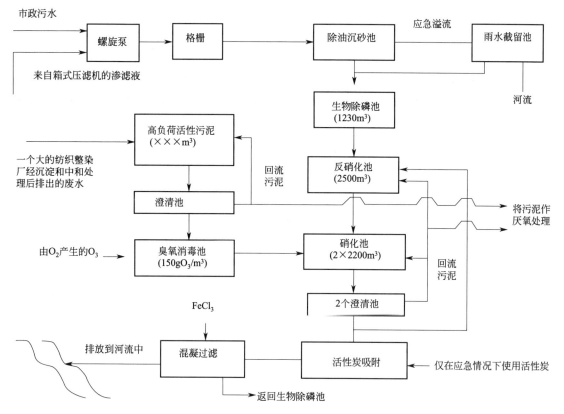

图 4.38 工厂 3-处理市政污水与纺织废水的混合污水

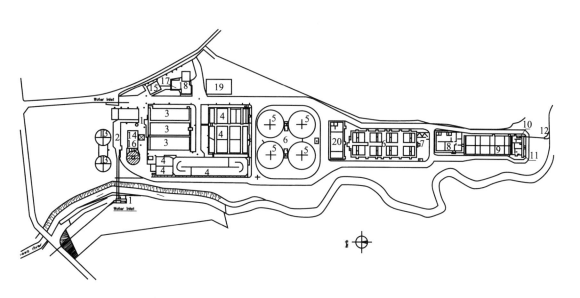

图 4.39 工厂 4-处理市政污水与防治废水的混合污水

1—主要的泵站；2—沉砂池；3—反硝化池；4—硝化池；5—二级澄清池；6—混凝池和斜板沉砂池；

7—氧气储存罐；8—臭氧产生器；9—臭氧反应器；10—活性炭过滤器试点；11—流量计；

12—出水排放；13—污泥浓缩；14—污泥脱水（离心法）；15—能源；16—除臭；17—控制室；

18—主要的管理楼；19—实验室；20—化学物品储存室

在经过包括硝化-反硝化在内的生物处理之后，混合的污水被进一步絮凝、沉淀以进一步去除其中的COD。随后还对污水采用臭氧处理以去除其中的色度和难去除的表面活性剂。污水的F/M值高于$0.15kg\ BOD_5/(kg\ MLSS \cdot d)$，也就意味着不能达到完全的硝化，并且难降解的成分很难被去除。

工厂5：处理来自一个纺织厂的废水，这个纺织厂处理的布料主要是棉，处理工艺包括预处理（退浆、洗练、漂白）、染色（冷轧堆和浸染）、印花（主要采用涂料印花浆料）及精整。处理过的出水约5%被回用于清洗过程（洗过板，泵、管子、滚轴、筛子等印花设备）。活性污泥系统的停留时间很长。二价铁盐可还原裂解染料的含氮基团，使废水脱色。图4.40显示了该厂的工艺流程。

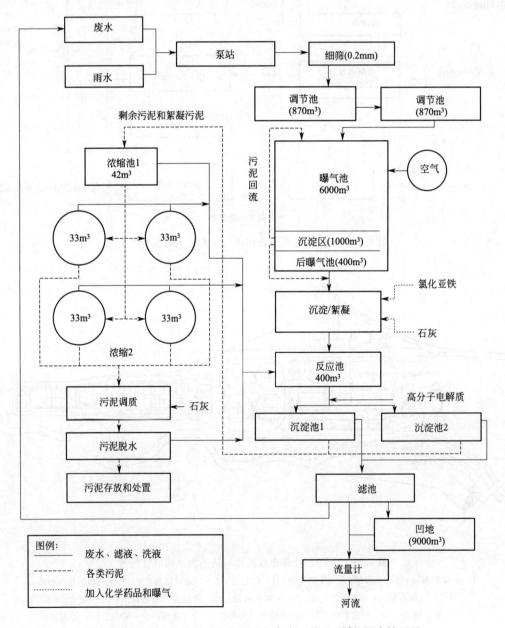

图4.40　工厂5-只处理一个纺织厂的废水，并且5%的污水被回用

工厂 6:

污水处理厂 6,用于处理来自 30 个纺织厂的污水和市政废水的混合废水,其平面图如图 4.41 所示。纺织废水占水量的 30%,COD 贡献量为 40%。纺织废水在工厂内通过简单地中和后被排入公共下水道。很多工厂具有预处理单元,处理涂料印花单元的废水,采用的大多是絮凝、沉淀的方法。该污水处理厂的处理工艺是典型的。采用了格栅、曝气沉砂和油脂室及澄清、反硝化和硝化手段。但有一点特殊的是工艺流程中还添加了活性炭吸附单元,以尽可能地降低最终出水的 COD 和色度。活性炭粉末的用量为 30g/m³,硫酸铝和聚电解质的用量约为 3g/m³,用于残余炭颗粒的彻底去除。含有活性炭的反冲洗水回流到活性污泥系统(这显著的稳定作用)。残余 COD 非常低(低于 20mg/L,年平均为 11mg/L),最终出水无色。

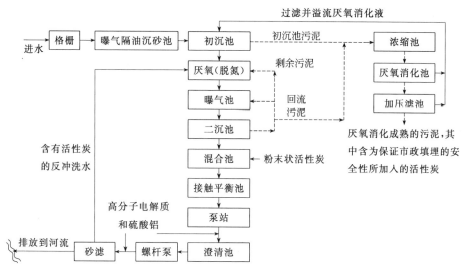

图 4.41 工厂 6-处理一个纺织厂的废水

达到的排放标准如下。

表 4.41 显示的是以上描述的六个污水处理厂进水、出水水质和 F/M 值。在一些联合处理的污水厂中,纺织废水和市政废水是通过不同的管道流入污水厂的。对于这些处理厂,入水水质是按照不同的进水种类分别列出的。而当纺织废水和市政废水在进入污水厂之前已经混合了的,进水值一项的标题则为"进水(纺织 ww)"。

表 4.41 六个污水处理厂的出水特征

流量/成分	厂 1 2000 年年均值	厂 2 1999 年年均值	厂 3 2000 年年均值	厂 4 1998 年年均值	厂 5 2000 年年均值	厂 6 2000 年年均值
总流量/(m³/d)	8377±143	47770±24500	6690	25000	2070	38750±16790
市政污水流量/(m³/d)	4562±2018		4865			
纺织厂污水流量/(m³/d)	3685±1431		1825			
污泥负荷(F/M)/[kg BOD₅/(kg MLSS·d)]	0.1	0.1	1.1、0.05	0.2	0.1	0.1
进水(市政污水)						
pH 值	8±0.4		8.1			
COD/(mg O₂/L)	443±200		336			278±86
BOD₅/(mg O₂/L)	114±50		144			138±49

流量/成分	厂1 2000年年均值	厂2 1999年年均值	厂3 2000年年均值	厂4 1998年年均值	厂5 2000年年均值	厂6 2000年年均值
NH_4^+-N/(mg N/L)	30±14		31			12.5±4.8
有机 N/(mg N/L)	18±7		15.9			n. a.
总 P/(mg P/L)	6±2		6.2			3.7±1.2
进水(纺织厂污水)						
pH 值	9.2±0.8	8.4±0.4	8.7	n. a.	9~9.5	
COD/(mg O_2/L)	791±281	349±129	967	950	1200~1500	
BOD_5/(mg O_2/L)	157±57	145±49	336	400	400~500	
NH_4^+-N/(mg N/L)	2.6±2.0	26±8	5.6	n. a.	11~25	
有机 N/(mg N/L)	19.5±7.0	6±3	9.5	50	30~40	
总 P/(mg P/L)	3.8±1.2	5±2	2.2		10~25	
PVA/(mg/L)	28~138	n. a.	53		n. a.	
出水						
pH 值	7.2±0.2	8.2±0.3	7.4	n. a.	7.8~8.6	6.8~7.5
COD/(mg O_2/L)	59±16	46±23	54	60~110	90~110	11±1.3
BOD_5/(mg O_2/L)	3±2	4.4±3.8	3	10~40	<5	3±0.7
NH_4^+-N/(mg N/L)	0.1±0.2	0.2±0.9	0.12	5~15	0.3~1.6	0.4±0.3
NO_3-N/(mg N/L)	2.9±1.9	3.6±1.1	5.4	1~10	<2	6.8±1.0
有机 N/(mg N/L)	1.7±0.5	n. a.	n. a.	8~15	5~10	n. a.
总 P/(mg P/L)	0.2±0.2	0.9±0.7	0.6		1~2.5	0.15±0.015
AOX/(mg Cl/L)	0.06~0.08	0.06~0.1	n. a.		<0.04~0.15	n. a.
PVA/(mg/L)	0.6~7.8	n. a.	3	n. a.	n. a.	n. a.
SAC(435 nm)/(L/m)	8.3±3	n. a.	2.4	0.02	5~7	0.42±0.08
SAC(525 nm)/(L/m)	6.8±2.9	n. a.	0.9		1.5~5	0.31±0.08
SAC(620nm)/(L/m)	2.9±1.4	n. a.	0.9		1~3.5	0.18±0.05
去除效率						
COD/%	90±4	84.4	89	91	92.5	96
BOD_5/%	97±2	96.2	98	93.5	99	98
N/%	88±6	88	78	77	82	47
P/%	96±3	79	88	n. a.	90	96

低于 0.15kg BOD_5/(kg MLSS·d) 的 F/M 值使得硝化可以完全发生（残余氨浓度低于 0.5mg/L）。

工厂 4 的 F/M 比为 0.2，因此出水的氨氮浓度更高，BOD_5 的去除效率也相应地有所下降。

(2) 适用性

低 F/M 值活性污泥系统，适用于处理新的和现有工厂的各种纺织废水。他们也可以用于处理市政废水和纺织废水的混合废水，并且两者混合比例从低到高都可以适用；甚至，完全的工业废水也可以被处理，在这种情况下，废水仅仅来自于纺织厂。

要想在活性污泥池中获得低 F/M 值的方法不仅仅只有延长水力停留时间一种，其他可行的方法还有：

a. 去除活性污泥中的底物；b. 通过预处理的方法降低负荷；c. 增加污泥系统的生物量。

(3) 跨介质的影响

在低 F/M 值的条件下通过活性污泥法很难去除那些生物难降解的有毒有机物。有必要增加其他的工艺单元来处理这个问题。

(4) 经济性

当通过提高水力停留时间来获得低 F/M 值时，曝气池需要变大，也就意味着投资的提高。广义地讲，曝气池的尺寸与 F/M 值呈反比关系。目前还没有总结出精确的投资数据。额外曝气所需的附加费用约为 0.30 欧元/m³。

(5) 参考文献

[179，UBA，2001]。

4.10.2　在60%回流比条件下的处理混合污水

(1) 描述

这里举的例子说明了现场的、进行部分回流的混合纺织废水的处理过程（[179，UBA，2001]）。

带回流的原位混合纺织污水处理流程见图4.42。

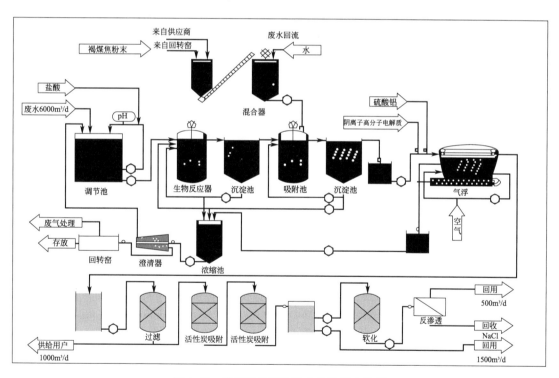

图4.42　带回流的原位混合纺织污水处理

在进行处理前，较热的废水流入热交换器。接下来的步骤如下。

① 调节（20h）和中和。

② 在一个特殊的系统内进行活性污泥法处理，该系统由循环反应器（反应器内干物质含量：35g/L）和澄清池（图中未显示）构成。在这个系统中，可生物降解的化合物被完全去除掉（＜5mg/L）。褐煤焦粉能够使得生物降解率提高并提高系统的稳定性，在这个过程

中褐煤焦粉是有机物和氧气（缓冲功能）的临时吸附剂；同时，微生物也可以附着在煤粉上生长，以提高反应器的生物量。

③ 吸附阶段：添加了剂量约为 $0.8\sim1\text{kg/m}^3$ 的褐煤焦粉（$300\text{m}^2/\text{g}$ 的比表面积），以去除染料和其他难生物降解的化合物（在反应器内的干物质含量约为 40g/L）。经过沉淀，褐煤焦粉被回流到吸附器和活性污泥循环反应器中。

④ 絮凝/沉淀和气浮去除污泥：这一步是必要的，以确保褐煤粉被完全去除（否则由于颗粒尺寸小，其难以被去除）。作为絮凝剂，硫酸铝和阴离子聚电解质也被添加（约 180g/m^3）。此外，为了降低出水的色度，尤其是红色，还应使用一种有机阳离子絮凝剂（和染料的磺基组形成不溶于水的离子对）。

⑤ 用固定床进行过滤，除去悬浮物和部分有机物。

然后，大约 1/3 的水被排入河流。另外 2/3 首先经过活性炭过滤器处理，以去除残留的痕量有机化合物，然后进入反渗透淡化厂进行脱盐。

通过反渗透装置后（共 10 个模块组成，每个模块含 4 螺旋组件），出来的水和新鲜的水混合后用于所有精整工序。同时浓水被用于制备活化染料所需要的盐水。

经处理后的废水储存在池子中，并使用臭氧处理（约 2g/m^3），以防止任何可能的生物反应。处理后的出水无色，无机负荷及有机负荷非常低。

从活性污泥系统排出的剩余污泥，通过气浮后，进入增稠器和脱水器中进一步脱水，然后在回转窑中进行热处理。窑排放的废气温度约为 450℃。烟气进一步进入后燃烧室（约 850℃），然后最终排出的烟气的热量就通过热交换器被回收了（最终排放气体温度约为 120℃）。

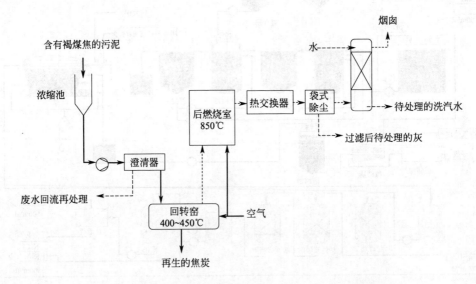

图 4.43　活性污泥系统的剩余污泥与气浮选出的污泥的热处理

（2）主要的环境效应

上面的方法使得废水的量显著减少，并且能够回用处理后大约 60% 的水。此外，约有 50% 中性盐被回收并再利用于浸染。最终排出的水中只含有非常低的有机物。

（3）适用性

所描述的技术适用于所有类型的纺织废水。它已经通过中试规模的试验（$1\text{m}^3/\text{h}$），在中试中被用于处理来自纱精整厂、含有（或不含）印花工序的梭织物和针织物精整厂的废水 [179，UBA，2001]。

（4）跨介质的影响

该处理技术会消耗一定量的能源（主要用于反渗透厂）。

（5）可参考工厂

A 厂用于处理和回用 Schiesser，D-09243 Niederfrohna（1995 年开始运行）的废水，设计流量为 2500m³/d。这家公司生产棉针织面料，所用染料为活性染料。目前的污水流量约 1300m³/d。活性污泥处理和吸附路线有两条，一条线在运作，另外一条作后备，以应对流量增加的情况。

B 厂从 1999 年开始运行，位于 Palla Creativ Textiltechnik GmbH，D-09356 St. Egidien。设计流量为 3000m³/d，回流率为 60%。这个公司主要生产羊毛梭织面料。

（6）操作数据

Schiesser 污水厂的情况如表 4.42 所列。

表 4.42　Schiesser，D-Niederfrohna 处理厂的运行情况

参　数	进水	出水（过滤后，吸附前）	经过反渗透的出水
pH 值	7.3	7.2	7.0
电导率/(mS/cm)	5.9	6.2	0.8
温度/℃	26.2	22.9	
COD/(mg O₂/L)	515	20	10
BOD₅/(mg O₂/L)	140	<0.1	<0.1
TOC/(mg C/L)	135	4.8	3
AOX/(mg CL/L)	0.56	0.2	
阴离子去污剂/(mg/L)		0.02	
阳离子去污剂/(mg/L)		0.02	
硬度/°dH	2.5	13.6	
氨氮/(mg N/L)	0.3	<0.01	
硝酸盐/(mg N/L)	2.5	0.9	
总铁/(mg/L)		<0.01	
总铝/(mg/L)		<0.01	
氯化物/(mg/L)	1750	1710	
硫酸盐/(mg/L)	163	188	
磷酸盐/(mg/L)	0.7	<0.01	
SAC(436nm)/(L/m)	13	0.04	0
SAC(525nm)/(L/m)	16.2	0.04	0
SAC(620nm)/(L/m)	24.5	0.04	0

经处理的污水中 COD、BOD₅、TOC、洗涤剂、颜色及重金属含量非常低，表明回流效果较好。但是，在之前，应该有额外的处理（离子交换和反渗透）以去除盐和硬度离子。

对污泥中褐煤焦进行再生时，相关的排放数据见表 4.43。

表 4.43 热再生厂废气的排放数据   单位：mg/m³（标）

参　数	值	参　数	值
	@11 voL-% O_2	气态无机氯化合物	<1.0
总颗粒物	9.2	二氧化硫	<4.0
一氧化碳	9.3	氮氧化物（以 NO_2 计）	190
总有机碳	<3.0	PCDD/PCDF/[ng I-TEQ/m³（标）]	0.004

新鲜与再生的褐焦煤的组分如表 4.44 所列。再生褐焦煤的碳含量略微升高，而灰分略微降低。因此，循环可以无限次进行。再生褐焦煤的粒径分布也与新鲜的大体相同。

表 4.44 新鲜和再生褐焦煤的组分分析

组分	新鲜褐煤焦/%	再生褐焦煤/%	组分	新鲜褐煤焦/%	再生褐煤焦/%
C	88.5	90.5	总 Si	0.5	0.59
H	0.4	0.3	灰渣	9.0—	0.63
N	0.4	0.28			

热回收之后的气体中去除的灰分是有毒物质，需对其进行处理。其产量大约是 5g/m³ 处理的气体。

虽然这个工厂的设备是由不锈钢制成的，但却仍然存在腐蚀问题。已经通过将进气管改为塑料的，并用甲基酸酯做反应器的内衬来解决这个问题。

从 1998 年的夏天开始，反渗透工艺已经被停用，因为花费巨大，并且工厂不需要 60% 这么高的回流率。现在工厂采用的是 25% 的回流率。

关于这个工厂的操作数据无法获得。

(7) 经济性

这种工厂的投资非常大。Schiesser 工厂花费了 1010 万欧元，其中 200 万用于基础建设，740 万用于技术设备采购，70 万用于规划。这种工厂获得了联邦和州政府的大力资助，表 4.45 展示了每年的花费。

表 4.45 Schiesser 工厂的运营成本

成 本 因 素	每年花费/（欧元/年）	单位流量的费用/（欧元/m³）
资本投资	876260	1.46
人力	78000	0.13
维护	63000	0.105
运行：		
褐煤焦	60000	0.1
乙酸	9000	0.015
电解质	6000	0.01
硫酸铝	30000	0.05
阳离子型有机絮凝剂	15000	0.025
润湿剂	15000	0.025
膜的清洗剂(酸性)	3000	0.005
膜的清洗剂(碱性)	3000	0.005
电力(1.51kW·h/m³)	63000	0.105
用于焦炭再生的天然气	57000	0.095
除灰,烟气净化	1650	0.0019
污水排放费	18000	0.03
总计	1297910	2.16
回收热量的收入	538200	0.9
总花费	759710	1.27

总的花费应该与排放到市政管网中的花费相比。

此外，因为该公司只允许使用 $1000\mathrm{m}^3/\mathrm{d}$ 的地下水，$1700\mathrm{m}^3/\mathrm{d}$ 的水必须通过购买来满足设计需求（$2700\mathrm{m}^3/\mathrm{d}$）。因此，该公司还得支付 2.90 欧元$/\mathrm{m}^3$ 的水费，如此节约了 1.63 欧元$/\mathrm{m}^3$ 的费用，这意味着每年可节省近百万欧元。

PallaCreativTextiltechnik GmbH 工厂的操作数据不能获得。

(8) 实施动力

地表水是有限的。这是污水回用的重要原因。高的投资成本是可以接受的，因为政府给予了大量的补贴。

(9) 参考文献

[179，UBA，2001]。

4.10.3 生物和化学法结合处理混合污水

(1) 描述

在低 F/M 值下的活性污泥法能够有效去除污水中的易降解和难降解污染物，但是，这种技术不能去除那些不能生物降解的污染物。含有不能生物降解污染物的污水需要进一步处理。

这样的处理设备最好置于生物处理单元之前（见 4.10.7），但是实际中只有少数的厂是这样做的。

在实践中，附加的处理单元大多在生物处理之后，如絮凝沉淀、凝结吸附、臭氧处理等。不过，当臭氧作为处理的最后一道单元的时候，主要的作用是将不能降解的物质转化为中间产物，其他的处理方法则直接将污染物处理而不需要另外的生物处理。

另外一种提高活性污泥法效率的方法是颗粒活性炭法。其包括了多种技术（生物的、物理的、化学的），可同步发生生物降解、吸附和絮凝。这种工艺在 20 世纪 70 年代早期被提出，并进一步被应用于商业中，其商业名称为 PACT 和 PACT®系统。

在 PACT 系统中，活性炭颗粒和微生物共生在厌氧或缺氧系统中。

在 PACT 系统中，剩余污泥通过热处理被再生。这是一种液相反应，用溶解氧氧化溶解态和悬浮态的可氧化物质。将空气作为氧气的来源时这种工艺被称为湿气氧化，氧化反应在中温条件下进行（$150\sim300$℃），压力控制在 $10\sim207$ 个大气压之间。这个过程去除了污水中的大分子，将其转化为了二氧化碳、水、短链的有机酸，这些都非常容易被降解，可用生物技术进行处理。再生过程提供了源源不断的活性炭，并且维持了污水处理系统的水位。

第一个 PACT 系统在纺织工业的应用出现在 1975 年。这种系统随即被改进，加上了絮凝工艺（被称为 PACT+）。

另一个改进通过改变和拓展活性污泥法实现，这种方法结合了硝化/反硝化工艺，并且在该工艺之后增加了出水沉淀以截留污水中的污泥（PACT++）。

在 PACT3+系统中，活性炭和铁被加入到曝气池中，铁被用作磷酸盐沉淀剂，并能促进染色剂沉淀到污泥中。污泥中含有活性炭和铁，可使用过氧化氢，控制温度在 130℃以下，使其再活化（该过程被称为催化活性炭湿法再氧化过程）。浓缩或吸附后的物质通过高级氧化（H_2O_2，Fe^{2+}，pH 值为 3）去除。该过程的原理图如图 4.46 所示。再活化后的活性炭和铁都被回流到好氧系统中。

在这个过程中并不需要额外增加氧气（纯氧或空气），因为从污泥中已经可以获得。

(2) 主要的环境效益

上述前处理技术提高了活性污泥法的效率。

在生物处理系统之后增加三级处理的优点有：减少污泥产量；移除或分解了有毒物质（不可生物降解、具有生物富集性、有毒害）；活性污泥系统更加稳定，不易受负荷的影响。由于吸附剂被降解了，其吸附染料及其他吸附质的风险就降低了；剩余污泥密度高，截留了大量有害物质，其在脱水后被送去焚烧；有机污染物的矿化程度提高了；用于曝气的能量减少了。

(3) 操作数据

在 PACT 和 PACT3＋工艺中，好的过滤效果非常重要，这样才能有效实现污泥和污水的分离。

(4) 适用性

这种技术适用于现存和新建的污水处理厂，但要求这些厂采用生物处理法并且能够通过澄清系统有效地截留污泥。

吸附剂（活性炭）和絮凝剂可以被添加到任何阶段，只要能够获得最好的效果（费用、效率），而不一定直接被添加到曝气池中；这是因为从吸附、絮凝和过滤环节出来的逆向流含有的絮凝剂和吸附剂中含有从污水中移除的物质，这些物质通过回流都回到了生物处理系统。

使用过氧化氢再活化使得炭和铁可被重复利用，这种技术对预处理热浓缩物（与4.10.7描述的技术效果相当，但更简单，因为不需通入氧气），再活化来自生物过程、物理过程、絮凝过程的污泥非常有效。

(5) 经济性

下面的设备需要被应用，包括：活性炭和铁盐的给药系统；过氧化物的给药系统；微滤系统；浓缩物的活化反应器。

特定的活性炭具有更好的活性。花费主要因剂量而变（活化活性炭时，所需剂量为 $100g/m^3$）。

过氧化氢主要用于氧化难降解有机物（在合适的温度和 pH 条件下），其剂量可以通过化学反应式算出。

铁盐为铁硫酸盐，它是絮凝剂也是催化剂，也是磷酸盐和硫化物的沉淀剂。

(6) 实施动力

在 PACT 工艺的缺点被指出之后，PACT3＋是最有前景的技术。

(7) 可参考工厂

不同的 PACT 工艺在世界各地被用于处理纺织废水。

在 Verton，从 1980 年开始，PACT 工艺即被用于处理纺织废水。

PACT＋工艺是被 Desso 开发的，他也同样开发了 PACT＋＋工艺。

PACT3＋是与目前现有科技并行的新概念。

(8) 参考文献

[314，L. Bettens，2002]，[292，US Filter-Zimpro，2002]。

4.10.4 采用膜技术选择性处理废水对其进行回收

(1) 描述

膜技术经常被用于处理单独的废水，以达到污水回流与回用的目的。这里将要提到两个用膜技术处理染色废水的案例。膜技术也可以用于处理其他种类的废水，比如退浆废水（见4.5.1），退浆废水可来自用淀粉浆料或改性淀粉浆料处理的织物。

① A 工厂 [179，UBA，2001] 这家工厂主要制造梭织物，主要原料是棉花。流程主要包括预处理、染色（冷轧堆染色）、印花和精整（使用软化剂或碳氟树脂）。污水主要来源于漂洗。

图 4.44 展示了污水处理的流程。膜技术主要包括超滤、纳滤和反渗透。

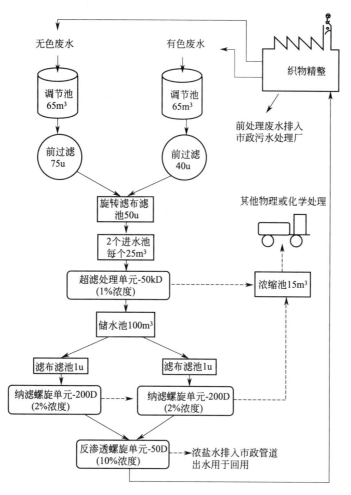

图 4.44　通过一系列的膜技术处理不同的废水

并不是所有的废水都能回用。预处理（煮练和漂白）和精整（残余轧染液）产生的污水并没有进行膜处理而是在进行中和作用后被排放到市政管线中。

为了评估废水回用的潜能，每一股水都被仔细地分析以判断是其否适用于膜处理。例如，含有色度的废水就不能用膜处理，因为这样会损坏设备。进一步说，有些步骤应当做必要的改进，冷压堆染色时不能使用水玻璃，因为硅酸盐会堵塞膜。

膜技术的第一个模块是超滤，用于处理剩余的漂浮物和聚合物。

大约 90% 的水能够回流。但同样，回流水的使用也应当慎重。比如，在染色和精整过程中只能用新鲜水而不能用回流水。

② B 工厂 [192，Danish EPA，2001] 第二个工厂也是一个棉纺织的工厂。其措施

包括：

采用活性炭处理高色度及高盐度的染液和漂洗液后可使其得到回收利用。活性炭截留了染料以及其他有机物，使含有氯化钠和氯化氢的热水可被回用。

采用膜技术处理后的漂洗液可被回用。

(2) 主要环境效益

据 A 厂报道，耗水量和废水排放量减少了 60% 左右 [179，UBA，2001]。排入城市污水处理厂的污水 COD 负荷减少约 50%。第二个厂也减少了相当的水消耗量和化学品的排放量（特别是盐）[192，Danish EPA，2001]。

(3) 操作数据

A 厂在 1995 年底建成投产，许多问题有待解决，尤其是纤维和颗粒物（烧毛产生的灰渣）的去除，这些污染物都会造成膜的堵塞。超滤工序中，必须将螺旋模块改变为陶瓷管状模块，后者不容易膜堵塞。

渗透通量的参考数据：超滤 $85\sim130L/(m^2 \cdot h)$；纳滤 $85\sim130L/(m^2 \cdot h)$；反渗透 $85\sim130L/(m^2 \cdot h)$。

该工厂废水处理量约为 $900m^3/$周（这是总废水量的 70%），回用废水量约为 $800m^3/$周，这些回用水被用于漂洗。

工厂采用批次处理。浓缩物在其他厂进行物理化学处理，为进一步地处理，可以对其进行烘干（是含水量将为 15%），然后送去焚烧。

位于丹麦的工厂 B 是一个中试规模的工厂。使用活性炭进行试验的工厂，其参数分别为：停留时间 2h；处理 1kg 染料需要 4kg 炭，所用的炭类型为 F400 Chemviron 炭。一个工业规模的厂处理量是以上这个厂的两倍。

染色试验也表明回用热的、含有盐和染料的染液是可行的，并且对纺织品的形状及色牢度没有影响。

测试工厂所用缠绕型膜处理的运行参数为：温度 25℃，压强 7~10 个大气压，平均处理量为 $25L/(m^2 \cdot h)$。

(4) 跨介质的影响

能源消耗很大，对于 A 厂，膜装置的能源消耗，据报道约为 $20kW \cdot h/m^3$ 经过处理的废水。此外，由于膜处理是一种分离技术，对于浓水的处置也是一个难题。

对于第二个例子没有详细的研究报告。

(5) 适用性

该技术适用于所有纺织厂，但应实施废水分流，并且选用合适的膜处理相应的废水。同时，应经常检测膜的堵塞情况，并且在必要的时候进行清洗或更换。

对于已建的工厂，需要进行管道的改造以实现废水分流，一些用于临时储存的池子也应当兴建。

对于盐的再利用（B 厂），因为盐从一开始就溶解在水中，所以需要采用一种被称为"全程染色"的方法。这种方法与一般的染色方法不同的是，传统的方法是染料在水中均布之后加入盐（见 2.7.3，活性染料），而该方法恰好相反。

(6) 经济性

A 厂膜设备的处理量为 $10m^3/h$，其投资约 1 百万欧元。考虑到流动资金和运营成本（劳动力、能源、膜的清洗、保养和化学品），处理费用是 4.5 欧元/m^3 循环水（投资成本：

1.3 欧元/m³，经营成本：3.2 欧元/m³）。

对于 B 厂，在利用活性炭处理回收染液，8 个月进行一次膜清洗的情况下，投资回收期为 5 年 [192，Danish EPA，2001]。

(7) 实施动力

节约水费和减少污水的排放是主要的动力。

(8) 可参考工厂

对分流废水进行膜处理的技术在欧洲被广为使用，上述两个工厂是：

工厂 A：Fa. van Clewe GmbH & Co. KG，D-46499 Dingden，处理量为 10m³/h。

工厂 B：Martensens A/S，DK-7330 Brande。

(9) 参考文献

[179，UBA，2001]，[192，Danish EPA，2001]。

4.10.5　含涂料浆料废水的处理与回用

(1) 描述

这种工艺使用膜技术处理含涂料印花浆料的废水，并完全回用产生的洁净水。

本节所述的废水来自印花浆料制备的环节（清洗搅拌棒、圆桶产生的废水），浆料中含有有机颜料，有机增稠剂（通常是聚丙烯酸酯），有机黏结剂，固定剂（有机树脂），催化剂和柔软剂。

处理环节（如图 4.45 所示）包括以下步骤：通过絮凝降低有机颜料、黏合剂和固定剂（聚合氯化铝硫酸）的活性；在 pH＝6 的情况下，使得产生的膨润土沉淀；

沉淀物的微孔过滤。使用由聚丙烯组成的膜，这种膜孔径为 0.2μm。通过调节絮凝剂的用量，经过一段时间的沉淀后，悬浮的颗粒物就被去除了。

产生的剩余污泥被送到物化池进行处理。不久的将来还会对这种污泥进行焚烧处理，经膜处理后的清水是洁净的，可以回用于清洗操作。

图 4.45 表明，不仅是从浆料制备点排出的废水，从洗涤器来的污水也进入了膜处理单元。该工厂的核心是两个微滤模块，每个模块由 400 个螺旋膜管组成。

(2) 主要的环境效益

超过 90％ 的水被回收利用，非生物降解的化合物，如有机增稠剂、黏合剂和固定剂等，可以完全被去除，然后通过焚烧矿化（在本节提到的例子中，尚未实现焚烧处理，但计划在不久的将来实现）。但是，应该指出，由于氯化物的存在，污泥在焚烧的时候，可能产生潜在的有害物质（二噁英和呋喃）[281，Belgium，2002]。现在已经有催化氧化和高温焚化炉技术来防止此类问题的发生。

(3) 操作数据

处理厂进水 COD 的变化范围在 4000～10000mg/L 之间。处理后的水 COD 为 600mg/L，去除效率约为 90％。

由于有机黏结剂和固定剂的存在，需要进行混凝，并予以非常仔细的控制，如果这些化合物完全被灭活，它们会使膜孔缩小，并会在很短的时间内完全堵住膜孔。

微滤压力差约为一个大气压。

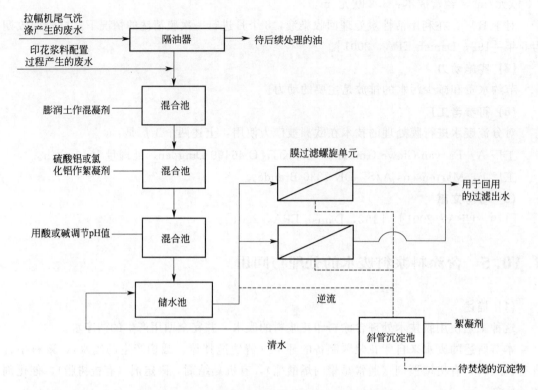

图 4.45　处理/回用印花废水工厂的平面示意

(4) 跨介质的影响

废水处理和回收利用需要消耗能源［179，UBA，2001］，消耗水平目前没有有效的调研数据。

(5) 适用性

该技术适用于所有现有的和新的用于涂层或印花的涂料浆料制备装置。

(6) 经济性

上述的处理量为 2.5m³/h（含所提及的两种废水）的工厂投资为 180000 欧元。运行成本，包括将浓液外运处置的费用（占主要部分），总计为 4 欧元/m³。

(7) 实施动力

严格的 COD 排放标准和限定的污水排放量是上述工厂的实施动力。

(8) 可参考工厂

在 van Clewe GmbH，D-46495 Dingden，一个处理量为 1.25 m³/h 的工厂早在 2001 年就投入了使用，并且近年来，还添加了对洗涤水的回用处理，使得处理量翻倍。

(9) 参考文献

［179，UBA，2001］。

4.10.6　轧染液和印花浆料残留染料的厌氧处理

(1) 描述

连续和半连续式染色工艺产生的印花浆料和轧染液中含有高浓度的染料（见

3.3.3.5.4）。残余的轧染液及印花浆料能通过厌氧反应进行处理。最好采用生物处理单元使新鲜和回流的污泥进行共发酵处理。在实践中，残留物被送入市政污水处理厂进行厌氧消化。

在厌氧条件下处理偶氮染料时，偶氮基（这类染料的特征）被不可逆转的破坏，导致染料失去颜色。然而，其余的芳香烃仍能吸收光，所以仍能发出一些轻微的黄色。

不论是从厌氧反应器中溢出还是从污泥脱水器中滤出，溶于水的裂解产物（含磺酸基团的物质）都会出现在水相中，并且进入活性污泥处理单元。取代后的萘衍生物难以被生物降解，最终仍可能存在于出水中。出于这个原因，上清液需要通过进一步的活性污泥处理。

（2）主要的环境效益

偶氮染料经过厌氧处理去除效率超过 90％（以 436nm、525nm 和 620nm 波长下光吸收率的减少程度来判断）[179，UBA，2001]。

此外，印花浆料含有天然的增稠剂，如藻酸盐或半乳甘露聚糖，这些生物聚合物降解后会产生沼气。

虽然上述提到的物质只占排出的所有废水中的一小部分（即使是大型纺织厂其产生量也仅为每周几吨），但也有很多案例中，出水的色度能减少 50％以上。

（3）操作数据

为了使厌氧处理发挥最大的效用，这种技术应与过程集成技术组合应用，联用的主要目的在于减少出水中的染料。进一步地说，在源头上就将染色液与其他污水分开很有必要，因为这样才能保证入水中染色液处于浓缩状态。

入水中有活性的染色剂的用量不能超过 10g/kg，这样才能避免其对厌氧细菌造成抑制。目前的实验室试验也证明了这一点。

轧染液和印花浆料应当与含有重金属的染色液分开，除非对产生的剩余污泥进行填埋和焚烧（见 Landfill Directive 99/31/EC）。

（4）跨介质的影响

偶氮键裂解后会产生芳香烃衍生物。目前的研究没有发现这些物质可能存在致癌性 [179，UBA，2001]（参考 "Kolb，1988"）。同时，厌氧消化上清液还需要进一步通过活性污泥法处理。

（5）适用性

该技术可用于已有和新建的污水厂。

厌氧处理工艺特别适用于处理偶氮染料废水，目前这种染料在市场上占有 50％的份额。

然而，其他类型的染料可能比较难以被彻底去除，比如还原性染料，虽然这个过程去除掉了染料的颜色，但氧化的过程是可逆的。

涂料印花浆料不能通过厌氧消化处理，因为其是非生物降解性的，并且会在反应器中黏结成团，使得反应难以进一步发生。

总之，即使厌氧消化处理偶氮染料达到 90％的去除效率，对于一个广泛使用多种染料的纺织厂而言，这种技术取得效益还只能到达平均水平。

（6）经济性

一般的市政厌氧消化处理印染废水成本在 30～60 欧元/t 之间 [179，UBA，2001]。

（7）实施动力

工厂需要排放废水的色度应当满足国家规定标准。

(8) 可参考工厂

在德国，Ravensburg，D-Ravensburg and Bändlegrund，D-Weil 处理厂就是采用该种技术处理印染废水，在 Heidenheim，D-Heidenheim 的污水处理厂也是采用的该种技术。

(9) 参考文献

[179，UBA，2001]。

4.10.7 化学氧化法单独处理难生物降解的废水

(1) 描述

纺织精整链的多个工艺环节都会产生大量的高浓度废水。根据洗涤效率（耗水量）和纤维上浆剂负荷的不同，出水的 COD 最高可达 20000mg/L。根据使用染料类别的不同，残余染液中 COD 浓度可达 1000~15000mg/L，染色及精整过程中残留的轧染液及残留的印花浆料 COD 浓度更高。

难生物降解的上浆剂和残余的染料可以在一个特殊的反应器当中被氧化，从而被处理掉，这种反应器的反应温度为 100~130℃，压力为 3 个大气压（最大可达 5 个大气压）。主要的氧化剂是氧分子，过氧化氢只是起诱发氧化反应，并保持其运行的作用（传递 1/5 的活化氧气）。同时需添加酸性条件下的二价铁作为催化剂，当入水 COD 超过 2500mg/L 时，该反应是放热反应，这个过程被称为"热法处理"。图 4.46 表示的是反应器和反应条件。更多关于高级氧化过程和 Fenton 反应的信息会在附录Ⅶ中进一步阐述。

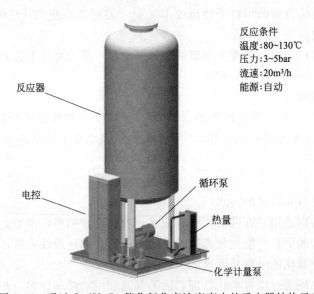

图 4.46 通过 O_2/H_2O_2 催化氧化高浓度废水的反应器结构示意

(2) 主要的环境收益

根据水力停留时间，处理温度、压力以及化合物的性质的不同，COD 去除效率在 70%~80% 之间变动。

同时，由于化学反应破坏了有机物的分子结构，残留的 COD 大都是生物可降解的小分子。一般而言，这样的出水进入后续的生物处理环节，都能获得极高的去除效率（大于 95%），并且这种去除过程完全将有机物氧化成了无机物。并且，色度也能降低 90% 以上，处理后的出水格外清澈。

（3）操作数据

从不同的工艺环节出来的废水（不同的化合物和浓度）按照顺序依次处理，以尽量减少运行成本。处理过程是连续和自动化的，几乎不需要人工操作。

虽然回收铁催化剂是可行的，但工厂一般不这样做，因为在污水处理厂的后续环节，还可以将铁用于除磷或者用于污泥的脱水。

假设 COD=8500mg/L，氧化过程需要的化学品量一般为：13L H_2O_2-溶液（35%）/m^3 废水（1.531 H_2O_2-溶液/m^3，1000mg/L）；35mL H_2SO_4（30%）/m^3 废水；120g Fe^{2+}/m^3 废水。

（4）跨介质的影响

氧化反应器的操作需要电力，但用量并不多。

（5）适用性

氧化技术适用于新的和现有的装置。

污水的分流是必须的（最好是自动的），同时还需要管线和反应池之间的连接，反应池所需要的空间并不大。

（6）经济性

流量为 4~5m^3/h 的一个反应池需要的投资为 230000 欧元（包括反应器、过氧化氢和催化剂的加药系统、热交换器、催化器制备单元、自动控制系统及管网系统）。经营成本，包括上面提到的化学品、保养、劳动和电力的用量，约为 3 欧元/m^3。应该强调的是，这个数字是对处理选定的高负荷废水而言，而不针对混合废水。

（7）实施动力

如不采取该技术，生物难降解废水的处理结果很难达到国家规定的标准。

（8）参考工厂

一个位于 Schoeller Textil AG，CH-9475 Sevelen 的工厂已经从 1996 年开始投入应用，其水量为 4~5m^3/h。Tintoria di Stabio SA，CH-6855 Stabio 和 Givaudan Vernier SA，CH-1214 Vernier 也有两座相似的工厂在建设中。

（9）参考文献

[51，OSPAR，1994]，[179，UBA，2001]。

4.10.8 污水的絮凝/沉淀处理及剩余污泥的焚烧处理

（1）描述

利用絮凝/沉淀技术处理纺织废水，以减少有机负荷，特别是色度的方法已经延续上百年了。不过，如今发展出的最新技术，还能最大限度地减少污泥量生产，并降低其处置的负面影响。可采用最先进的技术对污泥进行焚烧处理，而不进行填埋。

在现代化的工厂中，要从水相中分离物质，不只可通过沉淀，也可以通过溶气浮选的方法。采用专门挑选的絮凝剂，可以最大限度地提高 COD 和色度去除率，并且减少污泥的生成。在大多数情况下，由硫酸铝/阳离子有机絮凝剂和非常低量阴离子聚电解质组合的絮凝剂，能获得最佳的效果。

虽然高浓度（>500mg/L）的硫酸盐对混凝土是不利的，但仍然应当选用硫酸盐而不是氯盐。硫酸盐是比氯化物更容易从水中被去除。此外，使用硫酸盐时，不会在废水和焚烧污泥中引入氯化物［281，Belgium，2002］。

硫酸铁对COD的去除很有效，并且还可以被用作絮凝剂（其对丙烯酸盐及涂料印花废水中的其他物质有很好的去除效果）。引入铁盐很有益处（它可激活氧化还原反应，且可被回收利用），但它在水中容易形成黄色褐色的络合物，使得水具有颜色［281，Belgium，2002］。

(2) 主要的环境效益

COD的去除率一般在40％～50％之间，如果污水中含有大量水溶性的物质（如来自涂料印花和单元的废水），COD的去除率会得到提高。色度的去除率能达到90％以上。

在焚化厂污泥完全被矿化。

(3) 操作数据

在絮凝/沉淀之前，需要对纺织废水进行调节，调节的时间应当比生物处理的时间短。粗纤维通过筛网而被去除。

絮凝剂的用量如下：硫酸铝400～600mg/L；阳离子有机絮凝剂50～200mg/L；阴离子聚电解质1～2mg/L。

产生的污泥量大约是0.7～1kg干污泥/m^3经过处理的废水。通常情况下，在箱式压滤机处理后，污泥的干物质含量能达到35％～40％（去除0.5kg COD产生3kg污泥）。

(4) 跨介质的影响

污水中相当一部分有机化合物从水相转移到污泥。然后经过污泥焚烧实现矿化。

进行脱水、运输和焚烧需要消耗能源。

(5) 适用性

该技术适用于新的和现有设施。

4.10.9　废气减排技术

(1) 描述

以下气体减排技术，适用于纺织精整过程：氧化技术（热焚烧，催化焚烧）；冷凝技术（如热交换器）；吸收技术（如湿式洗涤）；微粒分离技术（如静电除尘器，旋风分离器，纤维过滤器）；吸附技术（如活性炭吸附）。

详细的描述和这些技术的效果，请见BREF（［196，EIPPCB，2001］）。根据气流和污染物处理类型的不同，可单独采用这些处理技术中的一种或将几种技术结合使用，典型的处理系统有：湿式除尘器；湿式除尘器和静电除尘的联合应用；换交热器，水洗涤器和静电除尘器的联合应用；热交换器（主要用于节能，有时也能冷凝部分污染物）；活性炭吸附。

(2) 主要的环境效益

减少废气中的挥发性有机碳（VOC），颗粒物和特殊的有毒物质，并减少气味滋扰。

(3) 操作数据

为了提高运行的可靠性，需要采用合适的作业条件并进行适当的保养（在一些工厂中进行一周一次的检查和清洗）［179，UBA，2001］。

(4) 跨介质的影响

能源需求量高，催化焚烧过程中会产生大量二氧化碳（温室效应）。不过，这个缺点可以认为被由去除有机化合物带来的好处所抵消［179，UBA，2001］。

湿式除尘器技术中，污染物从废气转移到废水，因此也需要后续高效的废水处理（油/水分离器、生物处理单元）。

(5) 适用性

废气净化设备可以安装在新的和现有的装置中。但是，如果对现有机械进行重组，适用性会受到经济、技术和后勤因素限制。

在每一种情况下，安装废气净化系统时，针对上述技术可以开发一个相应的解决方案。在一般情况下，对不同减排技术的适用性需做以下几点考虑。

① 氧化技术 热焚烧的缺点是耗能高，需要将气体加热到至少 750℃。焚烧后，清洁气体的温度约 200～450℃。纺织行业没有这么大的废气热能的需求，因此它最终会被浪费。

另一个问题来自纺织精整废气的气体/空气混合物。在纺织行业中，大部分处理的废气具有气体流量高，但负载低的特点。

此外，尾气的各项特点往往容易受到波动，导致热焚烧的效率低下。

在催化焚烧中，磷化合物，卤素，有机硅和重金属会使得催化剂中毒。而这些化合物在纺织行业的存在相当普遍，所以在使用催化焚烧方法时应当格外注意。

全热回收的催化氧化也在一些工厂处理气体过程中得到应用（见 2.6.1.1）。催化燃烧的高温气体，通过气水热交换器后排出，产生的热水用于前面的处理环节。排出的气体（余热）可以进一步地用于干燥处理 [281, Belgium, 2002]。

② 冷凝技术 在大多数情况下，挥发性较强的污染物和气味密集的物质都将被去除。

③ 吸收技术 湿式除尘器在纺织精整过程中的处理效率很大程度地取决于气体的性质。正常情况下，效率在 40%～60% 之间。不能溶于水的污染物难以被该过程去除。

④ 静电除尘 静电除尘器可以沉淀粒径在 $0.01～20\mu m$ 之间的粉尘和气溶胶。当粒径约为 $0.1～1.5\mu m$ 时，能取得最高的效率。制造商因此建议在静电过滤器之前安装一个机械过滤器，以除掉大部分大于 $20\mu m$ 的颗粒。

静电除尘器对固体和液体污染物的效率在 90%～95% 的范围内。气态污染物及有异味的物质不能被去除。为了获得最佳的整体效率，重要的是，在达到静电除尘器前，尽量将所有可以凝结的物质以气溶胶形式除去。这可以通过热交换器或洗涤器实现。

结合热交换器或洗涤器使用的静电除尘装置被成功用来处理来自织物热定型拉幅机中的烟气。

以静电除尘与热交换器的联合处理作为洗涤前的第一个处理步骤，在进行此操作时特别有利。坯布上的油及化纤油剂蒸发到烟气中，对色度有显著的影响。废气通过以下四个步骤得到处理：a. 机械过滤；b. 冷却和冷凝；c. 电离/静电除尘；d. 收集冷凝物，将静态滗水器中的水油进行分离。

这个干燥/静电除尘系统的优势之一是油性凝析物（矿物油、硅油等）被单独收集，而不是被转移到出水中（通过洗涤器）。能量回收是这项技术的另一个优势。回收的能量（35%～40% 的供应量）可用于预热进入拉幅机的空气，或加热工艺用水。

(6) 经济性

安装和运行成本必须考虑到，并应考虑设备的维护和能源成本。有关费用的详细信息可以在其他的 BREF 上查询（[196, EIPPCB, 2001]）。在上述技术中，氧化技术的投资和运行费用最高。

有关于干燥/静电除尘系统（将热交换器和静电除尘装置结合使用）的信息。一个处理量为 10000m³/h 单元投资成本大约为 70000 欧元，回收期小于 3 年 [44，Comm.，2000]。

(7) 实施动力

需要符合空气污染的环境立法标准并要改善气味问题。

(8) 可参考工厂

许多工厂目前都安装有换交热器、水洗涤器和静电除尘器 [179，UBA，2001]。

(9) 参考文献

[179，UBA，2001]，[281，Belgium，2002]，[44，Comm.，2000]。

4.10.10 洗毛废水的处理

(1) 描述

INTERLAINE 报告介绍了关于洗毛装置所产生废水的排放管理的一些可用选项。显然，并不是所有的选项可以被认为是 BAT，尽管如此，在下列情况下，讨论所涉及的环境性能和经济影响也是有意义的。

A. 在外部市政污水处理厂处理。采用格栅处理，以去除大块固体（＞3mm），冷却出水，并/或调整其 pH 值，以满足处理厂的要求，之后再排放到下水道。

B. 在污垢清除/油脂回收循环处理系统中处理后，再排入市政下水道。据推测，安装一个去除污垢/油脂回收系统的工厂，能够回收 25％的油脂，去除 50％的污垢，还能通过污泥去除 10％的油脂。

C. 经混凝/絮凝处理后排入市政下水道。这种技术适用于小型洗涤器，在这种情况下，使用混凝/絮凝的方法进行现场管网末端处理，而不是安装一个污垢去除/油脂回收系统。经过处理的污水被排放到下水道。

D. 采用综合混凝/絮凝和污垢清除/油脂回收循环于一体的处理方式，然后将污水排入市政下水道（B＋C）

E. 蒸发处理。该技术的过程为对废水进行蒸发处理，并排放剩余的析出物或污泥，如果可能的话回收析出物。在这个调查中，并非所有使用蒸发技术的工厂都会回收析出物。对于其中的两个厂，回收析出物是很有意义的，这两个厂都采用了生物处理和蒸发处理。一个工厂在蒸发前使用了厌氧技术，另一个工厂则是在蒸发后再进行生物处理。生物处理可降解有气味的化合物。

F. 蒸发与污垢清除/油脂回收循环于一体的综合处理工艺（B＋E）。

G. 生物处理（目前没有可用的数据）。

(2) 可以实现的排放水平

基于以下的假设估计上述技术的环境影响。

粗脂羊毛：COD315g/kg，油脂 50g/kg，污垢 150g/kg；

细腻的羊毛：COD556g/kg，油脂 130g/kg，污垢 150g/kg 未经处理的污水中含有来自纤维的 95％的 COD 的污垢；

污水处理厂可去除输入 COD 的 80％。

污垢去除/油脂回收系统可回收 25％的油脂并去除 50％的污垢，据推测，另有 10％的油脂从污水中以污泥的形式被去除，据估计，配有污垢去除/油脂回收系统的洗毛链耗水量为 6L/kg 含脂羊毛，但经过一定的处理，用水量可以降低到 2～4L/kg。

混凝/絮凝处理，除去89%的油脂和86%的污水中的悬浮固体。

设有污垢去除/油脂回收系统的情况下，污水产量是13L/kg含脂羊毛。

蒸发并不能完全去除污染物。这里假定蒸发可除去99.3%的污垢和99.9%的油脂。在试验中，去除率分别为：OCs，96.5%；OPs，71.5%；SPs 100%。从蒸发器中出来的水可以循环使用。将冷凝水加入漂洗液中，冷凝水中残余的COD（200～900mg/L）和悬浮固体（20～40mg/L）不会带来危害。不过，回收过程需要对冷凝液进行额外的处理，以避免氨、有气味的化合物进入漂洗环节。在表4.46、表4.47中，冷凝液回收节省的用水量没有考虑。

表4.46和表4.47分别表述了粗羊毛和细羊毛的相关处理参数。

表4.46　废水处理技术：环境影响-粗毛

粗羊毛	排入下水道	污垢/油脂循环	絮凝	絮凝+污垢/油脂循环	蒸发	蒸发+污垢/油脂循环
	A	B	C	D	E	F
净耗水量/(m³/t 原毛)	13	6①	13	6①	13	6
入水 COD/(kg/t 原毛)	299	203③	93④	81	3.2	2.7
出水 COD/(kg/t 原毛)	60	41	19	16	0.6	0.5
污泥量②/(kg/t 原毛) 循环 絮凝 蒸发		152	329	152 186	378	152 212

数据来源：[187，INTERLAINE，1999]。

假设：① 2～4L/kg是可能的；

② 湿重（50%干重）；

③ 去除了35%的油脂和50%的污垢，使得入水COD从315kg/t降低到203kg/t；

④ 去除了89%的油脂和86%的污垢，使得入水COD从315kg/t降低至93kg/t。

表4.47　废水处理技术：环保性能-细毛

细毛	排入下水道	污垢/油脂循环	絮凝	絮凝+污垢/油脂循环	蒸发	蒸发+污垢/油脂循环
	A	B	C	D	E	F
净耗水量/(m³/t 原毛)	12	6①	12	6①	12	6①
入水 COD/(kg/t 原毛)	529	352	118	97.4	4.8	3.7
出水 COD/(kg/t 原毛)	106	71	24	19.5	1.0	0.7
污泥量②/(kg/t 原毛) 循环 絮凝 蒸发		167	464	167 287	529	167 326

数据来源：[187，INTERLAINE，1999]。

假设：① 2～4L/kg是可能的；

② 湿重（50%干重）。

关于生物方式处理的污水目前还没有有效的数据，据了解，欧洲一些厂确实采用了生物降解的方式处理污水。洗毛废水的生物处理很受欢迎，其中意大利采用该种方法的工厂最多。其中有一个意大利污水厂采用的是厌氧生物处理，絮凝和长时间的有氧生物处理的方法。这个厂声称排放到下水道的污水只含650mg/L的COD。另一家意大利工厂使用了一个为期3天的厌氧过程，接下来进行混凝/絮凝（三氯化铁）过程，产生的污水含有1000～1200mg/L的COD，然后污水被排放到下水道[187，INTERLAINE，1999]。

澳大利亚偏远地区的工厂使用的是厌氧/好氧处理技术，但欧洲的工厂似乎都没有采用该种技术，因为这种技术会产生大量的臭味气体[187，INTERLAINE，1999]。

(3) 操作数据

蒸发或浓缩后的污泥含有羊毛粗脂以及污垢和油脂，混凝/絮凝污泥只含有污垢和油脂，因为羊毛粗脂是高度水溶性的并且不会发生絮凝。蒸发污泥羊毛粗脂的存在会改变其物理性质。絮凝污泥的性质，根据其含水量，会发生从液态到半固体状态逐渐的变化。同时，蒸发器产生的析出物，在相对较高的温度下为液态，在室温下为固态。由此可见羊毛粗脂在蒸馏温度升高的过程中发挥了助熔剂的作用。这使蒸发器的污泥更难处理和处置。

据报道该种污泥可以在一个加热后的容器中以液态形式进行运输，进入到能够填埋液体的垃圾填埋场去（[187，INTERLAINE，1999]）。可惜的是目前的法令已经禁止垃圾填埋场接收液态废物（及其他危险物质）了（[187，INTERLAINE，1999]）。替代的处理方法包括：焚烧，预处理以使其变为可被垃圾填埋场接受的固态物质，堆肥（见4.10.11）和土地使用（见4.10.11），或用于制砖（见4.10.12）。

(4) 跨介质的影响

没有污垢去除/油脂回收系统的原位或异位的处理方式，会使得有机负荷从水相转移到固相。

在蒸发过程中会消耗机械能和热能，值得注意的是，这个过程中耗费的机械能不高，大部分热能在一个精心设计的蒸发器中也能得到回收[187，INTERLAINE，1999]。

(5) 适用性

除了选项A之外其他技术都能得到广泛的应用，A只能在排放的污水不会破坏下水道时被应用。

(6) 经济性

每个建议方案的经济性已经有详细的讨论（INTERLAINE，1999♯187）。表4.48和表4.49总结了一个小的（3500t/a）和中等规模洗毛厂（15000t/a）的参考信息。通过分析可以发现，对于细羊毛洗毛厂而言，除了油脂含量较高的情况，进行原位处理会花费更高的处理费用。对于处理量超过15000t/a的工厂，经济性并不会显著提高。

表4.48　处理量为3500吨/天粗羊毛的洗毛厂的污水处理费用

项　　目	污水处理技术					
	直接排放	污垢/油脂循环	絮凝	絮凝和污垢/油脂循环	蒸发	蒸发/絮凝和污垢/油脂循环
费用：欧元						
初始投资	0	412500	250000	662500	1812500	1612500
每年花费	0	41250	25000	66250	181250	161250
运行费用	0	17304	166072	115224	139972	118524
污泥处理	0	21812	47305	48498	125845	92576
最终处置	694515	413775	181982	133450	28881	14900
总花费	694515	494121	420359	363422	475948	387250
每吨花费	198	141	120	104	136	111
十年现金流量NPV①	6.1m	4.4m	3.7m	3.3m	4.4m	3.6m

数据来源：[187，INTERLAINE，1999]。

① 在利率为3％时10年现金流量的净现值。

表 4.49　处理量为 15000 吨/天粗羊毛的洗毛厂的污水处理费用

项　目	污水处理技术					
	直接排放	污垢/油脂循环	絮凝	絮凝和污垢/油脂循环	蒸发	蒸发/絮凝和污垢/油脂循环
	费用:欧元					
初始投资	0	825000	275000	1075000	3625000	3225000
每年花费	0	82500	27500	107500	362500	322500
运行费用	0	(315615)	300480	(99915)	204980	(123415)
污泥处理	0	102828	285932	279953	754418	567415
最终处置	4203305	2559983	876175	644386	92852	53648
总花费	4203305	2429696	1490086	931564	1414749	820148
每吨花费	280	162	99	62	94	55
十年现金流量 NPV[①]	36.9m	21.4m	13.1m	8.3m	12.9m	7.6m

数据来源:[187, INTERLAINE, 1999]。

① 在利率为 3% 时 10 年现金流量的净现值。

　　安装污垢/油脂系统的费用也如表 4.50 所列,其中小厂的费用为 412500 欧元,中等规模厂的费用为 825000 欧元。如果更大规模的厂安装这个装置,则其需要承担更大的流量,因此花费会更高。絮凝装置在大厂的安装成本大约为 275000 欧元,采用较小型的絮凝装置这个费用也不会降低太多。

表 4.50　单位成本

现场单位成本	欧元	现场单位成本	欧元
水	0.68/m³	运行成本:絮凝	
热	0.51/m³	化学品	2.74/m³
		能量	0.28/m³
化学品:		劳动力	12000/a
清洁剂	1400/t	维护费用	22500/a
苏打	268/t	运行成本:蒸发	
油脂[①]	380/t	能量	1.82/m³
		劳动力	18000/m³
运行成本,污垢/油脂回收系统		维护费用	65000/m³
能量	0.56/m³	污泥处理费用:	
劳动力	18000/a	污垢/油脂回收系统及絮凝产生的污泥	41/t
维护费用	45000/a	蒸发产生的析出物	95/t

数据来源:[187, INTERLAINE, 1999]。

① 油脂的回收价格是变量:在 4.4.1 中,假设的价格为 2 欧元/kg。

　　蒸发器的投资费用则更多来自于估算,难以准确得知。估算结果如下:容量为 21000m³/年时,耗资 120 万欧元;容量为 45500m³/年时,耗资 180 万欧元;容量为 60000m³/年时,耗资 240 万欧元;容量为 90000m³/年时,耗资 3.0 亿欧元;容量为 12×10^4m³/年时,耗资 360 万欧元。

　　现场运行成本需要扣除油脂销售带来的收益,因此在安装油脂回收系统的情况下成本有可能是负的。基于表 4.50 的单位成本进行计算。

　　污泥处理费用的计算依据是目前英国大部分垃圾填埋场的价格(污垢/油脂回收及絮凝产生的污泥价格为 41 欧元/吨,蒸发产生的污泥价格为 95 欧元/吨),计算的价格中包括了填埋费用（15 欧元/吨）和运输费用。

污泥填埋的费用没有考虑到由于法令及政策变化可能带来的经费的波动。

污水处理的费用同样参考了英国目前的市场价格，目前这个价格是比较适中的 [187，INTERLAINE，1999]。

从经济视角来看，对于加工粗毛的小厂，安装一个污垢/油脂循环和絮凝装置似乎是最好的选择（与排入下水道相比）。不仅能实现快速回报，此选项的总成本最低，并且 10 年现金流量的净现值也最低。

蒸发装置的环保性能远远优于絮凝装置。然而，蒸发装置的初始成本要高得多，投资回收期达到了 4～5 年（与排入下水道相比）。

通过成本计算，安装污垢清除/油脂回收装置的价值是显而易见的，即使这家厂废水中的油脂含量并不高，也能取得好的效益。当该技术和蒸发联用的时候，可以进一步地降低成本。

对于大中型的处理厂而言，蒸发技术则较于絮凝便宜，并具有优越的环保性能。同样，使用污垢去除/油脂回收系统，并安装一个较小的蒸发器，一样可以降低初期资本支出。

因为可以出售回收的油脂而获利，使得污垢去除/油脂回收系统的使用，能进一步降低运行成本。这种效果在细毛洗毛厂更为显著，因为污水中含有的高质量油脂比例更高。循环装置与蒸发器结合使用时，效果更加显著，并能减少污泥处置成本。这是因为蒸发析出物的物理性质和化学性质，使得其运输和处置非常困难，处理费用也非常的昂贵，因此应当尽可能在污水进行蒸发之前将其从污水中去除。

(7) 参考文献

[187，INTERLAINE，1999]。

4.10.11 洗毛废水剩余污泥的农用处理

(1) 描述

大多数国家都设置了相关的规章，规定洗毛废水的剩余污泥在进行农用处理之前必须经过预处理。预处理一般指的是堆肥，当然厌氧处理（回收甲烷）在一定情况下也可以考虑。

用于堆肥材料的 C：N 比最好在 (25：1)～(30：1) 之间，也就意味着洗毛剩余污泥需要添加碳源，绿色垃圾、锯末、木屑和秸秆这些都可以。一些"结构材料"（尺寸可达50mm），也可能需要被添加到堆肥材料中，以便作为空气的入口。堆肥材料的最佳含水量为50%～60%。

对堆肥堆进行曝气是为了控制堆肥的速率，并且控制堆体的温度。在早期喜温阶段，最佳温度为 45～60℃，而在后来的中温阶段，较低的温度（20～45℃）是首选。

在商业化生产中，堆肥有许多方法。包括：通风，翻转；通风，主动曝气；覆膜，主动曝气；通管，不翻转；立体通管，翻转；封闭堆体，负压操作；反应器。

密封堆肥相较于露天堆肥更好，并且对于某些废物而言，密封堆肥尤其适合。对于密封堆肥，首先，过程控制得到了改进，允许使用更高的温度并能实现更高的堆肥效率；其次，堆肥过程中加入对异味气体、灰尘和渗滤液的控制，操作更加工业化和规模化。封闭系统的缺点是其初始成本更大。

堆肥必须经历数周时间，在这段时间内，会发生化学变化，使堆体内的物质趋于稳定化，这样才能保证其不再具有环境危害。

（2）主要的环境效益

据认为，堆肥是一个可持续的处置洗毛剩余污泥的方法，并且能产生有用的土壤改良剂。堆肥过程中，在有氧条件下，碳转换成二氧化碳，而不是甲烷（填埋）。二氧化碳的温室效应比甲烷差得多 [187，INTERLAINE，1999]。

（3）操作数据

堆肥处理洗毛废水剩余污泥的目的，是尽可能地去除污泥中含有的，可能对土地的性质造成破坏和污染的物质。这些物质主要是羊毛油脂和农药的残留物。因此，应定期监测堆体中油脂和农药残留物的浓度。

在英国的一个实验中，堆肥6～7周，10t 的开放料堆和封闭堆体经 14 天堆肥取得了相似的结果。经过堆肥，减少了 60% 的油脂、有机氯和拟除虫菊酯，有机磷农药残留物减少80%。在熟化阶段，这些物质的量进一步得到减少，有趣的是，这个实验中，用于共堆肥的木屑，检测到被林丹（OC）污染了 [187，INTERLAINE，1999]。

（4）跨介质的影响

堆肥产生的异味和灰尘会污染空气，产生渗滤液也会造成水污染。然而，如果通过良好的堆肥操作，这些问题应该不会发生。如果农药残留物没有被完全去除掉，那么在后续的农用处理中，这些污染物依然会泄漏出来污染地下水。然而，如果合理地进行堆肥，这种情况发生的可能性很小，因为农药在土壤中的流动性很差 [187，INTER-LAINE，1999]。

（5）适用性

只要有相应的场地，这项措施可以在原位实施。采用异位的方式则更是容易，当然，运输带来的费用可能会相当高。

在填埋场不能填埋液体物质的禁令出台后 the Landfill Directive (1999/31/EC)，该项技术，无论是在原位还是异位实施，都能得到进一步的应用。

（6）经济性

堆肥是一种廉价的技术。投资花费如图 4.47 所示。

表 4.51　三种不同类型的堆肥厂的堆肥和成熟时间，投资和治理费用

系　统	堆肥时间 /d	成熟期 /d	投资/ [欧元/(10000t·年)]	治理花费 /(欧元/t)
露天	7～36	0～120	450～2250K	9～75
密封	10～20	30～100	450～1500K	15～45
通管	6～30	0～56	75～3000K	9～45

数据来源：[187，INTERLAINE，1999]，参考"英国堆肥协会"。

堆肥的市场是不确定的。堆肥协会（英国）报告说，在整个国家，没有一个堆肥厂可以通过销售堆肥收回其成本，事实上，大多数的堆肥厂的产品没能收到回报。因此，堆肥厂的费用需要政府补贴，通过政府征收相关的处理费使得堆肥产业运行下去。

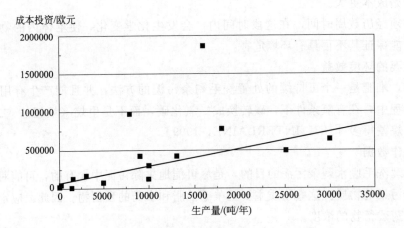

图 4.47　在英国新建设的堆肥厂的初始投资

(7) 实施动力

填埋禁令的实施使得填埋场不能再接收液态的废弃物，堆肥提供了一个相对而言技术性较低、花费较低的处理洗毛废水剩余污泥的方法。

(8) 参考工厂

3.2.1 调查报告中的厂 C，F，G and M 即采用了该种污泥处理技术。

4.10.12　洗毛废水剩余污泥用于制砖

(1) 描述

用于制砖的黏土应包含一定量的有机物质。这种材料在砖烧制过程中的氧化，提高了所产生的砖的质量，一些黏土中有机质含量不足，因此需要添加。洗毛废水剩余污泥是首选的添加剂。

(2) 主要的环境效益

剩余污泥在工厂中被作为有用的原料使用，被添加进黏土中作为有机物的来源，替代了以前普遍使用的化石燃料。

(3) 操作数据

可能需要通过试验来确定掺入的洗毛废水剩余污泥产生的废气量以确保制砖的过程不会受到因燃烧剩余污泥产生的大量气体的影响。

(4) 跨介质的影响

空气污染可能会增加，虽然一些研究表明其可能性很小。如果远距离运输污泥，那么在运输产生的污染问题还需要被考虑到。

(5) 适用性

在实施这项措施中遇到的问题不是技术难题而是逻辑问题，遇到的困难是如何使一个制砖厂的位置和数量需求与产生的剩余污泥量相匹配。

(6) 经济性

该项技术的经济性极大地取决于污泥产生方和制砖场之间的协同程度，这种技术应比填埋、堆肥或焚烧便宜。

（7）实施动力

对于洗毛厂而言，能够减少成本是最主要的动力。对于砖的制造商，则为其提供了一个合适的原材料来源。

（8）参考工厂

3.2.1节的调查报告中，厂 L 和 N 即采用了该种技术处理部分剩余污泥。这种技术还广泛地被意大利的工厂所使用。

（9）参考文献

［187，INTERLAINE，1999］。

5

最佳可行技术

为理解本章内容，读者应将注意力移回序言部分，尤其是序言关于本书的部分：如何理解和应用本书。本书中所呈现的这些技术及相关废物排放和/或能源消费水平，或水平范围，都已被反复地加以评估，涉及以下几个步骤：

- 为各部门鉴定出关键的环境问题；
- 对解决那些关键问题最相关的技术进行测试；
- 以欧盟以及世界范围内现有的资料为基础，鉴定最佳环境表现水平；
- 测定使这些表现水平能够达到的条件，例如成本、跨媒介影响、技术实施的主要推动力；
- 根据条款 2（11）和指令的附件Ⅳ，为各部门选择一般意义上最佳可行技术（BAT）及相关废物排放和/或能源消费水平。

由欧洲 IPPC 局和相关技术工作组（TWG）给出的专家判断在上述各步骤和信息的呈现模式上充当了重要角色。

在此评价基础上，技术以及与最佳可行技术（BAT）相关的废物排放和能源消耗水平已被呈现在本书中。同时可以认为，这些内容在总体上适于该部门，在很多案例中还反映了在此部门内一些装置现在的表现。在谈到"与 BAT 相关"的废物排放或能源消耗水平时，应理解为那些水平代表了可预测的该技术应用结果的环境表现。对于所描述到的技术，应牢记成本与 BAT 固有优势的平衡。但是，既不是废物排放也不是能源消耗限制了技术本身的价值，所以也不该那样理解。在一些情况下，存在实现更好的废物排放或是能源消耗水平的技术可能性，但基于所涉及的成本或跨媒介影响的考虑，这些情况在整体上便无法算作这一领域的 BAT。然而，这些水平在一些特殊推动力存在的情况下可被认为是合理的。

对于 BAT 应用的废物排放和能源消耗水平应同任意指定的参考条件（如：平均时间）一起考虑。

上述"BAT 相关水平"的概念应与本书中其他地方的"可达到水平"加以区分。当一个水平被描述为某一特定技术或多种技术综合的运用"可达到的水平"时，可以理解为在一个维护和管理都很良好的过程中运行那些技术，在一个相当长的时间内可以达到这一水平。

在有条件的情况，有关成本的数据已经连同技术说明一起在前面章节里给出了。以上这些给出了关于成本大小的一个粗略预测。然而，一个技术实际应用时的成本很大程度上取决于所处的特定情形，例如税率、运行费用以及相关装置的技术特性。完整地评估所有这些特定场合的因素是不可能的。在缺少考虑成本所需的数据时，技术的经济可行性总结可通过对现有运行设备的观测给出。

本书中谈到的一般性 BAT 是评判现有运行设备的性能，或评判增添新设备提议的参考依据。因此它们会决定对某装置适宜的 BAT 条件或根据条款 9(8) 建立一般性约束规则有帮助。可以预见，新装置的表现将处在甚至优于所给出的 BAT 一般性水平。同样还要考虑到，现行装置会朝着甚至优于总体 BAT 水平的方向发展，并在每种技术中遵从技术和经济适应性。然而 BAT 的参考文献并没有给出合理的约束标准，而只是给出了对于行业、成员国以及公众采取特定技术时能够实现的废物排放和能源消耗标准水平具有指导作用的信息。对于任何特定的情况下合适的限值的确定将需要将 IPPC 指令的目标和相应地方的考虑列入考虑范围内。

5.1　一般 BAT（适用所有纺织工业）

纺织工业是一个分立的，多样的部门，并由许多大量附属部门构成。排放的污染取决于纺织设备类型，操作方法和所用纤维类型。尽管有以上复杂性，还有很多技术可以被定义为普适 BAT，可应用于各类纺织操作，而不用考虑过程和产品。

(1) 管理

技术本身是不够的，需要与好的环境管理和自身控制结合。管理使用可能带来污染的工艺的一套设备时，需要运行环境管理系统（EMS）中的许多环节。

BAT 的目标是：

- 落实环境意识并在训练项目中使其被囊括；
- 应用良好的维护和清洁措施（详见 4.1.1）；
- 根据制造商提供的材料安全数据单储存每种化学药品，并遵守 BREF 里关于储存的指示（在记录的准备阶段）；
- 放在合适的位置以防药品和已加工液体的泄漏。如果泄漏发生，必须有可行的防漏措施来将泄漏的药品清理干净并对其进行安全处理。泄漏药品不可以进入地表水或下水道。
- 运用监管系统监管过程的输入和输出（同时从现场层面和整个过程的层面来监管），包括原料的输入，化学品、热、电和水及产品、废水、大气污染、污泥、固体废物和副产物的输出。良好的关于工业过程输入和输出的认知是确定优先领域和提高环境绩效的先决条件。

(2) 化学药品的计量和分配（不包括燃料）

BAT 是为了安装自动的计量和分配系统，能够计量需要的化学药品和助剂，并通过管道直接送到机器而不涉及人体接触。当计算所需准备液体量时，清洗准备容器和供给管的水被纳入考虑。其他系统需要各自的支流传送产物。采用这种方式，药品在进入涂药器或机器之前没有被预混合，因此在下一阶段前不需要清洁容器、泵和管道。更多关于自动计量和分配系统的信息在 4.1.3 中给出。

(3) 化学药品的选择和使用

- BAT 在选择和管理、使用药品遵守以下原则：
- 当得到产品时可以不使用化学药品时，就不要用；
- 必须使用时，采用风险分析选择药品和使用模式以确保最低的整体环境风险；
- 有很多药品分类的工具。一些基于相关水和空气污染的选择/评价药品的工具在 4.3.1 和 4.3.2 有描述。确保最低总体风险的操作模式包括闭合回路和环内污染物分解。当然，至关重要的是，相关共同体立法给予应有的承认。

除了这些原则，还有关于 BAT 的详细结论被提出，详见以下内容。

① 对表面活性剂，BAT 是采用在污水处理厂可生物降解并不生成有毒代谢产物的替代品替代烷基酚聚氧乙烯醚等有毒有害物质（如 4.3.3 所述）。

② 对络合剂，BAT 的作用如下。

• 通过以下几种方式避免或减少在预处理以及染色过程中使用络合剂：

➢ 软化淡水以除去铁离子以及硬性碱土离子。

➢ 采用干法工艺，在织物进行漂白前出去粗铁离子（将磁探测器安装在连续预处理作业线上，见 4.5.6 的描述）。这一处理在以氧化以及退浆作为开始步骤的工艺中显得相当便利，若采用湿法工艺，则需要用大量的化合物来溶解粗铁离子。若在漂泊之前，以用碱性物质洗涤织物作为第一步，那么这个步骤则没有必要了。

➢ 利用在酸性条件下的脱矿质作用去除纤维中的铁元素，另外效果较好时能够在漂白被严重污染过的面料前去除其中无毒的还原剂（见 4.5.6）。

➢ 在最理想的条件下运用过氧化氢（见 4.5.6）。

• 选择可生物降解或者消除的络合物（见 4.3.4）。

③ 对防泡剂，BAT 的作用是：

• 通过以下方法避免或者尽量少用防泡剂：在没有被纤维搅动的水体中使用液体少量性空气喷气机；循环使用用过的液体。

• 选用从非矿物油中提取的或具有高生物降解活性的防泡剂（见 4.3.5）

目前，纺织企业的供应商没有为纺织品生产企业提供关于纤维制品的上游加工过程中需要用到的原材料（比如：修复剂、杀虫剂、针织油）的充足信息。原材料的这些信息对于纺织品生产企业减少和防止环境污染可起到至关重要的作用。

BAT 通过和纺织业的上游企业寻求合作，使得整个行业链中的企业都要承担环境污染的责任。对于每一个环节的生产企业，最好能够共享关于他们的产品中残存或者使用过的各种化学物质的信息。除了合同规定的特殊情况外，还有一系列的策略存在，比如棉花中的有机物质量认证，德国的衣物质量认证等。在纤维所含污染物质进入精整工艺之前，为从源头上防止其所带来的环境影响，表 5.1 列出了 BAT 所认证的一些原材料。所有的措施都致力于将所有纺织产品的原材料的生产都通过某种质量认证。这样，业主就能获得相关原材料含有污染物的信息。

表 5.1 适用于 BAT 的纤维原料的选择

原　料	BAT
人造纤维	选用已被具有低排放以及可生物降解或消除能力的预处理试剂处理过的材料（见 4.2.1）
棉	·选用使用低附加技术［经纱预湿（见 4.2.5）和高效可生物消除定型剂定型的材料（见 4.2.4）］ ·利用现有的信息，避免加工已被 PCP 等最危险的化学药剂污染了的纤维材料 ·当市场条件允许时，选用有机棉
羊毛	·利用现有的信息，避免加工已被最危险的化学药剂（如 OC 农药残留物）污染的纤维材料（见 4.2.7） ·通过与所有生产以及销售羊毛的国家的主管机构沟通，从而鼓励低农药残留羊毛产业的发展，进而从源头上减少任何合法的羊毛外寄生虫杀虫剂的使用（见 4.2.8） ·挑选使用以可生物降解的分离剂纺织的而不是用以矿物油为主体或者含有 APEO 的配方剂来纺织的羊毛纱（见 4.2.2）

（4）水与能源管理

节水节能在纺织行业是个重要环节，其主要能源消耗为加热加工工序所需的液体。下面总结了所选 BAT 方法在节水节能方面的特点。所列举技术的应用限制则在对照引用部分详述。

BAT：

- 可以监测在 4.1.2 中列举的各种加工过程的水耗能耗
- 在连续式机械中安装流量控制装置和自动停止阀（4.1.4 和 4.9.2）
- 在序批式机械中安装了自动控制装置来控制体积负荷和液体温度（4.1.1 和 4.6.19）
- 建立了完备可靠的生产工序，可避免因为不当操作造成的资源浪费
- 为保证后续加工过程的质量要求，优化了预处理中的生产与调节环节（4.1.1）
- 调查了在一个单一步骤中结合不同处理方式的可能性（4.6.19～4.6.21）
- 在序批式处理工艺中安装了低液体比和超低液体比的装置（4.1.4）
- 提高了序批式和连续式的漂洗效率，如 4.9.1 和 4.9.2 所述
- 冷却水回用为加工水（也可以加热）（4.1.1）

- 调查了回用水和循环水在不同工艺过程中的水质和体积这两种系统特征，以确定废水出流中所含有的物质仍有价值或者不会干扰产品质量，从而确定废水回收利用的可能性。为了实现序批式工艺中的循环用水，便捷的做法是安装可内置的回收和再利用废水的装置。在 4.5.8 和 4.6.22 列举了选择回用水的例子。

- 安装罩子和顶盖以保证机械完全密闭，以防止蒸汽损失（4.1.1 和 4.6.19）
- 使管道、阀门、罐子和机械绝热以减少热量损失（4.1.5）
- 优化锅炉房，主要方式有重复使用冷凝水，预热供应的空气，用燃烧气加热（4.1.1、4.4.3 和 4.8.1）
- 在从热流中回收热量之前分离冷热废液流（4.1.1 和 4.6.22）
- 安装废气的热回收装置（4.1.1、4.4.3 和 4.8.1）
- 安装控频电动机（4.1.1）

（5）废物处置

BAT：

- 可以收集个别不可避免的固体废物
- 利用大容量或可回收的容器

5.2 单元处理与操作的过程整合措施

这一节介绍本书所覆盖的单元处理与操作的过程整合措施。管道末端的减排措施将在下一节介绍。本节内容将遵照以过程为基础的方法呈现。这个方法将在必要的地方指出对于运用所讨论的特定措施有局限性的厂。

5.2.1 羊毛煮练

羊毛煮练一般可以通过使用清水（最常见情形）或者有机溶剂完成。只要符合一些规定，这两种方法都可被确定为 BAT。

(1) 使用清水的羊毛煮练

所谓 BAT 是：

• 根据表 5.1 中确定的 BAT 措施选择生羊毛纤维。

• 根据 4.3.3 定义的 BAT 措施，将烷基苯酚乙氧基化物清洁剂用羟基乙氧基化物或者其他可生物降解的替代品代替。这些替代品不应（在使用中）产生有毒的代谢产物。

• 根据 4.4.1 中的描述，使用高容量尘土去除/油脂回收循环系统（对于细或者极细羊毛，当使用有单独的连续油泥流输出的机器时，羊毛油脂回收循环同时可以将极细部分尘土去除，而不需要单独的尘土去除循环）。与 BAT 相关的水消耗值为：对于大中型作坊（年原毛处理量达 15000t 以上），水消耗值为 2~4L/kg 原毛；对于小型作坊，水消耗值为 6L/kg 原毛。油脂回收相关值的范围为清洗过羊毛中油脂存在值的 25%~30%（估计值）。

• 通过合适地合并以下技术（加上上文所述油脂回收循环），能源消耗将降低到 4~4.5MJ/kg 加工的原毛，包括大约 3.5MJ/kg 的热能和 1MJ/kg 的电能。

➤ 给清洗容器加盖以防止热能散失。

➤ 优化最终挤压器的性能以提高干燥操作前水分的机械去除量。

➤ 在高温下运行最后一个清洗槽。研究显示最适温度为 65℃，除最后一次清洗是在有过氧化物漂白剂的条件下进行的。在此种情形下，最适温度为 48℃。

➤ 用感应器自动控制干燥器。感应器测量干燥器内气体或者羊毛本身的湿度。

➤ 将热回收单元更新为干燥器。

由于数据有限，我们无法确定以上提及的与 BAT 相关的水与能源消耗值是否同样适用于极细羊毛（纤维直径通常小于 20μm）。

(2) 使用有机溶剂的羊毛煮练

若 2.3.1.3 中所描述的所有措施能使物质损失最小化，且能防止任何由面源污染可能引起的地表水污染，则使用有机溶剂进行羊毛煮练可被确定为 BAT。

5.2.2　纺织品的终加工与地毯工业

5.2.2.1　前处理

(1) 从织物中去除针织润滑剂

BAT 要实施以下方案之一。

• 选择已用水溶性和可生物降解润滑油而不是传统的给予矿物油基的润滑剂处理的针织面料（见 4.2.3），并采用水洗将其除去。由于存在合成纤维制成的针织面料，洗涤步骤需要在热修复（除去润滑油，避免以其气体形式逸出）前进行。

• 在进行热修复步骤之后才可以洗涤，并通过干燥电滤系统处置拉幅机产生的气体，实现热能的回收和油料的分开收集。这将减少污水污染（见 4.10.9）。

• 用有机溶剂清洗，以去除不溶于水的油。结合在中环破坏持久性污染物（如通过高级氧化过程）的方法，4.9.3 阐述的要求将得到满足。这将避免任意可能的由扩散污染和事故造成的地表水污染物。这一技术对于不溶于水的制剂，例如织物中存在的硅树脂油是十分方便的。

(2) 退浆

BAT 要实施以下方案之一：

● 选择低附加技术（如预湿纱线，见 4.2.5）加工后的原材料和更有效的可生物去除的上浆剂（见 4.2.4）。结合采用退浆高效清洗系统和低 F/M 废水处理技术 [F/M<0.15kg BOD_5/(kg MLSS·d)，适应活性污泥和温度高于 15℃ 的情况－见 4.10.1]，以提高上浆剂的生物去除能力。

● 无法控制原料来源时，采用氧化路线（见 4.5.2）。

● 合并退浆/煮练为一个步骤，如 4.5.3 所述。

● 通过超滤作用回收利用上浆剂，如 4.5.1 所述。

(3) 漂白

BAT 是：

● 使用双氧水漂白为首选漂白剂，结合其他技术以尽量减少过氧化氢稳定剂的使用，如 4.5.6 所述，或使用可生物降解/可生物去除的络合剂，如 4.3.4 所述。

● 用亚氯酸钠漂白不能只用双氧水漂白的亚麻和韧皮纤维。过氧化氢-二氧化氯两步漂白是首选方案。必须确保使用的二氧化氯不含氯单质。无氯二氧化氯是通过生产使用过氧化氢作为氯酸钠的还原剂生产的（见 4.5.5）。

● 只在需要实现高白度和漂白脆弱而可能解聚的织物时使用次氯酸钠。在这些特殊情况下，为减少有害 AOX，次氯酸钠漂白通过两步过程实现——在第一步使用过氧化物，在第二步使用次氯酸钠。次氯酸钠漂白产生的废水与其他混合污水分开，以减少有害 AOX 的形成。

(4) 丝光

BAT 是以下二者之一：

● 回收和再利用丝光冲洗水中的碱，如 4.5.7 所述；

● 或再使用其他准备处理的含碱污水。

5.2.2.2 染色

(1) 染料的计量和投加

BAT 是实施以下所有方案：

● 减少染料的种类（一种减少染料种类的方法是使用三色染料系统）；

● 使用自动化染料计量及投加系统，只对较不频繁使用的染料考虑人工操作；

● 在长而连续的管道中，当分配管道死区体积与轧车体积相当时，优先使用分散的自动系统，它在工艺进行之前不会将化学物质与染料混合，且它可进行完全自动的清洗。

(2) 批量染色工艺的一般 BAT

BAT 是：

● 使用配备有以下设施的装置：温度及其他染色周期参数的自动控制器，间接加热和冷却系统，减少蒸汽损失的罩和门。

● 选择最符合将被处理的批次尺寸的机器，以使机器能在设计液比范围内运转。在低负载 60% 的标称容量（甚至在纱线染色机标称容量的 30%）下，现代机器可以在负荷低至正常负荷 60% 的情况下，在恒定液比下运转（见 4.6.19）。

● 尽可能根据 4.6.19 所述的要求，选择新的机器：低或超低液比；在过程中液体与基材分离；煮练液与处理液内部分离；机械化液体萃取，以减少带出物，提高煮练效率；减少循环时间。

• 用排水和填充法或其他方法（对织物的智能漂洗）替代漫溢冲洗（overflow-flood rinsing），如4.9.1所述

• 在下一批染色过程中或重配染液时重复利用冲洗液；或者在技术允许下重利用染液。这种技术（见4.6.22）在使用顶部装载设备的散纤维染色中是容易实现的。纤维载体可以在不排干水的情况下被卸除。现代批次染色机器配有内置的储存槽，允许溶质和冲洗水的不间断自动分离。

（3）连续染色工艺的BAT

连续和半连续染色工艺较批量染色消耗水量少，但会产生高度浓缩的残留物。

BAT通过以下措施减少浓缩液的损失：

• 使用低添加液应用系统，尽量在使用轧染工艺时减少浸槽容量。

• 采用投加系统，使化学品以独立的分流在线投加，并且只在被加入反应器之前被混合。

• 基于抽取液的测量，使用下列系统之一计量所投加溶液（见4.6.7）：

➤ 参照处理的织物量（将密度乘以织物长度），测量染液消耗量；获得的消耗量将被自动处理，并用于下一个类似批次的染液准备；

➤ 使用快速批量染色技术，染液基于在线抽取物的测量值分几步及时制备，而不是在为整个批次染色前就制备好。在经济允许的情况下应优先采用第二种方法（见4.6.7）。

• 根据逆流煮练和减少带出物的原则，提高煮练效率，如4.9.2所述。

（4）用分散染料实现聚醚砜（PES）和聚醚砜混合染色

BAT是为了：

• 避免危险载体的使用（按优先顺序排列）：

➤ 产品市场因素允许时，使用无载体可染色聚酯纤维（改性PET或PTT型），如4.6.2所述。

➤ 在不使用载体的情况下，在高温条件下染色。这种技术并不适用于PES/WO和弹性纤维/WO混合物。

➤ 在染色WO/PES纤维（见4.6.1）时，用基于苯甲酸苄酯和N-烷基邻苯二甲酰亚胺的化合物替代常规染色载体。

• 用以下两个建议技术之一在PES处理中替换连二亚硫酸钠（如第4.6.5所述）：

➤ 用基于亚磺酸衍生物的还原剂替代连二亚硫酸钠。这项技术应结合其他措施使用，以确保只有还原染料所需最低量的还原剂被消耗（如用氮气除去溶液和机器中空气的氧气）

➤ 使用可在碱性介质中用水解去除而非用还原法去除的分散染料（见4.6.5）

➤ 使用优化的含有高生物去除率的分散剂染料配方，如4.6.3所述。

（5）硫化染料染色

BAT是（见4.6.6）：

• 用稳定、非预还原、不含硫化物的染料或者含硫化物小于1%的预还原的液态染料配方替代传统的粉末和液体硫化染料。

• 采用无硫还原剂或连二亚硫酸钠替代硫化钠，无硫还原剂优于连二亚硫酸钠。

- 采取措施，以确保只有还原染物所需最低量的还原剂被消耗（如用氮气除去溶液和机器中空气的氧气）。

- 将过氧化氢作为氧化剂的首选。

（6）用活性染料批量染色

BAT 是：

- 使用高固定性，低盐的活性染料，如 4.6.10 和 4.6.11 所述。

- 通过应用热冲洗合并漂洗废水热能回收，实现在染色后避免清洁剂和络合剂在漂洗和中和的步骤使用（见 4.6.12）。

（7）用活性染料进行卷堆式染色

BAT 使用效果与 4.6.13 中描述的染色技术相当的技术。所描述的技术总处理成本比卷堆染色更低，但更换到新技术的初始资本投资较高。然而，对需安装新设备和更换设备的用户而言，成本因素并不显著。在所有情况下，BAT 都避免使用尿素且使用不含硅酸盐的固定方式（见 4.6.9）。

（8）羊毛染色

BAT 是：

- 用活性染料替代铬媒染料，或者在不可能的情况下，采用超低镀铬方法以满足所有在 4.6.15 定义的下列所有要求：

  ➢ 排放因子达到 50mg 铬/kg 羊毛，所对应的染液液比为 1∶10，用过的含铬染液中铬离子浓度为 5mg/L。

  ➢ 废水中无铬（Ⅵ）检出（使用能够检测六价铬浓度<0.1mg/L 的标准方法）。

  ➢ 在使用金属络合染料给羊毛染色时，要确保排放废水的重金属含量最低。BAT 相关值为：对处理过的羊毛，排放因子为 10~20mg/kg，相应的液比为 1∶10，用过的含铬染液中铬离子浓度为 1~2mg/L。这些目标可以通过以下工艺实现：使用助剂增强染料的吸收率，比如在 4.6.17 中描述的对松羊毛、毛条的处理方法；通过控制 pH 的方法，使染液的使用率最大化。

- 在使用 pH 值可控的染料（酸性和碱性染料）时，优先考虑的 pH 值控制过程，以便最大程度耗尽染料和抗昆虫剂，最低限度使用均化剂，并达到所需的均染色效果（见 4.6.14）。

5.2.2.3 印花

（1）一般过程

BAT 是：

- 通过以下方法，减少圆网印花中色浆损失：

  ➢ 尽量减少印花浆供应系统体积（见 4.7.4）；

  ➢ 通过采用在 4.7.5 中描述的技术，在每次运行结束从供给系统中回收印花浆；

  ➢ 回收残余印花浆（见 4.7.6）。

- 通过以下组合形式减少清洁过程中的水消耗量（见 4.7.7）：

  ➢ 启动/停止印花带清洗的控制；

  ➢ 清洗橡胶滚轴、筛网和桶所用冲洗水的最干净部分的回用；

  ➢ 清洗印花用的冲洗水的回用。

● 当产品市场条件允许时，用喷墨印花机生产小批量（小于 100m）平面织物（见 4.7.9）。当印花机未使用时，不考虑用溶剂冲洗以防止阻塞的 BAT。

● 用 4.7.8 讲到的用于印染地毯和厚织物的喷墨印花机，除了防染印花及类似情况。

对于丝绸和纤维胶的一步印花过程，由于纤维的需要而增加的低水分使喷涂技术并不可靠。使尿素彻底消除的发泡技术对于纤维胶来说是行之有效的，但对丝绸却没有效果。有一个初始投资成本高达 200000 欧元的发泡机，其生产能力约可达每天 80000m。该技术已经应用于生产能力约为每天 30000m、50000m 和 140000m 的工厂，并且在经济上完全可行。

若不是用发泡技术，对丝绸来说，尿素消耗量可减少到约 50g/kg 印花浆，而对纤维胶而言，尿素消耗量可减少到约 80g/kg 印花浆。

(2) 涂料印花

BAT 利用优化的印花浆料以满足下列条件（见 4.7.3）：

● 增稠剂的挥发性有机碳排放量低（或不含任何挥发性溶剂）且黏合剂的甲醛含量低。相关的空气污染物排放值 $<0.4gOrg-C/kg$ 纺织品（假设排气量为 20m³/kg 纺织品）。

● 不含 APEO 且易生物去除。

● 更少的氨含量。相关排放值为：$0.6gNH_3/kg$ 纺织品（假设排气量为 20m³/kg 纺织品）。

5.2.2.4　精加工

(1) 一般工艺

BAT 是指：

● 通过（以下手段）使剩余溶液最少：

➢ 应用最节省的技术（如泡沫法、喷雾法）或减小浸轧装置的体积；

➢ 在质量不受影响的前提下重复利用浸轧液。

● 通过（以下手段）使拉幅机的能耗最小（见 4.8.1）：

➢ 采用机械脱水装置以减少进料织物中的含水量；

➢ 优化穿炉的排气气流，在考虑达到稳态所需时间的情况下，自动保持排气湿度为 0.1～0.15kg 水/kg 干空气；

➢ 安装废热回收系统；

➢ 装配隔热系统；

➢ 保证直接加热的拉幅机炉得到最佳的维护。

● 采用低排气量的优化方法。整理方法的分类/选择的例子可见 4.3.2 中所述的"排放因子概念"。

(2) 易控制的处理法

BAT 是指在地毯工业中采用无甲醛的交联剂，在纺织工业中采用无甲醛或低甲醛（配方中甲醛含量低于 0.1%）的交联剂（见 4.8.2）。

(3) 防蛀处理

● 一般工艺

BAT 是指：

➢ 采取如 4.8.4.1 中所述的合适的原料处理方法；

➤ 保证能达到 98％的（防虫剂转移至纤维）效率；

➤ 当防虫剂通过染液添加时，采取以下附加措施：

■ 保证工艺末端的 pH＜4.5，如果达不到，应在单独的步骤中重新利用染液来添加防虫剂；

■ 在染液膨胀后添加防虫剂，以防止溢流；

■ 选择染色工艺中不会阻碍防虫剂被吸收的染色助剂。

● 对干式纺丝生产的纱防蛀

BAT 是指采用以下技术之一，或同时采用以下技术（如 4.8.4.2 所述）：

➤ 结合使用酸性后处理法（为提高防蛀活性物质的摄取量）和漂洗液的再利用，以为下一次染色服务；

➤ 对总纤维混合物按 5％进行成比例的过度处理，并结合专用的染色机械和废水回收系统，以最大程度地降低活性物质排放到废水中。

● 散纤维染色/精练纱生产的防蛀

BAT 是指（见 4.8.4.3）：

➤ 在纱精练机的末端采用专用的小量添加系统；

➤ 在生产批次间循环少量的过程溶液，并采用专门设计以从用过的过程溶液中去除活性物质的工艺；这些技术可能包括吸附或降解处理；

➤ 利用泡沫技术直接往地毯堆上添加防蛀剂（在地毯生产中做防蛀处理时）。

● 染色纱生产的防蛀

BAT 是指（见 4.8.4.4）：

➤ 利用单独的后处理工艺以使染色工艺的排放最小化，而在该条下对于防蛀剂的摄取并非最有利；

➤ 利用半连续的小量添加机或改装的离心分离机；

➤ 在纱生产批次间循环少量的过程溶液，并采用专门设计以从用过的过程溶液中去除活性物质的工艺；这些技术可能包括吸附或降解处理；

➤ 利用泡沫技术直接往地毯堆上涂加防蛀剂（在地毯生产中做防蛀处理时）。

● 软化处理

BAT 是指通过轧布机，或者更好的是喷涂和泡沫系统，来添加软化剂，而不是直接在批次式染色机进行这项处理（见 4.8.3）。

5.2.2.5 洗涤

BAT 是指：

● 用排空/充满法或如 4.9.1 所述的"智能漂洗"技术代替溢流式洗涤/漂洗法。

● 通过（以下措施）减少连续工艺的水耗和能耗：

➤ 根据如 4.9.2 所述的原则安装高效的洗涤机器。平幅织物中纤维素和合成纤维的高效连续洗涤的有关价值在表 4.38 中展示；

➤ 引入热量回收装置。

● 不能避免使用卤化有机溶剂时（如被大量难以用水去除的药剂，如硅树脂油附着的纤维），采用完全封闭循环装置。装置必须达到 4.9.3 中所述要求，并必须满足供应需求，使持久性污染物在循环过程中被破坏（如高级氧化工艺），以防止任何可能由于污染物扩散或事故导致的地下水污染。

5.3 污水处理和废物处置

(1) 污水处理

污水处理至少遵循以下三条策略：

- 就地在生物废水处理厂中进行集中处理；
- 在场外的市政废水处理厂进行集中处理；
- 对于特定的单独的废水流可由地方自行处理。

当实际应用到废水处理时，只要使用得当，这三条策略均为 BAT 选择。对于废水处理，通常被认为比较好的方法包括：

- 不同的废水运用不同的处理工艺（见 4.1.2）；
- 根据废水成分的类型，在它与其他污水混合时将污水源单独隔离开，这样确保了废水处理厂只会接收它能够处理的废水，更重要的是，这样可以令废水具有了可循环或可回收的价值。
- 将污染严重的污水分配给最适合处理它的污水厂。
- 当废水进入生物处理厂，其中的组分有可能导致系统故障时，应注意避免这种情况。
- 在最终生物处理前，对污水中含有的不可生物降解的部分应选择合适的工艺处理掉。

根据以上这些方法，对于纺织印染和地毯工业的废水，以下是几种常见的 BAT 处理技术：

- 对于不可生物降解部分已经被预处理分离的废水，可以采用低 F/M 值的活性污泥法（见 4.10.1）。
- 对于高负荷（COD＞5000mg/L）并被挑选过单独隔离开的包含不可生化降解化合物的废水进行化学氧化的预处理（例如 4.10.7 中的 Fenton 反应）。以下废水有可能需要这样的处理：半连续或连读的印染工艺产生的轧染液、退浆液、地毯衬垫产生的印花浆、用过的染液和精整液。

某些特定的工艺残留物，例如印花浆和轧染液是非常难以处理的，应将它们与废水分离并放置于合适的地方。这些残留物应被适当的处理；其中，加热氧化是一个合适的方法，因为它可以产生高热值。

对于一些含有特定组分的废水，如印花浆染料、地毯衬垫的乳胶等，相比化学氧化来说，污泥处理之后采取沉淀/絮凝和焚化处理，会是一种更切实可行的方法（具体见 4.10.5）。

对于偶氮染料，在好氧处理之前，对印花浆和轧染液（具体见 4.10.6）进行厌氧处理会使脱色效果大大增强。

如果污水中含有的不可生物降解的成分不能被单独处理掉，那么就需要额外的物化处理使它整体达到排放标准。这些方法包括：

- 生物处理之后的深度处理。一个例子是在活性污泥法中，利用活性炭的循环进行活性炭吸附，对吸附了的不可生物降解组分进行焚化或者对剩余污泥（生物质及用过的活性炭）

采用自由基（OH^*，O_2^{*-}，CO_2^{*-}）与之反应。

● 在活性污泥系统中，联合生物、物理和化学方法进行处理，并添加活性炭粉和铁盐，剩余污泥通过"湿氧化"或"湿过氧化"（若使用了过氧化氢）法再生，具体见 4.10.3。

● 对于难以降解的化合物，臭氧氧化法会比活性污泥法效果要好（见 4.10.1）。

对于洗毛工艺的废水处理（水洗）

BAT 是指：

● 结合灰尘去除/油脂回收与蒸发污水处理，并将产生的污泥集中焚烧，将循环利用得到水和能量。这种方法适用于：①新的处理设备；②没有就地污水处理能力的现有设备；③将要取代已老化的污水处理厂的设施。这项工艺具体见 4.4.2。

● 对于现有的处理厂，在已经使用好氧生物处理工艺的污物处理系统中，联合使用凝结/絮凝处理工艺。

生物处理工艺是否被认为是 BAT 还是一个需要探讨的问题，直到获取更多关于成本和处理效率的信息。

（2）污泥处理

对洗毛工艺废水处理后的污泥

BAT 是指：

● 将污泥用于制砖业，或者进行别的合适的回收途径。

● 通过余热对污泥进行焚化，并且假设对于 SO_x、NO_x 以及灰尘的排放有了很好的控制。且避免了存在于污泥中的杀虫剂中的有机氯化物可能释放出的呋喃和二噁英。

6

新 兴 技 术

除了另有说明的信息外，本章中的信息均为 ［179，UBA，2001］ 和 ［77，EURA-TEX，2000］ 提供。

（1）酶催化精整工艺

酶是蛋白质，可作为生物催化剂启动和加速化学反应，若没有酶，通常需要更多的能量来完成化学反应。与传统工艺相比，他们出色的基质选择性使得酶催化精整工艺的工艺条件更加柔和。酶存在于细菌、酵母菌和真菌中。

目前，只有在天然纤维中会涉及酶的使用和研究，文献中未提及酶对于人造纤维的应用。一些酶的应用已经有很长时间了，比如退浆过程中的淀粉酶；但其他酶仍然是我们需要调查的对象。表 6.1 列出了目前在纺织行业已经被应用或者正兴起的酶法工艺。

表 6.1　纺织精整中的酶工艺 ［77，EURATEX，2000］，［179，UBA，2001］

纤维	处理方法	酶	所需基质	发展程度
棉	退浆	淀粉酶，淀粉葡萄糖酶	淀粉	最先进
	煮练	果胶酶	棉纤维，邻近的材料	可用
	煮练	多种酶	棉纤维，邻近的材料	新兴
	漂白	漆酶，糖苷酶	木质素、染料、葡萄糖	新兴
	降解漂白后残留的过氧化氢	过氧化物酶	H_2O_2	可用
	生物抛光	纤维素酶	纤维素	可用
	生物打磨	纤维素酶	纤维素	可用
羊毛	煮练	脂肪酶	羊毛脂	新兴
	防毡缩	特殊的酶		新兴
丝绸	脱胶	丝胶蛋白酶	丝胶蛋白	新兴
亚麻	软化	酯＋酵素	亚麻纤维，邻近的材料	新兴
黄麻	漂白，软化	纤维素酶，木聚糖酶	黄麻纤维，邻近的材料	新兴

节能（降低加工温度）、低水耗（漂洗步骤减少）和在一些情况下对危险/有害物质的替代，是酶工艺的突出优点。酶也可以作为催化剂，并作为生物催化剂回收利用。

（2）等离子技术

等离子是一种部分电离的气体混合物，包含原子、自由基和电子。在低温等离子体中的电子能裂解共价化学键，从而在处理过的基质的表面产生物理、化学修饰。

通常有两种类型的等离子：电晕等离子体和低压等离子体。

等离子体处理可以同时作用于天然纤维和合成纤维，并达到以下效果：羊毛脱脂；退浆；纤维润湿性的变化（亲水性，疏水性）；增加染料的亲和力；提高染料匀染性；羊毛精整中的防毡缩；消毒（杀菌处理）等。

羊毛的防毡缩精整是纺织行业研究最多的等离子体应用技术。不同于传统的防毡缩技术

（见 2.9.2.8），等离子处理是非常有吸引力的，因为这种技术导致的羊毛纤维降解较少，避免了废水中可吸附有机卤素（AOX）的存在。

一般来说，等离子体技术的主要优点是处理时间短、应用温度低、减少或避免化学药品在水和溶剂中的使用。

（3）电子射线处理

电子射线可激发由自由基引起的聚合反应，它可用于涂层、层压和将单体或前聚物预涂于纺织品的聚合反应。

与热固化相比，它的优点是：不含溶剂的配方可以使用。这减少了干燥过程中挥发性有机化合物（VOCs）的排放量。该技术已经在其他行业中被应用。因此可以预见，在 5 年内，该技术可以在纺织业中推行。

（4）染色过程中超临界二氧化碳的使用

超临界流体可以溶解中等极性的有机分子。

相比于其他气体，二氧化碳有着不易燃、不易爆、无毒的优点。

二氧化碳对 PES 和 PP 纤维的染色已发展到工业规模，但这种技术若用于羊毛、PA 和棉花染色仍存在问题，因为用于这些纤维染色的染料无极性。

PES 和 PP 的二氧化碳染色技术可以在 120℃和 300℃的最佳温度下恒压进行。其上染率和牢固性与水染非常类似。然而仍需要采取一些预防措施。

在染色中溶解的多余染料必须在染色周期结束时用超临界二氧化碳萃取。

总之，必须使用特殊的配方，其原因是：在常规染料中的分散剂和其他助剂强烈影响超临界二氧化碳中染料的吸收。

疏水性准备剂由于其在超临界二氧化碳中的溶解度问题，应在染色前被分离。染色过程中，它们从纤维里被分离，然后以油性液滴的形式在该过程的结束阶段沉淀下来。

二氧化碳染色具有众多优点：耗水量几乎为零；零尾气排放（CO_2 可循环使用）；染色后的干燥步骤可省略；不需要或很少需要添加匀染剂和分散剂；染料残渣可回收利用。

然而，设备投资成本高是该技术的一个重大缺点，尤其考虑到 PES 纺织品价格通常是很低的。

（5）超声波处理

超声波处理将提高染料和助剂的分散性，并且能增强它们的乳化能力和溶解性。这将改善液体的均质性，以提高上染率和染色的均匀性。此外，加入特殊的助剂（脱泡剂）后，超声波对液体和织物便具有了脱泡的效果。

应用于纺织业精整的超声波处理技术所带来的环境效益有：节约能源（较低的工艺温度和较短的周期）；助剂消耗少。

（6）电化学染色

还原和硫化印染应用化学氧化剂和还原剂，因此涉及氧化和还原步骤。2.7.8.1 描述了与这些化学品的使用相关的环境问题。用电化学的方法进行氧化还原染色是一个有价值的替代方法。

对于直接电解而言，染料在阴极表面减少。在间接电解中，阴极的还原能力通过可逆的可溶性氧化还原系统转移到溶液中（例如以蒽醌化学体系或铁的络合物为基础）。有了这个可逆的氧化还原系统，还原剂将在阴极不断再生，以充分回收利用染液和还原剂。

在电化学电池中的阴极直接还原适用于硫化染料。还原染料通过间接电解会减少。

(7) 可替代的纺织印染助剂

① 络合剂　聚天冬氨酸是一种传统的分散剂和络合剂的替代物，它的应用正处于研究中。

② 交联剂　聚碳酸酯可以作为以 N-羟甲基为基础的交联剂的替代物，并能控制甲醛的释放量。

③ 生物聚合物　除了纤维素，甲壳素是第二个主要的生物聚合物。甲壳素是甲壳动物（螃蟹、龙虾等）外壳和昆虫的主要结构成分。其中的脱乙酰衍生物壳聚糖溶解度较高，因此较易处理，这也使其变得越来越重要。

在纺织业中，有应用潜力的壳聚糖及其衍生物的例子包括：

·纺织品抗菌处理：混合 10%的壳聚糖纤维和棉纤维形成的混合纤维纱可达到永久抗菌效果；在无纺布上喷洒壳聚糖溶液也可得到同样效果。相比于其他抗菌物，壳聚糖对水生生物和人都是无毒的（因此对于那些与皮肤保持密切接触的面料来说，壳聚糖特别值得关注）。

·当用染料直接染色时，提高染料的牢度：据报道，壳聚糖的阳离子改性衍生物很适合这方面的应用。此外，壳聚糖提高了染料的吸收性能，可作为无纺布的柔软剂或黏合剂。它也可以作为印花浆料和上浆剂的添加剂。它在废水处理中的应用也值得关注。

(8) 模糊逻辑

模糊逻辑（即可自学的专业软件系统，它可通过算法自动扩大其认知能力）的应用使得工艺的可靠性得到显著改善。将模糊逻辑应用于纺织业是众多研究项目的研究对象。其中的两个例子研究的是对上浆工艺和交联剂缩合反应的控制。

其主要优点是提高了对过程的控制力，使得生产力提高的同时，最终产品的质量也有所提高。

同时，提高过程控制将使得能源得到节约，并因为化学药品使用的减少而获得间接环境效益。在纺织业，这种专业系统缺乏可靠的数据库，因此实施中有一定的限制。

(9) 在线监测

在线监测的过程控制加强了对"第一时间生产"的可靠性。

在这一领域正在进行一系列的研究，例如：

① 染色　在不连续的染色工艺中的洗涤、漂洗步骤里，对 COD 浓度（与染料浓度有关）实施在线测量。漂洗时，当染料的浓度可以忽略不计时，漂洗过程自动停止。这种技术可以节约大量的水和能源。

② 染色和漂白　通过一个特殊的电流传感器，针织物上氧化还原剂的浓度可在线控制。例如，在漂白后，可以监测过氧化氢的去除量和染缸中还原剂的浓度，以避免过度使用化学药品。

③ 还原性染料染色　通过监测氧化还原电位，可以确切检测到还原剂全部被洗掉的时刻。当达到这一时刻，停止漂洗过程，向染缸中添加氧化剂。

(10) 纺织业高级氧化过程的未来发展

在纺织业，高级氧化技术已经得到应用，并在进一步研究中（见 4.10.7）。BIOFL-紫外工程就是一个例子。这项研究的目的是开发和测试一个由过氧化氢紫外线激活光解（对废液脱色）与生物浮选（对残留有机物的破坏）过程组合的废水处理技术。这些污水处理工艺的组合，可望实现对各个湿法过程（精整、漂白、染色等）中废液的完整脱色。该项目还将制定和实施基于人工神经网络和系统动力学的过程控制软件。最终目标是过滤 75％ 的工艺水并将染料破坏后对资源进行回收 [313，BIOFL-UV，2002]。

(11) 用于废水处理的芦苇地系统

长期以来，研究人员指出，自然环境（土壤、湿地等）的去除能力高，并研究利用自然环境（生态系统）净化或至少完善废水净化过程的可能性。在人工植物群中利用这些原则的净化技术通常定义为"RBSs"或"建造湿地"。这些技术涉及植物在废水处理中的运用，虽然植物在这个过程中并不总是发挥主要作用。事实上，污染物的去除以及随之而来的废水净化过程是一系列涉及基质、微生物和植物交互反应过程的结果。

目前，工业实践表明，芦苇地技术和植物既可以用于工业的二级或三级废水处理，也可用于市政和畜牧业废水。两家意大利纺织精整厂（贝卢诺的 PrismaRicerche 和特雷维索区的 Filati di Ziche）正在评估这项技术。在一家工厂内，从染坊来的废水（所有类型的纤维和染料）进入由 5 个池子串联而成的芦苇地系统中进行处理。据悉，化学需氧量（COD）去除率达到 90％ [106，Vekos，2001]。据悉，其他公司用该技术处理来自活性污泥系统的污水。这使得残留的化学需氧量（COD）进一步减少 51％ [106，Vekos，2001]。

7

结 束 语

7.1 工作时间安排

1998 年 2 月 12 日及 13 日，TWG 第一次会议召开，关于这份 BAT 参考文件的工作也随即开始。该 BAT 参考文件第一稿草案在 2001 年 2 月被送往技术工作组进行商讨，随即第二稿草案在同年 11 月份发布并在 2002 年 6 月至 8 月的第二届 TWG 会议上讨论通过。然而在第二次 TWG 会议之后，对于本书的第 4 章和第 5 章的修订部分，第 6 章"新兴技术"以及第 7 章"结语"，仍有相关人士提出了少量建议和意见，故本书是对这几章内容再次做了修改和订正后的最终版本。

7.2 资料来源

为了使 EIPPC Bureau 能更好地提供 BREF 发展的精确信息，相关企业和政府提交了大量详细具体的报告。其中德国 [179, UBA, 2001]、西班牙 [180, Spain, 2001]、丹麦 [192, Danish EPA, 2001]、比利时 [18, VITO, 1998] 和 Euratex [77, EURATEX, 2000] 提供的报告对本书纺织精整章节的意义重大。地毯业的信息主要来自 GuT（[63, GuT/ ECA, 2000], [171, GuT, 2001]）and ENco [32, ENco, 2001]。而洗毛业的信息主要来自 Interlaine 提供的文件 [187 NTERLAINE, 1999]。从许多不同角度讲，VITO 做出的贡献都是巨大的，它为完善其他来源的信息，以及确保纺织行业的 OSPAR 论坛的信息向外界流通奠定了基础。

除此之外，来自各技术工作组以外的人员（例如 CRAB-在意大利比耶拉 [193, CRAB, 2001] 和澳大利亚的代表 [201 Wooltech 2001]）也给予了宝贵的帮助。同时因为欧洲委员会的 IPTS（由"零排放"（TOWEFO）项目资助）的参与，很多有用信息，特别是有关废物排放及能量消费水平等的信息也能为大家所用。作为 TOWEFO 的一部分，该研究工作涉及的企业也搜集了大量 TWG 提供的基础资料。

7.3 达成的共识

信息交流的过程是成功的，并且在第二次 TWG 会议上得到了与会者的广泛认同，在最后的讨论中没有意见的分歧，但仍有以下几点需要加以强调。

① 对 BAT 实施的进程　纺织行业是一个非常复杂的行业，各个纺织企业不仅在生产规模上有所差别，而且在签订的合同条款以及生产的最终产品上也大相径庭。同时，手工操作

为主体的纺织业与高度自动化的纺织业的技术水平也有很大差异。BAT 的总结中指出 BREF 代表了一个很好的环境目标，但也有一些人因为所需的初始投资而感到担心和怀疑。然而，BAT 是过程导向技术，它可通过提高效率和减少废物来节约成本。因此实施的速度将成为纺织业中一个特别敏感的问题。

② 选择性进购纤维原料 讨论的核心内容是在根据环境标准进购纤维原料时的 BAT 选择。

从一开始，业界提出的强有力证据表明，很大一部分的污染负荷来自上游工序。TWG 提供了很多现行的预防技术，这些技术详见第 4 章。这些技术是一般方法的一部分，其中在产品生命周期的某个的阶段中添加或残留的化学品信息，供应商都应该提供。

这些预防措施的基本原则被广泛采纳。但是，一些工厂提出了反对意见，他们认为对于精整部门而言要知道纤维内所含的物质非常困难，且相对产业链的其他部门，这个方法使精整部门（特别是代理公司）承受了更多的压力。

考虑到某些公司在控制/选择纤维来源时会存在的困难，一个好的纤维材料引入保证系统对于申请 IPPC 许可证是必要的。

显然，目前的消费者越来越关注他买的东西所带来的全部环境影响。这也已经促使名牌商家开始保证他们的产品从设计到柜台的全部产业链中，能够满足伦理和环境的要求。

这与 BAT 在纺织产链中寻找上游合作者相似，不仅仅是在一个特定的水平，而且是一个更高的水平去创造一个具有环境责任的纺织产业链，使环境责任贯穿整个生产贸易过程。

7.4 对未来工作的建议

在 BREF 工作开始时，有关目前能量消耗和废物排放水平及在选择 BAT 时所考虑技术性能（特别是污水方面）的数据有限。关于水的排放，对污水处理厂（如果存在）最终混合污水的分析方法已经出现了，但是这些数据并不能满足 BREF 的需要。

一些 TWG 的成员在选择纺织厂方面做了很大的努力，他们进行了调查和分析，因为这些工作，本书中资料库具有很高的价值。不过，对于未来的 BREF，所有 TWG 和有关各方面应继续（或开始）为最有疑问的过程收集数据，以尽可能地评定这一过程中环境性能和所使用的技术和化学物质之间的关系。也应鼓励以此为目的的倡议和研究项目。

将来，在纺织厂内的具体处理过程中，由于对输入和输出情况进行系统监测，更多的数据可以被获取。

另一个普遍想法与今后的经济性数据相关。在某些情况下，收到的信息太模糊，以至于不能精确平衡收支。在未来，更广泛的关于收支的数据对协助 BAT 是有益的。

除了这些一般性的考虑，数据和信息缺失的具体领域包括以下几个方面。

洗毛废水的生物处理技术：性能数据缺失。

① 超细羊毛洗涤 BREF 报告中的能量消耗和废物排放水平与使用技术无关，并且不能达到 BAT 结论的相关值。

② 功能性精整 第 4 章描述了许多易操作、可用于防虫和软化处理的技术。但是，在确定 BAT 时要考虑的功能性精整处理技术几乎没有。

③ 地毯业（不包括地毯纱湿处理） 除了废气排放，关于湿处理过程的能量消耗和废物排放数据非常少（如染色、印花等）。

④ 丝绸，亚麻 关于这些纤维的信息非常少。

⑤ 针对该行业的监测方面。

7.5　未来研发项目的推荐主题

下面是未来可能研究和开发的项目。

(1) 对过程的理解/监测

① 改善在线监测技术，实现对过程的理解：目前，纺织品的工艺参数常常设定在人们的经验基础上，而不是真实的物理/化学基础。

② 对于纺织业化学药品和助剂的选择，两个相关联的数据问题阻碍了对环境友好型物质的选择：易于比较的环境数据；关于每一组分的信息，配方物质中主要的杂质和反应中的副产物。

还有一些显而易见的商业机密问题，但这并不阻碍深层次的技术发展。

(2) 特殊过程/处理

① 退浆　在同一工厂内进行纺织和退浆有利于织物尺寸的恢复。

② 膜技术　通过膜技术对单一隔离废水的可处理性研究及由化合物引起的对膜的损害的评估。

③ 杀虫剂　一些杀虫剂可被紫外线自然降解。为了加速羊毛上杀虫剂的降解而使用人工紫外线是保证进一步工作的一种技术。

④ 人造纤维的香味整理剂　尽管这个领域最近已有一定进展，但为了开发出易于去除且对水和空气影响较小的化合物，进一步的研究工作是必要的。

(3) 废水

① 废水中包含的重要而不可生物降解的部分应在生物处理之前以适当的技术进行处理，或者以适当的处理方式代替生物处理技术：为最大限度提高分离效率，以尽可能改善回收和处理效果，进一步的研发工作是必要的。

② 纺织行业废水包含复杂的有机物与无机物。在大多数情况下，有机体的急性毒性在生物处理后急剧下降。这种混合废水中的多种成分可能存在协同作用，这种作用对环境的影响仍然难以确定。我们需要在以下两个方面进行深入研究：继续发展对混合废水的直接毒性评估（DTA）；对处理后的化合物残余毒性（有时很高）的鉴别。

欧盟委员会正通过其 RTD 项目发起并支持关于清洁技术、新兴污水处理和循环技术以及管理策略的一系列项目。

在这一系列项目中，有一些涉及以下方面：

· 取代传统洗毛技术的超声波和激光技术的发展；

· 用于纺织品精整的等离子技术的发展（使用气体代替液体的化学处理方法）；

· 为羊毛毡缩处理发展新的、以酶为基础的处理过程，其覆盖从碳化到精整毛毡的全部产业链（以酶取代硫酸）；

· 超临界流体染色技术的发展。

特别地，欧盟支持对于用于纺织工业的有害染料的研究，尤其是中小型企业所使用的有害染料。这些染料大多是"现成物质"，因此没有经过任何有害影响的测试。目前正在测试广泛用于纺织工业的染料因其突变所带来的影响。如果可能的话，要找到有害染料的替代品。

这些项目可能会对未来的最佳现行技术相关文件有着一定的贡献。因此，请读者将任何与本书有关的研究成果告知 EIPPCB（见本书序言部分）。

参 考 文 献

[3]　RIZA，(1998). "Dutch notes on BAT for the textile and carpet industry"，.

[4]　Tebodin，(1991). "Technical and economic aspects of measures to reduce water pollution from the textile finishing industry"，.

[5]　OSPAR (1994). "PARCOM Recommendation 94/5 concerning Best Available Techniques and Best Environmental Practice for Wet Processes in the Textile Processing Industry".

[7]　UBA，(1994). "Reduction of Waste Water in the Textile Industry"，Texte 3/94.

[8]　Danish EPA，(1997). "Environmental Assessment of Textiles"，Environmental project n. 369.

[11]　US EPA，(1995). "Manual-Best Management Practices for Pollution Prevention in the Textile Industry"，.

[18]　VITO, J. B. D. G. D. , (1998). "Beste Beschikbare Technieken (BBT) voor de Textielveredeling (BAT for the textile processing)"，.

[31]　Italy，(2000). "Information submitted by Italy-Emission and Consumption Levels in Prato District"，.

[32]　ENco, D. A. , (2001). "Best Available Techniques in Wool and Wool Blend Carpet Yarn Wet Processing"，.

[36]　BASF，(2000). "Technical Information about BASF Products for Resin Finishing"，TI/T 344.

[37]　TEGEWA，(2000). "Presentation of the "Method of Classification of Textile Auxiliaries according to their Relevance to Water""，.

[44]　Comm. , P. , (2000). "Technical information submitted by HRS Engineering about HRS technology for waste fumes treatment (condensing+dry electrostatic cleaning)"，.

[48]　VITO，(2001). "Information submitted by L. Bettens on behalf of VITO about spin finishes and lubricants"，.

[50]　OSPAR，(1997). "PARCOM Recommendation 97/1 Concerning Reference values for Effluent Discharges from Wet Processes in the Textile Processing Industry"，Annex 12.

[51]　OSPAR，(1994). "PARCOM Recommendation 94/5 Concerning Best Available Techniques and Best Environmental Practice for Wet Processes in the Textile Processing Industry"，Annex 9.

[52]　European Commission (1999). "Commission Decision of 17 February 1999 establishing the ecological criteria for the award of the Community eco-label to textile products".

[59]　L. Bettens，(2000). "A summary of findings of the assessed documentation，including conlusions and proposals"，.

[61]　L. Bettens，(1999). "Evolution in Chemical Use since 1992 within the Textile Processing Industry"，.

[63]　GuT/ ECA，(2000). "Production Process for Textile Floorcoverings (draft) -Contribution for the IPPC BREF (Chapter 1-2)".

[64]　BASF，(1994). "Products for Textile Finishing：Ecological Evaluation"，.

[65]　TEGEWA，(2000). "International Textile Auxiliaries Buyers'Guide"，.

[66]　CRIT, P. , (1999). "IPPC-Italian Wool Textile Industry"，.

[69]　Corbani, F. (1994). "Nobilitazione dei tessili"，.

[71]　Bozzetto，(1997). "Servizio Informazioni Tecniche：Tintura della lana"，.

[76]　CoLorservice，(2001). "Technical information submitted by Colorservice about automatised dosing and laboratory linked on line with the dyeing department"，.

[77]　EURATEX, E. -D. , (2000). "Textile Industry BREF document (Chapter 2-3-4-5-6)"，.

[78]　Danish EPA，(1999). "Cleaner Technology Transfer to the Polish Textile Industry"，.

[97]　CSIRO (2000). "Technical brochure about Wool Residue Testing".

[102]　ETAD, (2001). "Guidance for the User Industry on the Environmental Hazard Labelling of Dyestuffs"，.

[103]　G. Savage, (1998). "The Residue Implications of Sheep Ectoparasiticides"，.

[106]　Vekos, (2001). "Information brochure about waste water treatment systems (Reed Bed Systems，Bi-Air Float，Bi-Sand Filter)"，.

[113]　EURATEX, (1997). "Importance of the Textile and Clothing Industry in Europe"，.

[116]　MCS, (2001). "Information brochure about "Multiflow""，.

[120]　Brazzoli, (2001). "Information brochure about" Sirio "dyeing machines"，.

[127] Loris Bellini, (2001). "Information brochure about" Loris Bellini "dyeing machines (General Catalogue)".

[146] Energy Efficiency Office UK, (1997). "Good Practice Guide 168-Cutting your energy costs-A guide for the textile dyeing and finishing industry",.

[161] Comm., P., (2001). "Information submitted by CRAB-Biella about "Low-chrome dyeing techniques"",.

[163] Comm., P., (2001). "Information submitted by CRAB about "Sostituzione dei colorantial cromo con coloranti reattivi per la tintura della lana"",.

[167] Comm., P., (2000). "Information submitted by Vincenzo Bellini-Texcel about" Washing Efficiency in Discontinuous, Semi-and Continuous Processes for Cotton and Cotton Blends fabric " (Ⅱ document)".

[169] European Commission, (2001). "The European Eco-Label at a Glance",.

[171] GuT, (2001). "Information submitted by L. Bettens on behalf of GuT about "Carpet Manufacturing"",.

[176] VITO, (2001). "Information and comments submitted by L. Bettens on behalf of VITO about "Discontinuous Dyeing"",.

[177] Comm., P., (2001). "Information submitted by MCS about the "Multiflow Dyeing Machine"",.

[178] VITO, (2001). "Information submitted by L. Bettens on behalf of VITO about CORTERRA PTT",.

[179] UBA, (2001). "BAT Reference Document-Germany",.

[180] Spain, -. P. J. M. C., Mr. L. Alier, Ms. Cristina Canal, (2001). "Information submitted by Spanish TWG" Posición Técnica Española en relacion al l Draft of the BREF on Textiles "including "Nuevas Aportaciones a los Capítulos 4 Y 5 del Draft 1 Documento BREF"",.

[181] VITO, (2001). "Information submitted by L. Bettens on behalf of VITO about "Reducing Agents"",.

[182] VITO, (2001). "Information submitted by L. Bettens on behalf of VITO about "Alkalidischargeableazo disperse dyes containing phthalimide moieties"",.

[183] VITO, (2001). "Information submitted by L. Bettens on behalf of VITO about "Ecological Sulphur Dye & Dyeing Techniques"",.

[185] Comm., P., (2001). "Information submitted by Vincenzo Bellini-Texcel about "Efficienza di asciugamento, ottimizzazione dell'aria di espulsione da un tipicoasciugatoio e daunarameuse"",.

[186] Ullmann's (2000). "Ullmann's Encyclopedia of Industrial Chemistry",.

[187] INTERLAINE, (1999). "Best Available Techniques in Wool Scouring",.

[188] VITO, (2001). "Information and comments submitted by L. Bettens on behalf of VITO about "Wool Chrome Dyeing Techniques"",.

[189] D. Levy, (1998). "Peroxide desizing: a new approach in efficient, universal size removal",.

[190] VITO, (2001). "Information submitted by L. Bettens on behalf of VITO about" Fibre reactive dye (ing)",.

[191] VITO, (2001). "Information and comments submitted by L. Bettens on behalf of VITO about "Wool chrome dyeing or reactive dyeing?"",.

[192] Danish EPA, (2001). "Danish experiences: Best Available Techniques-BAT-in the clothing and textile industry-Preliminary Version-Document prepared for the European IPPC Bureau and theTWG on Textiles",.

[193] CRAB, (2001). "Information submitted by CRAB about Emission and Consumption Levels in some Textile Finishing & Wool Scouring Millss in the Region of Biella-ItaLy",.

[194] Comm., P. (2001). "Information submitted by BOZZETTO about "Typical add-on and COD content of the preparation agents applied on the fibre and yarn during the production process"".

[195] Germany, (2001). "Comment to the First Draft of the BREF about "Softeners"",.

[196] EIPPCB, (2001). "Draft Reference Document on Best Available Techniques in Common Waste Water and Waste Gas Treatment/Management Systems in the Chemical Sector",.

[197] Comm., P., (2001). "Information submitted by Paolo Zanaroli-Sperotto Rimar, Italy about "The Use of Fully Closed-Loop Solvent Treamtent Installations for Continuous Textile Webs"".

[198] TOWEFO, -. E. --., (2001). "Questionnaires submitted textile mills within the TOWEFO Project (EVK1-CT-2000-00063-Evaluation of the effect of the IPPC directive on the sustainable waste management in textile industries)",.

[199] Italy, (2001). "Information submitted by Italy about Emission and Consumption Levels in one Textile Finishing Mill",.

[200] Sweden, (2001). "Information submitted by Sweden about Emission and Consumption Levels in some Textile Finishing Mills",.

[201] Wooltech, (2001). "Detailed description of Wooltech Processes and Techniques-Document A1",.

[202] Ian M. Russel, C. -T. a. F. T. (2000). "Meeting the IPPC needs of European Processors: An Australian Perspective by Ian M. Russell-Commercial technology Forum – Nice meeting, Novembre 2000".

[203] VITO, (2001). "Information submitted by L. Bettens on behalf of VITO about "The Application of the Oxidative Route"",.

[204] L. Bettens, (2000). "OSPAR POINT 2000-Conclusions",.

[205] M. Bradbury, (2000). "Smart rinsing: a step change in reactive dye application technology" JSDC Volume 116 May/June 2000,.

[206] Italy, (2001). "Comments made by Italy to the First Draft of the BREF on textiles-Information submitted about "Pretreatment of silk",.

[207] UK, (2001). "Comments made by UK to the First Draft of the BREF Textiles",.

[208] ENco, (2001). "Comments made by ENco to the First Draft of the BREF Textiles",.

[209] Germany, (2001). "Comments made by Germany to the First Draft of the BREF Textiles",.

[210] L. Bettens, (1995). "Environmentally Friendly Bleaching of Natural Fibres by Advanced Techniques (SYNB-LEACH EV5V-CT 94-0553)" European Workshop on Technologies for Environmental Protection,.

[211] Kuster (2001). "Dye/finish applicators-Information submitted by L. Bettens on behalf of VITO".

[218] Comm., P., (2000). "Comments and contributions submitted by Bozzetto about "Applied Processes and Techniques in the Textile Sector"".

[247] Comm., P., (2001). "Comment made by L. Bettens about the" BAT Document "submitted by UBA-Germany".

[278] EURATEX, (2002). "Information submitted by EURATEX about the Textile Finishing Sector (data source: CRIET-European Textile Finishing Association)".

[279] L. Bettens (2001). "Comments made by L. Bettens to the First Draft of the BREF on Textiles".

[280] Germany (2002). "Comments made by Germany to the Second Draft of the BREF Textiles".

[281] Belgium (2002). "Comments made by Belgium to the Second Draft of the BREF".

[287] Germany, (2002). "Comments to the Second Draft of the BREF on Textiles-Emission Concept Factor",.

[288] MCS, (2002). "Personal communication submitted by MCS about" Low liquor ratio machinery "and "New development on rinsing techniques"".

[289] Comm., P., (2002). "Contribution given by Color Service about" Application of automated dosing and dispensing systems for chemicals and dyes in IPPC companies "-Answer to the comments made by the TWG on the Second Draft of the BREF".

[292] US Filter-Zimpro, (2002). "PACT systems",.

[293] Spain, (2002). "Comments made by Spain to the First Draft of the BREF".

[294] ETAD, (2001). "Comment made by ETAD to the First Draft of the BREF".

[295] Spain, (2002). "Contribution made by Spain to the Second Draft of the BREF: "Substitution of conventional lubricants with hydrosoluble oils in knitted fabric manufacturing"",.

[297] Germany, (2002). "Contribution by Germany after the second TWG meeting-Answers to open questions on "Alkali Clearable Dyestuffs", "Sulphur Dyestuffs", "Hot rinsing of reactive dyestuffs", "Econtrol process"",.

[298] Dyechem Pharma, (2001). "Textile Softeners",.

[299] Environment Daily 1054, (2001). "MEPs demand broad flame retardant ban-Environment Daily 06/09/01" Environment Daily,.

[301] CIA, C. I. A., (2002). "Comments made by CIA on the Second Draft of the BREF",.

[302] VITO, (2002). "Information provided by L. Bettens on behalf of VITO about Flame Retardants",.

［303］ Ullmann's（2001）. "Flame retardants".

［304］ Danish EPA, C. L., S. Lokke, et al., （1999）. "Brominated Flame Retardants-Substance Flow analysis and Assessment of Alternatives", Environment Project 494.

［308］ Spain, （2002）. "Attachment to comments made by Spain to the Second Draft of the BREF-Annex I-Contribution for Chapter 4",.

［311］ Portugal, （2002）. "Comments made by Portugal to the Second Draft of the BREF",.

［312］ ANT, A. T. I., （2002）. "Urea consumption levels collected in three printing houses in Italy for silk and viscose",.

［313］ BIOFL-UV, （2002）. "Textile water recycling by means of bio-flotation and UV irradiation treatments-Proposal for financial support from the EC for SME specific measures COOPERATIVE RESEARCH CRAFT",.

［314］ L. Bettens, （2002）. "Information submitted by L. Bettens on behalf of VITO about "Combined biological, physical and chemical treatment of mixed waste water effluent"",.

［315］ EURATEX, （2002）. "Data submitted by EURATEX-Share of the EU-15 Textile and Clothing Industry Sector in the Manufacturing Industry（data 2000 source: EUROSTAT）",.

［316］ Sweden, （2001）. "Comments made by Sweden to the First Draft of the BREF".

［317］ Comm., P., （2002）. "Information submitted by Wooltech-Economic data for the Wooltech Technology".

［318］ Sperotto Rimar, （2002）. "Comments made by Sperotto Rimar-Italy to the Second Draft of the BREF".

［319］ Sweden, （2002）. "Comments made by Sweden to the Second Draft of the BREF".

［320］ Comm., P., （2002）. "Information provided by Germany-" Lanaset TOP "process".

［321］ CEN Draft, （1999）. "European Standard Draft prEN 13725-Air quality-Determination of odour concentration by dynamic olfactomethy",.

附录 I 纺织印染助剂

1. 表面活性剂

介绍表面活性剂的内容出现在这部分看似有些不恰当,因为它不是一类助剂,而是一类有机化合物。之所以在这一部分介绍,是因为这些化合物是在纺织行业中用途多样,非常常见(例如润滑油、抗静电剂、润湿剂等)。放在此处介绍也可以避免其在附录中的重复。

表面活性剂既可以作为纺织助剂的活性物质,又可以用作助剂、染料、印花浆、涂料浆的添加剂(例如染料中的分散剂、化纤油剂的乳化剂等)。

表面活性剂在纺织行业主要可被归纳为四种:精练剂、染液添加剂、软化剂和抗静电剂。

表面活性剂是有机极性化合物,它们的分子中至少包括一个疏水性基团和一个亲水性基团。根据它们的化学结构、表面活性剂可被分为非离子型、阴离子型、阳离子型和两性型4种。

(1) 非离子型表面活性剂

非离子型表面活性剂在纺织加工过程中的应用广泛,主要可用作洗涤/分散剂、均染剂等,一些非离子型表面活性剂的应用实例包括:脂肪醇聚氧乙烯醚、脂肪胺聚氧乙烯醚、脂肪酸聚氧乙烯醚、甘油三酯醚、烷基酚聚氧乙烯醚、环氧乙烷/环氧丙烷加合物。

乙烯醚脂肪醇、酸和三酸甘油酯都是非常容易生物降解的,与之相反,环氧乙烷/环氧丙烷加合物,脂肪胺和烷基苯酚聚氧乙烯醚(APEO)则不容易降解,同时由于其水溶性较低,清除也比较困难。

(APEO)与壬基酚乙醇脂(NPE)构成了严重的环境问题。APEO的降解是通过逐步去除乙氧基来实现的。这样APEO就形成了相应的烷基苯酚,这类烷基苯酚由于其亲脂性在生物体内易积聚且生物降解性较差。烷基酚(尤其是辛基酚和壬基酚)对水生生物有较高的毒性,据报道,它是通过破坏水生生物的内分泌系统来影响水生物种的种群繁殖。

(2) 阴离子型表面活性剂

阴性表面活性剂在纺织加工中使用较多的种类包括:硫酸盐(如乙醇硫酸氢钠,烷醇酰胺硫酸盐,硫酸化植物油);磺酸盐(如烷基苯磺酸,磺化植物油,萘盐,木质素磺酸盐);烷基醚磷酸盐;羧酸(脂肪酸缩合产品,脂肪酸碱盐)。

线性、更易生物降解的化合物是最常用的(例如烷基苯磺酸盐,脂肪烷基硫酸盐等)。比如,木质素磺酸盐和含甲醛萘磺酸的冷凝剂都是较强的阴离子表面活性剂,通常作为还原染料、硫化染料和分散染料的分散剂使用。

阴性表面活性剂有许多优势:它们是很好的油性乳化剂和染料分散剂,它们也是很好的润湿剂,并且其价格不高。不过,它们会产生较多的泡沫,并且硫酸盐表面活性剂对钙和镁比较敏感 [11,US EPA,1995]。

(3) 阳离子型表面活性剂

阳离子表面活性剂在纺织加工中比较少见。其中运用实例是将四氨化合物(盐)作为阳离子染料的缓凝剂,这种阳离子是抗水溶性的物质。到目前为止,阳离子型表面活性剂在所有表面活性剂中的毒性是最高的［179，UBA，2001］。

（4）两性型表面活性剂

两性型表面活性剂在纺织行业的应用不是非常广泛。它们的主要优点是可以同时用在碱性和酸性媒介中，也可以用在阳离子型或阴离子型表面活性剂的混合物中。

季铵混合物的衍生物应用很少，然而其他种类低毒的物质却越来越多被使用。典型的例子包括：

甜菜碱衍生物；

咪唑啉；

修正脂肪酸氨基乙醇（在还原清洗聚酯纤维以去除低聚物时，它们有很好的乳化和溶解能力）。

两性型表面活性剂价格高昂，只能在需要高兼容性的情况下选择使用。

2. 纤维和纱线加工的助剂及精整剂

该类物质包括可以用到纤维的生产和成纱过程中的有机化合物。这些助剂的名称来自于 TEGEWA 命名法（"TEGEWA 命名法，1987 年"）。分类如下：纺丝液添加剂、纺纱添加剂；初纺化纤油剂；次纺化纤油剂（调节剂和润滑剂）；络筒油、整经油、加捻油。

它们受到了特别的关注，因为它们在纺织预处理前被清除，大多数情况下，在精整厂的处理中，这有助于降低这些物质排放到水中或空气中的比例。

一般纱线和纤维预处理剂的化学构成基于四种主要的成分，其比例决定于预处理剂的具体功能：润滑油；乳化剂；润湿剂；抗静电剂；添加剂（如杀虫剂，抗氧化剂，用于使线紧实的药剂）。

（1）润滑剂

常用的润滑剂包括：矿物油，酯油，合成润滑油（包括合成酯、环氧乙烷/PO 加合物、有机硅等）。

术语"矿物油"，是用来特指从原油中精炼获得的润滑油。它们是含 C12～C50 长度碳链的烃类化合物的混合物，沸点在 220～450℃ 范围内，因为其含有不良和不稳定的杂质，矿物油会在高温处理时产生烟尘并排放到空气中。

矿物油很难被降解，只能被吸收。然而，在考虑水污染的时候，人们最关心的是多环芳香族烃类化合物的存在（这些化合物都包含在欧盟水框架协议规定的有害物质优先控制名单中）。

矿物油中的多环芳烃化合物的量会根据油提炼过程中吸收和释放的不同而不同，这个过程中油的分散性会降低（精炼矿物油俗称白色的油）。药用级矿物油所含多环芳烃低于 0.1mg/L，但价格仍是传统矿物油的 3 倍以上。

矿物油的使用量在逐渐下降。然而，由于其成本低，它们仍然被广泛地使用在需要生产价格低廉的产品的场合（主要用作络筒油，目前较少用作羊毛加工助剂）。

酯类油通常是脂肪醇、醇或多羟基醇酯化后形成的脂肪酸。它们通常由天然脂肪或天然油皂化获得。

酯类油用做润滑剂是对矿物油的一种替代。相对于矿物油，酯油的热稳定性更高，生物降解更好，乳化更容易。在初纺过程中越来越多地取代了矿物油，但矿物油在次纺过程中仍然有很高的市场占有率。

合成润滑剂（即所谓的合成油）是人工合成的液体，是专门为使其具有润滑功能而合成的。由于合成油由重量、结构都比较均匀的分子构成，所以它们可以承受超过 $200℃$ 的高温，同时也比矿物油具有更高的氧化稳定性和热稳定性。基于这些原因，它们在许多方面优于矿物油产品，允许在更高的温度下运行，可以减少润滑油的损失，并在较广泛的操作条件下具有很高的灵活性。

合成油不含金属、硫、磷、蜡等物质。某些润滑油的生物降解性能很高，从而减少了对环境的负面影响。

几种主要的合成润滑油有：合成烃类化合物，如聚 α-烯烃（PAO）和二烷基苯，这是最常见的类型；合成酯、二元酸，如多元醇酯；聚乙二醇；硅酮。

合成酯是从相对纯净和简单的原始材料合成的，它们由专门设计的高性能润滑分子构成。与从天然脂肪和油中获得的脂油相比，合成脂的分子大小更均匀，这意味着它们具有更好的热稳定性和氧化稳定性。

EO/PO 的共聚物可以用于组织化学纤维，因为它们不像矿物油一样会干扰工艺的进行。这些合成润滑油的化学结构可表示如下：

$$S—(EO)_x—(PO)_y—B$$

S 为表示启动组件，它可以是短链醇类（如 C_4—），多元醇，有机酸或伯胺

B 为块组件，它可以是醚（OR），酯（COOR），醋脂 $CH(OR)_2$ 或 OH。

高分子 EO/PO 加合物通常都不能被降解或很难被降解。

作为一种润滑油，有机硅在多个领域发挥了作用，例如氨纶、锦纶的纤维制造过程。它们具有化学惰性及无毒、阻燃、防水的特性。它们在极端的温度下及对氧化性和热稳定性有极高要求的环境下都有很大的应用价值。

有机硅在所有润滑油中的 COD 水平最高，它们很难被生化消除，但对水生生物却没有危害。主要缺点是，它们很难被乳化，很难从纤维上去除掉。常用 APEO 来去除它们，但是洗涤后仍然会有相当大比例（约 40%）的残存物，这种情况将在后续的高温处理过程中导致空气污染物的排放。

（2）乳化剂

当需要将化纤油剂用于水溶体系时，若此时润滑剂不溶于水，就需要在配方中添加乳化剂。阴离子和非离子型表面活性剂都是常用的乳化剂。主要的表面活性剂如下。

阴离子表面活性剂：磺化和硫酸化植物油。

非离子表面活性剂：乙氧基脂肪醇；乙氧基脂肪酸；乙氧基山梨醇酯；烷基（不含 APEO）苯酚聚氧乙烯醚；偏甘油酯和乙氧基甘油三酸酯。

（3）润湿剂

润湿剂主要是短链的磷酸烷基酯。

（4）抗静电剂

阴离子表面活性剂还具有防静电的性能。一元或二元磷氧化物（主要是它们的钾盐，诸如肌氨酸盐、胺氧化物和磺化琥珀酸盐等）被作为主要的抗静电剂，也可用做两性型表面活性剂。

（5）添加剂

水性体系中可被细菌侵蚀，因此必须纳入杀菌剂。如甲醛作为防腐剂应用计量约 $50mg/kg$ 纤维。使用计量约为 $2mg/kg$ 纤维的杂环化合物（咪唑啉酮和异噻唑啉酮衍生物）也比较常见。

将化纤油剂以纯油或稳定溶液的形式使用时，与使用水性乳液的情况恰恰相反，此时可以避免使用杀菌剂，除非在存储期间需要杀菌。

纤维中加入活性物质的量和制剂的配方会随着纤维类型和最终用途的不同而有较大不同。一个粗略的概况如表1所列，而更详细的使用说明和使用计量会在下面的章节逐渐展开（根据最新版的［7，UBA，1994］）。在表1中不同类型的纤维并没有被详细区别开来，只在弹性纤维及用于生产针织面料的纤维之间有所区分，因为在这两种情况下应用计量较大。此外，"纱线生产"栏中所示的用量表示在纤维本身的生产结束之后应用到纤维上的化纤油剂总量（包括络筒油、加捻油和添加到长丝组织化处理工艺中的油等）。

表1 生产工艺过程中使用于织物和纱线上的助剂量概览

项 目		纤维制造业		纱线制造业		总 计	
		g/kg 基材	COD /(mgO$_2$/g)	g/kg 基材	COD /(mgO$_2$/g)	g/kg 基材	COD /(mgO$_2$/g)
松捻丝	非弹性体	10	2000	20	3000	30	2700
	弹性体	100	1000	50	1000	150	1000
	针织长丝	10	2000	30	3000	40	2750
有织纹细丝	非弹性体	8	2000	20	3000	28	2700
	弹性体	8	2000	30	3000	38	2800
短纤维	非弹性体	3	2000	20	3000	23	2850
	弹性体	50	1000	50	1000	100	1000
	针织纱	3	2000	30	3000	33	2900

数据来源：［194，Comm.，2001］。

2.1 纺丝溶液添加剂、纺纱添加剂和纺纱浴添加剂

本书只提及这类物质中在预处理过程中能被清洗掉的助剂。从这个角度而言，把纤维胶称作"修饰者"应当最为贴切。根据应用场合的不同，使用剂量可从 5mg/kg 纤维变化到几克每公斤纤维。它们主要包括乙氧基化脂肪胺或相对分子质量约为 1500 的聚乙二醇醚。在预处理过程中，超过 90％的这类物质将被洗掉。

2.2 初纺化纤油剂

这些化纤油剂应用于（主要为水溶液）初纺纱工艺后（见 2.2）的化学纤维制造中。它们有助于随后的染色、加捻、整经、二次纺织（针对人造短纤维的二次纺织）等工艺过程。

化纤油剂给予这些化学纤维必要的属性（最佳摩擦性能、抗静电性能、复丝纱线的凝聚性能），这种特性不仅体现在纤维之间，而且还体现在纤维和机械元件之间。

总之，这种物质与水有很高的亲和力，因为配方中含有乳化剂，或者其本身就具有润滑剂分子的自乳化系统。

其用量和配方特性为：无织纹丝质纤维（表2）；有织纹丝质纤维（表3）；人造纤维（表4）。

表2 化纤油剂在无织纹丝质纤维中的用量（平幅纤维）

纺织基材	负荷 /(g/kg 纺织基材)	说 明
PES	5～10	润滑剂的含量是 40％～70％，剩余部分由乳化剂（非离子和阴离子表面活性剂的混合物，如脂肪醇和脂肪酸聚氧乙烯醚、磺化和硫酸化植物油）、湿润剂（短链烷基磷酸盐）、抗静电剂（如二酯的五氧化二磷、肌氨酸、胺氧化物和琥珀酸）组成

纺织基材	负荷 /(g/kg 纺织基材)	说 明
PA	8~12	润滑剂的含量是 40%~70%,剩余部分由乳化剂(非离子和阴离子表面活性剂的混合物,如脂肪醇和脂肪酸聚氧乙烯醚、磺化和硫酸化植物油)、湿润剂(短链烷基磷酸盐)、抗静电剂(如二酯的五氧化二磷、肌氨酸、胺氧化物和琥珀酸)组成
CA CV	20 10	配方中润滑剂的含量约为 60%~85%。相对于 PES 和 PA 纤维,所用的精制矿物油较少
PP	5~15	100%的表面活性剂为化纤油剂(通常含有 90%的烷氧基化物和 10%作为抗静电剂和添加剂的磷脂)
EL	30~70	主要含二甲基聚硅氧烷的化纤油剂

数据来源:[179,UBA,2001]。

注:负荷与活性物质的量有关,而与乳化剂的量无关。

表3 化纤油剂在有织纹丝质纤维中的用量（织纹化纱线）

纺织基材	负荷 /(g/kg 纺织基材)	说 明
PES	3~8	纺纱制化纤油剂由 50%~90%的环氧乙烷/环氧丙烷加合物组成。对于松捻丝,则含有非离子和阴离子成分(见表2)
PA	3.5~5.5	化纤油剂以环氧乙烷/环氧丙烷加合物以及脂类油脂为基础制成(不使用矿物油) 该负荷适用于地毯纱
	7~12	以前,化纤油剂还包括乳化的矿物油,但这些配方今天已很少使用。它们已经被与非离子型表面活性剂一起使用的酯类油(三羟甲基丙烷酯和季戊四醇酯)所取代
PP	8~12 8~15	化纤油剂包括 100%的表面活性剂(同样用于松捻丝-见本附录表2) 该负荷适用于地毯纱

数据来源:[179,UBA,2001]。

注:负荷与活性物质的数量有关,而不是与水乳剂的数量有关。

表4 化纤油剂在人造纤维中的用量

纺织基材	负荷 /(g/kg 纺织基材)	说 明
PES -CO-型 -WO-型	1~1.8 2~2.5	由 50%~80%的磷酸酯及其盐类、20%~50%的非离子型表面活性剂(脂肪酸聚氧乙烯醚和脂肪醇聚氧乙烯醚)和少量的各种添加剂组成
PA	4~6	PA 短纤维通常用于地毯纱。其化纤油剂的成分与 PES 的化纤油剂类似。矿物油和酯类油脂也可以作为其组分
CV	3~6	使用非离子型表面活性剂(脂肪酸聚氧乙烯醚);脂肪酸皂和磷酸酯盐也是较典型的成分
PP	5~10	其配方与丝质纤维的配方相同(见表2)
PAC	3~8	采用不同类型的配方(如多胺脂肪酸冷凝物和短链季铵盐化合物)。这些化合物在随后的过程中难以消除 适用于阴离子体系以及非离子体系(与 PES 相同)

数据来源:[179,UBA,2001]。

注:负荷与活性物质的量有关,与乳化剂的量无关。

2.3 次纺化纤油剂（调节剂及纺纱润滑剂）

这类制剂目前还没有明确的定义。在下面的章节中,用于人造短纤维和人造棉二级纺织的化纤油剂被称为"调节剂",而羊毛的预备制剂则被称作"纺织润滑剂"。

当纤维此前已经过漂白或染色过程,调节剂在二级纺织合成纤维的过程中也是必需的。事实上,起初使用的量在这些过程中实际上已经流失了。

合成纤维所使用调节剂的化学成分与人造短纤维初纺过程中所使用的化纤油剂是类似的（见表4）。用量范围为 $1\sim10g/kg$。

在羊毛纤维的纺织过程中使用润滑油可以提高生产（纺织）机械的效率。润滑油通常被用作水溶性乳剂，也基于这个原因，它们还含有乳化剂和杀菌剂，以防止生物污染。在大多数情况下，乳化系统基于 APEO 组成 ［66，CRIT，1999］，但据其他消息（［32，ENco，2001］）称，主要供应商已设法通过使用直链脂肪醇聚氧乙烯醚的方法来取代烷基酚聚氧乙烯醚。

若将络筒油剂用于毛绒与毛绒纤维混纺的制作工艺中，那么防静电剂也是必要的。

谈到毛绒及毛绒纤维混合物，需要提到四种基本的络筒油剂 ［32，ENco，2001］：

① 可乳化的矿物油，基于精炼矿物油（含＜1％的多环芳烃）和乳化系统的混合物。

② 水中可分散性润滑剂（有时被称为"超级矿物油"或"半合成材料"），基于精炼矿物油、皂化油和一个乳化系统的混合物。这些物质通常都比乳化羊毛油含更高比例的乳化剂。

③ 合成水溶性润滑剂，该类制剂主要由聚乙烯，聚丙烯乙二醇构成，特别是当纱线需要在染缸中洗涤时应采用这类制剂，但有时需要单独洗涤纱线时也使用它。

④ 干纺润滑剂（仅在地毯纱纺织中使用，参见 2.14.5.1），与以上几种制剂有所不同的是，它们的应用量较低，并且将残留转换在地毯的纱线上。这类材料通常都含有较高比例的抗静电剂。

用于棉类、黏胶短纤维和羊毛的量请参见表5。

表5　调节剂和润滑剂在棉、纤维胶（短纤维）和羊毛中的用量

纺织基材	负荷 /（g/kg 纺织基材）	说　明
WO 和 CO-羊毛型（纤维长度＞60mm）	$30\sim50$ $8\sim10$ ＜10	该负荷适用于粗纺纱线的"油纺" 该负荷适用于粗纺纱线无后续染色的"干纺" 负荷适用于精纺纱线的纺纱过程（通常，染色前，有含量小于1％的油残留在纱线上）
CO 或 CV	4	很多配方都在使用，大多含有白色油和酯类油脂（30％～40％）和非离子型表面活性剂。也可使用无矿物油体系

数据来源：［179，UBA，2001］。

注：负荷与活性物质的量有关，与乳化剂的量无关。

如果已染色纱或棉絮的后续工艺已被确定的话，通常会在织物精轧机上不连续的使用一些额外用量的调节剂（$3\sim5g/kg$）。因此，PES 和 PA 的吸收率可能会很低（10％～30％），相反，CO 和 PAC 的吸收率则较高（＞80％）。

2.4　络筒油、整经油、加捻油

在络筒、整经、加捻等工艺过程中需要使用化学制剂，用以提高织物的平顺性、润滑性和抗静电性等。

用于络筒、整经、加捻等工艺的油和用于合成纤维变形工艺之后的油（有时称为覆盖油）由 70％～95％白油和 5％～30％的非离子型表面活性剂（常见的有聚氧乙烯醚脂肪醇和脂肪酸）组成。加捻工艺使用的油通常使用酯油，因为酯油与白油相比生物降解性更好。酯类油常用于要需避免或减少蒸发的情况下，尤其是热定型工艺中。

络筒油的用量取决于进一步处理工艺和纱线量的多少。对于 PES 而言，这个量在 5～30g/kg（平均15g/kg）之间变化。对于常见的 PA，它的用量为 5g/kg，而对于高弹性 PA 则可达 15～20g/kg。据报道，进口面料络筒油用量可达 50g/kg 以上。

整经和加拈油的用量约 5g/kg。

2.5 针织油剂

针织机的针必须使用针织机润滑油来润滑。由于机械损失，这些油将残存在织物面料上（占纤维重量的 4%～8%）。该润滑剂理应使用合成油，但在实践中采用矿物油的情况仍十分普遍。这也意味着，应当在织物面料的漂洗过程中加入表面活性剂以乳化油料残留物。

3. 上浆剂

本部分将阐述以下信息：最常见上浆剂的特点；不同基质适用上浆剂的典型剂量（表6）；最常见上浆剂的特定 COD 和 BOD_5 值（表7）。

（1）淀粉

淀粉是最常见的自然浆料，可以从很多物质中提取出来，尤其是玉米和土豆。但它并不总是高效率纺织厂的最佳选择。当存放在较低温度下时，它往往凝固并损失水分（凝沉）。这种水分的凝沉会导致不良的储存性能，不利于布料表面的形成，降低胶黏强度。因此，天然淀粉通常与其他浆料配合使用 [186，Ullmann's，2000]。

淀粉能够完全被生物降解，但它却很难溶于水；所以必须的动物或植物酶是必要的。这些酶将淀粉分解成水溶性的糖，然后在精练前的清洗过程中将其全部清除。因为淀粉不能被回收利用，所以它也成为废水中 COD 的主要来源。此外，与其他上浆剂相比，由于淀粉上浆效果较差，必须使用羧甲基纤维素的两倍用量，从而又导致了较高的污水化学需氧量（COD）。

（2）淀粉衍生物

淀粉衍生物包括糊精（淀粉提取糖），淀粉酯和淀粉醚。因为它们失水性的大大减少而使其逐渐代替了天然淀粉的位置。

最常用的淀粉酯是包含缩原磷酸的脂类（酸式磷酸盐的淀粉）和醋酸（乙酰淀粉）。

最重要的淀粉醚则包括：羟乙基、羟丙基淀粉和羧甲基淀粉。

基于脂类的淀粉衍生物，能在很大的程度上被生物降解，基于醚类的淀粉则很难被降解。然而，种类繁多的化学改良使人们有可能获得更好的易降解制剂，可以几乎完全被降解。

天然淀粉，淀粉衍生物，其用量仍然为 CMC 或合成制剂的两倍，从而导致更高的污水化学需氧量。

（3）纤维素衍生物（羧甲基纤维素）

作为上浆剂，羧甲基纤维素钠（CMC）是唯一具有水溶性的纤维素衍生物。它是通过将纤维素与氢氧化钠和纳氯醋酸盐反应获得，与此同时纤维素聚合物也随之解聚。

CMC 是为棉花上浆的首选添加剂。

它的链长和取代度影响着其生物降解的能力。然而，羧甲基纤维素（CMC）也是很难被降解的制剂。

据 UBA 报道显示，经过 7 天之后，只有 20% 的测试物会被降解。尽管如此，另有报道称，CMC 可在更有利的条件下（特别是温度升高时），并经过更长的反应期（>4 周）后被降解 [7，UBA，1994]。其他来源的消息称 7 天后可达到 60% 的生物还原率。

（4）半乳甘露聚糖衍生物

羧甲基羟丙基和半乳甘露聚糖衍生物是水溶性的，通过洗涤可以比较容易的去除。一般来说，它们的生物降解率可以达到较高水平（大于 90%）。然而，生物降解性以及其他性能会随着其分子量及甘露糖/半乳糖比例的变化而发生变化。

(5) 聚乙烯醇（PVA）

由于单体乙烯醇不存在，聚乙烯（乙烯醇）是由醋酸乙烯酯水解生成的。

上胶性能是由聚合的程度和水解的程度来决定的。水解程度可以分为两个档次：水解度达到88%的部分水解和水解度达到98%的完全水解。

部分水解的聚乙烯醇常被作为上浆剂的首选，因为它们表现出较好的水溶性并且在非极性纤维（如PES）上的黏附力更强。此外，传统的聚乙烯醇、甲基丙烯酸甲酯共聚物、具有羧基的单体也被用作上浆剂。

聚合反应的程度和水解的程度不同导致生物降解性能显现出较大的差异。PVA对微生物而言并不具有很强的毒性，同时，它也不抑制硝化作用。通过污泥吸收并进行生物降解作用后，可定量去除。去除率达90%的必要条件是：相对较高浓度（20mg/L），温度高于18℃，恒定负荷，反应期较长（在冬季可能会有问题）[7, UBA, 1994]。鉴于这种情况，PVA可以被归类为具有良好生物降解性的物质。

(6) 聚（甲基）丙烯酸酯

聚（甲基）丙烯酸酯的化学结构显示出相当大的差异（其构成物包括：丙烯酸、丙烯酸酯、丙烯酰胺、丙烯腈、甲基丙烯酸），因此有着非常广泛的应用范围。甲基丙烯酸及其盐类和丙烯酰胺等亲水性单体能提供良好的附着力，并容易通过洗涤从纤维中去除。丙烯酸酯等疏水单体能提高浆膜的弹性，同时也更易于从废水中去除。

聚甲基丙烯酸酯不能被生物降解，甚至经过一段适应期也不行。亲水性物质也不能从水相中被去除，因为它们是亲水性聚电解质。

可用一种含聚甲基丙烯酸酯的酯类来改进这种情况。这样，由于疏水基团的存在，聚甲基丙烯酸酯可通过在污泥上吸附停留6～9h，而实现90%的生物降解率（经多次试验证实其安全有效）[18, VITO, 1998]。然而，需要指出的是，生物降解曲线也引发了许多有关消除机制的问题（消除机制目前尚不清楚）。

(7) 聚酯

聚酯通常是带二醇（如乙烯乙二醇，二甘醇）的芳香族二羧酸与磺化芳香族二羧酸缩合的产物（后者有利于该物质在水中的溶解度或分散性，主要是为了改善染色性）。

它们的生物降解性并不良好，不过它们会表现出一定程度的生物可去除性[77, EU-RATEX, 2000]。它们主要用于松捻丝的上浆，人们同时也发现它们可以作为聚酯混纺人造短纤维的上浆剂合成成分。

表6 不同基质适用的上浆剂典型剂量

纺织基材	负荷/(g/kg经纱)①	说 明
短纤维 -CO和CO/PES	80～200	对于浆料淀粉和淀粉衍生物，其通常与PVA、CMC或聚丙烯酸酯混合使用。合成上浆剂的淀粉/淀粉衍生物比例一般为3∶1，对于喷气织布机来说，该比例为1∶1。负荷取决于纱线密度和上浆剂种类[对于淀粉/淀粉衍生物，负荷能显著提高(150～200g/kg)]
-CV	40～120	平均负荷为60g/kg。通常情况下是将所有可用上浆剂混合使用，例如在聚丙烯酸酯中混入CMC和/或淀粉衍生物
-WO	0～20②	羊毛梭织物，通常由捻纱生产，所以在制造过程中，不需要对经纱进行上浆 对于普通纱线（在实践中不常见），人工合成上浆剂中混合使用的淀粉/淀粉衍生物高达200g/kg

纺织基材	负荷/(g/kg 经纱)[①]	说　明
长丝		
-PES	40～60	90％的 PES 扁平纱线使用的是聚酯上浆剂(可分散)；其余使用的是改性 PVA 和聚丙烯
	80～120	这是有织纹纱线的负荷,对于聚酯上浆剂为 80g/kg,对于 PVA,约为 120g/kg,对于聚丙烯酸酯,约为 100g/kg
-PA	20～50	将聚丙烯酸用作上浆剂,50g/kg 的负荷仅适用于非常薄的织物
-CV	15～30	多适用于以聚丙烯酸为上浆剂的里衬
-CA	15～60	使用聚丙烯酸酯和聚醋酸乙烯酯

数据来源：[179，UBA，2001]。

① 该数据适用于含 60％经纱的梭织物。

② 同蜡。

若了解了不同基材上浆剂的负荷，则可计算出有机负荷（如 BOD_5 和 COD），所得 BOD_5 和 COD 值在表 7 中给出。

表 7　常见上浆剂的 COD 和 BOD_5 值

上浆剂类型	COD/(mg O_2/g)	BOD_5/(mg O_2/g)
淀粉	900～1000[①]	500～600
CMC	800～1000[①]	50～90
PVA	C.1700[①]	30～80[②]
聚丙烯酸酯	900～1650	＜50
半乳甘露聚糖	1000～1150[①]	400
PES-分散体	1450～1700	＜50
蛋白质上浆剂	1200	700～800
蛋白质上浆剂	1200	700～800

数据来源：[179，UBA，2001]。

① 将产品的水分含量考虑在内。

② 对于非接种类。

4. 洗涤/润湿剂

这些助剂主要用于预处理操作（煮练、丝光、漂白）并达到以下目的：彻底润湿纺织材料；使脂溶性杂质乳化；分散不溶物并降解产物。

非离子型和阴离子型表面活性剂都是常见的实现该目的的混合物（相关内容参见本附录 1 部分）。市场上一些产品的例子见表 8。

表 8　用作洗涤剂/润湿剂的典型化合物

分类	产品	生物可降解性[①]	生物可去除性[②]
非离子型	酒精和脂肪醇聚氧乙烯醚	＞90％	80％～85％
	脂肪酸聚氧乙烯醚	＞90％	80％～85％
	烷基酚聚氧乙烯醚(APEOs)	约 60％	54％～58％(有毒代谢物)
	脂肪胺聚氧乙烯醚	60％～80％	72％～73％

分类	产品	生物可降解性[①]	生物可去除性[②]
阴离子型	烷基磺酸盐	>98%	
	烷基芳基磺酸盐	>98%	
	烷基硫酸盐	>98%	
	二烷基磺基丁二酸钠	>98%	
	烷基羧酸(如钠棕榈,硬脂酸)	>98%	
	硫酸盐烷醇酰胺	未检出	

资料来源:[77, EURATEX, 2000],[218, Comm., 2000]。

① OECD-test 301 E。

② OECD-test 302 B。

5. 含螯合剂的助剂

碱土金属离子(钙,镁)或其他金属离子(特别是铁)的存在,可能会对湿处理过程产生显著的负面影响,其不但会影响预处理,还可能影响染色过程。纺织精整过程常用纯化和软化的水,但通常这是不够的,而需要将含特定配方的辅助制剂添加到过程液体中。

这类特定配方的辅助制剂通常根据其参与的过程进行分类(萃取剂、螯合剂/分散剂等)。常用的络合制剂包括:EDTA、NTA、DTPA,膦酸和葡萄糖酸衍生物。

双氧水稳定剂是另一类重要的络合剂。无控制的过氧化氢分解会产生 OH* 自由基。这些自由基会攻击纤维素纤维,从羟基氧化开始到纤维素分子的分裂结束,同时减少了纤维素的聚合度。这种反应还可以经铁、锰、铜和钴等重金属的催化而加速。

为了抑制这些反应,通常使用含有螯合剂的漂白稳定剂。EDTA、DTPA、NTA、葡萄糖酸盐、膦酸酯和丙烯酸酯都是典型的稳定剂。

螯合剂能与重金属形成稳定物,同时也产生了相关的环境问题。EDTA 和 DTPA 能形成非常稳定的金属络合物,EDTA 和 DTPA 同时也是可降解性差的物质。因此,这是有风险的,它们可以不经降解而直接通过废水处理系统,然后将重金属释放到接纳水体,它们也可能将重金属残留在水体沉积物中。

NTA 可生物降解(在硝化条件下经污水处理厂的适当处理),最近的研究表明,在活化水体沉积物中的重金属方面,其只扮演了一个小角色[280, Germany, 2002]。

也有将其他有机物用作络合剂的情况,在这些物质中,葡萄糖酸盐是可生物降解的;膦酸酯则不是,但它们却都是可生物消除的(利用光来催化降解的方案也正在研究中[77, EURATEX, 2000])。

6. 助染剂

6.1 一般特征及环境状况

助剂是染色过程的重要物质。本节介绍最常用的染色助剂,根据它们在染色过程中所起的作用可以分类如下:润湿,渗透剂;分散剂;匀染剂;酸给体;消泡剂;载体。

络合剂等其他助剂在染色过程中也比较常用,除染色过程之外,络合剂也用于其他操作中,参见本附录的其他部分。

商业产品通常含有多种成分，主要是表面活性剂，但也有水溶性聚合物、低聚物和聚合物分散体等非表面活性物质。

少数印染助剂会被释放到废水中，其中一些是可生物降解的（如脂肪醇聚氧乙烯醚、线性烷基苯磺酸盐），而另外一些则是生物降解性差的，但它们都比较难溶于水，因此大部分被污水处理厂的活性污泥吸收。尽管如此，也还存在一部分水溶性强的成分不能被污水处理系统所吸收。有这类属性成分的常见染色助剂见表9。

表9　水溶性强，不能被污水处理系统所吸收的染色助剂

染色助剂	补充说明
冷凝产品的β-萘磺酸和甲醛	据报道,根据 OECD302B 测试方法测试,萘磺酸与甲醛酸改性缩合物的生物可去除性大约为70%
木质素磺酸盐	
丙烯酸-马来酸共聚物	降解速率取决于废水中 Ca^{2+} 含量。
邻苯基苯酚的衍生物 甲基衍生物	对于水生物种也有毒性
氰胺氨盐凝结产品	
聚乙烯吡咯烷酮	
季铵化合物	对于水生物种也有毒性
乙氧基化脂肪胺	
烷基酚聚氧乙烯醚	据报道,烷基酚聚氧乙烯醚的代谢产物是通过扰乱内分泌系统来影响水生物种的繁殖的(见本附录1部分)
三氯苯或二氯甲苯(载体)等氯代芳香族化合物	还具有很高的急性毒性
联苯衍生物(载体)	还具有很高的急性毒性

6.2　润湿剂、渗透剂及消泡剂

从技术功能角度看，这组产品也许是最难界定的。润湿和消泡剂往往具有比较类似的功能：使染液中所含的空气从纺织机械中逸出。对捻系数很高的纱线进行染色时常使用渗透剂，其可提高染料进入纱线的传输速度。从这个角度可将渗透剂看作一种均染剂。这类产品往往都是强力的表面活性剂。

常用的商业产品含有比较容易生物降解的化合物，如聚乙二醇醚和醇酯（有时也有烷烃砜共混物），但乙氧基胺等降解性能差的产品有时也比较常见。

6.3　分散剂

还原、分散、硫化染料在其成分中已经含有较高的分散剂，可以水溶的形式对这些着色剂进行应用。在染色过程中的后续步骤，通常也添加额外剂量的分散剂，以维持整个染色（或印花）过程的稳定性。

常用作分散剂的物质多为萘酸与甲醛，木质磺酸盐的化合物。也使用阴离子型和非离子型表面活性剂（例如乙氧基醇，磷酸萘磺酸盐醇类）。

本附录6.1讲述了这些物质对环境的影响，而关于表面活性剂更多的信息请参见本附录1部分。拥有改良生物降解性能的分散剂目前已经可用于某些染色制剂，详情参见4.6.3。

6.4　均染剂

在批量染色工艺中，均染剂用于提高染料在纤维上的均匀分布程度。它们可能是最重要的一类印染助剂，因为色彩不均的成品不仅会损失所有的商业价值，而且很难修复。它们所

应用的纤维类型不同，因此被用到的物质会有所不同。尽管如此，均染剂基本上可分为两种：纤维亲和性产品和染料亲和性产品。纤维亲和性产品与染位上的染料有竞争性关系，它们通过这种方式降低纤维对染料的吸收率，从而增强了均染效果。染料亲和性产品则通过与染料形成松散络合物的方式降低染料流动性，在某些情况下还可以中和染料与纤维之间的静电吸引。

最常见的均染剂原料见表 10，对它们的分类是根据其适用的纤维和染料本身的性质。

表 10　均染剂中典型的化合物

纤维	染料	可能存在的成分
纤维素	还原染料	脂肪醇聚氧乙烯醚 脂肪胺聚氧乙烯醚 聚酰胺 聚乙烯吡咯烷酮
	直接染料	非离子型表面活性剂,如乙氧基脂肪醇、脂肪胺、脂肪酸、烷基酚或环氧丙烷聚合物 阴离子表面活性剂,如脂肪醇硫酸盐和硫酸盐烷基化合物 聚乙烯吡咯烷酮
羊毛	酸,金属合成性染料和活性染料	乙氧基化脂肪胺 季铵化合物 硫酸氢负离子（HSO_4^-） 其他非离子型,如乙氧基脂肪醇、脂肪酸、表面活性剂、烷基硫醇和脂肪酸在某些产品中存在
尼龙	酸,金属合成性染料	阴离子型、阳离子型和非离子型表面活性剂,用于由芳香磺酸、烷基硫酸盐等构成的羊毛缩合物(也被称作"PA抑制剂")
	分散染料	非离子型表面活性剂
聚酯	分散染料(在高温条件下)	
聚丙烯腈	碱性染料	

使用这些化合物的环境影响报告请见本附录 6.1，有关表面活性剂的一般信息可以参见本附录 1 部分。

6.5　酸给体

所谓酸给体是一类配方复杂的物质，其被设计用来改变染液 pH 值。它们是在染色过程中可水解的酸酯，通过分解过程来逐步降低 pH 值。pH 值降低的机理为：随着温度的升高，水解过程释放出酸，或者某种酸/碱成分转化为纤维或气体，从而导致酸性的增强，例如硫酸铵释放氨气到空气中。

它们被广泛用于羊毛和/或聚酰胺纤维，以来控制纤维吸附阴离子性染料的程度。当采用一步一浴工艺，并使用染料分散和活性染料染色时，它们还常用于棉和聚酯混纺物。

有机酸酯类、脂肪醇聚氧乙烯醚和芳香磺酸盐在成熟商业产品中非常常见，它们通常都具有良好的生物可去除性。

6.6　消泡剂

配方制剂型产品都含有泡沫抑制的成分，这些抑制泡沫的成分不会对染色质量产生影响。大部分是硅胶衍生物。

6.7　载体

染色促进剂（所谓的载体）用于合成纤维（尤其是聚酯纤维）的批量染色过程，以促进低温条件下纤维对分散性染料的吸收和扩散。它们在羊毛和涤纶混纺的染色中尤为重要，因为羊毛染色不能承受高温条件（高于100℃）。典型的载体配方含有60%~80%的活性物质和10%~30%的乳化剂，有时也含有一小部分溶剂。

典型的染色促进剂活性物质有：

- 卤代苯（1,2 二氯苯，1,2,4 三氯苯，二氯甲苯）；
- 芳香烃，如 α 和 β-甲基萘，联苯，三甲基芳香烃苯等；
- 酚类化合物如 O-苯基苯酚、苄基苯酚等；
- 羧酸，如甲基、丁基和苄基苯甲酸，水杨酸甲酯，邻苯二甲酸，邻苯二甲酸二甲酯，邻苯二甲酸二丁酯和邻苯二甲酸二异辛酯；
- 烷烃及衍生物如 N-丁基邻苯二甲酰亚胺。

上面提到的大部分物质对人体、水生生物和污水污泥均有毒。基质对疏水载体的吸收率达75%~90%，而酚类化合物（如邻苯基苯酚）、苯甲酸衍生物、N-烷基邻苯二甲酰亚胺和甲基萘则主要出现在废水中。除了苯甲酸（可生物降解）和 N-烷基邻苯二甲酰亚胺衍生物（可生物消除），其余都是降解性差的物质，可能通过了污水处理系统却未被降解。另一方面，部分残留在织物上的载体（疏水型）经过后续的热处理（干燥或固定）工艺后会挥发到空气中，产生污染排放。

羧酸酯和烷基邻苯二甲酰亚胺衍生物是目前在欧洲最常用的载体。然而，另据报道，甲基萘、单/双/三氯苯、联苯、邻苯基苯酚和苯甲醇也被常使用 [61, L. Bettens, 1999]。

7. 印花助剂

7.1 染印助剂

增稠剂

增稠剂是印花浆料的重要组成部分。它们主要用于抑制织物染料的毛细扩散，从而抑制染料流失。过去油/水乳化液被用于增稠剂，现在很大程度上已经被类似配方的浆料取代。现代标准增稠剂的成分既有未经改良的，又有经化学改良的（如种子衍生物、淀粉降解产物、藻酸盐）天然多糖和全合成聚合物（主要是以聚丙烯酸为基础）。由于原料在特性上的改进，目前提供的增稠剂在低温条件下几乎都是可溶的。

7.2 涂料印花助剂

（1）增稠剂

过去，油包水型乳剂被广泛应用作增稠剂。它们所含的石油溶剂（链长为 C_{12} 到 C_{50} 的脂肪烃混合物）高达70%，这导致废气中含有挥发性有机碳，并会经过干燥和固化炉加热后排放出来。因此油包水型乳胶目前很少使用。不过，对于现代增稠剂，尾气中也可能含约10%的矿物油。人们已经研发出新一代的不含任何挥发性溶剂的增稠剂，并可以无尘颗粒的形式提供 [64, BASF, 1994]。

（2）黏合剂

该色素对纤维无亲和力。因此，为了固定颜料并防止颜料的物理磨损，印花浆料中还添加了黏结剂。黏合剂是一般自交性的，在固定过程中将聚合成网状。它们通常以水性聚合物分散体的形式存在，主要由丙烯酸酯构成，一般不常用丁二烯和乙烯醋酸。

（3）固色剂

额外的固色剂通常可提供耐湿性能，尤其对于类似聚醚砜纤维这样光滑度较高的纤维。

三聚氰胺甲醛缩合物可实现这一目的。为了减少由此产生的甲醛释放量，经化学改良的具有相同的化学性质但甲醛含量低的固色剂目前比较常见。

（4）增塑剂

增塑剂主要是有机硅或脂肪酸酯，用于改善干摩擦牢度，提高织物的干滑手感。

（5）乳化剂

在高和低溶剂的涂料色浆中，乳化剂有助于稳固溶解力。在无溶剂涂料印花过程中将其用来防止涂料结块，网格阻塞及印花浆成分分离 [186, Ullmann's, 2000]。芳基烷基聚乙二醇醚等非离子型的表面活性剂最常用来实现这一目的。

8. 精整助剂

8.1 防皱精整剂

防皱精整剂是添加到由棉、纤维或合成纤维纺织而成的面料中的一种化学油剂。其功能主要是使纤维面料在经过干湿处理时避免起皱，以及在洗涤过程中防止纺织缩水。其采用了棉纤维分子与黏胶交联的方法，从而减少了纤维的溶胀和可扩展性（即面料会恢复到经该工艺处理时的状态）。

这类精整剂常用的命名有：树脂整理、易洗免烫、免熨、防皱等。

树脂整理液是主要由交联剂、催化剂、润湿剂或乳化剂（主要是一种非离子型表面活性剂）以及一定量的添加剂组成的一种水溶液或水分散系。

在添加剂中，一类用于增强交联剂的处理功效或抵消交联剂带来的不良影响的；另一类则可对最终纺织品产生额外的作用特性（例如防水剂、亲水剂等），两类有所区别。在本部分只讨论第一类添加剂，其他与精整处理工艺关联较小的药剂将在本附录的其他章节中予以阐述。

（1）交联剂

交联剂在精整处理工艺中起着十分重要的作用，同时它也是精整剂的主要成分（在精整剂配方中，交联剂含量占 $60\%\sim70\%$）。

从化学组成角度看，交联剂可分为三类：由三聚氰胺和甲醛组成的交联剂；由尿素和甲醛组成的交联剂；由尿素、甲醛及许多其他物质，如二胺，特别是乙二醛组成的杂环链剂。

所有交联剂产品都可能散发游离甲醛和甲醇，尤其是甲醛被疑为致癌物质，在精整剂中存在甲醛不仅仅可造成水资源浪费、空气污染，还对纺织品加工场所及最终产品使用者存在潜在风险。

生产商在制造游离甲醛含量低甚至极低的交联剂上做了很多努力，一种不含甲醛的化合物在市场上也有所销售。

因此目前存在的交联剂按甲醛含量高低分类更为合理，可分为：富含甲醛；甲醛含量低或极低；不含甲醛。

第一类包含一些化合物（称作"自交联剂"），如（$HOCH_2$—NH—CO—NH—CH_2OH）羟甲基脲，以及（CH_3OCH_2—NH—CO—NH—CH_2OCH_3）双（甲氧基甲基）脲或相应的三聚氰胺衍生物［羟甲基三聚氰胺和双（甲氧基甲基）三聚氰胺］。

第二类游离甲醛含量低至极低的交联剂为杂环化合物（称作"反应物交联剂"），主要是一些分子的衍生物，例如人们熟知的二羟甲基二羟基乙烯脲树脂（结构式如下）。

$HOCH_2$ ... O ... CH_2OH (imidazolidinone ring with HO, OH substituents)

据报道，这种由甲醇和乙二醇复合而成的改性衍生物制成的交联剂产品，其中的游离甲醛含量非常低（<0.5%，一些产品甚至已达到<0.1%）。

在无甲醛交联剂中，只有使用由二甲基脲和乙二醛形成的化合物（结构式如下）制成的产品获得了很小的市场份额［36，BASF，2000］。在不添加其他含甲醛药剂的情况下，如固色剂和防腐剂等，含交联剂的精整剂产品是不含甲醛的。

H_3C ... O ... CH_3 (imidazolidinone ring with HO, OH substituents)

固化和干燥操作排放的气体中以及在工厂中（尤其是使用密胺树脂）都会释放甲醛、甲醇和其他挥发性有机物质，这已成为药剂应用过程中的主要环境问题。

当这些活性物质（环亚乙基脲、三聚氰胺衍生物）处于未交联形式时，它们是水溶性的，且通常很难降解，由此导致的水体污染也是一个主要的环境问题。

但是，这个问题仅出现残留溶液的排放上，最基本的处理原则是，残留溶液不应与其他废液一起排放，以避免这些浓缩溶液带来污染。

（2）催化剂

在树脂整理配方中，催化剂的作用是使固化反应能在通常采用的固化温度（130～180℃）和时间范围内进行。

最常用的催化剂是氯化镁，多数情况下采用氯化镁和有机酸（如α-羟基酸）或无机路易斯酸的液态混合物。

过去常用铵盐（如氯化物、硫酸盐和硝酸盐），尤其是由尿素和甲醛或三聚氰胺组成的交联剂最为常用。目前，随着这类物质的使用量减少，这些交联剂的重要性也相应降低。

（3）添加剂（软化剂、硬化剂等）

如上所述，免烫配方中含有各种不同的添加剂。我们需注意以下几点。

· 有些添加剂添加到免烫精整剂中后，可用来抵消因交联反应引起的织物柔软度、撕裂强度和耐磨性的降低，它们在免烫精整剂中的含量通常占10%～40%，可采用聚丙烯酸酯、聚硅氧烷、聚乙烯蜡乳液（部分氧化聚乙烯）、聚氨酯；

· 有些添加剂作为软化剂添加到配方中，用以增强织物的手感：脂肪酸凝聚物（阳离子软化剂）是最具有代表性的一类添加剂，它们也可以与其他物质（如聚乙烯蜡）形成乳化混合物；

· 有些添加剂用作强化剂，手工处理剂：可采用聚醋酸乙烯乳液、聚丙烯酸酯衍生物。

上述这些物质经过固化和干燥工序后排放的气体中都含有挥发性有机化合物。

上述提到的聚合物分散体的可生化降解性差，在考虑到水体污染的时候，这一点也不能忽略。

8.2 杀虫剂

常用的杀虫剂是指在地毯生产部门使用的，添加到羊毛纤维中保护其终身不被一些织物蛀虫蛀咬的药剂。这些助剂通常被称为防蛀剂。

目前使用的防蛀剂由以下活性成分构成：苄氯菊酯（合成拟除虫菊酯）；氟氯氰菊酯（合成拟除虫菊酯）；米丁FF(卤化二苯基衍生物)。

含苄氯菊酯的物质大约占90％的市场份额，含氟氯氰菊酯的产品只允许在英国销售，而含米丁FF的产品目前在所有主要地区都没有应用。

据报道，一般情况下苄氯菊酯和合成拟除虫菊酯对人体的毒性低，但对水生生物毒性高。均二苯脲衍生物可能表现出较低的水生毒性，但在某些情况下，其难以生物降解 [11，US EPA, 1995]。

其他类型用于纺织行业的杀虫剂主要用于抗菌处理，例如对医院纺织材料，或作为袜类织物的气味抑制剂等。为达到效果，人们最常使用一些活性物质 [77, EURATEX, 2000]，有：含锌有机化合物；含锡有机化合物；二氯苯（酯）化合物；苯并咪唑衍生物；三氯生；异噻唑啉酮（目前最为最常用）。

当杀虫剂排放到废水中时，引起的所有环境问题都需要得到重视，因为其对水生生物具有毒性。

8.3 抗静电剂

本节重点讨论抗静电剂，该药剂是针对在静电敏感环境中使用的特定纺织材料而添加的功能性精整剂，在地毯生产中应用较多。

从化学组成的角度，抗静电剂大多由以下物质构成：季铵化合物；磷酸酯衍生物。

季铵化合物对水生生物有剧毒。此外，由于不完全季铵化（氯甲代氧丙环和氯甲烷常作为初始试剂），这些物质的废水排放可产生高浓度的 AOX。

用作抗静电剂的烷基膦酸酯和烷基醚膦酸酯是水溶性的、难以处理的物质，可能未被降解就进入到普通生活污水系统。尽管如此，与其他排放含有磷酸酯污染源相比，在抗静电精整处理工艺中使用磷酸酯所带来排放负荷是微不足道的。根据文献 [77, EURATEX, 2000] 记载，其实，在预处理过程以及化纤油剂中释放的污染物含量，要比抗静电精整处理排放的污水中所含的污染物含量高出 100 倍以上。

另一方面，使用含磷酸酯的抗静电剂，可能会导致未反应的醇（主要是正丁醇，气味强烈）和磷酸（具腐蚀性）排放到空气中。

8.4 阻燃剂

当谈到阻燃精整时，对耐久和非耐久处理进行区分是很有用的。耐久阻燃剂与纤维发生反应，从而使经过处理的产品具有永久阻燃的特性。而非耐久阻燃剂不同，当然非耐久阻燃剂同样有效，但在衣物清洗过程中会被去除，因此非耐久阻燃剂只对很少或从不清洗的织物，或者对那些清洗后可进行耐久再处理的织物有效。

阻燃剂（FR剂）的化学特性不同，其运用机理也不同，相应的其功效也不尽相同。纺织业最常用的阻燃剂包括下列几类化学物质：无机化合物；卤化有机化合物；有机磷化合物。

(1) 无机阻燃剂

无机阻燃剂是水溶性盐，如磷酸二铵、硫酸铝、硫酸铵等，应用于纤维素纤维。其添加方法是将织物浸泡在这些物质的水溶液中，或将水溶液喷洒在织物上，然后将织物进行干燥。这些都是非耐久阻燃剂，这意味着织物如果清洗或者沾到水，阻燃剂将失效。

其他类型的无机阻燃剂用于羊毛地毯生产。虽然羊毛一般可认为是耐烧的，但在飞机和公共建筑等地方，都对材料的易燃性具有严格的标准，因此在这些特定地方使用阻燃剂是十分必要的。目前已开发了锆盐和钛盐，可以满足这一特定市场的需要。锆盐通常经"氧化锆处理"，这种方法应用最为广泛（六氟锆酸钾），而且不会引起重大水污染。然而，随着用水量水平的提高（依据国际羊毛局规定的四道漂洗程序需要），含镉和氟的化合物排放量也随之增加，这一点应考虑到 [281，Belgium，2002]。

氢氧化铝（$Al_2O_3 \cdot 3H_2O$）是另一种广泛使用在地毯制造业中的阻燃剂。它通常代替碳酸钙（惰性填料）被添加到地毯泡沫涂层中。氢氧化铝加热到 $180 \sim 200℃$ 时开始分解，转化为氧化铝，反应为吸热反应。氢氧化铝处理工艺不会造成重大的环境问题。

(2) 卤化阻燃剂

卤化阻燃剂在抑制自由基的气相环境中发生反应。在燃烧过程中会形成高能量的氢气和羟基自由基，并引发高放热链自由基反应（火焰传播）。

卤化阻燃剂具有阻止自由基反应的能力，卤素可在气相环境中抑制自由基反应，反应方式见反应式：

$$HX + OH^* \longrightarrow H_2O + X^*（其中生成的 X^* 自由基能量极低）$$

卤化阻燃剂的效果与所含卤素相关，依照氟＜氯＜溴＜碘的顺序是逐渐增强的。然而，只有溴化和氯化化合物能应用于实践，含氟和碘的阻燃剂都不能用，因为它们在燃烧过程中反应的时机不合适（碳-氟键极强，而碳-碘键极弱）。

溴化物的效果最好。溴可以与脂肪族或芳香族结合，芳香族衍生物因为其热稳定性高而被广泛应用。

氯化阻燃剂包括脂肪族氯化物和脂环族化合物。氯化阻燃剂要比同源溴化物便宜许多，但含有更多的活性物质，可与同源溴化物达到相同的性能。但氯化物的热稳定性较差，与溴化物相比，氯化物更易腐蚀设备。

一种由三氧化锑（Sb_2O_3）和卤素共同形成的化合物，是另一类含卤素的阻燃剂。如果单独使用三氧化二锑几乎是没有效果的，但是，它与卤素在一起的协同效应非常好，尤其是与氯和溴一起使用时。三氧化二锑作为一个自由基拦截器，与溴化氢作用，形成致密的白雾（$SbBr_3$），从而隔开前端的火焰与氧气，使火焰熄灭 [303，Ullmann's，2001]。通常使用十溴联苯醚，六溴环十二烷和氯化石蜡作为协同剂。

卤化阻燃剂近些年来受到了严格的环境审查，它们的性质和对环境的影响取决于所使用的化学品的类型。

多溴阻燃剂包括下列化合物

·多溴二苯醚类（PBDE，有时也称作 PBBE），如五溴二苯醚（penta-BDE）、八溴二苯醚（octa-BDE）、十溴二苯醚（deca-BDE）；

·多溴联苯类（PBB），如十溴联苯；

·四溴双酚 A（四溴双酚 A）。

用于纺织品的多溴阻燃剂主要是二苯醚类化合物。可商品化的、工业级的二苯醚类化合物都是混合物，含有由不同数量溴原子组成的分子。例如，工业级八溴二苯醚中包含了七溴二苯醚和低浓度的五溴二苯醚。

五溴二苯醚是一种持久性物质，易生物累积。根据条例委员会（欧共体）793/93 颁布的关于现有物质的风险评估及控制的规定，明确了需要采取的具体措施，以降低五溴二苯醚对环境的风险。

这种风险评估的结果已被欧盟采纳，对五溴二苯醚需采取限制措施，在欧盟水框架条例（2000/60）中已将五溴二苯醚列入"重点有害物质"化学品管制名录。

据调查，纺织行业并不常用五溴二苯醚。我们怀疑，纺织业常用的十溴二苯醚和八溴二苯醚散发到环境中后，可能会分解为五溴二苯醚和四溴二苯醚。这一理论成为了欧盟风险评估委员会和保护东北大西洋海洋环境委员会工作组工作的主要依据。根据欧盟针对这些化合物的风险评估结论，人们正在考虑要制定关于限制十溴二苯醚和八溴二苯醚使用的条例。2001年时，《环境日报》提出，十溴二苯醚应从1月1日起禁止使用[299，Environment Daily 1054，2001]。欧盟一些成员国，如瑞典、荷兰和挪威等国家均已采取行动，依据预防为主的原则，对含八溴二苯醚和十溴二苯醚的产品实施了广泛的市场限制。

对于氯化阻燃剂而言，根据条例委员会（793/93/EEC）规定，短链氯化石蜡（SCCP，C10～C13）和中链氯化石蜡（MCCP，C14～C17）一直都是风险评估的对象。短链氯化石蜡和中链氯化石蜡对水生生物具有高毒性。据观察，短链氯化石蜡对藻类、鱼类和贝类具有长效毒性；中链氯化石蜡对水蚤有毒，而对鱼类、其他无脊椎动物及藻类无毒。这两类物质主要对动物的荷尔蒙产生影响，但对人类可能影响不大[301，CIA，2002]。目前对长链氯化石蜡的毒性尚未进行研究。

短链氯化石蜡（C10～C13）已被欧盟水框架条例（2000/60/EC）确定列入"重点有害物质"管制。此外，在保护东北大西洋海洋环境公约中规定的重点管制物质清单上，短链氯化石蜡和中链氯化石蜡都被列其中。

在纺织行业的精整操作过程中，排放到废水中的卤化阻燃剂可能来源于过量的液态药剂、多余的淋洗试剂以及冲洗用水的排放等。

十溴二苯醚水溶性差，在废水处理系统中主要残留在污泥中。氯化石蜡也可能会吸附在污泥上而被去除（据报道，93%的氯化石蜡在污水处理过程中被去除）[301，CIA，2002]。然而，由于在织物中添加的活性物质量分数通常在20%～30%，污泥吸附不了这么多的阻燃剂，因此释放到环境中可能性会很大。工艺设计和操作中应避免将浓缩液排放到废水中，将排放损失降到最低，并确保在污水处理环节中污泥吸附作用可以完全发挥。

此外，应特别注意污泥和含有卤化物的固体废弃物的处理。所有卤化阻燃剂（脂肪族衍生物较少）经过高温处理都会生成二噁英和呋喃类物质。当这些化合物进行焚烧处理时会发生合成反应，同时会发生副反应，并生成少量的二噁英和呋喃类物质[302，VITO，2002]。因此，焚烧处理只能在特制的焚化炉中以及特定的条件下进行。

对于应用广泛的卤-锑系统阻燃剂而言，除了要考虑前面提到的溴化和氯化化合物的处理外，对成品面料进行干浆和机械处理（如剪裁等）时排放的三氧化二锑粉尘（致癌）也要加以重视。

(3) 有机磷阻燃剂

含磷阻燃剂能在气相或凝聚相中反应。氧化磷和磷酸酯在气相环境中，通过形成PO*自由基，从而阻碍火焰传播自由基（OH*和H*）的高度活跃性。而在凝聚相中，因为磷酸热稳定性高，阻燃效果好，例如磷酸或多聚磷酸，这些酸是聚合物的脱水剂（它们分解成水蒸气和氧化磷，然后与聚合物基体发生反应，脱水，形成磷酸）。这种阻燃效果是通过改变聚合物的热降解性，在聚合物表面和热源处形成高熔点物质而实现的[303，Ullmann's，2001]。

有机磷化合物用于添加到纺织物种时，特别适用于棉，在活性（耐久）和非活性（非耐久）系统中均可用。

活性有机磷阻燃剂主要有两种化学类型，两种都不含卤素。

其中一类（活性纤维系统）已广泛商品化，主要有 Pyrovatex® 和 Spolapret® 两个品牌。这类有机磷化合物的代表性分子名称为：膦酸，(2-((羟甲基)氨甲酰)乙基)-二甲酯。

阻燃剂是通过装填-干燥-烘干技术添加到棉材料，同时会结合三聚氰胺树脂、织物软化剂和磷酸进行处理。填充之后，织物会进行加热干燥和固化，从而成型，固化过程不加入胺类物质，因为三聚氰胺树脂作为交联剂使用，会生成甲醛和甲醇气体（通过洗涤器会将排放减弱）。在接下来的固化过程中，将织物进行清洗，一些未反应的含磷试剂会被排放到废水中。这些化合物都是不易降解和不易水溶性的（他们没有被污泥吸附而去除）。有观点认为，这些物质对水生生物无毒，并且也没有出现生物富集现象［301，CIA，2002］。另一观点则认为，这种物质并非无毒，是人们对这种化合物的毒性认识太少。这一观点还声称，目前环境中的毒性总量和发展趋势都不确定［304，Danish EPA，Lokke et al，1999］。

在污水处理过程中，应该将残留的精整液和这种含有有机磷阻燃剂的冲洗水统一收集，而不应与其他污水混合在一起处理［200，Sweden，2001］。

使用另一种活性有机磷阻燃剂（自反应系统）时，织物要用磷盐和预凝结尿素浸泡。之后是干燥步骤，并不需完全干燥。因此干燥过程需要的温度较低，在 $60\sim100{}^\circ\!C$ 之间。干燥后，将织物用胺类物质进行处理，在纤维内会产生一种不溶性聚合物。接下来用过氧化氢将织物氧化，然后冲洗。在这个过程中，除了用胺类物质处理之外，不需要固化处理。

有结论表明，干燥过程中，甲醛的浓度变化范围符合职业卫生标准规定，即以工人可在该空气中暴露超过 8h，或者以在最高浓度限值时可暴露超过 15min 为参照标准［301，CIA，2002］。同一结论表明，大多数精整车间排放的甲醛浓度都可以达到规定限值（$20mg/m^3$）以内，而不需要安装洗涤器。

在排放物中不含有甲醇，在这一过程中也不使用三聚氰胺树脂和交联剂。

研究证明，磷盐和预凝结尿素中有 95％ 或更高含量的固着物［301，CIA，2002］。然而，为了去除未反应的药剂和副产品，这些阻燃剂必须要经过洗涤环节，因此残留的有机磷化合物也进入了污水处理环节。这些化合物都是难以生物降解的，由于其具有水溶性，他们可能没有降解就进入了污水处理系统。

含有这种有机磷阻燃剂的浓缩填充液及冲洗用水应该统一收集，而不应与其他污水混合在一起处理［200，Sweden，2001］。

据阻燃剂制造商称，这样处理过的磷化合物不具有生物累积能力。也有结论表明，排放的废水可转化为无机磷废水［301，CIA，2002］。磷可以以磷酸盐形态被去除，这样可以防止有机磷化合物释放到环境中。

非耐久有机磷阻燃剂与纤维不发生反应。结论表明，其中一些会释放挥发性有机物，如乙二醇、乙醇、乙二醇醚及其他活性物质［77，EURATEX，2000］。此结论与 EFRA 和 CIA 两大阻燃剂制造商的说法不一致，两大制造商表明，EFRA 和 CIA 分公司用所生产的这类非耐久阻燃剂，不会释放上述任何一种挥发性有机物［301，CIA，2002］。

如果用非耐久有机磷阻燃剂处理过的物品，在精整处理后不进行冲洗（同时最终产品也很少进行冲洗）的话，将会使排放到污水中的含磷药剂的量降到最低［301，CIA，

2002]。

8.5 疏水疏油剂

最常见的商业应用配方都可以归结为以下几个类型：蜡基防水剂（石蜡金属盐配方）、树脂基防水剂（脂肪改性三聚氰胺树脂）、硅胶防水剂、氟化物防水剂。

(1) 蜡基防水剂

其配方包含大约0.25％的石蜡和5％～10％的锆、铝基盐。它们常用于不经过烘焙，直接被填充和干燥的天然或合成纤维。残留物的排放会导致金属的排放，在某些情况下浓度可能会很高。不过，从全球的范围来看，与染色和印花所排放的金属相比，它们可以忽略不计。

多数金属（例如锆和铝），不应该与染色过程中使用的毒性很强的重金属（如铜，镍，钴，铬等）混淆（请注意，锆也用在"Zirpo工艺"中，参见本附录8.4）［281，Belgium，2002］。

关于废气排放，由于固体石蜡的存在，高温处理过程中可能会产生废气和高挥发性有机碳。

(2) 树脂基防水剂

树脂基防水剂（主要作为"添加剂"使用）由冷凝羟甲基三聚氰胺（酸、醇或胺）与羟甲基三聚氰胺合成。配方中通常包含石蜡。它们被用于烘焙工艺中，常在催化作用下与交联剂共同使用。

根据交联反应的完整性和热处理温度的不同，排气中出现的甲醛和脂肪醇量不同。石蜡的使用提高了排气中挥发性有机碳的水平。

(3) 硅胶防水剂

这类产品一般以含有聚硅氧烷活性物质、乳化剂、水溶助剂和水（二甲基聚硅氧烷和改性衍生物）的水性乳液形式存在。

对于经改进的带有活性官能团的聚硅氧烷，根据干燥和固化条件，循环二甲基硅氧烷能在排气中得以释放。

(4) 氟化物防水剂

尽管这类制剂的成本与其他类型的防水剂相比较高，但其在推广运用中仍比较成功，这由于他们是永久性的防水剂，且它们能提供润滑和防水两种性能。

商业化的氟化物防水剂大多是氟烷基丙烯酸酯和甲基丙烯酸酯共聚物。用于销售的物质配方中含有活性剂以及乳化剂（乙氧基脂肪醇和脂肪酸，脂肪胺，而且烷基酚）以及其他一些溶剂，其中包括：乙酸酯（例如丁酯/乙酸乙酯）；酮类（如甲基乙基酮和甲基异丁基甲酮）；二醇（如乙二醇，丙二醇）；乙二醇醚（例如二聚丙二醇）。

氟化物防水剂通常与精整剂组合使用。在许多情况下，它们常与"添加剂"一同使用。"添加剂"可以是其他防水剂本身（如三聚氰胺树脂剂或聚异氰酸酯）。这些"添加剂"的使用使氟的需求量降低，从而也降低了相应的处理费用。

含氟精整剂会在排放废气中产生挥发性有机化合物。这些排放物是来源于：配方中的溶剂（酮、酯类、醇类、二醇）；"添加剂"，在高温条件下裂解产生醇、酮、肟、丁酮肟（致癌物）等副产品；释放有机氟副产物的有机氟络合物；对于水的污染，必须考虑到聚硅氧烷、三聚氰胺和氟碳树脂都具有生物降解性差、生物可去除性低的特点。

8.6 软化剂

这类化学物质被用来改变纤维的手感。软化剂可减少纤维与纤维之间的摩擦，在实际效果中表现出"柔软和光滑"的手感。

软化剂在后期某些复杂的精整配方中常与树脂和/或增白剂一起使用。

纤维软化剂是水基乳化性或水溶分散性活性物质，如：非离子表面活性剂、阳离子表面活性剂、石蜡和聚乙烯蜡、改良有机硅。

请注意，邻苯二甲酸盐是增塑剂，而不是软化剂 [195，Germany，2001]。

上面提到的物质通常都需要增加助剂，例如乳化剂和增溶剂（如乙二醇）。有问题的 APEO 乳化剂已经不再被欧洲生产商所使用。

作为表面活性剂类型的软化剂的发展趋势是非离子和阳离子化合物。

非离子软化剂并没有纤维亲和力，并与阳离子性表面活性剂的耐洗性类似。尽管如此，它们的使用量却在增加，因为具有更好的持久性和抗皱性能的织物数量在不断增加。脂肪酸、脂肪酸酯和脂肪酸酰胺等非离子型表面活性剂都属于这类物质。

由于其亲和性，阳离子型软化剂比非离子型化合物能产生更持久的软化效果。此外，它们在低浓度时效果反而好，他们对合成纤维疏水性纤维的亲和力是有限的，按以下顺序亲和力递增：涤纶、锦纶、醋酸、棉、黏胶和羊毛。阳离子剂的缺点是它们与类似洗涤剂和肥皂等形式存在的阴离子化合物兼容性较低。因此，阳离子软化剂必须在织物上的阴离子表面活性剂完全被去除后才可以使用 [298，Dyechem Pharma，2001]。

用作软化剂的阳离子型表面活性剂有 [298，Dyechem Pharma，2001]：

① 季铵化合物，如硬脂或 distearyl 二甲基氯化铵。

② 由脂肪酸或甘油酯和取代的或未取代的短链多胺形成的氨基胺（如二乙烯三胺，*N*-二乙基乙二胺）。形成的酰胺是用醋酸或者盐酸处理之后可用作阳离子柔软剂（特别应用于绿化羊毛）。

③ 可以乙酰化或与环氧乙烷反应的咪唑啉。

聚乙烯蜡乳化液被广泛用于毛巾类产品中，与服装类纺织产品手感要求不同，毛巾类产品要求较好的"一束状"的手感。在聚乙烯蜡众多优点当中值得一提的是它与阳离子、非离子的和阴离子型软化剂的良好兼容性 [298，Dyechem Pharma，2001]。

有机硅软化剂，被用作乳化剂或其他软化剂的添加剂，其重要性正在不断增加。他们有良好的软化效果，除了软化效果之外，它们还能给织物提供如防水性等附加的属性。

软化剂大多通过强制运用工艺（填充、喷涂），从高浓度溶液中被传递到织物上 [195，Germany，2001]。

在批量处理工艺中，软化剂常用在通过喷射机等机器，从稀释液中被吸收。吸收率与废水的生态负荷有关。极低液比的机械技术和成熟的配方产品减少了活性物质的损失 [195，Germany，2001]。

如果软化剂进入废水，则必须考虑其在废水处理过程中的生物可降解行为。

脂肪酸衍生物的生物可降解性一般较高。阳离子型软化剂对水生生物有毒性。当较稳定的乳化剂完全降解后，有机硅和蜡可以部分被污泥吸收。

软化剂的有效成分是具有较高的分子量（甚至聚合物）的化学品，挥发性低。在生产软化剂之前，有机硅的挥发性副产品（环状化合物）已经被去除。然而，一些蜡或脂肪成分，如果拉幅温度过高，其分子就有开裂的可能 [195，Germany，2001]。

9. 涂层化合物及助剂

根据其化学成分，涂层剂分类如下 [179，UBA，2001]。

(1) 粉末涂料

它们可以以聚烯烃（特别是聚乙烯）、尼龙6、尼龙6.6、共聚酰胺、聚酯、聚氨酯、聚氯乙烯、聚四氟乙烯为基础构成。

(2) 涂层浆料

它们的主要成分也为上述化学品，但它们还含有以下添加剂，例如：分散剂（表面活性剂，通常是烷基酚聚氧乙烯醚）；溶解剂（乙二醇，N-甲基吡咯烷酮，烃类化合物）；发泡剂（矿物油，脂肪酸，脂肪酸氨盐）；软化剂（特别是邻苯二甲酸盐，磺胺）；增稠剂（聚丙烯酸酯）；氨。

(3) 聚合物分散体（水型配方）

它们大约含有50%的水并基于以下物质构成：聚（甲基）丙烯酸酯（丁酯、乙酯、甲基等）；聚丙烯酸；聚丙烯腈；聚丙烯酰胺；1,3聚丁二烯；聚苯乙烯；聚氨酯；聚氯乙烯；聚醋酸乙烯酯；和上述聚合物的共聚物。

添加剂也是存在的，因为它们存在于涂层浆料中

(4) 三聚氰胺树脂

它们由三聚氰胺与甲醛反应，然后经含甲醇的水介质（水含量50%～70%）醚化而制成。

(5) 聚合物分散体（有机溶剂型配方）

它们主要以聚氨酯和分散在有机溶剂中的有机硅为基础。

附录Ⅱ　染料和颜料

纺织染料根据其化学组分（偶氮、蒽醌、硫化、三苯代甲烷、靛蓝、酞菁）分类，或者按照其应用分类。工业上更倾向于后者。

1. 酸性染料

（1）适用性

酸性染料主要应用于聚酰胺纤维（70%～75%）和羊毛（25%～30%）。也用于丝绸和一些改性腈纶。酸性染料对纤维素和聚酯纤维几乎没有亲和力。

（2）性质

颜色一般较鲜艳，耐光及耐洗色牢度根据染料的化学组成从弱到强不等。

（3）化学特性和常用条件

酸性染料是偶氮（最大官能团）、蒽醌、三苯甲烷染料、铜酞菁发色团，通过引入四个磺酸基使其亲水。

42640-C. I. 酸性紫 49

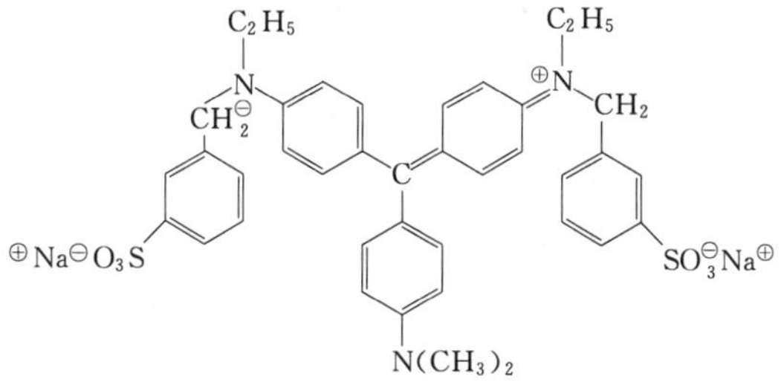

三苯甲烷染料

13390-C. I. 酸性蓝 92

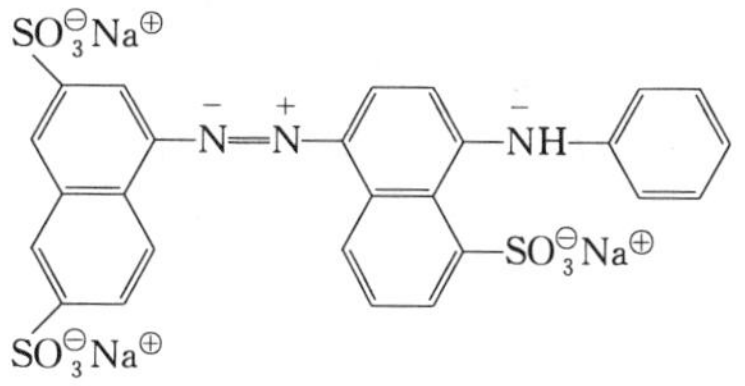

偶氮染料

63010-C. I. 酸性蓝 45

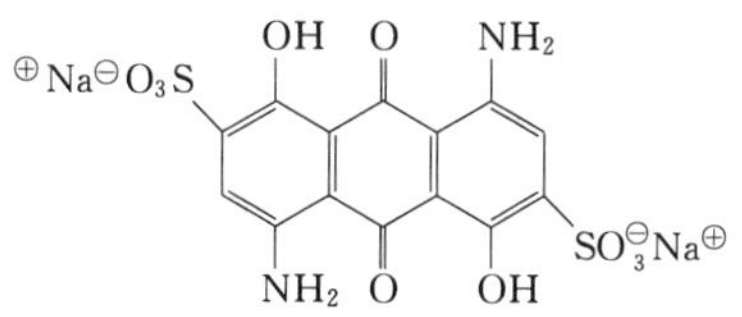

蒽醌染料

74220-C. I. 酸性蓝 249

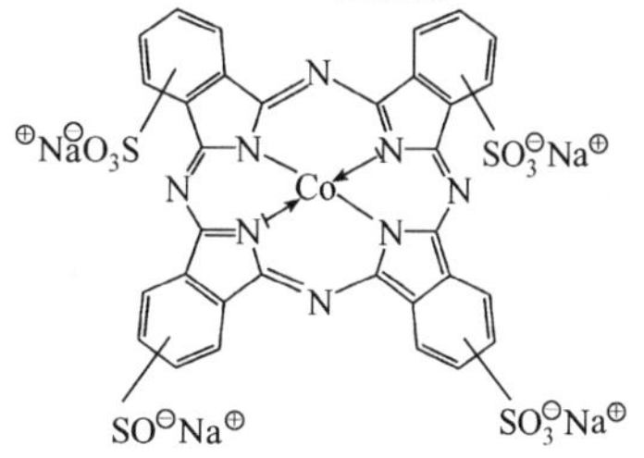

酞菁染料

45816-C. I. 酸性紫 30

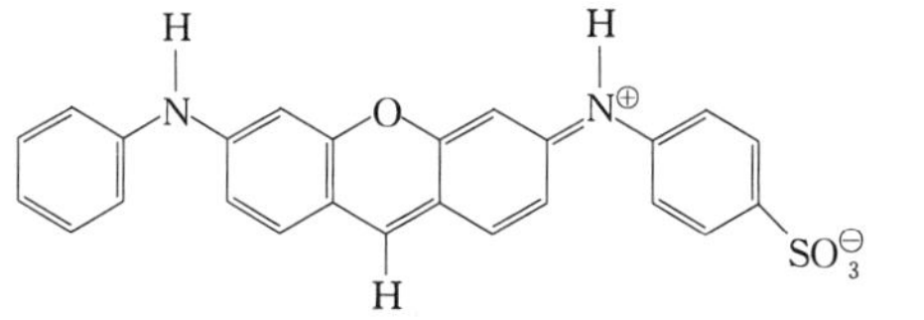

氧杂蒽染料

10316-C. I. 酸性黄 1

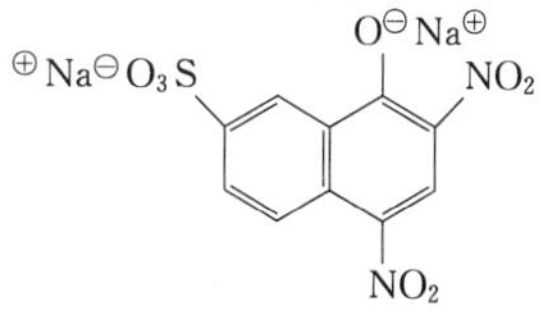

硝基衍生染料

图 1　酸性染料示例

它们能与纤维相互作用的部分为磺酸阴离子和纤维的氨基之间的离子键，以下以毛织品

$$\overset{\oplus}{\underset{W}{\text{NH}_3}} \overset{\ominus}{\text{O}_3}\text{S—Col}$$
$$\overset{}{\underset{\text{COOH}}{W}}$$ 和不同 pH 值下的聚酰胺为例。

pH 约 5　　Col—SO$_3^{\ominus}$H$_3$$\overset{\oplus}{\text{N}}$—R—……—$\overline{\text{N}}$H—CO—……—R—COOH

pH<3　　Col—SO$_3^{\ominus}$H$_3$$\overset{\oplus}{\text{N}}$—R—……—$\overset{\oplus}{\text{N}}$H—CO—……—R—COOH
　　　　　　　　　　　　　　　　　　$\overset{}{\underset{}{\ominus\text{O}_3\text{S—Col}}}$

另外，纤维与染料相互作用还可通过次价键范德华力。次价键特别能在高分子量染料情况下形成，它与纤维的高亲和力使其形成聚集体。

实际应用中，酸性染料依据染色性能及耐湿度分类而不是根据化学特性分类。因此常用酸性染料包括几种人为类别。

采用主观分类，为增强不褪色的染料有：均匀染料或者平衡酸性染料；耐酸，半耐缩绒或者耐汗渍染料；耐酸耐缩绒染料；高耐缩绒染料。

① 均匀染料或者平衡酸性染料再分为两种：一磺化染料（主要用于聚酰胺——尼龙）和二磺化染料（主要用于羊毛）。因为它们与纤维的弱亲和力，它们有着极好的均染特性。然而其耐湿度有时非常差，限制了它在淡色度和中色度中的使用。

牢固酸性染料（也就是众所周知的半耐缩绒染料或者耐汗渍染料）仅用于尼龙。

通常为一磺化染料并且表现出比平衡酸性染料更为卓越的牢度，同时保留一部分迁移扩散性能。此类染料色度范围不像均匀染料和耐缩绒染料一样宽泛，因此它们只有当代替物有着非常弱的牢度特性时适用。

② 耐酸耐缩绒染料因其对制作粗纺毛织品的湿处理有一定的牢度而被命令。这类染料又可细分为包括由支链烷烃与发色团相连时有着很好的耐湿性的高耐缩绒染料。由于其高分子量，耐缩绒染料与纤维有很好的亲和力，不易在沸水中扩散。耐缩绒染料常用于羊毛需要很好耐湿度的工艺中，例如在疏松的纤维染色中，能使其承受在较潮湿的环境下成卷清洗。

根据它们所属的类别，酸性染料可应用在强酸到中性的 pH 范围下（3~7.5）。对于低亲和力染料，为提高染料提取，加酸酸化来提高纤维阳离子化程度。相反地，对于高分子量和高亲和力的染料在如此强酸条件下应用会使其在纤维上吸附太快。

当用酸性染料染色时，最常用到的化学药品和助剂如下。

① 硫酸钠（均匀染色和快速酸性染色）、醋酸钠和硫酸铵（对于耐酸耐缩绒染料）。

② pH 调节剂　乙酸、甲酸、硫酸，NaOH 主要用于地毯尼龙铵盐、磷酸盐、高价（含羟基）羧酸盐。

③ 均染剂　大多为阳离子化合物例如乙氧基脂肪胺。

当用酸性染料印花时，最常用到的化学药品和助剂是：

增稠剂。

溶解剂：例如尿素、硫脲、硫二甘醇、丙三醇（甘油）。

酸供体：硫酸铵、酒石酸、草酸。

去沫剂，消泡剂：硅树脂油、有机和无机脂类；印花油，如石蜡油。

后处理剂：带有芳香族磺酸的甲醛固化物。

(4) 环境议点

酸性染料的环境属性用以下参数评价。注意表 1 未考虑在染色过程中用到的化学品和助剂。

表 1　酸性染料生态属性综述

关注的参数	注　解
生物可消除性	
有机卤素（AOX）	
生态毒性	酸性染料通常是无毒的。然而有两种染料（酸性橘黄色 156 和 165）已经被染料制作工业生态与毒理研究协会列为有毒性一类
重金属	
芳香胺	
不定染色	批次染色中固定程度对于单磺化染料为 85%～93%,而二磺化染料和三磺化染料为 85%～98%
在染料制备中添加剂的流出污染	

2. 碱性染料（阳离子型）

（1）适用性

碱性染料最初用于丝绸和羊毛染色（用媒染剂），但它们表现出很弱的染色牢度。如今这些染料几乎专门用于腈纶（丙烯酸纤维类）、聚酰胺纤维和混纺纤维。

（2）性质

用于腈纶时色牢度非常好。

（3）化学性质和一般应用条件

阳离子染料通常包含四个一组的氨基基团，有时为共轭体系。有时发现一个带正电的氧原子或硫原子代替了其中的氮原子。

染料中的阳离子和纤维中的阴离子位点间形成离子键。

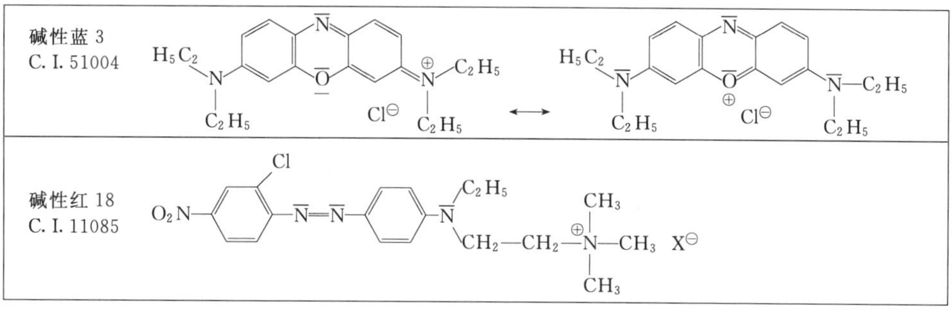

图 2　典型碱性染料示例

阳离子染料在水中微溶，然而在醋酸、酒精、乙醚和其他有机溶液中表现出很高的溶解度。在染色过程中，在弱酸条件下应用。碱性染料与纤维有很强的束缚力，不会轻易迁移。为达到均匀染色，经常使用特殊的匀化辅助剂或者叫缓凝剂（除非应用 pH 控制工序）。缓凝剂最主要的基团以有着长烷基支链的季铵化合物为代表（阳离子缓凝剂）。甲醛和萘磺酸的电解质和阴离子缩合产物也可能出现。

（4）环境议点

很多碱性染料呈现出高水生动物毒性，但是当使用恰当时，其利用率接近 100%。问题更多归因于操作程序处理不当、溢漏清除和其他失误 [11，USEPA，1995]。

以下染料被染料制作工业生态与毒理研究协会列为有毒性的一类：碱性-蓝-3，7，81；碱性-红-12；碱性-紫-16；碱性-黄-21。

3. 直接染料（实体染料）

（1）适用性

直接染料被用于染棉花、人造纤维、亚麻、黄麻纤维、丝绸和聚酰胺纤维。

（2）性能

上色深且鲜明，但耐光度根据染料不同而不同。耐洗牢度也被限制除非纺织品再进行后处理。偶尔直接染料被用于直接印染程序。

（3）化学性质和一般适用条件

直接染料可以是偶氮化合物、对称二苯代乙烯、酞菁染料。它们包含可溶解基团（大多为磺酸基团、也有羧基和羟基）在水溶液中电离。

直接染料是以其二维分子结构可以与平面的纤维大分子结合为特征的。染料分子通过范德华力和氢键固着。

直接染料需要用以下化学药品和辅助剂以使其变为理想的令人满意的染料。

① 电解质　通常为氯化钠和硫酸钠。它们的作用是在纤维上形成染料离子聚合体。

② 润湿和分散剂　非离子和阴离子表面活性剂的混合物用于此目的。

③ 后处理剂　被用于提高耐湿度。所谓的阳离子定色剂被广泛使用，它们通常是带烃类化合物长链的季铵化合物。甲醛和胺、多环芳香酚、胺腈、双氰胺的缩合产品可以达到此效果。

直接红 81(双偶氮)	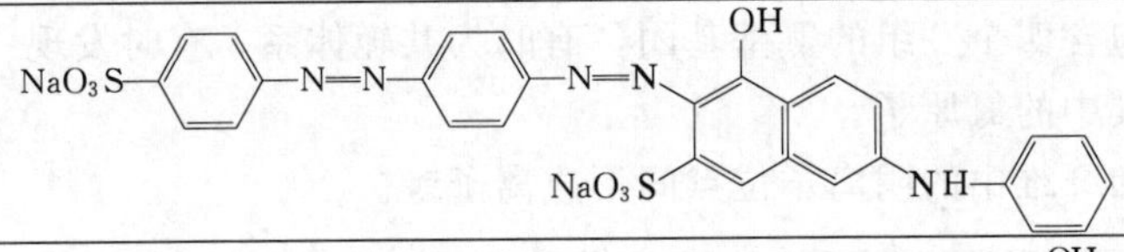
直接绿 23(三偶氮)	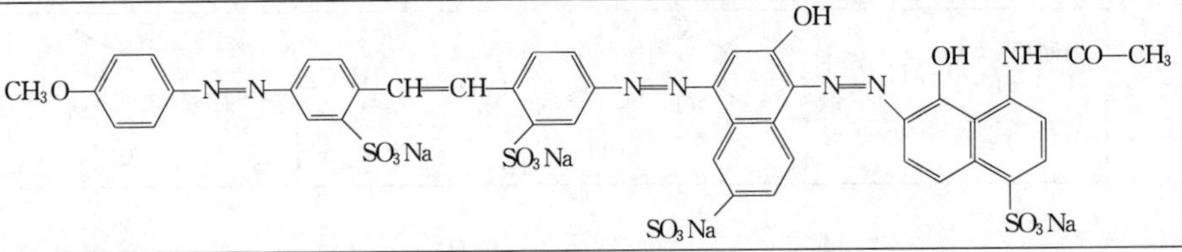
直接棕 44(多偶氮)	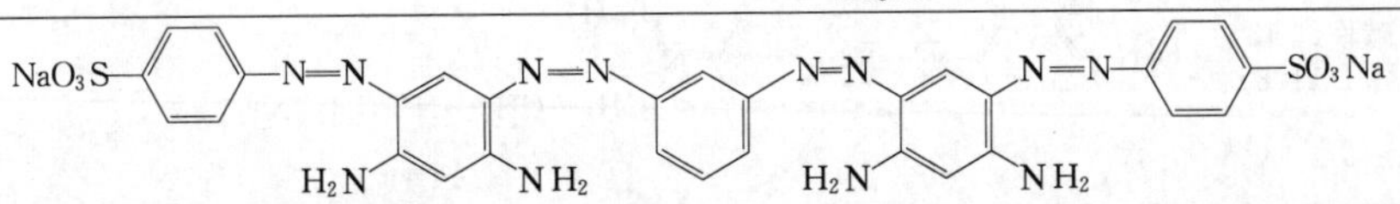
直接黄 12(对称二苯代乙烯染料)	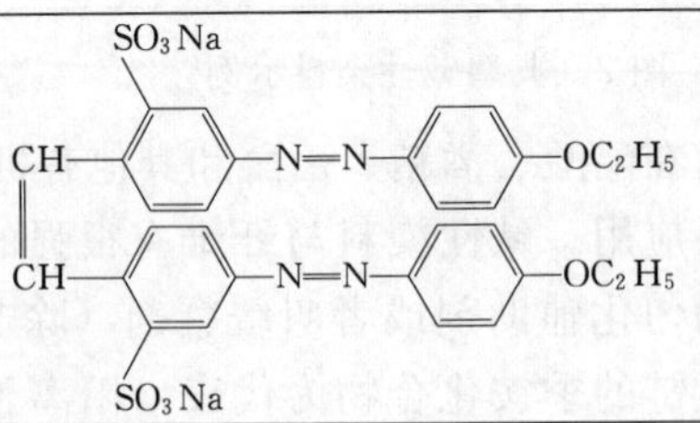
直接黄 59(噻唑啉染料)	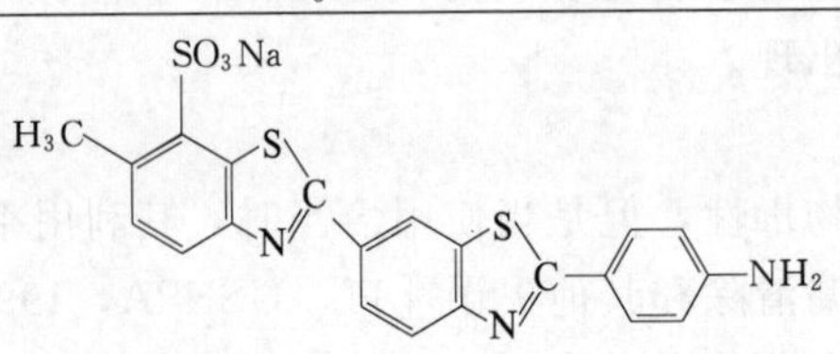

图 3　典型直接染料示例

（4） 环境议点

直接染料的环境属性用以下参数评价。但是表 2 未考虑在染色过程中用到的化学品和辅助剂，因为这些问题涉及特定添加剂。

表 2 直接染料的生态特性综述

关注的参数	注　解
生物可消除性	
有机卤素（AOX）	
生态毒性	直接染料橙色 62 已经被染料制作工业生态与毒理研究协会列为有毒性一类
重金属	
芳香胺	直接染料的研究重点是致癌联苯胺的替代物[186 Ullmann's,2000]
不定染色	序批式染色中固定程度范围为 $64\%\sim96\%$[77,EURA TEX,2000]，而根据美国环保署的报道为 $85\%\sim98\%$[11,US EPA,1995]
在染料制备中添加剂的流出污染物	

4. 分散染料

（1） 适用性

分散染料主要用于聚酯，也可用于醋酸纤维素、三醋酸纤维素、尼龙和腈纶。

（2） 特性

耐光度通常很好，而耐洗牢度则依据纤维不同而不同。特别说明的是，在聚酰胺和丙烯酸树脂中其被用于彩色调，因为在暗色调中它们的积累性质和耐洗度有限。

（3） 化学性质和一般适用条件

分散染料以缺乏溶解性的官能团和低分子量为特征，从化学角度来说，超过 50% 的分散染料都是简单的含氮化合物，大概 25% 的是醌类化合物，剩下的次甲基，硝基和萘醌类染料。

染料纤维的亲和力是各种不同的相互作用力的结果：氢键、交互作用力、范德华力。

分散染料的分子中含有氢原子，可以和氧、氮原子在纤维中形成氢键。

交互作用力是因为染料分子的不对称结构使得染料分子的偶极子之间的静电作用力和纤维分子中的极化键之间形成的静电作用力。

当纤维分子和染料排成一线且距离非常近时，范德华力就会发生作用。这种力在聚酯纤维中非常重要，因为它们可以在纤维的芳香基团和染料的芳香基团之间发生作用。

分散染料一般是以粉末状或者液体状态供应，粉末状染料含有 $40\%\sim60\%$ 的分散剂，但是在液态染料中，这些分散剂的含量一般在 $10\%\sim30\%$ 的范围内，甲醛缩聚物和木质素磺酸盐常被用来作为分散剂。

当用分散染料染色时常常需要用到下面的化学物质和附属物：

① 分散剂　尽管分散性染料常常含有很高浓度的分散剂，但是在最后的洗涤步骤中常常还会加入分散剂到染液中。

② 载体　对某些纤维，用分散性染料在低于 100℃ 时进行染色时需要使用载体。聚酯就是这种情况，它需要通过载体在沸点温度下来使分散染料均匀渗透。由于使用这些物质会带来环境问题，常常在有压力且温度大于 100℃ 时不采用载体进行染色。然而，载体

染色对于聚酯羊毛混纺仍然非常重要，因为羊毛在温度明显高于100℃时不能进行湿处理。

③ 增稠剂　聚丙烯酸酯或海藻酸盐在填充过程中常常被加入到染液中，它们的功能就是阻止在干燥过程中表面上的染液的移动。

④ 还原剂（主要是亚硫酸钠）　在最后的洗涤步骤中，它们和碱一起以溶液状态加入。

分散染料不仅被广泛地应用于染色，还被用于洗印合成纤维。

（4）环境议点

在下列参数下评估分散染料的环境性能。然而要注意，表3不考虑在染色过程中使用的化学品及助剂的环境问题，因为这些问题在另一附录中描述。

表3　分散性染料生态性能综述

重要参数	注　　释
生物可消除性	由于它们的低水溶性，大部分均是被污水处理厂的活性污泥所吸附除去
有机卤素	有些分散性染料中含有有机卤素，但是在污水处理厂的出水中却并不希望它们出现，因为它们很容易被活性污泥吸附除去（见2.7.8.1）
毒理学	下面的分散性染料可能会引起过敏症。分散性红：1,11,17,15；分散性蓝：1,3,7,26,35,102,124；分散性橘色：1,3,76；分散性黄：1,9,39,49,54,64
重金属	
芳香胺	仍然有些远东商人和制造商提供该种染料
非固定染色剂	固定的水平在连续染色中为88%～99%在洗印中为91%～99%
染色剂配方中的添加剂污染	传统的分散剂几乎不能被生物降解，现在的染料更多的加入容易被降解的分散剂，更多的信息参照4.6.3

5. 金属络合染料

（1）适用性

金属络合染料又称为预金属化染料，对于蛋白质纤维有很强的吸引力。在金属络合染料中，1∶2的金属络合染料也适用于聚酰胺纤维。

今天超过65%的毛织品都是用铬染料或者金属络合的染料，约有30%的PA是用1∶2的金属络合染料。

（2）性质

耐光性非常好，但是耐洗性却没有铬染料那么好。

（3）化学性质和一般应用条件

金属络合染料可以概括地分为两个等级，1∶1的金属络合染料，即一个染料分子配合一个金属原子；1∶2的金属络合染料即一个金属原子配合两个染料分子。这个染料分子主要是单偶氮结构，含有额外的官能团，例如羟基、羧基、氨基，这些官能团能和过渡金属离子，主要是铬、钴、镍和铜形成高协调性化合物。

典型的金属络合染料见图4和图5。

金属络合染料并不代表某一特定的应用染料类型，它实际上是属于许多的应用染料种类（例如，它们可以在酸性染料、直接染料和活性染料中找到）。在金属络合染料染色过程中，使用的pH条件根据使用者的情况和纤维类型（毛织品、尼龙等）来调节，毛织品的pH范围由强酸性（1∶1的金属络合染料是1.8～4）到适度的中性条件（1∶2的金属络合染4～7）。对于聚酰胺纤维，更高的pH值越来越普遍。

1∶1 的金属络合染料表现出很好的均染和渗透性能，而且可以覆盖基底中的不均匀的染色。它们的耐光性和耐湿性即便在深色调中依然很好。它们很适合于纱的染色和碳化的毛织品的匹染。

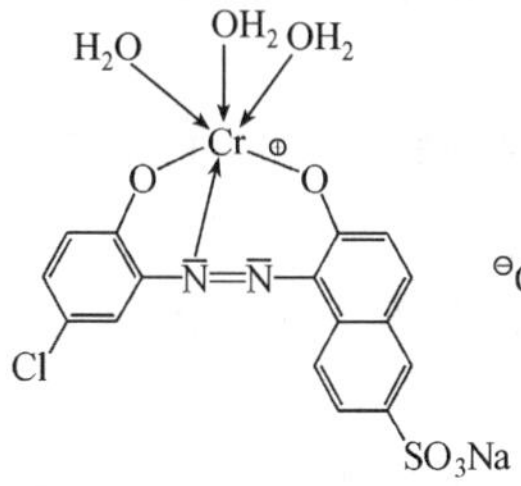

酸性紫 56
C.I.16055

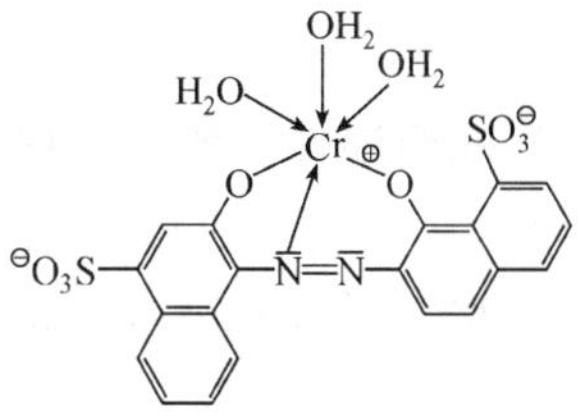

酸性蓝 158
C.I.14880

图 4　1∶1 金属络合染料典型的分子结构

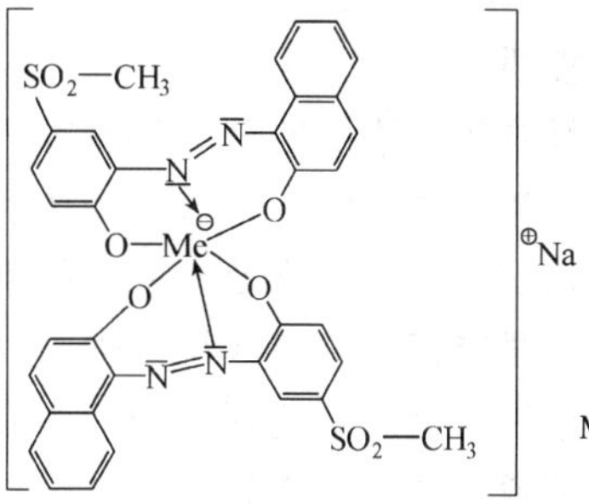

Me=Cr,Co

图 5　1∶2 金属络合染料典型的分子结构

1∶2 的金属络合染料可以用于毛织品和聚酰胺（尼龙）。它们成了这个种类中最重要的群体，大概可以分为两个类别。

• 低极性的 1∶2 的金属络合物——由于络合物内部的阴性而溶解或者是含有非离子的亲水性的取代基例如—SO_2CH_3，这些染料对于湿处理和光处理有很好的耐受性能以及渗透性能。

• 强极性的 1∶2 的金属络合物——由一个或多个酸性硫酸或者羧酸剩余物所溶解，它们比上面所提到的低极性的染料的均染性能要差一些，但是耐湿性能要好一些。他们更适合于用于媒染染料染色。第二类也更适合于聚酰胺纤维的染色。

采用金属络合染料进行染色可能需要以下化学物质和辅助物。

① pH 调节剂　硫酸，蚁酸，乙酸。

② 电解质　硫酸钠；硫酸铵和醋酸铵。

③ 匀染剂　阴离子表面活性剂和非离子表面活性剂的混合物（当采用控制 pH 的吸附染色技术时不需要这些辅助剂）。

(4) 环境议题

复合金属染料的环境性质是在以下参数下进行评估的。然而，注意表 4 并没有考虑与染色过程中使用化学物质和辅助物相关的环境问题，因为在专门的附录中会处理这些问题。

表 4　金属络合染料的生态性质综述

相关参数	备　注
生物去除性	不同染料间的最大差异(生物去除性＜50%)
有机卤化物(AOX)	有些产品含有有机卤化物:废水中的可吸附有机卤化物取决于相关染料浓度的可去除性(见 2.7.8.1)
生态毒性	
重金属	由于非固定染色剂造成在出水中含有金属。然而,在金属络合染料中所含有的三价铬和其他的过渡金属是发色剂的一个部分(见 2.7.8.1"重金属"部分)
芳香胺	
非固定染色剂	稳定程度从中等到极佳(从 85%～98%,在某些情况下能达到更大)
染料添加剂造成的出水污染	在粉末染料中是存在无机盐的。然而,这些无机盐并没有呈现出任何生态和毒理学方面的问题[64,BASF,1994]

6. 媒染染料（铬染料）

（1）适用性

媒染染料通常用于蛋白质（羊毛和蚕丝）染色。他们几乎不再用于聚酰胺纤维或者印花。

（2）性质

由于纤维经过铬媒处理后具备很好的匀染性和耐湿性，所以铬媒染料主要用于采用适中的价格获得暗色泽（绿色、蓝色和黑色）。然而，在它们的应用中也存在一定的缺点：染色时间长，渐变困难，在铬处理中对纤维制品造成化学损害和废水中铬的释放的风险。

（3）化学特征和一般应用条件

染料索引将这些着色剂分类为媒染染料，但是铬已经成为最普遍的媒染剂，并且这种类别的染色剂通常就是指铬染料。

从化学的角度来看，他们可以被看作是含有可以与铬形成金属络合物的相配的官能团的酸性染料。它们的分子中并不含有铬，铬是通过重铬酸盐或者铬酸盐的形式被添加的，以使得染料固定。

与纤维制品之间的相互作用是通过染色剂中的阴离子官能团和纤维制品中可用的铵阳离子所形成的离子键建立的。另外，铬作为染料和纤维制品之间的一个连接。这样就产生了一个非常强烈的结合力，这种结合力在所获得的极佳的牢固性中可以反映出来。图 6 展示了毛织品中的离子键和配位键。

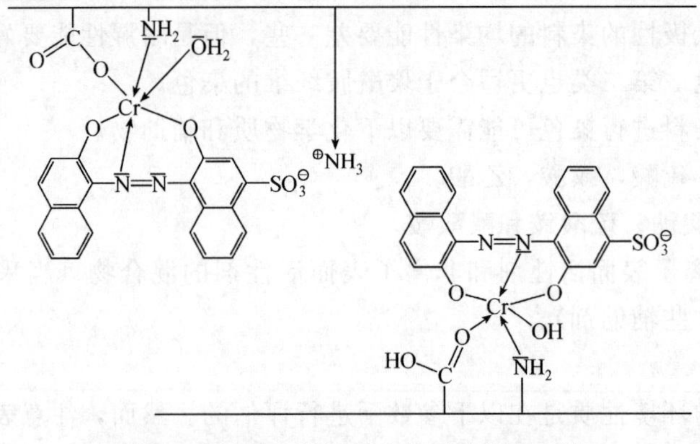

图 6 毛织品和铬染料之间可能的离子键
和配位键的图示 ［69，Corbani，1994］

在染色过程中铬染料的使用需要下面的化学物质和辅助物：钾和重铬酸盐或者铬酸盐；甲酸或者乙酸作为 pH 调节剂；其他有机酸，例如酒石酸和乳酸，它们被用来加强将六价铬转变为三价铬的程度；硫酸铵或者硫酸钠。

（4）环境议题

铬染料的环境性质是在以下参数下进行评估的。然而，注意，表 5 并没有考虑与染色过程中使用化学物质和辅助物相关的环境问题，因为在专门的附录中会处理这些问题。

表 5 铬染料生态性质综述

相关参数	备　　注
生物去除性	
有机卤化物（AOX）	

相关参数	备 注
生态毒性	
重金属	由于非固定染色剂造成在出水中含有金属。然而,在金属络合染料中所含有的三价铬和其他的过渡金属是发色剂的一个部分(见 2.7.8.1"重金属")
芳香胺	
非固定染色剂	
染料添加剂造成的出水污染	

7. 萘酚染料（纤维制品基础上发展的偶氮型染料）

（1）适用性

偶氮型染料，也被称为萘酚染料，常用于纤维素纤维（尤其是棉花），但也适用于黏胶、醋酸纤维、亚麻，有时也可用于聚酯纤维。

（2）性质

偶氮型染料有很好的耐湿性能，同时也有良好的光、氯和碱牢度，但是它的耐摩擦牢度却很差。

显色指数 耦合成分 n^0	显色指数 化学组成 n^0	分子式	商品名称
2	37505	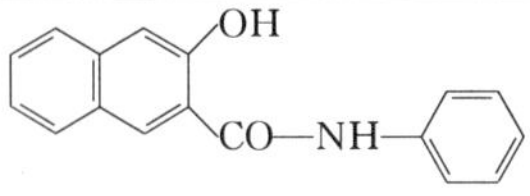	萘酚 AS(P,L)
4	37560	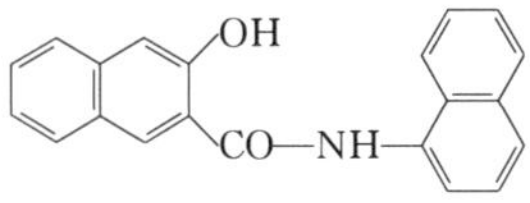	萘酚 AS-BO(P,L)
5	37610	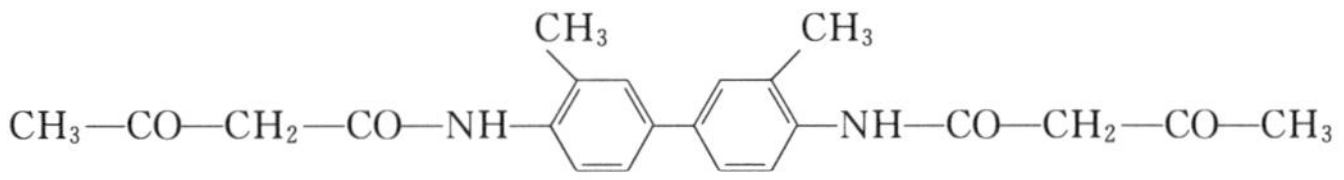	萘酚 AS-G(P)
10	37510	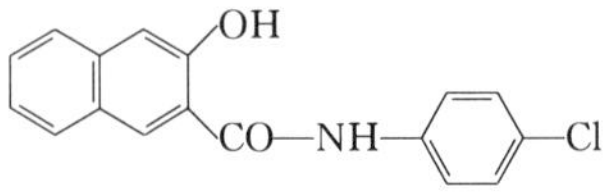	萘酚 AS-E(P)
11	37535	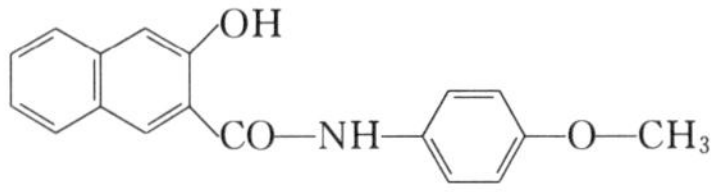	萘酚 AS-RL(P)
12	37550	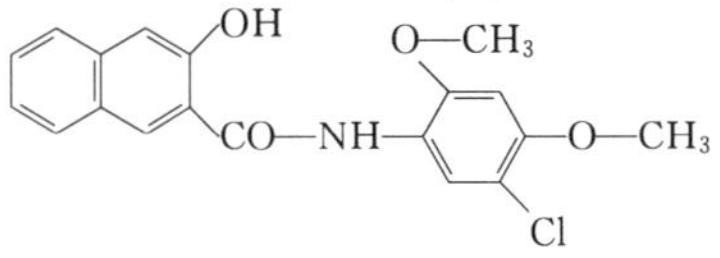	萘酚 AS-ITR(P,L)
15	37600	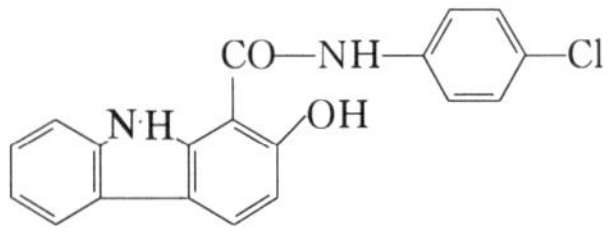	萘酚 AS-LB(P,L)
18	37520	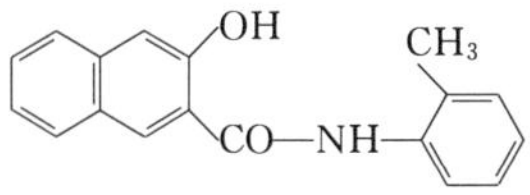	萘酚 AS-D(P,L)

图 7 萘酚染料典型的偶合成分的示例

(3) 化学特征和一般应用条件

从化学观点来看，萘酚染料和偶氮染料非常相似，主要的差别就是其不含有硫酸基的溶解性的官能团。

它们由在一个两级处理中应用于织物的两种具有化学活性的化合物组成。由一种重氮化盐基（显影剂）和一种耦合成分之间的耦合反应使得这些难溶解的染料在纤维制品上被直接合成。

重氮组	化学组分 n^0	化学式
2	37005	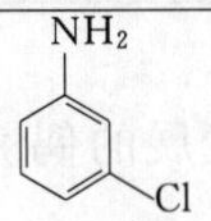
3	37010	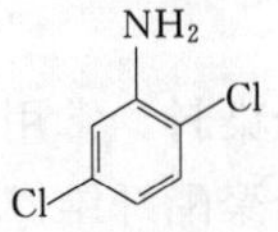
6	37025	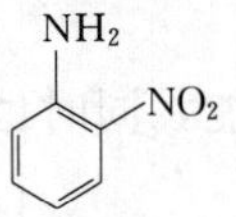
32	37090	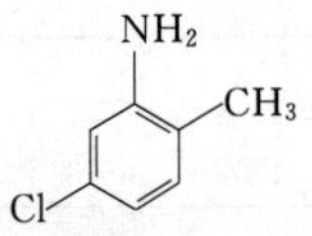
5	37125	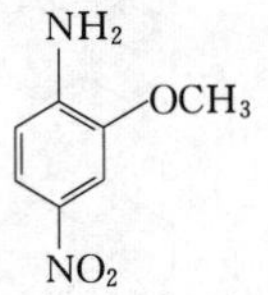
41	37165	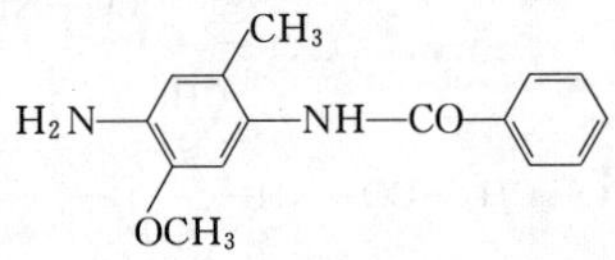
35	37255	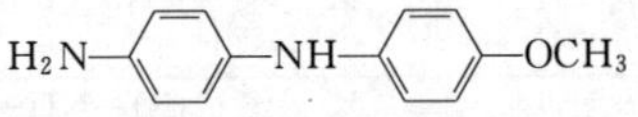

（注：表头为"染料索引"分为"重氮组"与"化学组分 n^0"，右栏为"化学式"）

图 8　萘酚染料典型的显影剂（牢固底色）示例

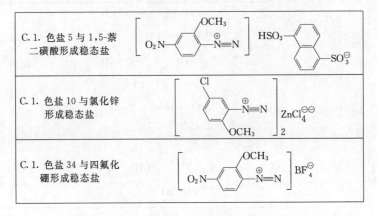

图 9　典型的牢度显色盐示例

这些耦合成分常常是 2-羟基萘甲酸苯胺的衍生物（同样也可以称为色酚）。这些萘酚可以是粉末或者液体的形式（在这种情况下这些溶液同时含有氢氧化钠，萘酚的浓度在30%~60%之间）。

显影剂可以是苯胺、甲苯胺、邻氨基苯甲醚和间氨基苯甲醚、二苯胺的衍生物。他们可以作为：游离碱（不褪的底色）；液态基质（这些制剂是芳香胺的水分散系，它们应用起来比其他的固体基质更加安全和简单）；牢度显色盐（这些都是已经重氮化的重氮化合物，它们在市场上以稳定的形式存在并且在染色前不再需要重氮化）。

偶氮染料的应用包括若干步骤。

① 萘酚盐溶液的准备：萘酚转化为萘酚盐的形式可以与重氮盐进行耦合。

② 色酚盐在纤维制品中的应用。

③ 重氮化盐基的准备：为了使得耦合反应成为可能，这个基团首先必须采用亚硝酸钠和盐酸在低温下进行重氮化（当采用牢度显色盐时可不需要此步骤）。

④ 偶氮型染料在纤维制品中的形式。

（4）环境议题

偶氮型染料的环境性质是在以下参数下进行评估的。然而，注意，表6并没有考虑与染色过程中使用化学物质和辅助物相关的环境问题，因为在专门的附录中会处理这些问题。

表 6　萘酚染料生态性质综述

相关参数	备注
生物去除性	
有机卤化物（AOX）	
生态毒性	
重金属	
芳香胺	显影剂都是可重氮化的有机胺类或二元胺或者可替代的苯胺、甲苯胺、甲氧基苯胺、偶氮苯或者二苯胺。这些胺类中的一些，尤其硝基苯胺、氯苯胺和萘酚胺在 1980 年美国环保署的优先列表中是有害污染物并且被禁止使用
非固定染色剂	在连续染色和印花的过程中固定水平分别处在 76%~89%和 80%~91%之间[77,EURATEX,2000]
染料添加剂造成的出水污染	

8. 活性染料

（1）适用性

活性染料主要用于纤维素纤维的染色，例如棉花和纤维胶，但是它们对于毛织品和尼龙的重要性也日益增加。

（2）性质

它们具有很高的耐湿性（优于比较便宜的直接染料），但它们有时候并不实用，因为在获得均染效果时存在难度。耐氯牢度比还原染料稍差一点，在恶劣条件下耐光性也稍差

可利用的活性染料的种类很多，这样使得很多的染色技术都可被应用。

（3）化学特征

活性染料是独特的，因为它们含有可以和纺织基材形成共价键的特殊化学官能团。

打破这些键所需要的能量和降解基材本身所需要的能量是相似的，这也是为什么这些染料具有高耐湿性的原因。

就所消耗的体积而言，最重要的一种活性染料活性黑染料-5 的结构如图 10 所示。

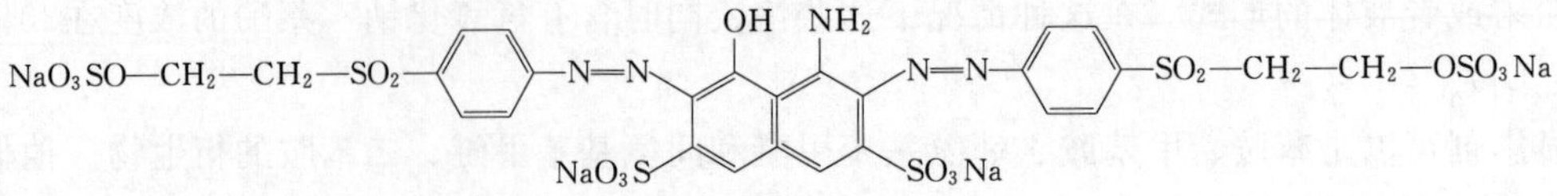

$$NaO_3SO—CH_2—CH_2—SO_2 \cdots 苯环 \cdots N=N \cdots 萘环(OH, NH_2, NaO_3S, SO_3Na) \cdots N=N \cdots 苯环 \cdots SO_2—CH_2—CH_2—OSO_3Na$$

图 10 黑活性染料-5

活性染料的化学结构可以通过下面的公式 Col-B-R 扼要地表达出来，在公式中：Col 是指通常由单偶氮、蒽醌、苯二甲蓝染料和金属络合化合物组成的发色团；B 是指发色团和活性基团之间的连接基；R 代表活性基团（与离去基团的固定点系统）。固定点系统是以其反应活性为特征。基于此，它们被分类为热染料、温暖染料和冷染料。

某些对于纤维素、毛织品或者聚酰胺纤维的活性系统的典型例子可见表 7、表 8。

表 7 典型的纤维素纤维固定点系统

固定点系统	命名	商业名称
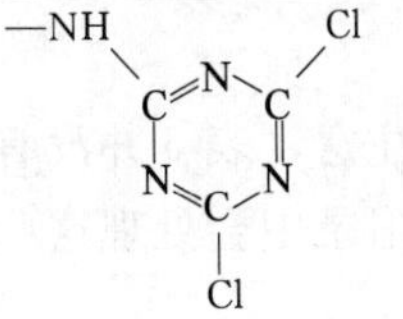 —NH—（二氯三嗪环，Cl、Cl）	二氯三嗪（冷染料）	Procion MX（普施安 MX）
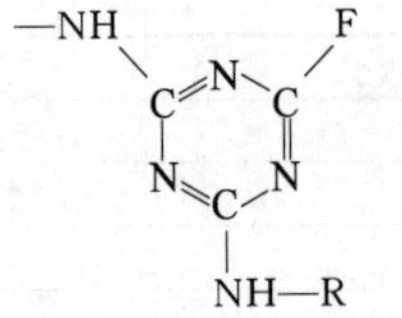 —NH—（三嗪环，F、NH—R）	三嗪氟胺（温暖染料）	Cibacron F（汽巴克隆 F）
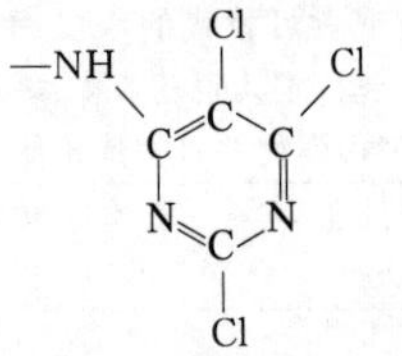 —NH—（三氯间二氮苯环，Cl、Cl、Cl）	三氯间二氮苯（热染料）	(Cibacron T-E) 汽巴克隆 T-E (Dimaren X,Z) 迪马人 X,Z
—SO_2—CH_2—CH_2—O—SO_3Na	β-硫酸乙烷砜（温暖染料）	Remazol（雷马素）

表 8 典型的毛织品和聚酰胺纤维的固定点系统

固定点系统	命名	商业名称
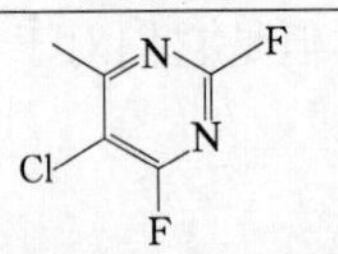 （嘧啶环，F、F、Cl、CH_3）	2,4-二氟 5-氯间二氮苯	Verofix Drimalan F
—SO_2—CH_2—CH_2—O—SO_3Na	β-硫酸乙烷砜	Remazolan
—SO_2—NH—CH_2—CH_2—O—SO_3H	硫酸乙烷磺胺	Levafix 利伐菲克斯
—NHCO—CB_1=CH_2	溴丙烯酰胺	Lanasol 兰纳素

着色剂中的活性基团与蛋白质和聚酰胺纤维的纤维制品中的氨基反应，与纤维素中的羟基反应。

在两种情况下，两种反应机制都是可能的，这取决于固定点系统：亲核取代反应机制或亲核加成反应机制。

当采用活性染料时另外需要考虑的一个重要问题是在染色过程中常常存在两种竞争反应。

① 醇解反应 染料＋纤维制品──→固定在纤维制品上的染料

② 水解反应 染料＋水──→染色后被冲走的水解的染料（多余的反应）

这种现象有非常重要的影响，尤其对于纤维素纤维制品。事实上，活性染料与纤维素纤维制品发生反应的碱性环境增加了水解反应的速率。所产生的已经水解的染料不再是一种活性物质，因此通过出水排放。

用活性染料对纤维素纤维制品进行染色可能需要用到以下的化学物质和辅助物：碱（碳酸钠、碳酸氢钠和氢氧化钠）；盐（主要是氯化钠和硫酸钠）；采用一个液池时在连续的操作中可能需要向轧染液中添加尿素（见 4.6.13 其他可选技术）；采用冷浸轧的方法时可能需要添加硅酸钠（同样可见 4.6.9）。

活性染料可在不同的条件下应用于毛织品或者聚酰胺纤维的染色。当采用活性染料对毛织品和聚酰胺纤维进行染色时，氨基的反应活性要远远高于纤维素制品的羟基的反应活性。

均染性常常可以通过采用特殊的两性匀染剂实现。

活性染料的适用 pH 值常常在 4.5～7 之间，这取决于渐变的深度、硫酸铵和上面所提到的特殊的匀染剂。

纤维素印花中，通常都会采用适度的活性染料（主要是氯二嗪系统）。有时也会使用活性很高的磺乙基砜。

采用活性染料印花需要使用：增稠剂（主要是聚丙烯酸酯与海藻酸盐）；尿素；碱（例如碳酸钠和碳酸氢钠）；氧化剂（主要是苯磺酸的衍生物），它们被用来防止敏感染料在气蒸阶段被还原。

(4) 环境议题

较差的固色性已经是活性染料长期存在的一个问题，尤其是在纤维素纤维的非连续染色中，通常在这过程中要添加大量的盐来提高上染率。另一方面，颜色的重现性和均染性是采用最有效染料（高上染率和固色度）的即时化生产中最主要的障碍。

研究和发展有一系列的目标，这些目标即将实现或者正在实现的过程中。这些包括[190，VITO，2001]：增加单独染料和染料组合的稳定性（三原色系统）；提高应用于最常见的染色过程中三原色组合的再现性；减少盐的消耗和出水中未用的染料；提高牢度性能（例如耐光性，耐洗性）。

采用精细的分子工程技术使新型活性染料得设计性能远远高于传统活性染料（例如双官能团活性染料和低盐活性染料）成为可能。这些最新的发展在 4.6.10、4.6.11、4.6.13 中有更详细的描述。

活性染料的环境性质是在以下参数下进行评估的。然而，注意，表 9 并没有考虑与染色过程中使用化学物质（例如盐）和辅助物相关的环境问题，因为在专门的附录中会处理这些问题。

表 9　活性染料生态性质综述

相关参数	备　注
生物去除性	因为非固定活性染料和它们的水解形式都是易溶于水的，所以在生物废水处理厂中很难去除
有机卤化物（AOX）	很多活性染料含有有机卤化物。然而，与发色团结合的卤化物和与锚固基团结合的卤化物还是存在差别（见 2.7.8.1 更多细节讨论）

相关参数	备　注
生态毒性	
重金属	重金属既可以作为生产流程中的杂质又可以作为发色团的一部分。后者主要指被广泛应用的尤其是蓝色和蓝绿色的酞菁染料（还没有找到更好地替代物）（见 2.7.8.1）
芳香胺	
非固定染色剂	固色率很差（见 2.7.8 讨论）。已经做了努力提高固色水平。有些活性染料可以达到 95% 的固色率，甚至对于纤维素纤维也可以（见 4.6.10 和 4.6.11 最新发展）
染料中分散剂和添加剂造成的水污染	

注：[77，EURATEX，2000] 固色等级：棉花非连续染色 55%～80%；羊毛非连续染色 90%～97%；印花（常规）60%。

9. 硫化染料

(1) 适用性

硫化染料主要用于棉花和纤维胶的底材。它们同样也可用于纤维素和合成纤维混合物的染色，包括聚酰胺和聚酯。它们偶尔也用于丝绸的染色。除了黑色，在织物印染中几乎不使用硫化染料。

(2) 性质

漂白性和耐洗性都非常好，然而耐光性却从中等到良好不等。尽管它们有很宽的色调范围，硫化染料主要用于暗色调，因为明色调的耐光性和耐洗性都很差。硫化染料和其他染料相比显得暗。

(3) 化学特征和一般应用条件

硫化染料是由硫黄或者硫化物与胺类和酚发生反应产生的两种高分子量的化合物组成。分子中含有硫黄的染色剂很多，但是只有在碱性条件下与硫化钠发生反应后能溶于水的才可以称为硫化染料。

确切的化学结构并不知道，因为它们常常是结构非常复杂的分子的混合物。氨基衍生物、硝基苯、硝基和氨基二苯、吖嗪、恶嗪、噻唑、吖嗪和噻唑环可以是这些化合物的一部分。硫化染料含有的硫化物不仅作为发色团的一部分同时也存在于多硫化物的侧链中。

如上所提到的，硫化染料是不溶于水的，但是在碱性条件下经过还原后它们就转化为能溶于水并且与纤维有很强的亲和力的隐色体形式。被纤维吸收后，它们就被氧化转化成初始的难溶的形态。

硫黄染料可以有不同的形式，被分类如下：

① 硫黄染料　可以是无定形粉末或者分散的色素。无定型粉末难溶或者微溶于水，通过将硫化钠和水煮沸而进入到溶液中。分散的色素可以在有一种分散剂存在的情况下用此种形式应用于轧染。它们可以含有一定量的已经存在于制剂中的还原剂，在这种情况下被称为"部分还原的色素"。

② 隐色硫化染料（备用的染料）　以液态形式存在而且已经含有染色所需要的还原剂。因此在使用前必须简单地用水冲淡。低硫化物同样有出售。

③ 溶于水的硫化染料　通过用亚硫酸钠处理它的不溶于水的形式（Col—S—S—Col）

来获得烷基硫代硫酸盐（Col—S—SO₃Na）。它们可以溶解于热水，但是它们对于纤维没有亲和力。碱和还原剂的添加使得它们适用于纤维制品。

硫化钠和硫化氢常常被作为还原剂加入染液中（除非采用备用硫化染料）。由葡萄糖和亚硫酸氢钠或者二氧化硫脲组成的二元系统同样可以作为替代的还原剂。

在所有的过程中，染料都是通过氧化反应而被固定到底材上的。现在，过氧化氢或者含有有机卤化物的化合物（例如溴酸盐、碘酸盐和亚氯酸盐）是最常用的氧化剂。

除了上面的氧化剂和还原剂，当采用硫化染料进行染色时需要另外的化学物质和辅助物：碱（主要是氢氧化钠）；盐（氯化钠和硫酸钠）；分散剂，萘磺酸甲醛的聚合物、木素磺酸盐和磺化油；络合剂，在某些情况下使用乙二胺四乙酸和聚磷酸盐用以防止在碱土金属离子存在时所造成的负面影响。

（4）环境议题

硫化染料的环境性质是在以下参数下进行评估的。然而，注意，表10并没有考虑与染色过程中使用化学物质（例如盐）和辅助物相关的环境问题，因为在专门的附录中会处理这些问题。

表10　硫化染料生态性质综述

相关参数	备　注
生物去除性	大多数硫化染料氧化后都是难溶于水的,所以可以通过污水处理厂中活性污泥的吸附被大量的去除
有机卤化物(AOX)	
生态毒性	
重金属	
芳香胺	
非固定染色剂	固色水平在连续染色中为69%~90%,印花中为65%~95%[77,EURATEX,2000]
染料中添加剂造成的出水污染	使用了低生物降解性的分散剂。具有很高去除率的新甲醛聚合物已经存在（见4.6.3）

10. 还原染料

（1）适用性

还原染料通常用于棉花和纤维素纤维的染色和印花。它们同样可用于聚酰胺和聚酯与纤维素纤维的混合物的染色。

（2）性质

还原染料使用适当时有很好的牢固性，常常用于将要经历剧烈的洗涤和漂白过程的纤维制品的染色（毛巾、工业和军事制服等）。颜色范围很宽但是色调通常是暗的。

（3）化学特征和一般应用条件

从化学角度看，还原染料可以被分类为两种：靛蓝类的还原染料和芦荟蒽醌衍生物染料。在蓝丹宁的生产中，靛蓝染料几乎是唯一被用来染色经纱的染料。

像硫化染料一样，还原染料通常不溶于水，但是在碱性条件下（翁染）经过还原后它们能溶于水而且可以用于纤维制品。然后通过氧化后它们又被转化为初始的难溶形态，通过这种方法它们能固定在纤维制品上。

还原染料是主要含有一种可还原的彩色染料和一种分散剂（主要是甲醛聚合物和木质磺酸盐）的制剂。它们的形式通常有粉末状、颗粒状和糊状。

采用还原染料进行染色时可使用各种不同的技术。然而，所有的过程都包括三个步骤：翁染、氧化、后处理。

染料还原成为无色形式的步骤被称为翁染。还原染料通常比硫化染料更加难以还原。需要使用各种不同的还原剂。亚硫酸氢钠（亚硫酸氢盐）仍然是应用最广泛的，尽管它有一些限制。染料的还原和与大气中氧的反应都需要消耗亚硫酸氢钠，因此需要过量的还原剂目前有很多方法可用来减少还原剂损失（见 4.6.6）。另外，亚硫酸氢钠不能用于高温或者压吸蒸处染色过程，因为过度的还原会产生敏感型染料。在这种应用条件下以及印染过程中，更加倾向于使用次硫酸衍生物。

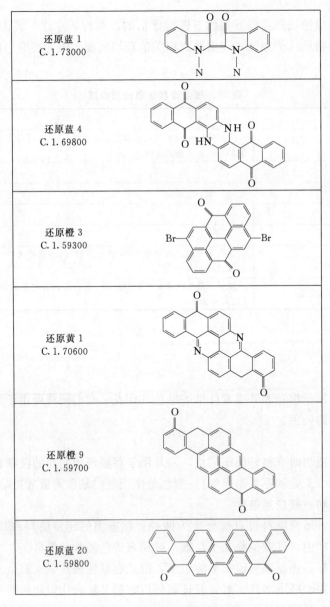

图 11　典型的还原染料实例

二氧化硫脲有时也会被用作还原剂，但是存在过度还原的风险，因为它的还原电势要远远高于亚硫酸氢盐。此外，二氧化硫脲的氧化产物导致了废水中的氮和硫污染。

面对不断增加的环境压力，现在已经有能生物分解的不含硫黄的有机还原剂，例如丙酮醇。但是它们的还原能力要弱于亚硫酸氢盐，所以它们不是在任何条件下都能替代亚硫酸氢盐。然而，丙酮醇可以和亚硫酸氢盐联合使用，因此可以使出水中的亚硫酸氢盐降低到一定程度。

被纤维制品吸收后，染料通过氧化从可溶的无色形式转化为初始的色素。这个过程是通过在湿处理过程向液体中添加氧化剂，例如过氧化氢、过硼酸盐或者硝基苯磺酸实现的。

最后的步骤是在沸腾温度下在弱的碱液中用清洁剂后处理材料。这种皂化处理不仅是要去除色素颗粒，同时促进无定型染料颗粒的结晶作用，这样可给材料最终上色并获得还原染料典型的牢固性。

还原染料的应用条件根据温度和盐的用量以及所需的碱有很大不同，取决于使用的染料的性质。因此还原染料根据它们对于纤维的亲和力和染色需要的碱量被分为以下几组：

① IK 染料（I＝阴丹士林，K＝冷）　有很低的亲和力，它们的使用温度为 20～30℃，需要少量的碱和盐以增加染料的吸附率。

② IW 染料（W＝温暖）　有较高的亲和力，它们的使用温度为 40～45℃，需要更多的碱，少量或者不需要盐。

③ IN 染料（N＝常规）　使用更加直接，无需媒染剂，使用温度为 60℃，同时需要大量的碱，但是不需要盐。

在染色过程过可能会添加下面的化学物质和辅助物：亚硫酸氢钠、二氧化硫脲和次硫酸衍生物作为还原剂；氢氧化钠；硫酸钠；聚丙烯酸酯和海藻酸盐在垫料过程中作为反迁移剂；甲醛缩聚物和萘磺酸及木素磺酸盐作为分散剂；表面活性剂（包括乙氧基脂肪胺）和其他化合物，例如甜菜碱、聚亚烷基亚胺、聚乙烯吡咯烷酮作为均染剂；过氧化氢、过硼酸盐和 3-硝基苯磺酸作为氧化剂；肥皂。

在印花过程过可能会添加下面的化学物质和辅助物：增稠剂（淀粉和成熟的粉状纤维衍生物）；还原剂，根据印花方法（一次或者两步处理），选用染料和蒸汽参数的不同而采用各种不同的化学物质，次硫酸衍生物是最普遍的，但是亚硫酸氢盐同样也可以使用（在两步处理中需要很短的蒸汽时间时）；碱，碳酸钾、碳酸钠和氢氧化钠；氧化剂（和染色使用的一致）；肥皂。

（4）环境议题

还原染料的环境性质是在以下参数下进行评估的。然而，注意，表 11 并没有考虑与染色过程中使用化学物质（例如盐）和辅助物相关的环境问题，因为在专门的附录中会处理这些问题。

表 11　还原染料生态性质综述

相关参数	备注
生物去除性	还原染料有很高的去除率因为它们难溶于水，因此可以大量地被污水处理场中的活性污泥吸收
有机卤化物（AOX）	
生态毒性	因为它们微溶于水，所以它们不能被生物有效地利用[64,BASF,1994]
重金属	还原染料的生产过程(在某些情况下仍然很难将这些限制控制在 ETAD 的标准以下)使其含有重金属杂质(铜、铁、锰、钡和铅)

相关参数	备　注
芳香胺	
非固定染色剂	还原染料有很高的上染率（在连续染色中为 70%～95%，印染中为 70%～80%）
染料中添加剂造成的出水污染	染料配方中存在分散剂。因为它们溶于水并且很难被降解，在污水中可以发现它们 具有高去除率(>70%)的新甲醛缩聚物已经存在并且更容易被去除的替代物也正在开发[186,Ullmann's,2000]（见 4.6.3）

11. 颜料

颜料在印花中被广泛使用（涂料印花）。

颜料不溶于水和有机溶剂。有机颜料很大程度上来自于苯甲酸。无机颜料是金属的衍生物，例如钛、锌、钡、铅、钼、锑、锆、钙、铝、镁、镉和铬。

附录Ⅲ 湿处理：机械设备和方法

1. 散纤维

1.1 高压锅

各种不同种类的机械被用来处理松散形式的纤维。这些包括锥形锅机器、梨形机器和辐流机器。它们被用于所有的湿场作业，即预处理、染色、表面处理剂的应用和洗涤。

在锥形锅机器中（见图1）纤维被塞进一个可移动的位于容器底部的一个中心内接头上部的纤维载体中。采用这种连接通过一个外部的泵可以提供循环溶液。附连喉管使得溶液可以通过垫料的底部或者顶部进行循环。

梨形机器有一个可以移动的穿孔的底座，溶液通过叶轮的作用可以从底座进行循环，然后溶液通过一个堰返回到染色容器中。纤维被直接装入这些容器中同时在顶部放置一个更多孔的多孔板。溶液循环挤压纤维进入到容器底部的两层板之间。为了卸载机器，要通过起重机将两块板移开然后手动移除纤维。

辐流机器的特征是有一个配置有中心穿孔的柱形物，溶液从柱形物流出穿过垫料到达载体的穿孔墙。

散纤维主要通过手工压入这些机器中。容量在 $200\sim300kg$ 之间，同时每千克纤维的工作容积为 $7\sim10L$。

浴室通过机器底部封闭的蒸汽盘管进行加热。在很多情况下，这些机器的自动化程度很低，温度可能需要采用一个简单的蒸汽阀进行人工控制。在其他情况下，可能会装备电镀/启动程序员或者逻辑控制器来调节时间/温度以及控制溶液循环的方向。

高压锅可以用于更高压力下的操作（当它们用于羊毛纤维的染色时不是这种情况）。

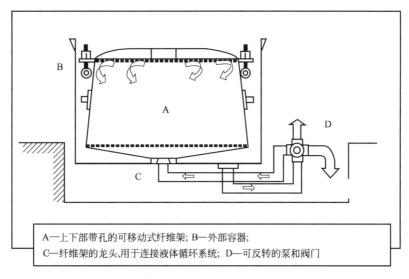

A—上下部带孔的可移动式纤维架; B—外部容器;
C—纤维架的龙头,用于连接液体循环系统; D—可反转的泵和阀门

图1　散纤维染色机器圆锥形锅的示意 [32，Enco，2001]

散纤维的液比在(1∶4)～(1∶12)之间变化，取决于机器的类型，装载的水平，纤维的

种类等［32，Enco，2001］。

2. 纱线

纱线可以通过卷装的形式或者打包形式进行处理。根据所选用的不同的方法采用不同的机器。它们被用于所有的湿场作业，即预处理、染色、表面处理剂的应用和洗涤。

2.1 绞纱染色机器

绞纱染色机器主要都是单杆设计，纱线悬挂在染色容器盖子的下方可移动的杆上（见图2）。盖子逐渐垂直地放在含有一个穿孔的活底的简单盒子的染色容器上。液体通过一个往复推进器进行循环，其垂直地安放在机器末端的一个溢流室。加热主要是通过活底之下的封闭蒸汽盘管，在小点的机器中通过蒸汽喷射法。通过机电的或者可编程序的逻辑控制器控制温度。这些设备同样可以控制化学物质和染料添加以及任何需要冷却的循环时间。机器的生产量从10kg的样品机器到1000kg的机器。这些大机器可以通过互相连接的管道工程成对地联合在一起，通过这种方式不仅可以对4000kg的纱线进行染色，同时还可以灵活地单独对1000kg纱线进行染色。

这种设计的变化可能是利用一个穿越溢流室底部的密封压盖的水平循环推进器。唯一不变的是这些机器均含有一个凹形底，这样就可以提高流通量并且通过一个小的空地减少纤维和液体的比例［32，ENco，2001］。

典型液比范围为(1∶1.15)~(1∶1.25)。

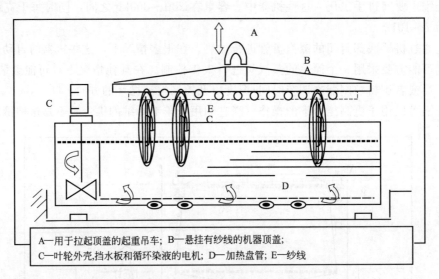

A—用于拉起顶盖的起重吊车；B—悬挂有纱线的机器顶盖；
C—叶轮外壳，挡水板和循环染液的电机；D—加热盘管；E—纱线

图2 单杆绞纱染色机器的示意［32，Enco，2001］

2.2 筒子染色机

用于推积式毛纱染色的机器基本类型有三种：水平轴或者竖式轴机器或者管型机器。

① 水平轴机器 在设计上是矩形的，与绞纱染色机器非常相似，经过改进后含有框架，纱线卷就可以水平地插进去，另一种就是一个水平的高压锅，含有纱线卷的载体进入到高压锅内就会滚动。两种机器都需要高流速泵，这样可以获得更好的染液循环。这些机器常常用于缠绕在软包装上的膨胀疏体纱，这样可以增加染液的渗透性。

② 竖式轴机器 是最常用的（见图3）。这些筒子可能会被挤压进入垂直的载体轴上以

增加有效负荷，帮助染液循环并使液体和纤维的比例最小化。

③ 管型机器　由很多垂直的或者水平的管道构成，筒子载体被插入这些管道，这些管道形成了单个的染色容器通过共同的管道工程和循环泵连接。这些机器比上面的机器类型更加灵活，因为单独管道可以被隔开以改变机器的总负载能力。

在筒子染色中所采用的液比接近 1∶12［一般为(1∶8)～(1∶15)］。容量达到 500kg 的机器被用来染色地毯纱线，当对更大的单独的批次进行染色时采用设备将两个或者更多的机器连接在一起［32，Enco，2001］。

3. 绳状织物

绳状织物的湿处理可以分批次进行或者连续进行。

3.1 分批工艺

3.1.1 绞盘染槽

所有绞盘染槽机器的共同要素是用于织物移动的绞盘。绞盘通过一个导轮将织物从浴池中拉出来然后又以褶状的形式放回浴室。在传统的绞盘染槽中（见图 4），浴池呈静止状态，然而织物通过机器上部的一根卷轴始终是循环流动的。在现代的绞盘机中，织物和浴池都是循环流动的，这样就提高了均匀性以及染液和织物的接触。

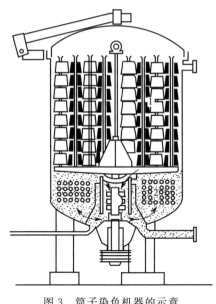

图 3　筒子染色机器的示意

[186，Ullmann's，2000]

1—筒子纱；2—加热系统（蒸汽）

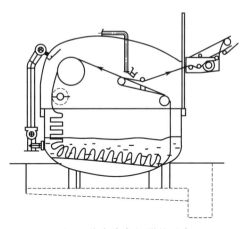

图 4　绞盘染色机器的示意

[186，Ullmann's，2000]

本色物品以绳状的形式或者开幅的形式进入绞盘机，这样就意味着绞盘机的宽度必须为 5～6m。要被染色的织物的末端会被缝合在一起以在旋转杆（绞盘机）的上方形成死循环。

绞盘染槽主要用于染色，但是由于实际原因，预备工作和染色通常会在一个机器中进行。

尽管合成纤维的发展已经促进了增压机器的产生（HT 机器可以达到 130～140℃），这些机器通常在大气压强下操作。

绞盘染槽是一种万能型的机器，它可以用于各种类型的织物。对于染色地毯，它是一种非常普通的技术（它们常常是全宽染色）。

液比一般从1:15到1:40不等（对于地毯通常是1:30）[171，GuT，2001]。

这样就使得这项技术相当的昂贵，因为需要消耗大量的水和能量。然而，现代技术的发展已经提高了它的环境绩效（见4.6.20）。

3.1.2 喷射式

喷射式机器（见图5）的设计目标就是去除应用绞盘染色机器时出现的问题。

旋转杆已经被淘汰，同时织物也被放在一个封闭的管状系统中。通过文丘里管的染液的喷射可以在管道中运送织物。喷射所造成的湍流也能增加染液的渗透性，同时阻止织物碰到管壁。

由于织物在管道中常常接触到高浓度染液，相对地在容器底部就可以使用小的染色浴池：只需要保证从后到前的平滑运动就行。因此，这种机器的优点就是耗水量及处理时间短（例如短的染色时间）。通常液比在(1:4)~(1:20)之间变化，对于织物是(1:4)~(1:10)，对于地毯是(1:6)~(1:20)（下限值用于合成纤维然而上限值用于棉花）[171，GuT，2001]。

喷气式机器常常可以在高温下进行操作，这样使得它们非常适合聚酯纤维的染色。然而，有一个缺点就是由于浴池和织物的速度差导致的纺织品上有很高的机械应力。由于这个原因，喷气式机器并不适合于有些精致的织物。

根据织物存储区的形状（长形机器或者J形箱的小型机器），喷嘴的类型以及它的位置（高于或者低于浴池），存在许多种类的喷气式机器。溢出式的、慢式的和气流式的染色机器可以被看作是传统喷射机器的发展。这些机器的主要特征在下面的章节中有提到，然而关于这种染色技术最新的发展描述见4.6.21。

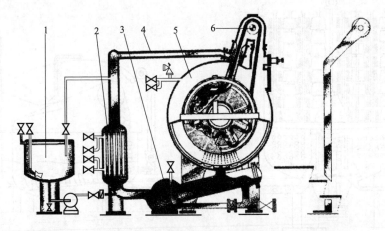

图5 喷射式染色机器的示意 [186，Ullmann's，2000]

1—染料和助剂供给箱；2—热交换器；3—液体循环泵；4—高压管道；
5—染色转鼓；6—绞车

3.1.3 溢流式机器

溢流式机器（见图6）用于精细的由天然或人工纤维制成的针织物和梭织物。它们也同样可以用于地毯。

喷气式机器和溢流式机器最大的区别在于喷气式机器中，织物由通过喷嘴高速流动的染液运输，而在溢流式机器中，织物的运输是通过溢流液体的重力来完成的。

机器的上部存在一个绞盘（通常不是电动机驱动的），织物挂在上面。悬挂在绞盘机出口端的纺织品比挂在进口端的纺织品长。重力对于长的纺织品的向下的力要强于对于短的纺织品的力。因此织物浸透在浴池中没有任何张力（运送过程非常轻柔）。

市场上有很多不同的设计，有些可以在压力之下工作，因此可以在更高的温度下操作。溢流式机器通常的液比在$(1:12)\sim(1:20)$之间。

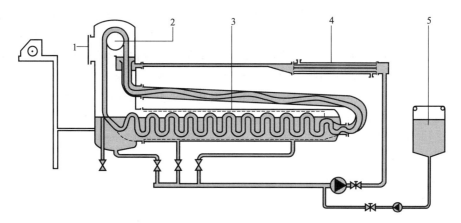

图 6　溢流式染色机器的示意 [69，Corbani，1994]

1—视窗；2—卷绞车；3—染缸；4—热交换器；5—染料和助剂供给箱

3.1.4　软流式

所谓的"软流式"机器采用的是与溢流式机器同样的管道运输原理，即织物在连续不断的染液中进行运输。然而，在溢流式机器中，卷筒不是电动机驱动的，在软流设备中，卷筒和喷气机协调分工将织物从存储区的前端移出使其在运输管道中短暂的接触高浓度的染液，然后将其运回到容器的后端。软流式机器对于织物比传统的喷漆溢流式机器更加温和。

3.1.5　气流式

空气喷射式（见图 7）与喷射式机器的不同在于前者是通过喷气式机器而不是喷水式机器，来保持织物的循环运动。织物进入到含有很少的自由液体的存储区。因此，可以消耗更少的水，能量和化学物质。

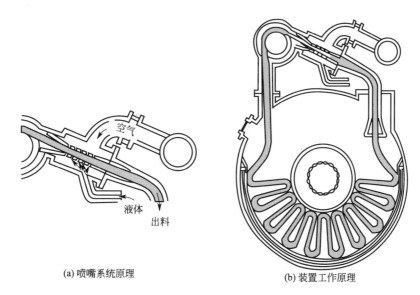

(a) 喷嘴系统原理　　(b) 装置工作原理

图 7　喷气式染色机器的示意图 [186，Ullmann's，2000]

因为要达到很小的液比[$(1:2)\sim(1:5)$]，因此染料一定要非常地易溶于水。

3.2 连续工艺

绳状织物的连续工艺处理中所采用的机器本质上都是有以下几个部分组成：一个填充设备，用于浸渍绳状织物；一个存储区，用于所用化学物质的固定；绳状织物的洗涤机器。

填充设备由一个长的水池组成，进口端由两个或者三个旋转滚筒，出口端有两个旋转滚筒。这个水池含有将要用到的化学物质和辅助物（退浆剂、漂白剂等）的浓缩液。织物通过进口端的旋转滚筒被压缩以均匀吸收化学物质同时排出空气。其他两个滚筒仅仅只是挤压织物。挤压后，织物仅仅只保留相对较少的浴液。因此需要更高浓度的化学物质，而且溶液必须要足够的稳定，以防止不必要的氧化反应等。

存储区（也被称为反应室）可以有不同的形状；但一种典型的模式就是J形箱。J形箱内充满了1/3的处理液。

这种技术的主要优点就是高生产能力。另一方面有纵向皱痕的风险，这样就会影响染色过程。因此，这种技术主要用于白色的终端产品的预处理操作（例如漂白）。

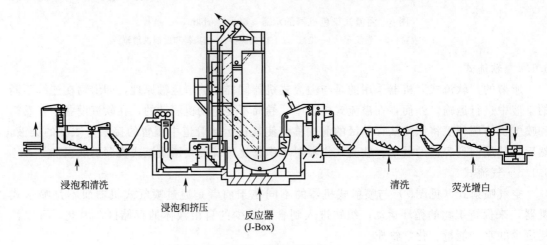

浸泡和清洗　　　　　　　　　　　　　　　清洗　　荧光增白

浸泡和挤压

反应器
(J-Box)

图 8　绳状针织物的连续工艺的示例 [69，Corbani，1994]

4. 平幅织物

4.1 分批工艺

4.1.1 织轴

织物平幅地缠绕在一个穿孔的圆柱上，该圆柱被称为织轴（见图9）。织物是静止的，液

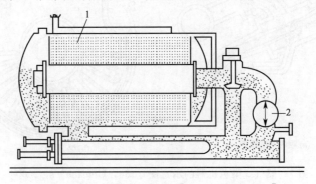

图 9　织轴染色机器的示意 [18，VITO，1998]
1—织物；2—改变流体方向的阀门系统

体通过泵运送穿过织轴。流动的方向通常是由织卷的内部到外部。

在织物缠绕之前织轴的两端均覆盖了金属片用以阻止液体的漏电。

织轴可以在有压的或者大气压的状态下运作。

这种机器适合于擦洗和漂白这样的预处理操作，同样也适合质量轻的、宽的和精致的物品的染色。有一个缺点就是处理中的化学物质和辅助物不能均匀的渗透。

4.1.2 卷染机

一个卷染机（见图10）由一个不规则四边形的槽组成，含有一个浴池和两个滚轴，织物可以缠绕在其中任意一个在这种滚轴中，浴池是静止的然而织物是运动的。织物最开始缠绕在第一个滚轴上，穿过浴池然后缠绕到另一个滚轴上；然后改变旋转方向开始循环。织物通过一些小的导轮牵引进入自己的轨道。

HT卷染机也出现了，使得操作在100℃以上也能进行。这种类型的机器不仅可用于染色，同样也用于平幅织物的各种各样湿处理。

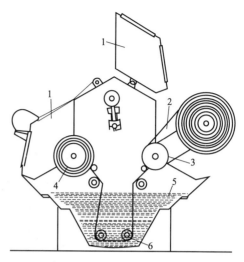

图10　卷染机的示意图［18，VITO，1998］
1—窗口；2—织物；3—卷绕轴；4—送经辊；
5—液体；6—引导装置

这种系统的缺点就是滚轴两端的不均匀性。这是因为进给速度和织物的张力不同所导致的，或者是在处理过程中温度和浴池中的化学浓度不同所导致的。然而，在现代的卷染机中，由于特殊设备的存在，织物的张力在整个过程中都是恒定的。

4.2　半连续和连续工艺

应用最广泛的连续和半连续工艺有：浸轧；扎染；压吸交卷；压吸蒸处染色；轧烘焙工艺；热熔胶。

在下面的章节中会简略地描述。

半连续和连续工艺中典型的处理步骤有：

① 通过浸透法（采用一个衬垫装置）或者其他类型的应用系统（见图12）添加染料和精整剂。

② 存储/固定，所用的工艺（例如干热法、蒸汽法）不同，方法不同。

③ 以开幅的形式连续洗涤。

采用轧染机（打底机）将染料或者其他化学物质涂到开幅织物上。织物穿过垫槽并且在此上色。离开垫槽后，织物在胶辊之间挤压。所获得的染液的多少主要取决于两个滚轴之间所产生的压力、织物的运输速度和底物的类型。为了补偿织物所沾染的染液，水槽中的水面是自动维持的。为了防止温度和浓度的不同，染液是循环流动的。

打底机有不同的设计，图11展示了一些例子。

浸轧在织物精整时是最常用的技术，但是其他应用系统（见图12）在地毯工业中更加普遍。因为它们具有更好的生态性，它们中的一些也逐渐应用于织物精整部分。

4.2.1 浸轧工艺（半连续）

这个过程包括一个在轧染机中浸渍的步骤。

在被挤压后，织物被缠绕到一个滚轴上，同时在室温下储存。在需要的化学过程（例如染料的固定等）完成前这个滚轴是慢速旋转的。最后，织物在一个平幅洗涤机器中被清洗。

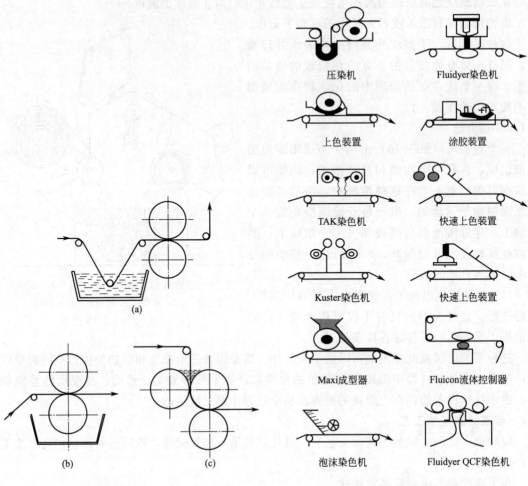

图 11　打底机类型 [18，VITO，1988]

图 12　一些重要的染色/精整装置
[211，Kuster，2001]

压染机

Fluidyer染色机

上色装置

涂胶装置

TAK染色机

快速上色装置

Kuster染色机

快速上色装置

Maxi成型器

Fluicon流体控制器

泡沫染色机

Fluidyer QCF染色机

(a)

(b)

(c)

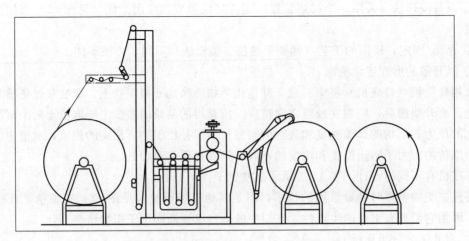

图 13　轧堆车间的示意 [69，Corbani，1994]

这个过程通常用于预处理（例如退浆）和染色（主要是直接染料和活性染料）。它的特征是消耗的水和能量很少（大约比传统系统少 50%～80%）以及重复性好。

4.2.2 扎染工艺（半连续）

这个过程与浸轧工艺相似，但是织物在轧染后要通过一个红外线炉。然后在一个热的蒸汽室中慢速旋转直到其稳定或者其他的化学过程已完成。此后织物通过一个开幅洗涤机器进行清洗。

4.2.3 压吸交卷染法（半连续）

这个工艺主要用于厚重织物，通常采用直接染料和活性染料进行染色。

在这个工艺中，织物通过一个轧染机，在这里织物被染液浸透，然后染料被固定在一个卷染机上。

有时在浸染后，织物在进入卷染机之前可以在一个热的烟道式干燥机中被烘干。

浸染技术的应用相对于传统的卷染机染色工艺而言，可以使得染色更加均匀并且节约了时间。

4.2.4 压吸蒸处染色工艺（连续）

这种技术主要用于擦洗机织织物和染色。它尤其适用于直接染料、还原染料、硫黄染料和活性染料。

它包括下列步骤：轧染浸透；蒸汽加工（大约 100℃）；显色剂（例如还原染料或者硫黄染料的还原剂）的额外浸渍；洗涤和漂洗。

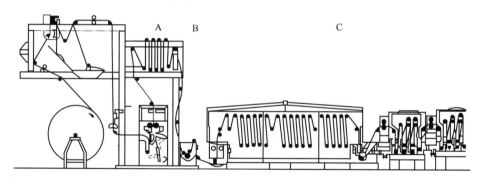

图 14 使用还原染料的压蒸染色厂示意

[186，Ullmann's，2000]

A—液体的添加和气体的传递；B—化学物质的添加；C—气蒸和后处理

4.2.5 轧烘焙工艺（连续）

这个过程包括下列步骤：轧染浸透；中间烘干（可选择）；热烟道中的固定；洗涤。

4.2.6 热熔胶工艺（连续）

这个过程专用于聚酯和聚酯与棉花混合物的分散染料的染色。

这个过程包括以下步骤：染液中的浸透；红外线炉的预烘干；热烟道中的烘干；通过一个拉幅机在 200℃下将分散性染料进行热固着转变为聚醚砜。

然后进行碱还原的后处理，当对棉花和聚酯混合物染色时，典型的步骤为，采用一般的压吸蒸处法、压吸交卷染法或者轧堆工艺进行第二次染色。

附录Ⅳ 纺织行业的典型配方(含有相关的排放因子)

下面的信息基于 [179，UBA，2001]，同时参考 [7，UBA，1994]；Schönberger，H.；Kaps，U.；Reduktion der Abwasserbelast-ung in der Textilindustrie；UBA-Texte 3/94 (1994)。

1. 预处理

1.1 棉花和混棉

1.1.1 梭织物

(1) 酶退浆

表1 含有 CO 和 CO 混合物的梭织物的酶退浆的标准配方

化学物质	用量/(g/kg 纺织底物)	备注
酶	5	
络合剂	1	
表面活性剂	1~8	对于不连续的过程,例如在液比为 1：20 的绞盘中的退浆,每千克纺织底物可以达到 30g
耗水量(L/kg 纺织底物)	4~6	

(2) 通过冷氧化退浆去除不溶于水的上浆剂

这是一个半连续过程。将氧化退浆所需要的液体在室温下加入到轧染机中,利用率达到 70%~80%。反应发生的停留时间为 16~24h(最大 72h)。然后织物被漂洗干净。

表2 采用难溶于水的上浆剂的含有 CO 和 CO 混合物的梭织物的退浆的标准配方

化学物质	含量/(g/kg 纺织底物)		备注
	连续及优化过程	间断过程	
NaOH(100%)	10~20		通常使用 33% 或者 50% 的溶液
H₂O₂(100%)	15~25		通常使用 33% 或者 50% 的溶液
表面活性剂	1.5~3		非离子型表面活性剂(大约 70%,例如脂肪醇醚)和阴离子型表面活性剂混合物(大约 30%,烷基磺酸盐,或者线性烷基硫酸盐和烷基苯磺酸盐)
络合剂	2~4		采用聚丙烯酸酯和膦酸盐作为络合剂,不采用 EDTA 或者 DTPA
MgSO₄(100%)	0.15~0.3		通常使用 40% 的溶液
硅酸钠(100%)	5~8		通常使用 40% 的溶液
过二硫酸钠(100%)	3~6		通常使用 20% 的溶液
耗水量/(L/kg 纺织底物)	4~6 或者 8~12		在重复利用水和洗涤间效率高的情况下为 4~6L/kg;其他情况 8~12L/kg

溶于水的上浆剂的去除。

表3 采用易溶于水的上浆剂的含有 CO 和 CO 混合物的梭织物的退浆的标准配方

化学物质	含量/(g/kg 纺织底物)		备注
	连续及优化过程	间断过程	
络合剂	1	3~15	采用聚丙烯酸酯和膦酸盐作为络合剂,不采用 EDTA 或者 DTPA

化学物质	含量/(g/kg 纺织底物)		备注
	连续及优化过程	间断过程	
表面活性剂	1～3	4～20	非离子型表面活性剂(大约70%,例如脂肪醇醚)和阴离子型表面活性剂混合物(大约30%,烷基磺酸盐,或者线性烷基硫酸盐和烷基苯磺酸盐);在小程度上采用烷基磺酸盐和烷基乙氧磷酸酯
			为了能够恢复上浆剂的特性,退浆时并没有采用表面活性剂;但是为了使剩余上浆剂的含量低于1.2%却需要更多的隔间。如果不需要很多剂量的去沫剂,表面活性剂的配方通常已含有足量消泡剂(0.1～1g/kg);通常采用聚硅氧烷(非常小剂量),在小程度上也采用烃类(比较大剂量)和三烷基磷酸酯
苏打	0～3	0～3	
或者 NaOH(100%)	0～2	0～2	
耗水量/(L/kg 纺织底物)	4～6 或者 8～12	大约50(绞盘)	重复利用水时为4～6L/kg,其他为8～12L/kg;在连续过程中,漂白或者清洗的水被用作退浆

(3) 煮练

表 4　含有 CO 和 CO 混合物的梭织物的煮练的标准配方

化学物质	含量/(g/kg 纺织底物)		备注
	连续及优化过程	间断过程	
NaOH(100%)	20～80	20～80	用量取决于混合物中棉花所占的百分比和所采用的工艺
络合剂	1～6	3～30	一些络合剂供货商不建议连续过程使用量超过2g/kg。应用络合剂时去除钙是很必要的。因为这个原因次氮基三乙酸(NTA)并不能满足。通常是各种络合剂的混合物例如膦酸盐,葡糖酸盐,聚磷酸盐,NTA,聚丙烯酸酯(在某些情况下用 EDTA 和 DTPA)
			如果在清洗之前进行酸处理(在德国这种可能性很小)络合剂的用量可以大量减少
			在某些情况下,络合剂和还原剂联合使用
表面活性剂	5～6	5～30	有些供货商建议连续过程用量为2～4g/kg。这个数值考虑了用于易溶于水的上浆剂的退浆用量
耗水量/(L/kg 纺织底物)	8～10	大约50	连续的过程需要进行清洗,如果实行水循环使用,耗水量就会降低

(4) 漂白

表 5　含有 CO 和 CO 混合物的梭织物的漂白的标准配方

化学物质	含量/(g/kg 纺织底物)		备注
	连续及优化过程	间断过程	
H_2O_2(100%)	5～15	5～15	通过磷酸和有机物进行固定
NaOH(100%)	4～10	4～30	在漂白过程开始时,磷酸被中和,失去了稳定效果
络合剂	0～2	0～2	对于络合钙和其他络合重金属离子,采用相同的化合物清洗;镁不能被络合,因为它要用于 H_2O_2 的固定
有机稳定剂	0～10	0～20	对于 H_2O_2 的稳定,很多含有可以与钙和其他重金属发生络合反应的络合剂的产物都行,例如葡萄糖酸盐,NTA/EDTA/DTPA,聚丙烯酸酯和膦酸盐;在德国 DTPA 已不再使用,很少情况下使用 EDTA
表面活性剂	2～5	2～10	与退浆和清洗所用的化合物一样(见表3和表4)
硅酸钠	8～20		硅酸钠作为 pH 缓冲剂,碱,反催化剂和稳定剂
耗水量/(L/kg 纺织底物)	6～12	大约50	包括了冲洗

络合剂,有机和无机稳定剂(硅酸)的消耗量从0～20g/kg不等。对于清洗,消耗量可以通过酸的预处理大大地减少

(5) 丝光作用

表 6　含有 CO 和 CO 混合物的梭织物的丝光处理的标准配方

化学物质	含量/(g/kg 纺织底物)	备　　注
NaOH(100%)	200~300	
润湿剂	0~10	润湿剂只在干湿法丝光处理（原生丝光作用）中使用。它们含有短链阴离子化合物（例如烷基硫酸盐）
络合剂	2	仅用于原生丝光作用，和清洗所用的络合剂一样（见表 4）

(6) 碱处理

表 7　含有 CO 和 CO 混合物的梭织物的碱处理的标准配方

化学物质	含量/(g/kg 纺织底物)	备　　注
KOH(100%) 或者	200~300	
NaOH(100%)	60~230	
250g/L KOH	60~80mL	润湿剂只在干湿法丝光处理（原生丝光作用）中使用。它们含有短链阴离子化合物（例如烷基硫酸盐）
润滑剂	5	仅用于原生丝光作用。和清洗所用的络合剂一样（见表 4）

(7) 针织物

针织物的预处理不需要退浆因为不存在上浆剂。

"轻煮练"被用于不需要漂白的情况；也就是它用于织物的暗色调（黑色、褐色、深蓝色或者蓝绿色等）染色。"轻煮练"也被称为"碱预洗涤"；现在还没有确切的定义。

通常漂白只用于全漂白的即随后不需要进行染色或者要进行浅色泽或者中等色泽的染色的材质。然而，因为物流有些工厂将所有的材质均进行了漂白。在连续过程中漂白常常在一个单元中完成。有些例外的情况，此时将漂白剂与过氧乙酸/过氧化氢/荧光增白剂联合使用。

在很多情况下，所谓的含有次氯酸钠和过氧化氢的二级漂白的联合漂白已经被二级的过氧化氢漂白和单级的还原剂的漂白所取代。采用酸预处理就能在随后的漂白过程使用较少的络合剂，酸的预处理是单独过程，与梭织的棉纤维和混棉相似。

针织物预处理的化学物质的消耗量与梭织织物相似。

(8) 中性的/乙酸的去矿化作用

表 8　含有 CO 和 CO 混合物的针织物的中性的/乙酸的去矿化作用标准配方

化学物质	含量/(g/kg 纺织底物)	备　　注
无机或者有机酸	0~2	
络合剂	1~3	与梭织物清洗所用的化学物质相同（见表 4）
表面活性剂	1~3	与可溶于水的上浆剂的退浆所用的化学物质相同（见表 3）
耗水量/(L/kg 纺织底物)	无数据	

(9) "浅煮练"过程（碱预洗涤）

表 9　含有 CO 和 CO 混合物的针织物的"浅煮练"标准配方

化学物质	含量/(g/kg 纺织底物)	备　　注
苏打或者	大约 50	所用的碱量范围广泛
NaOH(100%)	大约 50	
表面活性剂	1~3	
耗水量/(L/kg 纺织底物)	无数据	

(10) 次氯酸盐的漂白

表 10　含有 CO 和 CO 混合物的针织物的次氯酸盐漂白的标准配方

化学物质	含量/(g/kg 纺织底物)		备注
	连续及优化过程	间断过程	
NaOCl(作为活性氯)	5～6	大约 30	
NaOH(100%)	1～3	5～15	
表面活性剂	2～5	2～10	
耗水量/(L/kg 纺织底物)	无数据	无数据	

(11) 过氧化氢的漂白

表 11　含有 CO 和 CO 混合物的针织物的过氧化氢漂白的标准配方

化学物质	含量/(g/kg 纺织底物)		备注
	连续及优化过程	间断过程	
H_2O_2(100%)	5～15	5～15	
NaOH(100%)	4～10	4～30	通常用量很少,因为对于针织物籽壳已经在很大程度上被去除了
络合剂	0～2	0～2	见表 5
有机稳定剂	0～10	0～20	见表 5
表面活性剂	2～5	2～10	见表 5
硅酸钠	8～20	0～20	见表 5
耗水量/(L/kg 纺织底物)	无数据	无数据	

1.2　纤维胶

(1) 梭织物

通常纤维胶采用碱处理。唯一例外的就是随后是采用的过氧化氢进行漂白。因此所需要的化学物质比棉花要少,因为纤维胶并不含有需要去除的天然的副产物。

(2) 碱处理

表 12　含有纤维胶的针织物的碱处理的标准配方

化学物质	含量/(g/kg 纺织底物)	备注
NaOH(100%)	40～60	所采用的苛性钠的强度为 6°Bé
表面活性剂	3～20	
耗水量/(L/kg 纺织底物)	无数据	

(3) 煮练

表 13　含有纤维胶的梭织物的煮练标准配方

化学物质	含量/(g/kg 纺织底物)	备注
NaOH(100%)	大约 30	洗涤过程为单级
表面活性剂	3～20	
耗水量/(L/kg 纺织底物)	大约 10	

(4) 针织物

含有纤维胶的针织物并不是通常的产物。漂白的标准配方主要针对棉。其中,苛性钠和过氧化氢的用量减少到 40%～70%。

1.3　人造纤维（梭织物和针织物）

含有人造纤维的梭织物和针织物通常要进行洗涤以去除可溶于水的上浆剂和化纤油剂。

不需要进行煮练。很少采用 PES 和 PAN 与亚氯酸盐进行漂白。

1.3.1 洗涤的标准配方（连续过程和非连续过程）

(1) 梭织物

表 14　含有人造纤维的梭织物的洗涤标准配方

化学物质	含量/(g/kg 纺织底物)	备　注
碱	0～2	作为 pH 调节剂根据上浆剂的类型变化；通常是 NaOH、苏打或者氢氧化氨，偶尔采用磷酸钠
络合剂	0.5～15	
表面活性剂	0.5～30	
耗水量/(L/kg 纺织底物)	4～8	微纤维的情况可以达到 60L/kg

(2) 针织物

表 15　含有人造纤维的针织物的洗涤标准配方

化学物质	含量/(g/kg 纺织底物)	备　注
络合剂	0～10	主要采用聚丙烯酸盐酯，偶尔采用聚磷酸盐
表面活性剂	2～20	
耗水量/(L/kg 纺织底物)	无数据	

1.3.2 漂白

(1) 聚酰胺的还原漂白

表 16　聚酰胺的还原漂白和荧光增白的标准配方

化学物质	含量/(g/kg 纺织底物)	备　注
含有制剂的亚硫酸氢钠	10～30	
荧光增白剂	5～15	
表面活性剂	1～2	
耗水量/(L/kg 纺织底物)	无数据	

(2) PES 或者 PAN 与亚氯酸钠的漂白

表 17　PES 或者 PAN 与亚氯酸钠的漂白的标准配方

化学物质	含量/(g/kg 纺织底物)	备　注
$NaClO_2$(100％)	5～15	
pH2.5～3.5 的甲酸或者 pH2.5 的草酸	无数据	另外含有缓冲盐和稳定剂
表面活性剂	10～20	
耗水量/(L/kg 纺织底物)	无数据	

1.4　毛织品

1.4.1　原毛煮练

表 18　原毛煮练的标准配方

化学物质	含量/(g/kg 纺织底物)	备　注
苏打	无数据	
表面活性剂	无数据	非离子类型
耗水量/(L/kg 纺织底物)	大约 4	适用于优化的连续过程

1.4.2 碳化

表 19 毛织品碳化标准配方

化学物质	含量/（g/kg 纺织底物）	备　注
H₂SO₄（100%）	35～70	
表面活性剂	1～3	
耗水量/（L/kg 纺织底物）	大约 3	适用于优化的连续过程

1.4.3 洗涤和毡化

表 20 毛织品洗涤和毡化的标准配方

化学物质	含量/（g/kg 纺织底物）	备　注
苏打	0～5	
或者氨（100%）	大约 2.5	
表面活性剂	3～20	
耗水量/（L/kg 纺织底物）	无数据	

1.4.4 漂白

对于全漂白材质，毛织品漂白的标准过程就是氧化（过氧化氢）和随后的还原性漂白（3g/L 还原剂，例如稳定的亚硫酸氢钠和 0.5g/L 的表面活性剂）的结合。对于毛织品的预漂白可以使用过氧化氢或者还原剂。至于毛织品漂白的标准配方，必须强调的是，因为过程的温度和时间不同，化学物质的用量也会有很大的不同。

表 21 毛织品漂白的标准配方

化学物质	含量/（g/kg 纺织底物）	备　注
H₂O₂（100%）	50～70	因为用量很大，常常在绩染缸中进行
络合剂（稳定剂）	5～30	
氨（100%）	0～20	pH8～9 的缓冲体系（通常为三聚磷酸盐）
耗水量/（L/kg 纺织底物）	无数据	

在某些情况下采用酸性的过氧化氢进行漂白。然后使用活性剂而非稳定剂。漂白以后就进行清洗并在 60℃条件下进行还原性漂白 30min（40～80g 还原剂/kg 毛织品）。最后添加荧光增白剂。

一般的，尤其是对于用过氧化氢对纱线和针织物进行漂白的情况，要使用基于蛋白质衍生物的稳定剂和改性的磷酸酯（卵磷脂）。这些稳定剂作为分散剂使用。同样也使用脂肪酰胺，它们不仅可稳定漂白液，同样可作为柔软剂。

1.4.5 赫科赛特防缩处理

表 22 毛织品赫科赛特防缩处理的标准配方

化学物质	含量/（g/kg 纺织底物）	备　注
NaOCl	无数据	
H₂SO₄（100%）	无数据	
表面活性剂	无数据	
苏打	无数据	
Na₂SO₃	无数据	
聚酰胺树脂	无数据	
柔软剂	无数据	
NaHCO₃	无数据	
耗水量/（L/kg 纺织底物）	无数据	

1.4.6 印花的预处理

(1) 含有氯的药物的预处理

表 23　毛织品印花预处理的含氯标准配方

化学物质	用量/(g/kg 纺织底物)	备注
二氯异氰尿酸钠(1.2%～3.8%活性氯)	20～60	
甲酸/乙酸/硫酸	10～30	
亚硫酸氢钠或者连二亚硫酸盐	20～40	
表面活性剂	2～5	
聚合物(100%)	10～30	主要是阳离子产物
耗水量/(L/kg 纺织底物)	无数据	

(2) 不含氯的药物的预处理

表 24　毛织品印花预处理的不含氯标准配方

化学物质	用量/(g/kg 纺织底物)	备　注
过硫酸盐	20～60	
亚硫酸钠或者连二亚硫酸钠	20～60	
表面活性剂	2～5	
聚合物(100%)	10～30	主要是阳离子,但是通常也会添加阳离子聚合物。也使用阳离子和阴离子聚合物,不需要经过预氧化
耗水量/(L/kg 纺织底物)	无数据	

2. 染色

表 25　采用活性染料对纤维素纤维（CO 和 CV）进行冷轧堆染色的轧染液的典型配方

成分	用量/(mL/L)	备　注
活性染料	Xg/L	
NaOH,38°Bé	20～40	
硅酸钠 37/40°Bé	30～50	现在已经有不含水玻璃仅仅使用碱的配方了
润湿剂	1～2	
络合剂和隔离剂	1～3	主要是膦酸盐和聚丙烯酸酯,为了减少硅酸的沉淀
尿素(45%)	大约200g/L	用于活性染料,具有相对较低的水溶性

表 26　采用硫化染料对纤维素制品（CO 和 CV）进行染色的轧染液的典型配方

成分	用量/(g/L)	成分	含量/(g/L)
硫化染料	X	润湿剂	1.5～3
NaOH,38°Bé	20～30	还原剂(液体)	20～30
消泡剂	1～2		

表 27　采用瓮染料对纤维素制品（CO 和 CV）进行染色的轧染液的典型配方

成分	用量/(g/L)	成分	含量/(g/L)
瓮染料	X	用于还原	
润湿剂	1～2	NaOH,38°Bé	60～120
螯合剂	1～3	连二亚硫酸钠	60～100
反迁移剂	10～15	润湿剂	1～2

表 28　采用瓮染料和分散染料的轧染液的典型配方（与一种轧染液混合用于纤维素制品/PES 的染色）

成分	用量/(g/L)	成分	含量/(g/L)
瓮染料和还原染料	X	反迁移剂	10～15
润湿剂	1～2	乙酸(60%)	0.5～1
螯合剂	1～3		

3. 印花工艺

表 29　活性染料（COD：接近 5500g/kg）印花浆的典型成分

成分	组成比	成分	组成比
活性染液	7	$NaHCO_3$	3
海藻酸盐浆料	2	水	88
坊染盐	1		

表 30　瓮染料（COD：接近 160000g/kg）印花浆的典型成分

成分	组成比	成分	组成比
活性染液	4.3	尿素	2
增稠剂	5.0	山梨糖醇	5
雕白粉	10.6	除氧剂	0.2
K_2CO_3	11	水	61.9

表 31　涂料色浆（COD：接近 300000g/kg）的典型成分

成分	组成比	成分	组成比
色素面团	4	交联剂	1
丙烯酸酯增稠剂	3	软化剂	1
乳化剂	1	水	78
黏合剂	12		

表 32　分散染料印花浆的典型成分

成分	组成比	成分	组成比
分散染料	2.6	磷酸二氢钠	2.8
罗望子增稠剂	7.0	水	87.1
分散剂	0.5		

4. 精整

织物精整轧染液的典型配方在表 33 中已有总结，而表 34 到表 49 记录了在"印染助剂购买指南"中列出的某些辅助配方的底物对空气的排放因子 [65，TEGEWA，2000]。

表 33　织物精整典型配方

效果	底物	处理温度/℃	配方
软化	PES/CV/CO	150	软化剂:130g/L 发泡剂:15g/L
软化	PES	170	软化剂:40g/L
软化	CO/PES	160	软化剂:20g/L
软化	PES/WO	130	软化剂:5g/L

效果	底物	处理温度/℃	配方
软化,荧光增白,防静电	PES	185	软化剂:5g/L 荧光增白剂:19g/L 防静电剂:6g/L 润湿剂:2g/L 匀染剂:2g/L
软化,固化	CO	120	淀粉:50g/L 软化剂1:30g/L 软化剂2:15g/L 润湿剂:2g/L
疏水,调节	PES	160~190	疏水剂:52g/L 调质剂:27g/L
疏水	PES	160~190	疏水剂:90g/L
疏水	PAC/PES	180	疏水剂:40g/L 乙酸:2g/L
防滑	PAC	160	防滑剂:50g/L
防滑	PES/WO	130	防滑剂:30g/L
免烫	CO/PES	130~170	交联剂:50g/L 催化剂:7g/L 酸:0.5g/L
免烫	PES	155	防皱剂(无甲醛):25g/L 免烫添加剂:10g/L 分散剂:1g/L 匀染剂:5g/L
免烫,软化,荧光增白	CO	100~150	软化剂:35g/L 调质剂:10g/L 荧光增白剂:25g/L 交联剂:50g/L
免烫,软化,染色后处理	CO/EL	170	软化剂:30g/L 交联剂:20g/L 染料后处理:10g/L 催化剂:8g/L 乙酸:1g/L
免烫,软化,荧光增白	CO	150	交联剂:100g/L 软化剂1:40g/L 软化剂2:40g/L 催化剂1:30g/L 催化剂2:5g/L 荧光增白剂:2g/L
免烫,染化	CV/PA6	180	交联剂:65g/L 催化剂1:20g/L 催化剂2:0.2g/L 软化剂1:50g/L 软化剂2:15g/L
免烫,软化,防滑	LI/CO	180	交联剂:70g/L 催化剂:40g/L 防滑剂:35g/L 软化剂1:10g/L 软化剂2:40g/L 除氧剂:2g/L

效果	底物	处理温度/℃	配方
防静电,防滑	PES	100	防滑剂:90g/L 防静电剂:5g/L
防静电,荧光增白	PES	190	荧光增白剂:9g/L 防静电剂:7g/L
阻燃剂	CO	145	阻燃剂:160g/L

表 34　织物底物在某些条件下化纤油剂中不同化合物的比排放系数

序号	活性成分	有机碳/(g/kg)	测试条件		
			固化温度/℃	固化时间/min	底物
A	矿物油	500~800	190	2	PES
B	脂肪酸酯	100~250	190	2	PES
C	空间阻位脂肪酸酯	50~100	190	2	PES
D	聚酯	20~200	190	2	PES
E	聚酯/聚醚碳酸盐	10~50	190	2	PES

表 35　基于聚乙二醇二甲羟基尿素衍生物的免烫加工剂的对空气的（有机碳和甲醛）底物比排放系数

序号	有机碳/(g/kg)	甲醛/(g/kg)	测试条件		
			固化温度/℃	固化时间/min	底物
A	14	4	170	4	CO
B	15	5	170	3	CO/PES
C	2	6	180	1.5	CO
D	15	4	170	3	CO/PES
E	20	4	170	3	CO
F	5	15	190	1.5	PES
G	23	3	150	2	CO
H	5	3	170	3	CO

表 36　基于三聚氰胺衍生物的免烫加工剂的对空气的（有机碳和甲醛）底物比排放系数

序号	有机碳/(g/kg)	甲醛/(g/kg)	测试条件		
			固化温度/℃	固化时间/min	底物
A	13	6	160	1	PES
B	33	19	190	1.5	PES
C	24	31	170	1.5	CO
D	21	51	170	3	CO
E	7	5	150	3	CO
F	11	4	170	3	CO

表 37　消泡剂比排放系数

序号	活性成分	有机碳/(g/kg)	测试条件		
			固化温度/℃	固化时间/min	底物
A	脂肪酸酯,碳氢化合物	112	190	1.5	PES
B	硅树脂	22	160	2	PES
C	烃类化合物	573	170	4	CO
D	烃类化合物	737	190	1.5	PES

表 38 润湿剂对空气的比排放系数

序号	活性成分	有机碳/(g/kg)	测试条件		
			固化温度/℃	固化时间/min	底物
A	乙氧基脂肪醇	64	150	2	WO
B	脂肪醇衍生物	31	190	1.5	PES
C	亚磷酸三丁酯	239	170	4	CO
D	亚磷酸三丁酯	228	170	4	CO
E	亚磷酸三丁酯	335	190	1.5	PES
F	磷酸酯	45	170	4	BW
G	乙氧基脂肪醇	81	190	1.5	PES
H	乙氧基脂肪醇	294	190	1.5	PES
I	仲烷基磺酸盐	142	150	1.5	PES

表 39 软化剂对空气的比排放系数

序号	活性成分	有机碳/(g/kg)	测试条件		
			固化温度/℃	固化时间/min	底物
A	聚硅氧烷	19	170	4	CO
B	聚硅氧烷	10	170	4	CO
C	聚硅氧烷	3	170	3	CO
D	聚硅氧烷	17	160	0.5	CO
E	聚硅氧烷聚乙烯	0.6	170	4	CO
F	聚硅氧烷	17	170	4	CO
G	脂肪酸衍生物	1.9	170	3	CO
H	脂肪酸衍生物	4	170	4	CO
I	脂肪酸衍生物	5	170	2	CO
K	脂肪酸衍生物	2	170	3	CO
L	脂肪酸衍生物	1	170	4	CO
M	脂肪酸衍生物,蜡	38	180	1.5	PES

表 40 载体对空气的比排放系数

序号	活性成分	有机碳/(g/kg)	测试条件		
			固化温度/℃	固化时间/min	底物
A	芳香羧酸衍生物	357	150	4	PES
B	芳香族酯类	219	190	1	PES
C	邻苯基苯酚	354	190	1.5	PES

表 41 阻燃剂对空气的比排放系数

序号	活性成分	有机碳/(g/kg)	测试条件		
			固化温度/℃	固化时间/min	底物
A	膦酸衍生物	124	190	1.5	PES
B	磷酸衍生物	37	100	1	PES
C	无机盐	2	170	3	CO
D	有机磷化合物	19;甲醛 30	160	3.5	CO
E	有机磷化合物	0.2;甲醛 3.6	120	2	CO
F	烷基磷酸盐	109	150	2	PES
G	无机/有机盐	12	110	2	PES
H	有机磷化合物	24	175	1	PES
I	含氮和磷化合物	0.2	150	3	CO
K	无机/有机盐	3	110	2	PES
L	含氮和磷化合物	30	190	1.5	PES

表 42　防护剂对空气的比排放系数

序号	活性成分	有机碳/(g/kg)	测试条件		
			固化温度/℃	固化时间/min	底物
A	碳氟树脂	43	190	1.5	PES
B	碳氟树脂	47	190	1.5	PES
		42	170	4	CO
C	碳氟树脂	23	150	4	CO
D	碳氟树脂	19	150	3	CO
		9	170	3	PES
E	碳氟树脂	22	150	3	PES
G	各种各样碳氟树脂(相同制造商)	13;15;5;7	170	4	CO
		22;8;13;37	190	1.5	PES
H	石蜡,无机盐	43	120	2	CO
I	石蜡,镉盐	15	150	4	CO
K	石蜡	29	170	3	CO
L	聚硅氧烷	37	150	3	CO
M	聚硅氧烷衍生物	25	170	3	CO
N	三聚氰胺衍生物	19; 甲醛:2	140	4	CO

表 43　调质剂对空气的比排放系数

序号	活性成分	有机碳/(g/kg)	测试条件		
			固化温度/℃	固化时间/min	底物
A	石蜡,聚乙烯	75	190	1.5	PES
B	脂肪酸酯	13	170	4	CO
C	蜡	67	190	1.5	PES
D	石蜡	79	190	1.5	PES
E	蜡	172	190	1.5	CO
F	脂肪酸衍生物	5	170	1.5	CO
G	脂肪酸衍生物	2	140	2	CO
H	脂肪酸衍生物	3	190	1.5	PES

表 44　荧光增白剂对空气的比排放系数

序号	活性成分	有机碳/(g/kg)	测试条件		
			固化温度/℃	固化时间/min	底物
A	二氨基二苯乙烯二磺酸	2	170	3	BW
B	吡唑啉酮	32	190	1.5	PES
C	二氨基二苯乙烯二磺酸	3	170	3	BW
D	苯并恶唑基衍生物	2	190	1.5	PS
E	二苯乙烯衍生物	18	190	1.5	PS
F	芑和恶唑衍生物	22	190	1.5	PS
G	苯并恶唑基衍生物	11	190	1.5	PS

表45　防静电剂对空气的比排放系数

序号	活性成分	有机碳/(g/kg)	测试条件		
			固化温度/℃	固化时间/min	底物
A	有机盐	72	150	3	PES
B	烷基磷酸盐	27	190	1.5	PES
C	聚乙二醇醚	7	150	3	PES
D	有机磷化合物	14	170	1	PS
E	醛类	4	190	1.5	PS
F	烷基磷酸盐	5	190	1.5	PS
G	季铵化合物	24	190	1.5	PS

表46　填充和固化剂对空气的比排放系数

序号	活性成分	有机碳/(g/kg)	测试条件		
			固化温度/℃	固化时间/min	底物
A	聚乙烯醇	3	170	1.5	CO
B	淀粉衍生物	1	160	4	CO
C	聚丙烯酸酯	2	170	1.5	CO

表47　增强牢固性的加工处理剂对空气的比排放系数

序号	活性成分	有机碳/(g/kg)	测试条件		
			固化温度/℃	固化时间/min	底物
A	季铵化合物	3	170	1.5	CO
B	季铵化合物	3	170	4	CO
C	季铵化合物	<1	180	1	CO
D	季铵化合物	17	190	1.5	PES

表48　反抗生素对空气的比排放系数

序号	活性成分	有机碳/(g/kg)	测试条件		
			固化温度/℃	固化时间/min	底物
A	杂环化合物	5	170	4	CO
B	芳香族化合物	47	170	4	CO
		241	190	1.5	PES
C	异噻唑啉酮	55	190	1.5	PES
D	异噻唑啉酮	46	170	4	CO
		302	190	1	PES

表49　防滑、防抽丝剂对空气的比排放系数

序号	活性成分	有机碳/(g/kg)	测试条件		
			固化温度/℃	固化时间/min	底物
A	硅酸	0.6	100	0.5	CO
		3.7	170	3	PES
B	硅酸	1.3	170	3	CO
		2.8	170	1.5	PES

附录V 纺织工业空气排放物中典型的污染物（和可能的来源）

表1 在废气中可能存在的危险性较低的化合物 [179, UBA, 2001]

物 质	可能的来源	物 质	可能的来源
脂肪族烃(C1-C40)	化纤油剂,润湿剂,印花工艺	脂肪醇	表面活性剂的副产物
芳香族烃	载体,机器清洗	脂肪酯	表面活性剂的副产物
酮类	各种产物	脂肪胺	表面活性剂的副产物
醇类(低分子)	各种产物	氨基醇	表面活性剂的副产物
酯类(低分子)	各种产物	多糖	表面活性剂的副产物
硅氧烷	软化剂	乙二醇醚	表面活性剂的副产物
羧酸(例如乙酸)	pH调节剂	脂肪醚和芳香醚	各种产物
脂肪酸	表面活性剂的副产物		

表2 在废气中可能存在的危险性较高的化合物 [179, UBA, 2001]

物 质	可能的来源	物 质	可能的来源
乙醛	聚乙烯乙酸酯,乙酸	乙二醇单乙醚	软化剂/碳氟树脂
丙烯醛	甘油的分解	乙烯醛(乙二醛)	交联剂
丙烯酸酯(甲基,乙烷基,丁基)	非织物的涂层机和黏合剂	乙二胺	软化剂
丙烯酸	聚合物,增稠剂	低分子的含氟有机物	碳氟树脂
脂肪胺	聚合物(尤其是聚氨酯)	甲醛	交联剂,保存剂,拉幅机尾气
氨	发泡剂,增稠剂	甲酸	各种配方
2-氨基乙醇	润湿剂,软化剂	己二胺	多聚合物
苄醇	载体	六亚甲基二异氰酸酯	碳氟树脂,聚氨酯
联苯	载体	2-己酮	碳氟树脂
N,N-二(2-氨乙基)-1,2-乙二胺	软化剂	氯化氢	催化剂
丁炔-1,4二醇	碳氟树脂	甲基异氰酸-3,3,5-三甲环乙烷异氰酸盐	碳氟树脂,聚氨酯
己内酰胺	聚酰胺6粉末/纺织品		
氯甲烷(甲基氯)	季铵化合物	2-丙醇	很少
含氯芳香族化合物	载体	甲氧基乙酸丙酯	很少
氯乙醇	阻燃剂的分解(含氯磷酯)	一氯醋酸钠盐	很少
氯化石蜡	阻燃剂	1-甲基一氯醋酸乙酯	很少
二氯乙烯	聚偏二氯乙烯	一氯醋酸乙酯	很少
二氯甲烷	溶剂清洗	一氯醋酸甲酯	很少
二亚乙基三胺	软化剂	N-烷基吗啉	非织物的涂层
二(二乙基己基)邻苯二甲酸酯	染料辅助物/聚合物胶乳	三氯醋酸钠	很少
甘油醚	环氧树脂	草酸	漂白辅助物
2,4-二异氰酸酯	碳氟树脂增量剂	四氯乙烯	干洗
2,6-二异氰酸酯	碳氟树脂增量剂	硫脲	助染剂
N,N-二甲基乙酰胺	纤维溶剂(聚酰胺6.6,芳纶)	三氯乙酸	很少
1,1-二甲基乙胺	很少	三乙胺	特殊的交联剂
1,4-二氧己环	表面活性剂(乙氧基化物)	磷酸三甲酚酯(*ooo,oom,oop,ommm,omp,opp*)	阻燃剂
二苯基甲烷-2,4二异氰酸盐	增效剂,聚氨酯		
二苯基甲烷-2,4'二异氰酸盐	增效剂,聚氨酯	三甲基磷酸酯	阻燃剂
二亚丙基三胺	软化剂	锡的派生物(无机,有机)	碳氟树脂,疏水性杀菌剂
2,3-环氧树脂-1-丙醇	抗静电物质	乙酸乙烯酯	聚醋酸乙烯酯
乙酸-(2-乙氧基乙酯)	软化剂/碳氟树脂		

表 3   在废气中可能存在的具有致癌性的化合物 [179，UBA，2001]

物　质	可能的来源	物　质	可能的来源
多环芳烃	尾气中的裂解物（很低）	氯甲代氧丙环	缩聚物
PCDD/PCDF（氟，氯，溴）	尾气中的裂解物（很低）	1,2-环氧丙烷（氧化丙烯）	表面活性剂（丙氧基化物）
二氯甲醚	与甲醛和盐酸一起时会变成很强的合成的致癌物质（很低）	氧化乙烯	表面活性剂（乙氧基化物）
		氯乙烯	聚合物乳胶（PVC）
氯化二砷/三氧化锑	阻燃剂	丙烯酰胺	反应聚合物，阻燃剂
硫酸二甲酯	季铵化合物	丁酮肟	碳氟树脂，聚氨酯
乙烯亚胺	阻燃剂	五氯苯酚	杀虫剂
丙烯腈	聚合乳胶	丙撑亚胺	阻燃剂和聚氨酯交联剂
1,3-丁二烯	聚合物乳胶	乙烯基吡咯烷酮	聚乙烯吡咯烷酮乳胶
2-乙烯基环己烷	聚合物乳胶		

附录 Ⅵ   印染助剂分类工具

1 Tegewa 方案

"根据印染助剂的废水相关性进行分类"的办法为纺织辅助物的分类提供了一套逻辑方法,分成相关的 3 种类型:类型 Ⅰ 与废水有很小的关系;类型 Ⅱ 与废水有一定的关系;类型 Ⅲ 与废水有很大的关系。

分类的主要标准就是某些有害物(包括生物累积性的)的含量,生物降解性或者去除性和所卖产品的水生动物毒性(见下图)。

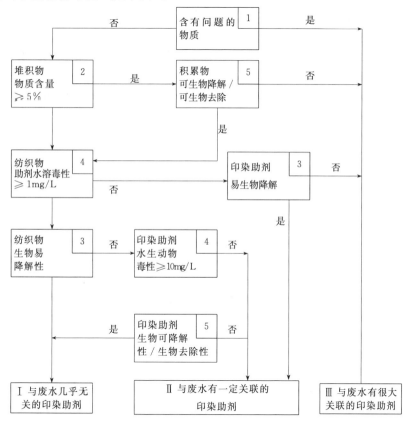

分类概念的引入主要依靠于下面几点:

· 生产商在印染助剂供货商联盟指引下自主地进行分类,该联盟被称为 TEGEWA (TEGEWA = Verband der TExtilhilfsmittel-, Lederhilfsmittel-, GErbstoff- und WAschrohstoff-Industrie e. V., D-60329 Frankfurt);

· 在这三种类型中印染助剂正确的分类方法的筛选通过专家完成;

· 自愿承诺的有效性的监测报告将交给官方,为此,很多按照类型 Ⅰ、Ⅱ、Ⅲ 来进行分类并且在欧洲出售的印染助剂被制造商的中立的顾问给收集起来;

· 市场机制逐步向环境无害产品发展。

分类的概念不允许对印染助剂的环境毒物特性进行分开的评价。分类的目的恰恰是为了让使用者从生态性方面挑选印染助剂。生态性的竞争就是为了引发一种趋势，使得印染助剂朝着对环境更加友好的方向发展。德国纺织产业联盟（TVI-Verband，D-Eschborn）官方非常支持这个概念，而且已经签署和发布了承诺，建议纺织加工产业仅仅使用或者更多的使用分类的Ⅰ和Ⅱ类产品（"TVI-VERBAND，1997"）。

印染助剂的分类基于制剂的数据和通过计算成分的平均值得到的成分数据。对于需要重新制定的数据建议根据成分来确定这些数据。

分类方案提到的附注：

(1) 有问题的物质有：

① 根据附录Ⅰ的 67/548/EEC 指令-CMR 物质。

● 被分类为致癌物 1 或者致癌物 2，同时被标注了 R45（可能致癌）或者 R49（通过呼吸致癌）；

● 被分类为诱变物 1 或者诱变物 2，同时被标注了 R46（可造成可遗传的基因损害）或者 R60（可能影响生育能力）；

● 被分类为生殖毒性 1 或者生殖毒性 2，同时被标注了 R61（可能对未出生的孩子造成危害）。

② 被水生动物毒性［定义见附注（4）］小于 0.1mg/L 并且不能生物降解的物质［定义见附注（3）］。

③ 低分子卤代烃（卤素比重＞5％，碳链为 C1～C2）。

④ 砷及砷化合物。

⑤ 铅和铅化合物。

⑥ 镉和镉化合物。

⑦ 三价和四价有机锡化合物。

⑧ 汞和汞化合物。

⑨ APEO（烷基酚聚氧乙烯醚）。

⑩ EDTA，DTPA。

(2) 根据这个自愿承诺范围内所做的分类，被单独地标注为 R 级 53 "可能在水环境中造成长期的不良影响" 或者和其他 R 级一起被标注 R53 的物质应该认为是具有积累性的。

(3) 易生物降解＝OECD（经济合作与发展组织）301 测试 A～F＞60％BOD/COD 或者 CO_2 构成，或者在 28 天内＞70％DOC 被还原。

(4) 织物附属物的水生毒性＝水蚤的 LC_{50}（如果没有鱼的替代物）

(5) 生物可降解性/生物可去除性＝OECD302 测试 B：在 28 天内＞70％DOC 被还原，或者 OECD302 测试 C：＞60％O_2，或者在污水处理厂的沉淀中 A＞70％被还原。

注解：

对于印染助剂，"易生物降解"（3），"水生生物毒性"（4）和 "生物降解性/生物去除性"（5）的评价可以不仅仅基于备用试剂的测试数据，同时也可以基于对各种不同成分计算平均值的方法所获得的准确的数据。

2 评分系统

2.1 概要

评分系统是一种通过化学制品的基本信息尤其是供应商的规格表的信息对化学制品进行

分类的有效的化学制品管理方法。考虑其实际消耗量和环境行为信息，这种分类方法会优先选出需要进一步审查的化学制品。

有趣的是评分系统是以通常被认为与描述工业污水中的有害物质特性相关的参数作为基础的。A 是化学制品随废水排出时的预估量参数，B 是其可降解性参数，C 是其生物蓄积性的参数。评分系统的结构在第 2 章的表中。

A、B、C 三个参数一起显示出在环境中该物质的潜在存在性；；该物质在水生环境中有多少，存在多久了，以及其现状。A 对 B 和 C 的效果有影响，而 B 对 C 的效果有影响。将 A、B、C 相乘所得的总分为暴露得分。

化学制品暴露的影响取决于该化学品的毒性。这里毒性 D 被认为是与暴露得分一样重要的独立参数。

每个参数得分为数值 1～4，其中 4 为对环境影响最严重。丢失信息将对最后得分影响巨大。最终，每个物质将得到一个暴露得分（A×B×C），并得到一个相对独立的毒性得分 D。随后，可以得到一个这些化学制品的排名。

该系统的应用意味着其将影响企业的排污许可证办理及环境审批工作。以后，企业还需传送化学品消耗信息和环境数据。第一次，所有用到的化学物质的信息必须全部提交，接下来的报告中，新进的化学制品相应信息也需一并提交。化学品消耗表至少每年更新一次。

丹麦纺织服装联合会准备为个体公司担任"咨询顾问"，联盟已经建立了一个数据库管理系统用来存储化工制品信息及分数计算。利用这个数据库，联盟将可以为各个公司提供一份使用的化学物品清单及评估的分数（一份得分报告）。这份得分报告将附一份对得分高的化学制品的详尽分析。

现存的有效信息应该作为环境机构（市/县）的评估基础，以做到有效"干预"。

2.2 评分系统的描述

评分系统是一种通过化学制品的基本信息尤其是供应商的规格表的信息对化学制品进行分类的有效化学制品管理方法。考虑实际其实际消耗量和环境行为信息，这种分类方法会优先选出需要进一步审查的化学制品。

有趣的是评分系统是以通常被认为与描述工业污水中的有害物质特性相关的参数作为基础的。

A 物质排放量；B 生物降解能力；C 生物蓄积性；D 毒性。

A 是对预估量的化学制品被当做废水排出时的得分；B 是对其生物可降解性的得分；C 是其生物蓄积性的得分。

A、B、C 三个参数一起显示出在环境中该物质的潜在存在性；（曝光）；该物质在水生环境中有多少，存在多久了，以及其现状。A 对 B 和 C 的效果有影响，而 B 对 C 的效果有影响。因此，暴露得分是 A、B、C 三数的乘积。

化学制品暴露的影响取决于该化学品的毒性。这里毒性 D 被认为是与暴露得分一样重要的独立参数。

通过为各个化学制品评估出的暴露得分（A×B×C）和毒性评分 D，最终将可以得到一个这些化学制品的排名。

（1）如何使用评分系统

根据供应商规格表的基本信息参数为其打分，分值为 1～4，其中 4 分表示环境影响最严重。信息缺失将对最后得分产生很大影响。

这些数据已经作为国际认可的检查方法的评分基础。

参数 B、C、D 在不同等级下被使用。最高等级代表了基于可与天然水环境相比的测试条件所产生的数据。因此，对于参数 C，使用鱼所做的标准的生物积累实验所获得的数据要比基于在一个辛醇和水（指数表达式）的两相混合系中物质的分配测定的试验中所获得的数据更加符合实际。然而，指数表达式与生物积累性的正相关程度要大于与溶解度数据正相关的程度。

(2) 暴露得分（A×B×C）

分值参数	1	2	3	4
A 物质排放数量				
/(kg/周)	<1	1~10	>10~100	>100
/(kg/年)	<50	50~500	>500~5000	>5000
B 生物可降解性				
地表水/%		10~60		
污泥培养/%	<60(50~100)	>70	<10	<20
BOD/COD 比例		>0.5	20~70	≤0.5
C 生物积累性				
生物富集系数(BCF)或者 C1,C2,C3	<100			≥100
C1 如果 MW>1000g/mol	*			
C2 如果 500≤MW≤1000g/mol				
指数表达式	<1000	≥1000		
水溶解度/(g/L)	>10	10~2	<2	
C3 如果 MW<500g/mol				
指数表达式	<1000			≥1000
水溶解度/(g/L)	>100	100~2	<2~0.02	<0.02

(3) 毒性平分（D）

分值参数	1	2	3	4
D 效应浓度除以出水浓度	>1000	1000~101	100~10	<10

(4) 实施

该系统的应用意味着其将影响企业的排污许可证办理及环境审批工作中。今后，公司就需要传送化学物质的消耗以及环境数据信息。第一次，所有使用的化学物质都需要提交，接下来的报告中，新进的化学制品相应信息也需一并提交。化学品消耗表至少每年更新一次。

丹麦纺织服装联合会正在准备成为单个企业的顾问而且它还建立了一个数据管理系统来化学物质信息的存储和分数的计算。通过数据库，这样就可以将每一个公司所使用的化学物质和计算的分数（分数报告）的清单打印出来。这份得分报告将附录一份对得分高的化学制品的详尽分析。

分数报告作为环境机构（市/县）与公司交流和评估的基础，以做到有效"干预"。

(5) 信息

这个评分系统是由代表了灵克宾郡市政当局灵克宾郡和丹麦丹麦纺织服装联合会的事务委员会计算的。

这个评分系统 1992 年在灵克宾郡实施，它进入了企业的排污许可证办理及环境审批工作中。非常欢迎读者与丹麦灵克宾郡联系，从这套系统的使用中获得更多的关于这套系统的信息和经验。

关于化学物质分类系统的大纲指南的信息同样可以在网上找到。

3 荷兰总政策方案

3.1 摘要

根据荷兰地表水污染法令，授予许可证包括三步：信息的提供，建立控制排放的措施和评估残留物的排放。底物和制剂的评估主要是与"信息的提供"这一步相关。然而，评估底物或者制剂所需要的数据与残留物的排放（引入物评估）的评估是同样相关的。地表水污染法令的实行需要了解各个单独的物质和制剂对于水环境的毒性。

这个报告介绍了评估的一般方法以及通知主管部门（通过使用者）单独的物质和制剂对水的毒性的步骤。一般的评估方法用于在地表水污染法令下的直接和间接排放，同样也可用于隶属环境保护法令下的间接排放的物质和制剂的评估。在底物和制剂的分类和特征方面这个方法采用的是欧洲规范的参数和标准，但是在控制污染源头方面却做出了两倍的努力。在需要测定底物和制剂的水溶毒性时都可以使用该方法。

这就意味着如果在前面所提的两条法令下，公司需要向主管部门提供关于底物和制剂的信息以获得营业执照或者证明采用某种底物或者助剂可以对减少环境压力做出贡献。

需要记住的是对水生生物的毒性这个方法是采用底物不同的性质进行分类。它不会在特定的情况下指明需要采取什么方式以阻止或者减少排放。它也不可以用于评价残留物的排放。

关于步骤，需要强调的是在相关法令下申请许可证或者执照的申请人仍然有责任向主管部门提供信息。这是规则，因此同样适用于可能进入废水的基本物质、辅助物质和中间产物或者最终产物的信息。

然而，生产商为了保密他们的制剂组成成分常常不向使用者提供完整的信息。这就意味着使用者反过来就不能将这些信息传递给主管部门。

因为上述问题及效率原因，希望生产商可以采用总方法来评估底物和制剂，同时向批发商和使用者提供评估结果以及相关物质和制剂的信息。这个程序与受到广泛支持的化学行业的"责任关怀"和"产品管理"方案是一致的。私营部门正在创立国际方案以确定缺失数据，这些数据对于大部分物质毒性评估都是不可或缺的。

这个报告中所描述的步骤，也可以用于解决在地表水污染法令下提供制剂的毒性信息的申请人以获得营业执照的需要和生产者想要保护他们的制剂配方的愿望的矛盾。步骤的描述中伴随着可能的监督和强制方法的讨论。

除了描述评估的一般方法和步骤，这个报告还注重于它们的应用。最后通过结论和建议结束。

3.2 步骤

底物和制剂的评估是在执行水排放政策的环境下进行的。

这主要处理的是通过使用者向主管部门提供关于底物和制剂的信息的程序。

关键的问题就是必须要提供的信息，这些信息的可验证性和这个程序的可执行性。

3.2.1 简介

地表水污染法令规定在这条法令下申请许可证的人都有义务提供信息让主管部分审查申请。这项义务对于公司所使用的以及可能排放到地表水的原材料，辅助材料及中间品和成品同样适用。因为制剂成分的保密性，生产者和供货者常常不愿意提供这些信息。在这种情况下，消费者就没有准确的信息。就申请许可证而言使用者遵守保密的要求是不能解决问题的，因为在申请机密部分，水质量管理者没有获得关于制剂的任何信息。

为了解决这个瓶颈问题，设计了一个新的程序用来帮助使用者，主管部门和第三方可以很好地了解一种底物或者制剂的水生生物毒性，同时通过与生产者或者供货者面对面保证了信息的机密性。

底物和制剂的生产者和供应者根据 GAM 在信息的提供以及底物和制剂的评估中扮演很重要的角色。处理对于违规市场的影响以及认为许可证的授予必须在遵守地表水污染法令下的事务委员会建议鼓励与企业部门多协商在某些机构建立一个中间系统，这样可以使与许可证申请过程相关的原材料和辅助材料的准确信息可以传递到所有相关部门。这个事务委员会已经提议将水综合管理委员会的想法联系起来。荷兰内阁已经采取了该建议。

3.2.2 程序

底物和制剂的生产者在这个程序中扮演了很重要的角色。实际上如果有关于底物和制剂的任何细节信息最有可能了解的就是生产者。另外，让许多的使用者去收集相同的底物和制剂的性质的数据也并不是高效的方法。最明显的途径就是让生产者/供货者收集这些数据并且对物品进行评估。这与 Directive 86/609/EEC 是相符的，这个条令主要为了保护用于试验和其他科学用途的动物。这些程序分为基本信息的提交和关于底物和制剂所有信息的提交。

下面的图表中图片代表了提议的程序。

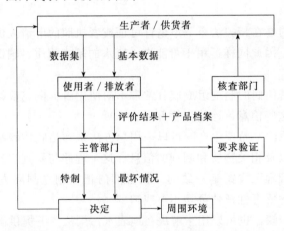

(1) 数据集

评价底物和制剂的数据集包含了下面问题的答案以及评估的结果。这些信息必须通过市场链传递到使用者手中，使用者可以将这些信息传递到授予许可证的相关部门。

① 底物　要求执行 GAM 的每种物品的细节有：

- 在所知道的范围内该物质是否致癌（R-45）？
- 在所知道的范围内该物质是否诱发突变（R-46）？
- 该物质对于水生生物的急性毒性有哪些（LC_{50}）？最好能考虑到四个营养级，考虑鱼类和甲壳类动物是必须的。
- 生物可降解程度怎样？
- 分配系数是什么？
- BCF 怎么样？（可选）
- 对水生生物的急性毒性无法测定时，水溶性怎么样？

② 制剂　对于制剂，必须给出 GAM 的结果以及制剂的准确组成和各个组分的信息。

基本数据集根据物质指令的附录Ⅶ不能与基础数据混淆。底物和制剂的评估必须在实行水排放政策的条件下执行。

（2）基本数据集

如果根据 GAM（图形存取方法）对底物和制剂进行评估，生产者可能只会提供关于底物信息和制剂组成的基本数据。

① 底物　如果生产者/供货者对底物进行评估并且只提供了基本的数据信息，原则上，这就已经足够表明这个物质的水溶毒性以及用于监察部门审核的物质的关键点。在这种情况下，核查部门将会用最坏情况的途径来进行水质量测试（例如引入 btm/bpm 后对残留物排放进行评估），基于导致该种物质分类的最有害的性质。换句话说：如果一种物质根据 GAM 分类到了水溶毒性的种类 {6}，这样就认为这个物质对于水生生物的急性毒性为 1mg/L，并且具有持久性。如果这个结果有额外的净化措施并且生产者提供了关于该物质性质的更准确的信息，就会进行更加精确的水质量测试。

② 制剂　原则上，使用者必须获得制剂的以下基本信息：

- 根据 GAM 制剂的评估结果；
- 黑名单中的物质，可能造成遗传性的危害或者癌症的成分以及试剂组分的大致数量；
- 具有减排效果 A 的成分和制剂中这些成分的大致数量；
- 用于核查部门的文件档案的存取点。

制剂的准确组成仅仅只有生产者或者供货者知道。

对于制剂，如果生产者不提供准确的组成核查部门也会基于导致该物质的水生生物毒性分类的最有害的性质来进行水质量测试。

如果结果导致了额外的措施，生产者就需要提供关于制剂的更加详细数据来保证更加精确的水质量测试的进行。

3.2.3　核查

为了评估底物和制剂，信息是必需的。但是要证实所有提供的信息是否准确是不可能的。

使用者和核查部门必须能够相信评估是建立在正确的信息之上的并且评估是准确执行的。执行评估的人，底物和制剂的生产者必须对此负责。这些物质的性质的细节必须通过生产者的权威部门来确定。

对于很多已经存在的物质，数据库中存储的信息可能会被用到。在两种情况下，细节如果是通过权威的实验室（药物非临床研究质量管理规范）采用标准方法进行验证是更好的。

如果根据信息可以得到正确的结论，在 GLP（药物非临床研究质量管理规范）和标准的测试方法实行前所获得的关于底物性质的评估信息是可以使用的。这些由用于新物质和已经存在的物质的风险评估的 Directive 95/67/EEC 和 1488/94 条例来处理的。

为了减少评估中的错误，由 GAM 已经组成了一个软件应用程序。然而，企业部门和政府都会采用不同的方法评估核查的形式。

（1）监管部门的核查

为了消除疑问（仅仅作为一个随机测试），主管部门必须能够验证所提供信息的准确性和评估实验是否准确地执行。提议采用与信息的核查相同的程序来评估对于人类和环境的影响。换句话说就是主管部门（例如以审查员的形式对环境进行评估）在请求下将被允许检验产品档案。当然，使用和主管部门必须知道产品档案的保管人以及存放地点。这些档案必须含有用于制剂的评估的信息。

（2）企业部门的核查

除了主管部门，企业部门也会自己组织认证。例如，一个独立的，权威的机构可能会被指定来进行评估实验。这个评估同样也是经营活动的一部分。这就意味着在认证的范围内的环境审查，审计员将要验证评估是否准确地执行。但是必须先建立与此有关的协议。

（3）产品责任

除了这些，生产者对于所提供信息的准确性有责任。另一方面，消费者也必须验证这些信息是否准确，例如，将产品的性质和另外的产品性质进行对比。采用这种方法，被生产者错误分类的有害物的使用者就可以阻止该产品的错误的使用。

然而，如果产品的使用者已经被产品的供货商所误导并且使用者不知道，那么生产者必须要负责任。根据刑法，使用者是有责任的。但是基于产品责任，使用者可以在法律诉讼中获得赔偿。

在荷兰，环境监察员证实所提供信息的准确性。如果提供了假信息，可以采取措施。如果欧盟成员国的公司牵涉进来，欧盟成员国已经达成相关协议。

（4）强制性

在申请许可证程序时，所提供的信息必须被证实；通常，授予许可证的机构需（主管当局）自己证实这些信息。此后，许可证的组成方法决定了它的强制性。例如，如果不在许可证上的物质被排放，条款中必须提供清楚的法律依据来采取措施。例如，为了实行许可证的条款，必须特别注意关于企业所使用的并且可能排放进入废水中的原材料，辅助材料和中间产物以及最终产品的信息的实用性。

强制执行者也应该警惕例如许可证允许持有者更换所使用的原材料或者辅助物质是在通知主管部门之前还是之后。

附录Ⅶ　高级氧化技术（芬顿反应）

芬顿反应是一个高级氧化过程。高级氧化技术（化学氧化过程的一个特定情况）就是产生一种具有很强的氧化作用并且清洁的活性氧物质的氧化过程。

芬顿反应主要基于过氧化氢的氧化还原反应产生 OH^* 原子团。其它产生 OH^* 原子团的方法还有 H_2O_2 和 UV，臭氧/H_2O_2 和臭氧/UV。

芬顿反应在 pH 值为 3 的条件下，以 H_2O_2 和 Fe^{2+} 的反应为基础。在 pH 值为 3 的条件下，高铁离子 $[Fe(OH)^{2+}]$ 的第一步水解形式与水保持平衡，因此控制了由于 H_2O_2 的分解所形成的自由 OH^* 的产生速率。

最近关于高级氧化技术的研究证明有下列反应发生：

$$Fe^{2+} + HO-OH \longrightarrow Fe(OH)^{2+} + OH^*$$

在缺少有机物的情况下，所产生的 OH^* 原子团慢慢反应消耗过氧化氢。然而，在有机物（R—H）存在的条件下发生下面的反应：

(1) R—H + OH* $\longrightarrow$ R* + H$_2$O

有机基团会通过复杂的链反应逐渐形成或者通过钝化作用或者原子团结合的方式逐步去除。这个过程在有氧气或者无氧气的条件下发生。在有氧的条件下，通过高级氧化产生的烷基（R*）反应非常快，并且产生了过氧化氢的游离基：

(2) R* + O$_2$ $\longrightarrow$ ROO*

（消耗的是基态的分子氧而不是来自价格昂贵的过氧化氢中的氧）。

过氧化氢的游离基可能稳定或者不稳定（可以减缓氧化过程）。在任何情况下，氧气通过化学方式进入到有机分子中然后被消耗，导致了有机分子氧化成更加亲水和易生物降解的中间物质。这是所知道的清洁路线（余氯源自进入到有机分子中的氯化作用不同）。

OH^* 原子团（在氟之后）是自然界中最强的氧化剂，并且与至少有一个氢原子的物质发生非特异性的反应。

芬顿反应中没有氧的积累。因此在 VOCs 存在的条件下可能的危险反应都不会发生。而且，因为 H_2O_2 的浓度非常低（大约 0.1%），可能永远也无法形成爆炸性的混合物。相反的，在上面所提到的条件下，氧气会通过反应被消耗。

之前提到 OH^* 是非常强的氧化剂。然而，存在一些比其他基团反应更慢的染料或者集团（蒽醌染料的反应速度比偶氮染料要慢 100 倍，因为降解的产物重新被重新合成最开始形式）。然而，关于芬顿反应非常有趣的是与 OH^* 原子团反应很慢或者效率很低的染料常常可以通过沉淀或者与三价离子的络合作用去除，这是芬顿反应产物。因此二价离子几乎没有被消耗。

此外，加强系统（增强热的芬顿反应 ETF 和增强光的芬顿反应）的目的就是浓缩反应物，同时通过还原反应提高三价离子的活性（通过 UV-VIS，或者电化学的方法）。

总而言之，芬顿反应对于处理高负荷的含有高浓度的不易生物降解物质的被隔离废水是非常有效的。

附录Ⅷ　词汇及缩略词

词汇表

参考气味质量

1 参考气味质量＝123μg 丁醇。每 1m^3 中性气体中，蒸发气体浓度为 0.040μmol/mol ［321，CEN Draft，1999］。

单位气味

标准条件下达到面板阈值时，每立方米恶臭气体（的混合物）中有味物质的含量。［321，CEN Draft，1999］。

滴滴涕（DDT）

作为一种有机氯农药，已被大多数欧洲国家禁用。作为农药使用的同分异构体是：p,p'-DDT、1,1,1-三氯-2,2-双（4-氯苯基）乙烷。

在生产过程中 o,p'-DDT 也是一个副产品。DDT 及其代谢物 DDE ［1,1-二氯-2,2-双（4-氯苯基）乙烯］和 DDD ［1,1-二氯-2,2-双（4-氯苯基）乙烷］是持久性有机污染物，并且表现出荷尔蒙的效果。

环境样品中，DDT 的浓度往往是以 sDDT 的形式给出，sDDT 是 DDT、DDE 和 DDD 的总和。

EMAS

生态管理和审计计划。这是一个为企业和其他组织评估、报告并提高他们在环保方面表现的管理工具。在理事会条例（EEC）1993 年 6 月 29 日 No 1836/96 颁布后，于 1995 年在欧盟应用，该计划最初只限于制造业。自 2001 年以来，EMAS 已向所有经济部门开放，包括公共和私人服务［欧洲议会和理事会于 2001 年 3 月 19 日颁布的 No 761/2001 条例（EC）］。作为环境管理系统的 EN/ISO 14001，是 EMAS 所需要的，EMAS 也通过与其融合而得以加强。该计划的参与是自愿的，并且该计划已经延伸到在欧盟和欧洲经济区（EEA）（如冰岛、列支敦士登和罗威）运作的公共和私人组织。

固着率

固定在布料上的染料占总消耗染料的比率。

固着效率

固定在布料上的染料与被洗去染料之比。

化学需氧量（COD）

测量氧化水中有机物质和无机物质所需氧量的指标。COD 测量在 ca.150℃、有强氧化剂（通常为重铬酸钾）存在条件下进行。要评估耗氧量，六价铬转化成三价铬的量是决定因素，此过程中获得的电子要转换成氧气当量。

分析值通常表述为：$mg\ O_2/L$（污水）；$mg\ O_2/L$（物质）。

精整

这一过程包含了湿法处理（给予纤维所需颜色和最终属性）和其他功能性加工（免烫、防毡缩、放助剂等）。

可吸附有机卤化物

指水中可吸附有机态卤素的含量。在分析实验中，将水样中的卤化物吸附在活性炭上。用硝酸钠洗涤活性炭除掉无机氯化物，然后将炭置于氧气流中燃烧，得到物质用氯化氢定量。定量分析所包括的物质只有氯、溴和碘（不包括混入的生态要素氟）。溴和碘的量以氯当量进行计算。

AOX 的分析值表述方式如下：$mg\ Cl/L$（水）；$mg\ Cl/g$（物质）。

毛条

羊毛纤维中一种连续解捻的单纱或梳棉。

尼龙

通用名称为聚酰胺纤维。

欧洲单位气味

指在标准状态下，在一个平板上，蒸发成 $1m^3$ 的中性气体时，引起的生理反应（检测阈值）相当于一个参考气味质量在 $1m^3$ 中性气体引起的蒸发量 ［321，CEN Draft，1999］。

漂白剂

提供漂白作用的活性物质。漂白剂由漂白前体物被激发而形成/产生。

漂白配方

漂白过程中使用的原配方物质。

气味浓度

标准条件下，每立方米中气体中单位气味的量 ［321，CEN Draft，1999］。

染料配方

包含染料及其他印染助剂（商业产品）。

染料

染料配方中的着色剂：包含与光有交互作用发色组的平面分子。

人造纤维

一种可从再生纤维素纤维中获得的人造纤维的通用名称，用于同时通过铜铵化和粘胶法制成的纤维。

生化需氧量

指细菌在将水体中的有机物通过生物氧化转化为 CO_2 和 H_2O 的过程中消耗水中溶解氧的含量。有机物含量越高，耗氧量就越大。最终，由于污水中有机物浓度极高，水中的含氧量将会降低到水生生物可接受的水平以下。

BOD 检验样品在 20℃下，5 天、7 天或者少见的 30 天内的耗氧量，相应参量为 BOD_5、BOD_7 和 BOD_{30}。

分析值通常表述为：mg O_2/L（污水）；mg O_2/g（物质）。

生物可降解性

表示细菌对有机物进行生物降解能力的量。它由 BOD 实验测得（或 OECD 实验 301A 到 F），并且与发生在生物污水处理过程中的生物降解机制有关。通常被表述为百分数（相对原物质）的形式。

生物可去除性

衡量某有机物以各种去除机制可被从水中去除的能力指标，可以在生物工厂（包括生物降解）中采用。生物消除测试 OECD 302B 的测试，决定了在一个生物处理厂中的全部消除机制的总影响力：生物降解（在一个较长的测量周期——多达 28 天——以便说明物质的生物降解中，细菌需经驯化后发展出消化该物质的特殊能力）；活性污泥吸附；-剥离挥发性物质；-水解和析出过程。

通常以（原物质的）百分数表示。

水生生物毒性

指衡量排除污染物对水生生命的影响量。

常用参量有：

IC_{10} ＝抑制细菌生长的浓度（10％的抑制率）。IC_{10} 以上的浓度值将强烈影响生物处理植物的功效，甚至会造成活性污泥中毒。

LC_{50} ＝致死浓度（50％致死率）。被用于渔业，表示所含污染物造成群体中 50％的生物致死率的水体浓度。

EC_{50} ＝影响浓度（50％的影响率）。被用于特别敏感的生物体，如水蚤和藻类。

水生生物毒性的水平被分为以下几个等级：

剧毒　　　＜0.1mg/L

常毒　　　0.1～1mg/L

有毒　　　1.0～10mg/L

微毒　　　10～100mg

无毒　　　＞100mg/L。

危险物质

具有危险属性（如毒性、持久性、生物积累性），或根据指令 67/548 被列为对环境或人类有危险的物质（环境危险物质指令）。

液比

指纺织品与染液的重量比例。例如纺织品为 100kg 时所用染液为 1000kg，则液比是 1∶10。

织物

纺织行业中纺织材料存在的不同形式的总称。如棉束、纱线、梭织物、针织物。

煮练

从纺织品中去除外来杂质。羊毛煮练一方面可以去除原毛上的油脂和污物，一方面可以在染色前的湿处理工艺中去除纺丝油和纱线或布料的残余污染物。

组织化处理的纤维

指经特殊处理的长丝纱线，比同类型传统丝线的纤维体积大，表面性能更好。

缩略词表

缩略词	释义	缩略词	释义
AC	醋酸纤维素	MEL	最小影响程度
AC	吸收系数	n. a	不可用
AE	脂肪醇聚氧乙烯醚	n. d.	未检出
AOX	可吸附的有机卤化物	NPE	壬基乙氧基苯
APE	烷基苯酚聚氧乙烯醚	NRA	国家登记局(澳大利亚)
APEO	烷基苯酚聚氧乙烯醚	NTA	次氨基三乙酸酯
BAT	最佳可行技术	o. w. b	染液的重量
BOD	生化需氧量	o. w. f	纤维的重量
BREF	最佳可行技术(BAT)参考文献	OC	有机氯化物(杀虫剂类)
C. I.	染料索引	OECD	经济合作与发展组织
CMC	羧甲基纤维素	OEL	显著影响水平
CO	棉花	OP	有机磷酸酯类(杀虫剂类)
COD	化学需氧量	PA	聚酰胺布
Conc.	浓度	PAC	聚丙烯腈纤维
CSIRO	澳大利亚联邦科学与工业研究组织	PBT	聚对苯二甲酸丁二醇酯
CT	三乙酸纤维素	PCP	五氯苯酚
CU	铜氨纤维	PE	聚乙烯
CV	黏胶纤维	PES	聚酯纤维
DAF	溶气浮选法	PET	聚对苯二甲酸乙二醇酯
DOC	溶解性有机碳	PP	聚丙烯
DTPA	二乙烯三胺五乙酸	PTT	聚三亚甲基对苯二酸酯
DTPMP	二亚乙基三胺五亚甲基膦酸	PU	聚亚安酯
EDTA	乙二胺四乙酸	PVA	聚乙烯醇
EDTMP	乙二胺四亚甲基膦酸	PVC	聚氯乙烯
E-Fac	排放因子	Qww	废水
EL	弹性	SBR	丁苯橡胶
EPER	欧洲污染物排放登记(由欧盟决议 2000/479 / EC 决定)	SI	丝绸
		SP	合成除虫菊酯类(杀虫剂类)
EO/PO	环氧乙烷/氧化丙烯(共聚物)	SS	悬浮固体
ETAD	染料造业生态学与毒理学协会	TEGEWA	纺织印染助剂协会,皮革助剂协会,鞣革清洗原料工业(行业工会)
EUR	欧元,欧洲货币单位		
EVA	乙烯醋酸乙烯酯	TFI	纺织精整工业
FR	阻燃剂	TOC	总有机碳
HC	烃	UF	超滤
HCH	六氯环己烷(杀虫剂)	ULLR	超低液比
HT	高温(过程,机器)	US EPA	美国环境保护署
IGR	昆虫生长调节剂(农药类)	UV	紫外线(光)
IK	阴丹士林-冷染(还原染料类)	VOC	挥发性有机化合物
IN	阴丹士林-标准(还原染料类)	WO	毛料
IR	红外线(光)	WW	废水
IW	阴丹士林-温染(还原染料类)	x-SBR	羧酸化-SBR(序批式活性污泥法)
L. R	液比		